Die internationale Polarforschung 1882—1883.

Die

Deutschen Expeditionen

und ihre Ergebnisse.

Band II.

Beschreibende Naturwissenschaften

in einzelnen Abhandlungen,

herausgegeben im Auftrage der Deutschen Polar-Kommission

von deren Vorsitzendem

Dr. G. Neumayer
Direktor der Deutschen Seewarte in Hamburg.

Vorwort zum Bande II.

Schon im Herbste 1886 sind die beiden Bände, welche die obligatorischen Beobachtungen der deutschen Unternehmen im Systeme der internationalen Polarforschung enthalten, erschienen und bestand bereits damals die Absicht, auch die während der einzelnen Expeditionen ausgeführten facultativen Untersuchungen nebst einer Geschichte und Entwickelung des Forschungsplanes herauszugeben. Erst in dem Etat für das Jahr 1889/90 wurden Seitens der Reichsregierung die hierfür erforderlichen Geldmittel vorgesehen. Unterdessen hatte die Deutsche Polar-Kommission ihrem Vorsitzenden den Auftrag ertheilt, mit der Bearbeitung des Materiales vorzugehen und Gelehrte für die einzelnen wissenschaftlichen Zweige zu gewinnen. Mit größter Bereitwilligkeit unterzogen sich nach Aufforderung des Herausgebers die an dem vorliegenden Bande thätigen Autoren der Mühe, das wissenschaftliche Material zu sichten und in einzelnen Abhandlungen zu bearbeiten. Die Polar-Kommission gestattet sich schon an dieser Stelle, sämmtlichen Herren für die ihr unentgeltlich gewährte Unterstützung ihren verbindlichsten Dank auszusprechen.

Obgleich das in zwei Bänden zu veröffentlichende Werk mit dem Beginne des gegenwärtigen Etatsjahres nahezu in allen Theilen bearbeitet vorlag, so schien es doch zweckmäßig, den zweiten Band zuvörderst herauszugeben, wobei hauptsächlich die Rücksicht leitete, daß die Ergebnisse aus dem Gebiete der beschreibenden Naturwissenschaften ohne weiteren Verzug der wissenschaftlichen Welt vorgelegt werden möchten. Der erste Band, welcher die Geschichte des allgemeinen Forschungsplanes und insonderheit jene der deutschen Expeditionen, sowie auch einige nachträgliche Ergebnisse aus dem Gebiete der obligatorischen Beobachtungen enthalten soll, durfte aus obiger Erwägung füglich später erscheinen. Derselbe soll im Laufe des Jahres 1890 der Oeffentlichkeit übergeben werden.

Hamburg, Weihnachten 1889.

Dr. G. Neumayer.

Inhalt.

Verzeichniß der Abbildungen zum Bande II.

(Zugleich als Anweisung für den Buchbinder).

Berichtigungen und Ergänzungen zum Bande II.

Seite 52 Zeile 3 v. u. lies Esquimaux statt Esquimanis
„ 62 „ 4 v. u. „ moorige „ moosige
„ 73 „ 9 v. o. „ latifolium „ latifoium
„ 93 „ 7 v. u. „ Lastrea „ Lartrea
„ 95 „ 6 v. o. „ hyperborea „ hyperborca
„ 121 „ 6 v o. „ „Zwischenräume" statt „Zwischenräumen".
„ 121 „ 3 v. u. „ „in den Körnchen" statt „darin".
„ 132 „ 10 v. o. „ „das sericitähnliche Mineral, nur in u. s. w.".
„ 136 Absatz 3 Zeile 4 lies „derselben" statt „desselben".
„ 153 Zeile 2 v. u. lies „größere" statt „größeren".
„ 154 oberste Zeile lies „sind dieselben" statt dieselben sind".

Zu Seite 154 und 158. Die Figuren 1 und 4 sind vertauscht worden. Fig. 4 auf Seite 158 sollte über dem Text zu Fig. 1 auf Seite 154 stehen und umgekehrt Fig. 1 auf Seite 154 über dem Text zu Fig. 4 auf Seite 158.

Seite 162 Absatz 3 Zeile 8 lies: „halbkrystallinischem Sandstein" statt „krystallinischen Sandstein".

„ 176 ergänze unter dem Bilde: soll die kleinen Grashügel veranschaulichen; die aufrecht stehenden Blätter sind deshalb so kurz, da sie theilweise vom Vieh abgefressen.

„ 182 Zeile 5 v. o. lies Farm, statt Farm
„ 183 „ 5 v. o. „ Nory. „ Nory
„ 204 „ 11 v. o. „ hinein, statt hinein
„ 226 „ 5 v. o. „ (Siehe Abbildung „Stillleben".)
„ 228 „ 8 v. o. „ (Siehe Abbildung 3, Pinguinhügel) statt (Siehe Abbildung „Stillleben".)

„ 233 Zeile 4 v. o. soll hinter ein Entfernen (Siehe Abbildung) eingefügt werden.
„ 235 „ 6 v. o. fällt (Siehe Abbildung) fort.
„ 262 „ 2 v. o. soll (Siehe Abbildung „Stillleben") eingefügt werden.
„ 324 „ 15 v. u. „ ergänze zu Pertucaria antarctica: Nunc est **Lecanora antarctica** Müll. Arg. Lich. Spegazz. p. 41, n. 55 (1889), hinzuzufügen ist: synonym.: Lecanora hypotartarea Nyl. Lich. Fuegiae n. 41. — Paraphyses chemice separabiles nec connexoramosae sunt.

„ 338 Zeile 8 v. u. lies Colletonema statt Collectonema
„ 335 „ 6 v. o. „ vacuis „ ramis
„ 345 „ 3 v. o. „ subincisae „ subincisas
„ 370 „ 7 v. o. „ apicalibus „ apiculibus
„ 381 „ 18 v. o. „ exstituta „ exstituto.

1.

Die Eskimos des Cumberlandgolfes.

Von

H. Abbes.

Die Bewohner des Cumberlandgolfes bilden einen Zweig, der unter dem Namen Eskimos bekannten Völkerschaften, welche sich von der asiatischen Seite der Behringstraße über das arktische Festland von Amerika und seine Inselwelt bis zur Ostküste Grönlands ausbreiten. Ihre Gesammtzahl wird auf 30 000 geschätzt. Der Name Eskimo soll von dem Worte „Eskimantsik" = Rohfleischesser abgeleitet sein, mit welcher Bezeichnung ein canadischer Indianerstamm seine nördlichen Nachbarn spottweise benannte. Sie selber nennen sich Innuit (Sing. Innung) d. h. Menschen, eine Art der Selbstbezeichnung, der man häufiger begegnet, besonders bei abgeschlossener lebenden Völkern[1]), denen die Betonung eines nationalen Gegensatzes in ihrer Benennung ferner lag als das Hervorheben des Unterschiedes zwischen Vernunftwesen und Thier.

Die charakteristischen Körpermerkmale der Eskimos sind: Eine mittlere Größe bei wohl proportionirter, kräftiger, muskulöser Statur, bei älteren Leuten findet sich häufig Fettsucht. Hände und Füße sind besonders zart ausgebildet. Die Hautfarbe ist mehr oder minder braun. Das eiförmige Gesicht erscheint durch die hervorstehenden Jochbeine breit und plump. Die Nase ist flach, die Augen sind klein und schief

---

[1]) So bedeutet das Wort „Jamana" womit sich nach Giacomo Bove die Jagans in Feuerland bezeichnen ebenfalls Menschen, wie auch der Name „Ainu" der Bewohner Sachalins und der Kurilen.

geschlitzt. Der verhältnißmäßig große Mund zeigt meistens gut erhaltene Zähne. Durch Aufeinandersetzen der Zahnreihen beim Kauen fanden sich im Cumberlandgolfe bei den Erwachsenen die Vorderzähne durchgehends flach abgeschliffen. Den pyramidalen Schädel bedeckt straffes dunkelschwarzes Haar. Die Frauen im Golfe tragen seitlich zwei kurze Flechten. Der Bartwuchs der Männer ist auffallend gering. Die pyramidale Form des Schädels soll nach Hall bei den Neugeborenen durch seitliche Pressung und eine enganliegende Lederkappe künstlich hervorgerufen werden.

Die erwähnten Körpermerkmale, insbesondere die gedrungene Figur, die geschlitzten Augen, das strähnige Haar, lassen sich für eine Rassenverwandtschaft zwischen den Eskimos und den mongolischen Völkern Asiens geltend machen, und hierauf deutet auch eine sprachliche Uebereinstimmung in der Wortbildung mit den ural-altaischen Sprachen. Wie bei diesen wird im Eskimoischen die sinnbegrenzende Wurzel der Hauptwurzel ausnahmslos angehängt. Praefixe sind der Sprache unbekannt.[1]) Mit den amerikanischen Sprachen hat dagegen die Eskimosprache das für jene charakteristische Princip der Einverleibung gemeinsam, nach welchem die Satzbildung vollständig von der Wortbildung verdrängt wird. Steinthal[2]) glaubt den Typus der amerikanischen Sprachen im Grönländischen am reinsten zu erkennen und andere sehen in jenem eigenartigen Verfahren bei der Satzbildung eine wesentliche Stütze für die Annahme einer Verwandtschaft zwischen Eskimos und Indianern, während Peschel[3]) das Eskimoische wegen der Einseitigkeit der Wortbildung durch Suffigirung von den amerikanischen Sprachen ausschließt.

Einen weiteren Grund gegen die asiatische Herkunft der Eskimos hat man in ihrer von der der Nordasiaten durchaus verschiedenen Lebensweise gesucht. Während sich diese als Hirtenvölker vorwiegend der Rennthierzucht widmen, erwerben sich die Eskimos den Lebensunterhalt lediglich durch die Jagd. Gegen obige Schlußfolgerung muß man einwenden, daß die von den Eskimos bewohnten Küstenländer der

[1]) Müller, Grundriß der Sprachwissenschaft Bd. 2 S. 162.
[2]) Steinthal, Typen des Sprachbaues S. 204.
[3]) Peschel, Völkerkunde S. 133.

Zucht des Rennthieres, das zu seiner Ernährung ausgedehnter Weideplätze bedarf, nicht günstig sind. Die mit Feuchtigkeit gesättigten Tundren des Samojedenlandes und des arktischen Sibirien sind vorwiegend mit grünen Laubmoosen bedeckt. Wo hingegen die Oberfläche leichter abtrocknet, also vor allen Dingen wo anstehendes Gestein derselben nahe liegt, da überkleiden Flechten den Boden, namentlich waltet im arktischen Amerika die Flechtentundra vor.[1]) Der Mangel an dauernd reichlicher Nahrung in demselben Umkreise bietet der Rennthierzucht in den Eskimoländern ein natürliches Hinderniß und ist auch die Ursache der fortwährenden Wanderungen dieser Thiere in jenen unwirthlichen Gegenden. Die häufige Verlegung der Weideplätze bereitet den auf der Cumberlandhalbinsel jagenden Eingeborenen manche bittere Enttäuschung.

Aus den Sagen der Eskimos läßt sich auf ihre frühere Heimath so lange kein bestimmter Schluß ziehen, als die Ueberlieferungen der mittleren Stämme unbekannt sind, zudem wird es immer schwierig sein, die Zeit zu bestimmen, in der sich der Inhalt der Sagen abspielt.

Der Umstand, daß die Tschiglit-Eskimos am Unterlaufe des Mackenzie ein schönes, warmes Land „Naterovik" im fernen Westen, dem die Sonne auch im Winter ihr Antlitz zuwendet, als frühere Heimath bezeichnen,[2]) kann zu Gunsten der asiatischen Herkunft benutzt, aber ohne erheblichen Einspruch auch auf das südliche Alaska gedeutet werden, welches Rink in seiner neuesten Arbeit[3]) als den Ausgangspunkt der Wanderungen der Eskimos auf amerikanischen Boden bezeichnet. Auf Grund eingehender Untersuchungen und Vergleiche der Lebensweise, Wohnung, Kleidung, Jagd, der Religion und Sagen, der Sprache und sonstigen Stammeseigenthümlichkeiten kommt Rink zu dem Ergebniß, daß die Ur-Eskimos das Innere Alaskas und die anliegenden arktischen Gebiete des Kontinents bewohnten, ein Seitenzweig in den frühesten Zeiten die Alëuten bevölkerte, der Hauptstamm später an den Fluß-

[1]) Peschel, Physische Erdkunde Bd. 2 S. 599.

[2]) E. Petitot, les grands Esquimaux S. 73.

[3]) Dr. Henry Rink, the Eskimo-Tribes. Vol. XI of the „Meddelelser om Grönland".

mündungen sich niederließ, sich nördlich längs der Behringstraße ausbreitete und von hier einige Kolonien nach der entgegengesetzten Küste sandte, dann um Point Barrow nach Osten zum Mackenzieflusse fortschritt, zur arktischen Inselwelt und schließlich nach Labrador und Grönland. Der Weg nach Grönland scheint an der Ostküste des Baffinlandes hinauf bis zum Smithsund geführt zu haben, wo der Uebergang auf die andere Seite der Bai stattfand. Grönland wurde somit von Norden her bevölkert, was dadurch bestätigt wird, daß noch heute die nördlichen Eskimos dort als die Stammväter der südlichen gelten.[1]) Ueber die zeitliche Ausdehnung dieser Wanderungen fehlen alle Anhaltspunkte. Vielleicht muß man sie auf tausende von Jahren veranschlagen. Jedenfalls können die Eskimos nur schrittweise in kleineren Banden vorgegangen sein, da die Natur der arktischen Gebiete andauernde Reisen in großen Massen verbietet. Aus der allmählichen Vervollkommnung der Jagdmethoden und Jagdgeräthe der verschiedenen Stämme von Westen nach Osten zieht Rink den interessanten Schluß, daß die Eskimos während ihrer Wanderungen einer langsamen Entwicklung unterworfen wurden, welche darauf hinzielte, sie besonders zum Bewohnen der arktischen Küsten geeignet zu machen.

Die ältesten geschichtlichen Nachrichten, die wir über die Eskimos besitzen, beziehen sich auf die Grönländer. Der isländische Geschichtsschreiber Are Frode (geb. 1076) berichtet, daß kurz nach der Entdeckung Grönlands, die um das Jahr 985/6 angesetzt wird, die Normänner Spuren von Wohnungen und steinerne Geräthe vorfanden. Der erste bekannte Zusammenstoß der Normänner auf Grönland mit den „Skrälingern" fand 1377 statt, als letztere den „Westbau" überfielen und zerstörten.[2]) In Folge hiervon breiteten sie sich weiter nach Süden aus, und im Laufe der Zeit unterlagen die Normänner gänzlich in diesen Kämpfen. Die Physiognomie der jetzigen Bewohner macht es wahrscheinlich, daß sie sich zum Theil mit den Eskimos vermischt

---

[1]) Waitz, Anthropologie Bd. 3 S. 59.

[2]) Cranz, Historie von Grönland. 2. Aufl. Barby 1770. Bd. 1 S. 322. — Maurer, Geschichte der Entdeckung Ostgrönlands. Die zweite Deutsche Nordpolarfahrt. Leipzig 1873. S. 235.

haben.[1]) In persönliche — allerdings feindliche — Berührung mit Eskimos der amerikanischen Küste in Vinland (Massachusetts und Rhode Island) war bereits im Jahre 1007 der Normanne Thorfinn gekommen. Was nach Waitz die Antiquitates americanae über die Skrälinger in Vinland berichten, ist Folgendes: Sie kamen zu den Normannen, insbesondere zu Thorfinn, stets auf Schiffen und griffen mit großen Steinen an, die sie mit einem Brette schleuderten. Von Farbe werden sie dunkel und fast schwarz genannt, von wildem Wesen, kleiner Statur, großen Augen, häßlichem verwirrtem Haar und breiten Backenknochen. Häuser hatten sie nicht, sondern wohnten in Höhlen. Mit dem Namen Skrälinger (Zwerge) bezeichnen jene alten Berichte alle Eingeborenen Amerikas, mit denen die Normänner zusammentrafen, wie ebenfalls die Eingeborenen von Grönland. Es ist jedoch kaum wahrscheinlich, daß eine so beträchtliche Verschiedenheit, wie die der Indianer und Eskimos, von ihnen unbemerkt oder doch unerwähnt geblieben sein sollte, wenn sie in Vinland auf Indianer gestoßen wären. Wir haben demnach Grund zu vermuthen, daß das Vinland der Normänner von Eskimos bewohnt war und daß diese erst in späterer Zeit weiter nach Norden gedrängt wurden.[2]) Der Name „Skrälinger" hat sich in dem grönländischen „Karalek" — wie die Eskimos von den ersten Christen genannt sein wollen — erhalten.[3]) Zu der Bezeichnung der Eingeborenen als Zwerge wird nicht nur ihre geringe Körpergröße, sondern vielleicht auch der Umstand beigetragen haben, daß sie in Erdhöhlen wohnten, welche die Phantasie der germanischen Völker mit jenen kleinen Fabelwesen belebte.

Die Erinnerung an Kämpfe mit den Normännern lebt in einer Sage fort, welche Cranz erzählt: „Einer der Kablunät (Bezeichnung für die Weißen) hat einen Grönländer gespottet, weil er keine Vögel treffen konnte; und da dieser jenen mit dem Pfeil getroffen, so ist der Krieg entstanden, in welchem endlich die Grönländer gesiegt und alle Ausländer umgebracht haben. Das zielt auf die Vertilgung der alten

---

[1]) Waitz, Anthropologie S. 300.

[2]) Waitz, Anthropologie S. 59.

[3]) Cranz, Hist. v. Grönland Bd. 1 S. 331 Anm.

Norweger, auf welche ein solcher Haß geworfen, daß sie ihren Ursprung der Verwandlung der Hunde in Menschen zuschreiben."[1])

Um die Mitte des 15. Jahrhunderts hörte der Verkehr zwischen den Skandinavischen Reichen und Grönland auf und damit verlieren wir für mehr als ein volles Jahrhundert alle Nachrichten über seine Bewohner. Erst in den Berichten der englischen Seefahrer, die zur Aufsuchung der nordwestlichen Durchfahrt auszogen, erscheinen die Eskimos wieder. 1517 wurde Labrador von Cabot (Sohn) zum zweiten Male entdeckt, Grönland im Jahre 1586 von John Davis, der mit den Eingeborenen einen Tauschhandel versuchte. Die dauernde Wiederbesetzung Grönlands durch Dänemark datirt vom Jahre 1721, als Hans Egede's edler Eifer mit der Bekehrung der Eskimos zum Christenthum begann. Gegen Ende des Jahrhunderts wurden die Missionsstationen auf Labrador durch die mährischen Brüder begründet, deren rastlosem Wirken die Eingeborenen beider Länder die verhältnißmäßig hohe Stufe der Kultur verdanken, auf der sie sich heute befinden. Ueber die Bewohner des Baffinlandes finden sich die ersten spärlichen Mittheilungen in den Berichten über Sir Martin Frohbisher's dreimaligen Aufenthalt in dem jetzt nach ihm benannten Meerbusen der Südküste in den Jahren 1576, 77 und 78.[2]) Ein kleiner Handel wurde mit den Eingeborenen eröffnet, auch einige mit nach England genommen. Zu dauernden Beziehungen mit den Eskimos führten diese und andere Besuche weder hier noch an der Westküste der Davisstraße und Baffinbai, deren Bewohner durch Walfischfänger und Nordwestfahrer hin und wieder mit der Civilisation in Berührung kamen. Auffallender Weise blieben die Bewohner des großen Cumberlandgolfes bis in die Mitte der vierziger Jahre unseres Jahrhunderts von den Besuchen der Europäer gänzlich verschont. Zwar hatte der Entdecker des Golfes John Davis bereits bei seiner ersten Einfahrt im Sommer 1585 sichere Zeichen für den Aufenthalt von Eskimos dort gefunden, jedoch keinen derselben zu Gesicht bekommen. Im Laufe der folgenden Jahrhunderte

[1]) Cranz, Hist. v. Grönland Bd. 1 S. 261. — Paul Egede, Nachrichten von Grönland. Kopenhagen 1790. S. 106.

[2]) The three voyages of Sir Martin Frobisher. London 1867.

wurde der Golf nicht weiter besucht, und die Kenntniß desselben war fast verloren gegangen, als im Jahre 1839 William Penny, ein englischer Walfischfänger, in der Davisstraße von einem jungen Eskimo über den Reichthum an Walen der benachbarten, Tinikdjuarbing genannten See erzählen hörte. Penny ließ sich von Inuloaping, dies war der Name des Eingeborenen, eine Skizze des Landes zeichnen und nahm ihn mit nach Europa, um die englische Regierung für die Aufsuchung des Golfes zu interessiren. Inuloaping's Karte wurde durch die englische Admiralität unter dem Titel „Cumberland Isle from the observations of Capt. Penny and from the information of Eenoolooapeek an intelligent Eskimo" veröffentlicht, ein Zeichen, daß man den Angaben des Fremdlings großes Vertrauen schenkte. Im folgenden Jahre fand Penny mit Hülfe Inuloaping's den Eingang des Golfes und traf auch bald die ersten Eskimos, unter ihnen die Verwandten seines Schützlings. Die Erinnerung an diesen ersten Besuch der Weißen im Golf lebt noch heute unter den Eingeborenen fort. Ein alter Eskimo, Mitek, erzählte Boas, wie erstaunt und erschreckt die Eingeborenen gewesen seien, welche nie zuvor Europäer gesehen hatten. „Aber William Penny," fuhr er fort, „war ein guter Mann, er schenkte jedem von uns etwas und Inuloaping hat uns später erzählt, wie gut es im Lande der Weißen ist.[1])

Seit Penny's Entdeckung wurde der Golf regelmäßig von den Walfischfängern besucht, von denen einige auch dort zu überwintern pflegten, in Folge dessen sich bald ein reger Verkehr zwischen Europäern und Eingeborenen entwickelte, allerdings nicht zum Vortheil der letzteren und ohne irgend welchen Nutzen für die Kenntniß der Ethnographie des Landes. 1877 bis 1878 überwinterte eine amerikanische Expedition auf der „Florence" bei Anarnitung im nördlichen Ende des Golfes, welche über die Eingeborenen jedoch nur spärliche Nachrichten zurückbrachte. Der Verkehr der deutschen Polarstation im Kingua-Fjord mit den Eskimos beschränkte sich auf die Indienststellung eines Eingeborenen und gelegentliche Besuche seiner Landsleute auf der deutschen Nieder-

---

[1]) Dr. Fr. Boas, Baffinland S. 26.

lassung. Die hierbei gemachten Beobachtungen sind im „Globus“ Jahrgang 1884 Heft 13 und 14 und 19 bis 21 veröffentlicht und bei der vorliegenden Arbeit im Wesentlichen wieder verwerthet.

Eingehendere Kenntniß von den Eingeborenen brachte Herr Dr. Boas zurück, nachdem er sich zum Zwecke ethnologischer Studien von 1883 bis 1884 unter den Eskimos des Cumberlandgolfes und der Baffinsbai aufgehalten hatte. Die Ergebnisse seiner Forschungen sind im achtzigsten Ergänzungsbande zu Petermann's geographischen Mittheilungen veröffentlicht.

Bevor wir uns zu der Schilderung der Eskimos und ihrer Sitten wenden, wird es zweckmäßig sein, einige Bemerkungen über die Hauptbedingungen, welche die Lebensweise der Eingeborenen regeln, über Bodenbeschaffenheit und Klima ihres Wohnsitzes vorauszusenden.

Von der See aus zeigen sich die Küsten des Cumberlandgolfes als ein ausgedehntes Hügelland ohne wesentlich hervorragende Erhöhungen, dessen steile oft senkrecht abfallende, seltener sich allmählich erhebende oder flache Abhänge eine auf starke Verwitterungseinflüsse zurückzuführende kräftige Zerklüftung aufweisen. Zahlreiche vorgelagerte Inseln (Scheren), deren klaffende Spalten den Seevögeln willkommene Brutplätze bieten, sind für das Auge des Vorüberfahrenden vom Festlande nicht zu trennen und verhindern meistens den Einblick in die tief ins Land sich hinein erstreckenden Fjorde. An der freien Oberfläche ist das Gestein fast durchweg von Flechten überzogen und erscheint deßhalb in wechselnden Farben: grün, schwarz, bräunlich, gelbgrünlich.

Durch die Fjorde und weiterhin längs der Ufer, der in ihnen sich ergießenden Flüsse von kurzem, an Stromschnellen und Wasserfällen reichem, Laufe gelangt man allmählich auf die Höhe des Gebirges, falls man es nicht vorzieht, einen zwar kürzeren aber beschwerlichen Weg an flacheren Abhängen oder über die Trümmerhaufen gewaltiger Felsstürze hinweg zu suchen. Auf der Höhe erkennt man leicht den Charakter des Küstenlandes. Regellos zerstreut erheben sich die rundlichen Kuppen der Granitfelsen nur wenige hundert Fuß aus der Grundmasse des Gebirges, hier durch tiefe Schluchten getrennt, dort durch schmale Sättel verbunden und so kesselförmige Thalsenkungen bildend, die im

Sommer das von den sonnenbestrahlten Gipfeln hinabrieselnde Schmelzwasser zu kleinen Bergseeen sammeln, welche die Gegend freundlich beleben. Diese Becken senden ihren Wasserüberfluß durch Spalten und Klüfte in munteren Bächlein zum Fjorde hinab.

Die Süd- und Südost-Abhänge der Berge beginnen schon im März schnee- und eisfrei zu werden. Hier entwickelt sich auch bald, wo der verwitterte Felsboden durch die unmerkliche aber stetige Zersetzungsarbeit der bescheidenen aus Flechten und Moosen bestehenden Pflanzendecke in eine dünne Schicht lockerer Erde überging, eine verhältnißmäßig reiche Flora. Laubmoose, Binsenarten und mehrere zu den Haidekräutern und Heidelbeerarten gehörige Species. Die reifen Beeren der letzteren werden im Sommer von den Eskimofrauen und Kindern gesammelt. Sie sind die einzige vegetabilische Nahrung, welche das karge Land seinen Bewohnern bietet. Zu den erwähnten Pflanzen gesellt sich an den Südabhängen der einzige Vertreter eines Strauches, die in mehrere Fuß langen Stämmen am Boden hinkriechende Polarweide, deren Bast den Docht für die Thranlampen der Eskimos liefert. In günstig gelegenen, tieferen Thälern, wo stetiger Abfluß die Ansammlung von Wasserbecken hindert, tritt Mitte Juni unter dem belebenden Einflusse einer fast zwanzigstündigen Sonnenstrahlung die eigentliche arktische Blumenflora auf. Weiß ist auch hier die vorherrschende Farbe; es hebt sich vom dunklen Felsgrunde oder dem gelbgrauen Flechtenüberzug, beziehungsweise dem grünlichbraunen Teppich der Haidekräuter deutlich genug ab. Hier blühen Steinbrecharten, Sternblumen und andere mehr. Dazwischen zeigen sich schwefelgelbe Beete, die von Weitem vollständig gleich aussehen, aber aus Vertretern zweier verschiedenen Gattungen bestehen. Eine Ranunkelart, welche auch in den Polargegenden der Butterfarbe ihrer Blüthen, der sie bei uns ihren Volksnamen verdankt, treu bleibt, sowie eine zierliche Mohnblüthe auf dünnem blätterlosem Stiele, sind es, welche jene gelben Beete bilden.

Die vorstehend geschilderten kleinen Thäler erscheinen zur Sommerszeit als anmuthige Oasen inmitten der felsigen, starren Oede der Küsten des Cumberlandgolfes. Hier sucht das bräunlich gefleckte Schneehuhn seine Nahrung. Lemming und Wiesel haben ihre Schlupfwinkel im Geröll der Steintrümmer und aus der engen Felsspalte ertönt das muntere Gezwitscher der Schneeammer. Bunte Falter des Genus Vanessa flattern von Blüthe zu Blüthe, und schließlich dürfen auch die Rennthierbremsen nicht unerwähnt bleiben, die in zahlloser Menge umherschwirren und an heißen Tagen den Aufenthalt im Freien durch ihre schmerzhaften Stiche unleidlich machen. Seltener verirrt sich das Rennthier in diese der Küste nahen Gebiete. Seine Weidegründe findet es auf der Hochebene des Hinterlandes der Nord- und Nordostküste und in der grasreichen Umgebung der großen Binnenseeen zwischen dem Cumberlandgolf und dem Foxbecken. Das weiche wollige Fell der Thiere ist für die warme Winterkleidung und die Schlafdecken unentbehrlich und die Erlangung desselben zwingt die Bewohner des Golfes zu den weiten, gefahrvollen Sommerreisen ins Binnenland, auf welche wir später zurückkommen.

Das bunte, freundlich belebte Landschaftsbild der kurzen Sommerszeit bedeckt der kalte Winter mit einförmigem, ermüdendem Weiß. Im August beginnen Regen und Schneeschauer abzuwechseln und bereits Ende October erscheint Meer, Berg und Thal eingehüllt in ein großes gewaltiges Leichentuch. Wenn die Schneedecke diesen Namen irgendwo verdient, so ist es in den Polargegenden, wo mit ihrem Ausbreiten alles und jedes Leben erstorben scheint. Kein Lüftchen regt sich, das Rauschen der Wellen im Fjord ist verstummt und das Plätschern der Bäche erstickt durch die darauflagernde mächtige Eisdecke. In den langen Nächten flammt das geheimnißvolle Polarlicht auf und überzieht den tiefblauen, funkelnden Sternenhimmel in lautloser Ruhe mit leuchtenden Bändern. Nur ab und an unterbricht Krachen und lautes Stöhnen die wahrhaft feierliche Stille, mahnend, daß die Natur nicht erstorben ist, sondern schläft. Und in der That — wie die Brust einer Schlafenden hebt und senkt sich die Eisdecke des Golfes in gewaltigen Athemzügen unter dem Einflusse von Fluth und Ebbe. Weithinschallender Donner verkündet, daß Sprünge und Risse entstanden sind. Sobald aber das letzte Echo in den Bergen verhallt ist, herrscht Grabesstille wie zuvor.

Die Rennthierjagd wird mit Eintritt des Winters zur Unmöglichkeit. Die Thiere wandern zur Erlangung ihrer spärlichen Nahrung über weite, ungeheure Flächen, dahin der Jäger nicht zu folgen vermag. Eine Familie im Winter durch Renntierjagd zu erhalten, ist nicht denkbar, und niemals würde die geringe Ausbeute an Fett den Thran der Lampen ersetzen können, ohne welchen der Untergang besiegelt wäre. Wenn somit das Land die Nahrung versagt, bleibt dem Eskimo nur das Meer mit dem unerschöpflich reichen Thierleben, zu dem er seine Zuflucht nehmen muß. Beim ersten dauernden Frost werden deßhalb die Zelte im Binnenlande abgebrochen, und in eiligen Märschen strebt die Bevölkerung der Küste und den Inseln zu, die von October oder Anfang November ab für den größten Theil des Jahres zum Aufenthaltsort erkoren werden.

Die ganze Landstrecke von Prince Regents-Inlet bis Frobisherbai wird nach Boas, in drei Theile getheilt: Aggo, Akudnirn und Oko, d. h. das Land über dem Winde, die Mitte und das Land unter dem Winde.

Die Okomiut haben ihre Niederlassungen an den Küsten und auf den Inseln des Cumberlandgolfes und an der Davisstraße. Man unterscheidet im Golfe die Talirpingmiut (von **talirpia** seine Rechte) die Bewohner der westlichen Küsten, die Kinguamiut (von **kingua** sein oberes Ende) die Bewohner des nördlichen Endes, die Kingnaitmiut(?) die Bewohner der mittleren Ostküste, die Saumingmiut (von **saumia** seine Linke) die Bewohner der Südküste. Die Ortsbezeichnungen beziehen sich auf den Golf der Tinikjuarbing: das Große, wo es stark ebbt, benannt und dessen unteres Ende folglich nach Süden verlegt wird.

Zur Zeit, als die Walfischfänger den Golf entdeckten, soll sich die Zahl seiner Bewohner auf 600 belaufen haben. 1857 wurde die Zahl auf 300 geschätzt und 1883 zählte Boas die Talirpingmiut zu 86, die Kinguamiut zu 00, die Kingnaitmiut zu 82 und die Saumingmiut gar nur zu 17 Köpfen. Die Ursache dieser schnellen Verminderung ist außer in der häufigen Sterilität der Frauen und der großen Kindersterblichkeit in den mancherlei Krankheiten zu suchen, die von den Weißen eingeschleppt wurden und noch werden. 1853 brach die Cholera aus und raffte ein Drittel der Ansiedelung von Naujateling fort. 1883 trat zum ersten Male Diphtheritis auf, wodurch Herrn Boas manche Unbequemlichkeit bereitet wurde, da ein Angakok in seiner Anwesenheit die Ursache der Epidemie erkannt haben wollte. Zu dem üblen Umstande, daß die Eskimos keine Mittel zur Bekämpfung der Krankheiten besitzen, kommt die geringe Widerstandsfähigkeit ihres Körpers gegen innere Leiden. Nach den Beobachtungen des Arztes der deutschen Station waren selbst die leichtesten Formen von Halsentzündungen in ihrem Beginn mit hohem Fieber und so auffallendem Verfall der Kräfte verbunden, daß man versucht war, an eine viel erstere Erkrankung zu denken.

Bei den Frauen mag die geringe Bewegung, das andauernde Sitzen während der langen Winterszeit die Schwäche des Körpers verschulden. Bei den Männern muß man das anstrengende Jägerleben in den Unbilden des arktischen Klimas, verbunden mit höchst unregelmäßiger Ernährung — bald tagelanges Fasten, bald übermäßiger Genuß von rohem, vielfach gefrorenem Fleische — dafür verantwortlich machen. Die Hungersnöthe, welche nur allzuhäufig, nicht aus Mangel an Fleisch aber wegen der Schwierigkeit es zu erlangen, entstehen, tragen ebenfalls ihr redlich Theil zur Verminderung der Eskimos bei. „Am häufigsten werden reisende Familien, die mit den neuen Landesverhältnissen nicht vertraut sind, von Nahrungsnoth betroffen. So verhungerte einst eine Reisegesellschaft am Foxbecken, weil sie die Jagdweisen an der flachen Küste nicht kannte und zur unrichtigen Jahreszeit, als das Wild nach entfernteren Gegenden gezogen war, reiches Thierleben daselbst erwartete. In der inselreichen Osthälfte des Binnenseees Nettiling kam einst eine Anzahl Frauen und Kinder vor Hunger um, weil die Männer, welche sich bei der Rennthierjagd zuweit entfernt hatten, die Insel, auf der ihre Hütten standen, nicht wiederfinden konnten. Ganz Aehnliches geschah einer Reihe von Familien, die von Akulik nach Nugumiut reisten, indem sie die Landenge zwischen dem White Bear Sound und der Frobisher Bai überschritten. Als sie nach langwieriger Reise das Meer wieder erreicht hatten, ließen die Männer ihre Familien nahe Kairoliktung zurück und wanderten zu den Nugumiut um einige Männer zu bitten, mit ihren Booten die Bai hinaufzukommen und die Familien abzuholen. Unterwegs wurden sie von Stürmen überfallen und mittlerweile litten die Frauen und Kinder solche Noth, daß sie zur Menschenfresserei gezwungen wurden. Nur wenige entrannen der Bedrängniß jener Tage."

Im Herbst schlagen die Eskimos ihre Wohnsitze an den Küsten des Cumberlandgolfes oder auf den kleinen Inseln nahe der Küste auf. Die Nähe des Landes bietet immer einigen Schutz gegen die gewaltigen Stürme, welche um diese Jahreszeit das Land heimsuchen und die offene See für die leichten Boote unbefahrbar machen. Später im Winter ziehen sie wohl weiter hinaus auf das feste Eis nach Stellen, die gute Gelegenheit zur Seehundsjagd bieten. Zur Zeit existiren noch acht Ansiedlungen im Golfe, wovon vier, Naujateling, Idjurituaktuin, Nuvujen an der Süd- und Südwestküste und Karassuit am Eingang des Nettiling-Fjordes auf die Talirpingmiut entfallen. Ein großer Theil der Bewohner des Nettiling-Fjordes soll einst im Binnenlande an den Ufern des Nettilingsees gewohnt haben. Der See Nettiling, ein großer Binnensee in dem weiten Gebiete zwischen dem Cumberlandgolf und Fox Channel gelegen, besitzt Abflüsse nach beiden Meerestheilen, durch welche er zum Theil mit Booten zu erreichen ist. Wie schon sein Name andeutet — Nettiling — mit Seehunden, von Nettin die Seehunde — ist er reich an diesen unentbehrlichen Thieren und lieferte daher auch im Winter genügende Nahrung. Im Sommer weiden in seiner Umgebung zahlreiche Rennthierheerden, für welche der üppige Graswuchs in den sumpfigen Niederungen des flachen Landes vortreffliche Weideflächen darbietet. Die Entdeckung des Nettiling wird von den Eskimos in die neuere Zeit verlegt, muß aber wahrscheinlich schon bald nach der Besiedelung des Golfes erfolgt sein. Die Eskimos lassen manche Sagen, deren frühere Entstehung nachweisbar ist, sich in der jüngsten Vergangenheit abspielen.

Vor etwa dreißig Jahren war die Lebensweise der Tarlirgpingmiut ungefähr die folgende: Im November versammelten sie sich in der östlichen Bucht des Nettiling und wanderten von dort zum Ausgang des Fjordes um in dessen Umgebung der Seehundsjagd obzuliegen. Im Frühjahr nach der Beendigung der Jungseehundsjagd zog ein Theil auf Schlitten gen Westen, während der Rest wie die übrigen Bewohner des Golfes zum Walfang rüstete. Die ersteren begaben sich zum Nettiling, nahmen dort die im Herbst zurückgelassenen Boote auf Schlitten, überquerten nach kurzer Rast den See und wanderten von seinem westlichen Ende aus über das Hochplateau hinab zum Foxbecken, dessen Küste sie eine Strecke nach Norden verfolgten. Ende August kehrte der Stamm auf einem anderen Wege zum Nettiling zurück, an dessen Ufern bis zum November verweilt wurde. Ausgedehntere Streifzüge in das Küstengebiet des Foxbecken scheinen sie im Allgemeinen nicht unternommen zu haben. Allerdings wird von vereinzelten Reisen nach Igluling, einer Eskimoansiedlung im Nordwestende des Foxbecken berichtet. Um 1800 ging eine Gesellschaft unter Kotuko dorthin, die erst nach drei Jahren zurückkehrte. 1835 kamen drei Bootsmannschaften auf der Reise nach Igluling um. Darunter befand sich eine Schwester der berühmten Hannah (Tukulitu), der Begleiterin Hall's. Ein regelmäßiger Verkehr mit jener Ansiedlung auf Igluling erscheint indessen niemals bestanden zu haben. Der zweite Theil der Bewohner des Nettiling Fjordes ging erst im Juli zum See und kehrte im Herbst schon vor Eintritt des Frostes zurück. Die Bootsfahrten den Fjord hinauf und hinunter sind mit manchen gefährlichen Wagnissen verknüpft, die eine geschickte Führung der gebrechlichen Fahrzeuge erfordern. Fluth und Ebbe erzeugen an den schmalen Durchlässen reißende Strömungen und mächtige Wirbel. An den gefährlichsten Stellen werden die Boote ans Land gezogen und mühsam über die Felsen geschleppt. Vor einigen Jahren schlug ein Boot um, als ein waghalsiger Eskimo bei Springfluth und heftigem Winde eine Enge passiren wollte, und sämmtliche Insassen ertranken.

Heutigen Tages halten die Talirpingmiut wahrscheinlich in Folge ihrer starken Verminderung mehr zusammen. Nur selten lebt noch Jemand im Winter an den Ufern des Sees. Im Herbst werden dort alle entbehrlichen Haushaltungsgegenstände zurückgelassen und man begiebt sich nach dem Ende des Nettiling-Fjordes, wo zunächst die Schneehäuser errichtet werden, und erst im December, wenn die Jagd am offenen Meere erfolgreicher ist, zum Ausgang des Fjordes. Von

Ende März bis Anfang April währt die Jungseehundsjagd und dann beginnt die Frühlingsjagd auf die sich sonnenden Seehunde auf dem Eise. Die Eskimos beschleichen diese scheuen Thiere bis auf Wurflänge, indem sie auf dem Bauche liegend in täuschendster Weise ihre Bewegungen nachahmen. Bis zum Mai sind alle Eskimos mit Fellen für die Sommerkleidung versehen. Alsbald rüstet man eifrig zur Fahrt nach dem See. „Die weiten Reisen, welche hier unternommen werden, bewirken, daß diese Eskimos mehr als irgend ein anderer Stamm der Führung eines Einzelnen folgt.

Nach alten Ueberlieferungen darf man annehmen, daß früher fast alle Stämme einen Pimmain, d. h. Jemanden, der Alles am besten versteht, ein Stammesoberhaupt besessen haben, dessen Machtbefugnisse jedoch recht gering waren. Vermuthlich beschränkten sich dieselben darauf, daß der Pimmain die Zeit für den Umzug oder für andere öffentliche Angelegenheiten angab, daß nach seinem Beschlusse gewisse Feste gefeiert wurden und Aehnliches. Heute sind solche Vorrechte eines Einzelnen nur in wenigen Fällen anerkannt, und vermuthlich spielt die Persönlichkeit dabei eine große Rolle. So hat ein Mann Aujang in Tununirn seine Autorität bis heute bewahrt. Ebenso führt ein Eskimo Kunung, die Akudnirmiut von Niaxonaujang, die aber trotzdem recht selbständig gegen ihn auftreten, und eine ähnliche Macht übten bis vor kurzer Zeit einige Männer unter den Talirpingmiut. Heute führt sie ganz und gar ein Mann Namens Piarang, ein gutmüthiger und verständiger Eskimo, der durchaus keinen Anspruch auf die Führerschaft erhebt, dessen Entschlüssen die übrigen aber stets folgen."[1])

Zur Reise von der Winteransiedlung Karassuit (die Höhlen) im Ausgang des Nettiling-Fjordes bis Tikerakdjung (die kleine Landspitze) am Nettilingsee, wo die Sommerzelte aufgeschlagen werden, brauchen die Eskimos fünf Tage. Außer den Rennthieren bilden die wilden Gänse einen beliebten Gegenstand für die Jagd. Zur Mauserzeit vermögen die Vögel schlecht aufzufliegen und werden dann leicht in Steinkreise getrieben, aus denen sie nicht wieder entweichen können. Mit ihrem Fleische füttert man die Hunde. Die Männer machen im Sommer

[1]) Boas a. a. O.

weite Jagdausflüge auf dem See und in das Land hinein, während die Frauen zu Hause die Felle bereiten und die Winterkleidung nähen. Zur Erlegung der Rennthiere bedienen sich die Eskimos jetzt wohl allgemein der Feuerwaffen der Weißen, welche an Stelle der Bogen aus Rennthiergeweih mit knöchernen Pfeilen (Taf. III, Fig. 7) getreten sind. Pulver und Blei werden von den Walfischjägern erhandelt. Um Schießmaterial zu sparen kommt noch heute eine listige Methode beim Jagen der Rennthiere in Anwendung. Man treibt dieselben gegen eine lange Reihe hoher Steinmänner, die auf den See hinführt. In der Nähe der Haufen scheuen die Thiere und lassen sich ohne Mühe in den See treiben, wo sie von den Kayaks aus mit Speeren leicht erlegt werden. In derselben Weise wird die Jagd von den Eingeborenen auf König Wilhelmsland betrieben. Diese Stämme, welche noch keine Feuerwaffen besitzen, fangen die Rennthiere im Winter auch in tiefen Schneegruben, die mit einer dünnen Kruste aus Schneetafeln bedeckt werden. Zum Anlocken wird Hundeurin auf die zerbrechliche Decke geschüttet, dem die Rennthiere des Salzgehaltes wegen nachgehen[1]).

Nordöstlich von K'arassuit liegt die größere Insel Imigen und 60 Kilometer weiter nördlich Anarnitung, die beiden einzigen Winteransiedlungen der Kinguamiut, welche den nördlichen Theil des Cumberlandgolfes bewohnen. Im Frühling schlagen die Imigenleute ihre Wohnungen auf der Eisfläche zwischen Imigen und dem an der jenseitigen Küste liegenden Augpaluktung auf, weil die Umgebung ihrer Insel alljährlich von tiefem Schnee bedeckt wird. Im Sommer ziehen sie den auf den Karten als Kingua-Fjord bezeichneten Issortukdjuak (das Große mit trüben Wasser) hinauf, in welchem 1882 bis 1883 die deutsche Polarstation überwinterte. Hier errichten sie ihre Zelte in einigen Nebenbuchten, von welchen aus die Männer das westlich des Penny Plateaus gelegene Hügelland durchstreifen. Die kleinen Gebirgsflüsse, welche sich in diesen Fjord ergießen, sind reich an Lachsen. Mit Vorliebe werden deshalb ihre Ufer zur Ansiedlung gewählt.

Die Kingnaitmiut an der Ostküste des Golfes leben jetzt ausschließlich auf Kekkerten, wo die Walfischfängerstationen einen Haupt-

[1]) Klutschak, als Eskimo unter den Eskimos. Wien 1881. S. 119 u. 131.

anziehungspunkt für die Eingeborenen bilden. Zur Rennthierjagd besuchen sie vom oberen Ende des Kingnait-Fjordes aus die Berglande nordwestlich des Pagnirtung. In denselben Gebieten jagen gleichfalls die Padlimiut von der Davisstraße aus und weiter südlich in dem hohen Berglande von Saumia die Saumingmiut, deren Winteransiedlungen im Fjorde Ugjuktung zu finden sind.

Man sollte glauben, daß die ausgedehnten Reisen der Eingeborenen vielfache Beziehungen und einen regen Verkehr zwischen den einzelnen Stämmen herbeiführen müßten. Dieses scheint jedoch nach Boas Ermittelungen nicht der Fall zu sein. Von den Okomiut sind es einzig die südlichen Talirpingmiut, welche mit den Nugumiut der Frobisher Bai Verbindungen besitzen. Von den Letzteren sind zur Zeit als die Walfischfänger in den Golf kamen, mehrere Familien in den Golf eingewandert und haben sich an die Talirpingmiut angeschlossen. Unter den Saumingmiut ist Niemand, der südlich über Naujateling hinausgekommen wäre. Früher soll ein lebhafter Verkehr zwischen den Padlimiut an der Davisstraße und allen Stämmen des Golfes bestanden haben, der sich jedoch sehr vermindert hat seitdem die Bewohner des Golfes europäische Waaren von den Walfischfängern direkt beziehen. Heute unterhalten diesen Verkehr nur noch die Bewohner von Kekkerten. Für die Okomiut sind die Akudnirmiut Fremde, doch fand Boas bei den letzteren Blechdosen, die von der deutschen Polarstation im Kingua-Fjord herrührten und die somit in kaum einem Jahre den weiten Weg aus jenem Fjorde über Kekkerten den Kingnait hinauf bis Padli und von dort nach Norden gewandert waren. In früheren Zeiten bildeten Eisen und Holz, letzteres von Resolution Island, wo es als Treibholz angeschwemmt wird, hervorragende Handelsartikel, die von den Bewohnern der Davisstraße gegen Topfstein aus dem Inneren des amerikanischen Archipels eingetauscht wurden.

Man trifft unter den Mitgliedern eines Stammes nicht selten einzelne Individuen, die von weit entfernten Ansiedlungen stammen und durch Heirath oder Adoption in jenem aufgenommen sind. Meistens kehren sie im Alter nach der Heimath zurück. Auch die Furcht vor Blutrache treibt manchen zu fremden Stämmen, um Schutz zu suchen.

„Zwischen den fremden Stämmen finden sich seltsame Begrüßungsformen, die nicht dazu angethan sind den Verkehr zu erleichtern. Wenn nämlich ein Mann zu einem Stamme kommt, in dem er Niemanden kennt, muß er folgende Ceremonie über sich ergehen lassen. Die einheimischen Männer stellen sich Ball spielend in eine Reihe auf, aus der ein Einzelner hervortritt und dem Fremden entgegen geht, der ihn mit untergeschlagenen Armen und seitwärts gesenktem Kopfe erwartet. Er empfängt geduldig eine mit voller Kraft gegebene Ohrfeige, die er dann ebenso zurück zu geben hat. Beide Männer erproben so lange ihre Kraft aneinander, bis einer sich als besiegt erklärt. Ein zweiter Kampf muß noch von dem Fremden bestanden werden, indem er selbst und ein Einheimischer sich gegenübersetzen und mit gekrümmten Armen einander vom Flecke zu ziehen suchen. Es scheint, daß der Unterliegende bei beiden Kämpfen in gewissem Sinne in die Gewalt des Siegers kommt, der das Recht hat, den Besiegten zu tödten. Wenigstens wird von verschiedenen Fällen berichtet, bei denen der unterlegene Ankömmling ermordet wurde. Deshalb und weil bei einzelnen Stämmen, z. B. den Sinimiut der Pellybay gefährliche Zweikämpfe im Gebrauche sind, werden Berührungen mit fremden Eskimos sehr gefürchtet und die Wanderungen bleiben auf Stämme beschränkt, deren Sitten und Gebräuche bekannt sind und bei denen freundliche Aufnahme erwartet werden darf."

„Bei den einander zunächststehenden der oben besprochenen Stämme fallen diese Begrüßungsformen fort, so zwischen den Padlimiut und Akudnirmiut, während ein in Oko unbekannter Nugumio oder Akudnirmio die Ceremonie durchzumachen hat. Es liegt dies jedenfalls daran, daß zwischen benachbarten Stämmen so viele verwandtschaftliche Beziehungen bestehen, daß kein Mitglied eines Stammes dem andern ganz fremd ist." [1])

Kriegerische Unternehmungen der Stämme gegen einander gehören zu den Seltenheiten. Wenn sie aber vorgekommen sind, liegen die Beweggründe meistens in der Blutrache. In manchen Fällen werden Feindseligkeiten zweier Stämme gegeneinander durch Zweikämpfe ein-

[1]) Boas a. a. O.

zelner Mitglieder ausgeglichen. Die Verwundung eines Kinnipetu-Eskimo bei einem Scheibenschießen der Aivilliks, dem ersterer als Gast beiwohnte, veranlaßte die Kinnipetus von den Aivilliks einen Schadenersatz zu verlangen. Als dieser verweigert wurde, erwählten sie aus ihrer Mitte drei Männer, die drei Männern der Aivilliks als Vertreter des ganzen Stammes die Fehde erklärten. Jede dieser sechs Personen konnte fortan die Grenze der aneinanderstoßenden Jagdgründe nur auf die Gefahr seines Lebens hin überschreiten. Die übrigen Mitglieder beider Stämme lebten indessen in Frieden weiter miteinander[1]).

Den Wanderungen der Eskimos im Sommer angemessen, bestehen ihre Wohnungen in dieser Jahreszeit aus leicht versetzbaren Zelten. Das Gerüst derselben bilden sechs bis acht an den Kreuzungsstellen mit Riemen fest verbundene Stangen aus Holz oder Walfischrippen, über welche sich die aus zusammengenähten Seehundsfellen hergestellte Zeltwand ausspannt. Am Boden verhindern aufgelegte Steine das Lüften der Bekleidung durch den Wind und das Eindringen der Kälte. Den Eingang schützen übergreifende Vorhänge. Das nöthige Licht empfängt die enge Behausung durch dünn geschabte Felle oder gespannte Gedärme, die in die Zeltdecke eingenäht sind. Der Grundriß des Zeltes ist annähernd rechteckig mit polygonalem Abschluß an der dem Eingang gegenüber liegenden Seite. — Dieser hintere Raum stellt die eigentliche Wohn- und Schlafstätte der Familie dar, die Zeltdecke erhebt sich daher hier etwas höher, wie im vorderen Theile und der Boden ist zur Abhaltung der aufsteigenden Feuchtigkeit mit Seehundsfellen und bisweilen auch mit Brettern ausgekleidet. Der längliche Raum vom Eingang bis zur Lagerstätte, von derselben durch die Lampen getrennt, dient als Aufbewahrungsort für die Vorräthe an Fleisch, Fischen und Thran, welche — der letztere in großen Lederschläuchen — dort rechts und links am Boden lagern. Dieser primitiven Speisekammer verdankt die Behausung jene pestilenzialischen Gerüche, die dem Eintretenden entgegen strömen. Im Hochsommer, wenn häufig ein reichlicherer Vorrath von Fischen dort aufgehäuft ist, als die Familie zur Zeit verzehren kann, sind diese Düfte für eine europäische Nase geradezu unerträglich.

[1]) Klutschak a. a. O. S. 227.

Nahe den Lampen liegt das Kochgeschirr, heutigen Tages ausschließlich Blechgeschirr, die alten Steingefäße sind im Cumberlandgolf verschwunden. Hier und da sieht man im Vorderraume auch wohl eine Kiste mit den kostbarsten Schätzen des Hausvaters: eiserne Werkzeuge, kleine runde Spiegel, wie sie die Matrosen gebrauchen, eine Porzellankanne, Blechflöte oder gar eine Handharmonika; alles Dinge, die von den Walfischfängern gegen Felle und Thran oder für geleistete Dienste als Zahlung in Tausch gegeben werden.

Zwischen dem Vorrathsraume und der Wohnstätte sind die Thranlampen eingeschoben. Man könnte sie besser Thranöfen oder Thranheerde nennen, da sie zu Koch- und Heizzwecken eigentlich mehr bestimmt sind, als zur Beleuchtung. Die Gefäße dieser Lampen sind rechteckige, auch wohl halbmondförmige Tröge aus Speckstein, etwa 40 Centimeter lang und 15 Centimeter breit. An ihren, dem Wohnraume zugekehrten Längenseiten liegt ein aus verfilzten Bastfädchen gefertigter Docht, der die Nahrung für seine zahlreichen Flämmchen aus der Thranfüllung der Tröge saugt, die wiederum durch ein darüber hängendes Stück geklopften Seehundsspeckes erneuert wird.

Die strahlende Wärme der Flämmchen bringt den Thran des Speckes zum Ausfließen und Abtropfen. Der steten Unterhaltung der Flämmchen durch Aufmunterung des Dochtes mit kleinen Stäben haben die Frauen eine besondere Aufmerksamkeit zu widmen. Während der Nacht wird die Hälfte der Flammen gelöscht. Durch die Walfischfänger erhalten die Eskimos heute die bequemen Zündhölzchen, die sie der Sparsamkeit halber vorsichtig spalten. Früher bediente man sich des umständlichen Verfahrens der Feuererzeugung durch Reibung. Ein harter Stab wurde aufrecht zwischen zwei weiche Hölzer geklemmt und durch das Auf- und Abwickeln eines dünnen Riemens in schnelle Drehung versetzt. Das untere zugespitzte Ende bohrte sich in den auf der Erde liegenden Stab. Nach langer Drehung bringt die Reibung schließlich die Bohrspähne zum Glimmen. Zu dieser Arbeit waren zwei Personen erforderlich, wie man aus einer Abbildung bei Rink, Eskimoiske Eventyr og Sagn S. 201, ersehen kann.

Ueber der Lampe erhebt sich ein leichtes hölzernes Gerüst, an welchem die Kochgefäße hängen. Ein Topf zum Schmelzen des Schnees darf hier im Winter niemals fehlen. Derselbe muß häufig gefüllt werden, denn der schmelzende Schnee liefert nur eine geringe Wassermenge. Daneben dient das erwähnte Gerüst zum Auflegen feuchter Kleidungsstücke. Handschuhe und Strümpfe werden des Nachts darauf ausgebreitet.

Während des kurzen Sommers bieten diese engen Zelte Obdach und hinreichenden Schutz für eine Familie. Der Nachtheil der dunstigen Behausung für die Gesundheit wird durch den häufigen Aufenthalt im Freien leicht wieder ausgeglichen.

Eine geräumigere Wohnung wird erst Bedürfniß, wenn die herbstliche Witterung die Familie mehr und mehr an das Haus zu fesseln beginnt. Im Herbst nach der Rückkehr von der Rennthierjagd vereinigen sich mehrere Familien zum Bau eines Wohnhauses aus dem Material ihrer Zelte. An die halbkreisförmige Fläche der erhöhten Lagerstätte schließt sich der rechteckige Vorraum. Ueber das Ganze, von einem festgefügten Stangengerüste getragen, breitet sich die Zeltwand aus, deren Saum am Boden mit schweren Steinen belastet wird. Die Zeltwandung besteht aus einer doppelten Lage von Fellen mit einer Zwischenlage von Haidegestrüpp und Moos. Starke Schneemauern schützen die Wände gegen den Wind. Im Vorraum scheiden zwei Steinreihen den Flur, der vom Eingange auf die Lagerstätte führt, von den Vorrathsräumen zur Rechten und Linken. Diese finden ihren Abschluß durch die Lampen vor dem Lager. Letzteres, wie die Vorrathsräume, liegen um 30 bis 50 Centimeter höher, als der mittlere Gang, so daß sie von der kalten Luft, die durch die Thüröffnung eindringt und am Boden hinzieht, nicht berührt werden. Die Vorräume, welche den Eingang vor der windigen Zugluft schützen, sollen bei Gelegenheit der Schneehäuser beschrieben werden. Die Familienwohnungen sind bei den Eskimostämmen nach der Form verschieden, während der Grundgedanke der Anlage — die im Hintergrunde erhöhte Lagerstätte, der Flur, den ein langer, niedriger Gang mit der Außenwelt verbindet — überall derselbe bleibt. Erdhöhlen, ebenfalls in dieser Art gebaut, die nach den darin gemachten Funden bis in neuere Zeit bewohnt gewesen sein müssen, entdeckte die zweite deutsche Nordpolarexpedition auf der Sabineinsel an der ostgrönländischen Küste. Das westgrönländische steinerne Haus zeigt im Grundriß ein langgestrecktes Rechteck. Die Schlafstellen liegen alle an einer Seite. In Alaska und am Mackenzie sind die Häuser quadratisch, an drei Seiten mit Alkoven, an der vorderen Seite der Eingang. Eine Eigenthümlichkeit dieser Häuser ist der „Itsark", ein kegelförmiges Zelt, das im Frühjahr auf der Decke des aus Schneeplatten erbauten Thürganges errichtet wird und dann als Rauchfang für die Küche dient, die man um jene Zeit aus dem Wohnraume dorthin verlegt. Die Verlegung wird durch den Umstand bedingt, daß diese Eskimos keine specifischen Seehundsjäger sind und aus Mangel an Thran soviel wie möglich Haidekraut und Reisig brennen, deren Rauch im Wohnraume nicht zu ertragen sein würde. Vollständig aus Schnee erbaute Häuser werden von den Stämmen östlich des Mackenzie an der amerikanischen Nordküste und auf den Inseln des Archipels gebraucht, im Cumberlandgolf während der kältesten Zeit, etwa Ende Dezember bis März. Diese anscheinend einfachen und doch mit viel Kunst und Ueberlegung ausgeführten Bauten sind ein beredtes Zeugniß für die Intelligenz ihrer Bewohner und verdienen deshalb etwas ausführlicher beschrieben zu werden. Das Material wird der Schneedecke an solchen Stellen entnommen, wo die Stürme die feinen Crystalle so fest in einander getrieben haben, daß die harte Masse mit dem Messer geschnitten werden muß. In früherer Zeit bediente man sich hierzu langer knöcherner Werkzeuge in Art großer Falzbeine (Taf. 4 Fig. 6), neuerdings meist eiserner, im Tausch erhandelter Messer europäischen Ursprungs. Die trapezförmigen Schneequadern, etwa 15 Centimeter dick und 40 Centimeter lang und breit, werden zu einem Kuppelgewölbe von Bienenkorbform zusammengesetzt; und zwar nicht Schicht um Schicht über einander, sondern so, daß die Horizontalfugen eine Schneckenlinie bilden, die am Boden beginnt und am Schlußstein der Decke endigt. Nur dadurch ist es möglich, das Gewölbe in seinen oberen, geneigten und schließlich horizontalen Theilen ohne Lehrgerüst zu bauen, da jeder neue Quader an den vorhergehenden genügenden Halt findet. Wir haben hier somit die kühnste Gewölbe-Konstruktion der italienischen Renaissance und vielleicht schon aus einer Zeit stammend, da die griechische Kunst den ersten schüchternen Versuch am Schatzhause des Atreus machte.

Zwei solche an einander schließende Kuppeln (Taf. I Fig. 2, 3, 4) verbinden sich zu einer Wohnung, deren Größe sich nach der Anzahl Personen richtet, die darin hausen sollen. Seitlich lehnen sich kleinere Anbauten aus demselben Material zur Aufbewahrung von Jagdgeräthen und Kleidungsstücken an.

Ein 50 Centimeter tiefer Kanal führt von Außen durch die Vorhalle bis etwa in die Mitte des Wohnraumes, wo er vor der Schlafstätte endigt. Durch den Kanal wird der Eingang unter das Niveau der Schlafstätte gelegt und dadurch das Eindringen der kalten Luft in dieselbe, sowie das Entweichen der oberen warmen Luft geschickt verhindert. Die niedrige Thür, durch welche man nur auf allen Vieren in das Innere der Häuser gelangen kann, schließt man Nachts durch eine Schneetafel. Ebenso wie im Zelte stehen rechts und links vor der Schlafstelle die Lampen. Die Oeffnungen der Vorrathshäuser sind nicht am Boden, sondern etwa in Armhöhe angebracht, um den Hunden den Eingang zu verwehren.

Der Aufenthalt in diesen Schneehäusern ist im Allgemeinen ganz behaglich. Eine Temperatur von 13 bis 15 Grad läßt sich in einem mittelgroßen Hause durch zwei Lampen ganz gut erzielen. Die durch das allmälige Schmelzen der inneren Wandfläche sich bildende Feuchtigkeit wird anfangs von der porösen Schneemasse aufgesogen und bewirkt deren langsame Vereisung. Die Vereisung der Wände führt jedoch zwei Uebelstände mit sich. Einmal durch das Schmelzwasser, welches theilweise zwar unschädlich an den Wänden niederrinnt und sich im Boden verliert, in der Mitte jedoch an kleinen Unebenheiten der Decke zur Bildung von Tropfen neigt, welche beim Niederfallen allerhand Unheil anstiften können. Hier gerathen sie in die Lampen und drohen die Flammen der Dochte knisternd auszulöschen, dort werden die großen Schlafdecken, die schwer wieder zu trocknen sind, befeuchtet. Am Ende fallen sie gar dem sanft Schlummernden kalt und boshaft auf die Nase. Solchen unliebsamen Vorgängen muß eine sorgsame Hausfrau rechtzeitig vorbeugen. Ein Häufchen Schnee an die verdächtige Stelle gebracht, genügt für längere Zeit, die Wasseransammlungen aufzusaugen und kann immer leicht erneuert werden. In großen Schneehäusern behängt man die Wände zur Abhaltung der Wärme mit Fellen.

Der zweite Uebelstand einer vereisten Wohnung ist die schnelle Luftverschlechterung. Die langsame gleichmäßige Erneuerung der Luft durch die porösen Schneewände hört auf. Man sucht sie durch Ventilationsöffnungen in der Decke, die aber nach der jeweiligen Windrichtung zu verlegen sind, zu ersetzen.

Auch in Bezug auf Reinlichkeit sind die Schneehäuser den Zelten vorzuziehen. Der öftere Wechsel der Wohnungen — ein Schneehaus hält sich höchstens ein bis zwei Monate — läßt schon keine große Schmutzansammlungen zu, da aller Abfall im alten Hause zurückbleibt. So wenig reinlich die Eskimos im Allgemeinen sind, so sehen sie doch mit peinlicher Sorgfalt auf das Fernhalten von Feuchtigkeit und Schnee von ihren Lagerstätten. Betritt man mit Schneeflocken im Anzuge eine Wohnung, so kann man sicher sein, sanft wieder hinaus geschoben zu werden, ehe man noch den Versuch gemacht hat, sich zu setzen. Im Vorderraum beginnen alsdann die Frauen, sorgfältig jedes Flöckchen zu entfernen und bevor das nicht geschehen ist, darf man nicht bei ihnen Platz nehmen. Nach Boas sollen sich übrigens die Bewohner der Küsten des Cumberlandgolfes den Ansiedlern der Davisstraße gegenüber durch Sauberkeit auszeichnen und sind sich dieser Tugend auch voll bewußt, denn als er ihnen von dem Unrath in den Wohnungen jener Eskimos erzählte, erwiderten sie lachend: „Ja, dort ist man schmutzig. Wir sind wie die reinlichen Möwen, die ihre Nahrung wohl aus dem Thran heraussuchen müssen, aber sorglich ihre Glieder rein erhalten; jene aber wie die schmutzigen Sturmvögel, die sich unbekümmert um ihr Aeußeres in jeden Schmutz hineinsetzen."

Die Kleidung der Eskimos besteht aus einem Jacket mit Kapuze, kurzen, bis zu den Knien reichenden Beinkleidern, Strümpfen und Stiefeln. Sämmtliche Stücke sind aus Seehunds- oder Rennthierfellen sauber gearbeitet. Die letzteren Felle werden ihrer dichten und weichen Behaarung wegen besonders zur Winterkleidung benutzt. Jacket und Beinkleid werden in je zwei Exemplaren übereinander getragen. Das

Unterzeug, welches mit Vorliebe — ebenso wie die Strümpfe — aus den wolligen weichen Fellen der jungen Seehunde gearbeitet wird, liegt mit der behaarten Seite auf dem Körper, der obere Anzug zeigt die Haare auf der Außenseite. Beide Anzüge haben gleichen Schnitt und passen sehr genau übereinander. Das Jacket wird über den Kopf angezogen, vorne und hinten ist es geschlossen. Die Kleidung der Frauen unterscheidet sich von der der Männer durch den Schnitt der Beinkleider, die aus zwei getrennten Stücken bestehen, sowie durch einen bis auf die Fersen hinabreichenden Schurz an der Rückseite des Jackets.

Einiges über die Kleidung der Kinder soll später erwähnt werden.

Die Herstellung der Kleidung ruht ganz in den Händen der Frauen und nimmt deren Thätigkeit fast unausgesetzt in Anspruch. Die zur Verwendung kommenden Felle werden sauber von allen anhängenden Fett- und Fleischtheilen befreit und dann auf dem Moose oder Schnee ausgebreitet und mit kleinen Stäbchen befestigt. Haben Luft und Sonne die genügende Trocknung bewirkt, so reinigt man die Felle nochmals durch sorgfältiges Abschaben der Innenseite mit einem Messer oder rauhem Steine. Die erforderliche Weichheit erhalten sie durch Reiben zwischen den Händen oder mit einem kräftigen Knochen. Zum Zuschneiden bedienen sich die Frauen eines halbmondförmigen Messers. Die einzelnen Stücke wissen sie immer so auszuwählen, daß die Zeichnung der Felle auf Brust und Rücken symmetrische Figuren bildet. Diese Symmetrie in der Zeichnung, sowie breite Streifen dunkleren Pelzes an den Rändern der Aermel und Beinkleider bilden den einzigen Schmuck der Kleidung. Nur einmal bemerkten wir eine junge Eskimofrau, die ihr Jacket besonders herausgeputzt hatte, und zwar mit losen Bändchen aus weißem Fell, die von den Schultern gleich Trodbeln eines Epauletts herabhingen. Diesen merkwürdigen Schmuck hatte sie nach dem Tode ihres Kindes angelegt. Es ist daher nicht ausgeschlossen, daß demselben irgend eine besondere Bedeutung innewohnte. An Stelle des Zwirns werden bei der Pelzbekleidung dünne Sehnenstreifen benutzt, die in der Länge von etwa einem und einem halben Meter sich in der Bauchfaser des kleinen weißen Walfisches (Beluga Catodon) in großer Menge eingewebt finden. Beinerne Nadeln sind wenig mehr in Gebrauch, seitdem die Frauen stählerne Nadeln durch die Walfischfänger in genügender Anzahl erhalten können.

Mit der Frostperiode beginnt für die Eskimos die Zeit des ausschließlichen Seehundsfanges, die bis Ende April oder Mai währt. Im Laufe der Monate September und Oktober pflegen die meisten Familien aus dem Innern des Landes, wo sie der Rennthierjagd und in den kleinen Wasserläufen auch dem Fischfange oblagen, nach dem Golf zurückzukehren und ihre alten Wohnsitze an den Küsten und auf den Inseln wieder in Beschlag zu nehmen. Die Boote werden ans Land gezogen und in Sicherheit gebracht. Der Kayak wird des Ueberzuges entkleidet, damit die Hunde ihn nicht zerreißen und auffressen. Die Eskimos sind das einzige Volk unter der amerikanischen Urbevölkerung, welche ein Fuhrwerk auf festem Grunde besaßen. Dieses Fuhrwerk, der Schlitten, Akkomatik, besteht aus zwei hölzernen Kufen, die durch Querhölzer mit einander verbunden sind und zwar wird die Verbindung durch Riemen hergestellt, deren Elasticität auf unebenem Terrain oder beim Anstoßen gegen Schollen eine geringe Verschiebung der Kufen gegen einander gestattet, was der Haltbarkeit des Schlittens zu Gute kommt. Statt des eisernen Beschlages der Kufen sieht man meistens einen Streifen von Walfischknochen untergenagelt. Vor dem jedesmaligen Gebrauch bespritzt der Eskimo diesen Streifen mit Wasser. Der dadurch erzielte dünne Eisüberzug gewährt eine wesentliche Erleichterung beim Fortkommen. In der Ermangelung anderen Materials ist ein Schlitten auch stets schnell aus zwei Eiskufen mit einer Eisdeckplatte herzustellen. Den Schlitten ziehen drei bis zwölf Hunde, je nach der gerade zur Verfügung stehenden Anzahl. Jeder bekommt ein leichtes Ledergeschirr umgeworfen und zieht an einem besonderen Strang, der zwei bis fünf Meter lang ist. Der längste Strang mißt etwa fünf Meter. An ihm ist der Leithund befestigt, der den übrigen die Richtung angiebt und selber einzig durch Zurufe gelenkt wird. Die Hunde ähneln durch Gestalt, Bildung des Kopfes, sowie durch den buschigen Schweif am meisten unseren Spitzhunden. Was sie jedoch von diesen zu unterscheiden scheint, ist das gedehnte klagende Geheul, das man an Stelle des freudigen Gebelles unserer Hunde ausschließlich von ihnen zu hören bekommt. Ob aber diese Stimmänderung nicht vielleicht eher einer Abweichung im Bau des Kehlkopfes als ihrem gedrückten Gemüthszustande zuzuschreiben ist, wie Herr Schliephake annimmt, wird wohl vorläufig noch unentschieden bleiben.

Allerdings führen diese Hunde ein wahrhaft jammervolles Leben. Ein Hundeleben in des Wortes tiefster Bedeutung. Der Lohn für ihre treuen Dienste, für das anstrengende Schlittenziehen sind ein- oder höchstens zweimalige Fütterung mit den Resten fauligen Fleisches, das der Eskimo nicht mehr zu seiner Nahrung gebrauchen kann, und im Uebrigen Schläge und Fußtritte. Sogar die Knochen der Mahlzeiten werden den Hunden vorenthalten, weil der Aberglaube verbietet, sie ihnen zu überlassen. Kein Wunder daher, daß sie sich mit maßloser Gier auf Alles werfen, was nur einigermaßen freßbar erscheint. Leder ist vor ihnen nicht sicher, altes Tauwerk, die Kadaver ihrer verendeten Kameraden, ja selbst ihren eigenen Koth kann man sie mit Gier verschlingen sehen. Während der strengen Kälte des Winters liegen die Hunde meistens im Freien, seltener suchen sie die Vorhalle der Wohnungen auf, wo sie allerdings geduldet werden. Um sich wenigstens einen leidlichen Schutz gegen den Wind zu verschaffen, scharren sie cylindrische Höhlungen in den Schnee, in denen sie sich niederlegen, während der Wind darüber hinwegstreicht. Zu den Rennthierjagden des Sommers bedarf der Eskimo der Hunde nicht und läßt sie deshalb auf kleinen Inseln im Golf zurück. Hier leben sie von Muscheln und anderen Schalthieren, die zur Ebbezeit am Strande unter den Steinen hervorgesucht werden.

Sobald die See beginnt, sich mit Eis zu bedecken, verziehen die Seehunde an die Eiskante oder sammeln sich in schmalen Wasserstraßen zwischen Inseln und in den Ausgängen der Fjorde, wo das Gefrieren des Wassers durch starke Gezeitenströmungen verhindert wird. Nach diesen Stellen fährt frühmorgens der Jäger auf seinem Schlitten und wartet, oft stundenlang unbeweglich still an einen Eisblock gelehnt, auf das Erscheinen des Wildes, das ihm ein sicherer Schuß überliefern soll. Bei dieser Jagd sind außerordentliche Geduldsproben zu bestehen; so erzählt Hall, daß sich ein Eskimo, Kudlago, eine tödtliche Erkältung dadurch zugezogen, daß er zwei Nächte und einen Tag auf einen Seehund gewartet habe.

Weiter findet sich in seinem Tagebuche: „Ugarog ist soeben von einem Loche zurückgekehrt, das er sechs und dreißig Stunden nicht verlassen hat. Die ganze Belohnung für diese Ausdauer bestand darin, daß er einmal einen Seehund schnaufen hörte. Er trug sein Mißgeschick mit großer Ruhe und sagte bloß: „Morgen früh gehe ich wieder hin." Auch dieses Mal kehrte er mit leeren Händen heim und seine Familie mußte hungern." Das getödtete Thier treibt auf dem Wasser und wird durch eine Harpune oder eisernen Haken auf das Eis gezogen. Wenn es die Strömung jedoch nicht in den Bereich der Harpune bringt, besteigt der Jäger eine treibende Eisscholle und lenkt sie mit einigen kräftigen Stößen des Harpunenschaftes in die Nähe des Kadavers. Ist die Beute endlich in seinem Besitz, so wird sie auf den Schlitten geladen und nach Hause gefahren zur willkommenen Mahlzeit für die Daheimgebliebenen. Nicht immer verläuft die Jagd so glücklich. Schon häufig ist es vorgekommen, daß Stürme und Unwetter die Jäger überraschte, die Scholle, worauf sie sich befanden, löste und von dem festliegenden Eise abtrieb, ehe sie es gewahrten. Dann stehen die Männer wohl rathlos und müssen mit festem Muthe dem Tode des Verhungerns oder Erfrierens entgegensehen, während die Angehörigen zu Hause mit Verzweiflung nach den Ihrigen ausschauen. Wird ein solches Unglück rechtzeitig bemerkt, so mag es gelingen, die Vermißten mit Böten vor dem sicheren Verderben zu bewahren. Zuweilen auch erbarmt sich der Wind und führt die Scholle an eine rettende Küste, von wo sie früher oder später zu den Ihrigen gelangen können. Selbst in so verzweifelter Lage verläßt den Eskimo seine kaltblütige Ruhe und sein Humor nicht.

Vor mehreren Jahren trieben von Kekkerten einige junge Männer auf solche Weise in die See hinaus. Tagelang waren sie ein Spiel des Windes und der Strömungen, welche sie weit den Golf hinaufführten, bis plötzlich der Wind umschlug und sie durch einen merkwürdigen Zufall nach Kekkerten zurücktrug, wo sie glücklich das Land erreichten. Sie hatten während ihrer unfreiwilligen Reise einige Seehunde zur Nahrung gefangen und aus deren Fellen eine nothdürftige Hütte gebaut. Herr Dr. Boas, dessen Schilderungen dieser Vorfall entnommen ist, hat einen Spottgesang aufgezeichnet, den einer jener jungen Männer Namens Utütiak in den Stunden der Gefahr gedichtet und komponirt hatte und der heute überall an den Küsten des Cumberlandgolfes nach einer einfachen munteren Melodie gesungen wird. Derselbe lautet:

Aja. Ei, so ist's wahrlich gut,
So ist's gut!
Ei, so ist's wahrlich gut, ja so ist's wahrlich gut!
So ist's gut.
Aja. Gar schön ist's auf dem Eise,
Hier ist's gut!
Schau her auf meinen Pfad: wie weich er ist, wie naß!
So ist's gut.
Aja. Gar schön ist's auf dem Eise,
Hier ist's gut!
Schau her, mein Heimathland! wie weich es ist, wie naß!
So ist's gut.
Aja. Erblicke stets dasselbe
Rings umher,
Wenn ich mich von dem Lager des Morgens früh erheb',
So ist's gut.
Aja. Ei, so ist's wahrlich gut!
So ist's gut.

Die Frühjahrsmonate April und Mai sind die Zeit für den Fang der jungen Seehunde. Die Thiere werden in Höhlungen unter der Schneedecke des Eises zur Welt gebracht, von welchen ein oder mehrere Gänge nach dem Loche führen, durch das die Mutter die Verbindung mit dem Wasser unterhält. Die Hunde wittern die Lager und jagen in rasendem Laufe darauf zu. Schnell springt der Jäger hinauf und vermag leicht durch Eintreten der Schneedecke den Ausweg in das Wasser zu versperren. Um das Fell nicht zu verletzen, setzt der Eskimo ihm den Fuß auf den Bauch und erstickt es durch anhaltenden Druck. Bisweilen muß der Kadaver des Thierchens noch dazu dienen, die Mutter anzulocken, die dann durch einen sicheren Harpunenwurf für ihre Liebe belohnt wird.

Die bei dem niedrigen Stande der Sonne im Frühjahr fast vollständige Reflexion der Strahlen auf den weiten Schneeflächen verursacht um diese Jahreszeit häufig die unter dem Namen „Schneeblindheit" bekannte schmerzhafte Ueberreizung der Netzhaut. Die Eskimos suchen sich dagegen durch eine hölzerne Brille (Taf. III Fig. 1, 2) zu schützen, bei welcher ein schmaler horizontaler Spalt dem Auge nur das nothwendigste Licht zukommen läßt, während ein weit vorstehender Schirm die direkten Sonnenstrahlen gänzlich abhält. Diese einfachen Instrumente beschlagen nicht wie die Brillen aus gefärbtem Glas oder Drahtnetzen. Es würde sich deshalb empfehlen, dasselbe System bei Polarexpeditionen anzuwenden. Der Apparat bewahrt auch die Nase, welche in einem Ausschnitte liegt, vor dem Erfrieren.

Zum Fange der Seehunde und Wale im offenen Wasser besitzt der Eskimo ein besonderes Jagdboot, den „Kayak" Das fischförmige Holzgestell dieses leichten Bootes, das ein kräftiger Mann bequem fortzutragen vermag, ist mit einem wasserdichten Ueberzug aus Seehundsfellen überzogen, welcher oben in der Mitte eine einzige Oeffnung enthält, groß genug, daß sich der Jäger, seine Beine unter das Deck vorausstreckend, darin niederlassen kann. Von hier aus bewegt er mit einem Doppelruder das gefällige Fahrzeug schnell und gewandt nach jeder beliebigen Richtung. Auf dem Verdeck liegen wohlgeordnet die Jagdgeräthschaften, durch Riemen und Schleifen gehalten. Vor ihm der „Ihimak" oder Tukak (Taf. II Fig. 1, 2, 3), der große Wurfspeer für Seehunde und Wale, dessen Spitze durch einen Walroßzahn oder das Horn des Narwals gebildet wird. Die eigentliche Harpune, „Naulak", aus Walroßzahn geschnitten und mit einer eingesetzten dreieckigen Spitze aus Eisen, ruht, so lange sie nicht im Gebrauch ist, in einem hölzernen Futteral, Kinailissanga (wörtlich: das Mittel, es nicht ohne Schneide zu machen). Zur Benutzung wird die Harpune auf das Ende des Zahnes gesetzt und mit Riemen fest angezogen. Die Fortsetzung des Riemens liegt aufgerollt in einem hölzernen, tellerförmigen Vorsatz in der Mitte des Vordertheils des Kayaks, während das andere Ende mit einem zu einer Boje aufgeblasenen Seehundsfell auf dem Hintertheil des Schiffes verbunden ist. Ist ein Wurf geglückt, so löst sich vom Schaft der mit Riemen gelenkartig eingesetzte Zahn und in Folge dessen die Harpunenspitze von letzterem und bleibt im Bauche des Thieres sitzen. Der Riemen läuft ab und zieht die Boje mit sich fort. Letztere zeigt den Weg, den das verwundete Thier nimmt, hindert es am Tauchen und schnellen Entweichen. Ist es schließlich mit den übrigen Harpunen vollends getödtet, so wird es ins Schlepptau genommen und ans Land gebracht. Zuvor schließt man jedoch die von der Harpune verursachte Wunde mit beinernen Nadeln, welche durch die Wundränder gezogen werden, um das Ausfließen des kostbaren Blutes zu verhindern. Ein ledernes Täschchen mit solchen Nadeln zeigt Fig. 3 auf Taf. III.

Zum Fangen der großen Wale umringen mehrere Kayaks mit kühnem Muthe das gefährliche Thier und befestigen so schnell als möglich ihre sämmtlichen Bojen in der bezeichneten Weise an demselben.

Der Wurfspieß für Enten, Nuing (Taf. II Fig. 4, 5), besitzt außer einer beinernen Spitze am Ende drei mit Widerhaken versehene Ausläufer in der Mitte des Schaftes. Ist die Vorderspitze unschädlich vorbeigeglitten, so bieten die hinteren noch die Möglichkeit, das Thier mit Hals oder Flügeln an den Schaft zu klemmen. Um den Speer mit solcher Gewalt schleudern zu können, daß er bis zur Mitte in das Wasser taucht, wird er mit dem hinteren Ende in ein eigenthümliches Handholz von etwa 45 Centimeter Länge eingelegt, wodurch der Hebelarm der Kraft um dieses Stück vergrößert wird.

Eine alte Lanzenspitze aus Knochen zeigen Fig. 4 und 5 auf Taf. III in der Vorder- und Rückansicht, Fig. 7 auf Taf. II eine solche mit eingesetzter eiserner Schneide. Zugleich ist in dieser Figur die Art der Befestigung dieser Spitze mittels Riemen an dem ebenfalls beinernen Schaft zu erkennen. Beide Lanzen sind heute nicht mehr im Gebrauch. Die Spitze der ersteren stammt augenscheinlich aus einer Zeit, in welcher eiserne Schneidewerkzeuge noch unbekannt waren. Man sieht an dem Orginal, daß die Nuthen auf der Rückseite, in welche die Befestigungsriemen eingelassen wurden, durch eine Reihe neben einander liegender Löcher hergestellt sind. Diese Löcher sind wahrscheinlich mit einem spitzen Feuerstein oder dergleichen eingebohrt. In Fig. 6 Taf. II ist eine Harpune mit langer knöcherner Spitze dargestellt; zwei solcher liegen gewöhnlich auf dem Hintertheile des Kayaks.

Nächst der Rennthierjagd ist der Lachsfang die Hauptbeschäftigung des Eskimos in der kurzen Sommerszeit. Diese Fische, welche in zahllosen Schaaren die nördlichen Meere zu bevölkern scheinen, ziehen im Frühjahr zum Laichen die Flüsse und kleinen Wasserläufe hinauf und kehren im Laufe des Sommers in das Meer zurück. Mit gespreizten Beinen an den schmalen untiefen Stellen der Flüsse stehend, lockt der Eskimo die Fische durch kleine aus Walroßzahn geschnitzte Fische oder Rennthierzähne an, die er an dünnen Fädchen im Wasser spielen läßt. Naht sich ein Lachs, so fährt mit schnellem kräftigen Stoße der Ukadluneung, eine dreizackige Harpune (Fig. 5 Taf. III) hernieder und spießt das Thier auf seine mittlere Spitze. Die seitlichen Zacken sind mit Widerhaken versehen, die den Fisch festklemmen.

Zur sicheren Handhabung der Waffen ist eine Geschicklichkeit erforderlich, die nur durch langjährige Uebung erworben werden kann. Frühzeitig muß sich daher der Knabe mit ihnen vertraut machen, wenn er als Mann in den harten Kämpfen bestehen will, ohne welche jene karge Natur sich die Mittel zu seinem und der Seinigen Unterhalt nicht entreißen läßt.

Hat der Jüngling den Beweis geliefert, daß er im Stande ist, mit kräftigem Wurfe den Seehund in seinem Athemloche zu harpuniren und das schnelle Rennthier zu erlegen, so darf er auch an die Gründung eines eigenen Haushaltes denken. Die Eskimos heirathen frühzeitig, die Männer um das siebzehnte, die Mädchen häufig schon im vierzehnten Lebensjahre. Schon bei der Geburt werden die Kinder für einander bestimmt, so daß immer dem jüngsten Knaben das letztgeborene Mädchen anverlobt ist. Besondere Zeremonien scheinen mit der Hochzeit nicht verbunden zu sein, doch soll der junge Mann die Verpflichtung haben, den Schwiegereltern ein Geschenk zu machen, das in der Regel in einigen Hunden und erbeuteten Fellen besteht und wahrscheinlich eine Entschädigung für den Verlust an Arbeitskraft darstellt, den der elterliche Haushalt durch den Fortgang der erwachsenen Tochter erleidet. Ein gewisses Eigenthumsrecht, das den Eltern an ihrer Tochter nach deren Verheirathung noch verbleibt, läßt der Umstand erkennen, daß der Ehemann in den weitaus meisten Fällen zur Familie seiner Frau und damit auch in deren Stamm übertritt. Erst nach dem Tode der Eltern folgt die Frau ihrem Gatten in dessen Heimath.

Klutschak erwähnt die Tätowirung der Frauen als Zeichen der Ehe bei den Eingeborenen der Nordküste Amerikas. Im Cumberlandgolf muß diese Sitte in jüngster Zeit aufgehört haben, wenigstens konnte man nur bei älteren Frauen eine Bemalung der Gesichter bemerken.

Recht umständlich waren die Eheschließungen heidnischer Eskimos in Labrador. Die Anfrage des Bräutigams in spe bei den Eltern der Braut war eine ziemlich ausführliche. Die Besprechungen für und wider währten oft wochenlang. Ehe ein Beschluß von den Eltern gefaßt war, durfte keine Anfrage an die Auserlesene gerichtet werden, die ihre Zusage gewöhnlich in den Worten abgab: „egi-punga“ d. h. „ich werfe mich weg“. Sie zog sodann die Kapuze über den Kopf, ließ den Bräutigam mehrere erfolglose Versuche machen, sie in sein Haus zu holen, bis sie endlich den Bitten der künftigen Schwiegermutter, zu ihr ins Haus zu kommen, nachgab. Die junge Frau pflegte acht bis vierzehn Tage mehr oder weniger ununterbrochen zu weinen, dem der junge Ehemann oft durch Schläge vergeblich ein Ende zu machen suchte. Dieses Prügeln ist sprichwörtlich geworden, man kann noch jetzt von mißvergnügt lebenden Ehepaaren sagen hören: „sie zanken sich wie junge Eheleute.“[1])

Die erwähnte, aller symbolischen Handlungen bare Art der Eheschließung steht vollkommen im Einklang mit der ganzen Auffassung des ehelichen Lebens der Eingeborenen, wie es sich in ihren Sitten zu erkennen giebt. Die Polygamie ist gestattet, kann jedoch wegen der geringen Ueberzahl der Frauen über die Männer und wegen der Schwierigkeit des Unterhaltens mehrerer Frauen nur selten vorkommen. Umgekehrt dürfen zwei Männer auch eine Frau gemeinsam haben.[2]) Der Ehemann hat das Recht, eine Frau, die ihm auf die Dauer nicht zusagt, insbesondere nicht den nöthigen Fleiß nnd die Geschicklichkeit zur Anfertigung der Kleider besitzt, ihren Eltern zurückzugeben. Frauentausch gehört ebenfalls nicht zu den Seltenheiten.

Der Kinguamio Okeitung, den die deutsche Polarstation für die

---

[1]) Aus brieflichen Mittheilungen des Herrn Pastor Elsner in Bremen, früher Prediger der Brüdergemeinde in Labrador.

[2]) Waitz, Anthropologie S. 308.

Dauer ihres Aufenthaltes in Baffinland in Dienst genommen hatte, nahm nach dem Tode seiner zweiten Frau ein junges Mädchen Namens Avinga als Gattin zu sich, vertauschte sie jedoch schon nach wenigen Monaten gegen ihre Schwester, die bis dahin mit einem anderen Eskimo in Ehegemeinschaft gelebt hatte.

Die Frauen werden übrigens gut behandelt, wenigstens erhalten sie keine Schläge, über deren Mangel sich die Frauen aller unkultivirten Völker sonst nicht beklagen können. Man darf jedoch nicht übersehen, daß in den Prügeln, die eine Frau von ihrem eifersüchtigen Gatten erhält, nächst dem Zorn auch liebevolle Theilnahme für das moralische Wohlergehn der besseren Hälfte zum Ausdruck kommt. Der Eskimo steht hingegen dem sittlichen Lebenswandel des weiblichen Geschlechts mit Gleichgültigkeit gegenüber. Die Frauen lassen sich kaufen, verkaufen, vertauschen, verleihen und entehren, ohne daß die Männer sich viel darum kümmern. Erstere haben infolgedessen jede Zurückhaltung und Treue verloren. Petitot weist zur Erklärung dieses Verhältnisses auf die Möglichkeit hin, daß die Frauen einer unterworfenen Bevölkerung angehört haben könnten, welche die Innuits mit sich verschmolzen haben, indem sie die Frauen und Mädchen zu ihren Weibern nahmen, an denen jedoch der Charakter des Gemeingutes haften blieb, der dann im Laufe der Zeit auf das ganze Geschlecht überging. Petitot will auch körperliche und sprachliche Merkmale für eine Rassenverschiedenheit zwischen Männern und Frauen bemerkt haben. Als richtig dürfte diese Erklärung indessen wohl nur dann angenommen werden, wenn sie in den bisher nur wenig bekannten historischen Ueberlieferungen der Eskimos Bestätigung fände. Einfacher erscheint die Annahme, daß sich das sexuelle Leben der Eskimos noch auf der Entwicklung von Geschlechtsgenossenschaft zur Ehe befindet.

Ein Brauch, der mit dem Frauentausch verwandt ist, kommt bei einer religiösen Feier zur Ausführung, die später beschrieben werden soll.

Die leichte Adoption fremder Kinder bei Eskimofamilien läßt sich aus den oben geschilderten Verhältnissen ebenfalls verstehen, wenn man annimmt, daß ihnen zufolge die Kinder gewissermaßen als gemeinsames Eigenthum betrachtet werden, für dessen Wohlfahrt nach Kräften zu sorgen, ein Jeder in gleichem Maaße verpflichtet ist. Als große Kinderfreunde werden die Eskimos von allen Reisenden gerühmt. Körperliche Züchtigung kommt als Erziehungsmittel niemals in Anwendung, ebensowenig wie harte Scheltworte, dagegen scheinen die Kinder sich auch gerade keiner hervorragenden Unarten zu befleißigen. Fremden gegenüber sind sie scheu und halten sich bescheiden zurück. In Begleitung ihrer Eltern kamen im Sommer häufig Kinder zur Station und in den Proviantraum. Man konnte ihnen kein größeres Vergnügen bereiten, als durch ein Stückchen Schiffszwieback, das zuvor in das Syrupsfaß getaucht war. Die kleinen braunen Gesichtchen strahlten dann vor heller Freude und mit einem aufrichtigen „kuyonamik" sprangen sie davon, um den köstlichen Bissen im Freien zu verzehren. Die Kinder vergelten die sorgliche Liebe der Eltern durch Achtung und Gehorsam und folgen den Weisungen der Alten auch als Erwachsene unbedingt. Für den Unterhalt der alten und schwachen Leute sorgen die Jüngeren in aufopfernder Weise. Bei den gemeinsamen Mahlzeiten werden die Greise und Wittwen zuerst bedacht, so lange überhaupt noch ein Stück Fleisch im Hause ist.

In dieser durch Erziehung und Sitte bedingten hohen Achtung vor dem erfahrenen Alter wird man wohl zum Theil die Erklärung für die anscheinend fehlende richterliche Gewalt suchen müssen.

Im grellen Gegensatze zu den erwähnten edlen Charakterzügen steht das Verhalten der Eskimos Sterbenden gegenüber. Neigt sich die Krankheit eines Familienmitgliedes zum Schlimmeren und sieht der Angekok sich außer Stande, durch Zauberei und geheimnißvolle Gesänge den bösen Geist zu verscheuchen und muß er den Kranken dem Tode zusprechen, so wird der Sterbende unbarmherzig aus der Wohnung und der Umgebung seiner Familie entfernt. Im Winter errichtet man ihm ein kleines Schneehaus, im Sommer ein dürftiges Zelt, eben groß genug, um seinen Körper vor Wind und Regen zu schützen.

„Niemand wagt sich zu ihm, um nicht mit der Leiche in Berührung zu kommen. Alles, was der Todte benutzt hat, wird unbrauchbar für die Lebenden; das Zelt, in dem er starb, seine Geräthe, die Kleidung, welche Jemand trug, der mit dem Todten in Berührung kam: alles fällt der Vernichtung anheim. Die Häuser, in denen der Todte einst gemeinsam mit den Ueberlebenden wohnte, werden verlassen und fallen der Gier der Hunde zur Beute, welche sie bald niederreißen und die Felle, aus denen sie erbaut sind, zerfressen. Nur die nächsten Verwandten müssen drei Tage lang in der Hütte wohnen, ohne dieselbe zu verlassen, um über den Todten zu trauern. Drei Tage nach dem Hinscheiden umschwebt der „Tupilak", die Seele des Verstorbenen, den todten Körper, um erst dann hinabzusteigen zu Sedna's Wohnung, wo er ein Jahr lang weilt.

Während dieser Tage darf kein Jäger ausziehen, kein Hund darf vor den Schlitten gespannt werden, keine Arbeit darf verrichtet werden und selbst in strengen Hungerszeiten gehorchen die Eskimos dem strengen Gebote. Der Leichnam wird sogleich nach eingetretenem Tode auf den Schlitten gelegt und unter Steinen begraben, oder auch nur an einen entfernten Ort getragen. Mitunter bringen ihm die Eskimos im Laufe des Jahres Nahrung, die der dankbare Geist des Todten hundertfach zurückgeben wird." [1])

Nach persönlicher Mittheilung eines seit Jahren unter den Eskimos weilenden Walfischfängers muß der einmal ausgesetzte Kranke, wenn er trotz aller Weissagung des Angekok die Gesundheit wiedererlangt, bei der Rückkehr zum Stamme einen neuen Namen annehmen und wird als ein neues, fremdes Mitglied betrachtet.

Will man für die vorstehend geschilderten, seltsamen und strengen Gebräuche bei Sterbefällen eine natürliche Erklärung suchen, so läßt sich annehmen, daß sie ihr Entstehen einer dunklen Vorstellung der möglichen Krankheitsübertragung durch Personen und Sachen verdankt, die mit dem Kranken in Berührung waren.

Die Mitglieder der deutschen Polarstation hatten Gelegenheit einen Fall der eben beschriebenen Art zu beobachten. Um die Weihnachtszeit erkrankte die etwa ein und einhalbjährige Tochter des Eskimos Okeitung. Die schwache Constitution des zarten Wesens ließ von vornherein wenig Hoffnung auf Genesung zu. Okeitungs Schwiegervater kam bald von

---

[1]) Boas, die Eskimos des Baffinlandes, Vortrag vom V. Deutschen Geographentage.

Anarnitung zur Station herüber und brachte zwei seiner Landsleute mit, die ohne Zweifel Angekoks waren, wenigstens hörte man während ihrer Anwesenheit des Nachts häufig monotone Gesänge im Zelte erschallen. Im Uebrigen hielten sie ihr Treiben jedoch geheim. Neben den Angekoks wurde jedoch der Arzt der Station Herr Dr. Schliephake täglich um Rath gefragt und diesem gelang es troß der Zauberer die Hoffnung auf Genesung des Kindes bei den Eltern bis zum Aeußersten wachzuhalten und dadurch das Aussetzen des armen Geschöpfes zu verhindern. In den ersten Tagen des Januar starb das Kind. Der Vater erbat sich für die Beerdigung eine leere Kiste. Die kleine Leiche wurde in ihrer Kleidung hineingelegt und auf dem Schlitten durch zwei Männer nach einem Vorgebirge in der Umgebung der Station gebracht und dort in halber Höhe des Berges im Schnee beigesetzt, Okeitungs Schwiegervater hatte schon mehrere Tage vor dem Tode des Kindes unter beständigem Weinen ein Schneehaus zum künftigen Aufenthalt der Familie errichtet. Zunächst schlossen sich jedoch die Eltern, nachdem die Angekoks wieder abgereist waren, einige Tage in ihrem alten Zelte ein. Dann suchte Okeitung um Urlaub nach um mit seiner Frau nach Anarnitung zu gehen, wo sie Felle zur Anfertigung neuer Kleider zu erhalten hofften. Vom Verfasser erbat er sich einen Anzug zurück, den er diesem für seine ethnographische Sammlung früher verkauft hatte. Die Familie verweilte einige Wochen unter ihren Landsleuten in Anarnitung und bezog nach ihrer Rückkehr im Februar das neuerbaute Schneehaus. Bei dieser Gelegenheit brachte Okeitungs Frau die bereits erwähnte Avinga als Gefährtin mit, welche sich im folgenden Sommer mit einem Halbblut-Eskimo, dem Sohne eines Portugiesen und eines Eskimomädchens vermählte, um ein Jahr darauf nach dem Tode von Okeitungs Frau dessen Gattin zu werden. Das alte Zelt, aus dem einige Sachen, wie die Lampen und andere Geräthe, die von Europäern herrührten, bereits vor der Abreise entfernt waren, wurde vollständig verlassen und niemals wieder betreten. Den Hunden bot es zunächst willkommenen Schutz gegen die empfindliche Kälte des letzten Wintermonats, wenigstens so lange bis sie die Decke herabgerissen und zerfressen hatten. Dann fiel es gänzlich zusammen. Im Sommer zog

Oeffnung vorsichtig die noch zusammenhängenden Zeltstangen heraus ohne den verfehmten Platz zu betreten. Die Stangen durften zum Bau eines neuen Zeltes wieder verwendet werden. Man sieht, daß so streng dieser Brauch auch ist, er doch kleine Concessionen an die Nützlichkeit zuläßt.

Die Gefahr, welche mit einer Entbindung mehr oder weniger stets verknüpft ist, mag auch der Grund sein, weshalb den Frauen einige Zeit vor der Niederkunft — nach Klutschak sogar vier Wochen — ein besonderes Obdach, Zelt oder Schneehaus, errichtet wird, in welchem das Kind das Licht der Welt erblickt.

„Das erste Kleid, welches die Mutter ihm bereitet, besteht aus dem Gefieder irgend eines Vogels. Aber schon nach wenigen Tagen wird dieses gegen ein aus Rennthierfellen bestehendes vertauscht. Eine kleine Mütze, aus dem Kopfe eines Rennthierkalbes gearbeitet, deckt den Kopf, eine kleine Jacke den Oberkörper und zwei Stiefelchen aus Rennthierfell, von denen das eine mit Seetang umwunden wird, bedecken die Füße. So lange das Kind die zweite Kleidung trägt, wird die erste auf einer Stange auf der Hütte aufgestellt; ebenso später die zweite, und beide werden ein Jahr lang sorgfältig aufbewahrt. Ein Theil dieses ersten Gewandes ist es, welches der Eskimo alljährlich beim Herbstspiele als Amulett an der Spitze der Kapuze zum Schutze gegen Sedna befestigt. Bleibt das Kind gesund, so erhält es bald ein drittes Gewand, welches ganz aus Rennthierfellen gearbeitet wird.

Die Mutter verläßt nun wieder die kleine Hütte und trägt das Kind in der großen Kapuze ihres Kleides umher. So lange sie in der Hütte weilt, darf sie nur von ihrem Gatten erlegtes Fleisch essen oder solches, das von einem Kinde als erste Jagdbeute nach Hause gebracht ist. So gastlich auch sonst der Eskimo seine Vorräthe mit dem Bedürftigen theilt, der jungen Mutter giebt er Nichts, da er glaubt, daß es ihm und ihr Verderben bringen muß.

Ist das Kind ein Jahr alt, so werden die beiden ersten Kleidungen desselben in das Meer versenkt; nur ein Theil der ersten aus Vogelfellen gearbeitete wird, wie schon erwähnt, als Amulett sorglich aufbewahrt. Den Namen erhält das Kind schon vor der Geburt, indem es regelmäßig den des letztgestorbenen Eskimo der Ansiedlung erbt. Es ist gleichgültig, ob dieser ein Mann oder eine Frau war, da es keinen Unterschied zwischen Männer- und Frauennamen giebt. Zu diesem Namen kommt bei jedem Todesfalle ein neuer, der des Verstorbenen hinzu, bis das Kind etwa 4 Jahr alt ist, doch bleibt für gewöhnlich der erste Name der Rufname. Stirbt indeß ein naher Verwandter der Familie, zu welcher das Kind gehört, so wird sein Name geändert und der des Todten der Rufname. In Fällen schwerer Krankheit pflegen sie auch wohl die Namen — selbst alter Leute — zu ändern, um die Krankheit abzuwenden, oder den Kranken als einen Hund Sednas zu weihen. In diesem Falle erhält er den Namen eines Hundes und muß sein Leben lang ein Hundegeschirr über dem inneren Pelzkleide tragen. Auf solche Weise kommt es, daß die Eskimos sehr viele Namen haben und in den einzelnen Ansiedlungen oft unter verschiedenen Namen bekannt sind[1]).

Die Angekoks, deren im Vorhergehenden mehrfach gedacht wurde, nehmen bei den Eskimos dieselbe Stellung ein, wie die Medicinmänner bei den Indianern; sie sind Aerzte und Zauberer und stehen in dem Rufe, mit der Geisterwelt persönliche Beziehungen zu unterhalten. In Krankheiten und Unglücksfällen werden sie stets um Rath gefragt und kommen dabei selten in Verlegenheit, da sie ihren Landsleuten die unglaublichsten Geschichten aufzubinden wagen.

Egede erzählt: Ein Angekok hatte einem Manne, der über Bauchgrimmen klagte, eingebildet, daß er mit einem Seehunde schwanger ginge. Ein wenig Branntwein vertrieb diese Furcht, von der er schon glaubte den Kopf zu fühlen. Ein Eskimo behauptete, er habe die Stütze worauf der Himmel im Norden ruht, krachen hören. Der Angekok hatte ihm nachher erzählt, daß sie verfault wäre und falls der Himmel herunterfiele, zerschmettere er alle Menschen. Nicht immer findet der Angekok gläubige Zuhörer. Ein Angekok wurde auf eine recht artige Weise von seinem eigenen Landsmanne beschämt. Als er wie gewöhnlich im Finstern hexte, seine Stimme veränderte und sich selbst als

[1]) Boas, die Eskimos des Baffinlandes. S. 13.

Tornarsuk (der gute Geist der Grönländer) antwortete, hielt einer sein Ohr zur Erde und antwortete mit Tornarsuks Stimme: „Angekkorsoak seglokan", d. i. der große Zauberer lügt unverschämt, worauf das Schauspiel mit Gelächter endigte [1]).

Einer der Angekoks unter den Kinguamiut, Abbok mit Namen, ein großer stattlicher Mann, war als Matrose mit einem Walfischfänger nach New-York und den canarischen Inseln gekommen und wußte daher seinen Landsleuten Vieles zu erzählen. Als er sich jedoch zu der Behauptung verstieg, ein mächtiger Geist habe ihn auch zum Monde geführt, wo er von den Bewohnern freundlich aufgenommen sei, erhielt er den Beinamen „der Lügner". Die grönländischen Zauberer bedienten sich ehemals einer besonderen Sprache, in welcher sie die Worte in einer der gewöhnlichen entgegengesetzten oder metaphorischen Bedeutung gebrauchten, z. B.:

Landessprache	Angekoksprache
Nukakpiok = Junggeselle	Mädchen
Niviarsiak = Mädchen	Junggeselle
Tarsoak = die große Finsterniß	Erde
Tarrub tunga = diese Seite der Finsterniß	Norden
Kaumatib tunga = diese Seite des Lichtes	Süden.

Die religiösen Vorstellungen der Eskimos weichen bei den Bewohnern verschiedener Landstriche wesentlich von einander ab.

In Labrador soll vor der Einführung des Christenthums die Ansicht verbreitet gewesen sein, daß die guten Menschen nach dem Tode auf dem Monde ein glückliches, die bösen in einem Loche in der Erde ein unglückliches Leben führen. Auf das Vorhandensein eines Glaubens nach dem Tode weisen auch die Gefäße hin, die man dort mit den Todten zu begraben pflegte. Die auch von Waitz (Anthropologie S. 311) erwähnte Sitte, mit der gestorbenen Mutter zugleich den überlebenden Säugling zu begraben, beruht auf keinem religiösen Aberglauben, sondern ist eine traurige Nothwendigkeit, zu welcher der Mangel an Nahrung für das Kind treibt.

---

[1]) Egede, Nachrichten von Grönland.

Von einem eigentlichen Religionssystem fanden sich in Labrador kaum Spuren, doch glaubten diese Eskimos an zwei höhere Wesen, aber merkwürdiger Weise nicht an ein gutes und böses, sondern beide standen dem Menschen feindlich gegenüber. Das eine „Torngak“ in Gestalt eines Moschusochsen suchte sie zu Lande zu schädigen, dem anderen „Mitteluk“ hatten sie dieselbe Art zu wirken in der See zugewiesen. Seine Gestalt beschreiben sie als die eines großen fürchterlich aussehenden Fisches aber im Kleide der Eidervögel. Daher auch wohl sein eskimoischer Name, welchen die ersten Missionare unter ihnen mit Gespenst übersetzt haben, während sie das deutsche Wort „Teufel“ mit „Torngak“ wiedergeben. Später hat man jedoch diese Uebersetzung beanstandet und das Wort „Satan“ eingeführt. Jetzt würde es auf den Missionsstationen kein Mensch mehr glauben, daß das Wort Satan in der Eskimosprache ein Fremdwort ist. Es fehlte aber den Missionen ganz und gar an einer Benennung für „Gott“. Daher mußte ein Wort eingeführt werden und man wählte das dänische „Gud“, welches sich in der Deklination den eskimoischen Lauten anschmiegt, z. B. Genitiv: Gudip, Gottes; Dativ: Gudiptingnut, unserem Gotte. Auch von diesem Worte wird jetzt kaum ein Eskimo an der Labradorküste glauben, daß es nicht urwüchsig ihrer Sprache entstamme[1]).

Bei den Eskimos der Nordküste des Festlandes von Amerika findet man den Begriff einer einzigen Gottheit, von der keine Götzenbildnisse gemacht werden. Man begegnet auch den Ideen eines künftigen Lebens in einem ewig dauernden Sommer, sowie dem Glauben an einen guten und schlechten Ort[2]).

Die Grönländer besaßen nach Egede's, Cranz' und Rink's Forschungen zwei Hauptgottheiten: „Den guten nennen sie Tornarsuk, das ist der Angekoks ihr Orakel, zu dem sie so manche Reise an den unterirdischen glückseligen Ort anstellen, um sich mit ihm über Krankheiten und deren Kur, über gut Wetter, guten Fang und dergleichen zu besprechen. Wegen seiner Gestalt sind sie nicht einig. Einige sagen er habe gar keine Gestalt. Andere beschreiben ihn als einen großen

[1]) Briefl. Mittheilung des Herrn Pastor Elsner.

[2]) Klutschak, als Eskimo unter den Eskimos. S. 227.

Bär, oder als einen großen Mann mit einem Arm, oder so klein als einen Finger. Er ist unsterblich und doch könnte er getödtet werden, wenn Jemand in dem Hause, wo gehext wird, einen Wind ließe.

Der andere große aber mißgünstige Geist ist eine Weibsperson ohne Namen, ob sie des Tornarsuks Weib oder Mutter ist, darin sind sie nicht einig. Doch glauben die Nordländer, daß sie des starken Angekok's Tochter ist, der das Eiland Disko vom festen Lande beim Bals-Revier abgerissen und an die hundert Meilen nach Norden bugsirt hat. Diese höllische Proserpina wohnt unter dem Meere in einem großen Hause, darinnen sie durch ihre Kraft alle Seethiere gefangen halten kann. In der Thranbütte, die unter ihrer Lampe steht, schwimmen die Seevögel herum. Die Hütte wird von aufrechtstehenden Seehunden, die sehr beißig sind, bewacht. Oft steht auch nur ein großer Hund davor, der nie länger als einen Augenblick schläft, und also sehr selten überrascht werden kann. Wenn einmal Mangel auf der See ist, muß der Angekok für gute Bezahlung eine Reise dahin vornehmen. Sein Torngak oder spiritus familaris, der ihn vorher wohl unterrichtet hat, führt ihn zuerst durch die Erde oder See. Dann passirt er das Reich der Seelen, die alle herrlich leben. Hernach kommt ein gräulicher Abgrund oder Vacuum, darüber ein schmales Rad, das so glatt wie Eis ist, sehr schnell herum gedreht wird. Wenn er glücklich darüber gekommen ist, führt ihn der Torngak bei der Hand auf einem über den Abgrund gespannten Seil durch die Seehundswache in den Palast dieser höllischen Furie. Sobald sie die ungebetenen Gäste erblickt, schüttelt und schäumt sie vor Zorn und bemüht sich einen Flügel von einem Seevogel anzuzünden, durch dessen Gestank sich Angekok und Torngak ergeben müssen. Diese aber greifen sie an, ehe sie räuchern kann, schleppen sie bei den Haaren herum, reißen ihr das unfläthige Angehänge ab, durch deren Charme die Seethiere aufgehalten werden, die darauf sogleich in die Höhe des Meeres fahren. Sogar findet der Held den Rückweg ganz leicht und ohne Gefahr[1])."

Der den Menschen wohlgesinnte Geist Tornarssuk d. i. der große

---

[1]) Cranz, Hist. v. Grönland. S. 263 u. ff.

Tornak wohnt nach Vorstehendem unter der Erde, und bei ihm die Arkissut (d. h. „solche die im Ueberfluß leben"[1]), die Geister der guten Menschen und der eines gewaltsamen Todes Gestorbenen. Ein gewaltsames Ende scheint hiernach als Strafe und Sühne für die Verbrechen der Menschen im Leben aufgefaßt zu werden. Wer dagegen schuldbeladen eines natürlichen Todes stirbt, lebt droben im Himmel fort und muß Hunger und Kälte erdulden. Diese Seelen werden Arkassut oder Ballspieler genannt, weil sie mit dem Schädel eines Walrosses Ball spielen, wodurch das Nordlicht erzeugt wird.

Der Glaube an eine Fortexistenz der menschlichen Seele nach dem Tode, an einen Aufenthalt für die guten und einen für die schlechten Geister findet sich gleichfalls bei den Bewohnern des Baffinlandes, nur verlegen diese ihr arktisches Paradies Kudlivun, das von zahlreichen Rennthierheerden bevölkert und frei von Eis und Schnee ist[2]), in die Oberwelt und die Hölle, Adlivun in die Unterwelt. Auffallender Weise ist jedoch diesen Eskimos der Glaube an einen guten Beherrscher der Geister völlig unbekannt, während die Unterwelt unter der Botmäßigkeit eines weiblichen, den Menschen übelgesinnten, Wesens steht.

Wenn man annimmt — und hierfür bietet die Sprache genügenden Anhalt — daß die Eskimos Grönlands und Baffinlands ursprünglich eines Stammes und somit sicher auch eines Glaubens gewesen, so läßt sich nicht einsehen, wie den Letzteren ein so wesentlicher Bestandtheil ihrer religiösen Anschauungen wie die Vorstellung eines guten Gottes gänzlich verloren gegangen sein könnte. Vielmehr liegt der Gedanke nahe, daß diese Vorstellung nach der Trennung beider Stämme, also erst in Grönland entstanden ist. Läßt man aber die Ansicht von Waitz bestehen, daß die Ueberreste der früheren normanischen Bevölkerung auf Grönland sich mit den Eskimos vermischt haben, so ist auch die Vermuthung gerechtfertigt, daß jene Christen den Glauben an einen guten Gott auf die Eskimos übertragen, den diese dann ihrem religiösen Ideenkreise angepaßt haben. Die Aehnlichkeit im Wesen des Tornarssuk

---

[1]) Rink, Tales and traditions of the Esquimana. S. 30.

[2]) Boas, die Sagen der Baffinland-Eskimos. Verhandl. d. Berl. Anthropol. Ges. S. 162.

mit dem christlichen Gotte ist so groß, daß, wenn sie von unserem Gotte hören, sie stets glauben, es sei ihr Tornarsuk gemeint, wie Egede bemerkt.

Die religiösen Vorstellungen der Bewohner des Baffinlandes concentriren sich ganz auf „Sedna" die Göttin der Unterwelt. Der Inhalt dieser Sage ist nach Boas[1]) wesentlich der Folgende:

„Vor langer, langer Zeit lebte ein Innung mit seiner Tochter Sedna am einsamen Strande. Seine Frau war längst gestorben, und beide führten in ihrer Hütte ein gar stilles Leben. Sedna war zu einer schönen Jungfrau herangewachsen, und von allen Seiten strömten Jünglinge herbei, um ihre Hand zu werben. Keiner aber vermochte es, das stolze Herz Sednas zu rühren. Einst, als der Frühling nahte und das Eis brach, kam ein Sturmvogel auf stolzen Fittigen über das Meer gezogen und warb mit schmeichelnden Tönen um Sedna.

„Komm zu mir," so sprach er, „komm ins Land der Vögel, wo niemals Hunger herrscht! Mein Zelt ist aus den schönsten Fellen erbaut; auf weichen Rennthierfellen sollst Du ruhen. Meine Genossen, die Sturmvögel, sollen Dir alles bringen, was Dein Herz begehrt, ihre Federn sollen Dich kleiden, Deine Lampe soll immer mit Oel, Dein Topf immer mit Fleisch gefüllt sein."

Solchem Werben widerstand Sedna nicht lange, und sie zogen zusammen über das weite Meer.

Als sie endlich nach langer, beschwerlicher Reise im Lande der Sturmvögel ankamen, sah Sedna, daß ihr Gatte sie schmählich betrogen hatte. Nicht aus glänzenden Fellen war ihr neues Heim erbaut; elende, durchlöcherte Fischhäute, durch welche Wind und Schnee eindrangen, deckten es. Statt weicher Rennthierfelle dienten harte Walroßhäute ihr als Lager, und von armseligen Fischen, welche ihr die Vögel brachten, mußte sie sich ernähren. Nur zu bald mußte sie sehen, daß sie einst in thörichtem Hochmuthe ihr Glück verscherzt hatte, als sie die Innuitjünglinge stolz zurückwies. In ihrem Schmerze sang sie:

„Aja. O Vater, wüßtest Du mein Leid, zu mir würdest Du

---

[1]) Boas, die Eskimos des Baffinlandes. Vortrag vom V. Deutschen Geographentag in Hamburg. S. 7 u. ff.

ziehen. In Deinem Boote durcheilten wir die weiten Gewässer. Unfreundlich blickt auf mich, die Fremde, jeder Vogel. Die kalten Winde umtosen mein Lager; schlechte Nahrung bietet man mir. O, komm und nimm mich zurück zur Heimath! Aja."

Als ein Jahr vergangen war und das Meer sich wieder unter milderen Winden bewegte, verließ der Vater seine Hütte, um Sedna zu besuchen. Voller Freude begrüßte ihn die Tochter und flehte ihn an, sie zurückzunehmen zu seiner Hütte. Der Vater, den seine Tochter jammerte, nahm sie ins Boot, als der Vogel auf Jagd ausgegangen war, und rasch verließen beide das Land, welches Sedna so viel Jammer gebracht hatte.

Als Abends der Sturmvogel nach Hause kam und sein Weib nicht fand, ward er sehr zornig. Er berief seine Genossen um sich, und alle flogen aus, um die Verschwundene zu suchen. Bald erblickten sie den Kahn mit den Flüchtigen und beschworen nun einen schweren Sturm. Das Meer erhob sich in gewaltigen Wogen, welche das kleine Fahrzeug mit Tod und Verderben bedrohten.

Da, in der höchsten Todesgefahr, beschloß der Vater, Sedna dem Zorne der Vögel zu opfern und warf sie über Bord. Sie aber klammerte sich mit der Kraft der Todesangst an den Rand des Bootes fest. Da ergriff der grausame Vater ein Messer und schlug ihr die ersten Glieder der Finger ab. Als diese ins Meer fielen, verwandelten sie sich in Wale. Nur fester hielt Sedna das schützende Boot — und auch die zweiten Glieder fielen unter dem scharfen Messer. Sie schwammen als Seehunde davon. Als der Vater auch den Rest der Finger abschnitt, entstanden die Bartrobben.

Mittlerweile hatte sich der Sturm gelegt, da die Sturmvögel glaubten Sedna sei ertrunken. Daher erlaubte der Vater ihr wieder, in das Boot zu kommen. Sie aber hegte seit diesem Augenblicke unauslöschlichen Haß gegen ihn und schwur bittere Rache.

Als sie an das Land gekommen waren, rief sie zwei Hunde zu sich und ließ sie die Füße und Hände ihres schlafenden Vaters fressen. Da verfluchte dieser sich selbst, seine Tochter und die Hunde, welche ihn verstümmelt hatten; die Erde öffnete sich und verschlang die Hütte,

Vater, Tochter und Hunde. Seitdem leben beide in dem Lande Adlivun, dessen Herrin Sedna ist.

Die Seehunde, Robben und Wale, die aus den Fingern Sedna's entstanden waren, vermehrten sich rasch und erfüllten bald alle Gewässer, den Innuit willkommene Nahrung bietend. Sedna aber haßt seitdem die Innuit, die sie schon auf Erden verachtete, da sie die Geschöpfe, die aus ihrem Fleisch und Blut entsprossen sind, verfolgen und tödten.

Ihr Vater, welcher sich nur noch kriechend fortbewegen kann, erscheint dem Sterbenden und dann sieht der Angekok seine verkrüppelte Hand den Todten ergreifen und fortziehen.

Ein Jahr lang müssen die Verstorbenen in dem gefürchteten Hause Sedna's bleiben. Die beiden gewaltigen Hunde liegen auf der Schwelle und bewegen sich nur zur Seite, um den Todten einzulassen. Finster und kalt ist es drinnen. Kein Rennthierfelllager ladet zum Ausruhen ein; auf harten Walroßhäuten wird der Ankömmling gebettet.

Nur die, welche sich auf Erden als gut und tüchtig bewiesen haben, entgehen Sedna, und führen im Lande Kudlivum droben ein glückliches Leben. Zahllose Rennthiere bevölkern dieses Land in dem es nie kalt ist und kein Eis und Schnee den Bewohner heimsucht. Auch diejenigen, welche eines gewaltsamen Todes gestorben sind, dürfen einziehen in die Gefilde der Seeligen. Wer aber bei Sedna war, muß ewig in ihrem Lande Adlivun bleiben und Wale und Walrosse jagen.

Wenn im Späthherbste wüthende Stürme das Land durchbrausen und das kaum vom Eise gebändigte Meer aufs neue von seinen Fesseln befreien, die losgebrochenen Eisfelder knirschend gegeneinander gedrängt werden und mit lautem Krachen zerbrechen; wenn die zersplitterten Schollen in wilder Unordnung gegen und übereinander gethürmt werden, glauben die Eskimos, daß Sedna unter ihnen weile. Sie glauben die Stimmen der Geister zu hören, die unheilbringend die Lüfte erfüllen.

Die Geister der Verstorbenen, die Tupilak, rütteln wild an den Hütten, die sie nicht betreten dürfen, und wehe dem Unglücklichen, den sie ergreifen. Rasch siecht er dahin und ist dem baldigen Tode geweiht.

Der böse Krikirn verfolgt die Hunde, welche, sobald sie ihn sehen, unter Zuckungen und Krämpfen sterben; Kallopalling zeigt sich im Wasser und zieht die muthigen Jäger in die eisige Tiefe hinab, indem er sie in die ungeheure Kapuze seines Entenfellkleides steckt[1]) Alle die zahllosen Unbill stiftenden Geister sind dem Menschen nahe, um Krankheit und Tod, schlechtes Wetter und Unglück auf der Jagd zu bringen.

Mit all diesen Unholden weilt auch Sedna im Herbste unter den Innuit. Aber während jene Luft und Wasser erfüllen, steigt diese unter der Erde auf.

Das ist eine geschäftige Zeit für die mächtigen Zauberer. In jeder Hütte hört man ihr Singen und Beten, in jedem Hause sind sie beschäftigt, die Geister zu beschwören. Niedrig brennen die Lampen. Im fernsten Hintergrunde der Hütte, im geheimnißvollen Halbdunkel sitzt der Zauberer. Sein äußeres Gewand hat er abgestreift und die Kapuze des inneren sich über den Kopf gezogen. Während er unverständliche Worte murmelt, fliegen in fieberhafter Hast seine Arme. Dann stößt er Laute aus, die man kaum einer menschlichen Stimme zuschreiben möchte. Endlich erscheint der angerufene Schutzgeist. Der Angekok liegt in Verzückungen und erst, wenn er erwacht, verkündet er in abgebrochenen Sätzen die Hülfe des guten Geistes gegen den Tupilak und theilt den gläubig lauschenden Innuit mit, wie sie ihm entgehen können.

Die schwerste Arbeit aber bleibt für einen der mächtigsten Zauberer aufgespart, nämlich Sedna zu verjagen. Auf dem Flur einer großen Hütte ist ein Seil so aufgerollt, daß oben ein enges Loch bleibt, welches das Athemloch eines Seehundes darstellt. Daneben stehen zwei Zauberer, der eine den Seehundsspeer in der Linken, als stände er im Winter wartend am Seehundsloch; der andere hilft das Harpunenseil halten. Im Hintergrunde der Hütte sitzt auch hier ein Angekok, dessen Aufgabe es ist, durch zauberkräftige Gesänge Sedna herbeizulocken. Endlich haben seine Gesänge die gewünschte Wirkung. Durch das feste Gestein zieht Sedna herbei, der Angakok hört ihr schweres Athmen; jetzt taucht

---

[1]) Vergl. S. 41.

sie aus dem Boden hervor, und mit sicherem Wurfe hat sie der am Loche wartende Zauberer getroffen. Die Harpune haftet, mit rasender Eile versinkt Sedna, indem sie die Harpune nach sich zieht, die nun von beiden Männern mit voller Kraft gehalten wird. Nur durch eine gewaltige Anstrengung gelingt es ihr, sich loszureißen, und sie kehrt heim zu ihrer Hütte in Adlivun. Den Männern bleibt nichts als die blutbefleckte Harpune, die sie stolz den Innuit vorzeigen.

Nun sind Sedna und viele der anderen bösen Geister vertrieben. Zur Feier dieser That ist am nächsten Tage ein großes Fest für Jung und Alt. Doch ist noch immer Vorsicht geboten, da die verwundete Sedna ergrimmt auf die Innuit ist und jeden fassen wird, der nicht auf seiner Hut ist. Darum tragen alle ein schützendes Amulett auf der Spitze der Kapuze.

Am frühen Morgen versammeln sich sämmtliche Männer in der Mitte der Ansiedlung. Sind alle beisammen, so laufen sie schreiend und singend um die Hütten der Ansiedlung herum, indem sie dem Laufe der Sonne folgen. Einige wenige, in Weiberjacken Gekleidete gehen den entgegengesetzten Weg; es sind die in abnormer Lage Geborenen.

Nachdem die ganze Ansiedlung umkreist ist, besuchen sie jede Hütte, in welcher die Hausfrau sie erwarten muß. Auf das laute Lärmen der Menge tritt sie heraus und wirft eine Schüssel voll kleiner Geschenke, wie Fleisch, Elfenbeinschnitzereien, Seehundsfell, unter die lärmende Rotte, von der sich ein jeder bemüht, irgend etwas zu erhaschen. So machen sie die Runde und verschonen keine Hütte.

Nun theilt sich die Schaar in zwei Abtheilungen, die „Schneehühner“, die im Winter Geborenen, und die „Enten“, die Kinder des Sommers. Ein langes Tau aus starkem Seehundsfell wird ausgebreitet, jede Partei ergreift ein Ende und versucht mit aller Kraft, die Gegenpartei nach ihrer Seite herüberzuziehen. Doch jene halten das Tau fest in den Händen und versuchen, für sich Raum zu gewinnen. Weichen endlich die Schneehühner, so hat der Sommer gewonnen und schönes Wetter wird den ganzen Winter hindurch herrschen. Keine Stürme werden Zeiten des Hungers verursachen und immer wird klares Wetter sein.

Ist der Streit der Jahreszeiten entschieden, so bringen die Frauen aus einer der Hütten einen großen Kessel voll Wasser und jeder geht, sein Trinkgeschirr zu holen. Dicht gedrängt umsteht die Schaar den Kessel und aus ihrer Mitte tritt zuerst zitternden Schrittes der älteste Mann. Er schöpft einen Trunk Wasser aus dem gefüllten Gefäße, sprengt einige Tropfen auf die Erde, kehrt das Gesicht der Heimath seiner Jugend zu und spricht: „Naktukerling heiße ich, in Kaiossuit bin ich geboren.“ Ihm folgt ein altes Mütterchen, das ebenso Namen und Heimath nennt und so nach und nach alle bis zum jüngsten Kinde, das die Mutter zum Kessel heranträgt und für das Unmündige spricht. Wurden die Worte der Alten mit Ehrfurcht angehört, so wird die umstehende Menge bei den jungen bekannten Jägern, die wohl von weit hergewandert kamen, immer heiterer und ausgelassener. Mit lautem Zurufe grüßen sich die Landesgenossen, oder Spott ertönt über Gebräuche und Sitten fremder Länder.

Da plötzlich erschallt ein lauter Ruf der Ueberraschung, alle Augen wenden sich auf eine Hütte, aus der zwei riesige Gestalten schreiten. Gewaltige Stiefel bedecken ihre Füße, durch mehrfach übereinander gezogene Fellbeinkleider erscheinen sie unförmlich dick, eine riesige Weiberjacke bedeckt ihren Oberkörper und eine tätowirte Maske aus Seehundsleder das Gesicht. In der Rechten tragen sie den Seehundsspeer, auf dem Rücken die aufgeblasene Boje aus Seehundsfell, in der Linken den Tessirkun, das Werkzeug zum Gerben der Felle. Lautlos, aber mit schweren Schritten nähern sich die Kailertetang der gedrängten Menge, die kreischend vor ihnen auseinanderweicht.

Mit feierlicher Geberde führen beide die Männer auf einen Platz und lassen sie sich in einer Reihe aufstellen, der gegenüber sie die Weiber in eine zweite Reihe ordnen. Dann führen sie der Ordnung nach die Männer den Frauen zu, und das Paar entflieht, von den Kailertetang verfolgt, in die Hütte der Frauen und ist für den folgenden Tag Mann und Weib.[1]) Nachdem die Kailertetang diese Pflicht erfüllt haben, gehen sie mit langen Schritten hinab zum Meeresstrande

[1]) Vergl. S. 34.

und winken den guten Nordwind herbei, der klares Wetter zu bringen pflegt. Dem bösen Südwinde wehren sie mit dem Tessirkun und legen ihn in Bande.

Kaum ist die Beschwörung beendet, so stürmen alle Männer mit lautem Geschrei auf die Kailertetang zu. Sie stellen sich, als hätten sie Waffen in den Händen und tödten die beiden Geister. Dieser durchbohrt sie mit dem Speere, jener ersticht sie mit dem Messer; der eine schneidet ihnen Arme und Beine ab, der andere schlägt unbarmherzig auf den Kopf los. Die Boje aus Seehundsfell, welche die Kailertetang auf dem Rücken tragen, wird durchlöchert, so daß die Luft entweicht und bald liegen beide todt neben ihren zerbrochenen Waffen.

Die Eskimos verlassen sie, um wieder ihre Trinkgeschirre zu holen. Mittlerweile erwachen die Kailertetang zu neuem Leben. Jeder füllt etwas Wasser in die leeren Seehundsfellschläuche, reicht ihnen ein Trinkgeschirr und befragt sie über die Zukunft, über Jagdglück und Lebensschicksale, worauf die Kailertetang mit brummenden Tönen antworten, die der Frager sich selber deuten muß.

So endet dieser Tag, an dem Lachen und Singen, Freude und Fröhlichkeit herrscht. Am folgenden kehrt der Eskimo zu seinem täglichen Leben zurück, noch wochenlang bildet aber die Herbstfeier das Gespräch in den Hütten und auf der Jagd."

Entkleidet man die Figur Sedna's allen sagenhaften Beiwerkes, so wird man geneigt, sie für eine Allegorie des Meeres zu halten. Seine Fruchtbarkeit ist in ihrem Geschlecht ausgedrückt. Die Geschöpfe des Meeres liefern dem Innung reichliche Nahrung, aber gleichzeitig vertheidigt die See ihre Gaben durch tausendfältige Gefahren, mit denen es den Menschen bedroht. Vom Meere kommen die gewaltigen Stürme, in deren Tosen der Angakok die Stimmen der von Sedna gesandten Geister vernimmt, sie selbst aber taucht gleich einem Seehunde im Wasserloche auf und wird wie dieser harpunirt.

Nach einer Variation der vorstehenden Sage verdanken Sedna auch die Rennthiere ihre Existenz, indem sie diese nebst den Walrossen aus ihrem Fette geschaffen. In Folge solcher nahen Verwandtschaft dürfen beide Thiere nicht an einem Tage gejagt werden und muß die

Bearbeitung der Rennthierfelle so lange unterbleiben, als die Walroßjagd dauert. Der Fang eines jeden Seehundes oder Wales erfordert eine Sühne durch nachfolgende Arbeitsenthaltung.[1])

Bei dieser Gelegenheit mag erwähnt werden, daß die Grönländer den ersten Menschen Kallak aus der Erde entstehen lassen und aus seinem Daumen die erste Frau. Von diesen stammen alle Menschen. Als ihre Zahl zu groß wurde, brachte eine Frau den Tod in die Welt, indem sie sagte: „Laßt diese sterben, damit die Nachfolgenden Platz bekommen." Den Ursprung der Weißen schreiben sie einer Frau zu, die Hunde geboren und diese ins Meer geworfen habe, worauf sie fortgeschwommen und Menschen geworden sind. Die Fische sollen aus Holzspähnen entstanden sein, die ein Eskimo ins Meer geworfen, nachdem er sie zwischen den Beinen durchgezogen.

Menschen und Thiere haben sowohl Seele wie Körper. Die Seele besorgt das Athmen, mit welchem sie fest verbunden ist, sie ist vollständig unabhängig vom Körper, sogar im Stande, denselben zeitweilig zu verlassen und dahin zurückzukehren. Sie kann durch die gewöhnlichen Sinne nicht wahrgenommen werden, sondern nur durch Hülfe eines bestimmten Sinnes, welcher Personen in einer besonderen Gemüthsverfassung oder ausgestattet mit besonderen Qualitäten eigen ist. Wenn sie von diesen Personen gemerkt wird, so zeigt sie sich in derselben Form wie der Körper, welchem sie angehört, aber in einer feineren und ätherischeren Natur. Die menschliche Seele fährt fort, nach dem Tode in derselben Weise zu leben, wie vorher, auch von der Thierseele scheint man bis zu einem gewissen Grade anzunehmen, daß sie eine vom Körper unabhängige und nach dem Tode fortdauernde Existenz besitzt.

Hier und dort sind Spuren eines Glaubens an Seelenwanderung gefunden, doch muß man diese vielleicht besser im allegorischen Sinne erklären. Schließlich glauben sie, daß die menschliche Seele beschädigt, sogar zerstückelt werden kann. Andererseits kann sie aber auch wiederhergestellt und zusammengesetzt werden, zuweilen finden wir den Gedanken einer theilweisen Seelenwanderung, d. h. daß einige Theile der

[1]) Boas, die Sagen des Baffinland Eskimos. Verhandl. d. Berl. Anthropol. Ges. 1885. S. 163.

Seele einer bestimmten Person in eine andere übergehen, worin sie dann eine Aehnlichkeit mit der ersteren hervorrufen.[1])

Sonne und Mond sind Geschwister. Als der letztere seiner Schwester im Dunkeln liebend nahte, strich sie ihm Lampenruß in das Gesicht. Daran erkannte sie nachher ihren Bruder und flieht seitdem ihn, der sie unablässig verfolgt. Die Rußflecken aber erkennt man noch heute in dem Gesicht des Mondes.[2])

Nach der Wiederentdeckung des Golfes durch Penny trat auch der Gedanke auf, die Eingeborenen zum Christenthum zu bekehren. Pastor Elsner von der Mission in Labrador erbot sich zu verschiedenen Malen, nach Baffinland überzusiedeln. Das Schiff, welches ihn abholen sollte, konnte jedoch wegen des Eises die Küste von Labrador nicht erreichen. 1857 ging Mathias Warmow von Grönland mit Penny in den Cumberlandgolf, sah sich jedoch genöthigt, unverrichteter Sache zurückzukehren, nachdem er zur Ueberzeugung gekommen war, daß es unmöglich sei, bei dem überwiegenden Einfluß der Walfischfänger seinen Lehren Geltung zu verschaffen. In welcher Weise die Matrosen solcher Schiffe auftreten, wird man sich vorstellen können, wenn man liest, daß zur Zeit als Egede in Grönland wirkte, ein Grönländer Kava es nicht wagte, Christ zu werden, aus Furcht, er möchte dann den unordentlichen Matrosen gleich werden.[3])

Im Gegensatz zu den abweichenden religiösen Vorstellungen der Eskimostämme zeigt ihre Sprache eine große Uebereinstimmung.

„Trotzdem die Eskimos in Labrador von denen Grönlands seit wenigstens 1000 Jahren getrennt sind, bemerkt Kleinschmidt, sind doch die Sprachen beider weniger verschieden als z. B. Dänisch und Schwedisch oder Holländisch und Hamburger Plattdeutsch.

Die Bewohner von Boothia Felix, bei denen Kapitän John Roß auf seiner zweiten Polarreise drei Jahre verbrachte, verstanden manches von dem, was er ihnen aus einem grönländischen Buche vorlas und würden ohne Zweifel noch mehr davon verstanden haben, wenn sie

---

[1]) Aus „Rink, tales and traditions of the Esquimanis." Edinburgh 1875

[2]) Peschel, Völkerkunde S. 268.

[3]) Egede, Nachrichten von Grönland S. 279.

dasselbe von einem Grönländer gehört hätten; und vielleicht Alles, wenn ein Grönländer über Dinge des gemeinen Lebens mit ihnen gesprochen hätte.[1])

Das Grönländische weicht selbst von der Kadjaksprache im äußersten Westen Nordamerikas nicht sehr bedeutend ab und können beide selbst von sprachwissenschaftlichen Laien als Schwestern erkannt werden.

Trotz der lautlichen Rauheit offenbart die Sprache eine nicht unbedeutende Empfindlichkeit gegen Häufungen sowohl von Konsonanten als auch von Vokalen.

„Der Proceß der Wortbildung geht durchgehends mittels der Suffixe vor sich, Präfixe sind der Sprache gänzlich unbekannt."

Die grammatischen Casus (Nominativ, Accusativ, Genitiv) sind mangelhaft bezeichnet, dagegen legt die Sprache in der Auffassung der rein räumlichen Verhältnisse eine seltene Feinheit und bewunderns-würdigen Scharfsinn an den Tag. Ueberall zeigt sich eine scharfe Auffassungsgabe in Betreff des sinnlich Individuellen, während der Mangel auch des einfachsten Abstraktionsvermögens deutlich hervortritt. Das Verbum ist vom Nomen nicht geschieden; es ist ein mit Possessiv-Elementen bekleideter Nominal-Ausdruck, daher beherrscht nicht das prädikative, sondern das possessive Verhältniß die ganze Satzfügung. Es ist nicht das Subjekt mit dem Prädikat, sondern das Objekt jenes Element, welches den Mittelpunkt des sprachlichen Denkens bildet.[2])

Als Verkehrssprache zwischen den Eskimos und Weißen hat sich ich Laufe der Zeit ein seltsames Gemisch von Englisch und Eskimoisch herausgebildet, das bei einiger Wortkenntniß in der letzteren Sprache leicht zu verstehen ist. Die meisten Eingeborenen der jüngeren Generation zeigten sich auch des Englischen mächtig, wenigstens so gut oder schlecht diese Sprache von Matrosen zu erlernen ist. Fremde Sprachen scheinen sich die Eskimos ohne große Schwierigkeit anzueignen. Okeitung, der Diener der deutschen Station, hatte sich nach Verlauf eines Jahres eine ziemliche Anzahl deutscher Worte und Redewendungen zugelegt,

---

[1]) Kleinschmidt, Grammatik der Grönländischen Sprache. Berlin 1851.
[2]) Friedr. Müller, Grundriß der Sprachwissenschaft. Bd. II. S. 163.

die er in Gegenwart seiner Landsleute mit Vorliebe anzuwenden pflegte, um diesen seinen höheren Bildungsgrad zu zeigen.

An natürlicher Intelligenz darf man die Eskimos den Europäern überhaupt keineswegs nachstellen. Bei der Einrichtung des Wohnhauses der deutschen Station wurde eine größere Anzahl der Eingeborenen zur Hülfeleistung herangezogen. Sehr bald hatten dieselben die Zusammengehörigkeit der mit gleichen Buchstaben und Zahlen bezeichneten Balken und Bretter erfaßt und brachten sie auch ohne besondere Anleitung stets an den rechten Platz.

Die vorzügliche Auffassung der räumlichen Verhältnisse, welche Friedr. Müller an der Eskimosprache hervorhebt, äußert sich gleichfalls in ihrem guten Verständniß für geographische Verhältnisse. Von den Eskimos einzig nach dem Gedächtniß ausgeführte Kartenzeichnungen sind von Polarfahrern mehrfach benutzt worden und haben sich stets als zuverlässig erwiesen. Bemerkenswerth ist die peinliche Genauigkeit, mit welcher jede Bucht und jede Insel, sowie Häuser, Schlittenwege und ankernde Schiffe angegeben werden.

Ein bemerkenswerther Mangel in der Intelligenz der Eskimos ist ihr geringes Verständniß für Zahlenverhältnisse. Sie zählen nur bis zehn, was darüber ist, ist „amusuadli", d. h. viel. Die Sprache hat Bezeichnungen für die Zahlen von 1 bis 7; 8, 9 und 10 werden aus den vorherigen gebildet.

Die Zahlwörter sind: Tosuk Eins, Makuk Zwei, Pennisuhn Drei, Zissemen Vier, Tidlimen Fünf, Agbinigen Sechs, Makauni Sieben, Pennisuhni Acht, Zissimonni Neun, Kulli Zehn.

Die Eskimos haben keine Zeitrechnung und zählen selbst die Jahre ihres Alters nicht, daher alle Altersangaben für erwachsene Personen unzuverlässig sind. Der Begriff eines Jahres ist ihnen jedoch nicht unbekannt. Fragt man nach dem Alter eines Kindes, so heißt es etwa: „Wenn die Seehunde wieder Junge bekommen, wird es zwei Jahre alt."

Als Beweis für das Vorhandensein eines entwicklungsfähigen Kunstsinnes wird man die Schnitzereien aus Walroßzahn und Knochen (Tafel IV) betrachten müssen, mit deren mühsamer Herstellung die

Männer sich manche Stunde des einsamen Winters vertreiben. Die Körper der Thierfiguren lassen im Allgemeinen ein feines Gefühl für die Formen durch richtiges Abwägen der Verhältnisse erkennen. Der Fuchs mit einer geraubten Ente zeigt sogar das Bestreben, Szenen aus dem Thierleben plastisch wiederzugeben. Mit besonderer Vorliebe werden Modelle von Kayak, Umiaks und Walböte von den Eskimos geschnitzt und mit zierlichen, wohlproportionirten Waffen allerliebst ausgestattet. Kleine Puppen aus Holz, zum Theil mit Arm- und Beingelenken und mit Fellbekleidung versehen, bilden die Bemannung dieser hübschen Erzeugnisse des Kunstfleißes der Eskimos.

Sie benutzen zur Herstellung jener Gegenstände allerdings längst die eisernen Werkzeuge der Weißen und wissen mit Hammer, Meißel und Feile sehr wohl umzugehen; dennoch muß man nicht glauben, daß diese eigenartige Industrie, deren Erzeugnisse den Fremden gern zum Tausch geboten werden, erst durch die letzteren hervorgerufen ist. Davis fand schon bei seinem ersten Besuche des Golfes im Jahre 1585 auf einer Insel allerlei geschnitzte Bilder und das Modell eines Bootes.

Wie bereits oben erwähnt, werden solche Schnitzereien bei den religiösen Spielen als Opfergaben verwandt, daher mag es rühren, daß wir in manchen Zelten einen bedeutenden Vorrath derartiger Dinge entdeckten. Gegen geringe Geschenke an Tabak, Messer u. s. w. war es in der Regel nicht schwer, dieselben zu erlangen, weshalb nicht anzunehmen ist, daß ihnen irgend welche Bedeutung innewohnt, die mit der Vorstellung von Götzenbildern verwandt wäre.

Im Verkehr mit den Mitgliedern der deutschen Expedition erwiesen sich die Eskimos stets als freundlich, gefällig und friedfertig. Ihr gutmüthiges Wesen wird von allen Reisenden gerühmt. Hall nennt die Eskimos das gutmüthigste Volk auf dem Erdboden. Thatsache ist, daß jeder, der mit ihnen in Berührung kam, nicht anders als mit großer Achtung von ihrem Charakter gesprochen hat. Wollte man — was allerdings durchaus falsch wäre — die Eskimos als „Wilde“ bezeichnen, so müßte man wenigstens anerkennen, daß sie vollauf berechtigt sind, den Ausspruch des Seume'schen Huronen auch auf sich anzuwenden. Von ihrer Ehrlichkeit mag der Umstand zeugen, daß, trotzdem in der

Umgebung der deutschen Station während der ganzen Zeit ihres Aufenthalts viele für die Eskimos nothwendige und wünschenswerthe Dinge im Freien ohne Bewachung umherlagen, niemals von den Eskimos auch nur ein Stückchen Holz fortgenommen ist, es sei denn, sie hätten zuvor um Erlaubniß gebeten. Als während der Errichtung der Station ein Mitglied die Befürchtung äußerte, die Eingeborenen möchten die gebotene Gelegenheit benutzen, um sich Werkzeuge und dergleichen anzueignen, gerieth eine Eskimofrau, welche die englisch gesprochenen Worte zufällig gehört und verstanden hatte, in gerechten Zorn und rief dem Betreffenden mehrmals entrüstet zu: „Innuits do not steel." Der Verfasser hatte einer Frau Tabak als Vorausbezahlung für ein Beinkleid gegeben, welches sie ihm herstellen wollte. Als nach geraumer Zeit die Frau an ihr Versprechen erinnert wurde, entschuldigte sie sich mit dem Mangel an Fellen. Da sie aber in den Worten des Bestellers Mißtrauen gegen ihre Ehrlichkeit zu bemerken glaubte, eilte sie entrüstet auf ihren in der Nähe stehenden Gatten zu, entzog ihm nach kurzem Sträuben sein unentbehrliches Kleidungsstück und wollte damit ihre Schuld einlösen.

Neben der Ehrlichkeit ist der unverwüstliche Humor der Eskimos ein sympathischer Zug ihres Charakters. In heiteren satyrischen Ausfällen scheinen sie besonders stark zu sein. „Nichts war mir empfindlicher, schreibt der jüngere Egede, welcher auf Wunsch seines Vaters mit den Kindern der Eskimos aufwuchs, als täglich von meiner großen Nase zu hören, die sie mit dem Berge Hiortetakken, Hirschgeweih, neben Godthaab verglichen. Einer sagte, sie könne mir doch Nutzen schaffen, wenn ich in Wassersgefahr käme und nur die Nase über Wasser sei, könnte ich bei der Nase gerettet werden.[1])

Es mag bei dieser Gelegenheit einer eigenthümlichen Sitte der Grönländer, Beleidigungen zu rächen, gedacht werden, von welcher Cranz in seiner Historie von Grönland als dem „Singe Streit" Folgendes berichtet: „Wenn ein Grönländer von dem anderen beleidigt zu sein glaubt, so läßt er darüber keinen Verdruß und Zorn, noch weniger

[1]) Egede, Nachrichten von Grönland S. 21.

Rache spüren; sondern verfertigt einen satyrischen Gesang, den er in Gegenwart seiner Hausleute und sonderlich des Frauenvolks so lange singend und tanzend wiederholt, bis sie alle ihn auswendig können. Alsdann läßt er in der ganzen Gegend bekannt machen, daß er auf seinen Gegenpart singen will. Dieser findet sich an dem bestimmten Ort ein, stellt sich in den Kreis und der Kläger singt ihm tanzend nach der Trommel unter oft wiederholtem „Amna ajah" seiner Beisteher, die auch jeden Satz mitsingen, so viel spöttische Wahrheiten vor, daß die Zuschauer was zu lachen haben. Wenn er ausgesungen hat, tritt der Beklagte hervor, und beantwortet unter Beistimmung seiner Leute die Beschuldigungen auf eben dieselbe lächerliche Weise. Der Kläger sucht ihn wieder einzutreiben, und wer das letzte Wort behält, der hat den Proceß gewonnen, und wird hernach für etwas recht Ansehnliches gehalten." Man wird gestehen müssen, daß bei der Unmöglichkeit einer öffentlichen Genugthuung für eine Injurie durch richterliche Entscheidung diese satyrischen Gesänge ein feines, psychologisch interessantes Mittel darstellen, das Gewicht einer empfangenen Beleidigung zu vermindern und das Beschämende derselben aufzuheben, indem man das Ansehen des Beleidigers durch Preisgebung seiner Person an die Lächerlichkeit herabzuziehen sucht.

Neigung zu harmlosem Spott trat auch bei den Eskimos des Cumberlandgolfes bei manchen Gelegenheiten hervor.

Ein Mitglied der deutschen Station versuchte einen ins Wackeln gerathenen Pfahl durch Anhäufen von Steinen, die offenbar für den Zweck viel zu klein waren, wieder zum Feststehen zu bringen. Mitek, ein alter gutherziger Eskimo, erkannte das Vergebliche dieses Bemühens und deutete es dem Betreffenden in ironischer Weise dadurch an, daß er Korkpfropfen mit ernster, wichtiger Miene, hinter der aber der Schelm unverkennbar hervorlachte, zu den Steinen legte. Darauf faßte er den Pfahl mit beiden Händen, sich stellend, als wenn es nunmehr bei Anwendung aller Gewalt unmöglich sei, ihn zu erschüttern. Mit selbstzufriedenem Nicken ließ er wieder los, brach dann aber über seinen gelungenen Scherz in fröhliches Lachen aus.

Die Erklärung einer Spieldose als das Junge einer Drehorgel

seitens der Eskimos von welcher ein Reisender berichtet[1]), wird vielleicht auch auf den Witz eines Eingeborenen zurückzuführen sein.

Wenn man bedenkt, daß trotz des ernsten gefahrreichen Lebens die Eskimos einen heiteren zu Scherz und Fröhlichkeit aufgelegten Sinn bewahren, wenn man sieht, wie, ungeachtet des harten Kampfes um die eigene Existenz, sie stets bereit sind, sich des Fremden anzunehmen, der Hülfe suchend ihren gastlichen Hütten naht, und mit ihm den letzten Bissen brüderlich theilen, so wird man ihnen eine hohe Bewunderung nicht versagen können.

„Die Eskimos, sagt Peschel, haben freilich aus gewissen Störungen des Mondlaufes die Abplattung der Erde nicht berechnet, sie haben auch nicht das Wasser in seine beiden Luftarten zerlegt, ebensowenig eine Weltreligion gestiftet, aber sie haben dafür zuerst durch eigene Kraft und Kunst sich Wege gebahnt nach Gürteln der Erde, wo Tag und Nacht über die Dauer von Jahreszeiten sich erstrecken, sie haben bewiesen, daß der Mensch sich noch behaupten kann, wo ein neunmonatlicher Winter das Land versteinert, wo kein Baum mehr wächst, ja wo nicht so viel Holz angeschwemmt wird, um als Schaft für einen Speer zu dienen. Ist es an sich schon eine kulturgeschichtliche Leistung, den hohen Norden der Erde bevölkert zu haben, so leisteten die Eskimos diese Aufgabe als sie selbst noch im Zeitalter der Steingeräthe sich befanden."

Die großen Verdienste, welche sich die Eskimos um die arktische Forschung erworben haben, dürfen hier nicht unerwähnt bleiben. Sir William Parry entdeckte die Fury- und Heklastraße, einer Karte folgend, die von einer Frau Iligliuk gezeichnet war. Der Treue und Anhänglichkeit des Eskimohans verdankte Kane nicht zum geringsten Theile seine glückliche Heimkehr von den unwirthlichen Gestaden des Smithsundes. Des Innung Inuloaping, welcher Penny zur Auffindung des Cumberlandgolfes führte, wurde bereits gedacht. Sein Bruder Tauto zeichnete 1857 für den Missionar Mathias Warmow eine Karte des Golfes, die nebst einer Beschreibung desselben, in der illustrirten Zeit-

---

[1]) Peschel, Völkerkunde S. 257.

schrift „Atuagagliutit“, (Etwas, das zu lesen ist), Jahrgang 1861, welche von den Eingeborenen Grönlands herausgegeben wird, veröffentlicht wurde. Seine Schwester Tukolitu ist als Begleiterin Hall's bereits erwähnt. Mit ihrem Gatten Ablala, der als Joe Eberbieng auch „Eskimo-Joe“ bekannt ist, war sie in England gewesen und auch der Königin vorgestellt worden. In kurzer Zeit hatte sie fließend englisch sprechend gelernt. Mit Hall kamen beide zum ersten Mal nach den Vereinigten Staaten und besuchten später mit ihm König Wilhelms-Land. Bald darauf finden wir sie mit Hall auf der Polarreise „im Smith-Sunde“. Auf dem Rückwege nach Hall's Tode gehörten Ablala und seine Frau zu dem Theil der Polaris-Mannschaft, welcher mit Kapitän Tyson durch einen Sturm vom Schiffe getrennt, jene fürchterliche Fahrt während des Polarwinters auf der Eisscholle zu machen gezwungen war, die außer der Fahrt der Hansamänner der zweiten deutschen Polarexpedition wohl kaum in den Annalen der Seefahrt ihres Gleichen findet. Ablala's unermüdlichem Eifer und seiner Geschicklichkeit war die Erhaltung der 18 Personen auf der Scholle zu verdanken. In Anerkennung der großen Verdienste, die er sich auf fünf Polarreisen erworben, schenkte 1872 die amerikanische Regierung ihm ein Haus und Grundstück in New-London, um ihm ein sorgenfreies Alter zu sichern. Zunächst ruhte er jedoch nicht, sondern begleitete den Dampfer „Juniata“ der zur Rettung des Restes der „Polaris“-Mannschaft im folgenden Jahre ausgesandt wurde. 1874 nahm Joe noch Theil an der Reise der „Pandora“. Nach dem Tode seiner Frau und Tochter hielt es ihn nicht mehr in seiner neuen Heimath; — mit der Schwatka'schen Expedition besuchte er 1878 König Wilhelmland und als er auf dieser Reise eine neue Lebensgefährtin fand, ließ er die Besitzung in New-London im Stich, um den Rest seiner Tage in dem Lande seiner Geburt zu verbringen[1]).

Für künftige Polarforschungen wird es ohne Zweifel von großem Werthe sein, die Eskimos in ausgedehnterer Weise, als dies bisher geschehen ist, zur Theilnahme heranzuziehen. Die Grönländer stehen bereits

[1]) Klutschak, als Eskimo unter den Eskimos. S. 11.

auf einer Höhe der Kultur, welche sie befähigt, an dem geistigen Leben der Menschheit theilzunehmen. Seit 1857 besitzen sie eine Buchdruckerei in Godthaab, deren Personal aus Eingeborenen besteht. Die Leistungen derselben übertrafen die Erwartungen, welche die dänische Regierung daran geknüpft hatte. Die Buchdruckerei liefert Lithographien und Farbendruck, sowie Holzschnitte, welche ein Eingeborener in Kangak, zwei Meilen von Godthaab, verfertigt.

Eine Sammlung grönländischer Sagen erschien in drei Bänden. In der illustrirten Zeitschrift „Atuagagdliutit" finden sich Berichte über die Schiffe, welche Godthaab besuchten, den elektrischen Telegraphen, Auszüge aus den Berichten über Polarreisen mit Berücksichtigung der betheiligten Innuit-Stämme und dergleichen.[1])

Die Bewohner Labradors können Dank der Wirksamkeit der Missionäre durchgehends lesen, schreiben und rechnen. Die gebräuchlicheren Kirchenlieder wissen die meisten von ihnen auswendig. Im Anschluß an die Missionäre sind sie bestrebt, sich über europäische Verhältnisse zu unterrichten. Jeden Sonntag Nachmittag besuchen sie das Missionshaus und lassen sich die illustrirten Zeitschriften erklären. Großes Interesse besitzen die Eskimos für Musik und sind auch selber musikalisch. Die Orgel zum Kirchengesange wird in Labrador von Eskimos gespielt und von einem aus Eingeborenen gebildeten Chor begleitet.[2])

Es unterliegt daher wohl kaum einem Zweifel, daß so gut wie für die geographische Forschung sich auch für wissenschaftliche Polarstationen geschickte Mitarbeiter aus den Eingeborenen heranbilden ließen. Sollten die Beobachtungsstationen in der arktischen Zone erneuert werden, so würde sich empfehlen, die kostspieligen Bedienungsmannschaften auf das Aeußerste einzuschränken und an deren Stelle des Lesens und Schreibens kundige Eskimos von Labrador oder Grönland zu nehmen.

---

[1]) von Etzel, die Entwicklung der dänischen Handelsdistrikte in Grönland. Zeitschrift f. allgem. Erdkunde. Bd. XII Heft 6 S. 414.

[2]) Koch, die Küste Labradors und ihre Bewohner. Deutsche geogr. Blätter. 1881. Bd. VII S. 162.

Fig. 1

Zelt (Tupik) mit Schneevorhalle.

Fig. 2.

Fig. 3.

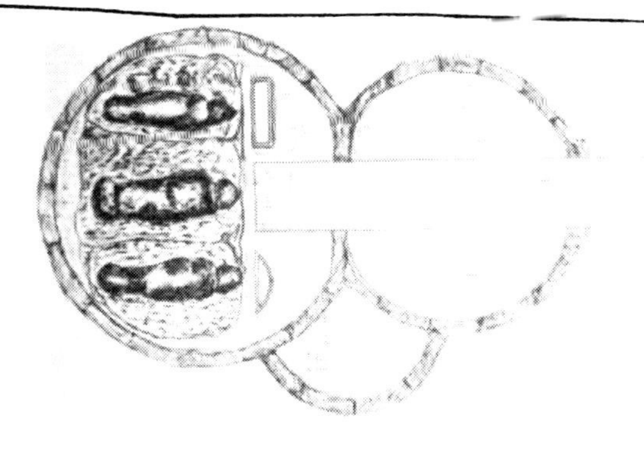

Fig. 4.

Tafel II.

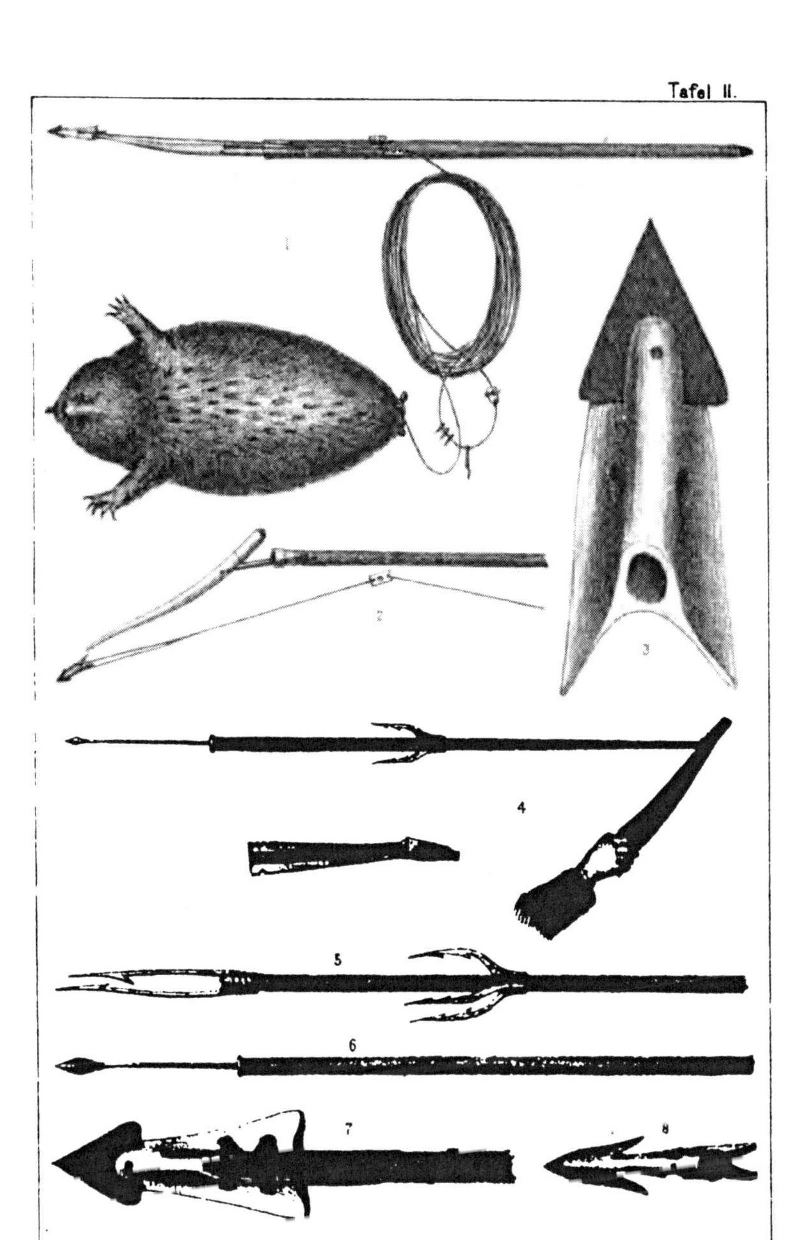

1 Grosser Wurfspeer (ihimak) mit aufgesetzter losbarer Harpune, woran ein aufgeblasener Seehund als Boje mit langem Riemen befestigt ist. – 2 derselbe mit gelöster Harpune. – 3 Harpune (naulak) aus Knochen mit eingesetzter Eisenspitze (nat. Grosse). – 4, 5 Wurfspeer für Wasservögel (nuing) mit Schleuderholz. – 6 Harpune mit knöcherner Spitze. – 7 alte Lanze mit knöchernem Schaft und Spitze mit eiserner Schneide. – 8 heutige Harpune zum ihimak aus Eisen, dem naulak nachgebildet.

Lith. v. H. Denys

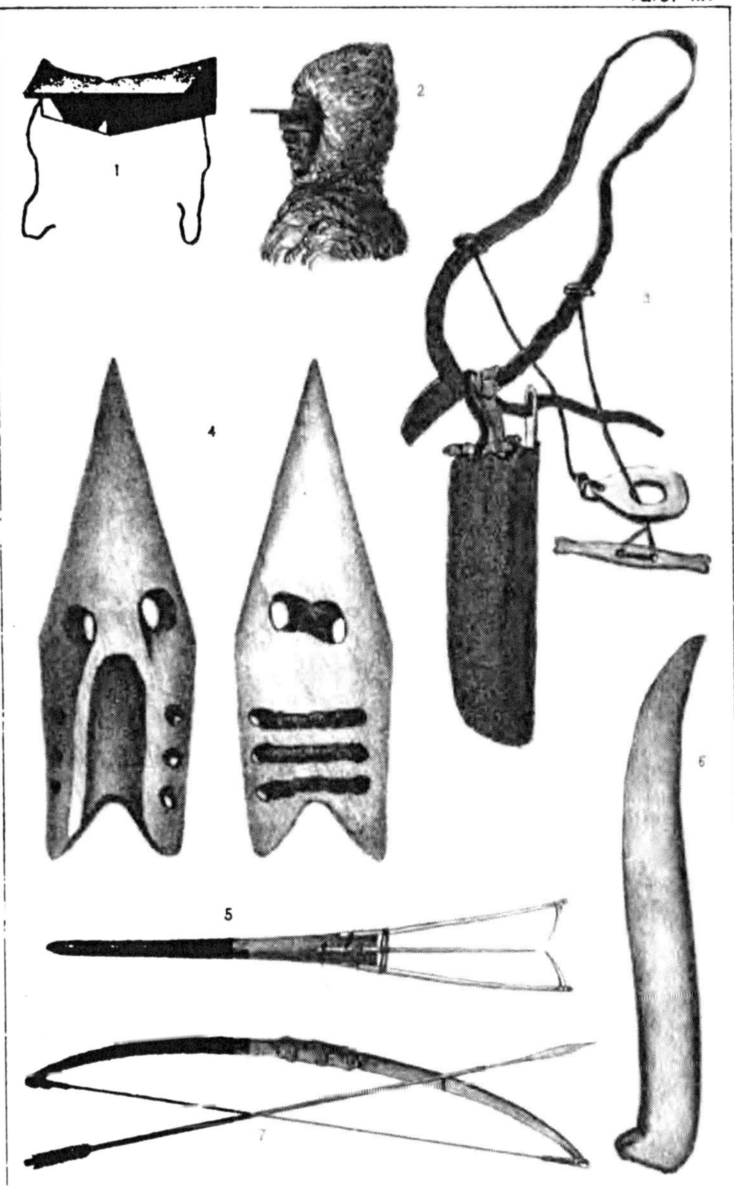

1 Hölzerne Schneebrille.– 2 Eskimo mit Brille.– 3 ledernes Etui mit beinernen Nadeln.– 4 Vorder- und Rückseite einer alten Lanzenspitze aus Knochen. 5 Ukadluneung, Harpune zum Spiessen der Lachse.– 6 Messer aus Rennthiergeweih zum Schneiden des Schnees. 7 Bogen und Pfeil aus Rennthiergeweih.

Lith. v. H Denys.

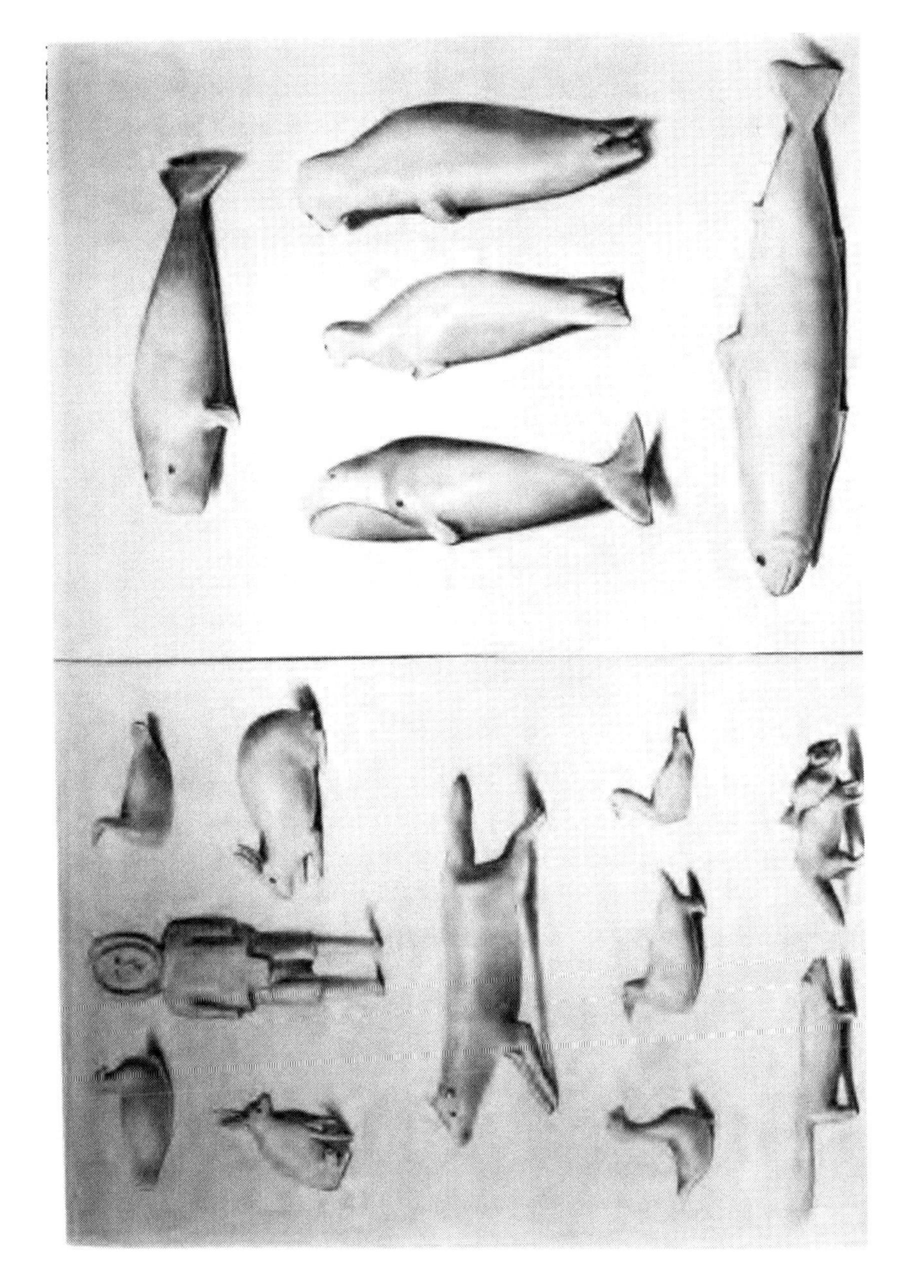

Ihre Kenntniß der arktischen Natur könnte der Forschung in vieler Beziehung von Nutzen sein und mit geringer Mühe ließen sie sich vielleicht zur Unterstützung des elementaren Beobachtungsdienstes anlernen. Vor Allem aber würde man in der erprobten Treue, Zuverlässigkeit und Aufopferung der Eskimos die beste Bürgschaft gegen eine Wiederholung der traurigen Katastrophen besitzen, an welchen die Geschichte der arktischen Forschung nur allzu reich ist.

2.

Allgemeines über die Vegetation am Kingua-Fjord.

Von

Dr. H. Ambronn,
Privatdocent der Botanik in Leipzig.

Obwohl es mir nicht möglich ist, ein allgemeines Vegetationsbild des in Betracht kommenden Gebietes aus eigener Anschauung zu entwerfen, so will ich doch versuchen, auf Grund der zahlreichen persönlichen Mittheilungen und des vorliegenden Pflanzenmaterials eine kurze Schilderung der floristischen Verhältnisse zu geben.

Das ganze Küstengebiet, welches von den Expeditionsmitgliedern besucht werden konnte, besteht fast ausnahmslos aus schroff in das Meer abfallenden Felswänden; von einer Strandflora im gewöhnlichen Sinne des Wortes kann demnach kaum die Rede sein; nur in manchen tieferen Einschnitten finden sich Schwemmländer, aber meist von sehr geringer Ausdehnung, vor. Auf einem derselben befanden sich bekanntlich die Gebäude der Station; da dieses wohl das an Fläche bedeutendste war, wenigstens in dem in Betracht kommenden Bezirk, so können die daselbst beobachteten Vegetationsverhältnisse auch für die anderen ähnlichen Gebiete als maaßgebend angesehen werden. Die zunächst liegenden Höhen und deren Abhänge wurden naturgemäß am eingehendsten durchsucht und nach den den Pflanzen beigefügten Etiketten scheint überhaupt der größte Theil des überbrachten botanischen Materials von dem genannten Vorlande und den direkt angrenzenden Höhen herzustammen, denn Angaben, die auf andere Fundorte wie Seitenthäler, kleine Gebirgsseen hindeuten, finden sich nur bei verhältnißmäßig wenigen Pflanzen vor. Leider ist eine nicht unbeträchtliche Zahl von Arten überhaupt ohne jede Bezeichnung von Fundort und Blüthezeit, wie sich aus der genaueren Aufzählung der einzelnen Formen ersehen läßt. Es rührt dies daher, daß die ganze Sammlung von verschiedenen Mitgliedern der Expedition zusammengetragen und dabei eine einheitliche Bezeichnungsweise nicht durchgeführt wurde.

Die Höhenunterschiede, welche in dem Gebiete in Betracht kommen, sind nur geringe, so daß hierdurch wesentliche klimatische Unterschiede nicht hervorgerufen werden können. Die im Umkreis von etwa 3 bis 4 Meilen von der Station vorhandenen Berge erheben sich nirgends über 300—350 Meter. Die einige Male erwähnten kleineren Gebirgsseen enthalten Süßwasser und werden von den aus dem Innern des Landes kommenden Schmelzwässern gespeist, sie liegen theilweise etwa 100—150 Meter über dem Meeresspiegel. Die Schwankungen ihres Niveaus sind nur sehr unbedeutende, da durch kleine Rinnsale, die theils direkt zum Meere — manche der Seen liegen nur einige hundert Meter von der Küste entfernt — theils nach Bachläufen gehen, jedes bedeutendere Steigen des Wasserstandes vermieden wird. Da außerdem die Gesammt-Niederschlagsmenge nur eine geringe ist (vergl. d. Meteorolog. Ergebnisse im Bd. I) und somit ein stärkeres Anschwellen der Bachläufe in kurzer Zeit überhaupt nicht eintritt, so kann — abgesehen von dem durch die starke Gezeitenströmung bedingtem Inundationsgebiete — von zeitweise überschwemmten und dann wieder trocken gelegten Landstrecken kaum die Rede sein. Moosige Stellen sind nur wenige vorhanden und sie finden sich wohl nur dort, wo die Schmelzwässer nicht den nöthigen Abfluß haben oder an Orten, wo Quellen auftreten. Jedenfalls ist eine derartige Beschaffenheit des Bodens nur auf enge Bezirke beschränkt und kann so unmöglich den Charakter der Flora bestimmen, wie dies in manchen anderen arktischen Gebieten der Fall ist.

Berücksichtigt man noch, daß bedeutendere Temperaturunterschiede zwischen dem Hügelgebiete und den Vorländern, wie schon gesagt, nicht vorhanden sein können, so erkennt man, daß die floristischen Verhältnisse in der nächsten Umgebung der Station im Wesentlichen nur zwei verschiedene Vegetationsbezirke darstellen, nämlich einerseits die Vegetation der Schwemmländer und die mit derselben die größte Aehnlichkeit zeigende an den Ufern jener kleinen Gebirgsseen, wo Feuchtigkeit, Bodenbeschaffenheit ꝛc. ungefähr dieselben Bedingungen bieten; und andererseits die Flora der felsigen Bergabhänge. An diesen ist ähnlich wie auf den Gipfeln selbst der Humus nur von sehr geringer Mächtigkeit und auch Wasserzufuhr nur spärlich vorhanden, da größere Schneemengen wohl in einzelnen Schluchten sich finden, an den meisten anderen Orten dagegen fast ganz mangeln. Ist an und für sich die durchschnittliche Dicke der Schneedecke nur eine geringe, etwa 40—50 Centimeter, so fehlt sie naturgemäß an abschüssigen Partien, sowie an solchen, die den reichlich auftretenden stürmischen Winden ausgesetzt sind, nahezu gänzlich. Dafür finden sich allerdings in einzelnen Spalten und auch an manchen Orten der Schwemmländer, besonders in der Nähe der Bachufer, häufig genug mächtige Schneewehen, die auch im Sommer theilweise zurückbleiben.

Sieht man von den ebenerwähnten vegetationslosen Stellen ab und berücksichtigt außerdem, daß an ganz kahlen Felspartien, sowie auf dem Inundationsgebiete der Gezeitenströmung keine höheren Gewächse vorkommen, so kann man im Uebrigen sagen, daß die vorhandene Pflanzendecke eine ziemlich dichte ist. Außer den genannten Orten kommen ganz vegetationslose Strecken von größerer Ausdehnung wohl kaum vor, denn wenn auch die Gesammt-Niederschlagsmenge eine geringe ist, so ist doch überall genügend Feuchtigkeit vorhanden, um das Gedeihen von Pflanzen zu ermöglichen. Eine allzu große Trockenheit des Bodens, die selbst dem kümmerlichen Wachsthum der arktischen Pflanzen ein Ziel setzt, ist in dem Gebiete wohl nirgends anzutreffen. Wenn auf den Etiketten gelegentlich die Bezeichnungen „von ganz vegetationsloser Stelle" u. dergl. gegeben wurden, so kann dies natürlich nur bedeuten, daß an den betreffenden Orten, gewöhnlich Felspartien, nur einzelne Exemplare gefunden wurden, wobei die Sammler außerdem vorhandene Flechten- oder Moosrasen höchst wahrscheinlich öfters übersahen.

Ueber die Vertheilung der einzelnen Arten im Gebiete selbst lassen sich in Folge der mangelhaften Bezeichnungen nur allgemeine Andeutungen geben. An den Bergabhängen finden sich hauptsächlich Dryas integrifolia, Potentilla Vahliana, Saxifraga tricuspidata, Diapensia lapponica, Papaver nudicaule, Arctostaphylos alpina, Polygonum viviparum, außerdem aber auch nicht selten die sonst in sumpfigen Gegenden vorkommenden Vaccinium uliginosum und Ledum palustre. Auf dem Schwemmlande überwiegt Cassiope tetragona, ferner Empetrum nigrum, an trockenen Stellen Loiseleuria procumbens, Hierochloa, Carex, sowie andere Gräser und Cyperaceen, während Pedicularis hirsuta besonders an den Ufern der kleinen Seen sich vorfindet. Phyllodoce coerulea scheint ähnlich wie Ledum palustre ziemlich gleichmäßig an Abhängen und im Thale verbreitet zu sein.

Obwohl die Temperaturverhältnisse gerade dieses Theiles der Polargegenden — wenn wir allgemein das Baffinland in Betracht ziehen — außerordentlich ungünstig sind, so ist doch die Vegetation nicht so spärlich, als man von vornherein erwarten könnte. Nach den meteorologischen Ergebnissen ist speziell das Klima von Kingua als ein arktisch-kontinentales zu bezeichnen. Während der Beobachtungszeit ging das Thermometer zu mehreren Malen bedeutend unter den Gefrierpunkt des Quecksilbers herab, der tiefste Stand war — 48 Grad Celsius. Daß unter diesen Umständen auch die Schneedecke, die überhaupt nur von geringer Dicke ist, keinen ausgiebigen Schutz für die Pflanzen bildet, ist leicht ersichtlich und es bleibt deshalb nur die Annahme übrig, daß jene Gewächse ohne Schaden solche starke Kälte aushalten können. Von Kjellmann[1]) ist bereits mehrfach darauf

[1]) Aus dem Leben der Polarpflanzen, in „Studien und Forschungen rc." von Nordenskjöld. Deutsche Ausgabe. Leipzig 1885.

hingewiesen worden, daß die arktischen Pflanzen auch ohne weiteren Schutz lange Zeit hindurch bei sehr niedrigen Temperaturen lebensfähig bleiben, daß selbst zartere Organe wie Blüthenknospen, die im Sommer nicht mehr zum Aufblühen gelangten, im Verlaufe des langen arktischen Winters, während dessen die Temperatur auf unter — 46 Grad zurückging, sich unversehrt erhielten und im darauf folgenden Sommer zur Entfaltung gelangten.

Erwägt man noch, daß auch die im Boden steckenden Wurzeln fast ebenso hohen Kältegraden ausgesetzt sind, so muß man für die arktischen Gewächse eine außerordentliche Widerstandsfähigkeit annehmen. Wodurch die letztere bedingt wird, darüber läßt sich vorerst nicht das Geringste aussagen. Mag auch bei einigen Formen eine reichere Behaarung oder ein resistenterer Bau der Vegetationsorgane sich bemerklich machen, so ist doch damit keineswegs ein spezifischer Charakter arktischer Pflanzen gegeben und derartige Schutzeinrichtungen können gegenüber den Einwirkungen des rauhen Klimas kaum in Betracht kommen. Auch giebt es ja eine ganze Reihe anderer hochnordischer Arten, denen ein dichteres Haarkleid oder ähnliche Schutzmittel gänzlich fehlen und die doch ebenso lebensfähig sind wie die übrigen.

Der langen Winterruhe folgt dann ein höchstens 2—3 Monate dauernder Sommer und diese kurze Zeit muß deshalb um so ausgiebiger von den Pflanzen benutzt werden, denn die allermeisten derselben vollenden in dieser Periode ihre Blüthezeit und Fruchtreife. Sobald der Boden durch die Einwirkung der Insolation etwas aufthaut, beginnt auch das Pflanzenleben sich zu regen. Da dieses Aufthauen nur bis in eine Tiefe von etwa 30—40 Centimeter geht, so ist von vornherein ein tieferes Eindringen der Wurzeln in den Boden ausgeschlossen. Es ist überhaupt das Wurzelsystem der arktischen Gewächse nur von geringen Dimensionen und der größte Theil der perennirenden Organe befindet sich jedenfalls über der Bodenoberfläche. Sehr bald schon, nachdem die Temperatur während mehrerer Stunden des Tages über dem Gefrierpunkt liegt, gegen Ende April und während des Mai, beginnt das Austreiben der Knospen, die dabei noch sehr häufig auftretenden Frosttage können die Weiterentwicklung wohl verzögern, bleiben aber sonst in der

Regel ohne schädlichen Einfluß auf die Lebensfähigkeit der jungen Organe. Im Juni und Juli, oft auch schon eher, wie z. B. bei den Weiden, entfalten sich die Blüthen, und Ende Juli oder im Laufe des August finden sich an den meisten Gewächsen bereits reife Früchte. In manchen Fällen dürfte die Fruchtreife wohl auch erst im nächsten Sommer zur Vollendung gelangen. Einjährige Gewächse, die nur durch Samen ihre Erhaltung von Jahr zu Jahr ermöglichen können, gehören bekanntlich unter den arktischen Pflanzen zu den Seltenheiten. Bei den perennirenden Gewächsen kommt jedenfalls außer der Fortpflanzung durch Samen, die für einige wohl überhaupt als fraglich bezeichnet werden muß, ganz besonders die vegetative Vermehrung in Betracht. Aber auch diese ist nicht so ausgiebig vorhanden, als man erwarten könnte, und es wird deshalb in erster Linie die Erhaltung des Individuums angestrebt. Hauptsächlich sind es die Holzgewächse, welche in dieser Hinsicht merkwürdige Beispiele darbieten. Das Alter der kaum 10—20 Centimeter über den Boden sich erhebenden Sträucher ist in vielen Fällen ein sehr hohes, und dabei beträgt der Durchmesser solcher 20—30jährigen „Stämme" kaum einige Millimeter.

Ich will im Folgenden einige kurze Mittheilungen geben, die sich auf Alter und Dimensionen der in den Sammlungen von Baffinland vorhandenen Holzgewächse beziehen. Es ist dabei, wie ich ausdrücklich bemerke, nicht blos von dem Material der Nordexpedition die Rede, sondern es wurden zur Untersuchung auch verschiedentlich Exemplare aus der Boas'schen Sammlung benutzt. Eine nähere Zählung der Jahresringe ist nicht immer möglich, bei makroskopischer Betrachtung oder mit einer schwachen Lupe ist man nur in wenigen Fällen im Stande, die Unterschiede zwischen Herbst- und Frühjahrsholz zu erkennen. Es wird deshalb nöthig, das Mikroskop zu Hülfe zu nehmen, aber eine Untersuchung mit stärkerer Vergrößerung bringt gleichfalls Schwierigkeiten bei der Zählung der Ringe mit sich, da bei dieser Methode wiederum die scharfe Umgrenzung des Herbstholzes oft nur schwer zu erkennen ist. Am besten gelang es mir noch bei etwa 150facher Vergrößerung und schiefer stark abgeblendeter Beleuchtung annähernd sichere Zählungen vorzunehmen. Soweit es möglich war, wurden die gefundenen Zahlen mit den aus dem jährlichen Längenzuwachs sich ergebenden verglichen, doch ist die Bestimmung der Länge und Anzahl aufeinanderfolgender Jahrestriebe in einigen Fällen, wo die Achsen dicht mit alten Blättern überdeckt sind, wie bei Dryas und Arctostaphylos kaum möglich:

Den geringsten jährlichen Zuwachs sowohl in die Dicke wie in die Länge fand ich bei Salix herbacea. Jedes Jahr wird bei dieser Weide nur ein Blattpaar und gewöhnlich ein Blüthenkätzchen gebildet, die Länge des Jahrestriebes beträgt dabei nur wenige Millimeter, ein etwa 10jähriges Stämmchen hat kaum eine Höhe von 30 Millimeter. Ein 6jähriger Zweig zeigte auf dem Querschnitt einen größten Radius — die Stämme sind in der Regel stark excentrisch — von 0,12 Millimeter, so daß sich für den einzelnen Jahresring nur eine durchschnittliche Breite von etwa 0,02 Millimeter ergiebt. Ein alter Stamm besaß einen größten Radius von etwa 0,56 Millimeter, wonach man also auf ein Alter von 28—30 Jahre schließen könnte, wenn man die Annahme macht, daß die Breite der Jahresringe sich nicht wesentlich ändere. Diese Annahme wäre aber wohl kaum berechtigt, denn es ist bekannt, daß die Breite der Jahresringe von einer bestimmten Zeit an abnimmt. Man wird deshalb kaum fehl gehen, wenn man das Alter jenes Stämmchens auf etwa 40 Jahre schätzt, womit auch die Messung der Sproßachsen besser übereinstimmt. Geht man von dieser letzteren Messung aus und vergleicht damit den Querschnitt bei stärkerer Vergrößerung, so ergiebt sich allerdings, wie dies in ähnlicher Weise schon von G. Kraus[1]) für Vaccinium uliginosum gefunden wurde, daß die späteren Jahresringe in der Regel nur aus einem Gefäße und einigen anderen Zellen in radialer Richtung bestehen.

Dieselbe geringe Ausdehnung der Jahrestriebe zeigt auch nach Kjellmann[2]) die mit Salix herbacea ihrem Habitus nach fast ganz übereinstimmende S. polaris. Auch bei dieser erreichten die einzelnen

---

[1]) II Deutsche Nordpolfahrt, II. Bd. Bemerk über Alter und Wachsthumsverh. ostgrönl. Holzgewächse.

[2]) l. c. S. 484.

Triebe nur eine Länge bis höchstens 5 Millimeter, doch wurden auch solche von nur 1 Millimeter beobachtet.

Während wir in Salix herbacea außerordentlich geringe Zuwachse konstatiren konnten, zeigt sich bei S. groenlandica gerade das Umgekehrte. Hier finden sich von allen untersuchten Holzgewächsen die breitesten Jahresringe und die längsten Triebe. Das untersuchte Exemplar hatte einen knorrigen niederliegenden Stamm, dessen größter Radius etwa 3 Millimeter betrug. Eine deutliche Unterscheidung von Jahresringen war an diesem Theile der Pflanze nicht möglich, im Vergleich mit dem sicherer zu ermittelnden Alter der Zweige kann man diesen Stamm auf etwa 10—12 Jahre schätzen, was immerhin für einen Jahresring etwa die Breite von 0,25 Millimeter ergeben würde. Wesentlich anders als dieser niederliegende Stamm verhalten sich die an demselben stehenden aufrechten schlanken Zweige. An ihnen sind die einzelnen Jahrestriebe durchschnittlich 10—15 Centimeter lang und die Jahresringe lassen sich auf den Querschnitten sehr deutlich auch schon makroskopisch erkennen. Der größere derselben war 3 Jahre alt und besaß einen Radius von 0,1 Millimeter, der älteste Jahresring war 0,22 Millimeter breit, der zweite 0,34 Millimeter, der dritte erreichte sogar eine Breite von 0,54 Millimeter. Hiermit stimmen auch die von Kraus[1]) gefundenen Werthe für S. arctica Pall. überein; es erscheint demnach auch unter den sehr ungünstigen Temperaturverhältnissen noch ein ziemlich lebhaftes Wachsthum dieser Weidenformen stattzufinden, allerdings verhalten sich dabei offenbar die aufrechten Zweige etwas anders, als die niederliegenden älteren Stämme. Das erwähnte Exemplar aus der Sammlung der Nordexpedition trägt die Etikette „Erste Knospen schon Ende März, blühend im Mai". Daraus geht hervor, daß die Vegetationsperiode dieser Weide schon sehr früh beginnt, und da während des ganzen Sommers eine größere Anzahl Blätter, etwa 6—10, gebildet werden, so kann bei der verhältnißmäßig langen Dauer des Wachsthums auch reichliches Material zum Aufbau der Jahrestriebe verwendet werden. Daß noch bedeutend stärkere Stämme dieser Weiden in Baffinland

---

[1]) l. c. S. 135.

vorkommen, läßt sich aus einer mündlichen Mittheilung des Herrn Dr. Boas schließen; leider sind die von dem genannten Herrn gesammelten Stämme in Folge eines Schiffbruchs verloren gegangen.

Von Dryas integrifolia wurden einige Exemplare untersucht, doch stellte sich das Resultat nur bei einem derselben als sicher heraus, da die älteren Stammpartien meist nicht gut erhalten waren und andere Messungen aus den oben angegebenen Gründen nicht vorgenommen werden konnten. Die Jahresringe waren ziemlich deutlich zu erkennen, der Stamm war stark excentrisch, so daß der größte Radius 0,8 Millimeter, der kleinste dagegen nur 0,12 Millimeter betrug. Die Zählung der Ringe ergab ein Alter von etwa 22 Jahren.

Selbst wenn auch die Jahresringe wie bei dem eben erwähnten Exemplare ziemlich deutlich zu unterscheiden sind, so ist eine ganz sichere Angabe über das Alter doch nicht immer möglich, denn man kann wohl annehmen, daß bei den eigenthümlichen Wachsthumsverhältnissen der arktischen Holzgewächse die als Verdoppelung der Jahresringe bekannte Erscheinung nicht selten eintreten wird. Da auch häufig im Sommer noch längere Zeit hindurch kalte Witterung herrscht, so kommt das bereits eingeleitete Dickenwachsthum wieder zum Stillstand, um erst bei erneutem Eintritt höherer Temperaturen wieder seinen Fortgang zu nehmen. Es ist deshalb sehr leicht denkbar, daß derartige Einwirkungen sich auch im anatomischen Bau des Holzes durch bestimmte Grenzen bemerklich machen werden, und man darf deshalb nicht jede derartige Zone als einen vollendeten Jahresring auffassen. Es mögen aus diesem Grunde manche Angaben wohl etwas zu hoch ausfallen, und es ist die Vorsicht geboten, allzuschmale Zuwachszonen unberücksichtigt zu lassen, vor Allem aber die bei anderen Exemplaren gefundenen Durchschnittswerthe für die Breite der Jahresringe zu vergleichen. Immerhin wird es schwierig sein, in dieser Hinsicht Fehler zu vermeiden. Diese Bemerkungen gelten für alle noch zu besprechenden Holzgewächse.

Von Empetrum nigrum konnten zwei Exemplare untersucht werden. Beide zeigten, abweichend von der Kraus'schen Angabe,[1] sehr deutliche

---

[1]) l. c. S. 184.

Jahresringe. Das ältere Exemplar hatte einen größten Radius von 1,4 Millimeter, einen kleinsten von 0,35 Millimeter, die Zählung der Jahresringe ergab ein Alter von etwa 16 Jahren. Das zweite war gleichfalls sehr excentrisch gewachsen; größter Radius 1,12 Millimeter, kleinster Radius 0,3 Millimeter, zeigte 12 Jahresringe.

Von Ericaceen, die den größten Theil der strauchartigen Gewächse bilden, wurden Arctostaphylos alpina, Loiseleuria procumbens, Cassiope tetragona, Phyllodoce coerulea, Ledum palustre und Vaccinium uliginosum untersucht.

Bei Arctostaphylos alpina waren Messungen der einzelnen Jahrestriebe nicht auszuführen, auch die Jahresringe konnten nur undeutlich unterschieden werden. Das Resultat ist deshalb ein sehr unsicheres.

An dem ältesten Exemplare hatte der Stamm am Grunde einen größten Radius von 1,4 Millimeter, die Zählung der Jahresringe ergab circa 16 Jahre. Ein kleineres, sehr excentrisches Exemplar zeigte einen größten Radius von 0,52 Millimeter, das Alter konnte auf 5 Jahre geschätzt werden, was mit dem obigen Resultat in Betreff der durchschnittlichen Jahresringbreite annähernd übereinstimmen würde.

Aehnlich waren die Verhältnisse bei Loiseleuria procumbens, nur konnte bei dieser Pflanze eine genauere Untersuchung aufeinanderfolgender Jahrestriebe vorgenommen werden. Bei zweijährigen Zweigen war der Radius des Holzringes durchschnittlich etwa 0,13 Millimeter. 4—5jährige Zweige zeigten einen solchen von 0,34 Millimeter und 7jährige 0,42 Millimeter. Der größte Radius des Holzcylinders bei dem ältesten Stamme betrug 1,6 Millimeter, wonach man unter Berücksichtigung, daß die Jahresringe später schmäler werden, das Alter auf nahezu 30 Jahre schätzen könnte.

Bei Cassiope tetragona war das Resultat gleichfalls unsicher, das Wachsthum dieser für die Flora des Gebietes charakteristischen Pflanze scheint ein lebhafteres als wie das der übrigen Ericaceen zu sein und sich mehr den Verhältnissen zu nähern, die wir bei Salix groelandica fanden. Zweijährige Zweige, die Früchte vom vorigen Jahre trugen, hatten bereits einen Holzcylinder mit durchschnittlichem Radius von 0,2 Millimeter. Danach würden die älteren Stammpartien, deren Radius etwa 0,8 Millimeter betrug, nur auf ein Alter von etwa 4 bis 5 Jahren zu schätzen sein, eine Unterscheidung der Jahresringe ist nicht möglich und ich möchte deshalb kein besonderes Gewicht auf die letztere Schätzung legen. Soviel ist jedoch sicher, daß sowohl die Jahrestriebe bei dieser Pflanze eine ansehnlichere Länge, etwa 30—40 Millimeter durchschnittlich, als auch die Jahresringe eine bedeutendere Breite erreichen.

Bessere Resultate ergab die Untersuchung der übrigen Ericaceen. Bei Phyllodoce coerulea hatten die zweijährigen Zweige einen Holzcylinder, dessen Radius durchschnittlich 0,12 Millimeter betrug, dreijährige Zweige einen solchen von 0,18 Millimeter. Ein fünfjähriger Zweig zeigte als größten Radius 0,36 Millimeter und bei einem alten Stamme, auf dessen Querschnitt die Jahresringe ziemlich deutlich zu unterscheiden waren, betrug der größte Radius 1,8 Millimeter. Die Zählung ergab ein Alter von 28—30 Jahren.

Die Breite der einzelnen Jahresringe wechselte in der Weise, daß die ersten durchschnittlich 0,06 Millimeter, vom vierten bis sechsten Jahre etwa 0,1 Millimeter, der siebente sogar 0,12 Millimeter, die späteren dagegen wieder schmäler waren und vom zwölften an nicht mehr als höchstens 0,04 Millimeter Breite zeigten.

Am deutlichsten konnten die Jahresringe bei Ledum palustre erkannt werden. Die vier ersten hatten zusammen eine Breite von 0,32 Millimeter, der fünfte war 0,1 Millimeter breit und ein Stamm von 20—22 Jahren zeigte einen größten Radius von 1,95 Millimeter, so daß also an dieser Stelle sämmtliche Ringe die ansehnliche Breite von nahezu 0,1 Millimeter im Durchschnitt beibehielten, was wohl nur durch die sehr starke Excentricität erklärlich wird.

Von Vaccinium uliginosum wurden eine ganze Reihe von Zweigen verschiedenen Alters untersucht; zweijährige hatten einen Holzcylinder vom Radius 0,12 Millimeter, sechsjährige einen solchen von 0,28 Millimeter, zwölfjährige 0,48—0,5 Millimeter; der älteste untersuchte Stamm erreichte einen größten Radius von 1,04 Millimeter, und die

Zählung der Jahresringe ergab ein Alter von 26—28 Jahren, so daß auch hier wieder die durchschnittliche Breite der Ringe mit der von Kraus bei noch bedeutend älteren Stämmen gefundenen (0,032—0,035) annähernd übereinstimmt.

An den Stammorganen von Diapensia lapponica konnte überhaupt keine Schätzung vorgenommen werden, da jede Jahrringbildung im Holzcylinder fehlte und auch die Messungen der Längenzuwachse äußerst unsicher waren.

Aus den angeführten Beispielen geht zur Genüge hervor, daß die einzelnen Zuwachszonen in den meisten Fällen eine außerordentlich geringe Breite haben und daß auch die Längenausdehnung der einzelnen Jahrestriebe eine sehr reducirte ist.

Wir haben es demnach, wie schon von Kraus, Kjellmann u. A. ganz richtig hervorgehoben worden ist, in den arktischen Sträuchern mit zwar vollkommen lebensfähigen, aber sehr kümmerlich entwickelten Individuen von verhältnißmäßig hohem Alter zu thun. Es beweist dieser Umstand wieder, wie durch langandauernde Erhaltung des Individuums — Kraus schätzt manche Weidenstämme auf 150 Jahre, einzelne Vaccinium-Sträucher auf über 90 Jahre — selbst bei den ungünstigsten Temperaturen der Bestand der Flora annähernd derselbe bleiben kann.

Das Vorstehende dürfte genügen, um dem Leser ein einigermaßen richtiges Bild von dem Pflanzenleben in der Umgebung der Station Kingua zu geben; freilich wäre manche Lücke noch auszufüllen, doch war der Verfasser, da ihm die eigene Anschauung fehlte, wie schon erwähnt wurde, ganz auf persönliche Mittheilungen angewiesen und diese konnten natürlich über mehrere in botanischer Hinsicht naheliegende Fragen keine Auskunft geben.

Zum Schlusse möge noch eine kurze Zusammenstellung der bis jetzt vorliegenden Ergebnisse, welche die Flora des Baffinlandes betreffen, gegeben werden. Wir können dabei die früheren Angaben von Roß und Inglefield wegen mancher Unsicherheiten vernachlässigen und wollen uns nur an die Berichte von Taylor und Kumlien, sowie an die beiden vorliegenden Sammlungen der Nordexpedition und des Dr. Boas halten. Die reichste Sammlung ist diejenige von Taylor, die Liste der von ihm an verschiedenen Orten des Cumberlandsundes und der Küstenpartien des Baffinlandes an der Davisstraße gefundenen Gefäßpflanzen umfaßt 136 Arten; die Zahl der von der Expedition gesammelten beläuft sich auf 38 Arten, die Boas'schen Sammlungen enthalten 44 Gefäßpflanzen; da sich in der ersteren Sammlung 12 Arten befinden, die bei Boas fehlen, nämlich: Chamaenerium latifoium, Empetrum nigrum, Pedicularis lapponica und hirsuta, Phyllodoce coerulea, Cassiope hypnoides, Loiseleuria procumbens, Arnica alpina, Oxyria digyna, Tofieldia borealis, Lycopodium annotinum, Lastrea fragrans, so beträgt die Gesammtzahl der durch beide Expeditionen aufgefundenen Gefäßpflanzen 56. Unter ihnen befinden sich 8, die in der Taylor'schen Liste nicht angegeben sind, nämlich: *Ranunculus lapponicus,[1]) Loiseleuria procumbens, Arctostaphylos alpina, Pedicularis lapponica und *flammea, *Glyceria angustata, Lastrea fragrans, Lycopodium Selago. Rechnet man dazu noch 3 Arten, die von Kumlien angegeben wurden, in den anderen Sammlungen aber fehlen, so beträgt die Anzahl der bis jetzt von diesen Theilen des Baffinlandes bekannten Arten 147.

Von Interesse ist es, daß unter allen diesen Pflanzen keine einzige Art sich findet, die nach Lange für Südgrönland charakteristisch wäre.[2]) Dagegen sind 14 Arten darunter, die nach Lange nur in Nordgrönland vorkommen, und von diesen müssen 6 als amerikanische Typen aufgefaßt werden; von den als europäische Typen zu bezeichnenden Pflanzen Nordgrönlands ist bisher keine auf Baffinland gesammelt worden. Es kann demnach eine hervorstechende Aehnlichkeit zwischen der Flora unseres Gebietes und derjenigen Nordgrönlands nicht geleugnet werden. Da zugleich die von Lange als europäische Typen bezeichneten Gewächse ganz zu fehlen scheinen, so darf man wohl auf Grund des allerdings noch unvollständigen Materials das Baffinland in pflanzengeographischer

[1]) Die mit * bezeichneten finden sich nur bei Boas.
[2]) Lange, Studier til Groenlands Flora. Kopenhagen 1880.

Hinsicht als ein Zwischenglied zwischen dem arktischen Grönland und dem Norden Amerikas betrachten.[1])

Daß die Annahme Hooker's,[2]) nach welcher zwischen der Flora von Grönland und Nordamerika bedeutende Verschiedenheiten vorhanden seien und Grönland viel mehr europäische als amerikanische Typen enthalte, nicht haltbar ist, hat schon Lange[3]) zur Genüge gezeigt, indem er nachwies, daß die Zahl der ersteren Pflanzen sogar niedriger ist als die der letzteren. Die in den vorliegenden Sammlungen enthaltenen Formen kommen sämmtlich auch in Grönland vor und auch fast alle von Taylor aufgeführten, mit etwa 2 oder 3 Ausnahmen, gehören gleichfalls der grönländischen Flora an, so daß gerade die Flora des Baffinlandes sich auf das Engste an diejenige Nordgrönlands anschließt. Die Meinung Hooker's,[4]) daß sowohl Baffinbay als Davisstraße an ihren gegenüberliegenden Küsten verschiedene Floren besäßen, ist demnach durchaus nicht gerechtfertigt.

Nachschrift. Die vorliegende Skizze war im Manuscript bereits im Jahre 1885 abgeschlossen und es wurden, obwohl mehrere interessante Arbeiten unterdessen erschienen sind, keine Aenderungen im Texte vorgenommen. Nur einige Anmerkungen sind als Fußnoten eingefügt worden.

[1]) Vergl. hierzu auch E. Warming, Neuere Beiträge zu Grönlands Flora, Engler's Jahrb., IX, wo gleichfalls der arktisch-amerikanische Charakter der Flora Nordgrönlands betont wird.

[2]) Outlines of the distribution of arctic plants; Transactions of Linnean society, vol. 23, 1861.

[3]) l. c. S. 11.

[4]) l. c. S. 267.

3.

Phanerogamen und Gefäß-Kryptogamen vom Kingua-Fjord.

Von

Dr. H. Ambronn,
Privatdocent der Botanik in Leipzig.

Die botanischen Sammlungen der Nordexpedition können keineswegs einen Anspruch auf Vollständigkeit erheben. Immerhin bieten sie manches Interessante dar, da sie aus einer bis jetzt noch wenig bekannten Gegend stammen. Allerdings wäre gerade aus diesem Grunde eine reichere Ausbeute erwünscht gewesen, doch war eine solche nicht wohl möglich, da die Zeit der Expeditionsmitglieder durch anderweitige Beobachtungen größtentheils in Anspruch genommen wurde und deshalb das Anlegen einer botanischen Sammlung mehr als Nebensache betrachtet werden mußte. Dazu kommt noch, daß sich unter den Mitgliedern kein Botaniker von Fach befand, daß also eine systematische Durchforschung des Gebietes von vornherein kaum erwartet werden konnte. Besonders dieser letztere Umstand hat wohl hauptsächlich dazu beigetragen, daß die Sammlungen so wenig vollständig ausgefallen sind. Es war natürlich, daß von Nicht-Botanikern in erster Linie die durch lebhafte Färbung der Blüthen oder in anderer Hinsicht auffallenderen Formen berücksichtigt wurden, hingegen zahlreiche andere unansehnlichere Pflanzen keine weitere Beachtung fanden. Hieraus erklärt sich sehr leicht, warum in den vorliegenden Sammlungen Vertreter aus den Familien der Gramineen, Cyperaceen und Juncaceen fast gänzlich fehlen, obwohl doch mit Sicherheit angenommen werden darf, daß gerade aus diesen Familien eine größere Anzahl von Arten in jenen Gegenden vorhanden ist.

Größere Ausflüge in das Innere des Landes konnten von den Expeditionsmitgliedern nicht unternommen werden und deshalb ist natürlich das Gebiet, von welchem die gesammelten Pflanzen stammen, ein sehr beschränktes, es umfaßt nur die allernächste Umgebung der Station selbst.

Nur eine Species, Arnica alpina, der nachfolgenden Aufzählung wurde nicht in diesem Gebiete gefunden, sondern von Eskimos aus dem Innern des Landes überbracht.

Die früher ausgesprochene Erwartung, daß die Boas'schen Sammlungen einen besseren Ueberblick über die floristischen Verhältnisse des Baffinlandes gewähren würden, hat sich leider nicht verwirklicht. Allerdings hat der genannte Forscher einige Arten mitgebracht, die sich in den Sammlungen der Nordexpedition nicht vorfinden, aber die Gesammtzahl der Arten ist nur um Weniges höher, da andererseits wieder Manches fehlt, was in der Sammlung von Kingua enthalten ist.

Das Wichtigste, was bisher in der Literatur über die Flora des Baffinlandes und speziell über diejenige des Küstengebietes im Cumberlandsunde bekannt geworden ist, findet sich in den Mittheilungen von Taylor[1]) und Kumlien.[2]) Am eingehendsten sind die floristischen Verhältnisse sowohl des Cumberlandsundes als auch der Westküste der Davisstraße von dem erstgenannten Forscher untersucht worden, der während mehrerer Jahre die Fahrten schottischer Walfischfänger mitmachte und reichlich Gelegenheit hatte, umfangreichere Sammlungen anzulegen. Kumlien, welcher die Howgate-Expedition begleitete, führt eine bedeutend geringere Anzahl von Arten als Taylor auf; die Bestimmung der von ihm mitgebrachten Pflanzen wurde von Asa Gray ausgeführt. In dem citirten Berichte über die Ergebnisse der Howgate-Expedition findet sich außer der Liste der Phanerogamen und Gefäß-Kryptogamen auch noch eine Aufzählung anderer Kryptogamen. Ob auch von Taylor Moose, Flechten u. s. w. gesammelt worden sind, vermag ich nicht anzugeben, da mir aus der Literatur keine hierauf bezügliche Mittheilung bekannt geworden ist.

[1]) Flowering plants and ferns collected on both sides of Davis Street by J. Taylor. Transactions of bot. Soc. of Edinburgh, vol 7. 1862.

[2]) Contributions to the natural history of arctic Amerika etc. Bulletin of the United States National Museum Nr. 15.

In dem Material von Kingua wurden nur einzelne Fragmente von Flechten und Moosen vorgefunden und zwar nur zwischen den Büschen anderer Pflanzen. Die ersteren hat Herr B. Stein in Breslau, soweit es möglich war, bestimmt, die letzteren sind so geringfügig, daß ein sicheres Urtheil über ihre Zugehörigkeit zu einzelnen Arten nicht abgegeben werden kann. Die ziemlich zahlreich vorhandenen Pilze, welche sich auf verdorrten oder vermoderten Blättern u. dergl. vorfanden, wurden von Herrn Dr. H. Winter[1]) in Leipzig bestimmt. Im Ganzen wurden an Pilzen 17 Arten, darunter zwei neue, sicher bestimmt, außerdem wurden zwei Hutpilze, in Glycerin aufbewahrt, mitgebracht; eine sichere Bestimmung derselben war jedoch nicht möglich. Beiden Herren spreche ich auch an dieser Stelle meinen besten Dank für die bereitwillige Untersuchung des betreffenden Materials aus. Ebenso bin ich meinem Freunde Dr. F. Kurtz[2]) in Berlin für mehrfache freundliche Unterstützung bei Bestimmung der Gefäßpflanzen zu Danke verpflichtet.

Von Wichtigkeit wäre es gewesen, wenn seitens der Expeditionsmitglieder dem Sammeln von Treibhölzern, wozu sich jedenfalls oft Gelegenheit darbot, größere Berücksichtigung geschenkt worden wäre. Leider ist nur ein Stück, allerdings von mächtigen Dimensionen, mitgebracht worden; es ist dies ein alter Stamm von mehreren Meter Länge, der bei Cap Mercy aufgefischt wurde. Eine genauere Beschreibung desselben soll weiter unten gegeben werden.[3])

In der nachfolgenden Aufzählung sind nur diejenigen Formen ausführlicher beschrieben worden, die sich in den Sammlungen der Expedition vorfanden, doch wurde dabei, soweit es erforderlich war, der damit übereinstimmende Theil der Boas'schen Sammlungen berücksichtigt. Eine Aufzählung der den letzteren angehörigen Formen ist mit kurzer Angabe der Fundorte am Schlusse dieses Theils angefügt worden.

---

[1]) Inzwischen im Jahre 1887 verstorben.
[2]) Jetzt Professor der Botanik in Cordoba (Argentinien).
[3]) Der erwähnte Stamm liegt seit einigen Jahren im Hofe der K. Seewarte.

I. Dikotyledonen.

Rosaceen.[1])

Dryas integrifolia Vahl.

„Blühend gegen Ende Juni und Anfang Juli gesammelt, besonders auf kiesigen Bergabhängen an vegetationsarmen Stellen.“

In zahlreichen Exemplaren vorhanden, meist typische Formen mit vollkommen ganzrandigen, sehr schmalen Blättern und herzförmiger Blattbasis; einige Büsche mit etwas breiteren, am Grunde deutlich gezähnten Blättern.

Auch in der Boas'schen Sammlung reichlich vertreten.

Potentilla Vahliana Lehm.

Eine der verbreitetsten Pflanzen in der Umgebung von Kingua, weite Strecken auf kahlen trockenen Felspartien überziehend, an Orten, wo andere Blüthenpflanzen fast ganz fehlen und nur Flechten häufig auftreten. Der größere Theil der Flechtenfragmente, die bestimmt werden konnten, fand sich an Exemplaren dieser Potentilla. Blüthezeit von Anfang Mai bis Ende Juni.

Je nach dem mehr oder weniger üppigen Wachsthum ist die Größe der Blätter veränderlich, doch bleibt die äußere Form, sowie die dichte Behaarung im Wesentlichen dieselbe. Die meisten der vorliegenden Exemplare stimmen mit einem im Leipziger Herbarium vorhandenen Orginalexemplar von Vahl aus Grönland vollkommen überein, während einige sich durch die lineare Form der äußeren Kelchblätter, sowie durch die etwas kleineren Blumenblätter der P. emarginata Pursh. nähern, in der Behaarung aber sich von der letzteren Form abweichend verhalten.

In der Boas'schen Sammlung gleichfalls sehr reichlich enthalten.

Onagrarieen.

Chamaenerium latifolium Scop.

Nur drei blühende Exemplare, ohne jede Bezeichnung über Blüthezeit und Standort. Etwa 20 Centimeter hoch mit breit lanzettlichen

[1]) In Betreff der Reihenfolge und der Nomenclatur habe ich mich nach Lange's Conspectus Florae Groenlandiae, Kopenhagen 1880, gerichtet.

Blättern und ebenfalls breiten Blumenblättern, die ungefähr doppelt so lang als der Kelch sind. Sie gehören demnach der typischen Form an.

Fehlt bei Boas.

Empetraceen.

Empetrum nigrum L.

„Ende Mai bis Mitte Juni blühend. Mattenbildend auf trockenem Sandboden, auch trockenen Felsabhängen. Ende Juli mit reifer Beere."

Die vorliegenden Exemplare haben durchgängig zwitterige Blüthen. (Vergl. II. Deutsche Nordpolfahrt, Leipzig 1874, Bd. II. S. 45.)

Fehlt bei Boas.

Silenaceen.

Silene acaulis L.

Nur ein einziges kleines Exemplar mit aufgesprungenen Früchten, ohne Bezeichnung des Standortes. Scheint in der nächsten Umgebung von Kingua selten zu sein, da sonst jedenfalls die großen reichblühenden Rasen, wie sie sich in der Boas'schen Sammlung aus anderen Gegenden des Baffinlandes zahlreich vorfinden, aufgefallen sein müßten.

Alsinaceen.

Stellaria longipes Goldie.

Nur wenige Exemplare, ohne jede Bezeichnung.

Es ist eine vollständige kahle Form mit lineal-lanzettlichen Blättern und spitzen Kelchblättern; Blumenblätter etwa anderthalbmal so lang als der Kelch. Die ganze Pflanze hat eine grau-grüne Färbung.

Dieselbe Form ist in der Boas'schen Sammlung bedeutend reichlicher vorhanden.

Cerastium alpinum L. var. lanatum Lindbl.

„Blühend im Juni auf feuchtem Standorte an den Küstenabhängen."

Blüthen fast stets einzeln, ganze Pflanze dicht behaart und mit Sandkörnchen 2c., die an dem langen Haarfilze haften, reichlich bedeckt.

Diese Form scheint sowohl in der nächsten Umgebung von Kingua, sowie auch an den von Boas besuchten Orten sehr häufig vorzukommen, da sie in beiden Sammlungen durch zahlreiche Exemplare vertreten ist.

Cruciferen.

Draba nivalis Liljebl. (D. muricella Wahlbg.).

Die wenigen vorliegenden Exemplare gehören einer Form an, die wohl am besten zu der obigen Art gerechnet werden kann. Sie stimmen mit zwei Exemplaren überein, welche von Reichel und Henn auf Labrador gesammelt wurden und unter der Bezeichnung D. stellata Jacq. bezw. D. frigida Sauter (Flora 1825) im Leipziger Herbarium sich vorfinden. Auch die Sammlungen der II. deutschen Nordpolexpedition enthalten eine Form aus Ostgrönland, die in Habitus, Behaarung, Blattform mit der von Kingua stammenden die größte Aehnlichkeit zeigt. In der Bearbeitung der ostgrönländischen Pflanzen von Buchenau und Focke ist die Bestimmung unsicher gelassen. Da auch das Originalexemplar von D. altaica Bge. im Leipziger Herbarium mit obigen Formen fast ganz übereinstimmt, so wird sich wohl eine Bemerkung von Nathorst auf jene ostgrönländischen nicht näher bestimmten Exemplare beziehen. Nathorst sagt in seinen „Notizen über die Phanerogamenflora Grönlands im Norden von Melville Bay",[1]) daß nach einer Mittheilung, die ihm von Prof. Th. Fries gemacht worden sei, D. altaica Bge. von der II. deutschen Polarexpedition in Ostgrönland entdeckt worden wäre, sie fehle jedoch in dem Verzeichnisse, welches Buchenau und Focke gegeben haben. Ich führe diese Bemerkung deshalb an, weil ich glaube, daß die auf Spitzbergen vorkommende, von Nathorst als D. altaica bezeichnete Form wohl mit den von Kingua stammenden Exemplaren übereinstimmen dürfte. Auch die von Hooker als D. stellata Jacq. bezeichneten Formen, deren Vorkommen in Grönland von Lange (l. c. S. 42) bezweifelt wird, sowie die oben genannten Exemplare von Labrador und die in der Taylor'schen Aufzählung gleichfalls unter diesem Namen angeführten würden dann wohl hierher zu rechnen sein. Faßt man mit Watson[2]) unter D. stellata Jacq., D. frigida Sauter, D. muricella Wahlbg., D. nivalis Liljebl und

---

[1]) Engler's Botanische Jahrbücher, VI. Bd. 1884 S. 89 Anm.

[2]) Smithsonian Miscellaneous-Collections No. 258. Washington 1878. Sereno Watson: Bibliographical Index to North-American Botany.

einige andere Formen zusammen, so würde dann D. altaica Bge. dieser Gruppe sehr nahe stehen.

Bei der großen Verwirrung, die in Betreff der Umgrenzung der einzelnen Species dieser Gattung herrscht, ist es allerdings schwierig, ohne Benutzung umfangreichen Vergleichsmaterials ein bestimmtes Urtheil in dieser Beziehung abzugeben. Ich ziehe es deshalb vor, eine etwas ausführlichere Beschreibung der vorliegenden Exemplare zu geben:

Blätter stets ganzrandig schmal elliptisch nach oben etwas verbreitet, dicht besetzt mit Sternhaaren, wodurch dieselben ein graues Aussehen erhalten, andere Haarformen fehlen gänzlich, durchschnittliche Breite 2—4 Millimeter. Blattrosette locker, Schaft unbeblättert oder mit einem kleinen ganzrandigen Blättchen besetzt, welches ebenso wie der Schaft selbst mit Sternhaaren bedeckt ist. Zur Blüthezeit etwa 3—4 Centimeter hoch aus der Blattrosette hervorragend, bei der Fruchtreife etwa 5—6 Centimeter lang, Fruchtstand locker, reife Schötchen spärlich mit Sternhaaren besetzt.

Die weiß gefärbten Blumenblätter 1½—2mal so lang als der Kelch, seicht ausgerandet, Kelchblätter schmal oval mit gabelartig verzweigten Haaren versehen.

Ein weiteres sehr kümmerlich entwickeltes Exemplar mit nur 1 Centimeter hohem Schafte muß nach Behaarung und Blattform gleichfalls hierher gerechnet werden.

In der Boas'schen Sammlung finden sich von dieser Form zahlreichere und zum Theil auch üppigere Exemplare von anderen Orten des Baffinlandes.

Draba Wahlenbergii Hartm. var. heterotricha Lindbl.

„Ebenso wie die vorige Mitte Juni blühend auf felsigen vegetationsarmen Abhängen gesammelt.“

Blätter dichte Rosetten bildend, mit 1 oder 2 Zähnen versehen, auf der Fläche mit Sternhaaren, am Rande mit langen einfachen Haaren besetzt. Schaft meist einblätterig, seltener nackt, mit Sternhaaren bedeckt,

10—12 Centimeter hoch, in seinem oberen Theile fast kahl. Kelchblätter spärlich behaart.

Anmerkung: Unter den vorliegenden Exemplaren befindet sich eins mit höherem Schafte, dessen Blättchen mit mehreren deutlichen Zähnen besetzt sind; es war dies früher fälschlich als eine Form der D. hirta bestimmt worden und wurde unter dem letzteren Namen auch in einer vorläufigen Mittheilung[1]) aufgeführt.

In der Boas'schen Sammlung findet sich außer dieser Form auch noch die als D. Wahlenbergii var. homotricha Lindbl. (D. fladnizensis Wulf) bezeichnete vor, bei welcher auf den Blättern keine Sternhaare vorkommen.

Papaveraceen.

Papaver nudicaule L.

Diese in den arktischen Gegenden sonst sehr verbreitete Pflanze scheint in der nächsten Umgebung von Kingua nicht so häufig zu sein.

Die vorliegenden wenigen Exemplare stammen aus einem in der Nähe der Station gelegenen Seitenthale „von ganz vegetationsloser Stelle" und wurden Mitte Juni blühend gesammelt. Dieselben sind offenbar nur kümmerlich entwickelt. In der Blattform stimmen sie mit den grönländischen Exemplaren durch ihre langen Blattstiele überein.

Die von Boas an verschiedenen Orten gefundenen Pflanzen sind größtentheils viel üppiger entwickelt.

Saxifragaceen.

Saxifraga rivularis L.

Nur ein einziges Exemplar, ohne jede Bezeichnung von Blüthezeit und Fundort. Mit reifen Früchten. Stengel ein= bis dreiblüthig, bis 6 Centimeter hoch, nähert sich im Habitus schon etwas der S. rivularis forma hyperborea Engl., von welcher ein typisches Exemplar sich in der Boas'schen Sammlung findet.

Saxifraga tricuspidata Retz.

Blüthezeit von Ende Juni bis Ende Juli.

„Im Thale nahe der Telephonstation, auch an den Abhängen des Wimpelberges häufig."

[1]) Liste der von der deutschen Nordexpedition gesammelten Pflanzen ꝛc. Berichte der Botan. Gesellschaft Bd. II. 1887.

Scheint eine der verbreitetsten Pflanzen des Gebietes zu sein, denn in beiden Sammlungen ist sie in zahlreichen Exemplaren vorhanden.

Die Blattform variirt etwas in der Zähnung des Randes, die bei einigen Exemplaren ganz fehlt, so daß jedes Blatt nur eine starre Spitze besitzt.

Scrophularineen.

Pedicularis lapponica L.

Nur zwei blühende Exemplare, ohne jede Bezeichnung von Standort und Blüthezeit.

Niedrige Pflänzchen mit kleinen, aber ziemlich breiten Blättern. Scheint selten zu sein. Wird weder von Taylor noch von Kumlien angeführt und fehlt auch in der Boas'schen Sammlung.

Pedicularis hirsuta L.

„Am häufigsten am Ufer der kleinen Seen, einige Kilometer landeinwärts, auch an den direkt zum Meeresspiegel absteigenden Abhängen.“

„Im NW.-Seitenthale nahe den Moränen auf feuchtem, fast sumpfigem Grunde zahlreich.“

In der Größe variiren die vorliegenden Exemplare ziemlich bedeutend, während einige kaum 5 Centimeter hoch sind, erreichen andere eine Höhe von 15 Centimeter und darüber.

Diapensiaceen.

Diapensia lapponica L.

Häufig auf sandigen oder kiesigen Standorten zwischen Dryas und Potentilla blühend gesammelt Mitte Juni.

In beiden Sammlungen reichlich vorhanden.

Pyrolaceen.

Pyrola grandiflora Rad.

Nur wenige Exemplare, ohne jede Bezeichnung; mit großen Blüthen, deren Farbe sich an dem getrockneten Material nicht mehr mit Sicherheit erkennen läßt; wahrscheinlich war sie röthlich grün. Die Höhe des

Stengels ist verschieden, ebenso die Anzahl der Blüthen, während ein Exemplar eine reichblüthige dichte Traube besitzt, haben andere einen lockeren Blüthenstand mit einer geringeren Anzahl von Blüthen.

Auch bei Boas nur wenige Exemplare.

Ericaceen.

Arctostaphylos alpina Spreng.

„An den Abhängen des Wimpelberges und an benachbarten Höhen reichlich vorhanden. Mitte Juni blühend gesammelt.“ Mehrere Exemplare haben nur 8 Staubgefäße.

Merkwürdig ist es, daß diese Pflanze bei Kingua so häufig vorkommt, während sie weder von Taylor noch von Kumlien für die von ihnen besuchten Orte angegeben wird; auch in Grönland ist sie selten und erst in neuerer Zeit an wenigen Stellen beobachtet worden (vergl. II. Deutsche Nordpolfahrt Bd. II S. 44 f. und Lange, Consp. Flor. Groenl. S. 86). In dem benachbarten Labrador scheint sie bis jetzt überhaupt nicht gefunden worden zu sein.

Phyllodoce coerulea Gren. et Godr.

„Im Hintergrunde der Nachbarbai als Polster auf großen Steinen, ziemlich häufig, am 7. Juli erst im Aufblühen.“ „Ziemlich häufig, besonders am Uferrande der kleinen Gebirgsseen, blühend im Juni und Juli.“

Cassiope tetragona Don.

„Mitte Juni bis Ende Juli blühend, sehr häufig, mattenbildend.“ „7. Juli. Blüht schon seit drei Wochen; gemein an feuchten und trockenen Stellen, beherrscht den Charakter der Pflanzendecke.“ (Dr. Giese.)

Alle Exemplare mit gelb-weißen Blüthen. In der Boas'schen Sammlung scheinen einige mit rothen Blüthen zu sein, so weit sich dies an getrocknetem Material erkennen läßt.

Cassiope hypnoides Don.

Anfang Juli blühend, im Hintergrunde der Nachbarbai auf großen Steinen zwischen C. tetragona und Phyllodoce coerulea.

Scheint selten zu sein. Fehlt bei Boas.

Loiseleuria procumbens Desv.

Zahlreiche Exemplare. „Rasen bildend auf dem angeschwemmten sandigen Vorlande, blühend von Anfang Juni bis Mitte Juli." „Gemein, fast ebenso häufig wie die gelbweiße Erika (Cassiope tetragona), scheint aber Feuchtigkeit mehr zu meiden."

Obwohl diese Art bei Kingua zu den verbreitetsten Gewächsen gehört, fehlt sie merkwürdigerweise in der Taylor'schen Aufzählung und ebenso bei Boas.

Ledum palustre L.

„Blühend gegen Ende Juli gesammelt, gemein."

Stengel niederliegend stark verzweigt, Blätter durchschnittlich 2 bis 3 Millimeter breit, schmal-lineal; scheint demnach zu der Form β. decumbens Ait. zu gehören.

Vacciniaceen.

Vaccinium uliginosum L. var. microphyllum Lge.

„14. Juli blühend am Berge nördlich vom Wimpel auf kiesigem, nicht sehr bewachsenen Abhange."

Mehrere Exemplare vorhanden. Sehr niedrige Sträucher, selten über 20 Centimeter hoch, mit kleinen, fast kreisrunden, vollkommen kahlen Blättern, stimmt ganz mit den von der II. Deutschen Nordpolexpedition gesammelten Exemplaren überein. Diese von Buchenau und Focke als „grönländische Form" bezeichnete Varietät zieht Lange zu V. uliginosum var. pubescens (Fl. Dan. Taf. 1516), nennt sie aber richtiger var. microphyllum, da die Behaarung weniger charakteristisch ist als die kleine Blattform.

Auch in der Boas'schen Sammlung reichlich vertreten.

Compositen.

Arnica alpina Murr.

„In nächster Nähe der Station und mehrere Kilometer landeinwärts nicht gefunden; wurde Ende Juli von einem Eskimo aus dem Innern des Landes gebracht."

Blühende Exemplare, mit nur einem Blüthenköpfchen, ganze Pflanze 15—20 Centimeter hoch, meist mit 2—4 Blättern versehen.

Fehlt bei Boas.

Polygoneen.

Polygonum viviparum L.

„Häufig an steilen kiesigen Abhängen auf dem Wege zum Wimpelberge, blühend gesammelt am 22. Juli."

Exemplare durchschnittlich 12—15 Centimeter hoch, meistens Bulbillen tragend. Blätter von sehr verschiedener Breite.

Oxyria digyna Campd.

Nur zwei Exemplare, ohne jede Bezeichnung von Blüthezeit und Standort.

Fehlt bei Boas.

Salicineen.

Salix herbacea L.

„Häufig, Ende Mai bis Ende Juni blühend, besonders auf feuchten moorigen Standorten."

Zahlreiche Exemplare in beiden Sammlungen. In der Blattform ziemlich variirend.

Salix groenlandica Lundström.

Von dieser Art wurden zwei in mehreren Punkten von einander abweichende Formen gesammelt.

Die eine hat lanzettliche, schmale, stets ganzrandige Blätter. Sie würde demnach wohl der S. groenlandica var. angustifolia And. (vergl. Lange, Consp. Flor. Groenl.) zuzurechnen sein.

Es ist nur ein weibliches Exemplar vorhanden, welches keine Bezeichnung über Standort und Blüthezeit trägt.

Die übrigen Exemplare haben meist deutlich gezähnte Blätter von gleichfalls lanzettlicher oder auch mehr ovaler Form, sind aber immer im letzteren Falle etwas zugespitzt. Behaarung fehlt an den Blättern vollständig. Die Kapseln sind rothbraun gefärbt und dicht filzig behaart. Sie haben die Etikette: „Ende Mai blühend auf feuchtem Standort gesammelt."

Zwei gleichfalls zu dieser Form gehörende Exemplare mit knorrigem niederliegenden Stamme von geringem Durchmesser und schlanken aufrechten Zweigen haben folgende Bezeichnung: „Erste Knospen Ende März (?), Blüthezeit sehr verschieden nach Standort, Mitte April bis Anfang Juni, auf feuchten Abhängen."

Salix glauca var. ovalifolia And. (vergl. Flor. Dan. Taf. 2981).

Nur ein Exemplar, ohne jede Bezeichnung von Standort und Blüthezeit. In der Boas'schen Sammlung ist diese Form reichlicher vertreten. Von Taylor und Kumlien wird sie nicht angegeben, doch ist es leicht möglich, daß ähnliche Exemplare mit unter S. arctia Pall gerechnet wurden.

Mit der oben citirten Abbildung der Flora Danica stimmt das vorhandene Exemplar in Habitus und Behaarung gut überein. Trotzdem scheint mir die Zurechnung zu dieser Form nicht ganz sicher zu sein: ich gebe deshalb eine etwas ausführlichere Beschreibung:

Blätter mit auf der Unterseite ziemlich stark hervortretenden Nerven, in der Form wechselnd, meist oval und stumpf, seltener elliptisch und etwas zugespitzt, am Rande und auf der Oberseite dicht mit kleinen Haaren, auf der Unterseite, besonders an jungen Blättern, mit langen seidenglänzenden Haaren besetzt. Nebenblätter lanzettlich, fehlen häufig. Rinde der vorjährigen Zweige im getrockneten Zustande dunkelbraun. Deckblätter rothbraun mit langen Haaren dicht besetzt, Kapseln etwas heller gefärbt und filzig behaart. Griffel etwa 2—3 Millimeter lang, die Narben tief zweispaltig, so daß alle Narbenlappen ungefähr gleich lang sind. Die jungen Zweige, besonders die Kätzchen tragenden dicht behaart.

II. Monokotyledonen.

Liliaceen.

Tofieldia borealis Whlbg.

Nur zwei blühende 4—5 Centimeter hohe Exemplare, ohne Bezeichnung von Standort und Blüthezeit.

Juncaceen.

Luzula arouata var confusa Lindeb.

Blätter 3—5 Millimeter breit behaart, schwach rinnenförmig gekrümmt, 2—3 Blüthenköpfchen, Stiele derselben ungleich lang, deutlich bogenförmig gekrümmt, ganze Pflanze 10—12 Centimeter hoch.

Ohne Bezeichnung von Standort und Blüthezeit.

Einige andere Exemplare dürften am besten wohl auch zu dieser Form zu rechnen sein, obwohl sie sich durch fast sitzende Blüthenköpfchen, etwas breitere und weniger behaarte Blätter mehr der L. arctica Blytt. nähern, unter welchem Namen sie deshalb auch in der bereits oben citirten kleinen Mittheilung aufgezählt waren. Ueberhaupt scheint es wohl berechtigt zu sein, L. arctica Blytt., sowie L. confusa Lindeb. nur als zwei verschiedene Formen der Luzula arcuata aufzufassen, zwischen welchen alle Uebergänge vorhanden sind. (Vergl. II. Deutsche Nordpolfahrt Bd. II. S. 49 f.).

Cyperaceen.

Eriophorum angustifolium Roth.

Nur zwei Exemplare, ohne jede Bezeichnung.

In der Boas'schen Sammlung reichlicher vorhanden.

Carex rigida Good.

Nur ein blühendes Exemplar, ohne Bezeichnung von Blüthezeit und Standort.

Das vorliegende Exemplar nähert sich in mehrfacher Hinsicht der Carex hyperborea Drej. Die beiden weiblichen Aehren sind etwa

2½ Centimeter von einander entfernt, die untere mit einem 1,2 Centimeter langen Stiel, die obere fast sitzend, Stiel etwa 3 Millimeter lang. Die untere Bractee ist blattartig entwickelt, die obere sehr kurz mit grüner Spitze, beide mit dunkelbraunen Oehrchen. Der Schaft ist leicht gekrümmt, die etwa gleich langen Blätter etwas nach außen gebogen.

Der vorhandene Ausläufer bogenförmig aufsteigend.

In der Boas'schen Sammlung findet sich eine mehr der typischen C. rigida ähnliche Form.

Gramineen.

Hierochloa alpina R. et S.

Zahlreiche Exemplare, ohne jede Bezeichnung.

Auch bei Boas reichlich vertreten, scheint eins der gemeinsten Gräser des Gebietes zu sein.

Gefäßkryptogamen.

a) Lycopodiaceen.

Lycopodium Selago L.

Zwei kümmerlich entwickelte kleine Exemplare mit kleinen stark angepreßten Blättern.

Ohne jede Bezeichnung.

Lycopodium annotinum L.

Fructificirende und sterile Exemplare. An ersteren sind die Blätter meist deutlich gezähnt, bei letzteren dagegen fast ganzrandig. Ohne Bezeichnung des Fundortes. Gehören der Form L. annotinum var. alpestre Hartm. an, die wohl mit var. pungens Spring. übereinstimmen dürfte.

Fehlt bei Boas und auch bei Taylor.

b) Filices.

Lastrea fragrans Prel.

Bis jetzt für das Baffinsland nicht angegeben, fehlt auch bei Boas. Reichlich fructificirende Exemplare.

Schleier mit stark zerrissenem, drüsig bewimperten Rande.

„Gesammelt am 22. Juli, im Thale nach der Telephonstation neben Steinbrech (Saxifraga tricuspidata in Steingeröll" Dr. Giese).

c) Equisetaceen.

Equisetum arvense L.

Fertile Exemplare, 10—12 Centimeter hoch.

„Nur ein Fundort — sandig moorige Mulde in der Nähe der Station." Sterile Exemplare fehlen.

Das bei Cap Mercy aufgefischte Treibholz ist ein mächtiger Stamm von 4,3 Meter Länge, 0,90—1,30 Meter Umfang, am unteren Ende befinden sich Wurzelreste, unter andern der Ansatz einer starken Seitenwurzel von etwa 80 Centimeter Länge.

Die ganze Beschaffenheit dieses Treibholzes spricht zunächst dafür, daß es sehr lange im Meere gelegen hat und durch mechanische Thätigkeit des Treibeises in seinen äußeren Formen offenbar stark verändert wurde.

Es ist nicht zu bezweifeln, daß wir es mit einem Naturholze, d. h. nicht mit einem von Menschenhand bearbeiteten Stamme zu thun haben, dafür spricht schon das Vorhandensein der Wurzelpartieen. Nimmt man nun auch an, daß ein Theil der jedenfalls mächtigen Krone schon vorher durch Bruch und dergl. entfernt worden ist, so muß doch durch das lang andauernde Verweilen zwischen Treibeis die weitere Veränderung in der Weise stattgefunden haben, daß alle Theile des Wurzelsystems sowie die ganze obere Partie des Stammes bis auf den noch vorhandenen Stumpf von kaum 4½ Meter Ausdehnung allmählich abgerieben oder auf andere Weise zerstört worden sind.

Das Alter des Stammes läßt sich nicht genau angeben, da wohl zahlreiche Jahresringe auf diese Weise gleichfalls entfernt wurden, die ganze Oberfläche besteht überhaupt aus einer ganz zermalmten theilweise sogar verfilzten Gewebeschicht, ebenso finden sich an zahlreichen Stellen starke Abschilferungen. Obwohl der Stamm durchaus nicht excentrischen Wuchs besitzt, ist doch der Radius auf der einen Seite nahezu um 8 Centimeter geringer als an einer anderen Stelle. Der größte Radius beträgt circa 24 Centimeter und die Zahl der hier befindlichen Jahrringe beläuft sich auf etwa 120. Man wird demnach kaum fehlgehen, wenn man das Gesammtalter des Stammes wohl auf etwa 150 Jahre und vielleicht noch höher schätzt; denn berücksichtigt man, daß an anderen Stellen etwa 30 Jahrringe fehlen, so kann man die Anzahl der im ganzen Umkreise entfernten Jahrringe wohl ebenso hoch annehmen. Nach der mittleren Breite der Jahresringe zu schließen, muß der Baum in einem schon ziemlich rauhen Klima gewachsen sein, aber immerhin wohl noch einige Breitengrade südlich von der Baumgrenze.

Die mikroskopische Untersuchung zeigt sofort, daß wir es mit einem Nadelholze zu thun haben, welches der Gattung Pinus und zwar der Gruppe Picea angehört. Es finden sich im Holze reichlich Harzgänge in der Regel an der äußeren Partie der Herbstholzzone und die Markstrahlen bestehen aus zweierlei Zellformen, solchen mit behöften und solchen mit einfachen spaltenförmigen Poren. Die eben geschilderten Eigenthümlichkeiten des anatomischen Baues finden sich zwar auch bei den Hölzern der Lärchen-Arten und es wäre von vorneherein sehr wohl die Möglichkeit vorhanden, daß wir ein aus Sibirien stammendes Treibholz vor uns hätten; aber sowohl die gleichmäßige helle Farbe des ganzen Holzkörpers als insbesondere der gänzliche Mangel von stark verdickten Zellen in den an einzelnen Astfstellen vorhandenen Rindestückchen sprechen mit Sicherheit dafür, daß das Holz zur Gruppe der Fichten gehört.

Es können nun bei sicherer Entscheidung über die Abstammung drei Arten dieser Gruppe in Betracht kommen, nämlich die gewöhnliche Fichte Pinus Picea Duroi, die sibirische Fichte P. obovata Antoine und schließlich die amerikanische P. alba Ait. Die ersteren beiden sind jedoch auszuschließen, da sie in der Rinde ebenfalls wenn auch anders wie bei den Lärchen gestaltete dickwandige Elemente führen, und es bleibt demnach nur noch die in Nordamerika besonders am Kupferminenfluß sowie an der Hudsonsbai vorkommende P. alba Ait. übrig. Abgesehen vom Baue der Rinde stimmt auch die Structur der Markstrahlen am besten mit dieser Art überein.

Zwar ist es schwierig, die drei Arten auseinander zu halten, doch glaube ich, daß man im Baue der mit behöften Tüpfeln versehenen Randzellen ein ziemlich sicheres Unterscheidungsmerkmal besitzt. Diese Zellen besitzen besonders in den ältesten Jahresringen deutlich zackige Verdickungen, ähnlich denen, wie sie bei den Kiefern vorkommen, nur sind sie bedeutend kleiner. Zwar treten Andeutungen davon auch bei P. Picea und P. obovata auf, aber sie sind bei diesen nur schwierig zu erkennen. Dagegen erreichen sie bei den älteren Jahresringen des vorliegenden Treibholzes oft eine Stärke, daß man fast glaubt eine echte Kiefer vor sich zu haben, wenn nicht in den übrigen Markstrahlenzellen die für diese Gruppe charakteristischen großen Poren fehlten und an ihrer Stelle je 2—4 kleine spaltenförmige Tüpfel nach der benachbarten Tracheïde vorhanden wären.

Es scheint mir demnach keinem Zweifel zu unterliegen, daß das bei Cap Mercy aufgefischte Treibholz amerikanischen Ursprungs ist und von P. alba Ait. abstammt. Ob dasselbe nun aus der Hudsonsbai an deren Küsten diese Art häufig vorkommt, nach Cap Mercy gelangt ist, oder ob es aus einem der ins arctische Meer sich ergießenden Ströme stammt, das läßt sich mit Sicherheit nicht feststellen. Größere Wahrscheinlichkeit scheint mir die letztere Annahme zu haben und zwar würde in diesem Falle in erster Linie der Kupferminenfluß in Betracht kommen, an dessen Ufern große Wälder von P. alba weit nach Norden gehen. Es ist selbstverständlich, daß durch diesen Stromlauf jährlich dem arctischen Meere eine große Menge Treibholz zugeführt wird, und bedenkt man, daß von jenen Küstengegenden aus eine, wenn auch schwache Strömung zwischen den Inseln des arctisch-amerikanischen Archipels hindurch in die Davisstraße geht, so liegt die Vermuthung nahe, an den Ufern des genannten Flusses den Ursprung unseres Treibholzes zu suchen. Dafür würde auch die oben geschilderte äußere Beschaffenheit des Stammes sprechen, denn es ist klar, daß bei einer solchen ausgedehnten Wanderung zwischen Massen von Treibeis weitgehende Veränderungen in der Form hervorgerufen werden können.

4.

Pilze und Flechten von Kingua-Fjord.

Pilze.

Bearbeitet von Dr. G. Winter in Leipzig.

Die genaue Untersuchung der gesammten Phanerogamen-Ausbeute ergab außer einer kleinen Zahl theils unreifer, theils schon veralteter Formen 17 Species resp. Formen, von denen 2 Discomyceten, 15 Pyrenomyceten sind. Außerdem waren 2 Agarici gesammelt worden, deren sichere Bestimmung aber leider nicht möglich war. Auffallend ist es, daß gar keine Parasiten (besonders Uredineen) in der Sammlung sich finden, obgleich z. B. Polygonum Viviparum, Pyrola, Salices, Oxyria und andere häufig von Parasiten bewohnte Nährpflanzen ziemlich reichlich vorhanden sind.

I. Pyrenomycetes.

1. Sphaerella minutissima Winter nova species. Peritheciis sparsis, minimis, 60 μ Diam.; globosis, poro simplici pertuso, membranaceis, fuscis. Asci e basi ventricosa sursum attenuatis, brevissime abrupteque stipitatis, fasciculatis, 8 sporis, 20—25 μ longis, 10 μ crasis. Sporidiis in asci parte inferiore conglobatis, oblongo-clavatis, didymis, medio non constrictis, hyalinis, 8 μ longis, 2,5 μ crassis.

Auf abgestorbenen Wedeln von Lartrea fragrans.

Von allen verwandten Arten durch die Kleinheit aller Theile unterschieden.

2. Sphaerella inconspicua Schröter, Beitrag zur Kenntniß d. nord. Pilze pag. 12 im 58. Jahresb. d. Schles. Ges. f. vaterl. Cult. 1880.

Auf den Fruchtstielen der Cassiope tetragona sehr häufig.

3. Sphaerella Pedicularis Karsten, Fungi in Spetsbergen etc. collecti pag. 107, in Öfvers. af Vetensk. Akad. Förhandl. Stockholm 1872 Nr. 2.

Auf abgestorbenen Blättern von Pedicularis hirsuta.

4. Sphaerella Dryadis Auerswald in Mycologia europaea Heft V, VI pag. 8 Taf. 7 Fig. 100.

Auf dürren Blättern von Dryas integrifolia.

5. Sphaerella confinis Karsten, l. c. pag. 106.

Auf abgestorbenen, stark faulenden Blättern von Draba Wahlenbergii.

6. Sphaerella Vivipari Winter nova species. Peritheciis dense gregariis, amphigenis, maculas indeterminatas irregularesque formantibus, immersis, globosis, poro pertusis, fusco-atris, ca. 100 μ Diam. Ascis fasciculatis, e basi latiore sursum parum attenuatis, sessilibus, 8 sporis, 35 μ longis, 8—9 μ crassis. Sporis inordinatis s. subdistichis, oblongis, saepe subcurvatis, medio uniseptatis constrictisque, hyalinis, cellula inferiori parum angustiori et magis attenuata, 12—14 μ longis, 3—4 μ crassis.

Auf abgestorbenen Blättern von Polygonum viviparum.

Von den verwandten Formen durch den Mangel der Fleckenbildung, von der dasselbe Substrat bewohnenden Sphaerella eucarpa Karsten durch die Asci und Sporen weit verschieden.

7. Sphaerella arthopyrenioides Auersw. l. c. pag. 15 Taf. 4 Fig. 55.

Auf dürren Blättern und Blattstielen von Papaver nudicaule.

8. Sphaerella Tassiana de Notaris, Sferiacei ital. pag. 87 Taf. XCVIII.

Auf abgestorbenen Blättern und Blattstielen von Papaver nudicaule.

9. Leptosphaeria Crepini (Westd.) — Sphaeria Crepini Westendorp, 6. Notice s. cryptog. belg. Nr. 54 in Bull. de la soc. d. botan. de Belgique II. Ser. t. VII.

Auf den abgestorbenen Blättern der Fruchtähren von Lycopodium annotinum.

Hierher gehört wohl sicher Sphaeria lycopodina Mont., Sylloge pag. 240.

10. Leptosphaeria hyperborea (Fuckel). — Pleospora hyperborca Fuckel in „Die zweite deutsche Nordpolarfahrt, II. Bd. pag. 92."[1])

Auf dürren Blättern von Cassiope tetragona häufig.

11. Pleospora Fuckeliana Niessl, Notizen über Pyrenomyceten pag. 34, in Verh. d. naturf. Vereins in Brünn XIV. Bd. 1876. — Pleospora Androsaces Fckl., Symb. Nachtr. III. pag. 19.

Auf dürren Blättern von Silene acaulis.

Ich halte an dem Nießl'schen Namen fest, weil ich bezweifle, daß die Pflanze überhaupt auf Androsace vorkommt. Die Nährpflanze der von Fuckel in Fungi rhenani Nr. 2650 ausgegebenen Exemplare ist ebenfalls Silene acaulis.

12. Pleospora comata Niessl, Beiträge zur Kenntniß der Pilze pag. 30 in Verh. d. naturf. Vereins in Brünn, X. Bd. 1872.

Auf dürren Blättern von Pedicularis hirsuta.

13. Pleospora comata Niessl l. c.

Auf stark verfaulten Blättern von Cerastium alpinum var. lanatum.

14. Pleospora comata Niessl. l. c.

Auf absterbenden Blättern von Polygonum viviparum.

15. Pyrenophora phaeocomes (Rebent.). — Sphaeria phaeocomes Rebent., Flora Neomarch. pag. 338.

Auf dürren Blättern von Hierochloa alpina.

---

[1]) Diese Arbeit Fuckel's scheint Saccardo übersehen zu haben. Ich finde keine der hier beschriebenen neuen Arten in Saccardo's Sylloge.

II. Discomycetes.

16. Lophodermium maculare (Fries). — Hysterium moculare Fries, Systema II pag. 592.

Auf abgestorbenen Blättern von Vaccinium uliginosum.

17. Helotium stigmaion Rehm in Hedwigia 1882 pag. 99.

Auf einem abgestorbenen Grasblättchen.

Außer den vorstehend angeführten sicher bestimmbaren Species finden sich noch zwei den Pilzen beizuzählende Formen in der Sammlung, die nicht sicher bestimmt werden können: Es ist dies ein Zweiglein von Vaccinium uliginosum mit abnorm geformten und gefärbten Blättern, vermuthlich durch das Mycel von Exobasidium Vaccinii Woronin derart umgestaltet.

Ferner findet sich mitunter die Fruchtknospe von Cassiope tetragona in einen sclerotiumartigen Körper umgewandelt, der vielleicht mit der analogen Erscheinung bei den Früchten von Vaccinium Myrtillus zusammenzustellen ist.

Flechten.

Die von Herrn B. Stein in Breslau bestimmten Flechten gehören folgenden Arten an:

Cetraria nivalis L.
„ cucullata Bell.
Alectoria ochroleuca Ehrh.
„ divergens Wahlbg.
Cladonia rangiferina L. var. alpestris Schaer.
Dactylina polaris Rup. sub Dufourea.

5.

Liste der von Dr. F. Boas gesammelten Pflanzen.

(C. = Cumberlandsund; D. = Westküste der Davisstraße; die mit C. bezeichneten Arten stammen größtentheils aus der Umgebung von Kekkerten, die mit D. bezeichneten meist vom Berge Kivitung.)

I. Phanerogamen und Gefäßkryptogamen

bestimmt von Dr. H. Ambronn in Leipzig.

1. Dryas integrifolia Vahl. C. und D.
2. Potentilla Vahliana Lehm. D.
3. Silene acaulis L. C. und D.
4. Melandrium apetalum Fzl. D.
5. „ affine Rohrb. C. und D.
6. Stellaria longipes Goldie. D.
7. Cerastium alpinum L. var. lanatum Lindbl. C. und D.
8. Cochlearia groenlandica L. var. oblongifolia (D.). C.
9. Draba nivalis Liljebl. C. und D.
10. „ Wahlenbergii Hartm. var. α homotricha Lindbl. (D. fladnizensis Wulf). D.
11. Papaver nudicaule L. C. und D.
12. Ranunculus nivalis L. D.
13. „ lapponicus L. C.
14. Saxifraga nivalis L. C. und D.
15. „ cernua L. D.
16. „ rivularis L. forma hyperborea Engl. C.
17. „ decipiens Ehrh. var. groenlandica Engl. C.
18. „ tricuspidata Rottb. D.
19. „ oppositifolia L. D.
20. Pedicularis flammea L. D.
21. Diapensia lapponica L. C. und D.

22. Pyrola grandiflora Rad. D.
23. Arctostaphylos alpina Spr. C. und D.
24. Cassiope tetragona Don. C. und D. (Von der Davisstraße mit gelblich-weißen Blüthen.)
25. Ledum palustre L. C. und C.
26. Vaccinium uliginosum L. var. microphyllum Lge. C. und D.
27. Campanula uniflora L. D.
28. Polygonum viviparum L. C. und D.
29. Salix herbacea L. C. und D.
30. „ groenlandica Lundstr. D.
31. „ glauca L. var. ovalifolia And. (?) C.
32. Luzula arcuata Hook. D.
33. Eriophorum Scheuchzeri Hopp. C.
34. „ angustifolium Roth. D.
35. Carex rigida Good. D.
36. Alopecurus alpinus Sm. C.[1]
37. Hierochloa alpina R. et S. C. und D.
38. Trisetum subspicatum Beauv. D.
39. Colpodium latifolium R. Br. D.
40. Glyceria angustata Fr. (?) D.
41. Poa arctica L. C. und D.
42. Festuca borealis Lge. (F. brevifolia R. Br.) D.
43. Lycopodium Selago L. D.
44. Equisetum arvense L. D.

II. Flechten

bestimmt von Herrn B. Stein in Breslau.

Alectoria ochroleuca (Ehrh.) Nyl., nur steril., var. cincinata (Fr.) Nyl. D.

„ nigricans (Ach.) Nyl., nur steril. C.

„ divergens (Ach.) Nyl., nur steril. D.

---

[1]) Herr Professor E. Hackel in St. Pölten hatte die Freundlichkeit, die Bestimmungen der Gräser zu revidiren.

Stereocaulon paschale (L.) Fr. C. und D.

„ tomentosum (Fr.) Th. Fr. β alpinum (Laur.) Th. Fr. D.

Cladonia rangiferina (L.) Hoffm.

α) vulgaris Schaer. C. und D.

β) silvatica (L.) Hoffm. D.

γ) alpestris (L.) Schaer. D.

„ amaurocraea (Flke.) Schaer. C.

„ bellidiflora (Ach.) Schaer. C. und D.

„ deformis (L.) Hoffm. C. und D.

„ coccifera (L.) Schaer. α communis Th. Fr. C. und D.

„ digitata (L.) Hoffm. C.

„ furcata (Huds.) Fr. α crispata (Ach.) Flke. D.

„ gracilis (L.) Coem. α chordalis Flke. C.

„ fimbriata (L.) Fr. γ tubaeformis Hoffm. C.

„ pyxidata (L.) Fr. β Pocillum Ach. C. und D.

Thamnolia vermicularis (L.) Ach., steril. C.

Dactylina arctica (Hook.) Nyl. C. und D.

Siphula Ceratites (Wbg.) Fr. D.

Sphaerophoron fragile (L.) Pers. C. und D.

Cetraria nivalis (L.) Ach., steril. C. und D.

„ cucullata (Bell.) Ach., steril. C. und D.

„ islandica (L.) Ach. D.

Parmelia saxatilis (L.) Fr. γ omphalodes (L.) Fr. C. und D.

„ stygia (L.) Ach. et β lanata (L.) Fr. D.

„ centrifuga (L.) Ach. D.

Nephroma arcticum (L.) Ach., fruchtend und in zahlreichen jugendlichen Exemplaren in Form kleiner weißer Schüsselchen. C.

Peltigera scutata (Sm.) Fr. C.

Ochrolechia tartarea (L.) Kbr. var. thelephoroides Th.Fr. C. und D

Haematomma ventosum (L.) Mass. D.

Psoroma femsjonensis (Fr.) Nyl. D.

6.

Zur Geologie der Küsten des Cumberlandgolfes.

Bearbeitet von den

Herren Prof. Dr. Steinmann in Freiburg und Prof. Dr. Bücking in Straßburg.

Frühere Polarexpeditionen haben trotz der relativen Dürftigkeit der gemachten Aufsammlungen für die zwischen Grönland und dem nordamerikanischen Festland gelegenen Inseln als ein außerordentlich wahrscheinliches Resultat ergeben, daß der geologische Bau derselben nicht wesentlich von demjenigen des östlichen Kanada und dem mancher Theile der Vereinigten Staaten abweicht. Azoische Bildungen, durch Gneiße oder Granite repräsentirt, nur selten von andern Gesteinen unterbrochen, wurden vielfach als die Unterlage fossilführender, paläozoischer Sedimente erkannt. Die Lagerung der letzteren dürfte als eine ziemlich ungestörte zu betrachten sein. Hierauf deutet wenigstens die außerordentlich weite Verbreitung einer und derselben Formationsabtheilung hin. Bereits im Jahre 1852 konnte Salter im Appendix zu Sutherlands: Journal of a voyage in Baffins Bay and Barrow Straits das Vorhandensein obersilurischer Schichten an den Küsten des Lancaster Sound, der Barrow Strait und des Wellington Channel konstatiren, während weiter im Westen auf Melville Island Ablagerungen gefunden waren, die vom genannten Autor als möglicherweise der Steinkohlenformation angehörig gedeutet werden. Südlich und östlich von dem eben erwähnten Verbreitungsgebiete des Obersilurs an den Küsten von Prince Regent Inlet dürften dagegen untersilurische Schichten neben krystallinen Gesteinen vorherrschen, was Salter aus dem Vorkommen von Maclurea und Receptaculites schloß, welche von König und Jameson (im Appendix zu Parrys Reisebeschreibung) mit obersilurischen Versteinerungen zusammen beschrieben, aber nicht von denselben getrennt waren. Der Fundpunkt der beiden erwähnten Fossilien ist Iglulik an der Nordost-Ecke der Melville-Halbinsel.

Die gelegentlich der Deutschen Nord-Polarexpedition durch Herrn Dr. Ambronn in der Umgebung der Station gesammelten krystallinen Gesteine, sowie die von demselben bei Kekkerten von den Eskimos erworbenen Versteinerungen, ferner die von Herrn Dr. Boas während seiner Reise in den Jahren 1883—84 in der Davis Strait und im Cumberland Sound gemachten Aufsammlungen tragen zur Bestätigung der Ansicht bei, daß in der Umgebung des Cumberland Golfes krystalline Gesteine, von untersilurischen Schichten bedeckt, weit verbreitet sind.

Was zunächst die geologische Beschaffenheit der nächsten Umgebung der Deutschen Polarstation im Kingua-Fjord anbetrifft, so wurden von Herrn Dr. Ambronn ausschließlich krystalline Gesteine in jener Gegend angetroffen, über deren Charakter nachstehende Mittheilungen des Herrn Professor Bücking in Straßburg Aufschluß geben:

Das Gestein, welches an der nördlichen Seite des Fjords ansteht, ist ein sehr fester flaseriger Biotitgneiß. Quarz und Feldspath sind gegenüber dem Biotit vorwaltend; auch erfüllt Quarz nicht selten bis 3 Millimeter dicke, parallel der Schieferfläche verlaufende Lagen. Bei der Zersetzung, welcher sowohl Orthoklas als Glimmer unterliegen, scheidet sich in reichlicher Menge Epidot aus, was auf eine Zufuhr von Kalk bei der Veränderung des Gesteins hindeutet. Plagioklas, welcher im Gegensatz zu dem stark saussüritisirten Orthoklas noch recht frisch ist, wurde als ein nur spärlicher Gemengtheil erkannt.

Andere Gesteine von der Nordseite des Fjords im Bachthale und ohne nähere Fundortsangabe sind sehr feste und frische Gneiße, und im Allgemeinen auch ärmer an Biotit als das vorher erwähnte Gestein. Der Feldspath, welcher meist eine hellgraue, theilweise auch eine dunkelfleischrothe Färbung besitzt, ist durchweg ein Orthoklas mit sehr deutlich ausgeprägter Mikroperthitstructur. Der Biotit ist dunkelbraun gefärbt. Als accessorische Gemengtheile finden sich in reichlicher Menge Magneteisen, Eisenkies und Magnetkies. Einzelne Varietäten des Gneißes, zumal an der Nordseite des Fjords, erweisen sich als Cordieritgneiß. Der Cordierit in ihnen ist zuweilen noch recht frisch, oft aber auch in Serpentin und Sillimanit ganz oder theilweise, umgewandelt. Verbogene Glimmerlamellen und Quarzkörner mit wellig verlaufenden Auslöschungsrichtungen sind häufig zu beobachtende Erscheinungen; sie deuten darauf hin, daß die Gesteine sehr starken mechanischen Einwirkungen ausgesetzt gewesen sind. In den Gneißen wechseln nicht selten mit glimmerreichen und feinkörnigen Lagen grobkörnige und glimmerarme. Die letzteren sind in Zusammensetzung und Korn so ähnlich den im Nachfolgenden erwähnten Graniten, daß es naheliegt, diese Granite als etwas mächtigere glimmerarme Einlagerungen im glimmerreichen Gneiß aufzufassen und für beide Gesteine eine gleiche Art der Entstehung anzunehmen.

Das auf der Höhe des Wimpelberges anstehende Gestein ist nach den vorliegenden Handstücken zu urtheilen, ein ziemlich grobkörniger Granitit. An einzelnen Stücken herrscht der Orthoklas, der zum Theil fleischroth, zum Theil licht röthlichgrau gefärbt erscheint, gegenüber dem Quarz vor, an anderen sind Quarz und Feldspath zu gleichen Theilen vorhanden. Nur in untergeordneter Menge betheiligt sich an der Zusammensetzung des Gesteins der Biotit, hier und da mit chloritischen Zersetzungsproducten vergesellschaftet, noch sparsamer eine dunkele Hornblende. Unter den accessorischen Gemengtheilen fällt der reichliche Eisenkies auf. Der hell röthlichgrau gefärbte Feldspath zeigt einen schwachen bläulichen Lichtschein, wie ihn in stärkerem Maße der Orthoklas des Syenits von Christiania besitzt, und erweist sich bei der mikroskopischen Untersuchung als ein sehr fein struirter Mikroperthit, dem in größerer oder geringerer Menge äußerst feine schwarze nadelförmige Kryställchen eingelagert sind. Nicht selten ist er am Rand der Krystallkörner von dem rothen, mehr zersetzten Orthoklas umhüllt.

Etwas feinkörniger ist eine Abart von Granit, welche am oberen Theile des Wimpelberges aufgenommen, nicht von anstehenden Felsen abgeschlagen, wurde. Das Handstück zeigt eine stark geglättete Oberfläche und enthält neben Orthoklas und Quarz und ganz zurücktretendem Biotit ziemlich reichlich rothen Granat in Körnern und deutlichen Krystallen.

An der südlichen Seite des Fjords und genau im Süden der Station, in einer kleinen Bucht bei der Refraktions-Mire, ist das Granitgestein sehr grobkörnig und besteht aus fleischrothem Orthoklas, schwach bläulichem Quarz und wenigem Biotit. Auch hier ist, wie bei dem zuerst erwähnten Granit, unter den accessorisch auftretenden Eisenerzen der Eisenkies am häufigsten. Die bläuliche Farbe und der eigenthümliche bläuliche Lichtschein der Quarze scheint mit feinen nadelförmigen Interpositionen, welche sie, ebenso wie die Feldspathe, enthalten, in Zusammenhang zu stehen.

Ein Granit aus dem Thale nördlich vom Fjord ist ein sehr stark zersetzter ziemlich fein- und gleichkörniger Hornblendegranit. Die sehr dunkele Hornblende verhält sich hinsichtlich ihrer leichten Schmelzbarkeit ganz ähnlich dem Arfvedsonit.

In dem Schwemmgebiet des Baches, welcher neben der Station in den Fjord mündet, findet sich ein durch die dunkelfleischrothe Farbe des vorwaltenden Orthoklases ausgezeichneter Granit. Ein Trum von dichtem Pistazit durchzieht das gesammelte Geschiebe. Auch hier ist der Feldspath ein Mikroperthit; an den Rändern zeigt er hier und da eine mikropegmatitische Verwachsung mit Quarz. Untergeordnet ist neben dem Orthoklas auch etwas Plagioklas vorhanden. Dieser läßt an dem unregelmäßigen Verlauf der Zwillingslamellen, welche stark wellig gebogen erscheinen, und zuweilen mehrfach zerrissen sind, erkennen, daß auch dieses Gestein, ebenso wie die vorher erwähnten, einem starken Druck ausgesetzt gewesen ist, welcher eine Deformation der Gemengtheile veranlaßt hat. Von basischen Constituenten, welche gegenüber dem Quarz und Feldspath sehr zurücktreten, sind unzersetzte Theile nicht mehr vorhanden; nach verschiedenen Durchschnitten zu urtheilen, scheint Hornblende vorhanden gewesen zu sein; auf sie deutet auch der reichlich beobachtete secundäre Pistazit.

Ferner liegen, abgesehen von größeren derben Stücken von Orthoklas und Quarz, aus der Nähe der Station noch folgende, von Herrn Ambronn gesammelte Mineralien vor:

1. Magneteisen, in großen Stücken, mit einer sehr vollkommenen Spaltbarkeit nach allen Flächen des Oktaeders.
2. Kupferkies, in derben Massen.

3. Apatit in undeutlichen Krystallen; 2 und 3 eingewachsen in Magneteisen.
4. Granat, in großen abgerundeten Krystallen, bis zu 6 Centimeter im Durchmesser. Die Form läßt auf eine Begrenzung durch das Ikositetraëder 202 schließen.
5. Sillimanit in parallel= faserigen und feinstengligen Massen, derben Granat umhüllend.
6. Diallag von hellgrünlicher Farbe und starkem Glanz, in einem sehr kleinen grünen, an Gabbro erinnernden Geschiebe.

Ueber das von Herrn Dr. Boas gesammelte Material von krystallinischen Gesteinen ist zu bemerken:

A. Deutlich geschichteter Gneiß liegt vor von folgenden Lokalitäten:

1. Biotitgneiß mit abwechselnd glimmerreichen und glimmerarmen Lagen:
   a) vom Fluß am Ende von Pagnirtu (66° 25′ Br.);
   b) von Ivissak (69° Br.);
   c) von Midliakdjuin;
   d) von Naujateling mit grobkörnigen und glimmerarmen Lagen (resp. mit gangförmig oder lagerartig auftretendem Granit);
   e) von Nidlung, S. v. Ussuadlu (66° 10′ Br.), flaserig und ebenschieferig.
2. Hornblendegneiß von sehr wechselndem Korn, z. Th. sehr grobkörnig von Naujateling (69° 50′ Br.).

B. Massig ausgebildet erscheinen Gesteine, welche sich nach den Handstücken nicht mit voller Sicherheit bestimmen lassen, von folgenden Orten:

a) Aupalukissak, S. v. Maktartudjennak (67° 20′ Br.) ziemlich feinkörnig, Biotitgneiß oder Granitit.
b) Iglun bei Nettiling (66° 25′ Br.) mittelkörniges und grobkörniges granitähnliches Gestein, mit einem cordieritähnlichen Mineral, welches in Serpentin umgewandelt ist.
c) Ende (66° 15′ Br.) von Pagnirtu, grobkörnig, ähnlich einem Granitit mit deutlicher Parallelstructur.

d) Mitte (66° 15′ Br.) von Pagnirtu ein mittelkörniges Gestein, je nach der Natur des nicht näher untersuchten Feldspaths als Augitsyenit oder Diabas mit Gabbrostructur zu bezeichnen.

e) Ferner grobkörnige Gesteine, welche den von Ambronn gesammelten granitischen Gesteinen vom Wimpelberge sehr ähnlich sehen, auch den gleichen schwach bläulich schillernden Orthoklas führen, von Tschupüvisuktung und Aupaluktung (66° 10′ Br.); am ersteren Orte mit etwas Bronzit und mit granophyrischer Verwachsung von Quarz und Feldspath an den Berührungsstellen der größeren Krystallkörner.

f) Oberes Ende von Nudlung, grünes chloritisches Gestein, neben Chlorit noch Quarz und Feldspath enthaltend.

C. Den Eindruck von echten Graniten machen folgende, ihrer mineralogischen Zusammensetzung nach als grobkörnige zweiglimmerige Granite zu bezeichnenden Gesteine:

a) das am Salmon Fjord anstehende Gestein (zwischen Kelincdzun und Tschupüvisuktung).

b) Midliakdjuin (65° 35′ Br.).

c) Aktinikdjua (66° 5′ Br., 64° 30′ W. L. Gr.).

D. Von völlig abweichendem Habitus ist ein dunkles Gestein von feinkörnigem bis dichtem Aussehen, welches angeblich gangförmig bei Aliba Head gegenüber von Kekkerten (65° 50′ Br.) auftritt. Es besteht zufolge der mikroskopischen Untersuchung aus einem körnigen Gemenge von Feldspath, Quarz, Augit, etwas Biotit, reichlicher dunkelgrüner Hornblende und chloritischen Zersetzungsproducten. Der Feldspath ist z. Th. stark kaolinisirt, z. Th. zeigt er noch deutlich die Zwillingsstreifung und erweist sich dann als Plagioklas. Auch einzelne größere Einsprenglinge von Feldspath, welche eine porphyrische Structur des Gesteins bedingen, sind Plagioklas. Die Hornblende und die chloritischen Substanzen nehmen an Menge in dem Gestein in dem Maaße zu, als der frische

Augit zurücktritt. Von accessorischen Mineralien ist Eisenerz in mannigfach gestrickten Formen und Apatit zu beobachten. — Die Structur ist an einzelnen Stellen eine deutlich divergent-strahlige; sowohl die leistenförmig ausgebildeten basischen Gemengtheile wie die Feldspathe gruppiren sich radial um bestimmte Centren, die übrigen Gemengtheile bilden körnige Aggregate zwischen den so gruppirten Mineralien.

Nach seiner mineralogischen Zusammensetzung wäre demnach das Gestein als ein feinkörniger Augitdiorit oder Dioritporphyrit zu bezeichnen; von den dioritischen Lamprophyren würde es sich durch höheren Kieselsäuregehalt und anscheinend abweichendes geologisches Alter unterscheiden.

Die von Herrn Boas gesammelten Mineralien sind folgende:

1. Biotit, in 5 Centimeter großen Krystallen und in bis 15 Centimeter großen Spaltungsstücken, von Aliba Head und Naujateling (sehr deutlich nahezu einaxig).
2. Muskowit, bis 15 Centimeter große Spaltungsstücke, von hellbrauner Farbe; deutlicher Zonarbau. Scheinbarer Axenwinkel ca. 84°; von Naujateling.
3. Quarzkrystalle mit Chloritüberzug aus einer Kluft im Gestein, Ende des Nettiling Fjord bei Kangia und bei Nettiling selbst; derber Quarz von Kekkerten.
4. Magneteisen mit Kupferkies, von „Oberhalb Tininikdjua," Nettiling Fjord.
5. Magnetkies, derb und gemengt mit Magneteisen, Quarz, Biotit und Muskowit; Eskimo-Name Kautang; von Aliba Head, steil aufgerichtete Lagen, Hittketahhull, Salmon Fjord, Streichen NW—SO. Fallen 60°. —

Die eben gemachten Mittheilungen zeigen die ausgedehnte Verbreitung krystalliner Gesteine an der Ostküste der Cumberland-Halbinsel und im Cumberland Sound. In der Breite des letzteren scheinen die Silurschichten erst weiter im Westen zu beginnen, denn die zahlreichen zur Untersuchung vorliegenden Versteinerungen stammen sämmtlich vom Westende des Cumberland Sound; sie wurden z. T., wie schon erwähnt, von Herrn Dr. Ambronn von den Eskimos und den Angestellten einer schottischen Walstation erworben, welche sie vom Lake Kennedy hergebracht hatten, z. T. sammelte sie Herr Dr. Boas in der Nähe des genannten Sees bei Nettiling. Die Uebereinstimmung der Stücke der beiden Suiten ist eine so außerordentlich auffällige und der Erhaltungszustand der Reste ein so durchaus ähnlicher, daß sich ohne Weiteres annehmen läßt, daß sie alle denselben Schichten entstammen. Sie wurden offenbar an den Ufern des Lake Kennedy aufgelesen, denn sie sind durchweg abgerollt, aber doch z. T. sehr wohl erkennbar. Das Gestein ist ein graugrüner oder graugelblicher Kalkstein. Der Charakter der Fauna von Nettiling wird durch das Vorherrschen nachstehender Formen bedingt: Receptaculites, Heliolites, Monticulipora, Streptelasma, Orthis, Maclurea, Orthoceras, Cyrtoceras, Leperditia. Diese Gattungen bilden weitaus den größten Theil des gesammelten Materials, alle anderen Formen treten dagegen zurück.

Receptaculites occidentalis Salt. Diese für das obere Untersilur Kanadas bezeichnende Art findet sich in leidlich gut erhaltenen Bruchstücken sehr häufig bei Nettiling.

Monticulipora. Verschiedene Arten dieser Gattung, deren Maximalentwicklung bekanntlich in das Untersilur fällt, liegen in abgerollten Bruchstücken vor.

Heliolites dubius Schmdt. Eine bekannte untersilurische Art, sowie verwandte, bisher noch nicht beschriebene Formen dieser Gattung.

Halysites escharoides Lk. sp. In kleinen Bruchstücken (aus Unter- und Obersilur bekannt).

Syringopora sp. Vereinzelte Bruchstücke, bisher nur obersilurisch bekannt. Das einzige, möglicherweise auf Obersilur hinweisende Fossil.

Streptelasma corniculum Hall. Die bekannte untersilurische Art, welche in ganz Nordamerika verbreitet ist, kommt auch bei Nettiling außerordentlich häufig vor.

Schizocrinus nodosus Hall. Einzelne Stielglieder nebst anderen weniger sicher zu deutenden Crinoidenresten.

Nachstehende Brachiopoden stimmen sämmtlich mit Arten aus der Cincinnatigruppe der Vereinigten Staaten überein:

Orthis disparilis Conr., emacerata Hall (sehr häufig), insculpta Hall; Strophomena rhomboidalis var. stenuistriata Hall.

Unter den Gastropoden ist besonders die Gattung Maclurea hervorzuheben, da sie für das Untersilur leitend ist. Der abgerollte Zustand der Stücke läßt eine specifische Identifikation nicht zu. Murchisonia subfusiformis Hall (aus der Trentongruppe bekannt).

Cephalopoden treten sehr zahlreich auf, lassen sich aber nur generisch bestimmen. Sie gehören den Gattungen Orthoceras, Endoceras, Gonioceras und Cyrtoceras an.

Unter den Crustaceen herrschen wohlerhaltene Leperditien vor, welche sich als Leperditia fabulites Conr. (wie sie Jones 1881 Ann. a. Mag. Nat. Hist. V. Ser. Vol. VII pag. 342 abgegrenzt hat) bestimmen ließen. Sie ist im nordamerikanischen Untersilur überaus häufig und weit verbreitet und wird bei Jones von Neile Bay (Port Neill) im Prince Regent Inlet citirt, einer Gegend, von wo sonst nur obersilurische Fossilien bekannt geworden sind.

Trilobiten treten selten, aber in verhältnißmäßig großer Mannigfaltigkeit auf. Es fanden sich:

Encrinurus sp., dem untersilurischen E. multisegmentatus Portl. nahestehend, aber mit relativ breiterem und kürzerem Schwanzschilde.

Illaenus (Bumastes) cf. orbicaudatus Bill. Diese Art wurde von Billings ebenfalls aus dem Untersilur von Anticosti beschrieben.

Cheirurus (Sphaerocoryphe) cf. granulatus Ang. In einzelnen kugeligen Glabellen.

Sphaerexochus sp., vielleicht mit dem mangelhaft bekannten Sph. parvus Billings aus dem Untersilur Kanadas identisch.

Sehen wir von dem vereinzelten Vorkommen der Gattung Syringopora ab, so weisen sämmtliche bestimmbare Reste auf ein untersilurisches Alter der Ablagerung von Nettiling hin. Die Frage, ob obersilurische Schichten neben den untersilurischen entwickelt sind, läßt sich nach dem Vorkommen der erwähnten Korallengattung zwar nicht unbedingt verneinen; aber es scheint doch gewagt, bei dem sonst einheitlich untersilurischen Charakter der Fauna nach wenigen Bruchstücken einen Rückschluß auf das Vorhandensein des Obersilurs in jener Gegend zu machen, und wir können demnach als Resultat unserer Untersuchungen mit an Gewißheit grenzender Wahrscheinlichkeit die Behauptung aufstellen, daß das krystalline Gebirge, welches an den Küsten des Cumberland Sound, sowie an der Ostküste der Cumberland-Halbinsel an zahlreichen Punkten konstatirt werden konnte, gegen Westen zu in der Umgebung von Nettiling und des Lake Kennedy ausschließlich von untersilurischen Kalksteinen überlagert wird.

7.

Geognostische Beschreibung der Insel Süd-Georgien

von

Dr. Hans Thürach[1]).

I. Allgemeiner Charakter der Insel.

Die Insel Süd-Georgien liegt zwischen dem 54 und 55° s. Br. und 36—38° westl. L. von Greenwich, also ungefähr 250 geographische Meilen östlich vom Cap Horn, der Südspitze Amerikas, die selbst nur 2 Grad südlicher reicht. Sie zeigt in ihrer Umgrenzung eine länglich-elliptische Form mit der größeren Ausdehnung, ungefähr 150 Kilometer,

[1]) Die geognostische Untersuchung der Gesteine Süd-Georgiens hatte anfangs Herr Prof. Dr. Pfaff in Erlangen übernommen, sie jedoch nicht zu Ende führen können, da der Tod ihn aus dem Leben abrief. Auf seine Veranlassung hat Herr Dr. Erlwein eine genauere chemische Untersuchung von vier verschiedenen Gesteinen Süd-Georgiens ausgeführt, deren Resultate derselbe für die vorliegende Arbeit in liebenswürdiger Weise zur Verfügung stellte. Im Nachlasse des Herrn Prof. Pfaff selbst haben sich keinerlei hierher gehörigen Aufzeichnungen vorgefunden, weshalb ich auf Anregung des Herrn Dr. Will die petrographische Untersuchung der von ihm gesammelten Gesteine übernahm. Die geognostische Beschreibung ist nach seinen freundlichst überlassenen Aufzeichnungen, sowie mündlichen Mittheilungen zusammengestellt.

in der Richtung von SO nach NW und einer größten Breite von beiläufig 45 Kilometer. Sie gleicht von ferne einem hohen Wall, der unvermittelt aus dem Meere aufsteigt und macht dadurch den Eindruck eines großen, nur mit seinen höchsten Gipfeln über das Meer emporragenden, unterseeischen Gebirges, eines Kettengebirges, das in der Richtung von SO nach NW streicht. Aber dieses kleine sichtbare Stück ist selbst schon ein großartiges Hochgebirge mit steilansteigenden Bergen und vielzackigen Gipfeln, die bis 2000 Meter und darüber über das Meer emporragen, obschon sie manchmal nur 8 Kilometer von der Küste entfernt liegen. Ewiger Schnee und Eis bedeckt alle höheren Gebirgszüge und Gipfel und sammelt sich nach unten in mächtigen Gletschern, welche vielfach bis in das Meer hinabreichen und abbröckelnd jene Tausende von kleinen Eisbergen und Eisschollen liefern, welche auf dem umgebenden Meere herumschwimmen. In größerer Nähe zeigt die Insel eine außerordentliche Zerstückelung ihrer Küste. Tiefe fjordartige Buchten wechseln beständig mit halbinselförmigen Vorsprüngen, die selbst wieder vielfach ausgezackt sind und sich an ihren Enden meist in kleinen, ähnlich beschaffenen Inselchen und zahlreichen Klippen noch in das Meer hinein fortsetzen. Besonders an dem Nordwestende der Insel greifen diese Buchten von beiden Seiten so weit in das Land hinein, daß sie nur noch ein schmaler Streifen desselben trennt.

Soweit sich bei der Fahrt längs der Nordostküste beobachten ließ, ist dieselbe fast überall steil und ohne breiteres Vorland steigen die Berge und Gebirgskämme entweder unvermittelt unter steilem Winkel, oft sogar in senkrechten Abstürzen aus dem Meere auf, oder der durch Schuttanhäufung und grobes Geröll entstandene Strand ist nur wenige Meter breit. Aehnliche Verhältnisse herrschen, wie aus den Schilderungen von Klutschak[1]) hervorgeht, auch auf der Südwestseite der Insel. Die Berge schließen sich meist zu langgezogenen Bergrücken zusammen, welche nach oben in einen scharfen, fast stets unpassirbaren Grat endigen.

---

[1]) H. W. Klutschak, Ein Besuch auf Süd-Georgien. Deutsche Rundschau für Geographie und Statistik. III. Jahrgang, 1881, S. 522.

In dem näher untersuchten Gebiete, welches das Land auf der Ostseite der Insel in der Royal-Bay und am Little-Hafen in einer Länge von etwa 25 Kilometer, vom Cookgletscher bis zum Cap Charlotte, und in einer Breite von ungefähr 15 Kilometer landeinwärts umfaßt, schließt sich nördlich der Royal-Bay an das Gebirge auch ein flaches Gebiet (das Hochplateau) an, welches bei einer Ausdehnung von ungefähr 3 Kilometer und einer mittleren Höhe von etwa 80 Meter sich zu einer nach Osten sanft abfallenden Landzunge verschmälert, an welcher aber ebenso wie an den vorgelagerten sehr klippenreichen kleinen Inseln die Steilküste wieder charakteristisch hervortritt. Sehr oft beobachtet man an derselben eine Menge senkrecht in das Meer abfallender Vorsprünge (Hucks), welche den schmalen Strand auf große Strecken unpassirbar machen. Diese wie mächtige, breite Mauern erscheinenden Hucks begrenzen mit den ihnen vorgelagerten Klippen selbst wieder schmälere Einbuchtungen, verleihen so der Küste einen außerordentlich wilden Charakter und machen das Landen bei einigermaßen bewegter See oft auf weite Strecken unmöglich.

Der Hauptgebirgszug, welcher am charakteristischesten in der steilabfallenden Wetterwand hervortritt und sich in südöstlicher Richtung in schroffen Bergkämmen im Süden der Royal-Bay fortsetzt, streicht in derselben Richtung, in der die Insel ihre Hauptausdehnung erreicht, von SO nach NW. Ihn begleiten auf der Nordostseite der Insel gegen die Küste hin parallele Gebirgszüge, wie z. B. der Pirnerberg und Nachbar, der Krokisius und der Brocken, welche durch kurze Längsthäler getrennt werden und, wo sie an deren oberem Ende zusammentreten, sich hier, wie z. B. in der Doppelspitze, in imposanten Gipfeln zu bedeutender Höhe erheben. Senkrecht zu dieser Hauptrichtung des Gebirges, also in Nordost- bis Südwestrichtung gliedern sich durch Querthäler eine größere Anzahl kurzer Bergrücken ab. So haben die von der Wetterwand niedergehenden Eismassen des gewaltigen Roßgletschers, indem sie sich anfangs theilen, mehrere tiefe, breite Rinnen gegraben, welche das Nordostgehänge dieses Bergriesen in 5 bis 6 querstehende Bergzüge trennen. Ebenso haben die gegen den Little-Hafen sich herabschiebenden Gletscher, wie z. B. der an der Doppelspitze, der

Forster-Gletscher, der Dr. Nachtigal-Gletscher und der große Cook-Gletscher, eine Reihe von Thälern und Bergzügen gebildet, welche quer zur Hauptrichtung des Gebirges verlaufen. Aehnliche Verhältnisse zeigen auch die Berge auf der Südseite der Royal-Bay. Die östlichen Berge, zunächst beim Cap Charlotte, sind fast kegelförmig, weiterhin aber schließen sie sich zu vielzackigen Höhenrücken zusammen, welche theils parallel dem Hauptgebirgszuge verlaufen, theils durch die von diesem herabkommenden Gletscher (Weddellgletscher) wieder in querstehende Bergrücken gegliedert werden.

Charakteristisch für alle bestiegenen Bergrücken, wie z. B. Pirnerberg, Nachbar, Krokisius, Brocken, sowie auch für die nur aus weiter Ferne sichtbaren Berge, wie z. B. den kurzen und jäh aus seiner Umgebung aufsteigenden Bergrücken des Matterhorns, den fast wie ein spitzer Kegel erscheinenden, weithin in ewigem Schnee erglänzenden Pic, der kühn und majestätisch seine Umgebung überragt, wie auch für die nach Nordosten in nur wenigen, aber gewaltigen Absätzen ungemein steil abfallende Wetterwand, sind die scharfen, im Hauptgebirgszuge besonders vielzackigen Grate, durch welche die Berge im scharf geschnittenen Profil häufig in spitzkegelförmigen Umrissen erscheinen. Doch sind die Berge auf der Nordseite der Royal-Bay alle zu ersteigen. Hat man erst die Steilküste am Fuße der sie begrenzenden, langgestreckten Berge oder die steilen, oft senkrechten Thalwände, wie z. B. im Whalerthale, überwunden, so steigt man auf den fast nur aus Schutt bestehenden und mit gegen 30 Grad geneigten Gehängen, die nur selten durch eine steile Felswand unterbrochen werden, fast überall ziemlich leicht bis zur Höhe des Berges hinauf, wo man dann plötzlich vor einer meist senkrecht aufragenden Felswand von oft mehreren Metern Höhe steht, welche in ihrem Aufbau aus dunklem Schiefergestein und den dasselbe mannigfach durchziehenden hellen Quarzadern verfallenem Mauerwerk gleicht und sehr große Aehnlichkeit mit den Hucks an der Küste hat. Es ist dies der von den Gehängen scharf abgesetzte Grat des Berges, welcher meist nur wenige Meter breit und kaum zu begehen ist, da die vielen kleinen Zacken ein fortwährendes Klettern nothwendig machen würden. Doch kann man leicht unter dem Grat der Höhe des

Berges entlang gehen. Pittoreske Felsformen fehlen hier jedoch ebenso, wie auf den Gehängen, deren trostlos einförmige Schutthalden nur selten durch einen emporragenden Felsblock oder eine steile Wand unterbrochen werden. Nur hier und da ragt über den in ziemlich gleichbleibender Höhe verlaufenden Grat eine kühne Spitze auf, besonders da, wo sich zwei oder mehrere Bergzüge vereinigen. Die bemerkenswertheste unter diesen ist wohl die Doppelspitze im Hintergrunde des Brockenthales. Scharf abgesetzt erhebt sich dieselbe als eine schlanke Spitze, welche in zwei Hörnern endigt, gegenüber dem massig ausgebildeten Brocken zu fast der gleichen Höhe von 700 Meter, etwa 300 Meter über die unter ihr zusammenlaufenden Grate. Nach der Westseite scharf abfallend, ist die Neigung nach der Ostseite, welche die Ueberreste eines früher theils nach dem Little-Hafen, theils durch das Brockenthal abfließenden Gletschers bedecken, etwas sanfter und können von dieser Seite aus ihre beiden Zacken leicht erreicht werden. Eine ähnliche, noch imposantere, bis 2000 Meter hohe Spitze ist der Pic, der aber nicht erstiegen worden ist.

Noch eben so leicht wie die Berge auf der Nordseite der Royal-Bay sind wohl die Höhen auf der Südseite zunächst dem Cap Charlotte zu ersteigen; gegen den Weddellgletscher zu und im Hauptgebirgszuge, an der Wetterwand und ihren Ausläufern, sind dagegen die Berge schroffer und weniger zugänglich und stürzen an der Küste meist in mehrere hundert Meter hohen Felswänden in das Meer ab, so daß hier nur in Thalmulden, wie z. B. im Doppelthal und am Weddellgletscher, der Aufstieg gemacht werden kann. Auch sind die Schutthalden hier weniger ausgebreitet, die Felswände treten auf weite Erstreckung zu Tage und lassen schon auf große Entfernung deutlich die Schichtung des Gesteins erkennen. Die Grate sind noch steiler und in vielen Zacken abgesetzt, erscheinen in größerer Höhe durch die Schnee- und Eisbedeckung aber wieder mehr abgerundet.

Die Thäler des Exkursionsgebietes sind, wie schon angegeben, theils Längsthäler, indem sie parallel zum Hauptgebirgszuge verlaufen, theils Querthäler, indem sie die vorgelagerten Höhenzüge durchschneiden oder in diesen selbst entspringend sie in querstehende Ausläufer zertheilen. So können das Whalerthal, das Brockenthal, das Thal südwestlich vom Pirnerberg und Nachbar, wie auch zum Theil die breite Thalmulde, in welcher der Roßgletscher liegt, als Längsthäler betrachtet werden, während die gegen den Little-Hafen sich herabziehenden Thäler, soweit sie auf der Karte dargestellt sind, sowie die an der Wetterwand, als Querthäler aufzufassen sind. Wenn wir auch annehmen dürfen, daß die erste Ausfurchung der Thäler dieses wohl schon durch viele geologische Perioden als Festland existirenden Gebirges durch fließendes Wasser erfolgt ist, so zeigt uns die heutige Beschaffenheit derselben, die Verbreitung der Gletscher und das Vorkommen alter Moränen in den Thälern, in denen jetzt keine Gletscher mehr liegen, wie z. B. im Brockenthal, daß sie doch ihre gegenwärtige Gestalt wesentlich durch die Thätigkeit derselben erhalten haben.

Einen großen Theil des flüssigen Wassers auf der Insel liefern auch heute noch die Gletscher, ein anderer Theil sammelt sich in den Thälern unter den Schneehängen und eilt in raschem Laufe über den die Thalsohlen ausfüllenden Gesteinsschutt dem Meere zu, dabei manchmal auch tiefe, klammartige Schluchten in dem anstehenden Gesteine auswühlend, wie sie z. B. das Whalerthal mit kleinen Wasserfällen verbunden zeigt. Quellen sind in dem begangenen Gebiete der Insel selten, die ausgedehnten Schutthalden an den Gehängen lassen das durch Regen und abschmelzenden Schnee in den Boden gelangende Wasser rasch darin verschwinden, ans dem es in der Nähe der Thalsohle fast ebenso vertheilt wieder heraussickert. Eine kleine Quelle befindet sich auf dem Plateau unweit der Station und liefert ein ziemlich eisenhaltiges Wasser.

Was die allgemeinen Höhenverhältnisse anlangt, so scheint der das Exkursionsgebiet im Südwesten begrenzende Gebirgszug der Wetterwand mit bis 2000 und 2200 Meter hohen Gipfeln auch mit zu den bedeutendsten der Insel zu gehören; doch sind vom Brocken aus hinter dem großen Pic noch steile Gebirgszüge und Gipfel sichtbar geworden, welche wohl noch höher emporragen und mit den Bergen, welche auch Klutschak als die höchsten Erhebungen der Insel bezeichnet hat, identisch zu sein scheinen. Im Hauptgebirgszuge schließen sich an die Wetterwand im Westen das Matterhorn mit etwa 1500 Meter und gegen Osten die Berge im Süden der Royal=Bay an, welche, soweit bestimmbar eine Höhe bis zu 1600 Meter erreichen, an der Küste sich aber nur auf 500—700 Meter erheben. Durch eine tiefe und breite Mulde getrennt, welche durch den Roßgletscher bis zur Höhe von 200—340 Meter ausgefüllt wird, erhebt sich nördlich der Wetterwand das Gebirge nochmals bis etwa 2000 Meter im großen Pic und 1560 Meter im kleinen Pic. Dagegen bleiben die nordwestlich der Royal=Bay zwischen dieser und Little=Hafen liegenden Berge wesentlich hinter diesen Höhen zurück. Die bedeutendsten sind hier: der Nachbar mit 790 Meter, Sargberg 745 Meter, Brocken 700 Meter, Doppelspitze 690 Meter, Pirnerberg 630 Meter und Krokisiusberg mit 470 Meter. Diese Zahlen erscheinen gegenüber anderen Hochgebirgen um so bedeutender, da die Berge direkt vom Meere aus auf kurze Erstreckung zu dieser Höhe emporsteigen.

II. Uebersicht der geognostischen Verhältnisse.

Für die geognostische Beschaffenheit der Insel kann hier nur insoweit ein Urtheil abgegeben werden, als es möglich war, Gesteine aufzusammeln und in ihrer Lagerung zu beobachten. Alle Angaben hierüber beschränken sich deshalb auf das etwa nur den 15. Theil der ganzen Insel ausmachende Exkursionsgebiet, dessen Grenzen und Ausdehnung oben schon näher angegeben worden sind.

Die vorkommenden Gesteine sind durchweg ganz und halbkrystallinische Schiefergesteine und gehören ihrem Alter nach theils zu den jüngeren Urgebirgsgesteinen, theils zu den Uebergangsgebilden in die paläozoische Periode. Versteinerungen sind nicht gefunden worden und haben sich auch bei der petrographischen Untersuchung der Gesteine nicht auffinden lassen. Man braucht deshalb auch nicht anzunehmen daß dieselben geringeren Alters, etwa silurisch oder devonisch, und nachträglich metamorphisch umgewandelt worden sind. Doch macht die an mehreren Stellen sehr deutlich auftretende transversale Schieferung, sowie die außerordentlich mannigfaltige Wechsellagerung der verschiedenen, zum

Theil ganz-, zum Theil nur halbkrystallinischen Gesteine wahrscheinlich, daß große Veränderungen derselben stattgefunden haben.

Die Gesteine selbst sind durchaus identisch mit solchen in Europa, und kommen auch in Deutschland an zahlreichen Orten vor. Es sind wesentlich Phyllitgneiß und Phyllit mit Einlagerungen von Quarzphyllit, Kalk-Phyllit und körnigem Kalk, ferner Thonschiefer und Quarzitschiefer, denen Diabas-Schalsteine in größerer Ausdehnung zwischengelagert sind. Dazu kommt ein stark abgerolltes Stück körnigen Gneißes, das am Strand gefunden wurde und jedenfalls nicht von Süd-Georgien stammt, sondern durch strandende Eisberge aus entfernten Ländern des südlichen Eismeeres hergebracht worden ist.

Diese Gesteine vertheilen sich so, daß die Berge nördlich der Royal-Bay und des Roßgletschers aus den älteren Gesteinen, dem Phyllitgneiß, Phyllit und etwas körnigem Kalk und untergeordnet aus Thonschiefern bestehen; auch die sanfter geböschten, kegelförmigen Berge zunächst dem Cap Charlotte auf der Südseite der Royal-Bay scheinen noch aus diesen Gesteinen aufgebaut zu sein. Dagegen bestehen die schroff abfallenden Berge zu beiden Seiten des Weddellgletschers bis zum Roßgletscher aus echten Thonschiefern und Quarzitschiefern, denen in großer Verbreitung Schalsteine eingelagert sind. Aus diesen Gesteinen besteht wohl auch der Pic, und auch die Wetterwand mit ihren Ausläufern scheint noch vielfach daraus zusammengesetzt zu sein, da ihre Bergformen wesentlich die gleichen sind, wie die der Bergzüge an der Südküste der Royal-Bay, und die weithin zu beobachtende Schichtung an ihren Felswänden deutlich zeigt, daß auch hier noch geschichtete Gesteine anstehen.

Die Gesteine sind alle mehr oder weniger schieferig und zeigen der Schieferung entsprechend eine Absonderung in dünnere und dickere Bänke; dieselbe läuft nicht immer gleichartig parallel der Schichtung, sondern schneidet diese zuweilen auch unter einem Winkel. Die durch die Schieferung hervorgebrachte Schichtung zeigt die Gesteine im nördlichen Gebiete (nördlich der Royal-Bay) in einer vorwiegend flachen, oft sogar ganz horizontalen Lagerung, wie z. B. an einzelnen Stellen des Pirnerberges. Die Schichtenneigung beträgt hier meist 10—25 Grad und geht vorwiegend gegen Südwesten, weniger gegen Nordosten, so daß die Streichrichtung von Nordwesten nach Südosten läuft, also parallel zum Hauptgebirgszuge. Diese flache Lagerung der Gesteinsbänke würde hier einen plateauartigen Charakter der Landschaft bedingen und in der That schließen sich mehrere größere und kleinere Plateaus an die Gehänge an, wie z. B. das größere Plateau nördlich der Station und die kleineren zu beiden Seiten des Whalerthales, von denen das westliche, die sogenannte Bergstraße in etwa 300 Meter Höhe über einer steilen Wand am Gehänge des Pirnerberges und Nachbars bis zum Sargberg in einer Länge von etwa 2 Kilometer, aber nur geringer Breite, hinzieht. Daß die Berge aber doch alle in einen scharfen Grat endigen, statt größere oder kleinere Ebenen auf ihren Höhen zu tragen, ist eine Folge der erodirenden Thätigkeit des Wassers und besonders der Gletscher, welche später noch näher besprochen werden soll.

Auf der Südseite der Royal-Bay ist die Schichtenstellung theilweise noch eine flache, vielfach aber auch schon eine sehr steile, besonders gegen den Hauptgebirgszug zu. Hier entsprechen die vielen Zacken der Grate häufig den Schichtenköpfen der festeren Gesteinsbänke. Es ist jedoch nur an der Küste möglich gewesen zu konstatiren, daß das Streichen der Schichten dasselbe ist wie auf der Nordseite der Bay, weiter südlich und an der Wetterwand ist es wahrscheinlich noch gleichartig, doch wurden diese Berge nicht erstiegen und die nur von Norden und Nordosten gesehenen Felswände mit deutlicher Schichtung lassen keine sicheren Schlüsse mehr zu. Auch muß bemerkt werden, daß die Gesteine auf der Südseite der Royal-Bay öfters eine transversale Schieferung zeigen, die auch schon an zwei von Herrn Dr. Will mitgebrachten Gesteinsstücken deutlich zu sehen ist.

Jüngere geschichtete Ablagerungen aus der paläozoischen, mesozoischen oder Tertiär-Periode, wie auch aus der Quartärzeit wurden nicht beobachtet. Ebenso ist es zweifelhaft, ob die im Brockenthale und im Thale nordöstlich von der Doppelspitze nahe dem Meere und weit von den jetzigen Gletschern entfernt liegenden alten Moränen, wie auch die fast 1 Kilometer nördlich vom untern Theil des Roßgletschers befindliche große Seitenmoräne noch als quartäre Bildung anzusehen sind. Sicher ist, daß die Gletscher auch auf dieser Insel früher eine noch größere Ausdehnung hatten als jetzt und größere Thäler, wie z. B. das Brocken- und Whalerthal, ausfüllten, aus denen sie jetzt verschwunden sind. Ob aber diese Periode der größeren Gletscherausdehnung auf Süd-Georgien mit der quartären der nördlichen Halbkugel zusammenfällt, oder ob die Gletscher dieser Insel auch in der gegenwärtigen Periode noch so bedeutenden Schwankungen in ihrer Verbreitung unterworfen sind, läßt sich nicht entscheiden. Beachtenswerth hierfür ist, daß der große Roßgletscher im mittleren Theil seines Endes vom August 1882 bis zum gleichen Monat 1883 um über 1 Kilometer zurückgegangen ist.

Eruptivgesteine haben sich unter den von Herrn Dr. Will mitgebrachten Gesteinen nicht gefunden, doch weisen die ziemlich verbreiteten Diabasschalsteine darauf hin, daß der Diabas jedenfalls auch auf der Insel vorkommt.

III. Gesteinsbeschreibung.

Das verbreitetste und wohl zugleich älteste Gestein auf der Nordseite der Royal-Bay ist der

Phyllitgneiß.

Wir begreifen darunter graue bis grünlichgraue, dünn- und dickschieferige, oft fast massig erscheinende, feinkrystallinische Gesteine von hier sehr gleichartiger Beschaffenheit, welche wesentlich aus Quarz, Feldspath und einem chlorit- oder glimmerähnlichen Mineral bestehen, ächten Glimmer aber gar nicht, oder nur als accessorischen Gemengtheil enthalten. An den hierher gehörigen Gesteinen von Süd-Georgien sieht man schon mit dem bloßen Auge, deutlicher mit der Lupe die drei Mineralien, welche sie vorwiegend zusammensetzen. Auf den Schieferungsflächen oder dem Längsbruche, wie dieselben bei den wenig schieferigen Varietäten im Folgenden auch genannt sind, bemerkt man besonders ein hell- bis dunkelgrünlichgraues, glimmerig- oder auch wachs- bis seidenglänzendes Mineral in außerordentlich kleinen und feinen Schüppchen, die sich theils zu lang gezogenen und oft die ganze

Schieferungsfläche bedeckenden Häuten und Flasern verbinden, theils einzeln und annähernd parallel gelagert sich innig mit kleinen Quarzkörnchen mengen. Meist ganz anders erscheint der Querbruch; hier treten die glänzenden Schüppchen bedeutend zurück und ein feinkörniges, hellgraues bis fast weißes Gemenge von Quarz mit diesen Schüppchen bildet die Hauptmasse, in der reichlich bis zu ½ Millimeter große, weiße, meist etwas trübe bis opake Körnchen liegen, welche häufig glänzende Spaltflächen zeigen und aus Feldspath bestehen. Der Querbruch hat aber kein vollkommen gleichartiges Aussehen, sondern zeigt eine mehr oder weniger starke Streifung oder flaserartige Beschaffenheit, was daher rührt, daß dünne, 0,1—1 Millimeter dicke Lagen und langgezogene Flasern, in denen der Quarz vorwiegt und die deshalb hellgrau bis fast weiß erscheinen, mit noch dünneren, dunkleren Streifen und Flasern wechseln, welche vorwiegend oder auch ganz aus den Schüppchen des glimmerähnlichen Minerals bestehen Diese Streifung verläuft meist gerade und regelmäßig, nicht häufig erscheint sie gebogen oder gefältelt. Sie ist um so deutlicher, je schieferiger das Gestein ist, und tritt um so mehr zurück, je weniger die Schüppchen des glimmerähnlichen Minerals sich zu größeren Häuten verbinden, welche eben diese Streifung und auch die Schieferung wesentlich hervorbringen. Nimmt die Menge des glimmerähnlichen Minerals ab und fehlen die langgezogenen Flasern desselben, dann verschwindet auch die Streifung, Längsbruch und Querbruch sehen einander fast gleich, das Gestein ist dickschieferig und sondert sich in dicken, massigen Bänken ab. Erst mit der Lupe erkennt man dann die annähernd parallele Lagerung der Schüppchen und die darnach gehende Schieferung.

Der Phyllitgneiß Süd-Georgiens ist bei deutlicher Schieferung stets ebenschieferig, knotige Varietäten, die an andern Orten häufig sind, fehlen fast ganz. Dagegen ist er öfters im Großen gefaltet, was jedoch im Handstück selten zum Ausdruck gelangt.

Besonders klar wird die Natur des Gesteins bei der Untersuchung der Dünnschliffe, namentlich im polarisirten Lichte unter dem Mikroskope. Hier erkennt man leicht die drei Hauptgemengtheile, die kleinen, blaß grünlich gefärbten bis fast farblosen Blättchen des glimmerähnlichen

Minerals, das meist vorwiegende Aggregat kleiner Quarzkörnchen und die porphyrartig darin liegenden größeren Feldspathe, welche häufig trikline Zwillingsstreifung zeigen, sowie die vollkommen krystallinische Beschaffenheit des Gesteins.

Der charakteristischeste der drei Hauptgemengtheile ist das glimmerähnliche Mineral. Dasselbe bildet blaßgrüne, blaugrüne, braungrüne und verwittert gelbbraune Blättchen, die theils einzeln liegen, theils mit einander zu oft vielfach gewundenen Flasern verbunden sind. Im großen Ganzen liegen sie einander immer annähernd parallel und bedingen dadurch die Schieferung des Gesteins. Sie zeigen meist unregelmäßige Umrandung, sind rundlich, eckig, oft in die Länge gezogen, seltener stark verästelt; nur selten sieht man regelmäßige, geradlinig umgrenzte, rhombenartige oder 6eckige Formen. Ihre Größe wechselt; in den Quarzkörnchen eingeschlossen, sind sie oft außerordentlich klein, durchschnittlich werden sie aber 0,05—0,1 Millimeter groß. Die Flasern, zu denen sie sich zusammenlegen, sind in den mehr körnigen Gesteinen 0,1—0,5 Millimeter dick und 1—2 Millimeter lang, in den schieferigen bei ungefähr gleicher Dicke aber mehrere Centimeter groß. Die Blättchen zeigen im Längsschliffe, annähernd parallel zu ihrer Hauptausdehnung, nur schwachen Pleochroismus und auch nur schwache Polarisationsfarben; im Querschnitt ist der erstere etwas stärker und die letzteren sind, wie bei den Glimmern, sehr lebhafte. Durch Salzsäure wird das Mineral bei längerem Erhitzen vollständig zersetzt, verliert seine Farbe und hinterläßt, ähnlich wie die durch Salzsäure zersetzbaren Glimmer, seine Kieselsäure in der Form der Blättchen. Es ist jedoch kein echter Glimmer, da es eine beträchtliche Menge Wasser enthält. Seine chemische Natur wird später bei der Besprechung der Analysen näher erörtert werden. Bemerkt sei hier nur noch, daß bei der mikroskopischen Untersuchung sich keinerlei Anhaltspunkte geboten haben, auf welche hin man zwei verschiedene Mineralien, ein chloritisches und ein glimmeriges annehmen könnte.

Mit diesem glimmerähnlichen Mineral, wie es in der Folge auch noch weiter bezeichnet werden soll, steht in innigster Verknüpfung der Quarz, der in vielen Gesteinsstücken die übrigen Gemengtheile wesentlich überwiegt. Er bildet ein sehr kleinkörniges, krystallinisches, farbloses Aggregat, in dem die einzelnen Körnchen meist ziemlich gleich groß sind, ungefähr 0,02—0,05 Millimeter. Dieselben sind nicht rundlich, sondern eckig und greifen mit ihren Ecken und Enden so innig zusammen, daß gar keine leeren oder durch eine amorphe Substanz ausgefüllten Zwischenräumen vorhanden sind; sie sind außerdem meist vollständig klar und rein. Zwischen den Quarzkörnchen liegen einzeln oder zu mehreren die Blättchen des glimmerähnlichen Minerals, welche diese theils trennen, theils mit ihren Enden in dieselben hineinragen. Sehr häufig sind kleinere Blättchen auch ganz in einzelne Quarzindividuen eingeschlossen. Indem die Blättchen sich häufen, entsteht ein inniges krystallinisches Aggregat der beiden Mineralien, welches aber in keinem Gesteinsstück, das noch Feldspath enthält, ganz gleichmäßig das Gestein erfüllt, immer scheiden sich diese beiden Gemengtheile in quarzreichere, bis 1 Millimeter dicke Flasern und in solche, welche vorwiegend oder ganz aus den Blättchen des glimmerähnlichen Minerals bestehen und in mannigfachen Biegungen und Verknüpfungen jene mehr oder weniger von einander trennen. Je mehr dies der Fall ist, um so deutlicher ist die Streifung auf dem Querbruche des Gesteins. Manchmal kommt es auch vor, daß einzelne Flasern nur aus Quarz bestehen, dann werden die Quarzkörnchen zuweilen auch größer, bis durchschnittlich 0,1 Millimeter, und enthalten Flüssigkeitseinschlüsse mit Libellen. In einzelnen Gesteinsstücken findet man auf dem Querbruche auch 0,2—0,5 Millimeter große Quarzkörnchen, die wie eingestreute Sandkörner aussehen. Dieselben machen sich auch im Dünnschliff abweichend bemerkbar. Sie zeigen eine im allgemeinen rundliche Form, sind aber mit den sie umgebenden kleineren Quarzkörnchen in rein krystallinischer Weise verknüpft, indem dieselben tief in das größere eingreifen. Bei starker Vergrößerung lassen sie ziemlich reichlich Flüssigkeitseinschlüsse von theils rundlicher, theils sehr verästelter Form erkennen, in denen häufig kleine Libellen enthalten sind. Auch kommen darin Blättchen des glimmerähnlichen Minerals eingeschlossen vor und von außen ragen andere solcher Blättchen mit ihren Enden oft weit in dieselben hinein. Es ist deshalb nicht wahrscheinlich, daß in diesen größeren Quarzkörnchen, so auffallend sie sich auch manchmal von den übrigen abheben, ein fremdartiger Gemengtheil vorliegt.

Der dritte, wesentliche Bestandtheil des Phyllitgneißes ist der Feldspath. Unter dem Mikroskope bemerkt man, daß neben dem klaren, wasserhellen Quarz auch einzelne größere Körnchen vorkommen, die besonders in der Mitte trüb erscheinen und öfters Spaltrisse nach einer oder zwei Richtungen erkennen lassen. Sie sind fast immer größer als die des Quarzes und sinken in ihren Dimensionen selten unter 0,05 Millimeter herab, werden aber häufig 0,5 und selbst 1 Millimeter lang und bis 0,5 Millimeter breit. Im polarisirten Lichte erweisen sie sich theils als einfache Individuen, theils zeigen sie einfache und mehrfache Zwillingsbildung nach dem Albitgesetz. Sie lassen keine regelmäßige Umrandung erkennen, sondern greifen in oft vielfach verästelter Form in das krystallinische, um sie herum manchmal radial strahlig angeordnete Quarzaggregat ein, in dessen Flasern sie vorwiegend eingebettet liegen.

Nur selten werden sie von denen des glimmerähnlichen Minerals umschlossen. Die größeren Feldspathindividuen sind vorwiegend senkrecht zur Zwillingsstreifung in die Länge entwickelt und liegen parallel der Schieferung in den Flasern der andern Gemengtheile. Sie sind niemals völlig klar, sondern immer mehr oder weniger trüb. Die Trübung löst sich selbst bei starker Vergrößerung nicht ganz auf, doch erkennt man häufig parallelepipedisch umrandete, hie und da bis 0,03 Millimeter große, parallel zu den Spaltrissen gelagerte Einschlüsse, die sich isotrop verhalten und eine so starke Ablenkung des Lichtes zeigen, daß sie wohl kaum anders denn als Gasbläschen aufzufassen sind. Als Seltenheit kommen sehr dünne, farblose, einzeln liegende Nädelchen vor, welche starke Lichtbrechung und trotz ihrer außerordentlichen Dünne noch lebhafte Polarisationsfarben zeigen, gerade auslöschen und jedenfalls Rutil sind; doch konnten niemals Zwillinge oder gar sagenitartige Gruppen derselben beobachtet werden, noch wurden sie auch nur entfernt so reichlich gefunden, wie sie Sauer aus den Feldspathen ähnlicher Gesteine Sachsens angibt. Ferner kommen in den Feldspathen kleine, apatitähnliche Nädelchen und vereinzelt Eisenglanzblättchen vor, sowie eine Menge kleinster, farbloser, brauner und schwarzer Körnchen, die bis zu staubartiger Kleinheit herabsinken. Selten beobachtet man (bei Nr. 12 vom Brocken), daß einzelne Feldspathe aus einem regellosen Haufwerk fast farbloser, schwach grünlicher, sehr kleiner, glimmerähnlicher Blättchen bestehen, die mit den andern nicht identisch sind und jedenfalls einem Pinitoidkörper angehören, der durch Zersetzung aus dem Feldspath entstanden ist.

Zu diesen drei wesentlichen Gemengtheilen des Phyllitgneißes kommen noch eine Reihe accessorischer Mineralien, die theils nur an einzelnen Orten in dem Gestein enthalten sind, theils in jedem Stück vorkommen, aber den Charakter des Gesteins nicht wesentlich verändern.

Ein solches Mineral ist brauner Glimmer, der in einzelnen dickschieferigen Lagen am Brocken (Nr. 12 und 105 der Sammlung des Herrn Dr. Will) und im Hintergrunde des Whalerthales (Nr. 26) reichlich enthalten ist. Mit der Lupe kann man an diesen Stücken schon die kleinen, braunen, zu Gruppen von 1 Millimeter Größe gehäuften Blättchen erkennen, die aber erst im Dünnschliff besonders deutlich werden. Dieselben sind gelbbraun, völlig klar und durchsichtig und außerordentlich dünn. Ihre Umrandung ist vorwiegend unregelmäßig, meist sind sie rundlich, eckig, stark in die Länge gezogen, durch Quarzkörnchen unterbrochen und sehen dadurch oft wie zerfranzt aus; selten sieht man regelmäßig sechseckige oder rhombische Umrisse. Sie sind doppelbrechend und zeigen durch ihre starke Färbung im Querschnitt kräftigen Pleochroismus, sowie lebhafte Polarisationsfarben.

Ihre Größe beträgt durchschnittlich 0,05 Millimeter. Diese Glimmerblättchen sind im Gestein nicht so gleichmäßig vertheilt wie die grünlichen Blättchen des glimmerähnlichen Minerals, sondern treten in Gruppen vereinigt auf, die theils durch parallele Zusammenlagerung flaserartig erscheinen und sich den andern Gesteinsflasern anschmiegen, häufiger aber strahlig ausgebildet sind, indem die Blättchen von einem aber mehr aus Quarz als aus Glimmer bestehenden Kerne ausstrahlen und durch Quarzkörnchen von einander getrennt werden. Gewöhnlich liegen die braunen Glimmerblättchen in den quarzreicheren Flasern und treten nur selten mit denen des glimmerähnlichen Minerals zusammen.

Wo dies aber vorkommt, kann man in einzelnen Querschnitten sehen, daß die braunen Blättchen des Glimmers und die hellgrünlichen des glimmerähnlichen Minerals anscheinend in einander übergehen, eine Erscheinung, welche wohl als Umwandlung des einen Minerals in das andere aufzufassen ist.

Verbreiteter als brauner Glimmer, aber stets vereinzelt, am häufigsten noch in den quarzreichen Lagen, sind bis 1 Millimeter große Blättchen von weißem Glimmer.

In jedem Stück des Phyllitgneißes enthalten ist ein anderes, weniger ins Auge fallendes Mineral. Dasselbe bildet kleine, meist nur 0,001—0,05 Millimeter große Körnchen, die aber nicht selten auch größer, 0,1—0,5 Millimeter, ja selbst bis 1 Millimeter groß werden und durch starke Lichtbrechung und lebhafte Polarisationsfarben sich besonders bemerkbar machen. Die kleineren Körnchen erscheinen fast alle farblos bis schwach röthlichbraun, die größeren, über 0,05 Millimeter, sind dagegen kräftiger gefärbt und zeigen meist starken Pleochroismus von gelblichgrün nach rosenroth bis röthlichbraun. Die kleineren Körnchen sind vorwiegend rundlich und länglichrund, seltener sieht man deutliche Säulchen oder quadratische und rhombische Umrisse. Auch die größeren sind meist rundlich und nur selten im Querschnitt quadratisch oder rhombisch umrandet. Letztere zeigen öfters auch regelmäßige Spaltrisse nach 2 Richtungen, noch häufiger aber beobachtet man, daß die über 0,1 Millimeter großen Körnchen nicht mehr aus einem, sondern aus einem Aggregat zahlreicher, optisch verschieden orientirter Individuen bestehen. Einschlüsse von andern Mineralien kommen nicht darin vor. Von Salzsäure werden die Körnchen nicht angegriffen. Es ist nicht zweifelhaft, daß dieses Mineral Andalusit ist. Die für Chiastolith charakteristischen Formen kommen jedoch nicht vor. Die Körnchen liegen in beträchtlicher Menge wieder vorwiegend in dem quarzreicheren Theil des Gesteins, theils, wie namentlich die größeren, einzeln, theils zu Gruppen gehäuft.

Ein weiteres in den Phyllitgneißen Süd-Georgiens sehr verbreitetes Mineral ist der Zirkon. In den Dünnschliffen ist er selten zu finden, um so häufiger aber beim Schlämmen des Gesteinspulvers. Er bildet farblose, sehr stark licht- und doppelbrechende, länglichrunde Körnchen oder scharfe Krystalle, welche bis 0,2 Millimeter groß werden und bei durchweg säulenförmiger Entwickelung hauptsächlich die Form $\infty P \infty . \infty P . P$ zeigen. Die am Zirkon sonst so häufige Doppelpyramide, 3 P 3, ist hier selten zu sehen; ebenso sind zonale Streifung, sowie Einlagerungen von dünnen, apatitähnlichen Nädelchen, schwarzen Körnchen und von Gasporen nicht häufig. In seiner Vertheilung im Gestein scheint er an ein anderes Mineral nicht gebunden zu sein. Auch liegen die Kryställchen meist einzeln, nicht zu mehreren beisammen.

Gegenüber dem Reichthum an Zirkon ist in hohem Grade auffallend, daß Rutil nur sehr spärlich vorkommt, besonders da derselbe in diesen Gesteinen an anderen Orten sehr reichlich enthalten ist. Wie schon erwähnt, finden sich im Feldspath als große Seltenheit rutilähnliche Nädelchen. Ebenso selten sind dieselben aber auch in dem glimmerähnlichen Minerale. Nur hier und da entdeckt man nach langem Suchen ein winziges Nädelchen, das im polarisirten Lichte stark leuchtet und gerade auslöscht; noch seltener sind deutliche Zwillinge von Rutil.

Etwas häufiger ist Turmalin. Er bildet braune oder auch in der einen Hälfte braun, in der andern blau gefärbte Säulchen, welche zuweilen noch Rhomboederflächen an den Enden zeigen und sich durch starken Pleochroismus im Dünnschliff besonders bemerkbar machen. Sie erreichen eine Größe bis zu 0,3 Millimeter und enthalten zuweilen Körnchen und Flöckchen von kohliger Substanz.

Nicht selten ist ferner Apatit in bis 0,05 Millimeter dicken und 0,1 Millimeter langen Säulchen, welche theils völlig farblos sind, theils in der Richtung der Hauptaxe einen trüben, etwas dunkelfarbigen pleochroitischen Kern enthalten. Dieselben erscheinen öfters auch als länglichrunde Körner.

An einzelnen Orten (Krokisiusberg) enthält das Gestein vereinzelt sechseckige, tiefrothbraune Blättchen von Eisenglanz, sowie regellos umgrenzte Körnchen von Rotheisenerz und Brauneisen.

Magneteisen konnte nicht sicher nachgewiesen werden. Dagegen ist Eisenkies in bis 0,1 Millimeter großen Würfeln und Körnern in den

Dünnschliffen sehr häufig zu beobachten, besonders in den kohlenstoffreichen Lagen und Flasern des glimmerähnlichen Minerals. Größere, mit bloßem Auge sichtbare Körner und Krystalle sind selten.

Fast ebenso verbreitet ist der Magnetkies in mikroskopisch kleinen Körnchen.

In allen Gesteinsstücken, besonders reichlich in den schieferigen Varietäten ist eine kohlige Substanz enthalten, welche wesentlich die graue Färbung derselben bedingt. Doch ist dieselbe in den Phyllitgneißen niemals in so großer Menge vorhanden, daß das Gestein ein graphitähnliches Aussehen annimmt und abfärbt, wie dies bei einigen Phyllitvarietäten von Süd-Georgien der Fall ist. Im Dünnschliff erscheint sie in ganz kleinen, meist nicht über 0,01 Millimeter großen, häufig wie zerfranzt aussehenden Körnchen und Flöckchen, die zuweilen ziemlich gleichmäßig durch die ganze Gesteinsmasse vertheilt sind, gewöhnlich sich aber in den Flasern des glimmerähnlichen Minerals häufen und hier oft so reichlich enthalten sind, daß förmliche schwarze Wolken entstehen und der Dünnschliff an einzelnen Stellen undurchsichtig wird. Darin liegen dann meist größere, opake Körnchen von Eisenkies und Magnetkies. Durch längeres Behandeln des Gesteins mit Salzsäure und Flußsäure läßt sich diese kohlige Substanz isoliren. Sie erscheint dann als ein schwarzes, nicht glänzendes Pulver, das graphitartig abfärbt. Von übermangansaurem Kalium wird sie in schwach saurer Lösung langsam oxydirt und bei längerem Erhitzen mit Salpetersäure und chlorsaurem Kalium ohne Bildung von gelben Graphitsäuren gelöst. Sie ist höchst wahrscheinlich identisch mit der amorphen Kohlenstoffvarietät, welche v. Inostranzeff[1]) als Schungit, Sauer[2]) als Graphitoid bezeichnet hat und welche in der Phyllit- und Glimmerschieferformation sehr verbreitet vorkommt.

Im Ganzen nicht sehr häufig ist Kalkspath als accessorischer Gemengtheil. Er bildet 0,1—0,2 Millimeter große Körnchen, welche besonders in den Quarzflasern eingelagert enthalten sind. In der Nähe

[1]) v. Inostranzeff, Ueber Schungit; N. Jahrbuch für Mineralogie rc. 1886, I. Band S. 92.

[2]) Sauer, Amorpher Kohlenstoff in der Glimmerschiefer- und Phyllitformation des Erzgebirges; Zeitschrift d. d. geolog. Gesellsch. XXXVII. Bd. 1885. S. 441.

des körnigen Kalkes kommt er in größerer Menge im Phyllit und Phyllitgneiß vor. Zweifelhaft blieben Staurolith und Granat, die vielleicht in vereinzelten kleinen Körnchen im Gestein enthalten sind. Eine amorphe Zwischenmasse, welche Herr Dr. Erlwein zu sehen glaubte, fehlt dem Phyllitgneiß Süd-Georgiens gänzlich, ebenso klastische oder allothigene Bestandtheile. Die einzelnen Gemengtheile bilden durchweg scharf abgegrenzte, gut charakterisirte Individuen, welche in vollkommen krystallinischer Weise mit einander verbunden sind.

Herr Dr. Erlwein hat einen typischen Phyllitgneiß von den Felswänden an der Südseite des Brockens (Nr. 105) analysirt. Derselbe zeigt die beschriebene Beschaffenheit, enthält viel Feldspath, besonders triklinen, viel braunen Glimmer, sowie Andalusit, Zirkon und etwas Eisenkies. Das Gestein ist grau, dickschieferig und zeigt auf dem Längsbruche reichlich das glimmerähnliche Mineral in einzelnen nicht zu größeren Häuten verbundenen Schüppchen, auf dem Querbruche ein ziemlich gleichartiges, feinkrystallinisches Gemenge der drei Hauptbestandtheile, aus dem einzelne, bis 1/2 Millimeter große Quarzkörnchen und Spaltflächen des Feldspaths herausglänzen. Die lamellar-flaserige Struktur des Gesteins erscheint auf dem Querbruche nur wenig deutlich, noch sehr deutlich aber im Dünnschliff.

Dr. Erlwein fand folgende Zahlen:[1])

	I	II	III	IV	V	VI	VII	VIII
Kieselsäure	63,69	Spuren	13,84	49,85	51,12	72,10	51,83	71,129
Thonerde	12,32	0,20	2,39	9,86	8,83	14,26	22,22	13,770
Eisenoxydul	4,17	—	—	—	—	—	7,50	3,910
Eisenoxyd	1,05	0,35	3,72	1,48	13,74	2,14		0,382
Kalk	2,09	0,41	0,64	1,11	2,36	1,61	—	0,415
Magnesia	1,50	—	1,60	Spuren	5,91	Spuren	1,88	0,367
Kali	5,32	0,42	2,82	2,08	10,43	3,01	9,11	4,813
Natron	8,37	1,55	2,06	4,76	7,61	6,88	1,75	3,130
Wasser	2,71	—	—	—	—	—	5,56	1,938
Kohlenstoff	0,36	—	—	—	—	—	—	—
	101,58	2,93	27,07	69,14	100,00	100,00	99,35	99,854

[1]) Die Analysen sind in etwas anderer Weise zusammengestellt als in den von Herrn Dr. Erlwein mitgetheilten Tabellen. Das Eisen ist in den Theilanalysen

I. Bauschanalyse.
II. Durch Essigsäure zersetzbarer Antheil.
III. Durch Salzsäure zersetzbarer Antheil
IV. Rest, welcher mit Flußsäure zersetzt wurde.
V. Durch Salzsäure zersetzbarer Antheil auf 100 umgerechnet.
VI. Durch Salzsäure nicht zersetzbarer Rest auf 100 umgerechnet.
VII. Sericit vom Taunus nach der Analyse von List.[1])
VIII. Sericitgneiß von Wiesbaden nach List.

Zu einer Vergleichung der analytischen Resultate mit den gefundenen Mineralien eignen sich am Besten die auf 100 umgerechneten Theilanalysen, nämlich des durch Salzsäure zersetzbaren Antheiles und des nur in Flußsäure löslichen. Wie bereits erwähnt, wird das glimmerähnliche Mineral und der Glimmer durch Salzsäure zersetzt, nicht verändert dagegen der Quarz, Feldspath und Andalusit, deren Bestandtheile somit in der Flußsäurelösung enthalten sind. Bei den in Salzsäure löslichen Mineralien fällt besonders der hohe Gehalt an Alkalien (18 Prozent) auf, der sicherlich nicht allein dem Glimmer, sondern zum größten Theil dem glimmerähnlichen Mineral zuzuschreiben ist. Da dasselbe auch den größten Theil des Wassers enthält, welches die Bauschanalyse angiebt, so steht es am nächsten dem Sericit, für welchen List die in der Tabelle angegebene Zusammensetzung fand.

Eine vollständige Uebereinstimmung der Analysen herrscht nicht; der Gehalt an Thonerde ist in unserer Analyse auffallend niedrig, der an Alkalien dagegen noch wesentlich höher. Allein dieselbe kann nicht vorhanden sein, da ja kein reines Material, sondern das Gestein zur Untersuchung diente, welches auch reichlich braunen Glimmer enthält, der durch Salzsäure zersetzt wird. Der Sericit bildet aber an vielen Orten den wesentlichen Bestandtheil des Phyllit- oder Sericitgneißes; und da das glimmerähnliche Mineral in mikroskopischer Beziehung mit dem-

---

nur als Eisenoxyd bestimmt worden und dem entsprechend in die Rechnung eingeführt. Die Alkalien in dem in Flußsäure gelösten Antheil sind aus der Differenz berechnet. Das Wasser, welches die Bauschanalyse angiebt, entfällt zum größten Theil auf die im Essigsäure- und Salzsäureauszug enthaltenen Bestandtheile. In dem letzteren sind in den Zahlen für die Kieselsäure die nach zweistündiger Einwirkung von 10 prozentiger Salzsäure durch nachherige Behandlung mit einer Lösung von kohlensaurem Natron und Kalihydrat aus dem Rückstand ausziehbaren Mengen miteinbegriffen.

[1]) List, Jahrbuch d. Ver. f. Naturk. im Herz. Nassau 1850, 6. Heft, S. 132.

selben vollkommene Uebereinstimmung zeigt, so darf man es wohl als Sericit betrachten.

Bei dem in Salzsäure unlöslichen Theil des Gesteins entfällt der größte Theil der Kieselsäure auf den Quarz, ein kleiner nebst etwas Thonerde auf den Andalusit, während Kalk und Alkalien mit dem Rest von Thonerde und Kieselsäure den Feldspath zusammensetzen. Die mikroskopische Untersuchung hat ergeben, daß der Feldspath vorwiegend triklin ist. Der Oligoklas verlangt theoretisch 5,2 Prozent Kalk gegen 8,7 Prozent Natron, während hier auf 6,88 Prozent Natron nur 1,61 Prozent Kalk vorhanden sind, also um mehr als die Hälfte weniger, als für diesen nöthig ist. Da ferner Oligoklas durch Salzsäure meist etwas angegriffen wird, der vorliegende Feldspath aber gar nicht, so darf man den triklinen Feldspath des Phyllitgneißes unbedenklich als Albit betrachten. Diesem dürfte auch ein Theil des gefundenen Kalis angehören, ein anderer aber dem Orthoklas, der in geringer Menge ebenfalls im Gestein enthalten zu sein scheint. Vielleicht ist jedoch nicht aller Sericit durch die Salzsäure zersetzt worden, so daß das Kali auch noch hierauf bezogen werden müßte.

Vergleicht man die hieher gehörigen Gesteine Süd-Georgiens mit ähnlichen Gesteinen des europäischen Kontinents, so ergiebt sich eine große Uebereinstimmung, besonders mit den Sericitgneißen des rheinischen Gebirges und zwar in einzelnen Varietäten sowohl im äußern Ansehen, als besonders auch in der mineralogischen und chemischen Zusammensetzung. Dieselben enthalten als wesentliche Gemengtheile ebenfalls Quarz, Sericit und als Feldspath vorwiegend Albit; als accessorische kommen ebenso heller und dunkelbrauner Glimmer, Turmalin und Zirkon vor; und es ist gewiß nicht bloß Zufall, daß der Turmalin auch braune oder an dem einen Ende braune, am andern grünblaue Säulchen bildet und daß der Zirkon genau dieselben Krystallformen[1]) zeigt wie im Phyllitgneiß Süd-Georgiens. Für die besonders ähnliche, feinkörnige, geradschieferige Varietät vom Eingange des Nero-

[1]) Vergl. Thürach, Ueber das Vorkommen mikroskopischer Zirkone rc. Verh. d. phys.-med. Ges. zu Würzburg 1884. XVIII. Bd., 10. Heft, S. 14.

thales bei Wiesbaden fand List[1]) die in der Tabelle angegebenen Zahlen, welche auch in chemischer Beziehung die fast völlige Uebereinstimmung der beiden Gesteine bekunden. Dabei sind in die Kieselsäure 0,138 Prozent Titansäure eingerechnet, beim Wasser eine geringe Menge Fluorsilicium, das beim Erhitzen entweicht. Man könnte die Gesteine Süd-Georgiens deshalb auch als Sericitgneiße bezeichnen, doch soll der allgemeine Name Phyllitgneiß dafür beibehalten werden.

Aehnlich wie die Sericitgneiße des Taunus sind auch die Phyllitgneiße Süd-Georgiens von zahlreichen, papierdünnen bis mehrere Centimeter, selten bis $1/2$ Meter dicken Quarzadern durchtrümmert, die im frischen Gestein zuweilen noch Kalkspath und kleine Blättchen von Sericit, manchmal auch bis 2 Millimeter große, weiße Glimmerblättchen enthalten, meist aber löcherig und drusig und voll Brauneisen sind. In einer solchen Quarzader in einem Handstück vom Pirnerberg (Nr. 106) fand sich in kleinen Drusen zusammen mit Quarzkrystallen und auf diesen aufsitzend Albit in bis 3 Millimeter großen und 1 Millimeter dicken, tafelförmigen Krystallen. Dieselben stellen einfache Zwillinge nach dem Albitgesetz dar und zeigen die Flächen $\infty \breve{P} \infty$, $o P$, $\infty {}'P$ und $\infty P'$, sowie parallele Streifung auf $\infty \breve{P} \infty$. Spaltflächen nach $o P$ sind besonders deutlich. Der diese Quarzader umschließende Phyllitgneiß enthält reichlich Feldspath, welcher aber stark zersetzt und trübe ist und in einzelnen Körnchen ganz oder theilweise aus einem Haufwerk kleinster, farbloser bis grünlicher Blättchen besteht. Dieselben gleichen weniger dem Sericit als den Blättchen eines pinitoidartigen Körpers, der aber eine ziemlich ähnliche Zusammensetzung besitzen dürfte. Es ist nicht zweifelhaft, daß das Material des auf dem Quarztrumm abgeschiedenen Albits dem im Gestein enthaltenen Feldspath entstammt, der, weniger rein als dieser, sich leichter zersetzte und dabei seinen Natrongehalt zur Bildung von reinem Albit, seinen Kalk als Kalkspath abgab, während die zurückbleibenden Antheile an Kali, Thonerde und Kieselsäure zu einem Pinitoidkörper zusammentraten. Bei dieser starken Veränderung des Feldspaths ist der Sericit noch fast unzersetzt und klar.

---

[1]) List, Jahrbuch d. Ver. f. Naturk. im Herz. Nassau. 8. Heft.

Außer den das Gestein meist vertikal durchtrümmernden Quarzadern kommen auch noch bis 1/2 Meter dicke, linsenförmige Massen von derbem Quarz vor.

Bei noch stärkerer Zersetzung wird auch der Sericit angegriffen, die Blättchen werden braun und Brauneisen scheidet sich in großer Menge auf den Klüften und im Gestein ab. Demselben sind zuweilen Manganoxyde in nicht unbeträchtlicher Menge beigemischt, so daß sich beim Behandeln mit Salzsäure Chlor entwickelt (Nr. 36 vom Südostabhange des Krokisiusberges). Solche stark zersetzte Phyllitgneiße sind nicht selten porös, löcherig, dunkelbraun gefärbt und enthalten fast nur noch Quarz und etwas stark veränderten Sericit.

Auf Spalten im Phyllitgneiß kommt zuweilen auch Kalkspath in Drusen und dicken Ueberzügen vor. Ein Stück (Nr. 16) vom Pirnerberg zeigt den Kalkspath in strahliger Anordnung; die einzelnen Individuen endigen nach dem Hohlraum zu in spitzen, schlecht erhaltenen Rhomboedern.

Phyllit.

Der Phyllit ist durch Uebergänge und Wechsellagerung mit dem Phyllitgneiß auf das Allerinnigste verbunden. Durch Abnahme des Feldspathgehaltes bildet sich direkt ein etwas quarziger Phyllit mit accessorischem Feldspath, wie ihn die Gesteine Nr. 48, 51 und 25b vom Krokisiusberg, Nr. 84 vom Pirnerberg, 89 vom unteren Whalerthale darstellen, heraus. Meist nimmt mit dem Feldspath aber auch der Quarz an Menge ab, das Gestein wird dünnschieferig und bildet dann den typischen Phyllit. Andererseits geht derselbe durch Abnahme der Größe der einzelnen Mineralindividuen schließlich in scheinbar dichte Gesteine über, an denen selbst mit der Lupe keine glimmerig-glänzenden Blättchen mehr wahrzunehmen sind, die sich bei der mikroskopischen Untersuchung aber doch noch als rein krystallinisch erweisen und noch vollkommen die Zusammensetzung des Phyllits besitzen. Wenn sie noch stark glimmerig glänzen, so kann man sie als Flimmerschiefer, mehr erdige Gesteine auch als Schistite bezeichnen, wie v. Gümbel[1]) ähnliche Gesteine im bayerisch-böhmischen Grenzgebirge und Fichtelgebirge benannt hat. Einen großen Theil kann man auch schon den echten Thonschiefern zuzählen. Durch Zurücktreten des glimmerartigen, sericitischen Gemengtheiles entsteht ein quarziger Phyllit, der weiterhin selbst in Quarzitschiefer übergeht. Durch Feinerwerden des Kornes bekommt derselbe ein dichtes Ansehen und wird dann gewöhnlich als Quarzit bezeichnet, ist aber meist noch völlig krystallinisch und enthält, ebenso wie der Thonschiefer, das sericitähnliche Mineral nur in außerordentlich kleinen Blättchen. Durch Aufnahme von Kalkspath entsteht kalkiger Phyllit, der an ein paar Stellen körnigen Kalk umschließt. Diese verschiedenen Ausbildungsweisen sind aber alle durch Uebergänge verbunden und lassen sich nicht scharf von einander trennen.

Die Mineralien, welche den Phyllit zusammensetzen, sind wesentlich dieselben wie beim Phyllitgneiß.

Das glimmerähnliche, sericitische Mineral zeigt vollkommene Uebereinstimmung in Größe, Form, Farbe und in den optischen Eigenschaften, so daß für dasselbe nichts weiter hinzuzufügen ist.

Neben demselben kommt aber zuweilen noch ein stärker gefärbtes, dunkler grünes bis grünlichbraunes Mineral in dünnen Blättchen vor, welche theils einzeln liegen, theils zu Gruppen und Flasern zusammengelagert im Gestein enthalten sind. Dasselbe zeigt die optischen Eigenschaften des Chlorits und wird durch Salzsäure leichter zersetzt als der sericitische Gemengtheil, weshalb es als ein chloritischer Körper, ähnlich dem Phyllochlorit v. Gümbel's[2]), betrachtet werden kann.

Der Quarz bildet wieder vorwiegend ein fein-krystallinisches Aggregat, in dem die einzelnen Individuen meist nur 0,01 – 0,05 Millimeter groß sind. Größere Körnchen enthalten nicht selten Flüssigkeitseinschlüsse mit Libellen und Gasporen. Viel häufiger als im Phyllitgneiß kommen im Phyllit aber auch Einlagerungen von derbem Quarz

---

[1]) v. Gümbel, Geognostische Beschreibung des Königreichs Bayern. II. Abtheilung, S. 394.

[2]) v. Gümbel. Ebenda S. 395.

vor. Dieselben bilden meist nur kleine Linsen und Flasern, besonders in den stark gefalteten Gesteinen, werden aber sehr oft mehrere Centimeter bis selbst $^1/_2$ Meter dick. In ihnen findet man zuweilen (z. B. in Nr. 38 von der Südostseite des Krokisius) das chloritische Mineral in Form eines Haufwerks kleinster grünlicher Blättchen in mehrere Millimeter großen Partieen ziemlich rein ausgeschieden.

Von den accessorischen Mineralien ist der Feldspath besonders in den dickschieferigen, quarzreicheren Varietäten verbreitet und vermittelt den direkten Uebergang in Phyllitgneiß. Er zeigt ganz dieselben Eigenschaften und Formen wie in diesem. Brauner Glimmer ist im Phyllit nicht gefunden worden, weiße Glimmerblättchen bis zu 1 Millimeter Größe kommen dagegen vereinzelt ebenso wie im Phyllitgneiß vor. Hornblende, die in anderen Phyllitgebieten sehr verbreitet auftritt, wurde hier niemals beobachtet.

Der Andalusit fehlt in den beim Phyllitgneiß beschriebenen Formen wohl in keinem Gesteinsstück; besonders die quarzreichen Varietäten sind sehr reich daran. Seltener als in diesem findet er sich dagegen in bis 0,2 Millimeter großen, stark gefärbten und stark pleochroitischen Körnchen oder wenig scharfen Krystallen.

In einigen Phylliten kommt in oft beträchtlicher Menge ein Mineral vor, welches dünnere oder auch dickere, senkrecht zur Hauptausdehnung von Spaltrissen durchzogene, farblose Säulchen bildet, ziemlich stark lichtbrechend ist, in lebhaften Farben polarisirt und bei gekreuzten Nicols gerade auslöscht. Dasselbe wird von Salzsäure nicht angegriffen und besteht wesentlich aus Thonerdesilikat. Es ist jedenfalls Sillimannit, der auch im Phyllit anderer Gegenden eine große Verbreitung erlangt. Die Säulchen sind meist zu Bündeln mit einander verwachsen.

Kalkspath ist nicht selten im Phyllit enthalten, besonders in den quarzreicheren, dickschieferigen Varietäten und zwar theils in einzelnen 0,05—0,2 Millimeter großen Körnchen, theils in Aggregaten von solchen. Besonders gern steckt er im Quarz, seltener tritt er mit den Sericitlamellen verbunden auf. In den kalkspathreicheren Varietäten wechsellagern Streifen und Flasern, welche fast nur aus diesem Minerale bestehen, mit solchen von Sericit und Quarz.

Der Zirkon ist im Phyllit ebenso verbreitet wie im Phyllitgneiß und zeigt dieselben Formen wie in diesem. Besonders reich daran sind die quarzreicheren, dickschieferigen Varietäten, in den quarzärmeren ist er weniger häufig, fehlt aber selten ganz.

Dagegen ist auch im Phyllit der Rutil sehr selten. In mehr als einem halben hundert Dünnschliffen ist er nur einige Male in vereinzelten kleinen Nädelchen und Zwillingen erkannt worden. Auch der Apatit war nur selten und nur in den quarzreicheren Gesteinen aufzufinden.

Ebenso verbreitet wie im Phyllitgneiß ist ferner der Eisenkies in meist mikroskopisch kleinen, vorwiegend einzeln liegenden Körnchen und Würfeln auch im Phyllit. Einzelne Varietäten desselben, besonders der kalkige Phyllit, sind zuweilen außerordentlich reich daran. Er bildet hier theils bis 1 Millimeter große, gelbe, metallglänzende Körnchen und Krystalle, welche oft ganze Lagen parallel der Schieferung zusammensetzen, theils sehr kleine, fast staubartige Körnchen, welche besonders im Quarz und Sericit und zwar zuweilen in so großer Menge eingelagert sind, daß das Gestein dadurch ein schwarzes Aussehen annimmt und bedeutende Schwere erlangt. Namentlich das Gestein Nr. 21 vom Nordufer der Insel (östlich der Landzunge) ist sehr reich daran. Dabei ist dasselbe massig ausgebildet, fast schwarz und einem dichten Basalt äußerlich nicht unähnlich, besteht aber aus einem sehr feinkrystallinischen, regellosen Gemenge von Quarz mit kleinen Blättchen des sericitähnlichen Minerals und sehr viel Eisenkies. Magnetkies und Eisenglanz kommen im Phyllit stets nur in geringer Menge vor, sind aber nicht selten. Magneteisen konnte auch hier nicht mit Sicherheit nachgewiesen werden.

Der beim Phyllitgneiß ausführlich beschriebene amorphe Kohlenstoff (Schungit oder Graphitoid) ist in den kleinen Flöckchen in fast allen untersuchten Stücken des Phyllits enthalten. Seine Menge wechselt jedoch sehr. Sie ist in den quarzigen, dickschieferigen Varietäten meist gering, welche deshalb hellgrau bis grünlichgrau erscheinen, in den dünnschieferigen ist sie aber oft so groß, daß das Gestein dunkelgrau bis schwarz aussieht, graphitartig glänzt und abfärbt.

Ein solch kohlenstoffreiches Gestein ist Nr. 19 vom Nordufer der Insel (östlich der Landzunge), welches Herr Dr. Erlwein einer chemischen Analyse unterworfen hat und deshalb etwas ausführlicher beschrieben werden soll.

Das Gestein ist sehr dünnschieferig, weich, spaltet ziemlich ebenflächig, zeigt aber auf dem Querbruche eine sehr feine und starke Fältelung. Es ist fast schwarz und färbt stark ab. Auf den Schieferungsflächen sieht man nur die graphitähnlich glänzende, schuppige Masse, deren kleinste Lamellen innig ineinander verfilzt sind; auch auf dem Querbruche bemerkt man nur diese und selbst mit der Lupe lassen sich keine Quarzkörnchen entdecken.

In den bei der geringen Festigkeit des Schiefers etwas schwierig herzustellenden Dünnschliffen zeigt sich eine farblose bis schwach grünliche, stark gestreifte und vielfach gebogene und gewundene, lebhaft polarisirende Mineralmasse, in der man unschwer den sericitähnlichen Bestandtheil des Phyllitgneißes wieder erkennt. Derselbe ist aber nur an wenigen Stellen klar und durchsichtig, fast überall enthält er die wie Rußflöckchen aussehenden winzigen Kohlenstoffpartikelchen, welche in ihrer Anhäufung den einzelnen Lamellen desselben folgen und in so großer Menge vorhanden sind, daß ein großer Theil des Schliffes schwarz erscheint. In dem vorwiegenden sericitischen Gemengtheil stecken sehr zahlreiche rundliche und eckige, nicht über 0,05 Millimeter große Quarzkörnchen, welche theils einzeln liegen, theils zu mehreren zu Flasern verbunden sind, die sich innig denen des Sericits anschmiegen und besonders in den Falten derselben auftreten. Die Quarzkörnchen enthalten häufig Sericitblättchen und Kohlenflimmerchen, spärlich Andalusit und sehr selten Zirkonkryställchen eingeschlossen. Außer diesen Mineralien sieht man im Dünnschliff noch untergeordnet ein anderes in stark gelbgrün gefärbten Blättchen, welches nicht gleichmäßig vertheilt, sondern in einzelnen Putzen mit größeren Quarzflasern verbunden vorkommt. Es ist dies der als Phyllochlorit bezeichnete Gemengtheil. Rutil hat sich nicht nachweisen lassen. Das Gestein ist durchweg krystallinisch.

Dasselbe besteht also vorwiegend aus Sericit, etwas Quarz, etwas Phyllochlorit, ziemlich viel Kohlenstoff und einer sehr geringen Menge Andalusit und Zirkon.

Herr Dr. Erlwein hat hiefür folgende Resultate erhalten:

	I	II	III	IV
Kieselsäure	52,55	—	5,93	46,62
Thonerde	28,07	0,08	1,69	26,08
Eisenoxydul	2,05	—	—	-
Eisenoxyd	0,64	0,21	1,25	1,21
Kalk	1,72	0,26	0,62	0,67
Magnesia	1,09	—	0,35	0,60
Kali	7,24	0,39	1,14	5,71
Natron	1,52	0,08	0,58	0,88
Wasser	3,72	—	—	—
Kohlenstoff	2,08	—	—	2,08
	100,68	1,02	11,56	83,85

I. Bauschanalyse.
II. Durch Essigsäure zersetzbarer Antheil.
III. Durch Salzsäure zersetzbarer Antheil.
IV. Rückstand, mit Flußsäure zersetzt.

Die Analysen des durch Salzsäure zersetzbaren und des durch diese nicht veränderten, mit Flußsäure aufgeschlossenen Antheils zeigen hier nur, daß der sericitische Gemengtheil durch Salzsäure unvollkommen zersetzt wurde oder daß die Einwirkung desselben nicht genügend lange gedauert hat. Dagegen nähern sich die in der Bauschanalyse erhaltenen Zahlen ziemlich den von List für den Sericit gefundenen und beweisen aufs Neue, daß das in diesem Gestein vorwiegend enthaltene glimmerähnliche Mineral demselben zuzuzählen ist. Das Gestein steht also dem Sericitschiefer sehr nahe, doch nöthigt die, wenn auch geringe Menge eines mitvorkommenden Chlorits die allgemeinere Bezeichnung Phyllit beizubehalten. Die Analyse zeigt ferner, daß die im Dünnschliff sehr groß erscheinende Menge Kohlenstoff doch nur wenig mehr als 2 Prozent beträgt.

Die Struktur des Phyllits ist bei den quarzreicheren Varietäten ziemlich dieselbe wie beim Phyllitgneiß. Kurze, 0,1–0,2 Millimeter dicke, innig verflochtene oder längere, ziemlich parallel verlaufende, hellgraue bis fast weiße Flasern und Lagen von vorwiegend feinkrystallinischem Quarz wechseln mit dünnen Schüppchen, gewundenen Flasern oder ausgedehnten Häuten des meist mit Kohlenstoff erfüllten, grauen bis schwarzen, sericitischen Gemengtheils. Dadurch haben die Schieferungsflächen und auch der Querbruch ein geflecktes Aussehen, oder erstere zeigen nur das glimmeriggläñzende Mineral, während der Querbruch in hellen und dunklen Bändern und langgezogenen, linsenförmigen Lagen gestreift erscheint. Durch Zurücktreten des Quarzes und Vorwiegen des Sericits werden die Gesteine dünnschieferig und nehmen durch reichliche Beimengung von amorphem Kohlenstoff ein dunkelgrünes bis fast schwarzes Aussehen an. Auf dem Querbruche und besonders im Dünnschliff sieht man zwar noch dünne, quarzhaltige und fast quarzfreie Streifen mit einander wechsellagern, aber sämmtliche sind grau und erscheinen mehr gleichartig. Diese dünnschieferigen Phyllite zeigen sehr häufig eine feine, oft nur unter dem Mikroskop deutlich wahrnehmbare Fältelung. Ebenso verbreitet ist aber auch eine größere Faltung der Schichten. Wo dieselbe auftritt, ist das Gestein meist stark gestreift und enthält in großer Menge Linsen, Knollen und Adern von feinkrystallinischem und derbem Quarz von kaum 1 Millimeter bis über ½ Meter Dicke, besonders in dem inneren Theil der Falten.

Als nicht unbeträchtliche Einlagerungen im geschichteten Phyllit und Phyllitgneiß treten auch massige Abänderungen auf. Eine solche linsenförmige, etwas über 1 Meter dicke Masse bildet das bereits erwähnte schwarze Gestein Nr. 21 vom Norduser der Insel (östlich der Landzunge), welches aus einem regellosen, sehr feinkrystallinischen Aggregat von Quarzkörnchen, Sericitblättchen und kleinen meist unregelmäßig umgrenzten Eisenkieskörnchen besteht. Aehnliche treten auch am Süduser derselben auf (Nr. 23 und 70), welche von einem hellgrauen Gestein (Nr. 18 und 69) umschlossen werden, das fast nur aus dem feinblättrigen bis faserigen, hellgrünlichgrauen, sericitischen Mineral besteht, aber nicht schieferig, sondern durch eine regellose Verwachsung der Flasern massig erscheint, sehr zähe und fest ist und fast gar keinen Eisenkies und nur wenig kohlige Substanz einschließt. Dasselbe grünlichgraue Gestein kommt auch in der Nordostecke dieser kleinen Insel vor (Nr. 71) und bildet dort eine hoch über das Plateau derselben emporragende Huck in der Nähe des sogenannten Felsenthores. Diese massigen Varietäten bilden aber nur linsenförmige Einlagerungen oder wechseln mit Schichten von dünnschieferigem, dunkelgrauem, thonschieferähnlichem Phyllit.

Der Phyllit ist ebenso wie der Phyllitgneiß fast an allen Orten von zahlreichen Quarzadern durchsetzt, welche vorwiegend vertikal verlaufen, theils den Falten folgen, theils die Schichten quer trennen und sehr viel zu dem mauerartigen Aussehen der Felsen an der Küste und auf dem Grate der Berge beitragen. Dieselben werden von Bruchtheilen eines Millimeters bis über 1 Decimeter mächtig und enthalten meist reichlich Brauneisen, das ihnen eine braune Farbe giebt, aber niemals in so großer Menge vorkommt, daß sie als Eisenerzgänge zu bezeichnen wären. Andere Mineralien konnten auf den zur Untersuchung vorgelegenen Stücken nicht bemerkt werden.

Bei der Zersetzung scheidet der Phyllit meist viel Brauneisen ab, das zuweilen reichlich Manganoxyd beigemengt enthält und die Stücke mit einer braunen Kruste überzieht. Auch Kalkspath findet sich nicht selten, und am Südostgehänge des Krokisius kommt ziemlich verbreitet gelbgrüner, dichter bis erdiger Nontronit in bis $^1/_2$ Millimeter dicken Lagen auf zersetztem Phyllit vor.

Quarzitschiefer des Phyllitgebietes.

Am Pirnerberg kommen von der Bergstraße bis zum Grat hinauf zwischen den dunkelgrauen, dünnschieferigen, thonschieferähnlichen Phylliten hellgraue bis weiße, feste Bänke eines Gesteins vor, welches ungefähr in der Mitte steht zwischen quarzigem Phyllit und Quarzitschiefer (Nr. 10a und c). Dasselbe erscheint feinkrystallinisch bis fast dicht, zeigt deutliche Schieferung und ist hart und fest. Auf den Schieferungsflächen sieht man mit der Lupe ein inniges Gemenge von Quarzkörnchen mit kleinen, hellgrünlichgrauen Schüppchen, auf dem Querbruche aber fast nur Quarz. Im Dünnschliff zeigt sich derselbe ebenfalls als der weitaus vorwiegende Gemengtheil. Er bildet ein feinkrystallinisches Aggregat mit 0,01—0,05 Millimeter großen Individuen, in dem sehr kleine, 0,01—0,03 Millimeter große, blaßgrünliche, unregelmäßig umgrenzte, nicht selten in die Länge gezogene Blättchen des sericitischen Minerals theils einzeln, theils zu kleinen Flasern vereinigt eingelagert vorkommen. Diese Blättchen zeigen sich völlig übereinstimmend mit denen des Phyllits und Phyllitgneißes. Sie enthalten in verhältnißmäßig geringer Menge schwarze Flöckchen des amorphen Kohlenstoffes. Accessorisch kommen Andalusit in den bekannten kleinen Körnchen, Zirkon in bis 0,05 Meter großen Kryställchen, welche wieder $\infty P \infty . \infty P . P$ ohne $3 P 3$ zeigen, sowie Apatit in kleinen Säulchen sämmtlich in nur geringer Menge vor.

Die Analyse des Herrn Dr. Erlwein giebt für dieses Gestein folgende Zahlen:

	I	II	III	IV
Kieselsäure	75,56	Spuren	3,03	72,52
Thonerde	13,45	0,04	1,08	12,07
Eisenoxydul	2,17	—	—	—
Eisenoxyd	0,02	0,11	1,32	1,12
Kalk	1,74	0,57	0,88	0,39
Magnesia	0,52	—	0,80	0,22
Kali	2,57	0,68	0,38	1,41
Natron	2,09	0,27	1,82	—
Wasser	2,70	—	—	—
Kohlenstoff	0,65	—	—	0,05
	101,47	1,67	9,31	88,38

I. Bauschanalyse.
II. Durch Essigsäure zersetzbarer Antheil.
III. Durch Salzsäure zersetzbarer Antheil.
IV. Rest, durch Flußsäure zersetzt.

Da das Gestein nach dem mikroskopischen Befund fast nur aus Quarz und einem Silikat besteht, das entweder mit Sericit identisch ist oder diesem doch sehr nahe kommt, so zeigen die Theilanalysen wieder nur, daß dasselbe von Salzsäure nur unvollkommen zersetzt wurde. Damit stimmt auch das Verhalten des Sericits vom Taunus überein, der durch heiße Salzsäure nur langsam unter Kieselsäureabscheidung gelöst wird.

Kalkphyllit und körniger Kalk.

Am östlichen Ende der Landzunge und auf der vorgelagerten Insel, sowie untergeordnet am Brocken und Pirnerberg, kommen Gesteine vor, in welchen Kalkspath einen wesentlichen Gemengtheil bildet. Dieselben zeigen ein ziemlich verschiedenes Aussehen, je nachdem Eisenkies in ihnen sehr reichlich oder fast gar nicht enthalten ist.

Das Gestein Nr. 87 von der Nordseite des Pirnerberges gleicht äußerlich sehr einem quarzigen Phyllit, in den es wahrscheinlich direkt übergeht. Es ist hellgrau, schieferig, auf dem Querbruch etwas streifig und ziemlich fest. Im Dünnschliff sieht man, daß der Kalkspath in 0,05—0,2 Millimeter großen, meist rundlichen Körnern, theils einzeln, theils zu mehreren in kleinen Flasern vereinigt im Quarz eingebettet liegt, während er in der Nähe des Sericits meist fehlt.

Diesem Gestein ist das nur sehr wenig schieferige, fast massige Nr. 88 eingelagert, welches aus ziemlich feinkrystallinischem körnigem Kalk besteht, der aber noch Quarz und Sericit enthält. Der Dünnschliff läßt erkennen, daß der letztere wieder vorwiegend mit dem Quarz verbunden auftritt, in den nur aus Kalkspath bestehenden Parthien aber fehlt. Andalusit ist in beiden Gesteinen in kleinen Körnchen enthalten, andere Mineralien fehlen. Beim Behandeln mit Salzsäure zerfällt das Gestein Nr. 88, das als körniger Kalk bezeichnet werden kann, der Kalkphyllit (Nr. 87) dagegen nicht.

Letzterem sehr ähnlich, nur stärker gestreift, ist das Gestein Nr. 104 von der Steilküste auf der Südseite der Landzunge, welches mit Phyllit und Phyllitgneiß wechsellagert, während eine schmale Zwischenlagerung im Phyllitgneiß des Brockens (Nr. 106) dem Gestein Nr. 88 gleicht, aber kalkärmer ist und auch nur als Kalkphyllit bezeichnet werden kann.

Sehr interessante Gesteine treten an einem etwa 10 Meter breiten und etwa 4 Meter hohen Felsen in der Südwestecke der schon mehrfach genannten Insel östlich der Landzunge in Wechsellagerung mit einander auf. Das Liegende bildet hier das etwa 1 1/2 Meter mächtige Gestein Nr. 77. Dasselbe ist grünlichgrau, unregelmäßig schieferig und zeigt vorwiegend die Flasern des sericitischen Minerals, denen in nicht scharf abgegrenzten, bis 1 Centimeter dicken Streifen und Nestern Kalkspath mit Eisenkies gemengt eingelagert ist. Im Dünnschliff erscheinen letztere als eine krystallinische Masse, welche aus 0,1—0,5 Millimeter großen Körnchen von Kalkspath, Würfeln und Pentagondodekaedern von Eisenkies besteht. Sie wechseln in flaserartigen Formen mit feinkrystallinischem Quarz, und mit diesem verbunden sind die oft dicken Flasern des Sericits, welche verhältnißmäßig nur wenig Kalkspath und Eisenkies einschließen. Mit dem Kalkspath kommt an einzelnen Stellen das bereits näher beschriebene, als Sillimannit gedeutete Mineral in bis 1 Millimeter langen Säulchen vor, und in der Nähe des Eisenkieses findet man zuweilen kleine Zirkonkryställchen.

Das etwa 0,75 Meter mächtige, darüber liegende Gestein Nr. 78 ist dunkelgrau, schieferig, schwach glänzend und sehr schwer. Auf dem Querbruch zeigt es feine, helle und dunkle Streifen und bis 1 Millimeter dicke Lagen, welche fast nur aus Eisenkies bestehen. Im Dünnschliff sieht man ein krystallinisches Aggregat von Kalkspath und Quarz, in welchem eine Unmasse staubartiger, bis 0,05 Millimeter großer Körnchen liegen, die sich bei näherer Untersuchung ebenfalls als Eisenkies erweisen und die schwarze Färbung des Gesteins bedingen, ähnlich wie in Nr. 21 und 23, während die größeren, gelben Körnchen und Würfel vorwiegend in nur aus Kalkspath bestehenden Lagen eingeschlossen vorkommen. Sericit fehlt fast gänzlich, ebenso Sillimannit und amorpher Kohlenstoff. Das Gestein könnte den im Urgebirge verbreiteten Kieslagerstätten zugezählt werden, welche man als Fahlbänder bezeichnet.

Darüber folgt Nr. 79, etwa 1 Meter mächtig, im Handstück hellgrau bis gelbbraun gefärbt, wenig schieferig, flaserig und feinkrystallinisch. Dasselbe besteht wieder aus Flasern von Kalkspath, Quarz und Sericit und enthält im Vergleich zu Nr. 78 nur sehr wenig, zum Theil in Brauneisen umgewandelten Eisenkies in vereinzelt liegenden mikroskopischen Körnchen.

Ueber diesem Kalkphyllit liegt mit Nr. 80 hellgrauer, starkgefältelter Phyllit mit vorwiegenden dicken Flasern von Sericit, zwischen denen einzelne Körnchen und dünne Flasern von Quarz, seltener Körnchen von Kalkspath und Eisenkies, sowie Sillimannitkryställchen eingelagert vorkommen.

Dieser Einlagerung gegenüber tritt auf der Nordostspitze der Landzunge zwischen Phyllitgneiß eine stockförmige, von Quarzadern begleitete Masse auf, welche zum größten Theil aus stark gefaltetem Kalkphyllit besteht. Dieselbe schließt eine große Menge bis mehrere Centimeter dicker, linsenförmiger oder flaserartiger Lagen von körnigem Kalk ein, mit denen bis 5 Centimeter große Stückchen von derbem milchweißem Quarz, der sehr reichlich Flüssigkeitseinschlüsse mit kleinen lebhaft beweglichen Libellen enthält, verbunden sind. Eisenkies kommt nur spärlich in vereinzelten Körnchen vor und auch amorpher Kohlenstoff ist nur wenig vorhanden, weshalb das Gestein sehr hellfarbig bis völlig weiß erscheint.

Ein Kalkphyllit von ähnlicher, sehr lichtfarbiger und fast massiger Beschaffenheit, der außer Sillimannit auch noch ziemlich reichlich Feldspath enthält, ist Nr. 73 von der Steilküste im Norden der Insel; er kommt in dünnschieferigem Phyllit eingeschlossen vor.

Thonschiefer des Phyllitgebietes.

Die Thonschiefer, welche in Wechsellagerung mit Phyllitgneiß und quarzigem Phyllit auf der Nordseite der Royal-Bay auftreten, stehen dem typischen Phyllit außerordentlich nahe. Sie sind häufig nur sehr feinkrystallinische und dadurch dicht erscheinende Varietäten desselben, während andere eine Grundmasse zeigen, die sich auch bei starker Vergrößerung nicht mehr völlig in ein krystallinisches Aggregat auflöst und welche deshalb den eigentlichen Thonschiefern zugezählt werden müssen. Die Gesteine sind dunkelgrau, sehr dünnschieferig, ebenflächig oder gefältelt und zeigen noch stark glimmerähnlichen oder matten Glanz, lassen aber mit der Lupe nicht mehr die Schüppchen des sericitartigen Minerals erkennen. Auch der Querbruch ist dunkelgrau und nur die quarzreicheren Varietäten zeigen auf demselben noch etwas hellere, körnige bis fast dichte Streifen. Die noch stark glimmerig glänzenden, mehr krystallinischen Gesteine kann man auch als Flimmerschiefer bezeichnen.

Unter dem Mikroskop zeigen sie sich sehr verschieden, je nachdem man den Schliff parallel oder quer zur Schieferung hergestellt hat. Im Parallelschliff sieht man ein sehr feinkrystallinisches Quarzaggregat mit durchschnittlich nur 0,01 Millimeter großen Körnchen, in dem in beträchtlicher Menge sehr kleine, meist nicht über 0,01 Millimeter große und häufig erst bei 300facher Vergrößerung deutlich erkennbare, farblose bis blaßgrünliche Blättchen eingelagert sind, die denen des Phyllits und Phyllitgneißes völlig gleichen und wohl auch als Sericit oder als ein diesem sehr nahe stehendes Mineral betrachtet werden dürfen und der Kürze halber im Folgenden als Sericit bezeichnet werden. Dieses Quarzsericitaggregat setzt aber nicht das ganze Gestein zusammen, sondern bildet nur Streifen und Flasern, welche mit andern wechseln, die keine rein krystallinische Beschaffenheit mehr erkennen lassen, sondern aus einer farblosen bis schwach bräunlichen Grundmasse bestehen, die im polarisirten Lichte schwache, gleichmäßige Farbentöne oder Aggregatfarben zeigt und einer trüben, zersetzten Feldspathsubstanz ähnelt. In dieser Grundmasse liegen ziemlich reichlich einzelne kleine Quarzkörnchen und kleine Sericitblättchen und eine Unmasse staubartiger, brauner und schwarzer Körnchen. Im Querschliff tritt dieselbe mehr zurück und dünne, starkgewundene Flasern von Sericit, zwischen denen kürzere oder längere von feinkörnigem Quarz mit einzelnen Sericitblättchen liegen, bilden den vorwiegenden Bestandtheil. Als accessorische Mineralien kommen sehr kleine, bis 0,05 Millimeter große, farblose bis schwach röthliche und dann pleochroitische, stark lichtbrechende Körnchen, die denen des Andalusits im Phyllitgneiß gleichen, ziemlich reichlich, kleine länglichrunde Körnchen von Zirkon aber nur selten vor. Die sonst so verbreiteten Thonschiefernädelchen, kleine Rutilkryställchen, konnten gar nicht gefunden werden. Dagegen ist amorpher Kohlenstoff in den beschriebenen Flöckchen, die hier nur noch kleiner sind als im Phyllit, besonders in den Sericitflasern, aber auch in der Grundmasse und im Quarz oft in sehr großer Menge enthalten. Eisenkies ist in mikroskopisch kleinen Körnchen ziemlich verbreitet, aber niemals in beträchtlicher Menge vorhanden. Zuweilen kommt auch Magnetkies vor.

Fremdartige Gemengtheile, welche als früher vorhandene, eingeschwemmte Körper zu betrachten wären, wurden nicht beobachtet.

Diese Gesteine sind ebenso wie der Phyllit von vielen, oft nur im Dünnschliff unter dem Mikroskope sichtbaren Quarzadern durchzogen, in denen Kalkspath und Eisenkies ziemlich reichlich vorkommt. Auch linsenförmige Einlagerungen von derbem Quarz sind sehr häufig.

Ein wahrscheinlich hierher gehöriges Gestein (Nr. 28) aus dem die Fortsetzung des oberen Whalerthales bildenden Hochthal, das mir aber nicht mehr zur Untersuchung vorgelegen hat, wurde von Herrn Dr. Erlwein analysirt. Derselbe beschreibt es als einen schwärzlichen, von weißen Quarzadern durchzogenen Schiefer, der im Dünnschliff wesentlich grünlichgelbe Blättchen eines glimmerähnlichen Minerals und äußerst feinkörnigen Quarz erkennen läßt. Vielleicht ist es noch ein ächter Phyllit; doch enthalten die ziemlich ähnlichen Gesteine Nr. 27b und Nr. 30, welche mit Phyllitgneiß wechsellagern und von dem gleichen Fundorte stammen, schon die oben geschilderte feldspathartige Grundmasse und sind deshalb als Thonschiefer zu bezeichnen.

Erlwein fand dafür folgende Zahlen:

	I	II	III	IV
Kieselsäure	56,43	—	2,17	54,26
Thonerde	23,20	0,05	6,34	16,56
Eisenoxydul	3,44	—	—	—
Eisenoxyd	0,60	0,32	2,66	1,65
Kalk	4,07	0,28	2,62	1,01
Magnesia	0,38	—	0,38	—
Kali	6,12	0,66	1,06	4,40
Natron	2,93	0,15	2,52	0,26
Wasser	2,79	—	—	—
Kohlenstoff	0,81	—	—	0,81
Kohlenwasserstoff	0,21	—	—	0,21
	100,98	1,46	17,75	79,16

I. Bauschanalyse.
II. Durch Essigsäure zersetzbarer Antheil.
III. Durch Salzsäure zersetzbarer Antheil.
IV. Rest, welcher mit Flußsäure gelöst wurde.

Die Analyse zeigt, daß auch hier wieder ein Alkali-Thonerde-silikat, das durch Salzsäure unvollkommen zersetzt wurde, den wesentlichen Bestandtheil bildet. Auffallend ist die verhältnißmäßig große Menge Kalk, sowie das Vorkommen von Kohlenwasserstoffen neben dem amorphen Kohlenstoff.

Jüngere Thonschiefer und Quarzitschiefer.

Auf der Südseite der Royal-Bay kommen in Wechsellagerung mit Quarzitschiefern und Schalsteinen ächte Thonschiefer vor. Soweit sie im östlichen Theil der Küste, gegen das Cap Charlotte zu mit ersteren wechsellagern, sind sie den Thonschiefern des Phyllitgebietes sehr ähnlich und im Handstück oft kaum zu unterscheiden. Einzelne sind quarzreicher und zeigen auf dem Querbruch hellere und dunklere Streifen, andere sind so reich an kohligen Substanzen, daß sie wie schieferige Kohle aussehen (Nr. 96). Im Dünnschliff erweisen sie sich häufig als vollkommen krystallinisch und bestehen wesentlich aus Quarz und blaßgrünlichen Blätchen eines sericitähnlichen Minerals in der bereits beschriebenen flaserigen Anordnung. Als accessorische Gemengtheile kommen wieder Andalusit und Zirkon in kleinen Körnern vor. Rutil ist auch hier nicht beobachtet worden. Der Kohlenstoff tritt in derselben Form auf wie im Phyllit. Die bei den Thonschiefern des Phyllitgebietes so häufige feine und größere Faltung ist hier viel seltener zu sehen.

Durch Zunahme des Quarzgehaltes entstehen die scheinbar dichten Quarzitschiefer, die sich bei der Untersuchung des Dünnschliffs aber als ein feinkrystallinisches Quarzaggregat erweisen, in dem noch mehr oder weniger reichlich blaßgrünliche, sericitartige Blättchen enthalten sind. Manche Bänke erscheinen hellgrau bis weiß, während andere durch reichliche Beimengung winziger Flöckchen amorphen Kohlenstoffs ein Lyditähnliches Aussehen annehmen. Andalusitkörnchen und kleine Zirkonkryställchen kommen als Seltenheit noch vor. In einzelnen Bänken ist Eisenkies in bis 1 Centimeter großen, gestreiften Würfeln reichlich enthalten.

Die weiter westlich, zwischen Roßgletscher und Weddellgletscher, an der Küste mit Schalsteinen wechsellagernden Thonschiefer zeigen mehr die Beschaffenheit der Dachschiefer (Nr. 60).. Es sind das graue bis dunkelgraue, uneben schieferige, feste und harte, splitterigbrechende, nicht mehr glimmerigglänzende Gesteine, in denen sehr häufig Magnetkies in kleinen Körnchen eingesprengt vorkommt. Im Dünnschliff sieht man vorwiegend die farblose bis schwach bräunliche, trübe Grundmasse, in der die sericitähnlichen, blaßgrünlichen, nur bis 0,01 Millimeter großen Blättchen in großer Menge eingebettet liegen und durch ihre parallele Anordnung die Schieferung des Gesteins bewirken. Außerdem enthält dieselbe reichlich Quarzkörnchen und staubartige, braune und schwarze Körnchen (Kohlenstoff). Andere Stellen zeigen ein feinkrystallinisches Aggregat von Quarz mit den kleinen Blättchen in flaserartigen Formen. Manche Gesteinsbänke sind quarzreicher und dickbankig abgesondert (Nr. 62); die betreffenden Stücke lassen im Dünnschliff die feldspath-ähnliche Grundmasse nur in geringer Menge erkennen, umsomehr aber das feinkörnige Aggregat, in dem parallel gelagerte Blättchen und Flasern des sericitähnlichen Minerals reichlich eingeschlossen vorkommen. Auch Kalkspath ist zuweilen in kleinen Körnchen im Gestein enthalten. Nicht selten bemerkt man ferner, daß in einzelnen Lagen die Quarzkörnchen nicht dicht ineinander gefügt sind, sondern leere Zwischenräume zwischen sich lassen, also nicht ein krystallinisches Aggregat, sondern einen Sandstein bilden.

Als accessorisches Mineral kommt außer Magnetkies noch Zirkon in seltenen, kleinen, länglichrunden Körnchen vor, während der in den bisher beschriebenen Gesteinen so außerordentlich verbreitete Andalusit ebenso wie Rutilnädelchen fehlen.

Diese Thonschiefer sind also nur halbkrystallinisch und gehen in den quarzreichen Formen direkt in Sandstein über. Sie zeigen aber auch Uebergänge in die Schalsteine. Das Gestein Nr. 64, welches als quarziger Thonschiefer zu bezeichnen wäre, enthält noch ziemlich reichlich trüben, meist in Aggregatfarben polarisirenden Feldspath in bis 0,1 Millimeter großen, unregelmäßig umgrenzten, oft wie zerfressen aussehenden Körnchen, die sich zuweilen förmlich mit der feldspathartigen

Grundmasse vermischen. Daneben sind aber die kleinen, sericitähnlichen Blättchen, die in den eigentlichen Schalsteinen fehlen, noch in großer Menge vorhanden.

Für die ursprünglich sedimentäre Ablagerung dieser Gesteine spricht außerdem die am Handstück Nr. 5 (ebenfalls vom Südufer der Royal-Bay) zu beobachtende transversale Schieferung, welche durch hellere, quarzreichere und dunklere, quarzärmere und kohlenstoffreichere Streifen schräg zur Schieferung angedeutet ist.

Schalsteine.

Mit den zuletzt beschriebenen Thonschiefern wechsellagern bankartig geschichtete Gesteine, in denen Feldspath, Augit und dessen Zersetzungsprodukte die wesentlichen Gemengtheile bilden und welche Fragmente von Diabas einschließen.

Das Eruptivgestein, welches dem Material der Schalsteine entsprechen würde, konnte nicht aufgefunden werden. Ihm am nächsten steht das Gestein Nr. 63 von einer Felswand am Strande und am westlichen Gehänge des Doppelthales. Dasselbe stellt eine Breccie dar, welche vorwiegend aus eckigen und rundlichen, häufig linsenförmigen, hellgelbgrünen bis grauen Fragmenten besteht, die theils feinkrystallinisch, theils dicht, manchmal auch porös erscheinen und in ihren Dimensionen von Bruchtheilen eines Millimeters bis 1 Centimeter wechseln. Dazu gesellen sich andere von dunkelgrauer Färbung und mehr gleichartiger, feinkrystallinischer Beschaffenheit. Diese in ihrer Hauptrichtung meist parallel gelagerten Fragmente werden durch eine dunkel gefärbte, graue bis grünlichgraue Masse verkittet.

Ein völlig klares Bild der Gesteinsbeschaffenheit erhält man jedoch erst im Dünnschliff. Die hellfarbigen Fragmente zeigen hier die Zusammensetzung eines mehr oder weniger stark zersetzten Diabases in verschiedenen Abänderungen, wie sie aber an einem und demselben Eruptionspunkt häufig gefunden werden. Die frischesten enthalten dünne, 0,01 Millimeter dicke und bis 0,1 und 0,2 Millimiter lange, farblose, klare oder schwach trübe Feldspathkrystalle, welche einfache Zwillinge nach dem Albitgesetz darstellen; neben diesen schmalen

Leisten kommen zuweilen noch bis 0,5 Millimeter lange und 0,1 Millimeter breite, regelmäßig umgrenzte Krystalle vor, welche meist mehrfache Zwillingsbildung zeigen. Die Feldspathe liegen in großer Menge theils regellos, theils annähernd parallel geordnet, in einer blaßgrünlichen, gleichartigen, weder blätterigen noch faserigen chloritischen Masse, in der öfters noch bis 0,5 Millimeter große, klare Kerne von hellgrünlichbraunem, stark lichtbrechendem und in lebhaften Farben polarisirendem Augit enthalten sind, aus dessen Zersetzung dieselbe wesentlich hervorgegangen ist. In derselben findet man außerdem weiße, opake oder durchscheinende, stark lichtbrechende Körnchen, die wahrscheinlich aus Titanit bestehen, welcher in ähnlicher Form als Zersetzungsprodukt von Titaneisen im Diabas sehr verbreitet ist. Die Augite findet man nur da, wo auch die größeren Feldspathe vorkommen; in den meisten Fragmenten fehlen beide aber ganz. In anderen bemerkt man die chloritische Substanz nur an einzelnen Stellen, an den übrigen befindet sich zwischen den schmalen Feldspathleisten eine durchscheinende, trübe, weißliche Masse, welche Aggregatpolarisation zeigt und durch Umwandlung der chloritischen Substanz entstanden zu sein scheint. Geht die Zersetzung noch weiter, so wird auch der Feldspath angegriffen und verschwindet schließlich ganz. Dann tritt in der trüben Grundmasse reichlich Kalkspath auf, der zuweilen den größten Theil eines solchen Stückchens ausmacht. Aber auch in diesen bemerkt man noch die opaken, wahrscheinlich aus Titanmineralien bestehenden Körnchen.

Die hier ziemlich seltenen dunkelgrauen Fragmente sind Thonschieferstückchen und bestehen aus der feldspathartigen, trüben Grundmasse, in welcher reichlich Quarzkörnchen und sehr kleine, blaßgrünliche, sericitähnliche Blättchen vorkommen.

Diese verschiedenartigen Gesteinsstückchen, welche, wie schon angegeben, von mikroskopischen Dimensionen bis 1 Centimeter erreichen, liegen ziemlich dicht aufeinander und werden mehr oder weniger durch eine nicht selten streifige bis flaserige Zwischenmasse getrennt. Dieselbe besteht aus einer grünen bis grünlichbraunen, chloritischen oder weißen, trüben Grundmasse, in der kleine, einfach verzwillingte Feldspathleisten und größere, bis 1 Millimeter lange und bis $^1/_2$ Millimeter breite, meist regelmäßig umgrenzte Feldspathe, ohne oder mit mehrfach wiederholter trikliner Zwillingsbildung, ferner Augit in unscharfen, bis $^1/_2$ Millimeter großen Krystallen und Körnern, sowie Magnetkies reichlich eingelagert vorkommen. Der Augit ist ebenso wie in den beschriebenen Fragmenten hellgrünlichbraun, klar und durchsichtig und von unregelmäßig verlaufenden und parallelen Spaltrissen durchzogen, auf denen sich häufig die homogene, grüne, chloritische Substanz ausgeschieden hat, welche bei weiterer Zersetzung des Augits von diesem nur noch kleine Kerne einschließt oder ganz an seine Stelle getreten ist. Viel seltener als Augit sind parallel zur Hauptaxe spaltende Säulchen von brauner, pleochroitischer Hornblende.

Bei weitergehender Zersetzung entsteht, ebenso wie in den Fragmenten, die weiße, trübe, in Aggregatfarben polarisirende Grundmasse, in der auch, wie in den Feldspathen, Kalkspath sich ausgeschieden vorfindet. Quarzkörnchen, sericitähnliche Blättchen, sowie Zirkon fehlen gänzlich. Beim Behandeln mit Salzsäure wird die chloritische Substanz leicht zersetzt, dagegen der Feldspath nur wenig, der Augit gar nicht angegriffen.

Nach dieser Zusammensetzung stellt das Gestein einen Diabastuff oder Schalstein dar.

Dem Gestein Nr. 63 am nächsten steht das lose gefundene, wahrscheinlich vom Wetterwandstock stammende Stück Nr. 112, welches grünlichgraue Farbe und feinkrystallinische Beschaffenheit zeigt und frischem Diabas noch sehr gleicht, aber auch nur ein breccienartiger Schalstein ist.

Während diese Gesteine völlig massig abgesondert sind und (wie Nr. 63) in säulenförmigen Stücken von den Felswänden abbrechen, bilden die übrigen Schalsteine dicke Bänke, welche mit Thonschiefern wechsellagern.

Das graue, feinkrystallinische, dickschieferige Gestein Nr. 6 und Nr. 61 zeigt im Dünnschliff noch die breccienartige Beschaffenheit, nur in kleineren Verhältnissen, sonst aber ganz dasselbe Bild und dieselben Mineralien wie Nr. 63. Doch kommen hier auch schon bis 0,3 Millimeter große Quarzkörnchen in der Zwischenmasse vor und beim Schlämmen des Gesteinspulvers fand sich auch Apatit in kleinen Säulchen.

In dem grauen, schieferigen, splitterigen Gestein Nr. 7 sieht man im Dünnschliff wohl noch deutliche Diabasfragmente, aber Feldspath und chloritische Substanz sind stark zersetzt, Augit fehlt gänzlich und Kalkspath ist ziemlich reichlich abgeschieden. Im Handstück sehr ähnlich ist Nr. 65; im Dünnschliff bemerkt man aber, daß die Diabasfragmente fehlen, das Gestein erscheint mehr gleichartig und regelmäßig schieferig. Feldspath ist in rundlichen, trüben Körnchen reichlich vorhanden und auch die grüne chloritische Substanz ist an einzelnen Stellen noch deutlich zu sehen, die Hauptmasse aber bildet die weiße, trübe, in Aggregatfarben polarisirende Grundmasse, in der außer Kalkspath kleine Quarzkörnchen bereits in großer Menge eingelagert vorkommen. In dem Gesteinsstück Nr. 4 endlich wechsellagern ähnliche kalkreiche Lagen, in denen noch Feldspath und chloritische Substanz des Diabases, aber noch keine sericitähnlichen Blättchen vorkommen, mit linsenförmigen Lagen und Streifen von dichtem Thonschiefer, in welchem letztere sehr häufig sind. Ein weiteres Uebergangsglied des Schalsteins in Thonschiefer und Sandstein bildet das bereits beschriebene, feldspathhaltige Gestein Nr. 64.

Alle diese Schalsteine enthalten ebenso wie die mit ihnen wechsellagernden Thonschiefer sehr reichlich kleine, meist nur mit der Lupe und im Dünnschliff sichtbare Körnchen von Magnetkies und werden in gleicher Weise von außerordentlich feinen, bis über 1 Centimeter dicken Adern durchzogen, welche wesentlich aus Quarz und Kalkspath bestehen, und zuweilen reichlich kleine Körnchen von Magnetkies, selten von Kupferkies einschließen.

Die am Thonschiefer (Nr. 5) manchmal sichtbare, transversale Schieferung kommt auch am Schalstein (Nr. 7) vor. Dagegen fehlt die im Phyllitgebiet so häufige Faltung der Schichten.

Körniger Gneiß.

Am südlichen Strande der Landzunge wurde ein stark abgerolltes Gesteinsstück gefunden, das in seiner Zusammensetzung so wenig zu den beschriebenen Gesteinen paßt, daß man annehmen muß, es sei durch einen in der Royal-Bay strandenden Eisberg aus entfernteren Ländern des südlichen Eismeeres hergebracht worden.

Es ist ein körniger Gneiß oder auch schieferiger Granit von mittlerer Korngröße, der aus weißem Feldspath, Quarz und dunklem Glimmer in 1—5 Millimeter großen Blättchen besteht. Derselbe enthält außerdem ziemlich reichlich bis 1 Millimeter große, schwarzbraune Körnchen von Orthit, welche muscheligen Bruch zeigen, von dem charakteristischen braunen Rand umgeben werden und, wie gewöhnlich, im Feldspath liegen.

Im Dünnschliff erweist sich der wasserhelle, klare, unregelmäßig umgrenzte Feldspath vorwiegend als Orthoklas, seltener beobachtet man trikline Zwillingsstreifung nach dem Albitgesetz. Auch der Quarz ist wasserhell und zeigt öfters Flüssigkeitseinschlüsse mit Libellen. Der Glimmer ist von zweierlei Art; ein Theil der Blättchen ist mit tiefgrüner, ein anderer mit brauner Farbe durchsichtig und beide sind im Querschnitt pleochroitisch. Er ist meist unregelmäßig umrandet und zeigt nur hier und da rhombische oder sechseckige Formen. In verhältnißmäßig sehr großer Menge enthält das Gestein Apatit in 0,1 bis 0,3 Millimeter langen, dicken Säulchen, an denen das Prisma stets, die Pyramide und Basis selten deutlich zu beobachten sind; meist sind die Enden abgerundet. Der Apatit ist theils völlig klar, theils zeigt er parallel der Hauptaxe einen trüben, schwach violett gefärbten und dann pleochroitischen Kern. Er kommt besonders reichlich im Feldspath und Glimmer eingelagert vor. Seltener ist der Zirkon in bis 0,4 Millimeter langen Kryställchen, an denen außer den vorherrschenden beiden Prismen die Doppelpyramide 3 P 3 stark entwickelt auftritt, gegen welche die Grundpyramide meist nur untergeordnet erscheint.

IV. Specielle geognostische Beschreibung.

Wie aus den vorhergehenden Kapiteln ersichtlich, sind die auf Süd-Georgien im Umfange des Exkursionsgebietes verbreiteten Gesteine durchweg Schiefergesteine, denen alle Versteinerungen fehlen. Zur Bestimmung der Altersverhältnisse der Schichten kann deshalb nur die Aufeinanderfolge und die mehr oder weniger krystallinische Beschaffenheit derselben einen Anhalt gewähren. In allen größeren Urgebirgsgebieten hat man beobachtet, daß auf die älteren, krystallinischen Schiefergesteine, Gneiß und Glimmerschiefer, bei regelmäßiger Lagerung ein System von Schichten folgt, welche theils diesen, theils den Thonschiefern näher stehen, aber keinen von beiden zugezählt werden können, sondern eine eigene, oberste Abtheilung der krystallinischen Schiefer bilden und den Uebergang derselben in die halb- und nicht krystallinischen Gesteine vermitteln. Es sind dies die Urthonschiefer oder Phyllite mit den ihnen eingelagerten Phyllitgneißen, Quarzitschiefern und körnigen Kalken. Ueber den Phylliten lagern bei regelmäßiger Schichtenfolge in den meisten Gegenden, in denen die älteren Formationen verbreitet sind, Thonschiefer, Quarzitschiefer und Conglomerate, welche weiterhin Einlagerungen von Diabas und Schalsteinen sowie die ältesten Versteinerungen enthalten.

Diese Verhältnisse kehren auch auf Süd-Georgien wieder. In den vorausgehenden Kapiteln wurde bereits hervorgehoben, daß Phyllit und Phyllitgneiß fast ausschließlich den nördlichen Theil des Gebietes an der Royal-Bay zusammensetzen, die Thonschiefer, Quarzitschiefer und Schalsteine dagegen am Südufer verbreitet sind. Vergleicht man nun diese Gesteine mit ähnlichen Bildungen anderer Gegenden, so ergiebt sich, daß die Phyllite und Phyllitgneiße Süd-Georgiens die älteren Schichten darstellen und der obersten Abtheilung des Urgebirges zuzuzählen sind, während die Thonschiefer, Quarzitschiefer und Schalsteine zu den Uebergangsgebilden, vielleicht auch schon zum cambrischen System gehören. Bei regelmäßiger Schichtenfolge müßten demnach letztere über die ersteren zu liegen kommen und das ist nach den gemachten

Beobachtungen auch wirklich der Fall. Wie bereits mehrfach erwähnt, streichen die Schichten mit geringen Ausnahmen von Südost nach Nordwest und neigen sich vorwiegend gegen Südwesten, senken sich in dieser Richtung also unter die Oberfläche ein, wodurch im nordöstlichen Theil des Gebietes die älteren, im südwestlichen die jüngeren Gesteine zum Vorschein kommen. Die regelmäßige Aufeinanderfolge der Schichten ist für die Beobachtung aber durch die breite Bucht der Royal-Bay und die sie fortsetzende Mulde des Roßgletschers unterbrochen, so daß die verschiedenen Gesteine auch annähernd in zwei verschiedene Gebiete getrennt erscheinen. Ein zusammenhängendes Profil dürfte nur das Südufer der Royal-Bay bieten. Hier stehen zunächst dem Cap Charlotte wahrscheinlich noch die typischen Phyllite und Phyllitgneiße an, auf welche östlich vom Weddellgletscher halbglimmerig-glänzende Thonschiefer und Quarzitschiefer und westlich desselben bis zum Roßgletscher dunkle matte Thonschiefer in Wechsellagerung mit Schalsteinen folgen.

Das Phyllitgebiet.

Die vorwiegenden Gesteine auf der Nordseite der Royal-Bay bilden Phyllit und Phyllitgneiß; dieselben sind aber nicht in der Weise vertheilt, daß, ähnlich wie auf den Gneiß der Glimmerschiefer, der Phyllit auf den Phyllitgneiß folgt, sondern beide sind sowohl im nördlichen Theil, am Brocken und am Little-Hafen, als auch im südlichen, am Pirnerberg und im Whalerthal, durch Wechsellagerung innig miteinander verbunden. Dieser Schichtenwechsel geht nun aber nicht immer parallel zur Schieferung, sondern sehr häufig schräg zu derselben und macht dadurch wahrscheinlich, daß großartige Umformungen der Gesteine Süd-Georgiens stattgefunden haben.

Der ziemlich gleichförmige, graue Phyllitgneiß bildet das herrschende Gestein an der Küste sowohl wie auf den Plateaus und dem Grat der Berge. Je nachdem er mehr oder weniger schieferig ist, bricht er in dünnen Platten oder bis 1 Meter dicken Bänken und Blöcken, welche oft auf größeren Strecken vollkommen regelmäßig verlaufen; sehr häufig, besonders in der Nähe von Phyllit- und Thonschiefereinlagerungen, dieselben sind vielfach gefaltet, wobei die Falten aus mehr oder weniger horizontaler Richtung scharf umbiegend häufig einen fast senkrechten Verlauf nehmen. An diesen Stellen finden sich fast stets in großer Menge Quarzadern, welche theils den Falten folgen, theils die Schichten quer durchsetzen. Ihre Stärke wechselt sehr; vom Durchmesser eines Papierblattes bis zu weniger scharf begrenzten, etwa 1/2 Meter breiten Quarznestern finden sich alle Uebergänge. Mit denselben verbunden erscheint bald nur sehr untergeordnet, bald überwiegend in breiten Bändern der dunkelgraue bis fast schwarze Schiefer, der theils echtem Phyllit, theils schon dem Thonschiefer zugezählt werden muß.

Seine Verknüpfung mit dem Phyllitgneiß zeigt sehr deutlich ein etwa 6 Meter hoher und 25 Meter langer Felsblock, welcher von einer ungefähr 200 Meter hoch liegenden Felswand auf der Südostseite des Brockens abgerutscht ist und sich in einer Stellung befindet, die annähernd mit der ursprünglichen Lage übereinstimmt. Der Verlauf der Einlagerung ist in Figur 1 wiederzugeben versucht worden.

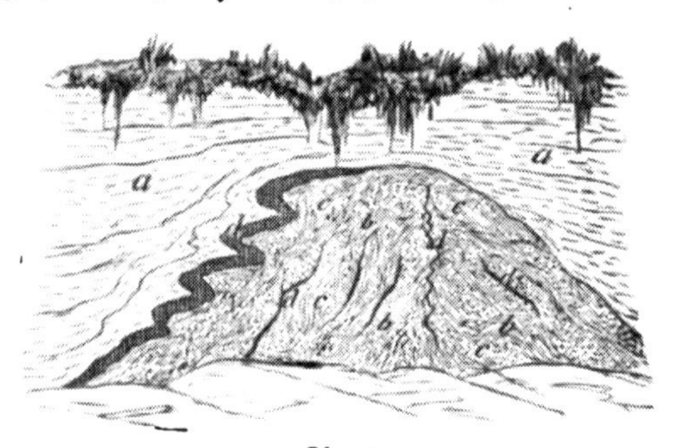

Fig. 1.
Einlagerung von Phyllit und Kalkphyllit im Phyllitgneiß am Brocken.
a (Nr. 105) Phyllitgneiß; b (Nr. 108) dunkelgrauer Phyllit; c (Nr. 107) Kalkphyllit; d Quarzadern.

Zwischen dem regelmäßig und horizontal geschichteten, nicht gefalteten Gestein Nr. 105, welches oben (S. 127) bereits als Phyllitgneiß beschrieben und von Dr. Erlwein auch analysirt wurde, zieht sich unter einem Winkel von 50—60 Grad zur Schieferung ein etwa 10 Meter breiter, stark gefalteter Streifen von dunkelgrauem Phyllit (Flimmerschiefer Nr. 108) hindurch, welcher in der Mitte eine breite

Lage von kalkigem Phyllit (Nr. 107) einschließt und den Phyllitgneiß geradezu zu durchbrechen scheint. Dabei geht die Schieferung des Phyllits theils parallel den Falten, theils stellt sie sich in gleiche Richtung mit der des Phyllitgneißes.

Solche Erscheinungen kehren an sehr zahlreichen Orten wieder, z. B. an der Landzunge, im oberen Whalerthal und besonders deutlich an der Steilküste unterhalb des Köppenberges unweit der Station. Das herrschende Gestein ist hier Phyllitgneiß und quarziger Phyllit (Nr. 113 und 114), der parallel zur Schieferung annähernd horizontal geschichtet ist und fast senkrecht hierzu von gebogenen und fein gefältelten Streifen von dunkelgrauem, dünnschieferigem Phyllit (Nr. 115) und Quarzadern durchzogen wird. Auch an einer 30 Meter hohen Felswand am Südostabhange des Krokisius ist der in 20—30 Centimeter bis selbst 1 Meter dicken Bänken geschichtete Phyllitgneiß (Nr. 35) gangartig von dunkelgrauem Phyllit (Nr. 38) durchsetzt, der sehr viele Quarzadern einschließt, etwa 2 Meter mächtig ist, von unten nach oben verläuft und sich in vielen Verzweigungen im Phyllitgneiß ausbreitet. In ganz ähnlicher Weise kommt auf der Südostseite des Brockens der Kalkphyllit (Nr. 106) quer zur Schieferung im Phyllitgneiß (105) eingelagert vor und wird in gleicher Richtung von Quarzadern begleitet, wie Fig. 2 zeigt. Ja es scheint sogar, als ob eine regelmäßige Wechsel-

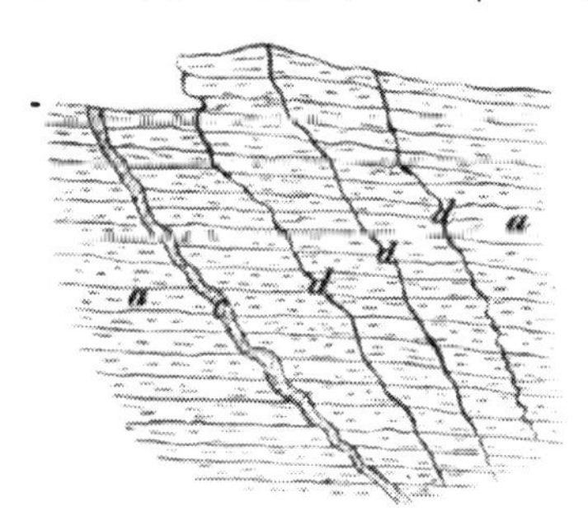

Fig. 2.

Einlagerung von Kalkphyllit im Phyllitgneiß am Brocken.
a (Nr. 105) Phyllitgneiß c (Nr. 106) Kalkphyllit; d Quarzadern.

lagerung von Phyllit und Phyllitgneiß parallel zur Schieferung auf Süd-Georgien überhaupt sehr selten wäre.

Die Erklärung dieser auffallenden Erscheinung ist nicht gerade leicht. Weder Phyllitgneiß noch Phyllit kann als ein Eruptivgestein betrachtet werden, wie dies noch vor wenigen Jahren von anderer Seite geschehen ist. Man kann nicht annehmen, daß die oft sehr schmalen, gefalteten und innig mit Quarzadern verbundenen Streifen von Phyllit einst eruptiv den Phyllitgneiß durchbrochen hätten und ebenso wenig, daß dieser ein Eruptivgestein sei und die Phylliteinlagerungen nur Einschlüsse darin. Dagegen spricht die ganze Natur dieser Gesteine, ihre Schieferung und Schichtung und die in vielen Gebieten beobachtete regelmäßige Wechsellagerung mit körnigem Kalk. Viel wahrscheinlicher ist, daß hier eine großartige transversale Schieferung vorliegt, also die Schichtung parallel den Phylliteinlagerungen verläuft, die Schieferung und die derselben entsprechende Absonderung in Bänke aber eine sekundäre Erscheinung ist. Zieht man dazu in Betracht, daß die mit dem Phyllitgneiß wechsellagernden, dunkelgrauen Schiefer sehr häufig nur eine halbkrystallinische Beschaffenheit erkennen lassen und dem Thonschiefer näher stehen als dem Phyllit, so gewinnt die Annahme großartiger, metamorphischer Vorgänge bei der Bildung dieser Gesteine sehr an Wahrscheinlichkeit. Es läßt sich jedoch nicht angeben, welcher Art die vor der Umwandlung in krystallinische Schiefer vorhandenen Gesteine waren. Versteinerungen haben sich nicht auffinden lassen und auch die kleinen Flöckchen des sehr verbreiteten amorphen Kohlenstoffs sind niemals in einer solchen Anordnung beobachtet worden, daß daraus auf einst vorhandene Organismen geschlossen werden könnte. Man kann den Phyllitgneiß Süd-Georgiens mit seinen Einlagerungen deshalb doch der obersten Abtheilung des Urgebirgs, dem Phyllitsystem, zuzählen.

Betrachten wir das Phyllitgebiet an einzelnen Orten etwas näher, so ergiebt sich die größte Mannigfaltigkeit der Gesteine im östlichen Theil, an der Landzunge und auf der dieser vorgelagerten Insel, woselbst an der Steilküste die Lagerungsverhältnisse sehr gut zu beobachten sind.

Die bemerkenswerthesten Einlagerungen in dem vorwiegenden Phyllitgneiß bilden hier Kalkphyllite und körniger Kalk. Es ist bei der Beschreibung der Gesteine bereits S. 140 die Schichtenfolge an einem circa 10 Meter breiten und 4 Meter hohen Felsen in der Südwestecke der Insel näher geschildert worden, welche durch die hier folgende Figur 3 noch mehr veranschaulicht werden soll.

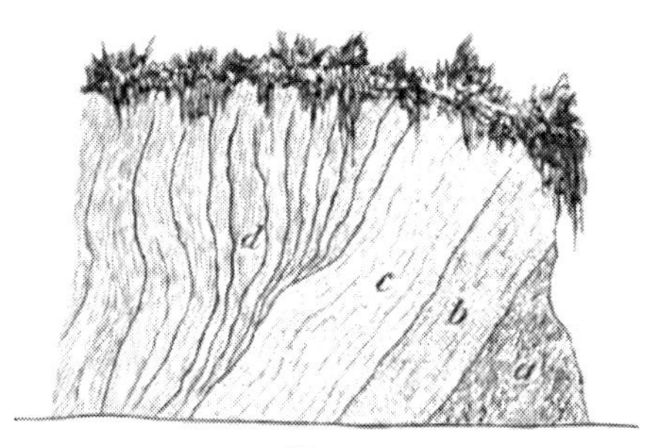

Fig. 3.
Wechsellagerung von körnigem Kalk, Kalkphyllit und Phyllit an einem Felsen in der Südwestecke der kleinen Insel.
a (Nr. 77) Kalkphyllit mit Eisenkies; b (Nr. 78) körniger Kalk mit sehr viel Eisenkies; c (Nr. 79) heller Kalkphyllit; d (Nr. 80) Phyllit.

Auf einem eisenkieshaltigen Kalkphyllit (Nr. 77) liegt regelmäßig eine dunkelgraue Bank, welche fast nur aus Eisenkies, körnigem Kalk und etwas Quarz besteht (Nr. 78). Dieselbe wird überlagert von einem hellgrauen Kalkphyllit mit wenig Eisenkies (Nr. 79) und auf diesen folgt ein hellgrauer, feingefältelter Phyllit mit wenig Kalkspath (Nr. 80). Die Schichten sind ziemlich steil aufgerichtet, doch ließ sich nicht beobachten, ob sie die Bänke des Phyllitgneißes durchsetzen oder ihnen conform eingelagert sind. Eine mehr linsen- bis stockförmige Masse bildet diesem Vorkommen gegenüber an der Steilküste der Landzunge der hellgraue Kalkphyllit Nr. 10, dessen Auftreten Figur 4 wiedergibt. Es ist ein stark kalkhaltiger Phyllit, in dem sehr reichlich bis mehrere Centimeter dicke, linsenförmige Lagen von weißem, körnigen Kalk enthalten sind, der seinerseits Quarzknollen einschließt und von Quarzadern begleitet wird. Das Gestein ist stark gefaltet und die Falten verlaufen annähernd vertikal.

Solche linsenförmige Einlagerungen bilden auch die fast schwarzen, massig erscheinenden, schweren Gesteine Nr. 21 und 23, welche sehr viel fein vertheilten Eisenkies enthalten und besonders auf der Insel verbreitet sind, ebenso wie die hellgrauen, massigen Phyllitvarietäten Nr. 18, 69 und 71, die gleichfalls hier vorkommen und mit dünnschieferigem Gestein wechsellagern. Sie leisten der Verwitterung und Abnagung durch die Wellen größeren Widerstand als die sie einschließenden Gesteine und bilden deshalb vorspringende und hochaufragende Felsen (Hucks).

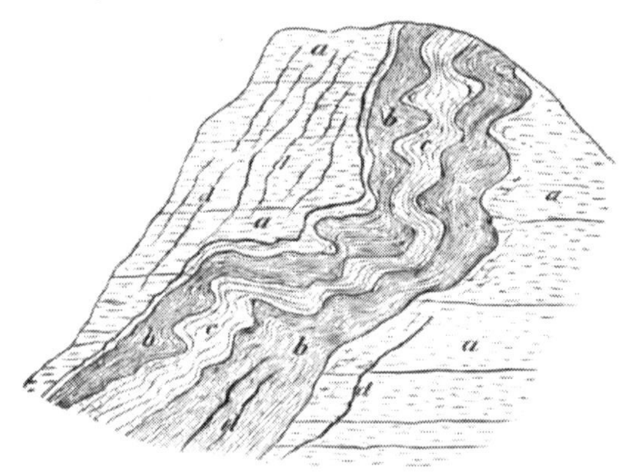

Fig. 4.
Einlagerung von körnigem Kalk und Kalkphyllit am östlichen Ende der Landzunge.
a (Nr. 9) Phyllitgneiß; b u c (Nr. 10) Kalkphyllit und körniger Kalk; d Quarzadern.

Hier findet man auch die dunkelgrauen bis fast schwarzen, kohlenstoffreichen Phyllite, von welchen Erlwein ein Stück (Nr. 19) untersucht hat. Dasselbe stammt vom Nordufer der Insel und bildet eine 1—1,5 Meter mächtige Einlagerung, welche die fast horizontal liegenden Bänke eines grauen, fast dichten, quarzigen und dickschieferigen Phyllits unter einem Winkel von 60 Grad förmlich durchbricht, eine Erscheinung, welche sich, wie schon angegeben, am einfachsten durch Annahme einer transversalen Schieferung erklären läßt.

Auf dem sich an die Landzunge anschließenden Hochplateau findet man, soweit hier unter der ausgedehnten Moos- und Grasbedeckung anstehende Gesteine zum Vorschein kommen, besonders Schieferstücke von Phyllitgneiß. Größere Aufschlüsse und Felsen zeigen sich aber nur an der Steilküste, welche auf der nördlichen Seite, an der Pinguin-Bay, ganz ebenso beschaffen ist wie auf der südlichen und am Köppenberg. Das herrschende Gestein ist hier überall der Phyllitgneiß in 0,1 bis 1 Meter dicken Bänken, welche meist horizontal gelagert erscheinen, am Köppenberg sich stellenweise auch mit etwa 25 Grad gegen Nordosten neigen, sehr häufig aber in großem Maaße gefaltet sind. Die stets untergeordnet auftretenden und meist von zahlreichen Quarzadern begleiteten dunkelgrauen Phylliteinlagerungen durchsetzen dieselben meist quer von unten nach oben. Häufiger als diese scheint hellgrauer quarziger Phyllit zu sein, der vielfach direkt in Phyllitgneiß übergeht. Auch kalkiger Phyllit kommt stellenweise noch vor.

Ganz die gleiche Gesteins-Beschaffenheit zeigen die das Hochplateau begrenzenden Berge, der Krokisiusberg und der Brocken. Hier setzt der von vertikal verlaufenden, gefalteten Quarzadern durchzogene Phyllitgneiß besonders die Felsen und Felswände auf dem Grat und an den Abhängen zusammen. Neben ihm kommen aber auch ausgedehntere Einlagerungen von dunkelgrauem, dünnschieferigem Phyllit vor, welche sich, soweit hierüber Beobachtungen vorliegen, bei gleichgerichteter Schieferung, ebenfalls schräg zu derselben gegen ihn abgrenzen. Beide Gesteine setzen die ausgedehnten Schuttablagerungen an den Gehängen dieser Berge zusammen. Die parallel der Schieferung abgesonderten Bänke zeigen am Südabhange des Krokisiusberges eine Neigung von 10—20 Grad gegen Süden.

Am Pirnerberg und im unteren Whalerthal bildet die auffallendste Erscheinung die steile und ausgedehnte, bis 300 Meter hohe Felswand, welche das letztere im Südwesten begrenzt und über der sich vom Pirnerberg bis zum Sargberg ein kleines Plateau, die sogenannte „Bergstraße" hinzieht. Auch diese Wand besteht ebenso wie die ihr auf der anderen Thalseite gegenüberliegenden und die am Ostabhang des Pirnerberges auftretenden Felswände vorwiegend aus Phyllitgneiß, zwischen dem hier aber etwas reichlicher als in den bisher besprochenen Gebieten quarziger Phyllit vorkommt, während dünnschieferiger Phyllit seltener zu sein scheint. Außerdem kommen untergeordnet noch Einlagerungen von Kalkphyllit und körnigem Kalk (Nr. 87 und 88) vor. Die Gesteinsbänke zeigen vorwiegend horizontale Lagerung, doch treten auch wieder sehr ausgedehnte, große Faltungen derselben auf, die an der großen Felswand besonders deutlich zu beobachten sind. Die eigenthümliche Plateaubildung über derselben kann nur so erklärt werden, daß über den festen Phyllitgneißbänken Schichten lagerten, die der

Erosion geringeren Widerstand zu bieten vermochten; wahrscheinlich war hier dünnschieferiger, weicher Phyllit, wie er mit Nontronit überzogen in dieser Höhe in der tiefen, klammartigen Schlucht zwischen oberem und unterem Whalerthal und in ziemlich ähnlicher Ausbildung am Südostabhange des Krokisiusberges ansteht, in größerer Ausdehnung vorhanden.

Höher hinauf folgt an den steilen Gehängen des Pirnerberges in fast horizontaler, höchstens mit 10 Grad gegen Südwesten geneigter Lagerung wieder Phyllitgneiß, dem hier in größerer Ausdehnung hellgrauer, quarziger Phyllit und Quarzitschiefer (Nr. 10) eingelagert ist. Dieselben Gesteine scheinen auch am Nachbar vorzukommen, die Bänke sind aber etwas stärker, bis 25 Grad gegen Südwesten geneigt.

Im oberen Whalerthal, an den Abhängen des Sargberges und der Doppelspitze, an der Felswand in der Nähe des Schneehanges und in dem Hochthal über diesem wurden auch nur Phyllitgneiß und in fast überwiegender Verbreitung dunkelgraue Schiefer gefunden, welche in der Mitte zwischen Phyllit und Thonschiefer stehen und nur noch theilweise eine rein krystallinische Beschaffenheit erkennen lassen. Ein solches Gestein (Nr. 27) durchsetzt an der Felswand in der Nähe des Schneehanges in einer Breite von etwa 20 Meter mit seitlichen Verzweigungen die stark gefalteten und von Quarzadern durchzogenen Bänke des Phyllitgneißes (Nr. 26) schräg zur Schieferung.

Von dem Bergrücken (Zeltberg), welcher südlich vom Pirnerberg dem Roßgletscher zunächst sich ausdehnt, hat nur ein einziges Gesteinsstück vom Gipfel zur Untersuchung vorgelegen (Nr. 32). Dasselbe ist ein grauer, dünnschieferiger, sehr feinkrystallinischer, quarziger Phyllit, der dem Flimmerschiefer des Fichtelgebirges ähnlich sieht.

Ueber die Zusammensetzung der weiter westlich gelegenen Berge läßt sich nichts Bestimmtes mehr sagen, da hierfür keine anstehend gefundenen Gesteine vorliegen. Die nördliche Seitenmoräne des Roßgletschers besteht in der Gegend des sogenannten Hôtel des pyramides zum großen Theil aus mattglänzenden Thonschiefern und Quarzitschiefern, wie sie auf der Südseite der Royal-Bay östlich vom Weddellgletscher vorkommen und die demnach auch nördlich des Roßgletschers anstehend und in größerer Verbreitung vorkommen müssen, aber ihr genauer Fundort läßt sich nicht angeben. Vielleicht besteht der hoch-aufragende steile Pic ebenfalls aus solch harten Gesteinen.

Das Thonschiefergebiet.

Wie schon wiederholt erwähnt, bestehen die in ihrer Form den Höhenzügen des Phyllitgebietes so sehr ähnlichen, sanfter geböschten, kegelförmigen Berge zunächst dem Cap Charlotte wahrscheinlich ebenfalls aus Phyllitgneiß. Nach der Streichrichtung der Gesteine nördlich der Royal-Bay müßte das auch der Fall sein, allein es sind von den östlichen Punkten keine Stücke vorhanden, an denen sich das beweisen ließe. Nur von der Höhe der dritten Einsattelung, westlich vom Cap Charlotte, liegt ein Stück (Nr. 99) vor, welches äußerlich fast dicht erscheint, aber vollkommen krystallinisch ist und unter dem Mikroskop die Zusammensetzung des Phyllitgneißes zeigt. Es gleicht aber nicht ganz den so benannten Gesteinen von der Nordseite der Royal-Bay.

Die in geringer Entfernung weiter westlich, 1—2 Kilometer östlich vom Weddellgletscher, an der Küste anstehenden Gesteine sind glimmerig-glänzende Thonschiefer und lichte Quarzitschiefer, welche hier eine steile, fast senkrecht zum Meere abfallende, gegen 300 Meter hohe Wand zusammensetzen, an deren Fuß sich nur ein schmaler, durchschnittlich 6 Meter breiter Strand befindet. Die vorwiegenden Gesteine scheinen dunkle, zuweilen (Nr. 96) wie Kohlengrus aussehende Thonschiefer zu sein, welche 1—2 Meter dicke Bänke von hellem Quarzitschiefer einschließen, der seinerseits zuweilen zahlreiche, große Eisenkieskrystalle enthält. In der Felswand befinden sich drei größere Höhlen, deren Eingang in der Höhe des Strandes liegt. Eine derselben konnte vom Landungsplatze aus erreicht werden. Die Höhe des Eingangs beträgt circa 8 Meter, ihre Tiefe etwa 25 Meter; die Wände sind durch die Brandung glatt gescheuert und im oberen Theil von einer bis 1 Centimeter dicken Kalkspathschicht überzogen. Die Schichten fallen in der Höhle mit ca. 20 Grad gegen Süden ein. Daß in derselben ein leichter zerstörbares Gestein enthalten war, vielleicht Kalkstein oder ein sehr weicher Thonschiefer, der dem Stoße der Wellen nur geringen Widerstand zu bieten vermochte, ist sehr wahrscheinlich, doch lagen keine Gesteinsproben zur Untersuchung vor, um etwas Näheres darüber sagen zu können.

Westlich vom Weddellgletscher bis zum Roßgletscher erheben sich an der Küste bis 600 und 700 Meter hohe Berge, welche in ihrem unteren Theil bis zur halben Höhe von großen Schutthalden überdeckt sind, im oberen aber steile, aus geschichtetem Gestein bestehende Felswände zeigen. An dem schmalen, nur durch Schuttanhäufung entstandenen Strand liegen hier in Menge Felsstücke herum, welche von diesen abgestürzt sind und den Aufbau der Berge gut erkennen lassen. Noch deutlicher ist derselbe an einer kleineren Felswand in der Nähe des Strandes und in dem gewölbten Kamme in der Mitte des sogenannten Doppelthales zu beobachten. Ueberall sind es helle, grünlichgraue, etwa 1 Meter mächtige, feste Bänke von deutlich krystallinischem, breccienartigem bis fast dichtem Schalstein, welche mit 1 Centimeter bis 1 Meter dicken Lagen von dunkelgrauem, splitterigbrechendem und nicht mehr glimmerig-glänzendem Thonschiefer (Nr. 60) wechsellagern.

Diese beiden Gesteine sind meist scharf von einander geschieden. Dazu gesellen sich aber dickbankige Schichten, welche aus quarzigem Thonschiefer und krystallinischem Sandstein bestehen und theils in Thonschiefer, theils in Schalsteine übergehen, wie bereits bei der Gesteinsbeschreibung ausführlich gezeigt worden ist.

Die Schichtung ist eine sehr regelmäßige und Faltungen sind nicht beobachtet worden. Meist liegen die Bänke an der Küste mehr oder weniger horizontal, weiter südlich aber richten sie sich auf und zeigen zuweilen steiles Einfallen mit 40 bis 50 Grad; im Hintergrunde des Weddellgletschers selbst bis 70 Grad. Auf diese größeren Entfernungen ist es hauptsächlich die verschiedene Färbung der Gesteinsstücke, welche den Eindruck der Schichtung hervorbringt. Aus welchem Materiale aber diese weiter südlich gelegenen Gebirgszüge aufgebaut sind, darüber läßt sich nichts Bestimmtes mehr angeben. Nach dem Anblick, den sie von ferne gewähren, können es noch dieselben Gesteine wie an der Küste sein, also Thonschiefer und Schalsteine. Für den Wetterwandstock wird dieser Aufbau noch durch den Umstand wahrscheinlich gemacht, daß vom Roßgletscher stammende Eisblöcke durch den Südwestwind an das Nordufer der Bay getrieben werden, welche nicht selten Stücke von Schalstein und von mit diesem wechsellagernden Thonschiefer eingeschlossen enthalten. Beim Schmelzen der Eisblöcke bleiben die Gesteinsstücke am Strande liegen, so daß dieselben hier in der Nähe der Station in großer Menge zu finden sind.

V. Verwitterung und Oberflächengestaltung.

Die Gestalt der Oberfläche eines Stück Landes hängt ab von der Beschaffenheit der dasselbe zusammensetzenden Gesteine, ihrer Lagerung, und den klimatischen Verhältnissen. Der zersetzende Einfluß der Atmosphärilien auf die Gesteine ist bei verschieden hoher Temperatur ein außerordentlich verschiedener. Während die Phyllitgneiße, Phyllite, Thonschiefer und Schalsteine Süd-Georgiens in heißen und feuchten tropischen Gegenden sanft gewellte Hügel bilden würden, die mit einer dicken Lage von braunem, durch Verwitterung entstandenem Lehm überzogen sind, finden wir in Deutschland bei gemäßigtem Klima, flache oder steil ansteigende, gerundete niedere Berge, die nur selten wenig hohe Felsen zeigen, daraus zusammengesetzt und nur in den Hochalpen kommen Bergformen vor, welche eine Aehnlichkeit mit denen Süd-Georgiens erkennen lassen. Die durch chemische Vorgänge bewirkte Verwitterung der Gesteine ist bei dem kalten Klima dieses Landes eine sehr geringe. Wohl sind die Schieferstücke, aus welchen die ausgedehnten Schutthalden auf den Abhängen bestehen, häufig mit einer Kruste von Brauneisen überzogen und an anderen Stellen finden sich wahrscheinlich durch Zersetzung von Eisenkies und Umsetzung des entstandenen Sulfats mit Kalk gebildete Ueberzüge und Drusen von Gyps, aber das charakteristischeste Zersetzungsprodukt auf der Oberfläche, der gelbbraune Verwitterungslehm, fehlt gänzlich. In den Thälern, z. B. im Doppelthal, findet man zwar ausgedehnte Flächen der Thalsohle mit grauem, festem Lehm überdeckt, der auch auf den höchstgelegenen Parthien des Hochplateaus in großer Ausdehnung vorhanden ist und zur Torfbildung Veranlassung gegeben hat, aber das ist kein Verwitterungsprodukt, sondern nur durch Gletscher feinzerriebenes und durch das Wasser fortgeschwemmtes und wieder abgelagertes Gesteinsmaterial. Etwas stärker zeigt sich die chemische Wirkung bei den Kalkphylliten und körnigen Kalken; hier ist das zu Tage tretende Gestein häufig porös und der Kalk ausgelaugt.

Einen viel größeren Einfluß als die chemische Wirkung der Atmosphärilien übt der Frost bei der Zerstörung der Felsen und Berge Süd-Georgiens aus. In die zerklüfteten Gesteine dringt auf den Schieferungsflächen und Quarzadern das Wasser leicht ein, beim Gefrieren dehnt es sich stark aus und sprengt dann die Schieferstücke ab, welche nun in fast frischem Zustand die großen Schutthalden bilden, welche die Gehänge überdecken. Diese Sprengwirkungen des Frostes, sowie die Umgestaltung einer Strandparthie konnten von den Mitgliedern der Expedition direkt beobachtet werden. Dadurch sind auch zum wesentlichen Theil die pittoresken Felsen auf den Graten der Berge und an der Steilküste entstanden, welche bei ihrer fast horizontalen Schichtung und der Durchsetzung mit weißen und mit Brauneisen erfüllten Quarzadern ruinösem Mauerwerk oft sehr ähnlich sehen.

Zu der außerordentlichen Zerstückelung der Küste haben auch die mehr oder weniger vertikal verlaufenden Einlagerungen von dünnschieferigem Phyllit und Thonschiefer beigetragen, welche bei ihrer starken Zerklüftung sowohl dem Frost als dem Ansturme der Wellen geringeren Widerstand zu bieten vermochten und deshalb leichter zerstört wurden, als die festeren Bänke des Phyllitgneißes, aus denen die stark vorspringenden Hucks vorwiegend bestehen. Auch die hellgrauen, massig erscheinenden und sehr zähen Varietäten des Phyllits (Nr. 71) auf der Insel östlich der Landzunge haben solche Hucks gebildet, während an die Stelle der sie umgebenden weicheren Gesteine vielfach tiefe Buchten getreten sind. Wo sich an der Küste einmal Gesteinsstücke abgelöst hatten, wurden sie auch sehr bald durch die Wellen entfernt und dadurch die außerordentlich felsige Beschaffenheit des Ufers erzeugt. Die entstandenen Buchten wurden immer tiefer ausgenagt, bis schließlich auch viele der festen Bänke zum Opfer fielen und nun nur noch als zahllose Klippen, rings um die Steilküste, besonders aber in der Nähe der Hucks, aus dem Meere aufragen. Deshalb ist der an der Steilküste vorhandene Strand auch immer sehr schmal, weil der von den Felswänden abbröckelnde Gesteinsschutt, aus dem er besteht, durch die Wellen immer wieder weggeführt wird.

Eine eigenthümliche Form bieten die starkgefalteten Bänke des Phyllitgneißes auf der Oberfläche des Hochplateaus. Man beobachtet hier nämlich sehr oft runde Buckel und ebenso schüsselförmige Vertiefungen, welche den Falten entsprechen und durch Ausnagung des weicheren oder abgelösten Gesteines entstanden sind. Eine so große Rolle der Frost aber auch auf Süd-Georgien bei der Zerstörung der Gebirge spielt, die heutige Form der in scharfen Graten endigenden Bergzüge und die dagegen auffallend breiten Thäler lassen sich aus seiner Thätigkeit allein doch nicht genügend erklären. Hier haben die in früherer Zeit beträchtlich weiter ausgedehnten Gletscher in großem Maaße mitgeholfen, indem sie den an den steilen Felswänden abgesprengten und auf sie niederfallenden Gesteinsschutt in das Meer hinausbeförderten und dadurch die Thäler immer mehr verbreiterten, die Bergzüge aber bis auf einen wenig hohen und scharfen Grat verschmälerten. Für diese einstige größere Ausbreitung der Gletscher auf Süd-Georgien spricht, wie bereits in der Einleitung angegeben, besonders das Vorkommen alter Moränen in den Thälern, in denen jetzt keine Gletscher mehr liegen, wie z. B. im Brockenthal und in dem Thälchen, das sich nordöstlich der Doppelspitze gegen den Little-Hafen herabzieht. Auch das in seiner Sohle außerordentlich breite und von Gesteins- (Moränen-?) schutt erfüllte Whalerthal hat in früherer Zeit jedenfalls einen großen Gletscher beherbergt, der bis ins Meer hinabreichte und von welchem jetzt nur noch eine Andeutung in dem Schneehang im oberen Theil des Thales vorhanden ist.

Ganz ähnliche Verhältnisse zeigt das Doppelthal, dessen Thalsohle noch sehr ausgedehnt von Gletscherschlamm bedeckt ist. Nach dem Rückzuge der Gletscher blieben die breiten, offenen Thäler, der Frost aber setzte seine Thätigkeit in der Erzeugung von Schutthalden fort, welche nunmehr liegen blieben und jetzt die Abhänge der Berge in so ausgedehnter Verbreitung überdecken.

Nachschrift. Die in der vorstehenden Abhandlung enthaltenen Zahlen mit voranstehenden Nr.-Zeichen beziehen sich auf die geologisch-oryktognostische Sammlung, wie dieselbe von Herrn Dr. Hermann Will angelegt worden ist. Diese Sammlung befindet sich gegenwärtig in den Räumen der Deutschen Seewarte aufbewahrt. N.

8.

Die Phanerogamenflora in Süd-Georgien.

Nach den Sammlungen von Dr. Will

bearbeitet von

A. Engler.

(Abgedruckt aus Botanische Jahrbücher, VII. Band, 3. Heft.)

Die Flora von Süd-Georgien war bisher so gut wie gar nicht bekannt. Alles, was man davon wußte, war, daß daselbst ein kräftiges, in Polstern wachsendes Gras und ein dem Pimpernell ähnliches Gewächs an den Felsen vorkomme. In Hooker's Flora antarctica p. 216 finden wir die Angabe „a coarse strong-bladed grass, growing in tufts, a wild burnet and a mosslike plant which springs from the rocks". Darauf bezieht sich auch Grisebach's Angabe in der Vegetation der Erde, 1. Aufl., p. 549: „Die südlichste Staude, eine Umbellifere, wurde von Cook bereits in Süd-Georgien (54 Grad S. Br.) beobachtet."

Unter diesen Umständen war es sehr erfreulich, daß Herr Dr. Will, welcher die deutsche Expedition nach Süd-Georgien begleitete, während des längeren Aufenthalts auf dieser Insel dieselbe auch in botanischer Beziehung gründlich durchforschte. Es ist wohl anzunehmen, daß Alles, was von Phanerogamen auf dieser Insel existirt, gesammelt wurde und ebenso scheinen die Kryptogamen sehr vollständig gesammelt worden zu sein.

Nachdem jetzt die Flora der Kerguelen sowohl durch die englischen Expeditionen wie durch die Gazelle-Expedition ziemlich vollständig bekannt ist, und nachdem in neuester Zeit durch W. B. Hemsley in dem Bericht über die botanischen Ergebnisse der Challenger-Expedition[1]) auch die Phanerogamenflora der Falklands-Inseln sowie der Macquarie-Inseln vollständig zusammengestellt wurde, mußte es um so mehr interessiren, etwas Näheres über die Flora von Süd-Georgien zu erfahren.

Im Ganzen wurden nur folgende 13 Phanerogamen gefunden, welche sich auf 6 Familien vertheilen.

Außer den genauen Standortsangaben des Herrn Dr. Will habe ich auch kurze Notizen über die geographische Verbreitung im antarktischen oder altozeanischen Gebiet beigefügt.

Gramineae.

Aira antarctica Hook. Ic. plant. t. 150; Fl. antarct. II. 377. tab. 133.

An sehr feuchten Stellen kleine Wiesen bildend; findet sich in großen Mengen auf der Landzunge, auf dem Hochplateau vereinzelt und bis zur Vegetationsgrenze, daselbst kleiner als an anderen Standorten (9. 2. 83).

Feuerland — Kerguelen.

Phleum alpinum L.

An trockenen sonnigen Hängen auf der Ostseite des Köppenbergs (18. 1. 83); Whalesbay, am Fuß des Pirnerberges (11. 2. 83); im Brockenthal sehr klein und kümmerlich (10. 2. 83); aber mit großen Spelzen.

Magalhaensstraße.

[1]) Vergl. Bot. Jahrb. VII, Litteraturbericht, p. 31.

Festuca erecta d'Urville in Mém. Soc. Linn. de Paris IV. 601.

Ostseite des Köppenberges, vereinzelte Büschel an trockenen, sonnigen Hängen (18. 1. 83). Montia fontana L.

Thal im Little-Hafen; in einer Felsspalte am Strand, mit reifen Früchten und Blüthen (20. 1. 83).

Feuerl. — Kerg.

Poa flabellata Hook. fil. (Dactylis caespitosa Forst.)

Auf der Landzunge (20. 11. 82).

Feuerl. — Falklandsinseln.

Juncaceae.

Rostkovia magellanica Hook. fil. Fl. antarct. II. 358.

Bedeckt entweder in dichten Rasen (Köppenberg, Landzunge) oder in 20—30 Centimeter breiten, vielfach kreisförmig und spiralig gewundenen Streifen sehr sumpfige Stellen (bei der Pinguinkolonie oberhalb der Pinguinbay).

Magalh. — Feuerl. — Falkl. — Campbell-Inseln.

Juncus Novae Zealandiae Hook fil.

Whalesbay, in Wassertümpeln (11. 2. 83).

Neu-Seeland.

Ueber diese Pflanze äußerte sich Herr Prof. Dr. Buchenau, dem ich dieselbe zur Ansicht übersendete, folgendermaaßen:

J. Novae Zealandiae Hakr. fil. ist vielleicht doch mit J. pusillus Buchenau (J. capillaceus Hkr. fil) zu vereinigen. Beide zusammen stellen die australische Form des südamerikanischen J. stipulatus dar, der sich von ihnen fast nur durch die weiter hinauf gefurchte Lamina unterscheidet. Also auch hier wieder der interessante Fall zweier vikariirender und einander sehr nahestehender Arten in Süd-Amerika und Australien. Beistehende kleine Bestimmungstabelle setzt die Unterschiede der hier in Betracht kommenden Arten auseinander.

Junci septati. — Species J. pusillo Buchenau, chilensi Gay et scheuchzerioidi Gaudich.
affines
(v. etiam Buchenau, Abhandl. Nat. Ver. Bremen, 1879. V. p. 354 ff.).

Lamina tenuis, fere filiformis, septis interdum inconspicuis, superne p.us minus canaliculata. Stamina 6. Fructus unilocularis vel imperfecte triseptatus

1. Flores plerumque singuli in axillis foliorum, rarius in capita congregati. Stylus brevis. Lamina indistincte septata, superne usque fere ad apicem canaliculata. Fructus unilocularis
J. depauperatus Phil.

2. Flores in capita pauciflora congregati. Fructus fere unilocularis.
α) Stylus brevissimus. J. chilensis Gay.
β) Stylus longior (sed ovario brevior).
§ Vaginae latissimae, stramineae. Lamina basi tantum canaliculata. Capita plerumque 3—4-flora. Antherae filamentis longiores vel paullo breviores. Fructus unilocularis
J. scheuchzerioides Gaudich.
§§ Vaginae angustiores, plus minus stramineae. Capita plerumque 2- (rarius 3—4-) flora. Antherae filamentis (saepe multo) breviores.
† Lamina usque supra medium canaliculata. Fructus fere unilocularis J. stipulatus N. et M.
†† Lamina basi tantum canaliculata. Fructus imperfecte triseptatus.
* Fructus breviter mucronatus, fere nigrocastaneus
J. Novae Zealandiae Hkr. fil.
** Fructus longius mucronatus vel fere rostratus, rubrocastaneus J. pusillus Fr. Buchenau 1879.
(J. capillaceus Hkr. fil. nec. Lam.)

(J. stipulatus, Novae Zealandiae et pusillus sunt species valde affines, vicariae, fortasse pro varietatibus habuendae).

Portulacaceae.

Montia fontana L.

Thal im Little-Hafen; in einer Felsspalte am Strand. Mit reifen Früchten und Blüthen (20. 1. 83.)

Falkl. — Kerg.

Caryophyllaceae.

Colobanthus subulatus (d'Urv.) Hook. fil. Fl. antarct. I. 13. II. 247. t. 93.

Südseite des Köppenberges, in großen Polstern auf trockenerem Boden und an Felsen (3. 2. 83).

Feuerl. — Austral.

Colobanthus crassifolius (d'Urville) Hook. f. Fl. antarct. II. 248.

Ostseite der Landzunge, nahe der Beobachtungshütte, an sehr nassen Stellen zwischen Moos (12. 3. 83).

β. brevifolius Engl., foliis multo brevioribus, 6—7 mm. metientibus.

Brockenthal, in der Nähe des unteren Sees (10. 2. 83).

Magalh. — Feuerl. — Falkl.

Ranunculaceae.

Ranunculus biternatus Smith in Rees Cycl.; Hook. Icon. Pl. t. 497.

Zwischen Moos an einer Quelle auf dem Hochplateau (22. 1. 83); in großen Mengen an dem Bache, welcher aus dem auf der Westseite des Köppenberges gelegenen Sumpf kommt (3. 2. 83); noch einmal so groß als die Pflanze des Hochplateaus.

Feuerl. — Falkl. — Kerg.

Rosaceae.

Acaena ascendens Vahl. Enum. I. 297; Hook. Fl. antarct. I. 268. t. 96.

Whalerbay an der Nordostseite des Pirnerberges (30. 11. 82); im oberen Whalerthal, nahe dem Schonhang (20. 3. 83); in der Umgebung der Station große trockene Flächen bedeckend, nächst Poa flabellata für das Vegetationsbild besonders charakteristisch; bildet Büsche von 30 Centimeter Höhe (7. 1. 83).

Feuerl. — Kerg. — Neu-Seeland.

Acaena laevigata Ait. Hort. Kew. I. 68; Hook. fil. Fl. antarct. II. 267.

Trockene Uferränder des ersten Baches, westlich der Station bis zum Hochplateau; bedeckt in üppigem Wuchs fast vollständig den Boden (23. 1. 83).

Magalh. — Feuerl.

Callitrichaceae.

Callitriche verna L.; Hook. fil. Fl. antarct. II. 272.

Forma longistaminea Engl.; staminum filamentis valde elongatis, 1—4 cm. longis.

Landzunge, in großen Mengen und üppig wuchernd an sehr feuchten Stellen zwischen den Grashügeln; auch neben Ranunculus biternatus an kleinen Wasserläufen, am Köppenberg und Whalerberg (14. 1. 83).

Wurde selten blühend gefunden und zeichnete sich dann durch lange Staubfäden aus; so zwischen den Grashügeln in der Umgebung der Station (22. 1. 83).

Die langen Staubfäden finden sich auch bei einzelnen Exemplaren von den Falklands-Inseln und sind wohl nur auf lokale Einwirkungen zurückzuführen.

Nach den Angaben von Herrn Dr. Will erreichten die Staubfäden erst dann ihre Länge, als die Rasen einige Zeit im Blechkasten eingeschlossen im Zimmer gelegen hatten.

In allen antarktischen Ländern.

Hieraus ergeben sich also folgende Resultate:

1. Auf Süd-Georgien wachsen nur solche Phanerogamen, welche auch in anderen Theilen der antarktischen Zone vorkommen.

2. Von den 13 Phanerogamen Süd-Georgiens finden sich 12 auch in Feuerland oder auf den Falklands-Inseln oder in beiden pflanzengeographisch zusammengehörigen Gebieten. Eine Art, Phleum alpinum, ist nur an der Magalhaenstraße, aber noch nicht im eigentlichen Feuerland gefunden worden. Drei andere, Poa flabellata, Colobanthus crassifolius und Acaena laevigata hat Süd-Georgien nur mit Feuerland und den benachbarten Falklands-Inseln gemein.

3. Von den 13 Phanerogamen Süd-Georgiens finden sich 9 auch auf den Kerguelen, den Campbell-Inseln, Neu-Seeland und Australien zusammengenommen, 6 auf den Kerguelen, 1 auf den Campbell-Inseln, 1 auf Neu-Seeland, 1 in Australien. Nur eine Art, Juncus Novae-Zealandiae hat Süd-Georgien bloß mit Neu-Seeland gemeinsam. Diese Pflanze ist aber wahrscheinlich nur eine Varietät oder nur eine Form des in den chilenischen Anden vorkommenden Juncus stipulatus.

4. Demnach steht die Flora von Süd-Georgien in nächster Beziehung zu der des antarktischen Südamerika und ist als zu derselben gehörig anzusehen.

5. Die unter gleicher Breite aber außerhalb der gewöhnlichen Treibeisgrenze liegenden Macquarie-Inseln besitzen 19 Gefäßpflanzen, von denen nur 6 auch im antarktischen Südamerika, die andern auf Neu-Seeland und den benachbarten Inseln vorkommen. Zudem besitzen sie noch 3 Farnkräuter, während diese in Süd-Georgien völlig fehlen.

9.

Vegetations-Verhältnisse Süd-Georgiens

von

Dr. Will, München.

Die Vegetation des Exkursionsgebietes.

Die Flora von Süd-Georgien war bisher so gut wie unbekannt. Die wenigen Angaben, welche Cook, Forster, Weddell sowie Klutschak, deren Aufenthalt auf der Insel ein nur flüchtiger gewesen war, machen, sind nur allgemeiner Natur und beziehen sich auf den Vegetationscharakter überhaupt.

Cook, welcher mit Forster in der Possession-Bay an mehreren Punkten im Januar 1775 landete, also zu einer Jahreszeit, da die von Vegetation bedeckten Küsten von Schnee entblößt sind, sagt:[1]) The only signs of vegetation were a strong bladed grass, growing in tufts, wild burnet, and a plant like moss seen on then rocks. Forster berichtet:[2]) We climbed upon a little hummok, about eight yards high, where we found two species of plants: one was the

[1]) Cook, voyage round the world. S. 187.
[2]) Forster, voyage round the world. II. S. 529.

grass which grows plentifully on the New Years Isles (dactylis glomerata) and the other a Kind of burnet (sanguisorba).

Weddell[1]), welcher im Sommer 1823 in der Adventure-Bay landete, spricht sich in ähnlicher Weise aus. The tops of the mountains are lofty, and perpetually covered with snow; but in the valleys during the summer season, vegetation is rather abundant. Almost the only natural production of the soil is a strong bladed grass, the length of which is in general two feet; it grows in tufts on mounds three or four feet from the ground.

Etwas günstiger als diese nüchternen Schilderungen der genannten Reisenden lauten die Berichte von H. Klutschak[2]), welcher die Insel auf einem Walfischfängerschiff im September 1877 umsegelte und in verschiedene Häfen der Ost- und Westseite einlief. „Gleich mit der Umschiffung des Cap Charlotte zeigt sich der schon erwähnte klimatische Unterschied der beiden Inselseiten. Es war im Dezember, als wir im Little-Hafen einfuhren und statt der sonst gesehenen Felsen und Gletscherwände (auf der Ostseite) auf den niedrigen Hügeln grüne Grasmatten fanden, die sich den weiteren Bodenerhebungen entlang sanft hinaufzogen. Durch diese Matten schlängelt sich eine Unzahl von Wasseradern, die den Schnee des Hochgebirges dem Meere zuführen, um sich dann in verschiedenen Kataraften über die den Meeresspiegel einschließenden Felsen in dasselbe zu stürzen.“

Unter diesen Umständen muß es dankend anerkannt werden, daß die Deutsche Polar-Kommission bei der Errichtung einer Beobachtungsstation im System internationaler Polarforschung auf Süd-Georgien Gelegenheit gab, die dortige Flora näher kennen zu lernen, besonders da die benachbarten Falklandsinseln mit ihrer verhältnißmäßig reichen Flora in Folge wiederholter Durchforschung genau bekannt geworden sind.

Die Ausrüstung, welche die Kommission dem Sammler gewährte, war eine gute und reichlich bemessene.

---

[1]) Weddell, voyage towards the South Pole. S. 50.

[2]) Deutsche Rundschau für Geographie und Statistik. III. Jahrgang. 11. Heft. S. 529.

Waren zwar die Aufgaben, welche die Mitglieder der Station zu lösen hatten, in erster Linie geo-physikalischer Natur, so war doch durch die richtige Auffassung der Gesammtaufgabe von Seite des Chefs der Expedition Gelegenheit geboten, der Flora eine eingehende Aufmerksamkeit zu widmen. Die eigenthümlichen, schwierigen Terrainverhältnisse, sowie die Rücksichtnahme auf die magnetischen und meteorologischen Beobachtungen, welche ausgedehntere Exkursionen nicht zuließen, engten zwar das Exkursionsgebiet auf die Royal-Bay und Little-Hafen ein, gleichwohl dürfte bei der Mannigfaltigkeit der Gliederung des Terrains eine Schilderung der Vegetationsverhältnisse dieses Exkursionsgebietes den Vegetationscharakter der Insel voll zur Anschauung bringen.

Der Vegetationscharakter Süd-Georgiens ist gekennzeichnet durch das Fehlen jeglicher Art von Baum. Während das auf gleicher Breite liegende Feuerland noch von Wäldern einer immergrünen Buche (Fagus betuloides) sowie einer zweiten im Winter entlaubten Art (Fagus antarctica) umgürtet wird, ist auf Süd-Georgien nur mehr ein niedriger Strauch (Acaena ascendens Vahl.) vorhanden, welcher im Verein mit dem Toussockgras (Poa flabellata Hook. fil.) den übrigen Pflanzen gegenüber sowohl hinsichtlich der Massenhaftigkeit des Auftretens, sowie der Verbreitung überwiegt und einen äußerst monotonen Charakter der Vegetation bedingt.

Wie sich aus einer Vergleichung der Phanerogamen, welche auf dem Exkursionsgebiete gefunden wurden, mit den auf den benachbarten Inseln vorkommenden ergiebt, ist keine derselben unserer Insel eigenthümlich, und steht nach den Untersuchungsresultaten des Herrn Prof. Dr. Engler die Flora Süd-Georgiens zu der des antarktischen Süd-Amerika in nächster Beziehung und ist als zu derselben gehörig anzusehen.

Unter den 13 Arten Phanerogamen sind 5 Species Gräser vorhanden. Von diesen ist es besonders das Toussockgras, dem gegenüber alle anderen Arten zurücktreten und das der sommerlichen Pflanzendecke einen ganz eigenthümlichen, steifen und starren Charakter aufprägt.

Die bis zu 1½ Meter hohen Garben dieses Grases, von gedrängt schilfähnlichem Habitus, wachsen auf kleinen völlig getrennten Polstern von je 50—60 Centimeter Höhe und wechselnder Breite, welche aber gleichwohl den Boden dem Auge völlig entziehen. Diese Polster bestehen aus den vermoderten und vertorften Ueberresten der Blätter und Wurzeln des Grases und sind von den Rhizomen desselben durchzogen. Da man bei einer genaueren Untersuchung über den Verlauf der letzteren findet, daß sämmtliche auf einem Polster stehenden Blätter demselben Rhizom entsprossen sind, so erscheint es sehr wahrscheinlich, daß jedes Polster im Laufe der Zeit von einem und demselben Individuum erzeugt worden ist.

Die durchschnittlich 1 Meter langen Blätter sind in Folge ihres anatomischen Baues sehr windbeständig und so kommt es, daß man dieselben selbst da, wo sie den stärksten Stürmen ausgesetzt sind, nur wenig an den Spitzen zerschlitzt findet.

Die Farbe der Blätter zeigt auch während des Höhepunktes der Vegetation ein fahles Grün, welches nicht dazu beiträgt, die Monotonie des landschaftlichen Bildes zu mildern.

Die Blüthezeit begann anfangs November, jedoch fanden sich um diese Zeit nur vereinzelte an schneefreien, nach Norden gelegenen Standorten wachsende Individuen in vollster Blüthe; allgemeiner blühte das Gras erst gegen Ende desselben Monats. Häufig wurden dann auf einem Rasenpolster 30 und mehr über die Blattspitzen wenig hervorragende Halme mit massigen Aehren gefunden; stärkerer Wind hatte denselben jedoch bereits übel mitgespielt und mochte auch auf die Befruchtung einen ungünstigen Einfluß ausgeübt haben. Die Ausbeute an keimfähigem Samen war später eine verhältnißmäßig sehr geringe, wobei jedoch noch andere ungünstige Einflüsse während der Samenreife mitgewirkt haben mögen. Noch Ende Januar wurden, jedoch nur an einzelnen Stellen, wo der Einfluß der Sonne sich nicht so intensiv hatte geltend machen können, immer noch einzelne Pflanzen in voller Blüthe gefunden.

Das Toussockgras entfernt sich nicht sehr weit vom Strand und scheint das volle Gedeihen desselben von der Nähe der See abhängig zu sein; es liebt nicht zu feuchte Standorte und ist an denjenigen Hängen, deren Böschungswinkel das Schmelzwasser des Schnees sowie das Regenwasser über den wenig durchlässigen Thonboden, welcher überall die Grundlage bildet, rasch abfließen läßt, so daß die Polster nicht zu stark durchfeuchtet werden, am üppigsten entwickelt. Die Uferränder kleiner Wasserläufe sind in Folge zu großer Feuchtigkeit meist frei von dem Gras oder dieses fristet an solchen Stellen nur ein sehr kümmerliches Dasein. Sumpfiges Terrain ist durch das völlige Fehlen der Poa flabellata gekennzeichnet. Im Uebrigen gedeiht es auch auf den häufig am Strand isolirt stehenden Felsblöcken sehr gut und tragen die letzteren sehr oft eine dichte Rasendecke, welche sich auf einer Torfschichte aufbaut.

Die untere Grenze der Verbreitung des Toussockgrases liegt an der Fluthmarke; von hier aus zieht es sich, an den Nordhängen meist große Flächen ununterbrochen bedeckend, in gleichmäßigem üppigen Wuchs bis zu einer Höhe von durchschnittlich 300 Meter hin.[1])

Von den übrigen Grasarten kommt nur noch die Aira antarctica Hook. zur Geltung, indem sie an sehr feuchten Standorten, besonders da, wo kleine von den Hängen herabkommende Wasserrinnen in der Nähe des Strandes allmählich verlaufen, ausgedehntere Flächen bedeckt und kleine saftig grüne Wiesen bildet. Die Aira geht ebenso hoch in das Gebirge hinauf, wie das Toussockgras, steht jedoch dann immer vereinzelt, meist kümmerlich entwickelt, zwischen dem Schutt der Berghänge oder in den Rissen des auf der Oberfläche oft staubtrockenen Thonbodens. Ihre Blüthezeit fiel in den Februar.

Zu gleicher Zeit blühte auch Phleum alpinum L., welches an trockneren, sonnigen Hängen auf moosbedecktem Boden üppig gedeiht,

[1]) Auch in Cumberland-Bay ist, soweit sich dies bei dem allerdings nur kurzen Aufenthalt und bei der Schneebedeckung erkennen ließ, die Poa flabellata überall vorherrschend.

während es in einem höher gelegenen Thale, in welchem, obgleich dasselbe noch innerhalb der Vegetationsgrenze liegt, nurmehr an einzelnen Stellen eine etwas ausgedehntere Vegetation zu finden war, sehr klein bleibt, aber große Spelzen entwickelt.

Festuca erecta d'Urville hat denselben Standort wie Phleum und wächst in kleinen Büscheln; es blühte im Januar.

Neben der Poa flabellata hat für das Vegetationsbild der Insel eine Rosacee, Acaena ascendens Vahl. eine hervorragende Bedeutung insofern als dieselbe ebenso wie das erstere größere Flächen bedeckt. Die am Boden meist zwischen Moos liegenden Zweige des besonders an den Nordhängen sehr entwickelten, bis zu 30 Centimeter hohen Strauches bilden ein dichtes Flechtwerk und können in Folge dessen auch den stürmischen Bewegungen der Atmosphäre ausgiebigen Widerstand leisten.

Die Acaena liebt nicht zu trockene Standorte und ist in Folge dessen in den nach der See sich öffnenden Thälern, in welchen das vom Gebirge herabkommende Wasser sich sammelt, am üppigsten entwickelt. Auch sonst folgt sie am liebsten den Bachläufen; an den steilen Berghängen bildet sie unter dem Schutz von Felsen, wo sie größere Feuchtigkeit vorfindet, ein dichtes Buschwerk.

Schon Mitte November wurden an einzelnen schon seit längerer Zeit von Schnee entblößten und von der Sonne fortwährend beschienenen Hängen, welche auch gegen den Wind geschützt waren, Acaena mit hochentwickelten Blüthenköpfchen gefunden, während die mattgrünen und röthlich umsäumten Fiederblätter noch weit in der Entwickelung zurück waren. Ende November befanden sich an demselben Standort die Pflanzen in vollster Blüthe; allgemeiner blühten dieselben erst im Januar.

In einem höher gelegenen Thale (oberes Whalerthal), in welchem die Acaena mit abnehmender Schneebedeckung sichtlich an Terrain gewinnt, wurden im März, bevor neuer Schnee den Boden bedeckte, vegetativ allerdings nicht sehr weit entwickelte Exemplare mit dem Aufblühen nahen Blüthenköpfchen gefunden. Die Blüthezeit ist völlig vom Standort abhängig; sie erstreckt sich über längere Zeiträume und man darf nur die etwas höher gelegenen und an die Südhänge sich anschließenden Parthien der Thäler aufsuchen, um während des ganzen Sommers hindurch blühende Exemplare aufzufinden.

Interessant und für die Verbreitung der Acaena jedenfalls wichtig ist eine Beobachtung, welche zu wiederholten Malen gemacht wurde. Die reifen Früchte der Pflanze besitzen nämlich 4 mit Widerhäkchen besetzte grannenartige Anhänge, womit dieselben an allen Gegenständen, mit welchen sie in Berührung kommen, insbesondere in dem Gefieder der Vögel, festhaften. Der große Sturmvogel (Ossifraga gigantea) nun, welcher am Lande sitzend vom Fluge ausruht und mit der Acaena in Berührung kommt, ist im Herbst auf der Brust oft völlig bedeckt von deren Früchten. Erwägt man einerseits, daß die Früchte der Acaena sehr fest anhaften (unseren Hausthieren, den Ziegen und unserem Hund kostete es immer große Mühe, sich von den lästigen Anhängen zu befreien) und zieht man andererseits die Thatsache in Betracht, daß die Sturmvögel weite Strecken durchfliegen, so ist jedenfalls eine Verbreitung der Acaena durch die Sturmvögel möglich[1]), ja gewiß.

Uebrigens kommt die Acaena ascendens an günstigen, sehr frühzeitig von Schnee befreiten Standorten zur vollen Fruchtreife; es finden sich nämlich im Frühjahr bald nach der Schneeschmelze sehr häufig die ausgekeimten Früchte zwischen dem Flechtwerk der Aeste. Auch die gesammelten Früchte bewiesen ihre Keimfähigkeit.

Von den übrigen Blüthenpflanzen kommt mit Ausnahme einer Juncacee, Rostkovia magellanica Hook. fil., weil meist klein und zwischen Moos sowie den Rasenhügeln versteckt oder in Felsspalten wachsend, keine in dem Vegetationsbild zur Geltung.

Den Standort der Rostkovia läßt die dunkle, grünbraune Farbe der Blätter zwischen dem frischeren und helleren Grün der Gräser, ins-

---

[1]) Auch die übrigen kleineren Sturmvogelarten, sowie der Entenstürmer (Prion turtur Smith), welche ihre Nester in tiefe selbstgegrabene Gänge und Löcher des mit Vegetation bedeckten Bodens bauen und beim Ab- und Zufliegen immer mit dieser in Berührung kommen müssen, dürften gewiß zur Verbreitung derselben mit beitragen.

besondere der sehr häufig in der Nähe sich findenden Aira, auf dem an manchen Stellen in größerer Ausdehnung sumpfigen Terrain schon auf weitere Entfernungen erkennen. Für sumpfiges Terrain ist die Rostkovia die charakteristische Pflanze und bedeckt dasselbe entweder in dichten Rasen oder in 20—30 Centimeter breiten, vielfach kreis- oder spiralförmig gewundenen Streifen.

Die Blüthezeit fiel in den Januar.

Eine zweite, viel kleinere Art von Acaena mit dunkelgrünem, glänzendem Laub kommt noch in einigermaaßen größerer Menge an den trockeneren Uferrändern einiger Bäche sowie an sonnigeren Hängen vor und bedeckt hier den Boden vollständig; anfangs Januar war sie in vollster Blüthe.

Die einzige Pflanze, welche eine lebhaftere (citronengelbe) Blüthenfärbung zeigt, ist Ranunculus biternatus Smith, der an manchen Bachrändern zwar vegetativ ungemein stark entwickelt ist, aber ebenso wie die Callitriche verna L., mit welcher er den Standort theilt, dort niemals zur Blüthe gelangt. Es blühten vorwiegend kleine zwischen Moos versteckte Pflänzchen in der Nähe einer stark eisenockerhaltigen Quelle, welche nach den sehr häufig angestellten Beobachtungen zwar keine auffällige Temperatur zeigte, jedoch sehr frühzeitig auf mehrere Meter im Umkreis schneefrei geworden war und von da ab bis spät in den bezüglich der Schneeverhältnisse allerdings sehr günstigen Winter hinein schneefrei blieb.

Von den übrigen Phanerogamen sind nur noch die beiden Colobanthusarten: C. subulatus und crassifolius Hook. fil. zu erwähnen. Ersterer ist sehr häufig und findet sich entweder in kleineren (bis zu 10 Centimeter Durchmesser) Polstern an Felsen in der Nähe der Steilküste oder auf trockenerem Boden zwischen Moos. Hier ist er gewöhnlich massiger entwickelt und bedeckt Flächen in der Ausdehnung bis zu einem Quadratmeter. Der Habitus der Pflanze ist besonders in den kleinen, an Felsen wachsenden dichten Polstern oft ein moosähnlicher, wozu auch noch kommt, daß die kleinen unscheinbaren weißen Blüthen völlig zwischen den Blättern versteckt sind. Die Blüthezeit fiel in den Januar. C. subulatus geht bis zur Grasgrenze. Colobanthus crassifolius

Hook. fil. dagegen ist ein Bewohner sehr nassen sumpfigen Bodens in den Niederungen, wo er nur vereinzelt zwischen dem Moos, und zwar sehr spät, bereits mit reifen Früchten gefunden wurde. Die Varietät brevifolius Engl. fand sich in einem höher gelegenen, nach Osten sich öffnenden Thale (Brockenthal), welches allem Anschein nach früher von einem Gletscher ausgefüllt war, und nur in seinem unteren Theil in der nächsten Umgebung eines kleinen Sees von wenig Vegetation bedeckt ist.

Die Montia fontana L. und Juncus Novae Zealandiae Hook. fil. wurden nur in wenigen Exemplaren, erstere im Little-Hafen in einer Felsspalte, letztere in kleinen Wassertümpeln des unteren Whalerthales gefunden.

Neben den eben ausführlicher behandelten Phanerogamen sind es die Laubmoose, welche an Artenzahl überwiegend, hinsichtlich der Ausdehnung, in welcher sie den Boden bedecken, Bedeutung für das Vegetationsbild gewinnen. Es sind vorwiegend die sehr feuchten, häufig sumpfigen Thalniederungen sowie das die Royal-Bay nach Norden begrenzende Hochplateau, wo die Moosvegetation den Höhepunkt ihrer Entwickelung erreicht.

Indem bezüglich der Beschreibung der einzelnen Moosarten Süd-Georgiens auf die folgende Arbeit des Herrn Dr. Karl Müller verwiesen werden muß, seien hier nur diejenigen Arten hervorgehoben, welche durch ihre Häufigkeit und dadurch, daß sie größere Flächen bedecken, auffallen.

Vor allen sind die Polytrichaceen vorherrschend und von diesen Polytrichum macroraphis C. Müll., welches auf weitausgedehnten Strecken des Hochplateaus den steinigen Boden mit einer oft fußdicken, dichtverfilzten Schichte bedeckt und die Ränder der kleinen Teiche glatt auspolstert.

Diese Moosdecke ist an vielen Stellen in eigenthümlicher Weise blasen- und wellenförmig aufgetrieben; sie liegt, bis zu 1/2 Meter hoch gehoben, dem Boden hohl auf. Der Umfang dieser Auftreibungen ist ein wechselnder und erreicht, wenn wellenförmig, oft die Länge von mehreren Metern; meist sind die Kämme der wellenförmigen Erhebungen geborsten.

Die wahrscheinlichste Erklärung für diese Erscheinung dürfte einerseits in einem durch äußere Einflüsse, vielleicht größere Feuchtigkeit gesteigerten lokalen Wachsthum der verfilzten Moosdecke zu suchen sein, welches letztere, da seitlich ein großer Widerstand vorhanden ist, in die Höhe hob. Andererseits könnte auch eine Wirkung von Frost vorliegen, indem ebenfalls bei lokaler größerer Durchfeuchtung der Moosdecke die Eisbildung und damit das Ausdehnungsbestreben derselben größer wurde, welch letzteres bei dem seitlichen Widerstand in Auftreibungen derselben zur Geltung kam. Für letztere Auffassung spricht der Umstand, daß unter der Moosdecke auf dem wenig durchlässigen Thonboden ein reiches Netz von Wasseradern vorhanden ist und besonders die wellenförmigen Auftreibungen solchen Wasserläufen häufig folgen.

Ebenso häufig und in gleichen Wachsthumsverhältnissen findet sich noch Polytrichum timioides C. Müll.

Psilopilum antarcticum wurde sehr reichlich fructificirend an der Ostseite der niedrigen Terrassen des Hochplateaus gefunden, wie überhaupt das Hochplateau der Standort einer großen Anzahl von Moosarten ist. So kommt hier das hübsche Conostomum rhynchostegium vor. Die dicht verfilzten hellgrünen Polster dieses Mooses, auf welchen regelmäßig große Wassertropfen liegen, sind in der Nähe einer Quelle des Hochplateaus und an den Bachufern nicht selten und beleben durch die Färbung der scharf umgrenzten Polster und die in der Sonne glitzernden Wassertropfen die Eintönigkeit des Moosteppichs.

Eine der auf dem Hochplateau häufigen Arten, Bryum lampsocarpum C. Müll., verdient wegen der überaus reichen Fructification und der schönen goldgelben Färbung der Früchte noch besonders Erwähnung.

Sehr häufig und ebenfalls reichlich fructificirend ist noch Pogonatum austro-georgicum C. Müll. Von den übrigen Arten wurden nur wenige fructificirend gefunden.

In den feuchten Thalniederungen, den sumpfigen Terrassen des Hochplateaus und den von letzteren herabführenden Wasserrinnen ist dagegen Syntrichia runcinata C. Müll. vorherrschend; sie theilt sich dort mit Acaena ascendens und Rostkovia in den Boden und giebt Veranlassung zu Torfbildung.

Jungermannien sind in einigen Arten ziemlich häufig, insbesondere eine große Form Gottschea pachyhphylla Nees ab. Es., welche zwischen den die kleinen Wasserläufe begrenzenden Moospolstern sehr verbreitet ist.

Von den Flechten sind es nur wenige Arten, welche massenhafter auftreten wie die Cladonia rangiferina Hoffm. das „Rennthiermoos"; der Standort ist auf den moosbedeckten Flächen des Hochplateaus. Vor allen aber hat Neuropogon melaxanthus Nyl., eine ausschließlich dem Hochgebirge angehörige Form, eine große Verbreitung. Je höher man an den Schutthalden der Berge nächst der See aufsteigt, um so mehr überrascht das massenhafte Auftreten dieser Flechte, welche in wahren Prachtexemplaren den Boden und die Felsen wie mit kleinen Flechtenwäldern bedeckt. Dicht gedrängt stehend giebt der vielfach verzweigte, aufrecht stehende Thallus mit den breiten schwarzen Apothecien, welche sich von der schwefelgelben Farbe des Thallus scharf abheben, den Felsen, welche die Flechte überzieht, ein eigenthümliches, borstiges Aussehen. Neuropogon melaxanthus findet sich noch in Höhen von über 600 Meter und sind es besonders die Bergkämme, wo sich dieselbe am üppigsten entwickelt. Es fehlt zwar den tieferen Regionen nicht, doch ist es dort seltener. Die Felsstücke, an welchen sich vereinzelt stehende Exemplare finden, haben sich wohl meist in Folge athmosphärischer Einflüsse von den Gebirgskämmen losgelöst und bringen die Flechte mit in die Tiefe.

Amphiloma diplomorphum Müll. Arg. dagegen überzieht die Felsen am Strande und giebt denselben eine weithin sichtbare orangegelbe Färbung.

Zwei Sticta-Arten: St. Freycinetii Del. und endochrysea Del. sind auf der Moosdecke des Hochplateaus ebenfalls weit verbreitet.

Bezüglich einiger anderer interessanter Formen muß auf die in diesem Werke enthaltene Spezial-Arbeit des Herrn Prof. Dr. Müller verwiesen werden; an dieser Stelle soll nur noch die hübsche Art Stereocaulon magellanicum Th. Fries, welches sich an einzelnen Plätzen des Hochplateaus in reichlicher Menge vorfindet, erwähnt werden.

Auch die Farnkräuter sind mit 3 Arten vertreten. Am häufigsten ist Hymenophyllum peltatum Desv., welches sich überall in Felsspalten findet. Von Aspidium mohrioides Nory brachte Ingen. Mosthaff nur einige Blätter, welche er gelegentlich einer Excursion beim Klettern an einer Felswand entlang abgerissen hatte; es gelang später nicht wieder diese Stelle aufzufinden und konnte auch trotz eifrigen Suchens kein weiterer Standort ausfindig gemacht werden. Ebenso wuchs Cystopteris fragilis Bernh. nur an einer einzigen Stelle im oberen Whalerthal in einer eben noch mit dem Bergstock erreichbaren Felsspalte einer schwer zugänglichen jähen Wand.

Süßwasseralgen sind in den zahlreichen Wasserlöchern und kleinen Teichen sehr häufig, sowie auch ein kleiner Hutpilz zwischen der Rostkovia oft in großer Menge gefunden wurde.

Pflanzen mit lebhaft gefärbten Blüthen, welche eine Abwechslung in das Landschaftsbild bringen würden, fehlen, wie schon angedeutet wurde, fast vollständig.

Die Blüthenköpfchen von Acaena ascendens, deren Durchmesser zwar 15 Millimeter erreicht, kommen mit der tief violetten Färbung ebensowenig zur Geltung wie die von dem gleichen Farbenton überzogenen Aehren der verschiedenen Grasarten, insbesondere der Poa flabellata; die kleinen Blüthen des Ranunculus biternatus bleiben, wie schon oben bemerkt, zwischen dem Moos verborgen.

Im November allerdings, dem Frühjahr der südlichen Halbkugel, wenn der Schnee in den tieferen Regionen weggeschmolzen ist, und die Vegetation unter dem Einfluß der höher steigenden Sonne wieder aufzuleben beginnt, fehlt eine gewisse Nüancirung in der Färbung des Vegetationsbildes nicht.

Die fahlen Blätter des Toussockgrases färben sich lebhafter, dazwischen kommen die hellgrünen Polster verschiedener Moosarten, zwischen welche sich dunkler gefärbte drängen, zum Vorschein und so verliert die Landschaft wenigstens auf kurze Zeit jenen trostlos öden und monotonen Charakter, den ihr sonst die überwiegenden Töne von Grau in Grau aufprägen.

Die Vegetation dringt, soweit es wenigstens das Exkursionsgebiet betrifft, nirgends tief in das Innere der Insel ein. Die nach der See sich öffnenden Hochthäler liegen an der Grenze von 300 Meter Höhe, bis zu welcher die phanerogame Flora geht und finden sich dort nur mehr Neuropogon melaxanthus und Moose in kleinen Polstern in Felsspalten vor. Nur im Whalerthal, dessen Verlauf von SE nach NW der Entwicklung der Vegetation sehr günstig ist, kann man noch in einer Entfernung von c. 4 Kilometer vom Strand eine verhältnißmäßig reiche Pflanzendecke von Toussockgras und Acaena ascendens finden und scheint besonders die letztere in Folge der in manchen Jahren nicht ungünstigen Schneebedeckung immer mehr an Terrain zu gewinnen. Das Hochthal, welches sich an das Whalerthal anschließt, zeigt denselben Charakter wie die anderen Hochthäler.

Im Uebrigen hält sich die Vegetation an die Nähe der Küste.

Die Verbreitung derselben ist abhängig von der Form, Neigung und Lage des Terrains. Die größere oder geringere Neigung des Bodens, die dadurch bedingte Stabilität des Terrains, der schnellere oder langsamere Wasserabfluß auf der oberflächlichen Thonschichte, sowie die durch die Lage bedingte Insolation und Exposition gegen die vorherrschende Windrichtung sind die Faktoren, welche die Ausbreitung der Pflanzendecke beeinflussen.

Nach ihrer horizontalen und vertikalen Gliederung trägt die Insel den Charakter eines mit seinen Gipfeln über das Meeresniveau hervorragenden unterseeischen Gebirgszuges, welcher fast überall ohne irgend welches breitere Vorland unmittelbar unter steilem Winkel oft in senkrechten Abstürzen von der See aufsteigt. Es ist also die Steilküste sehr entwickelt und diese bietet nur selten diejenigen günstigen Bedingungen, welche beispielsweise das Toussockgras zu seiner Entwicklung braucht. Die Spalten in den senkrechten Felswänden sind meist völlig frei von Vegetation und nur da, wo sich kleine Vorsprünge zeigen, hat sich Poa flabellata, Acaena ascendens, sowie verschiedene Moosarten in geringer Menge angesiedelt.

Steilere Hänge (bis zu 60 Grad) sind da, wo ein leicht verwitternder Thonschiefer zu Tage tritt, mögen sie auch sonst nach ihrer Lage gegen die Sonne dem Pflanzenwuchs nicht ungünstig sein, völlig frei von Vegetation. Die besonders auch in Folge von Frostwirkung leicht verwitternde Bodenoberfläche befindet sich in fortwährender Bewegung und sammeln sich am Fuß der Hänge mächtige Schuttkegel an. Stärkere Regengüsse, welche ab und zu auftreten, verstärken diese fortwährenden Veränderungen der Bodenoberfläche durch Hinwegschwemmen ganz bedeutender Mengen des fast überall den Boden bedeckenden feineren oder gröberen Thones. Solche ausgedehntere Veränderungen der Bodenoberfläche in Folge von Regengüssen und Frostwirkung wurden an den steilen Hängen der Süd- und Ostseite des Pirnerberges sowie der Südseite des Krokisius öfters beobachtet.

Auch das Schmelzwasser des Schnees, welches häufig sehr rasch und in großer Menge auftritt, wirkt bei diesen Veränderungen der Bodenoberfläche, welche in Folge ihrer thonigen Beschaffenheit wenig durchlässig ist, beträchtlich mit.

Da die die Royal-Bay begrenzenden und westlich an den Hauptgebirgsstock der Insel sich anschließenden Bergkämme im Allgemeinen in der Richtung SE—NW streichen, läßt sich die Abhängigkeit der Verbreitung der Vegetation von der Insolation des Bodens sehr gut verfolgen. Die Nordhänge sind überall da, wo der Böschungswinkel derartig ist, daß der Boden immer mäßig durchfeuchtet bleibt und die ungünstigen eben angedeuteten raschen Veränderungen der Bodenoberfläche fehlen von der Fluthgrenze des meist nur wenige Meter breiten Strandes an bis zu einer Höhe von 300 Meter von der üppigsten Vegation bedeckt; die gegenüber liegenden, parallel dazu verlaufenden Südhänge dagegen, auf welche während nur ganz kurzer Zeit tagsüber die Sonnenstrahlen direkt auffallen, sind öde vegetationslose Schuttfelder.

In den zwischenliegenden Thälern läßt sich eine ziemlich scharf begrenzte Zone nach den Südhängen hin erkennen, bis zu welcher sich die Vegetation auf der Thalsohle ausbreitet. Diese Zone dürfte die Grenze bezeichnen, bis zu welcher sich der Einfluß der direkten Sonnenwärme nach Maaßgabe der Streichrichtung und Höhe der Bergkämme geltend machen kann.

Bei der in der Royal-Bay vorherrschenden Windrichtung aus W und SW sammelt sich auf den Südhängen der Berge sehr viel Schnee in großen Schneewehen an, von welchen der Boden erst spät im Sommer wieder entblößt wird. Da aber auch während des Sommers Schneefälle nicht selten sind und der Schnee auf den Südhängen der Sonne nicht so rasch weicht wie auf den Nordhängen, kann sich unter diesen Umständen an diesen Stellen, wenn überhaupt, nur eine sehr kümmerliche Vegetation entwickeln. Die Vegetationszeit ist zu kurz, als daß etwas Ergiebiges von den Pflanzen geleistet werden könnte.

Die Schneebedeckung spielt eine große Rolle wie sich aus der Vergleichung der phänologischen Beobachtungen für einzelne Pflanzen ergiebt. Während z. B. Acaena ascendens in Folge der hohen Schneedecke des Jahres 1882 erst gegen Ende Oktober und anfangs November wieder zu vegetiren begann, entwickelte dieselbe im Jahre 1883 in Folge der geringen, später fast völlig fehlenden Schneedecke schon anfangs August neue Blätter. Ebenso befand sich Ranunculus biternatus im letzteren Jahre ebenfalls schon im August in lebhaftester Vegetation.

Die Schneebedeckung und die mit ungeschwächter Heftigkeit wirkenden Winde, welche auf der Westseite häufig als Föhnwinde auftreten, dürften wohl auch den großen schon eingangs angeführten Unterschied bezüglich der Vegetation zwischen der West- und Ostseite der Insel bedingen.

In Folge der schwankenden meteorologischen Verhältnisse, die oft eine bedeutend abgekürzte Vegetationszeit bedingen und auch die Samenreife beeinflussen, dürften einjährige Pflanzen einen äußerst schweren Kampf um die Existenz zu bestehen haben.

Auf dem Südufer der Royal-Bay erscheinen die östlichsten nach Cap Charlotte allmählich abfallenden Berge, soweit sie noch innerhalb der Vegetationsgrenze liegen, vollständig von dem hochwüchsigen Toussockgras bedeckt, dessen anscheinend gleichmäßiger, dichter Rasen nur selten von kleinen Wasserläufen, an welchen sich eine üppigere Moosvegetation entfaltet, unterbrochen wird. Während Festuca und Phleum wie überall nur vereinzelt sich finden, bedeckt hier auch die Acaena ascendens größere Flächen, wenn sie auch im Vergleich zum Toussockgras und ihrem Vorkommen an anderen Standorten sehr zurücktritt. Westwärts ziehen sich diese Grasmatten in gleichbleibender Höhe bis zum Weddell-Gletscher, dessen linke Seitenmoräne sowie ihre nächste Umgebung ebenfalls noch von der Poa flabellata bedeckt ist. Von hier aus bis zum Roß-Gletscher wird die Vegetation immer spärlicher, da die steilen, von mächtigen Schuttkegeln bedeckten Hänge und die aus großer Höhe senkrecht abfallenden Felswände nur an wenigen Stellen dem Toussockgras einen Halt bieten. Der steinige Strand ist längs des Südufers fast überall nur wenige Meter (circa 6) breit und theils völlig vegetationslos. Die kalten, mit großer Heftigkeit durch das Thal, in welchem sich der Roß-Gletscher bewegt, gepreßten Luftströmungen mögen ebenfalls einer Planzenansiedlung in der Nähe des Gletschers ungünstig sein. Jenseits des Roß-Gletschers, in jener Thalerweiterung, in welcher sich eine große alte Seitenmoräne befindet, sind nur der Strand und die terrassenförmigen Westhänge von dem Toussockgras und Acaena bewachsen, während der Nordhang des Pirnerberges wieder nur ein vegetationsloses Schuttfeld bildet. Die sumpfige Thalsohle ist von Moos und der Rostkovia spärlich bedeckt; im Uebrigen fehlen auch Phleum und Aira nicht. Zwischen Steinen der alten Moräne wächst auch in großer Menge Colobanthus crassifolius.

Auch auf der Westseite der Bay, wo sich der Pirnerberg bis zu einer Höhe von über 600 Meter steil und fast unvermittelt aus der See erhebt, können nur an wenigen Stellen auf der Höhe der über den Strand vorspringenden Felswände, sowie an und unter überhängenden Felsen des Berghanges Poa und Acaena gedeihen; es gewann jedoch der Ostabhang des Pirnerberges als ausschließlicher Standort der einen Farnkrautart ein erhöhtes Interesse.

Ist das Vegetationsbild, welches die Südwest- und Westseite der Royal-Bay dem Auge darbietet, ein wenig befriedigendes, so gestaltet sich dasselbe in dem unteren Theil des Whalerthales, welches sich bei einer Länge von etwa 4 Kilometer im NW nach der Bay öffnet, völlig anders. Steht schon der breite mit seinem Kies bedeckte Strand, der glatt wie eine Tenne von Toussockgras umsäumt wird, in einem wohlthuenden Kontrast zu den mit grobem Geröll und Felsblöcken bedeckten Strand der Nord- und Südseite der Bay, so übertrifft die Ueppigkeit des Pflanzenlebens, welches sich an den Nordhängen und in der Thalsohle entfaltet, alle anderen von uns besuchten Punkte der Royal-Bay und findet dieselbe nur in den kurzen nach Norden sich öffnenden Thälern des Little-Hafen ein Gegenstück.

In diesem Thale belebt ein Wasserfall, der aus einer Höhe von etwa 300 Meter herabstürzt, die Landschaft; saftige Matten von Toussockgras bedecken hier das nackte Gestein der nördlichen Thalwand und die höher gelegenen Theile der Thalsohle, welche ein breiter Bach durchzieht, während die zahlreichen von den Hängen herabrieselnden Wasseradern, die sich in dem Bache sammeln, den niederen Theil der Sohle mehr oder weniger in ein sumpfiges Gelände verwandeln; der Boden ist hier von zahlreichen Moosarten bedeckt, zwischen welchen sich die dicht verflochtenen Zweige der Acaena ascendens ausbreiten.

Die Rostkovia findet hier sowie die Aira ebenfalls einen sehr günstigen Standort; auch der Ranunculus sowie die Callitriche sind an den kleinen Wasserläufen in reichlicher Menge vorhanden.

In den zahlreichen Vertiefungen des Bodens sammelt sich Wasser an und bieten diese kleinen Tümpel verschiedenen Süßwasseralgen eine günstige Stelle zur Ansiedlung, und beleben dieselben die Wasserflächen in großer Menge.

Einer dieser kleinen Wassertümpel beherbergte, allerdings nur in sehr geringer Menge den Juncus Novae Zealandiae, der sonst an keinem anderen Punkt der Royal-Bay wieder angetroffen wurde. Auch sonst hat sich gerade dieses Thal als Fundort einiger Farnkrautarten sowie des kleinen Hutpilzes, der sich allerdings auch auf dem Hochplateau zwischen der Rostkovia vorfand, bei der Mannigfaltigkeit seines Pflanzenlebens und da es auch landschaftlich eines gewissen Reizes nicht entbehrte als ein sehr dankbares Exkursionsziel erwiesen.

Im oberen Theil des Whalerthales, da wo sich der Bach durch eine Klamm wildbrausend hindurchzwängt, wird in einer Entfernung von etwa 1 Kilometer vom Strand die Vegetation immer spärlicher. Theils sind es die schroff nach Osten abfallenden Felswände der Bergstraße, welche eine Abnahme der Pflanzendecke bedingen, theils die hohe, erst spät im Sommer wegschmelzende Schneedecke. Die Nordhänge und die an dieselben angrenzenden Theile der Thalsohle, auf welchen der Schnee dem Einfluß der Sonne frühzeitiger weichen muß, zeigen noch immer größere grüne Flecke, an welchen Toussockgras und Acaena ascendens steht, jedoch in Folge der verkürzten Vegetationszeit nicht so üppig entwickelt, wie an anderen Standorten. Selbst Ranunculus biternatus kommt hier noch zur Blüthe.

Auf der Thalsohle wechseln frisch grüne Moosteppiche mit dunkleren Stellen ab, welche die Rostkovia verrathen; der Boden trägt jedoch nur an einzelnen Stellen eine Pflanzendecke, im Uebrigen liegt derselbe, von grobem Kies und feinerem Thonschlamm bedeckt, völlig frei.

In schroffem Gegensatz zu diesem Vegetationsbilde, welches das von der übrigen Monotonie ermüdete Auge einigermaaßen befriedigt, stehen die öden, fast jeglichen Pflanzenwuchses entbehrenden Schutthalden des Berggrates, welcher das Whalerthal nach Norden und Nordost begrenzt und erst in der Nähe der Station, da wo das die Royal-Bay nach Norden begrenzende Hochplateau terrassenförmig ansteigt, in dem Krokisiusberg endigt.

Hohe Schneewehen sammeln sich auf den dem West- und Südwestwind ausgesetzten Hängen an, welche von zahlreichen Rinnsalen und sonstigen Bodenvertiefungen durchfurcht sind, sowie auch in den tief eingeschnittenen Einbuchtungen längs der Küste des Moltke-Hafens, in welchen das Whalerthal einmündet. Einerseits sind die Schneemassen stellenweise zu gewaltige, andererseits dürfte die Bodenerwärmung durch direkte Bestrahlungen eine zu geringe sein, als daß sich hier ein höheres Pflanzenleben entfalten könnte. Nur auf den zahlreichen aus massivem Gestein gebildeten Hucks längs der Küste hat sich das Toussockgras angesiedelt und gedeiht hier gut, während sonst nur ab und zu an kleinen

Wasserläufen und kleinen vom Schnee frühzeitig befreiten Stellen Moose und Flechten ihr Dasein fristen.

Erst die wenig geneigten Hänge des in einer Höhe von über 100 Meter über das Meeresniveau sich erhebenden Hochplateaus zeigen, und zwar sowohl auf der Süd= wie auf der Nordseite, wieder einen üppigen Rasen von Toussockgras, der aber in Folge des terrassen=förmigen Anstieges öfter durch sumpfige, mit Rostkovia und Moosen bedeckte Flächen, sowie durch kleine Wiesen von Aira unterbrochen wird. Diese erzeugten in der Umgebung der Station ein oft 20—30 Centimeter mächtiges Torflager.

Auf der undurchlässigen Thonschichte liegen abwechselnd Sand, dann Sand und Thon mit torfigen Bestandtheilen, bis auf diese Schichten, deren an einzelnen Stellen bis zu 8 gezählt werden konnten, eine compaktere Torflage folgt. Wahrscheinlich sind diese Schichten in der Weise entstanden, daß der mit Vegetation ursprünglich jedenfalls nur sehr spärlich bedeckte Thonboden durch Sand und Thon, welchen Regen und hauptsächlich Schneewasser vom Hochplateau herab=schwemmten, wieder mehr oder weniger vollständig überzogen wurde und auf dieser Erdschichte sich wieder eine neue Vegetation ansiedelte, welche aber nach längerer Zeit das gleiche Schicksal erreichte.

Der Unterschied in der Verbreitung und insbesondere im Wachs=thum der Vegetation, je nach der Exposition gegen die Sonne, tritt be=sonders an dem Hochplateau und dem an letzteres nach Westen sich anschließenden Gebirgszug hervor. Sind zwar die übrigen Bedingungen für das volle Gedeihen des Toussockgrases, Hänge, deren Böschungs=winkel so groß ist, daß das in den Thonboden nicht tief eindringende Wasser leicht abfließen kann und die Graspolster nicht allzusehr durch=feuchtet, sowie die Nähe der See sowohl auf der Süd= wie auf der Nordseite vorhanden, so fehlt doch, wie schon oben erwähnt, auf den Südhängen des Gebirgszuges die Vegetation, welche erst am Hoch=plateau wieder an Ausdehnung gewinnt, fast vollständig, während auf den Nordhängen, insbesondere in den nach der Nordküste (nach Little=Hafen) sich von jenem Gebirgszuge aus öffnenden Thälern, das Toussock=

gras die Thalwände bis zu einer Höhe von durchschnittlich 300 Meter bekleidet und eine Länge erreicht, welche die des Grases auf dem Südhang des Hochplateaus noch übertrifft; während es hier höchstens 1 Meter hoch wird, zeigen dort die schilfähnlichen Blätter desselben in der Regel eine Länge von 1½ Meter. Auch die übrigen Blüthenpflanzen speciell die Acaena ascendens, welche sich in den Thälern des Little-Hafen bis zur Fluthgrenze zwischen dem Gras hinzieht, gedeiht hier auf den Nordhängen besser als auf den Südhängen. Die Belaubung und die Verzweigung ist eine viel reichere, der Wuchs ein viel kräftigerer als bei den Pflanzen in der nächsten Umgebung der Station, auch die Blüthenentwicklung übertrifft hier hinsichtlich Zahl und Größe der Blüthenköpfchen die Individuen anderer Standorte. Auch an den übrigen Blüthenpflanzen, Aira, Rostkovia ꝛc., welche sich hier an den gewohnten Standorten wiederfinden, ist ein freudigeres Wachsthum unverkennbar.

Ueber den Rand des Hochplateaus breitet sich das Toussockgras nur in einem schmalen Streifen aus, der ziemlich scharf begrenzt erscheint. An diesen schließt sich sumpfiges Terrain an, welches eine dichte Moosdecke trägt, in welcher sich die Rostkovia weithin ausgebreitet hat. Jenseits dieses Sumpflandes folgen weit ausgedehnte, von einem oft fußdicken, dicht verfilzten Moosteppich bekleidete, tundrenähnliche Flächen, welche die schon oben erwähnten Auftreibungen zeigen.

Das Hochplateau, dessen Eintönigkeit nur durch die spiegelnden Flächen einiger kleiner Teiche gemildert wird, ist der Hauptstandort der Moose und Flechten, von welchen letzteren die großen Sticta-Arten ausschließlich hier gefunden wurden. Das Toussockgras fehlt zwar auf dem Hochplateau nicht vollständig, so an kleinen Bodenerhebungen und an Felsblöcken, und fristet sogar auf dem Filz des Moosteppichs ein durch die unbehindert über das Plateau hinwegfegenden Stürme stark beeinträchtigtes Dasein. Die fahlen Blätter bleiben klein, die Blattspitzen erscheinen oft wie erfroren und sind vom Sturm zerpeitscht.

In seinen höchsten Erhebungen nach Westen ist das Hochplateau fast völlig frei von Vegetation und wird im Sommer der thonige Boden an der Oberfläche staubtrocken. Nur in den während des Austrocknens entstandenen Rissen, welche noch etwas Feuchtigkeit halten, finden sich kümmerliche Pflänzchen von Aira, Phleum, Rostkovia und Moose.

In das Brockenthal, welches nach der dem Thale vorgelagerten Moräne ein Gletscherbett gewesen zu sein scheint, dringt die Vegetation längs der Uferränder eines aus demselben fließenden Baches in geringer Entwicklung vor und gewinnt nur in der Umgebung des unteren Brockenthalseees in einem Moosteppich, auf welchem Colobanthus crassifolius β brevifolius Engler seinen Standort hat, etwas an Ausdehnung, während sich weiterhin, wie auf den Thalhängen der Südseite, nur sehr vereinzelte kümmerlich entwickelte Pflänzchen von Aira, Phleum ꝛc. vorfinden. Ostwärts fällt das Hochplateau, indem es sich allmählich zu einer Landzunge verschmälert, ab und schließen die längs des Plateaurandes immer näher zusammenrückenden Bänder des Toussockgrases an der Spitze der Landzunge wieder zusammen, indem letztere ebenso wie eine nach Osten vorgelagerte kleine Insel das hochwüchsige Gras wieder in seiner vollsten Entfaltung trägt.

Zur Vervollständigung des Bildes der Vegetation von Süd-Georgien, von welcher Vorstehendes eine Darstellung geben soll, ist es nöthig, auch einige Repräsentanten der Meeresflora beizuziehen, die den Charakter dieses Bildes wesentlich beeinflussen.

Vor allen anderen der zahlreichen an den Klippen innerhalb der Buchten und nach der offenen See hinaus an den seichteren Ufern wachsenden Tangarten soll neben den zierlichen Desmarestien der für den antarktischen Ocean charakteristische Riesentang Macrocystis hervorgehoben werden. Durch die Meeresströmung vom Lande weggetrieben, begegnet man demselben zu dichten Knäueln zusammengeballt schon in etwas niedereren Breiten. Ueberall, wo die Ufer nicht zu steil abfallen, umsäumt diese sowohl in ihrer äußeren Erscheinung, als auch in ihrem inneren Bau hoch differenzirte[1] Alge in einem breiten Gürtel die Küste. Sie wurzelt nach zahlreichen in der Royal-Bay zu diesem Zweck vorgenommenen Lothungen niemals in Tiefen über 20 Meter und be-

---

[1]) Vergleiche: H. Will: Zur Anatomie von Macrocystis luxurians. Botanische Zeitung 1884 Nr. 51 und 52.

zeichnet ihr Vorkommen mitten in der Bay sicher Untiefen an diesen Stellen an. Der reichlich verzweigte kompakte Wurzelstock, der oft über ½ Meter Durchmesser erreicht und, zumal wenn er vertrocknet am Strande liegt, einem aus Reisig aufgebauten großen Vogelnest nicht unähnlich sieht, haftet mit relativ nur wenigen Wurzelenden auf dem felsigen Meeresgrund, dem sich die Wurzeln oberflächlich fest anschmiegen. Aus diesem Wurzelstock erhebt sich eine größere Anzahl schwacher, 1—1½ Centimeter dicker Stämmchen, welche, soweit dieselben noch unter der Meeresoberfläche bleiben, in größeren Zwischenräumen Blätter tragen. Einmal an die Oberfläche gelangt, breiten sich die Stämmchen, theilweise durch die Strömungen beeinflußt, nach allen Richtungen aus und entfalten hier in einer Länge von 50—60 Meter[1]) mächtige bis zu 1½ Meter lange und bis zu 30 Centimeter breite Blätter von lederartiger Beschaffenheit, welche auf dem Wasser flottirend durch große langgestreckte birnförmige Schwimmblasen getragen werden.

Besonders an dem klippenreichen Norduser der Royal-Bay ist die Macrocystis mächtig entwickelt, während das Südufer nur an wenigen Stellen diese Tangart aufzuweisen hat.

Bei heftiger Brandung sind die langen dünnen Stämmchen des Tanges starken Zerrungen und Dehnungen ausgesetzt, jedoch bieten dieselben auch stärker bewegter See Trotz. Nur nach heftigeren Stürmen findet man zahlreiche, häufig mit dem Wurzelstock ausgeworfene mächtige Pflanzen am Strande; öfters ist derselbe auch von einem kleinen Wall (bis zu 1 Meter Höhe) von Macrocystisstöcken, welche zu unentwirrbaren Knäueln verschlungen sind, umsäumt und bilden dann die bald schleimig werdenden und in Zersetzung übergehenden Tangmassen, von deren Anwesenheit zuletzt nur mehr die resistenteren Wurzelstöcke Zeugniß ablegen, eine wahre Fundgrube der verschiedenen Meeresbewohner.

---

[1]) Rechnet man zu diesen Maximallängen der gerade vom Meeresgrund aufsteigenden Stämmchen noch 20 Meter, so erreichen diese Zahlen noch nicht annähernd die Größe derjenigen, welche von anderer Seite für die Länge der Macrocystis (bis zu 300 Meter) angegeben wird.

An den Küsten nach der offenen See hin, weniger in den Buchten, ist eine zweite große Tangart, D'Urvillea, sehr häufig. Aus der massiven, in der Mitte vertieften Wurzelscheibe von etwa 20 Centimeter Durchmesser entspringt zunächst mit schmaler Basis, nach oben auf eine Länge von etwa $^1/_2$ Meter sich bald verbreiternd, der bandartige, schwammige Thallus, der sich weiterhin in eine Anzahl schmälerer Streifen zertheilt. Die Länge der ganzen Pflanze erreicht oft 6 Meter. Den Thallus selbst durchziehen von einer Fläche zur anderen große mit Luft erfüllte Hohlräume, welche dem Tang auf dem Längsschnitt ein wabenartiges Aussehen geben.

Im Gegensatz zu Macrocystis trocknet D'Urvillea unter Erhaltung der äußeren Form völlig aus und bilden die dürren, gelbbraunen Tangmassen, welche öfters in größerer Menge angehäuft sind, eine ganz charakteristische Strand-Staffage.

10.

Allgemeines über die zoologische Thätigkeit und Beobachtungen über das Leben der Robben und Vögel auf Süd-Georgien

von

Karl von den Steinen.

Allgemeines.

Wenn man der Wahrheit gemäß berichtet, Süd-Georgien sei eine in unendlicher Verlassenheit inmitten des Oceans liegende Insel, die sich mit ihren steilen Firnhäuptern und gewaltigen Eisströmen unmittelbar aus der Fluth erhebt, etwa vergleichbar einem bis hart an die Vegetationsgrenze untergetauchten Stück Berner Oberland, und weiter der Wahrheit gemäß ausmalt, daß dort die heftigsten Stürme wehen, kein Busch und kein Baum vorkommt, daß sich die Fauna des

Vertheilung der Brutplätze auf der Landzunge.

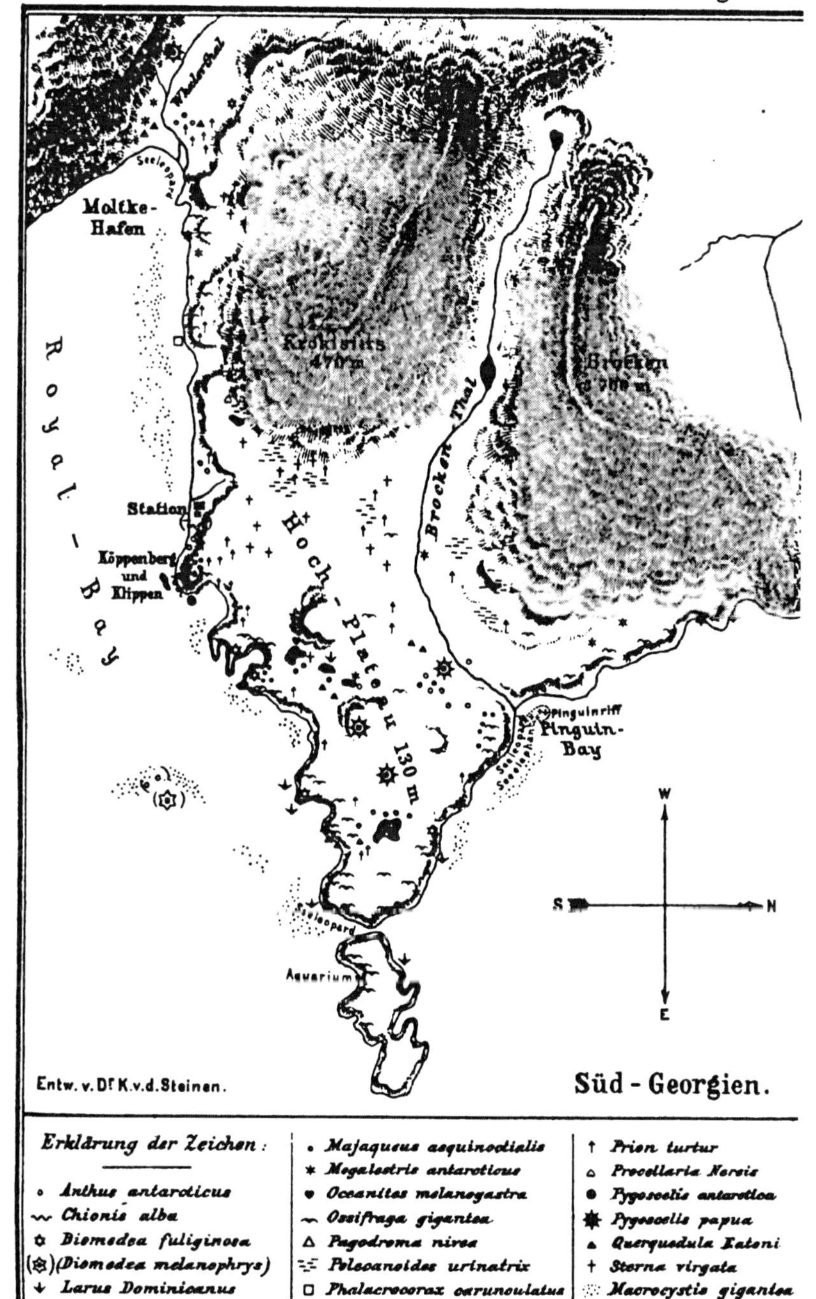

Landes auf eine bescheidene Anzahl von Vögeln und Vertretern aus den beiden Gruppen der Würmer und Gliederthiere beschränkt, so hat man sicherlich in dem Geiste des unkundigen Hörers eine durchaus verkehrte Anschauung erzeugt, die nur schwer wieder zu dem richtigen Bilde umgeschaffen werden kann. Denn die erstaunliche Lebensfülle, die sich trotz alledem zur Frühlings- und Sommerszeit in dem schneefreien, hier und da durch Gletschermündungen unterbrochenen grünen Saum am Fuß der Berge entwickelt, die erstaunliche Lebenszähigkeit auch, die dort den schlimmsten Unbilden des Wetters Widerstand zu leisten vermag, widersprechen allzusehr unseren vorgefaßten Vorstellungen von der Armuth einer polaren Natur und können nur durch eigenen Augenschein in ihrem ganzen Umfang gewürdigt werden.

Man muß die Ueberraschung erlebt haben, daß man nach einer Fahrt durch Eisberge und Schneestürme in der Höhe von Cap Horn ein tiefverschneites Land erreicht und auf den überfrorenen Klippen neben der träg ausgestreckten antarktischen Robbe einen lerchenähnlichen Singvogel hüpfen sieht, der uns sofort die winterliche Heimath und den mit großen Lettern gedruckten Aufruf einer Weihnachtszeitung „Erbarmt euch der Vögel" vor die Seele zaubert, man muß in der wärmeren Jahreszeit die zahllosen fliegenden, schwimmenden und auf oder unter der Erde brütenden Geschöpfe höherer und niederer Organisation kennen gelernt, in den kältesten Monaten unter der eisigen Decke allenthalben nicht etwa Leblosigkeit und Tod, sondern nur Schlaf und Starre gefunden haben, um Mephisto's Verzweiflung zu begreifen, wenn er lamentirt:

„So geht es fort, man möchte rasend werden!
Der Luft, dem Wasser, wie der Erden
Entwinden tausend Keime sich,
Im Trocknen, Feuchten, Warmen, Kalten!
Hätt' ich mir nicht die Flamme vorbehalten,
Ich hätte nichts Aparts für mich."

Die aparte Region, welche alles Leben verneint, beginnt auf Süd-Georgien erst bei 700 Meter Höhe.

Unser näheres Exkursionsterrain, die nördlich die Royal-Bai begrenzende Landzunge, setzte unterhalb der jäh emporragenden Nachbarberge Krokisius und Brocken, deren Kämme in das allmählich ansteigende Hochgebirge überleiten, mit einem breiten Rücken an, einem anfänglich wüsten, steinigen Gebiet. Dieses eigentliche „Plateau" senkt und verschmälert sich zu einer langen Flucht grasbedeckter Hügel, die einige kleine Süßwasserseen in sich schließen, und fällt an seinem Nord- und Südrande mit einer von zahlreichen Kaps und Einschnitten romantisch belebten Stufe steil zu den flachen Meerklippen ab. Ein Strandweg, Geröll oder Schieferplatten, ist meist vorhanden, wird jedoch hier und da durch unpassirbare Ecken unterbrochen.

Was die Benutzung dieses Terrains durch die in wenigen Arten, aber in zahlreichen Individuen erscheinende Vogelwelt anlangt, so zeigt ein Blick auf die Karte, in welcher die Vertheilung der Brutplätze dargestellt ist, wie die Besiedelung dichter wird mit der Zunahme der Vegetation.[1]) Eins der wichtigsten Momente ist naturgemäß die Sicherung vor Wind und Kälte.

Mit Ausnahme der Albatrosse und der Riesensturmvögel, dieser großen und widerstandsfähigen Thiere, bedurften sämmtliche Sturmvögel des Schutzes durch Höhlen oder Felsspalten; hoch auf dem Gipfel des Krokisius und Brocken brüteten die ebenso wilden wie schönen Schneesturmvögel, auf der steinigen Abdachung, wo wenig Kraft zur Unterhöhlung des Bodens ausreichte, verschiedene Arten kleiner Sturmschwalben, auf den näher der See gelegenen Hügeln endlich die Taubensturmvögel sowie die schwarzen Sturmvögel, die stark genug sind, das von Graswurzeln durchsetzte Erdreich zu bearbeiten und sich dort festere Wohnungen zu schaffen.

Was jedoch in offenen Nestern brütete, siedelte sich mit alleiniger Ausnahme der grauen Seeschwalben, die in Folge der Farbenähnlichkeit sowohl für sich selbst wie für ihre grünlichen Eier den meisten Schutz vor Störungen auf dem nackten oder nur von Moos durchwucherten Schiefer finden, innerhalb der grasüberwachsenen Bezirke an, von dem Eselspinguin, der die Höhen einnimmt, herab bis zur Dominikanermöve, die auf niedrigen Klippenfelsen nistet.

---

[1]) Siehe die nebenstehende Karte.

Aus der Zahl der 22 Vogelarten, die wir auf Süd-Georgien beobachtet, haben daselbst mit Sicherheit gebrütet 18, mit Wahrscheinlichkeit außerdem von 2 Arten Schopfpinguinen, die wir nur in vereinzelten Exemplaren kennen gelernt, wenigstens die eine, welche Weddell als auf der Insel heimisch anführt, und endlich als Nr. 21 die Kaptaube; übrig bleibt nur der weiße Albatroß, den wir gelegentlich in der Bucht schossen. Auf der Karte, die nur 17 Brüter aufweist, fehlt der Königspinguin; seine große Brutkolonie lag am Südufer der Royal-Bai.

Meine anfänglich im Stillen noch immer unterhaltene Hoffnung, wenigstens ein einheimisches Nagethier als vierfüßigen Bewohner des Eilandes aufzufinden, zerschlug sich bald definitiv, obgleich bei anbrechender Dunkelheit mehrfach Entdeckungen in diesem Sinne gemacht wurden. Die Löcher in der Erde gehörten alle den Bürgern der Luft.

Auch die niederen Landthiere, unter denen wir kein Mollusk entdeckten, bevölkerten, gering an Artenzahl, doch in reicher Fülle von Individuen, alles Gebiet unterhalb der Schneegrenze.

Die flügellosen braunen bis braunschwarzen Käfer und ihre Larven waren während des ganzen Jahres mit Leichtigkeit unter den Steinen zu sammeln. Vereinzelte, vom Winde herbeigewehte krochen auf dem Eis der Gletscher und dem Schnee der Berge. Den 22. October fand ich, nicht ohne längeres Suchen, ihrer vier nebst einer schwarzen Spinne in einer Höhe von etwa 750 Meter unter großen Schieferplatten. Ihr Vorkommen war so massenhaft, daß ich behaupten möchte, man konnte auf dem ganzen Plateau keinen nur ein wenig ansehnlichen Stein umwälzen, ohne daß man auch etliche auf der Unterfläche antraf.

Sehr häufig waren auch verschiedene Arachnoideen, Spinnen und Milben, schwarze, gelbe, feuerrothe, die eine besondere Vorliebe hegten für alte ausgetrocknete, mit Geschiebe erfüllte Bachbetten. In der nassen Wurzelerde des Mooses krümmten sich fadendünne weißliche Würmer, in dem durchweichten Grasboden am Strande fleischfarbene Regenwürmer, die wir im September 1/2 Meter tief aus der Erde unter meterhohem Schnee heraufschaufelten.

Am Ufer der Süßwasserseen bis hinauf zu dem hoch oben im Brockenthal, schwärmten zarte kleine Zweiflügler zu Tausenden, in den Teichen selbst schwammen zahlreiche Crustaceen und grünschillernde Wasserkäfer.

Am Strande gab es ungemein viele Fliegen; sie wurden Anfang November eine Plage des Hauses. Den verfaulenden Tang füllten sie während des Sommers in allen Entwicklungsstadien. Sie umsummten uns schon am 7. September.

Aber die Insectenwelt, die gleichzeitig mit dem Aufthauen des Eises der Teiche Ende November sichtbarlich aufzuleben begann, feierte ihre Glanzsaison während December, Januar und Februar.

Nur in dem Moränensee am Roßgletscher, obwohl ich dort bei + 1.5 Grad Cels. Lufttemperatur 5 Grad Wärme im Wasser maß, sowie in einem größeren Tümpel auf etwa 1/3 Höhe des Krokisius, fand ich nichts Lebendiges.

Von Mitte März ab durchsuchte ich die Tümpel des Whalerthals vergeblich. Im April begannen die Seen zuzufrieren, doch sah ich Mitte Mai in Löchern, die ich in das Eis stieß, einige Phyllopoden erscheinen.

Nachdem der Juli schon etliche Male Frühlingswetter vorgetäuscht hatte, erlebten wir Anfang August eine Reihe himmlisch sonniger Tage. Der Pieper sang: die schläfrige Gesellschaft unter den Steinen regte rascher die Glieder, um dem Störer ihrer Ruhe zu entfliehen, in den aufthauenden Tümpeln wanden sich lebensfroh die feinen Würmchen, und die Chionistauben trippelten herbei, sie schleunigst aufzupicken; aus dem wegschmelzenden Eis der Seen, in dem die Insecten, lange Schnüre bildend, eingefroren gewesen und die Mehrzahl zu Grunde gegangen war, entwickelten sich doch eine Menge, die in kleinen Lufträumen erstarrt gelegen, zum Leben und zur Freiheit, — da kam am 8. August unfreundliches Schneegestöber und erstickte den jungen Frühling, der so Viele nur zum Sterben geweckt hatte

Diese allgemeinen Bemerkungen über die niedere Landfauna möchte ich nicht weiter ausdehnen, um nicht in das Gebiet der kundigeren Sonderdarstellung[1]) überzugreifen, und aus demselben Grunde mich be-

[1]) Die ersten dieser Sonderdarstellungen sind erschienen im „Jahrbuch der wissenschaftlichen Anstalten zu Hamburg". (Man lese das Verzeichniß am Ende dieses Bandes nach.)

treffs der Meerbewohner, von denen ich nur die Robben zur genaueren Besprechung übernommen habe, mich auf einen kurzen Bericht über die Gelegenheiten und Methoden beschränken, die mir zum Sammeln der niederen Seethiere geboten wurden.

Vielleicht ausnahmslos repräsentirt die Sammlung nur die wirbellosen Thiere der Strandfauna. Mit unseren Netzen gelangten wir nicht weiter als zu 7—9 Faden Tiefe. Das mannigfaltigste Material wurde von den Tangwurzeln gewonnen; mehr und Verschiedenartigeres als Beutel und Rundeisen erdredschte uns der Sturm, der die Macrocystis vom Boden riß, und die Welle, die ihr thierwimmelndes Geflecht an Land schleppte.

Meine Thätigkeit erstreckte sich naturgemäß auf vier Methoden des Sammelns — am Lande: bei Ebbe und vom angeschwemmten Tang, und im Boote: an der Oberfläche und mit dem Schleppnetz.

I. Ebbe. An den der Brandung ausgesetzten Klippen, mächtigen glattgewaschenen Wänden, war außer dem einen oder andern Seestern nichts zu erreichen; soweit das Auge in die Tiefe drang, erblickte es nur die nackten Felsen. Der Sandstrand am Moltkehafen, der Geröllstrand am Roßgletscher boten auch keine Ausbeute; deren gab es in ergiebigem Maaße nur an zwei Stellen, wo größere Blöcke eine Art colossalen Pflasters bildeten, das die schrofferen Klippeninselchen vom Strande trennte. Bei gewöhnlicher Ebbe war auch dort nichts zu erhalten als zahlreiche graugrünliche Amphipoden, schwarze Nacktschnecken, die beide auch im Brackwasser lebten, selbst wenn dasselbe mit einer Eisrinde überdeckt, geléeartig anstand, und die dem Boden ausgewaschener Mulden aufsitzenden Patellen.

Bei tieferer Ebbe bot sich jedoch in den Ecken und Winkeln und auf der Unterseite der umgewälzten Blöcke Mancherlei, was sich freilich alles in der Tangwurzel wiederfand. Wirklich gemein waren da nur rothschalige Mollusken, die in dichten Büscheln den Florideen anhafteten, gelbe Sipunculaceen und Borstenwürmer mit schön violetten Rückenplättchen, weniger häufig kleine orangefarbige Seesterne, lebendig gebärende Holothurien derselben Farbe, Asselkrebse, Anneliden, der schwarze

Chiton und orangefarbene Amphipoden, geradezu selten schon kleine gelblich graue Pycnogoniden.

Die tiefste Ebbe bei Neumond machte es mir eben möglich, in den Pausen zwischen den heftig anschlagenden Wellenstößen, nicht ohne einige nähere Berührung mit dem kalten Salzwasser, eine Felsecke zu erreichen, aus der ich mit raschem Griff ein Büschel der dort flottirenden birnenförmigen und ziegelrothen Ascidien hervorreißen konnte. Diesem durch ein wenig kalkige Erde zusammengehaltenen Klumpen entstammen viele sonst unzugängliche kleine Geschöpfe der Sammlung, besonders Schwämme und Würmer, unter denen sich brillante Tubicolen mit einem wie Palmenwedel ausgebreiteten lilagestreiften Tentakelapparat auszeichneten.

Die günstigste Fundstelle, ein allerliebstes Aquarium, entdeckte ich auf der unserer Landzunge vorgelagerten Insel, welche das Meer wie eine Felsenburg wüthend umbrandet. Dort gab es außer allem Bekannten zahlreiche große Seesterne, Pycnogoniden und Polypen, die an der Station nicht vorkamen, hier aber alle Ecken ausfüllten. Leider war die Zeit bei unseren beiden Besuchen der Insel sehr kurz bemessen und die Fluth vertrieb mich mit wildem Anprall.

II. Tang. Soweit die Blätter der Macrocystis gigantea vom Ufer aus herbeizuziehen waren, boten sie wenig von Belang; sie waren übersät mit den weißen Gehäuschen korallenrother Wurmschnecken oder deren Eierkelchen, und oft auch mit graugrünlichen Bryozoenbäumchen besetzt. Der angeschwemmte Tang gewann erst bei den Herbststürmen größere Bedeutung; sie gingen mit schwerster Brandung einher. So warf zuerst der Sturm vom 20. April mächtige Tanghaufen an Land. Den nächsten Tag flottirte alsdann ein dickes Sammelsurium von Blättern und Stengeln im Wellenschlag, das aber zu durchwühlen verhältnißmäßig wenig lohnt. Dagegen giebt es keine erfreulichere Beschäftigung auf Süd-Georgien als diejenige, die schweren, rundlichen Körben ähnlichen Wurzelgeflechte des Tanges zu zerschneiden, zu zerreißen und auszuspülen.

Man findet immer wieder Neues. Die innersten verfaulten Parthien gleichen einem dicht zusammengepreßten Bündchen von dicken

Reisern; dunkelbraun bis schwarz, sind sie zu Röhren ausgehöhlt, aus denen sich nackte, fleischrothe oder bräunliche Würmer hervorwinden, während andere Arten der schlüpfrigen Kriecher ungemein zerbrechlich und durch lange Fadenbüschel ausgezeichnet, pergamentartige Röhren bewohnen; breite Chätopoden und schlanke bunte Nereiden suchen behende zu entfliehen, und in dem graugrünlichen Schmutz verbirgt sich, kaum erkennbar, vielfüßiges weichliches Gewürm genau derselben Farbe. Auch die grauweißlichen Asselkrebse und dünnbeinigen Pycnogoniden sind nur mit größter Mühe in dem kalkigen Brei zu unterscheiden.

In dem äußeren Astgewirr des Nestes sind Seesterne eingeklemmt, entwickeln sich die zierlichen Schlangensterne, steckt, wenn das Glück will, ein röthlicher Seeigel, und sind zahlreiche orangefarbene Holothurien herauszuholen. Gewandte Amphipoden mit ihrem verzweifelten Strampeln sind die einzigen in der trägen Gesellschaft, die über rasche Bewegung verfügen. Mit freudiger Genugthuung wird die seltene rosenrothe Käferschnecke begrüßt. Weiche gelbliche Nudibranchien werden von den jüngsten frischgelben Wurzelzweigen abgelöst.

Ueberhaupt ist die Farbenanpassung ungemein deutlich ausgesprochen; die ganze äußere Erscheinung der Strandfauna Süd-Georgiens wird in klassischer Weise in erster Linie von dem Gelborange und in zweiter Linie von dem Graugrünlich beherrscht; sie hat dieselbe Monotonie wie der Pflanzenwuchs und der Boden seiner Buchten; gelborange ist der schützende Tangwald, den die Mehrzahl der Thiere bevölkert, graugrünlich der Schlick, in dem eine artenärmere Gruppe lebt.

Es ist gewiß kein Zufall, daß die Amphipoden des Strandes, welche die Seeschwalbe fängt, graugrün und die tiefer wohnenden Krebse, welche der tauchende Sturmvogel sucht, orange sind. Letztere müssen neben dem Tang schwer zu erkennen sein, und was die ersteren anlangt, so habe ich oft genug in dem niedrigen Wasser, auf das der kleine Vogel unermüdlich niederstieß, kein lebendes Wesen mit meinen guten Augen zu entdecken vermocht, und doch, wenn ich denselben schoß und untersuchte, seinen Magen mit den graugrünen Strandkrustaceen gefüllt gefunden. Würden diese plötzlich durch die orangefarbene ersetzt, so dürfte der Blick ins Wasser sofort ein überraschend thätiges Gewimmel gewahren. Mehr oder weniger gelborange sind fast sämmtliche Seesterne, die im Tang oder auf den blanken Klippen sitzen, graugrünlich wieder die großen Schlangensterne, die sich nur im Schlick finden, und deren ich mich oft in der Glasschale auf dem mit dem Originalschlamm bedeckten Boden ohne Beihülfe der Hände nicht zu vergewissern im Stande war.

Hierher gehört wohl auch das Wenige, was über leuchtende Meerthiere zu beobachten war. Am 17. Januar traten Nachts in der starken Dünung, besonders beim Aufspritzen der Wellen auf die Felsen leuchtende Punkte auf, ebenso am 7. August in schwerer Brandung. Vereinzelt habe ich sie auf unruhiger See häufig bemerkt. Für alle Gelegenheiten ergab sich, soweit ich finden konnte, dieselbe Ursache; ein 0.2 bis 0.4 Meter großer Chätopode, den ich sowohl im Tang isolirt als freischwimmend auffischte. Der Wurm war gelbbräunlich mit gelben Tentakeln. An einem ruhig im Gefäße stehenden Stück Tangwurzel war nichts zu bemerken; sobald ich aber ins Wasser plätscherte, entstanden die leuchtenden Punkte. Wenn ich sie abzulösen suchte, nahm der Glanz zu und ließ sich durch das Stäbchen ausziehen und vertheilen; der Wurm war mit leuchtendem Schleimsecret umgeben. Ich strich den Schleim auf die Finger, er leuchtete noch nach einigen Minuten. Die Farbe des Leuchtens war grünlich, bei geringer Beimischung von Lampenlicht schöner smaragdgrün, wenn auch schwächer; im direkten Lampenlicht blieb noch ein matter Schimmer erkennbar. In völliger Dunkelheit konnte man ein paar Buchstaben bei dem Scheine lesen. In Süßwasser hielt das Leuchten eine kleine Zeitlang an, in Alkohol erlosch es sofort, doch färbte sich derselbe chlorophyllgrün.

Ich habe alle möglichen anderen Geschöpfe meines Aquariums in der Dunkelheit durch Berühren gereizt, allein ohne daß sich der Erfolg des Leuchtens einstellte. Ich habe auch bei ruhiger See durch starkes Plätschern festzustellen gesucht, ob sie Leuchtwürmer führe, aber nichts erreicht. Vermuthlich werden also diese Borstenwürmchen durch heftigeren Wellenschlag aufgewühlt und mitgerissen.

III. Sammeln an der Oberfläche. Für das Schwebnetz gab

es nur dicht längs des Tanges Beschäftigung. Aber auch innerhalb der Tangwiese wie an der Grenze schwamm kaum etwas anderes als Quallen — blauviolett gerippte Ctenophoren und seltener als diese durchsichtige glockenförmige Medusen. Bei schönem Wetter begegnete man ihnen das ganze Jahr hindurch.

IV. Sammeln mit dem Schleppnetz. Das Gesammtergebniß ist kein reichhaltiges. Ich habe mich lange Zeit gegen den Gedanken gesträubt, daß dies einen anderen Grund als unsere Unerfahrenheit haben könne. Allein auf die Dauer durch die vielfachen, oft nur allzuschweren Grundproben vergewissert, daß das Netz nach Gebühr geschleppt habe, bin ich zu der Ueberzeugung gekommen, daß in der uns zugänglichen geringen Tiefe nicht viel mehr zu finden war, als wir heraufbefördert haben. Wie die meisten Vögel auf den grünen Hügeln und wenige auf den Felsen nisteten, wohnten die meisten Arten der niederen Seethiere im Tang, eine geringere Anzahl im Schlick und das blanke Klippengestein war so gut wie wüst und leer.

Wir gebrauchten zwei Netze, die sich der Form des Rahmens nach als Dnetz und als △netz unterscheiden ließen. Das erstere mit Leitschienen versehen, bewährte sich besser. Betreffs der Länge der abzuwickelnden Troße hielten wir uns an die Thompson'sche Regel, dreimal die Tiefe zu nehmen; je länger das Tau, desto besser schleppte das Netz. Der größte Nachtheil für jede Thätigkeit in der Bucht war, daß unser großes, im Uebrigen vortreffliches Boot einer Bemannung von mindestens fünf Personen bedurfte, und deshalb verhältnißmäßig selten benutzt werden konnte. Mit einem leichten Kahn hätten trotz aller Launen des Klimas unserer Zwei sehr häufig im Tang arbeiten und, wenn nicht schleppen, so doch fischen können, und mit Angeln, kleineren Netzen, Quastenschleppern eine außerordentlich lohnende Beschäftigung gefunden, so daß ich unseren Nachfolgern diese Art der Ausrüstung nicht dringend genug ans Herz legen kann.

Die auffallendsten und sonst unzugänglichen Beutestücke waren größere Asseln, Seeigel, Schlangensterne, langschwänzige Krebse, Ascidien und Grundschnecken.

Im Ganzen haben wir 74 Dredschzüge gemacht, und uns auf

zehn Bootsfahrten von den sechzehn, die uns überhaupt nur vergönnt waren, mit dieser Thätigkeit befaßt.

Es ist zu bedenken, daß programmmäßig das zoologische Sammeln nur als eine Nebenaufgabe unserer Expedition hat gelten können. Im Verhältniß dazu aber war sie sehr reichlich mit vollständigem Bedarf an Gefäßen, Instrumenten, Chemikalien und Fangapparaten ausgestattet. Leider konnte ein besonderes Laboratorium nicht vor Mitte December fertig gestellt werden. Es lehnte an die Sternwarte an, war recht primitiv aus Kisten und Torfstücken aufgebaut, gewährte dem Tageslicht nur bescheidenen Einlaß und trug auf der Thüre, zur Erinnerung an die Höhle des mordenden Fuchses, in die Viele hinein aus der aber Wenige nur herauskamen, die warnende Aufschrift:

Hic Malepartus.

(Siehe Abbildung.)

Robben.

Die drei Robbenarten, deren Vorhandensein auf Süd-Georgien in Frage kam, waren Pelzrobbe, Seeleopard und Seeelephant.

Schon im Jahre 1822 stellt Weddell gelegentlich seines Aufenthaltes in Adventure Bai fest, daß diese Thiere auf den Aussterbeetat gesetzt seien. Ihm zufolge hatte die Empfehlung Cook's in ungewöhnlichem Grade die Aufmerksamkeit des Handels auf Süd-Georgien gelenkt; er nimmt an, daß nicht weniger als 20000 Tonnen Seeelephantenthrans von dort auf den Londoner Markt gebracht worden seien, während die Jagd der Pelzrobbe seitens der Engländer vernachlässigt wurde. Diese sei jedoch hauptsächlich von Amerikanern für den Verkauf nach China verwerthet worden; Weddell schätzt die Zahl der von ihnen weggeholten Felle auf mindestens 1200000. Auf den Shetlands traf er die Seeelephanten, deren seine Mannschaft 2000 tödtete, sowie die noch häufigere Pelzrobbe in ungeheuerer Menge.

Von der Pelz- oder Ohrenrobbe haben wir Nichts gesehen. Klutschak hat sie 1877—78 in dem westlichen Theile Süd-Georgiens noch gefunden; als ihren Hauptaufenthaltsort nennt er die von der Brandung umschäumten Felsklippen der Insel-Bai, der Vogel-Insel und der Willis-Insel. Nach ihm müßten die Seeelephanten auf der Südseite der Insel noch zahlreich vorkommen; er berichtet von Hunderten in der Bai von Cheapman-Strand, erwähnt dagegen nur beiläufig der wegen ihres geringen Thranreichthums und der Unbrauchbarkeit ihrer Felle weniger begehrten Seeleoparden.

Die Namen „Seeelephant", (den Cook als Seelöwen aufführt), und „Seeleopard" sind, wenn dergleichen auf oberflächlichste Aehnlichkeit bezügliche Bezeichnungen überhaupt erörtert werden sollen, nicht einmal gar so unglücklich gewählt. Der eine ist wenigstens ein grauer, plumper und dickhäutiger Koloß mit beweglichen Nasenwülsten, der andere doch ein geflecktes, schlankes und gewandtes Raubthier, das im Wasser sich seiner Beute nicht minder behend und blitzschnell bemächtigen muß, als sein Namensvetter auf dem Lande.

Stenorhynchus leptonyx.

(Siehe Abbildungen.)

In unserem engen Exkursionsbereich war der Seeleopard eine ungleich häufigere Erscheinung als der Seeelephant. Während des ganzen Jahres traf man ihn, wenn stürmischem Wetter ein schöner sonniger Tag folgte, an seinen Lieblingsplätzen fast mit Sicherheit an. Dem Gletscherterrain — und deshalb ist er vielleicht an dem Südufer der Insel seltener — schien er wenig hold zu sein; er pflegte den flachen Strand dort aufzusuchen, wo sich zwischen schmalen Klippen die Fluth zur Landung einladende Kanäle gewählt hatte.

Niemals haben wir ihrer mehr als drei zusammen gefunden, und diese drei ignorirten sich, schliefen abseits von einander. Irgend ein Einblick in Scenen des Familienlebens ist uns nicht vergönnt worden. Außer einem kleinen Embryo, den ich am 13. April 1883 einem Cadaver extrahirte, haben wir nur erwachsene Individuen gesehen.

Wenn man sie in Ruhe ließ, schlummerten sie, hier und da mißtrauisch die Augen aufschlagend, behaglich weiter; die Athmung zählte ich zu 7 Zügen in der Minute.

Zuweilen haben wir einen der harmlosen Schläfer durch Werfen mit Steinen oder Schneebällen geneckt. Dann zuckt er an der getroffenen Stelle zusammen und macht eine blitzgeschwinde Wendung; den fischartig geschwungenen Hinterleib erhoben haltend, den Kopf zurückgebeugt fixirt er den Feind mit vortretenden Augen. Der Rachen ist weit aufgerissen, die Nasenlöcher öffnen und schließen sich und entleeren weißen Geifer. Plötzlich rafft er sich drohend auf und stürzt einige Schritt ruckweise vor, oder legt sich auch wieder flach auf den Boden, verfolgt aber argwöhnischen Blickes jede Bewegung und faucht beim Ausathmen aufgeregt durch die Nüstern. Oder endlich — und gerade die größeren sind sehr schnell dazu entschlossen — er stürmt sofort gegen das Wasser los, urinirt vielleicht unterwegs mit fürchterlichem Gestank und durchbricht bei der Gewaltsamkeit, mit der er seine Flucht in Scene setzt, oft genug die Kette seiner Gegner. Die Fortbewegung ist im Profil wellen- oder schlangenförmig und geschieht ohne Abweichung nach den Seiten; die Vorderextremitäten liegen fest an und werden nicht benutzt. Schleunigst taucht er in die Tiefe und erscheint erst in einiger Entfernung ab und zu an der Oberfläche.

Mehrere habe ich mit der Lanze getödtet, andere wurden geschossen. Wenn man den Schädel nicht schonen wollte, bedurfte man nur des Knüppels der Robbenschläger. Keine Rede von Gefahr. Lanzenbewehrt sich mit den Thieren zwischen den Grashügeln umherzujagen, es war ein roher, aber lustiger Sport. Alles kam darauf an, sie rechtzeitig vom Meere abzuschneiden. Eines Nachts meldete der Beobachter vom Fluthmesserhäuschen, daß er drunten, dicht bei unserem Wohnhause, über einen Leoparden gestolpert sei. Eilfertig zogen wir sämmtlich, die Leber bereits in der Küche ankündigend, zum Strande hinab, doch schon umsprang den Seehund mit wüthendem Gebell unser übereifriger Landhund, und schnell wie der Gedanke war jener in der Brandung verschwunden, die wir wehmüthigen Sinnes mit unsern Laternen beleuchteten.

Die durchschnittliche Länge betrug gute 2½ Meter, bei dem größten Thier, das ich gesehen, maß ich parallel dem Körper mit dem Alpstock 3.70 Meter ab; kleinere als zu 2 Meter sind uns nicht vorgekommen.

Die gewöhnliche Art der Färbung ist: Rücken dunkelmausgrau mit weißen Flecken, Bauch weiß mit grauschwarzen Flecken. Zuweilen erscheint der Rücken mehr gelbgrau und zeigt auch braungelbliche Nuancen. Die Zahl und Zeichnung der Flecken ist bei jedem Thier verschieden. Man findet solche, bei denen sie häßlich verwischt sind. Das schönste Exemplar traf ich im October, mittelgroß, Flecken klein und scharfbegrenzt nur auf den Extremitäten und seitlich am Halse, den gleichmäßig dunkeln Rücken fast schwarz und Brust und Bauch glänzend seidenweiß. Betreffs des Haarwechsels konnte ich nichts Auffallenderes und Genaueres beobachten. An einem Fell von Mitte Februar saßen Restchen des alten Pelzes.

Das von den Robbenschlägern verschmähte Fett hat in den stärksten Lagen kaum eine Mächtigkeit von 5 Centimetern, ist nicht so fest wie beim Seeelephanten und bleibt beim Abhäuten allenthalben auf dem Fell sitzen, sodaß sich dieses schwerer als bei jenem in langen Messerzügen abpräpariren läßt.

Als Mageninhalt fand ich Reste von Fischen, im Zwölffingerdarm traten Echinococceen auf und weiterhin, im Dünndarm massenhaft bis etwa 6 Meter lange schmale Tänien. Colon und Rectum waren wieder frei.

Einmal entwickelte ich aus dem Magen zwei kleine Sturmvögel, die sich noch ohne Schwierigkeit als Pelecanoides urinatrix erkennen ließen, glänzende Beweisstücke gewiß für die eminente Gewandtheit des Seeleoparden in der Kunst des Schwimmens und Tauchens.

Sein Fleisch, das ich einst versuchsweise in der Form starkgewürzter „deutscher Beefsteaks" auftischen ließ, hatte wenigstens den Beifall der Unparteiischen, welche die Herkunft nicht ahnten, allein nach erfolgter Aufklärung durfte das häßlich chokoladenbraune Gericht nicht wiederholt werden.

Skelettknochen lagen am Strande nur vereinzelt und zerstreut. Auf der Insel fanden wir auch ein vollständiges Geripp, das durch die noch vorhandenen beträchtlichen Hautreste zusammengehalten wurde und wie eine Mumie aussah. Wahrscheinlich war das Thier an Krankheit oder Wunden auf dem Lande verendet.

Cystophora proboscidea.

Von den Shetlandsinseln berichtet Weddell, daß gegen Anfang September zuerst die männlichen Seeelephanten an Land kommen, und daß einen Monat später die Weibchen folgen, um sich mit ihnen zu paaren und die neue Generation des Jahrgangs in die Welt zu setzen. Nachdem sie zwei Monate ohne Nahrungszufuhr nur vom eigenen Fett gelebt, begeben sie sich, sobald die Jungen genügend kräftig geworden, Mitte December wieder in See. Mitte Januar finden sich neue Heerden ein, den Haarwechsel zu absolviren, wie auch ausgewachsene Männchen noch einmal im März zu demselben Zweck: von Ende April bleiben sie alle im Meer, ihrem eigentlichen Elemente.

Unsere südgeorgischen Beobachtungen waren sehr dürftiger Natur. Wir mußten die Enttäuschung erleben, daß wir nicht ein einziges Neugeborene zu Gesicht bekamen. Eine größere Gesellschaft von jedoch nur zehn Individuen wurde von uns bloß einmal, den 10. December, angetroffen. Vereinzelte Exemplare erschienen bis Ende Januar, aber jeder Seeelephant, den wir erblickten, galt uns als ein Ereigniß.

Am 8. November kehrten zwei der Leute von einem Ausfluge mit der Behauptung heim, sie hätten eine mächtige Robbenheerde, etwa 400 an der Zahl, von den Klippen aus bemerkt, wie sie inmitten der Bucht spielten und einwärts zogen; leider fand diese Angabe keine weitere Bekräftigung durch neue Thatsachen.

Von der für Kerguelen beschriebenen Anhäufung von zahlreichen Schädeln am Ufer haben wir nichts gesehen, doch kamen Ende October und Anfang November unter dem verschwindenden Schnee nahe der Grasgrenze einige alte, zum Theil bloßliegende Skelette zum Vorschein, deren Knochen sämmtlich mehr oder weniger übel zugerichtet waren.

Gegenwärtig könnte ein Robbenschläger keine schlechtere Speculation aussinnen, als sich zur Elephantenjagd in unsere Royal-Bay zu begeben.

Die beiden Geschlechter sind vor Allem durch die Größe unterschieden. Das ausgewachsene Männchen ist etwa 5 Meter lang, das größte Weibchen, welches mir begegnete, hatte etwas mehr als 3 Meter.

Ueber die Körpermaaße und die Farbe des Fells liefere ich genauere

Daten im Anhang. Letztere variirt zwischen grau und gelbbraun; einige Thiere zeichneten sich durch ein echtes Elephantengrau, ein vereinzeltes Männchen durch ein vollkommenes Löwenfalb aus.

Von dem Aeußern des schlankhalsigen Seeleoparden unterscheidet sich dasjenige des Seeelephanten sehr auffällig durch die allgemeine Plumpheit sowohl wie die besondere, mit welcher der Kopf in den gigantischen Rumpf übergeht, durch die runzligen, im Zorne sich dick vorstülpenden Nasenhöcker beim Männchen, die beim Weibchen nur durch zwei Querfurchen angedeutet werden, und durch die verhältnißmäßig ebenso kurzen, aber weit beweglicheren Vorderextremitäten, die in einer menschenähnlich gegliederten Colossalhand mit schmalen schwarzen Nägeln endigen.

Welche Schwerfälligkeit und Ungeschicklichkeit der Bewegung am Lande im Vergleich zu dem flinken und eleganten Leoparden! Den Elephanten, der sich der kräftigen Beihülfe der platt aufgesetzten Hände bedient, strengt schon die geringste Motion ungemein an; drei bis vier Rucke vorwärts und die gallertig erzitternde Fettmasse sinkt in sich zusammen, ruht sich ein Weilchen aus und rutscht ächzend weiter, eine tiefe und breite Spur im Kiesgrunde zurücklassend. Es ist kein Wunder, daß alte Rißnarben massenhaft über den Körper zerstreut sind.

Im Wasser freilich, wo sie ziemlich oberflächlich schwimmen, tummeln sich die Thiere in freiester Gewandtheit, und es ist ein interessanter Anblick, wenn solch' ein Ungethüm, den mächtigen Kopf hoch aufgerichtet, nach einem Landungsplatze Umschau hält.

Gewöhnlich stierten uns die Männchen mit aufgesperrtem Rachen an, rührten sich aber nicht von der Stelle. Ein wundervoll komisches Mienenspiel stand ihnen zu Gebote, wenn sie uns so in dummem Staunen fixirten und dabei unzufrieden die dicken Nasenwülste auf- und niederrunzelten — auch der schwarzgalligste Hypochonder würde sich beim Anblick der schnurrigen Physiognomie besonders eines krummnasigen alten Gesellen, den wir alle nicht besser als den „Herrn Mayer" zu benennen wußten, eines schmerzlichen Lächelns nicht haben erwehren können. Vielleicht tadelt man mich, daß ich solche Bemerkungen in einem ernsthaften Buche nicht unterlasse, allein daß ich damit einen wirklich charakteristischen Zug verschweigen würde, erscheint mir gewiß; wie die Tropen ihre Affen haben, so hat die Antarctis ihre Pinguine und Seeelephanten, und daß man über Affen, Pinguine und Seeelephanten lachen muß, ist ebenso wesentlich, als daß man sich vor dem Tiger fürchtet und daß man den Sturmvogel bewundert. So muß ich auch erwähnen, daß uns die Gesichtsmimik der Seeelephantin mit ihren runden glasig trüben Glotzaugen, mit dem bläulich fleischfarbenen Maul, in dem die kleinen niedrigen Zähne am Kieferrande kaum sichtbar werden, mit ihrer verschrumpelten trockenen Haut, unwiderstehlich an das Antlitz alter häßlicher Weiber erinnerte, daß nichts drolliger sein konnte, als wenn sich das schlafende Thier behaglich mit den wohlgebildeten, schwärzlichen Fingern auf dem Kopf oder dem schwer zugänglichen Rücken kratzte, und nur das brauchte ich wohl nicht zu berichten, wie ich einst mit Vergnügen gesehen habe, daß eine übrigens ausnahmsweise wenig altweiberhafte Seeelephantin mit klaren schwarzen Augen und frisch rosafarbener Zunge bei meinem Anblick nicht nur auf das Gemüthlichste gähnte, sondern sich dabei auch höchst manierlich jene schöne menschliche Hand vor das offene Maul hielt. Zur Versöhnung mit dem strengen Leser will ich sofort hinzufügen, daß ich bei demselben Exemplar am Halse den Puls zu zählen Gelegenheit hatte; er betrug in der Minute 60 Schläge.

Den 10. December 1882 besuchten wir den Roßgletscher. Seitlich desselben war im Gebiet der alten Moräne ein hübscher kleiner See, der nur wenige Schritt vom Meere entfernt ist, gerade eisfrei geworden. An seinem grünen Uferhang lagen neun Elephanten geringerer Größe, und eine Strecke abseits sonnte sich, die muntere Jugend nicht beachtend, ein altes Männchen. Zwischen den neun konnte ich vier Männchen und zwei Weibchen unterscheiden. Acht von ihnen, alle $1\frac{1}{2}$—$1\frac{3}{4}$ Meter lang, glaubte ich, wenigstens die männlichen, auf ein Jahr schätzen zu sollen, das neunte, ein Männchen, hatte gute 2 Meter, sodaß ich ihm entsprechend als Minimum zwei Jahre gab. Zwei Thiere waren zweifellos schon im Besitz des Sommerpelzes; bei dem einen war derselbe elephantengrau mit schönem silberigen Glanz, bei dem andern fast löwenfarbig, bei beiden der Rücken dunkler als die Unterseite.

Die anderen, zwischen schmutzigem Grau und Gelbbräunlich variirend, erschienen noch im Wechsel begriffen, und ihre Haut war in breiten Fetzen wie mit Moosboden besetzt. Die Männchen rutschten liebevoll um die Weibchen herum, während sich diese ziemlich kalt oder der Ruhe bedürftiger erwiesen. Besonders einer der Courmacher schien auf ernstliche Abneigung zu stoßen: mit der aufgestülpten Hand versuchte er vergeblich, immer wieder schnaufend und ausruhend, sich an seiner Erwählten emporzurichten, und tätschelte sie vertraulich anklopfend, ohne sie aber günstig zu stimmen während seiner Erholungspausen. Zwei andere begaben sich in den Moränensee und durchschwammen denselben die Kreuz und die Quer unter verliebtem Getändel.

Am 8. Januar 1883 kam ich zu demselben Orte und traf ein $3^1/_2$ Meter großes Männchen an. Leider hatte ich nur mein langes für Südamerika bestimmtes Buschmesser bei mir, doch wollte ich versuchen, das Thier durch Stiche in den Hals zu erlegen. In dem Augenblick, wo der Elephant tief brummend den Rachen emporhielt, sprang ich schnell vor, stieß zu und retirirte schleunigst vor den allzu nahen Kiefern. Er rückte erregt gegen mich heran und bemühte sich dann vergeblich, die zwischen ihm und der See wogende Mauer von Eisblöcken zu durchbrechen. Nachdem ich ihm noch einige Wunden beigebracht, war mein Messer absolut stumpf geworden; er lag bewußtlos in der anspülenden Fluth, hatte sich jedoch zu weit geflüchtet, als daß ich von ihm Nutzen ziehen konnte; eine Stunde später, als ich reuevoll an die Stelle zurückkehrte, war er verschwunden, und die Brandung rollte über den Schauplatz.

Hüsker von der Gazelle-Expedition berichtet, daß es für einige mit schweren eisernen Werkzeugen bewaffnete Matrosen eines anderthalbstündigen Kampfes bedurfte, um zwei erwachsene Männchen zu erlegen, und Commodore Byron erwähnt nach Weddell, daß die Tödtung eines Thieres oft für sechs Mann eine Stunde Arbeit gewesen sei. Hierzu bemerkt letzterer aber wohl mit Recht, daß ein erfahrener Robbenschläger, der den Schädel zertrümmere oder das Herz zu treffen wisse, in drei Minuten das Ende des Elephanten herbeiführe.

Vielleicht die meisten Südpolfahrer haben, wenn sie bei dem ersten Zusammentreffen mit den wunderlichen Ungethümen von dem Wunsche beherrscht wurden, sich ihrer zu bemächtigen, gegen die wehrlosen Geschöpfe sehr unnöthige Grausamkeiten ausgeübt, die sie dann bald bereuen lernten. „Wie alle ähnlichen Jagdvergnügungen", äußert sich ein nicht ohne Grund vom bösen Gewissen geplagter Offizier des Sir James Clarke Roß, „die wenig Ueberlegung des Geistes oder List verlangen und viel Blutvergießen nach sich ziehen, müssen wir auch dieses eine barbarische Unterhaltung nennen, die so aufregend und männlich sie auch ist, nur als Pflicht und nicht bloß des Vergnügens wegen betrieben werden sollte."

Legt man nicht gerade Werth auf den Schädel, so ist ein wohlgezielter Schuß der einfachste Weg, die Beute zu erlangen. Am 23. Januar 1883 lag ein Männchen nahe der Station im Grase. Vogel und ich rückten mit Lanzen vor; es bäumte sich hoch auf, und wir fuhren kräftig in den unteren Halstheil hinein, aber, obwohl die Lanzen vortrefflich saßen und starke Blutsprudel aus den Löchern sprangen, gelang es dem Thiere, sich zu befreien. Rasch machten wir den in Reserve gebliebenen Schützen Platz; eine Kugel Schraders schlug dicht bei einem Ohre ein, und sofort fiel der große Kopf bewußtlos zu Boden.

Dieses Exemplar wurde photographirt; Maaßstäbe und Meßlatten waren entsprechend den Hauptrichtungen angebracht, vor dem Kopf stand Mosthaff, ich kniete bei den Hinterflossen und unser Neufundländer vollendete die vergleichende Gruppe. (Maaße vergl. Anhang).

Die Abhäutung läßt sich sehr sauber ausführen, wenn man längs der dünnen, glatten, schnell eintrocknenden Bindegewebslamelle präparirt, mit der die Fettschicht in das Corium übergeht, und auf diese Weise ein von vorneherein fettfreies Fell zu erhalten sorgt. Böiges Wetter nöthigte uns zu schneller Arbeit. Das Fell wurde in einem großen Thranfaß, das Walfischfänger zurückgelassen hatten, eingesalzen. Zschau kochte für den Winter ein ansehnliches Fettquantum in Blechgefäßen aus, die Luft dabei, da er die Klumpen auch als Brennmaterial verwerthete, weithin mit schlimmen Düften verpestend.

Aber dieses Signals bedürfte es nicht, damit sich die Kunde des Ereignisses über die Landzunge verbreitet. In Schaaren eilen Riesensturmvögel und Raubmöven herbei, um sich ihren Antheil an dem Cadaver nicht entgehen zu lassen, mit wüthendem Gezänk befehden sich die gierigen Vögel, und bald liegt das Skelett bis auf die Sehnen aller Weichtheile entkleidet; Sand wird angeschwemmt; nur Pieper spazieren noch, Fliegen suchend, über das trockene Gerippe.

Die Leber des Seeelephanten ist sehr schmackhaft; über eine schlaferzeugende Wirkung, die ihr zugeschrieben wird, können wir nicht einwurfsfrei urtheilen, da wir zu dem vortrefflichen Frühstück auch Portwein und Spatenbräu genossen. Auch die Zunge und das Fleisch der Flossen wird von den Walfischfahrern empfohlen.

Vögel.

Dieser Abschnitt mag damit eingeleitet werden, daß die einzelnen Arten von Vögeln, welche auf Süd-Georgien gesammelt worden sind, der Reihe nach aufgeführt werden, wie dies in der auf der umstehenden Seite mitgetheilten und auch die wesentlichsten Momente in der Entstehungs- und Entwickelungsgeschichte der Arten nach Datum enthaltenden Tabelle geschieht.

Bei der Unterscheidung der Arten wurden die von dem verstorbenen Direktor des Naturhistorischen Museums in Hamburg, Herrn Professor Dr. Pagenstecher, geltend gemachten Gesichtspunkte im allgemeinen befolgt. Das Museum in Hamburg hat bekanntlich den größeren Theil der naturhistorischen Objekte, die von der Deutschen Südexpedition gesammelt worden sind, erworben. Professor Pagenstecher hat seine diesbezüglichen Untersuchungen in einer besonderen, in dem Jahrbuche der wissenschaftlichen Anstalten zu Hamburg (II, 1885) zum Abdrucke gebrachten Abhandlung „Die Vögel Süd-Georgiens nach der Ausbeute der deutschen (Polar-) Südstation in 1882—1883“ niedergelegt.

Tabelle der auf Süd-Georgien gesammelten Vogelarten, nebst Angaben zu ihrer Entstehungs- und Entwickelungsgeschichte.

Nr.		Erste Eier	Erste Junge	
1.	Anthus antarcticus Cab.	5. Jan.	5. Jan	
2.	Chionis alba Gm.	—	—	Mitte Oct. bis Febr von der Station verschwunden.
3	Querquedula Eatoni Sharpe	8. Dec.	18. Dec.	Begattung 19. Nov. beob.
4.	Pygoscelis papua Scop	26. Oct.	28. Nov.	Nestbau ab Ende Sept.
5.	Aptenodytes Congirostris Scop.	—	(14. Mai)	Junge mehrere Monate alt.
6.	Pygoscelis antartica Forst	—	(18. Febr.)	Junge mit fast fertigem Gefieder.
7.	Eudyptes chrysolophus Brandt	—	—	
8.	Eudyptes diadematus Gould	—	—	
9.	Pelecanoides urinatrix Berardi	8. Dec.	22. Jan.	
10.	Procellaria Nereis Gould	12. Jan.	—	
11.	Oceanites melanogasta Gould	30 Dec.	—	
12.	Ossifraga gigantea Gm	2. Nov.	19. Nov.	Nestbau Anfang Sept. Begattung 15. Sept beob.
13.	Pagodroma nivea (Novegeorgica?)	25 Dec.	—	
14.	Daption capense L.	—	—	Ein Weibchen mit Brutfleck erhalten (Mai).
15.	Majaqueus aequinoctialis L	9. Dec.	15. Jan.	Ankunft 15 Oct.
16.	Prion turtur Smith	14. Nov.	20. Jan.	Ankunft Ende Oct.
17.	Diomedea fuliginosa Gm.	1. Nov.	11. Jan.	Ankunft 15. Oct.
18.	Diomedea melanophrys Temm.	—	—	Draußen in der Bucht 23. März geschossen.
19.	Megalestris antarticus Less	20. Nov.	26. Dec.	
20.	Larus dominicanus V..	25. Nov.	18. Dec.	
21.	Sterna virgata Cab.	20. Jan.	14. Jan.	Junge eher als Eier, 29. Nov. Begattung beob.
22.	Phalacrocorax carunculatus Gm.	--	(21. Febr.)	3 Junge in unzugänglichem Nest.

Anthus antarcticus.

Ein bescheidener goldbrauner Singvogel von der Größe einer Feldlerche, zu den Piepern gehörig, dessen nächste Verwandten auf den Falklandsinseln und dem südamerikanischen Continent leben. Wie ist der räthselhafte kleine Gast nach der einsamen Eisinsel verschlagen? Wie hat sich diese holde Stimme an den Saum der aus dem Weltmeer auftauchenden Schneealpen verirrt, um die Luft mit lieblichem Gesang zu erfüllen, wo sonst nur der Pinguin plärrt oder die Möve kreischt?

Im strengen Winter hielt sich unser Pieper nur am Strande auf, in den Höhlungen am Grunde der die Hänge bedeckenden Schneemassen Schutz suchend; im Frühling und Sommer war er allenthalben im hohen Gras zu finden, und bewohnte mit Vorliebe das Plateau in der Umgebung der friedlichen Süßwasserseen. Einige Pärchen richteten sich auch bei der Station häuslich ein, zeigten sich gern in der Nähe der Küche, drangen bis in den Fleischschuppen vor und bestrebten sich unermüdlich, an meinem Laboratorium außen von den Fensterscheiben die Fliegen wegzupicken, die leider drinnen saßen.

Er nährte sich hauptsächlich von Fliegen, Käfern und Larven, eifrigst durchsuchte er auch den angeschwemmten Tang und hüpfte während tieferer Ebbe zwischen den freigelegten Steinen umher. Nicht wenig überrascht waren wir, bei einer Bootspartie mehrere der munteren Kerlchen weit vom Ufer inmitten der Macrocystis zu finden; stolz standen sie auf den die Wellen überragenden Blättern, sodaß der Tangwaldung in ihrem obersten grünen Dach nicht einmal der Singvogel fehlte.

Feindlichen Nachstellungen ist der Pieper, scheint es, nicht ausgesetzt; wie er steil und gleich dem Bolzen von der Armbrust vom Boden in die Höhe steigt, ist er der Gier der schwerfälligen Raubmöve unerreichbar.

Die Brutzeit fiel in den December. Am 5. Januar 1883 wurde das erste Junge und neben ihm ein Ei im Nest gefunden. Am 11. Januar erhielt ich zwei fast nackte Jungen mit geschlossenen Augen und weiten Ohrlöchern. Das Nest ist ein rechtes Singvogelnest, sorgfältig zwischen überhängenden Halmen in einem Grasbüschel eingebettet und verborgen. Einer der Leute gab an, er habe auch drei der kleinen grauen schmutzig braun punktirten Eier in einem Nest gesehen.

Der Gesang erinnert an den Lerchenschlag; sowohl im Sitzen wie hoch in der Luft hängend, läßt ihn der Vogel erschallen. Am eifrigsten trillert er in den frühen Morgenstunden; im October hörte man ihn bereits zwischen drei und fünf Uhr, wenn es noch stockdunkel war.

Er wurde entweder geschossen oder zufällig erbeutet, wofern er sich in den Schuppen oder gar in die Küche verirrt hatte. Unseren Schlingen ist er immer ungefährdet entwischt; mit Leimruthen, welche der Zimmermann in den Schnee legte, hätte man ihn, wie dieser versicherte, sehr schön einfangen können, wenn er sich jemals hätte darauf setzen wollen.

Chionis alba Gm.

Taubengroße schneeweiße Vögel mit schiefergrauen Läufen, welche in ihrem allgemeinen Habitus auch tauben- oder hühnerähnlich sind, welche jedoch mit Rücksicht auf das Skelett und wegen der Art der Befiederung an den Beinen den Wadvögeln näher stehen. Sie fallen auf durch eine eigenthümliche Hornscheide, die, nach vorne offen, den braun bis gelblich grün gefärbten Schnabel am Grunde bedeckt, und an die sich zum Gesicht hinüber mehrere Wulste blaß fleischfarbener Warzen ansetzen.

Die Chionis alba bewohnt auch die Falklandsinseln; auf Kerguelen giebt es die ihr sehr ähnliche Chionis minor, welche einen schwarzen Schnabel hat.

Wir pflegten die bei unserer Ankunft außerordentlich zutraulichen Vögel nur als „Tauben“ zu bezeichnen. Erschien man auf den Klippen, kamen sie sofort herbeigeflogen oder noch lieber weither eilfertigst herbeigetrippelt; setzte man sich ruhig nieder, so scheuten sie sich nicht, selbst Bergstock und Stiefel mit dem Schnabel zu beklopfen; aber trotzdem waren sie stets auf ihrer Hut, und rückten niemals vor, ohne einige Bogen zu beschreiben oder zwischendurch ein paar Schritt zu retiriren.

Neugierig pickend untersuchten sie jeden fremden Gegenstand; hinter einem vom Winde getriebenen Stück Papier rannten sie in eifriger Verfolgung. Ein beliebter Versammlungspunkt für sie war das Dach des Variationshauses. Die hier stundenlang eingeschlossenen Herren wurden oft nicht wenig aufgebracht über das unermüdliche Laufen auf den Brettern oben und das beharrliche, kräftige Picken an der Lukenscheibe.

Befürchteten sie Gefahr, stießen sie einen kurzen krächzenden Warnlaut aus, den sie auch während des Fliegens einige Male wiederholten, und ließen sich in geringer Entfernung nieder, immer bereit, neugierig zurückzukehren.

Verbreitet waren sie überall am Strande und in dessen nächstem Bereich; besondere Vorliebe zeigten sie für niedrige Klippen am Fuß steiler Felsen, wo sie zugleich Futter und Schutz vor dem Winde fanden. Sie schwammen nie, kümmerten sich aber wenig um Spritzwogen. Höchst drollige Vorstellungen lieferten sie auf dem Eis in der doppelten Bemühung, sich nach Gewohnheit flink zu zeigen und doch das Gleichgewicht zu behaupten, und ganze Groteskstänze führten sie dort auf, wenn, wie so vielfach, gerade Hader und Feindseligkeit unter ihnen herrschte. Einen überfrorenen schiefen Hang rutschten sie steifbeinig in der lächerlichsten Haltung herunter, als ob ihnen das Vergnügen mache.

Ihre Anzahl variirte meist zwischen zehn und zwanzig. Man sah deutlich, wie die Paare, kenntlich daran, daß die Weibchen kleiner und zierlicher sind, in der Gesellschaft zusammenhielten.

Vereinzelt traf man sie auch in den Pinguinkolonieen; daß sie dort Eier zu erbeuten suchten, ist mir zu sehen nie geglückt. Unbedingt ist ihr Verhalten dort kein so systematisch berechnendes als dasjenige der Chionis minor auf Kerguelen, wie es Studer und Hüsker beschreiben. Diese speculirt vollständig auf die Beraubung der brütenden Pinguine, und hackt im Nu ein für den Augenblick verlassenes Ei mit dem kräftigen Schnabel auf.

Ihre Nahrung suchten sie in den Tümpeln der flachen Schieferklippen, in den angeschwemmten Tangmassen, in den überspülenden Wellen der Brandung, und waren nicht wählerisch zu nehmen, was die

Gelegenheit bot; sie betheiligten sich eifrig an dem Verspeisen der Robbenkadaver, sie pickten in dem aufthauenden Eis der Süßwassertümpel die kleinen Würmer auf, sie drängten sich zu allen denkbaren Küchenabfällen. Der Koch, dessen besondere Lieblinge sie waren, behauptete, daß ihnen Erbsen und Sauerkraut am meisten zusage.

Mitte October verschwanden sie plötzlich von der Station, erschienen nicht vor Februar wieder in größerer Nähe und machten sich mit der alten Vertraulichkeit erst im Winter wieder bei uns heimisch. Zum Theil mag dies in der dominirenden Stellung begründet gewesen sein, welche sich die uns weit weniger willkommene Raubmöve angemaßt hatte, aber wahrscheinlich fiel das Brutgeschäft in diese Periode. Wahrscheinlich — denn, so unglaublich es klingt, wir haben kein Ei und kein Junges gesehen. Ich fand nur hier und da in dunkeln Winkeln hinter großen Felsblöcken etwas Halmstreu und einige weiße Federn. Merkwürdigerweise bemerkte ich dann noch den 15. März an einer unzugänglichen Stelle des Köppenberges eine Chionis, die emsig beschäftigt war, Gras zu rupfen und dasselbe in eine Ecke trug. Ich vermag mir den räthselhaften Umstand nicht anders zu erklären, als daß sie ziemlich früh gebrütet haben, und daß ich, als ich im Januar (die ersten Eier der Chionis minor auf Kerguelen fanden sich den 23. December) energisch alle Ecken und Schlupflöcher durchstöberte, schon zu spät kam.

Seltsam ist auch, wie wenig Schlaf sie zu bedürfen scheinen. Nachts traf man sie zu allen Stunden des Wachdienstes, wie sie mit ihrer gleichmäßigen Geschäftigkeit umhertrippelten.

Wir fingen sie mit einem Schlagnetz, doch wurden sie sehr rasch klug und gingen selbst dann nicht mehr in die Falle, wenn neben dem Köder eine lebende Gefährtin angebunden wurde.

Unser kurzsichtiger Koch fand ein nie ermüdendes Vergnügen daran, die Thiere mit Steinwürfen zu verfolgen, aber so oft er auch sein Geschoß entsandte, die Tauben flatterten mit leichtem Flügelschlag nur ein Streckchen weiter; so trieben sich Jäger und Wild vom Ebbefluthmesser bis zum Boot und wieder zurück, mit gleicher Ausdauer auf jeder Seite und nur dem einzigen Ergebniß, daß fast immer diese oder jene Chionis ein wenig invalide umherhinkte.

Gebraten sind die Tauben nicht ganz unschmackhaft, aber zu trocken, und als eine Delikatesse dürften sie für Niemanden gelten.

Querquedula Eatoni Sharpe.

Pagenstecher zufolge ist nach dem vorhandenen Material nicht sicher zu bestimmen, ob die Kriekente von Süd-Georgien mit der Querquedula Eatoni von Kerguelen identisch ist, oder ob sie der Falklandsente näher kommt. Ein so lebhaft röthlich fleischfarbener Streifen, wie die Abbildung von Sharpe darstellt, war auf dem Flügel keinenfalls vorhanden; der dunkelgrüne Spiegel, der dem Weibchen fehlte, war auch bei dem Männchen nicht gleichmäßig und in wirklich schönem Schimmer nur selten ausgesprochen.

Die englischen Offiziere gaben an, in einem Radius von acht Meilen auf Kerguelen über 2000 Enten geschossen zu haben. Unsere Kriekente war weder so häufig noch so leicht zu erbeuten.

Die gewöhnliche Anzahl betrug, außer stets vorhandenen einzelnen Paaren, durchschnittlich 6—12. Am Strand des Nachtigalgletscher in Little Hafen fiel mir ihre Menge auf, die ich auf einige 60 schätzte; sie waren auch weniger scheu und ließen mich auf etwa fünfzehn Schritt herankommen.

Am 26. März 1883 sahen wir bei der Station mehrere große Züge, die bis an hundert Stück betragen mochten.

Sie waren über den ganzen Strand der Landzunge gleichmäßig verbreitet, liebten die Nachbarschaft kleiner Tümpel und ausmündender Bäche, und fanden sich immer bei den Seen des Plateaus.

Zur Ebbe stellten sie sich mit derselben Pünktlichkeit wie die Dominikanermöven ein und suchten in dem seichten Wasser ihre Nahrung.

Bevor sie sich zur Flucht entschlossen, pflegten sie einen warnenden Ruf hören zu lassen, der wie lautes Platzen zur Oberfläche aufgestiegener Blasen klang. Auch verfügten sie über eine Art wie von einem Nager herrührenden Piepsens.

Anfänglich zeigten sie kein allzugroßes Mißtrauen und waren im Sitzen leicht zu schießen. Doch wurde die Jagd von Monat zu Monat schwieriger; Stück für Stück mußte mit viel Geduld und Mühe erbeutet werden. Gar manche fiel ins Meer. Aussicht auf sicheren Erfolg hatte man nur noch durch Vereinigung mit einem zweiten Jäger, welcher entsprechende Distanz einhielt.

Mit dem Frühling zogen die Enten auf das Plateau. Im November scheuchte man sie häufiger paarweise aus dem Grase auf; die erste Begattung wurde den 19. November beobachtet. Ein Nest habe ich in gutem Zustande nur einmal gesehen; dasselbe war äußerst sorgfältig in einem Grasbüschel versteckt und reichlich mit weißgrauen Dunen ausgefüttert. Es enthielt drei gelblich weiße, wie glatt polirte, ungemein hübsch getönte Eier. Will fand die ersten Eier den 8. December. Während die Mehrzahl auf dem Hügelrücken der Landzunge nistete, brüteten manche auch auf den Abhängen und selbst in den am Strand gelegenen Thalgründen. So hatte sich ein Pärchen gerade hinter der Drehkuppel häuslich eingerichtet.

Am 18. December traf ich die ersten Jungen, drei an der Zahl, mit ihren Alten; es gelang mir nur eins der behenden Geschöpfe zu fangen; sie liefen sehr schnell und verschwanden mir unter den Händen. Ich habe sie häufig in nächster Nähe gehört, verfolgt und nicht einmal zu Gesicht bekommen (Färbung vergl. Anhang).

Gegen Ende Januar waren sie schon fast ausgewachsen und nur noch an ihrem unbeholfenen Fluge leicht erkennbar.

Mitte Februar gab es wieder ganz junge Entchen. Den 15. März stellte ich zwei Nestlingen vergeblich nach, von denen der eine nahezu flügge, der andere noch im Flaum war.

Die Ente schmeckt meines Erachtens unausstehlich nach Thran, wofern nicht die Haut abgezogen wird. Unter Beobachtung dieser Vorsicht sind aber vor Allem die jüngeren Thiere ein vortreffliches Gericht, das unser Koch als Aspic variirt noch zu einer ganz besonderen Zierde des südgeorgischen Festdiners zu gestalten wußte.

Pinguine.

I. Pygoscelis papua Scop.

Kein Thier haben wir auf Süd-Georgien so sehr ins Herz geschlossen, als diese putzigen „Johnnies" der Walfischfahrer. Keiner von uns, bin ich überzeugt, wird sich in späteren Tagen unseres einsamen Daseins erinnern, ohne nicht immer gleichzeitig auch mit innigem Vergnügen der wundersamen Geschöpfe zu gedenken, die in ihrer possirlichen Karrikirung menschlichen Gehens und Bewegens eine unerschöpfliche Quelle humoristischer Beobachtung und dadurch, daß ihre Eier den Küchenchef zu ganz ungeahnten Leistungen befähigten, nicht minder einen höchst angenehmen Nutzen darboten.

In Folge aller der schlechten Behandlung wurden sie später so ängstlich und scheu, daß sie schon in größerer Entfernung von uns entflohen; in der ersten Zeit aber bekundeten sie umgekehrt ein sichtliches Interesse, unsere Bekanntschaft zu machen.

Ich bin mehrere Male überrascht stehen geblieben, wenn ich, zwischen den öden schneeüberdeckten Hügeln der Landzunge umherwandernd, plötzlich durch ein lautes und sonores å (genau wie im englischen „law"), das täuschend menschenähnlich klang, mich angerufen hörte. Dann stand irgendwo unten im Thale ein ebenso einsam wandernder Pinguin, mit schiefem Kopf nach mir herüberlugend, und begann bald hastig, mit den Flügelstummeln fuchtelnd, auf mich loszumarschiren; veränderte ich meinen Ort, so veränderte auch er seine Richtung, und ahmte ich sein å nach, so antwortete er pünktlich. Oft 30—40 Meter bergaufwärts, kam er bis auf wenige Schritte heran, betrachtete sich eine Weile die neue Erscheinung und lief dann gewöhnlich im rascherem Tempo weg, sich von Zeit zu Zeit umschauend.

Solange es sich um befrorene Schneeflächen handelt, sind die Pinguine nichts weniger als ungeschickt auf dem Lande. Zumal wenn der Verfolger ab und zu einsinkt, ist es ihm mit den schnellsten Sprüngen nicht immer möglich, das fliehende Thier zu erreichen. Anfang November trieb ich eine Schule von 24 Stück eine weite Strecke vor mir her nach, der Station. Mehr als eine Stunde waren wir unterwegs, bergauf und bergab; die Herrchen im Frack stets 5—10 Schritt voraus. Ging es steil abwärts oder erschreckte ich sie, so ruderten sie hurtig auf dem platten Bauch. Als wir schneefreie Grasbüschel passirten, strauchelten sie in Angst und Verirrung durcheinander.

Wenige Tage später führten Schrader und ich eine Heerde von 83 Pinguinen über die Landzunge nach Hause; sie blieben einen halben Tag einträchtiglich zusammengedrängt auf demselben Fleck vor dem Stationsgebäude stehen und waren erst in der nächsten Morgenfrühe plötzlich zum Wasser verschwunden.

Sind sie in solch größerer Zahl versammelt, lassen sie häufig und unaufhörlich in der Paarungszeit das charakteristische Geschrei erschallen, dem sie den Namen Eselspinguine verdanken. Sie recken den Kopf empor und richten den Schnabel senkrecht gen Himmel; alsdann ertönt zuerst ein continuirlich schnarrendes oder plärrendes „rrrr..." und diesem folgen mit tiefem Einziehen der Halsgrube drei kurze gellende i-a, i-a, i-a; die ganze Expectoration dauert etwa vier Sekunden.

Ende September und Anfang October erschienen an den späteren Brutplätzen täglich größere Ansammlungen; mit vieler Regelmäßigkeit landeten sie nach der Heimkehr von der Jagd in den späten Nachmittagsstunden, und zogen, ihrer 5—10 vereinigt, meist dieselbe breite Straße über die Schneehügel landeinwärts; fernhin erblickte man zerstreute kleinere Trüppchen mit prächtig silberweiß schimmernder Brust, die alle dem Meeting zusteuerten. Bis zum Wasser hinunter war das ganze Gebiet zertreten und zertrampelt wie ein Exercierplatz.

Die ersten Eier fand ich den 26. October 1882.

Wir haben sechs Brutkolonieen kennen gelernt: drei auf dem Plateau der Landzunge, von denen eine 1 Kilometer von der Bucht entfernt und die höchste mehr als 100 Meter über dem Meere lag, zu 500, 200 und 80 Individuen, eine vierte im Whalerthal, 1 Kilometer landeinwärts am Bachbett, eine fünfte am Roßgletscher in derselben Entfernung von der See an einem Berghang, und eine sechste am Weddellgletscher nahe dem Strand in der grasbewachsenen Niederung, zu je 100, 100 und etwa 1800 Individuen. Hiernach würden mindestens

quallenartig aus. Durchschnittliches Gewicht 137 Gramm, leichteste 130, schwerste 149 Gramm.

Innerhalb der ersten Woche wurde zu dem ersten Ei ein zweites gelegt, nur zweimal habe ich drei Eier in einem Nest gefunden. Dagegen dauerte es nicht lange, bis für die weggenommenen Eier Ersatz geschaffen war. So traf ich in der Whalerkolonie, die am 29. October durch unsere Matrosen radical bewirthschaftet worden war, am 6. November die Hälfte der Nester wieder mit je einem Ei, die andere Hälfte mit je zwei Eiern belegt. Bei einigen Nestern habe ich gesehen, daß die Production in unruhigen Zeitläuften nach und nach selbst auf sechs Eier steigen kann. Die Eier der zweiten Brut sind kleiner und oft so rundlich, daß ein spitzer und stumpfer Pol nicht mehr zu unterscheiden ist.

Nach Mitte November zeigte sich der Brutfleck schön ausgebildet.

Daß Männchen und Weibchen sich beim Brüten ablösen, habe ich öfter beobachtet. Beide begrüßten sich zeternd, und der das Nest verlassende Gatte widmete sich einer sorgfältigen Toilette der Brutfleckregion.

Den 28. November fand ich das erste Junge. Die Alten helfen den auskriechenden Jungen wenig oder gar nicht; es scheint, daß das angepickte Ei noch einen Tag lang mit seinem kleinen Loch erhalten bleibt.

Die Dauer der Bebrütung rechne ich zu 33 Tagen.

„5. December 1882. Eine Anzahl Junge sitzen piepsend in der Küche. Sie sind sehr possierlich; schwache zierliche Flügelstummel, ein dickes Bäuchlein und plumpe Füße. Das Hälschen der Kleinsten ist so dünn und schwach, daß es den Kopf nicht trägt; der liegt auf dem Tisch und so schlucken sie den gekochten Reis, welchen ich ihnen in den weit aufgerissenen Schnabel stopfe. Das entwickeltste ist sehr kregel und defäcirt mit elegantem Strahl $^1/_8$ Meter weit. Die Farben sind folgendermaaßen: Oberschnabel schieferblau, Unterschnabel cyanotisch fleischfarben, Zunge, Gaumen blaß fleischfarben, Iris hellbraun. Kopf schieferblaugrau, Gesicht am dunkelsten. Hals und Rücken hübsch silberbläulich, Flügel schmutzig blaugrau, Füße cyanotisch mit einem Stich ins fleischfarbene, Krallen blaß grünbläulich, After rosabläulich."

Gegen das Ende der Brutzeit wurden die Alten heftiger, bissen zu und schrieen fürchterlich, wenn man ihnen die Eier fortnahm. Nachher legten sie sich wieder in das leere Nest.

Wir haben einzelnen Riesensturmvogeleier untergeschoben. Der Pinguin merkte den Tausch, krakehlte höchst entrüstet und brütete getreulich weiter. Ich habe öfters dem einen oder anderen fremde Junge für mehrere Stunden zur Behütung übergeben; freilich ließ er sehr mißfällige Laute vernehmen, wenn die Schützlinge z. B. junge Dominicanermöven waren, die der ungewohnt warmen Pflege ungeduldig zu entrinnen strebten.

Die Jungen entwickelten sich sehr rasch und eine Woche Altersdifferenz machte sich auffällig geltend.

Anfang December hatte sich das Bild meiner Specialcolonie traurig verändert. Nur wenige der Vögel hatten gegenüber der anhaltenden Plünderung ihren Familientrieb behauptet und einige hundert Schritt entfernt den Bau neuer Nester in Angriff genommen; die meisten waren unthätig versammelt, standen umher und putzten sich oder lagen schlafend auf dem Schnee.

Die Colonie am Roßgletscher, welche am 7. November völlig ausgeräumt worden war, zeigte am 21. Januar, als wir sie wieder besuchten, das Stadium von Decemberanfang. Auch hier fand ich in einem Nest drei Junge, von denen das älteste etwa fünf Wochen, das zweite zwei, das dritte eine Woche zählen mochte. Ich setzte ihrer ein Dutzend in ein Nest hinein, sie lagen geduldig über- und nebeneinander und rührten sich nicht vom Platze. Die Alten lamentirten, sahen sich aber nicht weiter nach ihnen um. Nur eine Mutter stand neben dem Haufen, ihn wie eine Schule beaufsichtigend; allmählich näherte sich ein anderer und beide bissen sich. Von da ab bemühte sich die erste, ein Junges herauszuholen, zog es an den Flügeln, ja nahm mehrere Male das ganze Köpfchen in den Schnabel und hackte zwischendurch ärgerlich nach dem einen oder anderen der Nachbarkinder. Als ich eine halbe Stunde später wieder vorbeikam, war das ganze Nest noch ebenso zusammen.

Bei der Fütterung steckt das Junge seinen Schnabel in den der Alten; diese beugt den Hals und rülpst die Nahrung herauf.

Wir haben mehrere Jungen wochenlang zu Hause gehalten; sie wurden mit Mövenfleisch, Küchenabfällen und im Januar auch mit frischem Fisch gefüttert, stets, indem man die Brocken in den mit der anderen Hand geöffneten Schnabel schob. Bemühungen, allein zu fressen, kamen nicht vor. Wohl lernte ein kleiner Pinguin, wie es schien, seinen Herrn kennen und kletterte, sobald er sich zeigte, auf eine Kiste, wo die Speisung regelmäßig stattfand. Aber alle gingen an Indigestionen zu Grunde; zwei konnten mit besonderer Sorgfalt bis in den Februar erhalten werden.

Ueber die Erziehung in der Kolonie ist nichts Besonderes zu berichten. Sehr ängstlich waren die Jungen stets bestrebt, den Anschluß an ihre respectiven Alten nicht zu verlieren. Entstand durch unsere Einmischung eine Panik in der Gemeinde, so suchte jeder der unbeholfenen Sprößlinge der Mutter durch Dick und Dünn hart an ihrem Rücken nachzustolpern, aber eine Verwirrung der Familienverhältnisse war unvermeidlich und den vertrauensvoll anderweitigen Eltern zuflüchtenden Jungen wurde mit heftigstem Beißen und Zerzausen klar gemacht, daß man die Uebernahme neuer Verpflichtungen entschieden ablehne.

Gegen Mitte Januar waren die Schwanzfedern bereits ausgebildet; an der Seite, bei einigen auch die Rückenmitte herab, zog sich ein weißer Flaumstreifen; auf dem Oberkopf war, während die Mitte noch schwarz blieb, seitwärts in einzelnen weißen Spitzen der spätere Querstreif angedeutet.

Anfang Februar waren bei den Meisten die Reste des Flaums verschwunden.

Noch im März war ein Größenunterschied im Vergleich zu den Alten sehr deutlich erkennbar; das Gefieder zeichnete sich durch einen blanken stahlgrauen Ton auf dem Rücken aus.

Ziemlich gleichzeitig machten die Alten eine allgemeine Mauser durch, die Mitte Januar begann und ungefähr Mitte März beendet war. Mit den losen Federn, besonders auf Kopf und Rücken zerzaust und verwühlt, sahen sie wahrhaft scheußlich aus.

Die unreinlichen, mit Federn bedeckten Brutplätze lagen im März verlassen. Tiefer am Bach im hochstehenden Gras versammelt sich Alt und Jung Nachmittags noch mit gewohnter Pünktlichkeit; doch löste sich von Ende März ab das geschlossene Zusammenleben mehr und mehr auf. Vereinzelte Individuen oder Pärchen traf man noch im Juni auf dem Plateau. (Siehe Abbildung „Stillleben".)

Das „Pinguinriff" war wieder in seine Rechte getreten. Diese dem Norduser der Landzunge vorgelagerte Klippe diente den Winter über als Hauptlandungsplatz und Nachtquartier. Dort war es interessant, den Schwimmkünsten zuzuschauen. Im Bogen tauchen die Pinguine mit dem Oberkörper aus dem Wasser empor und stürzen sich schleunigst wieder in die Tiefe, eine reguläre Wellencurve beschreibend; alle paar Sekunden erscheinen sie und durchmessen die Fluth mit außerordentlicher Geschwindigkeit. Ich habe unsere Gefangenen oft an einer langen Leine schwimmen lassen. Sie streckten die mit der Unterfläche platt nach oben gekehrten Füße gerade zurück und ruderten mit den Flügelstummeln. Wurden sie erschreckt, so schossen sie mit unglaublicher Schnelligkeit und Kraft umher; scharf und wie eine Rakete schnell dahin zuckend schnitt die Leine durch die Oberfläche. Vom Lande flüchten sich die Thiere offenbar nur ungern in das Wasser; sie laufen den Strand entlang vor dem Verfolger her und stürzen sich meist erst vor einem unpassirbaren Terrainhinderniß in die Fluth, um baldigst wieder zu landen. Hierbei habe ich gesehen, daß sie sich mehr als einen Fuß hoch durch die Luft gewaltsam ans Ufer schnellten. Beim ruhigen Landen stützen sie den Schnabel auf und hebeln sich an ihm in die aufrechte Stellung empor.

Alte Pinguine erwiesen sich in der Gefangenschaft, nachdem sich der Reiz der Neuheit abgestumpft hatte, als ziemlich langweilige Geschöpfe; sie wurden so zahm, daß man sie streicheln und krauen durfte, nur gegen den Hund, der gern mit ihnen gespielt hätte, nahmen sie sofort eine sehr herausfordernde Stellung ein, retirirten sich fauchend, bissen wüthend und schlugen heftig flatternd mit den Flügelstummeln, wenn er von seinen Wünschen nicht abstand. In der „Menagerie“ behaupteten unsere Hauspinguine den ersten Rang, sie fühlten sich immer als die Herren der Situation und wiesen vor Allem mit energischem Schnabelangriff die schwarzen Sturmvögel in die gebührliche Entfernung. Die Ungeschicklichkeit bei der Nahrungsaufnahme war nicht zu überwinden. Sie schliefen entweder liegend oder stehend, den Kopf mit zurückgebogenem Hals hinter den herabhängenden Flügelstummel geschoben und das starre Schwänzchen aufgestützt.

Bezüglich der Färbung möchte ich noch bemerken, daß während der Brutzeit auffiel, wie vielfach die einen gelbe oder orangefarbene, die andern mehr rosarothe Füße hatten. Nebenher bestand eine entsprechende Differenz für den Schnabel von reinem Orange bis zu lebhaftem orange getönten Roth. Da sich gleichfarbige Thiere paarten, handelte es sich nicht um ein Geschlechtsmerkmal, dagegen schienen die gelbfüßigen zugleich die kräftigeren zu sein, waren also vielleicht die älteren Individuen.

Tänien habe ich nur bei einem Exemplar gefunden, mehrere vergeblich daraufhin untersucht.

II. Aptenodytes longirostris Scop.

Der große und prächtige Königspinguin brütete nicht auf unserer Landzunge. Erst Ende Mai trafen wir Junge am Nachtigalgletscher und im Juni bei dem Weddellgletscher.

Auf Kerguelen beginnt die Brutzeit Anfang oder Mitte October.

Die vereinzelten Exemplare, welche wir während des Frühlings beobachteten, fanden wir zum Theil in den hochgelegenen Colonien der Eselspinguine; sie hatten also den weiten und beschwerlichen Weg landeinwärts zurückgelegt und sich dort vielleicht zu Gaste geladen, weil sie zu müde gewesen waren, nach Hause zu schwimmen. So traf ich den 20. November inmitten der brütenden Johnnies eine schlafende Königin, den Kopf unter dem linken Flügel. Beim Geschrei der alarmirten Familien erwachte sie und stieß selbst, nach dem Grund der Störung umherblickend, kurze schnarrende Töne aus. Ich ließ sie absichtlich in

Frieden; am 22. November war sie noch da, am 25. dagegen verschwunden.

Der Königspinguin verdient als die stolzeste Erscheinung unter den antarktischen Vögeln seinen Namen. Der Kopf mit dem langen Schnabel ist dunkelschwarz, nur der Unterschnabel in seinen hinteren Zweidritteln gelblich fleischfarben; der Rücken erscheint fein weiß getüpfelt auf braunviolettem Grunde. Wie Atlas schimmert der weiße Unterleib. Die Wange trägt einen orangefarbenen Fleck, wie auch der obere Theil der Brust ein prachtvolles Orange zeigt, das sich nach unten mit ungemein zart getöntem Gelb in das glänzende Weiß des Leibes verliert und nach oben scharf gegen die schwarze, bei erwachsenen Männchen aber metallisch grün schillernde Kehle absetzt.

In natürlicher Stellung beträgt die Größe des Thieres ungefähr ein Meter. Die in Brehm's Thierleben auf einer Tafel dargestellten Königspinguine, darf ich hier bemerken, geben einen falschen Eindruck, weil die Hälse zu lang sind. (Siehe Abbildung.) Diese haben allerdings an den ausgestopften Bälgen eine solche Länge, aber im Leben kommen sie derart nur zur Geltung, wenn die Vögel beunruhigt werden und den Kopf emporrecken, wenn sie ihr Gefieder putzen, schwimmen u. dergl.

Auf der Station tödtete ich die Königspinguine durch Hängen, unterwegs aber kostete es mir, wenn ich allein war, viele Mühe, die starken Geschöpfe durch Umschnüren des Halses und Zusammendrücken der Lungen umzubringen. Es dauerte immer einige Minuten und war ein ermüdendes Geschäft. Sie fliehen, wenn sie einmal begriffen haben, daß man sich ihrer bemächtigen will, ziemlich schnell und nur mit vielem Laufen, Springen und Stolpern sind sie einzuholen. An ihrem Gange kann man sie bei einiger Uebung schon aus weiter Entfernung von den Eselspinguinen unterscheiden, da sie in Folge der größeren Pendelschwingung des Körpers eigenthümlich wackeln. Beim ruhigen Stehen treten sie gern einen Fuß nach einwärts.

Wahrscheinlich brüten sie auch in Süd-Georgien im October und November. Während des Januars sahen wir sie in der Mauser begriffen. Die Jungen scheinen ihr Dunenkleid ungefähr zehn oder elf Monate zu behalten; wenigstens hatte ein kleiner Pinguin, den ich im

November tödtete, wohl eben erst, wie ich im Anhang weiter begründe, die Umwandlung zum Dauergefieder vollzogen, und war ein im Juni gefangenes Junges des Jahrgangs 1882, als es den 1. October starb, noch in weichen Flaum gehüllt. Bei den Alten und zwar beiderlei Geschlechts waren die Brutflecke Anfang Juni noch deutlich.

Nachdem wir bis zum Mai nur versprengte Individuen gesehen hatten, gewannen die Beobachtungen in diesem Monat neues Leben.

Schrader und Will hatten den 14. Mai am Strande des Nachtigalgletschers in Littlehafen einen kleinen Trupp alter Königspinguine und sechs Jungen angetroffen. Ich besuchte die Stelle den 16. und den 20. Mai. Die Jungen standen den Alten nicht allzuviel an Größe nach, sie waren im Vergleich zu ihnen aber dick und fett, und sahen aus wie kleine braune Bären. Die einzige Federbildung war das starre Schwänzchen. Sie erwarteten uns zutraulich, rückten aber, als wir sie erreicht hatten, nahe zusammen und erschienen sehr komisch, wie sie eng geschlossen immer trotzig ein paar Schrittchen seitwärts traten. In der Hoffnung, noch eine größere Ansammlung zu finden, suchte ich mir einen Weg längs der Bucht bis zum Cookgletscher. Dieser fällt mit einer senkrechten Front ab, die nur durch Eisabstürze häufig unterbrochen ist, und zwischen ihr und dem Meere bleibt ein 15—20 Schritt breiter flacher Sandstrand übrig. Am Beginn desselben und den gewölbten Seitenrücken des Gletschers hinauf spazierten einige zwanzig Königspinguine. Ein wundervolles antarktisches Bild! In voller Unbefangenheit umstanden mich eine Anzahl Eselspinguine, die wohl in dem neben dem Eisstrom verlaufenden Thalgrund irgendwo gebrütet hatten, ein Dutzend Kaptauben schwamm nahe dem Ufer spielend oder Nahrung suchend in den Wellen der Dünung, aber die graciösen Sturmvögel und die bescheidenen Johnnies konnten als Staffage in dem herrlichen Küstenpanorama, dessen Hintergrund durch die imposante, vom nahen Pik beherrschte Alpenlandschaft geschlossen wurde, nur wenig wirken neben den Prachtfarben — den einzigen in diesem großartigen Einerlei — der schönen Königsvögel auf dem Gletschereis.

Junge waren, soweit ich blicken konnte, nicht vorhanden.

Auf der Rückkehr steckte ich einen der kleinen Bären vom Nachtigalstrande in den Rucksack und transportirte ihn trotz seines Widerwillens glücklich nach Hause. Es interessirte mich außerordentlich, den einen oder andern jungen Königspinguin in der Gefangenschaft am Leben zu erhalten, die Entwicklung des Federkleides zu beobachten und sie womöglich nach Europa zu bringen.

Ehe ich über den Verlauf berichte, erzähle ich besser erst von der Entdeckung, die unserer drei Wochen später am Weddellgletscher wartete.

Am 6. Juni machten wir eine Bootsfahrt zum Südufer. Am Strande gewahrten wir zwei Königspinguine, über die wir uns sofort herstürzten. Plötzlich höre ich das unverkennbare Geschrei von Jungen, und von einem Grashügel sehen wir Königspinguine soweit das Auge reicht. Es waren vier Gesellschaften, zusammen kaum unter 500 Stück mit etwa 200 Jungen in ihren braunen Kapuzinerröckchen. Die Jungen standen auf einen dichten Haufen aneinandergedrängt; bei unserer Annäherung pfiff der aufgeregte Chorus der Klosterschüler vollkommen natürlich. Sie hatten sämmtlich fast die gleiche Größe von 70 bis 75 Centimeter, einige waren blonder, zumal an den Dunenspitzen heller gefärbt. Die gleichförmig schwarzen Schnäbel erschienen kaum ²/₃ so lang wie die der Alten. Flügelreste ganz kleiner Thiere, die vielleicht Opfer der Raubmöven geworden waren, lagen zerstreut umher.

Das Boot wurde mit Leichen bepackt; die den Pinguinen so willkommen starke Dünung an diesem Strande machte uns große Schwierigkeiten, und auch zwei lebendige Junge, die ich mitnehmen wollte, flogen durch die Luft wie der Feuereimer in der Glocke, hoch im Bogen.

Nun besaß ich drei junge Könige. Da sie getauft werden mußten, erhielten sie die Namen der heiligen Drei aus dem Morgenland. Der älteste hieß Kaspar, von den beiden neuen war Melchior der dickste und relativ umgänglichste, Balthasar der stärkste und ungeberdigste. Der Matrose Wienschläger verfertigte ihnen einen Ledergürtel mit Löchern an der Seite, durch welche er die „Flunken“ durchsteckte, und mit einer Schnürvorrichtung auf dem Rücken. Mit den hinten geschlossenen Korsets waren die Kerlchen an einen Strick befestigt, und dieser lief längs eines niedrigen, nicht mehr gebrauchsfähigen Telegraphendrahtes. Kam ihnen das Gelüste, von dannen zu „ziehen“, legten sie sich einmüthiglich in's Geschirr und strebten, wie die Gäule vor einem festgefahrenen Karren, mit allen Leibeskräften, die Sternwarte umzureißen. Den Kaspar, der sehr glücklich über die ihm gewordene Gesellschaft war, konnte ich ausspannen; er dachte nicht an ein Entfernen. Der Unterschied in der Erziehung fiel sehr auf. Besonders Balthasar biß fürchterlich um sich und schlug heftig mit den Flügeln, sobald man ihn streicheln wollte, Kaspar ließ sich Alles gefallen.

Mit der Fütterung hatte ich meine liebe Mühe. Fische konnte ich ihnen nicht bieten, so mußten sie ihre Verdauung dem Verbrauche von Hartbrod, das ich in Wasser aufkochte und mit etwas Salz versah, und Boiled Beef, unserer einfachsten Fleischconserve, anpassen; später erst erhielten sie passende Küchenabfälle, wie Reis, Carotten 2c.

Die ersten Wochen entwickelten sie einen sehr energischen Oppositionsgeist gegen die neue Lebensweise. Aber was wollten sie machen, wenn ich, auf einer Kiste sitzend, sie zwischen den Beinen eingeklemmt hielt, daß sie die Flügel nicht rühren konnten, und mit der linken Hand den Schnabel öffnend, mit der rechten die Speise bis gegen den Schlund vorschob? Letztere Vorsicht war nothwendig, denn so lange der Bissen noch im Bereich der willkürlichen Mundmuskulatur blieb, wurde er schleunigst durch einen kurzen Stoß nach der Seite weggeschleudert. Allmählich waren jedoch sie sowohl wie ich so an die Prozedur gewöhnt, daß ich sie frei mit einer Hand füttern konnte, wobei jedoch immer noch ein Finger den Schnabel leicht öffnen mußte. Sie hielten ungemein auf Regelmäßigkeit der Mahlzeiten, und wurden äußerst unruhig, wenn ich unpünktlich war, schrieen oder machten die angestrengtesten Versuche, durchzubrennen. Sobald ich mich zeigte, lautes Gepiepe.

Ja, sie hatten mich allmählich sehr gern, mich und den andern Spender des Guten, den blauen Kochtopf. Hinter dem vorgehaltenen Topf spazierten sie wohin ich wollte, geradeaus, zurück, mit beliebigen Wendungen.

Wenn ich Morgens den blauen Topf in ihre Nähe stellte und wegging, versammelten sie sich um das dampfende Gefäß und jammerten. Sie pickten wohl an den Wänden, an dem Henkel, aber nur Kaspar schien zu begreifen, daß der Inhalt die Hauptsache sei und stocherte zuweilen erfolglos in dem Futter herum. Bei Melchior gelang mir noch im September zur Verwunderung der Zuschauer regelmäßig das Experiment, daß er trotz seines Hungers nicht einmal den Versuch machte, ein Stück Brod zu fassen, das ich ihm vorhielt. Er schrie mich intensiv an und schluckte an jedem Finger, den ich an den geöffneten Schnabel legte; erst wenn ich ebenso das Brod bis zur Berührung heranschob, verschwand es hurtig in der Tiefe.

Sie kannten nur den blauen Topf und mich. Fast nur durch die starke Manifestirung des Hungergefühls unterschieden sie sich von Tauben, die, durch den Experimentator des Großhirns beraubt, mitten im Futter verhungern, und doch, wenn man es ihnen in den Schnabel schiebt, beliebige Zeit am Leben bleiben. Jedenfalls wird es verständlich, daß im Spanischen „bobo“ beides bedeutet — Dummkopf und Pinguin.

Untereinander bissen sie sich bei der Fütterung oft energisch, obwohl ich mit strenger Unparteilichkeit abwechselte, und Einer suchte den Andern von meinem Knie wegzudrängen.

Bei schönem Wetter wurden sie, durchaus gegen ihre Wünsche, gebadet. Da sie sich immer so geschwind wie möglich an Land retteten, durfte ich sie ohne Leine und Gürtel frei von einer Klippe in die Brandung schleudern. Nach dem Bade traten sie selbständig den Heimweg nach Malepartus an, das zwar sehr nahe am Strande lag, aber von dort nicht zu sehen war. Auf eine Stunde Zeitverbrauchs kam es ihnen dabei nicht an. Höchst unterhaltend waren die Zurufe, wenn sie auseinander geriethen. Ein lautes schnarrendes rrrrä (breites englisches a in law), das der in Malepartus zuerst Eintreffende zum Besten gab, wurde sofort von unten erwidert, und dieser stets pünktlich vollzogene Austausch setzte sich fort, bis die Nachzügler zwischen den Graskuppen auftauchten.

Kaspar bewies mir unmittelbare Freundschaft. Zuweilen, die Thürschwelle mit gleichen Füßen herabhüpfend, besuchte mich der Dickbauch, drängte sich zwischen meine Knie und blieb. Ich saß sehr niedrig, sodaß er gerade den Kopf auflegen konnte; den Schnabel unter meinen Rock gesteckt, schlief er behaglich, bis ich aufstand, und ich bekenne, daß ich oft um seinetwillen länger sitzen geblieben bin.

Die Dreie brachten die Nacht in Malepartus zu; ich trug sie jeden Abend in eine dort verbarrikadirte Ecke; allmählich erkannten sie den Vorgang an und, wenn ich Einen herbeigeschleppt, folgten die Anderen freiwillig. (Siehe Abbildung.)

Das monotone Leben in einem Umkreis von fünf Schritt Durchmesser schien den körperlichen und geistigen Bedürfnissen der jungen Könige völlig zu genügen. Den ganzen Tag über lagen sie faul auf dem Bauch oder standen philosophisch immer an demselben Fleck des Malepartushügels. Die einzige Abwechselung wurde durch die Toilette ihres dicken Corpus geboten, die gewöhnlich in eine hitzige Befehdung des Lederkorsets auslief. Eingehender befaßten sie sich mit derselben aber nur nach dem Bade; alsdann freilich, wenn sie das triefende Wasser abgeschüttelt hatten, präsentirte sich ihr Aeußeres — statt des lichtbraunen wolligen Pelzes die dunkeln, nassen, verklebten, abstehenden Dunen auf dem prallen Wanst — in einer unsagbaren Schauderhaftigkeit.

Kam nun, die Aufregung zu steigern, der Neufundländer spielend herangetrollt, sodaß sie, in ihre langgereckte steife Renommistenpositur fahrend, Corset an Corset gedrängt, Schrittchen für Schrittchen schief zurücktraten und ihr zornigstes „Herrrr“ heraufkollernd sich gegenseitig rücksichtslos anrannten, dann konnte dieses Schauspiel selbst dem leicht menschenfeindlich gesinnten Zimmermann den Ausruf entlocken: „ärgern muß man sich, aber lachen muß man auch auf das verfluchte Eiland.“

Versetzen wir uns sofort in den tragischen Abschluß, — Kaspar starb den 15. Juni, Balthasar den 20. August; jener war nicht ganz zwei, dieser zwei und einen halben Monat in meiner Pflege gewesen.

Bei beiden waren die Erscheinungen dieselben; sie wurden traurig, verweigerten die Nahrungsaufnahme, legten eine eigenthümlich zärtliche Ergebenheit an den Tag, wenn man sie cajolirte, fraßen fast unablässig Schnee, hatten blutige Stuhlgänge und wurden so elend, daß sie sich nur mühsam auf den Füßen halten konnten. Schließlich lagen sie platt auf dem Bauch, so gut wie todt, und man wußte kaum zu sagen, wann sie es wirklich waren.

Die gewöhnliche Kinderkrankheit, der Darmkatarrh, hatte sie dahingerafft.

Melchior, der jüngste und dümmste, fühlte sich sehr einsam. Ich ließ ihm fast völlige Freiheit, hatte ihn aber zuweilen, wenn ihn Morgens der Hunger plagte, von einer zwecklosen Exkursion zurückzuholen. Er wurde eine Art Hausthier, die Liebkosungen eines Jeden geduldig in Empfang nehmend, im Uebrigen jedoch allzeit sichtbarlich bemüht, mich oder den blauen Topf auszuspüren und deshalb meist zwischen dem Wohnhaus und Malepartus auf der Wanderung begriffen. Wir begrüßten uns in der Frühe immer mit einem lauten gegenseitigen rrrå. Als wir im September abgeholt wurden, brauchte ich mich trotz des allgemeinen Wirrwarrs und Menschengetriebes nicht um ihn zu kümmern, er stand überall mitten darunter, bei den Booten unten oder den Kisten oben, echauffirte sich über nichts und knabberte, wenn ich ihn zu lange warten ließ, zwischendurch an dem Stiefel eines verwunderten Matrosen. Auch ohne Topf und ohne Locktöne kannte er mich aus einer größeren Zahl heraus, kam strammen Schrittes auf mich zu und suchte mir zu folgen, wenn ich davonging.

An Bord Sr. Maj. Schiff Marie ließ Herr Capitän Krokisius für meinen „Sohn", wie Melchior allgemein bei den Offizieren genannt wurde, auf der Campagne einen bequemen Geflügelkäfig befestigen.

Wie andere Kinder schien er trotz starken Seegangs und stürmischen Wetters nicht von der Seekrankheit zu leiden. Unermüdlich stand er aufrecht in dem Kasten, mit dem Oberkörper balancirend, auf dem rollenden oder stampfenden Schiff. Als es heiß wurde, legte er sich häufig, erhob sich aber stets munter, sobald ich ihm pfiff, und antwortete kräftig. Mit der fühlbareren Wärmezunahme wurde er regelmäßig nach vorne gebracht und in die „Waschbalje" gesetzt, oder der „Signalgast" erhielt den Befehl, einige Male die Conservenbüchse, in der das Meerwasser zur Temperaturbestimmung emporgeholt wurde, über den braunen Badegast zu entleeren. Nachmittags durfte er über das ganze Deck spazieren und ergötzte die Mannschaft, wenn er mit seiner unerschütterlichen Gravität bei den einzelnen Gruppen wißbegierig stehen blieb.

Doch auch er fiel dem Darmkatarrh zum Opfer. Acht Tage ungefähr vor unserer Ankunft in Montevideo wurde sein Appetit geringer, am 25. September liefen wir in den Hafen ein, und eine Woche später, nachdem er fast vier Monate nur von dem gelebt, was ich ihm in den Schnabel geschoben, war mein armer Sohn todt.

III. Pygoscelis antarctica Forst.

Von der Weddell'schen Angabe ausgehend, daß außer dem Königspinguin drei Pinguinarten auf Süd-Georgien vorkommen, Esel-, Steinbrech- und Stutzerpinguine, glaube ich die durch einen schwarzen Wangenstreifen ausgezeichnete Form, welche auch auf den Falklandinseln vorkommt, für den Steinbrecher halten zu sollen, obwohl ich von der Gewohnheit, daß er im Zorn auf die Steine hackt, niemals etwas gesehen habe. Daß er aber ein sehr ungestümes und unzugängliches Naturell besitzt, war vielfach zu beobachten.

Das erste Exemplar wurde von Zschau nahe bei der Station den 11. Januar 1883 am Strand gefangen. Es biß, in eine Kiste gesetzt, höchst energisch nach Jedem, der sich ihm näherte. Ganz oberflächlich betrachtet, sah er aus wie eine uncolorirte Ausgabe des Eselspinguins; aber die Verschiedenheiten sind groß. Der schwarze Rücken hat ebenfalls einen bläulichen Stahlton, der Schnabel ist schwarz, schwarz auch der Halsrücken und der obere Theil des Kopfes; von hinten zieht schräg über die Wange und abwärts die Zungengrundgegend weg ein schmales schwarzes Band zur entsprechenden Stelle der anderen Seite. Die Füße und die Schwimmhaut sind livid mit gelblicher Beimischung. Alles Weiß ist atlasglänzend.

Den 18. Februar kam Zschau mit einem jungen Steinbrecher nach Hause. Er hatte ein Pärchen und zwei im Abschluß der Befiederung begriffene Junge am steilen Nordostabfall des Köppenberges gefunden. Es gelang ihm nur, des einen Jungen habhaft zu werden; die Uebrigen stürzten sich angeblich zwölf Meter tief direkt in die See.

Am nächsten Tage machte ich mich auf, die Familie zu besuchen. Nach lange vergeblichem Klettern fand ich die drei auf einem steilen Schneeabhang. Ich stieg Stufen schlagend hinauf, und auch sie stiegen aufwärts oder blieben stehen gerade wie ich. Am oberen Ende des Hanges gelang es mir endlich, die beiden Alten zu erreichen und in eine der zwischen Schnee und Schiefer letzter Zeit entstandenen Unterhöhlungen zu schleudern. Von dort zog ich sie an einer um den Hals geworfenen Schlinge herauf und tödtete sie unter heftiger Gegenwehr durch Erhängen am Eispickel. Das Junge schnitt ich mit vieler Mühe vom Wasser ab, fesselte ihm die Füße und brachte es zu seinem Bruder in die „Menagerie". Es war entsetzlich widerwillig und schlug unausgesetzt mit den Flügeln.

Beide Junge pflegten mit auseinandergestellten Beinen zu stehen wie die alten Landsknechte. Um den Hals trugen sie noch den Flaumkragen, sonst hatten sie, obwohl sie allenthalben noch etwas zerzaust erschienen, ihr fertiges Federkleid. Den einen habe ich abgebalgt, der andere ist entwischt.

Am 3. März fing ich einen Steinbrecher an den Klippen in einer Felsecke; er war in der Mauser. Diese absolvirte er in der Gefangenschaft, welche er, fast ausschließlich mit Mövenfleisch gefüttert, vortrefflich ertrug. Ich tödtete ihn den 9. April.

Noch einmal habe ich am 16. März einen Steinbrecher auf einem jäh abstürzenden Strandfelsen gefunden, den ich nur mit größter Behutsamkeit erklettern konnte. Ich bin sicher, ein Pinguinunkundiger, der den Vogel dort gesehen, würde sich schwer haben ausreden lassen, daß er dahin geflogen sei. Durch seine größere Geschicklichkeit also und sein unendlich lebhafteres Temperament unterscheidet sich der Steinbrecher nicht unwesentlich von unseren Johnnies.

IV. Schopfpinguine.

Bis Anfang März bekamen wir von dem Weddell'schen „macaroni", Stutzerpinguin, nichts zu sehen, und dann, ein Beispiel von der Duplicität der Fälle, drängten sich alle Erfahrungen, die uns über sie zu Theil wurden — außerordentlich geringe leider und diese nicht ohne Mißgeschick — in wenige aufeinander folgende Tage zusammen.

I. Am 6. März 1883 fing Zschau in der Nähe der Station das erste Exemplar mit gelber Haube und braunrothem Eudyptesschnabel, nach Pagenstecher: Eudyptes chrysolophus Brandt. Das Thier war die Gutmüthigkeit selbst; ein Auge war ausgelaufen; wir haben keinen Ton von ihm gehört. Leider war es stark in der Mauser begriffen, doch wegen seiner anscheinenden Krankheit tödtete ich es noch am 7. März, fürchtend, daß es noch mehr Federn verliere und sterbe. (Vergl. Anhang.)

II. Den 9. März 1883 fand ich am Strand der Pinguinsbay den wohlerhaltenen Kopf nebst einem Halswirbel von einem (nach Pagenstecher) Eudyptes diadematus Gould. Während bei I die Haube nur aus charakteristisch gefärbten, aber die Umgebung sehr wenig überragenden Federn bestand, war hier ein echter Schopf aus orangefarbenen Stutzerfedern vorhanden; der kräftige Schnabel zeigte ein klares Braunroth.

III. An den Klippen entdeckte ich den 8. März 1883 das dritte hierher gehörige Thier. Es ließ sich leicht fangen, wobei es in der possirlichsten Weise mit gleichen Füßen weghüpfte. Auch dieser Pinguin war in der Mauser und so zahm, daß man ihn beliebig anfassen und aufheben konnte. Zu meinem großen Leidwesen war er am 28. März verschwunden; der starke Wind hatte in der Nacht die Kiste, welche ihn beherbergte, umgeworfen. Die Mauser war bis auf die Flügelränder und ein Fleckchen am Schnabelgrund absolvirt. Clauß hatte ihn zusammen mit einem Steinbrecher gepflegt, als solle er eine Prämie dafür erhalten, und ihn in den letzten Tagen fast nur mit Fischen gefüttert.

Das Auffallendste an ihm war die Kleinheit, wegen deren wir ihn anfangs scherzhaft den Mauspinguin nannten. Die Größe betrug höchstens 30 Centimeter. Ueber jedem Auge saß, von einem gelben Streifchen ausgehend, ein keckes citronengelbes Büschel, das ihm etwas ungemein Ohreneulenartiges gab. Zwischen den Büscheln hatte der Kopf die Farbe der ganzen Rückseite: ein bläuliches Dunkelgrau. Der Schnabel war rothbraun, die Iris hellroth. Unterseite weiß. Füße schmutzig weißlich-grau. Gegen Abschluß der Mauser veränderte sich sein Charakter. Er wurde ein sehr aufgeregter kleiner Patron, der um sich biß und sich beim Füttern ungeberdig benahm. In einer in unserem Stationsbach eingelassenen Kiste, wo er gebadet wurde, schwamm er flink umher, immer höchst dreist und unbefangen dreinschauend. Sobald es ihm um ein wenig Eile zu thun war, sprang er stets mit gleichen Füßen. Er erinnert mich deshalb an den für Kerguelen beschriebenen Eudyptes saltator, Pinguine, die dort zu Tausenden vorhanden waren, wie die Känguruhs hüpften und von den Matrosen mit dem zutreffenden Namen „rockhoppers“ bezeichnet wurden.

Sturmvögel.

Pelecanoides urinatrix var. Berardi.

Vereinzelte Exemplare dieses kleinen Sturmvogels wurden bei Bootsfahrten das ganze Jahr hindurch auf der Bucht beobachtet. Gegen Mitte November sah man sie häufiger bei spätabendlicher Rückkehr vom Plateau mit ihrem charakteristischen Flatterflug.

Den 24. November 1882 entdeckte ich auf dem Abhang des Krokisiusberges frisch gegrabene Gänge mit niedrigem, knapp 7 Centimeter hohem Eingang. Sie variirten in der Länge bis zum Maximum von 1 Meter, verliefen dicht unter der Oberfläche, sodaß sie leicht mit den Händen bloßzulegen waren, und zeigten sich öfter so stark gekrümmt, daß die Enderweiterung in dichter Nähe des Eingangs lag. Bei einer Anzahl, wo Steine oder Wurzeln ein Hinderniß entgegengesetzt hatten, war die Arbeit aufgegeben.

Ich eröffnete ungefähr ein Dutzend; in zweien fand ich je ein Pärchen in der letzten Ecke eng zusammengeduckt.

Dieser Nesthöhlen gab es, wo der Boden locker war und der Vegetation entbehrte, in großer Menge auf dem Plateau, zumeist wo sich der Kegel des Krokisius abzusetzen begann. Es pflegten ihrer 20—30 nahe bei einander zu liegen.

Dort hatte das Terrain viele flache Abstufungen, und auf deren Rand war es, wo sich die zahlreichsten Eingänge befanden, sodaß dieselben beim ersten Schnee überdeckt wurden. Bei weitem nicht alle waren bewohnt; nach einiger Uebung konnte man dies gut nach den Fußspuren entscheiden; als bequemste Methode jedoch empfahl sich, den Hund zur Hülfe heranzuziehen. Er schnüffelte eiligst ein halbes Dutzend Löcher ab und begann, so bald er die Witterung hatte, wüthend zu scharren; während ich einen Vogel tödtete, mußte ich sehr aufpassen, daß er nicht inzwischen schon einen anderen zerzauste und das Ei zerbrach und ausleckte. Ein paar Raubmöven pflegten die Jagd wachsam zu verfolgen, um sich eines etwa entflatternden Opfers schleunigst zu bemächtigen und dasselbe unter habgierigem Gezeter zu zerreißen.

Die ersten Eier erhielt ich den 8. December 1882. Ich fand stets nur ein Ei und während der Brutzeit stets nur einen Vogel. Bei der Wegnahme ließ derselbe häufig ein kurzes unwilliges Brummen ertönen.

Am Abend des 13. Januar 1883 sahen wir von der Station aus einen schier endlosen Zug von Pelecanoides, mit Oceanites gemischt, zur See hinausziehen.

Um diese Zeit ging das Brüten zu Ende. Die ersten Jungen, winzige grauflaumige Geschöpfe mit geschlossenen Augen, fand ich den 22. Januar. Die Alten ließen sie von Anfang an allein und obwohl ich noch zuweilen Alte in den Nesthöhlen antraf, sah ich sie nie mit einem Jungen zusammen.

Gegen Ende März waren letztere ungefähr ausgewachsen, sie staken in einem mächtigen Flaumballen, aus dem nur der Schnabel hervorsah.

Am 29. März, wo ich das Schuttfeld am Krokisius bei beginnender Nacht passirte, erblickte ich nur noch ein einziges Individuum. Dagegen als wir am 9. April zum Roßgletscher fuhren, strich eine große Menge, als wenn sie sich zu gemeinsamem Ausflug versammelten, niedrig über das Wasser hin. Die Jugend war wohl darunter und machte ihre ersten Exercitien zur Selbständigkeit. Einzelne Vögel ließen sich nieder, schwammen eine Weile und tauchten.

Ein Dutzend ungefähr sahen wir bei einer Bootspartie den 10. Juli.

Procellaria Nereis Gould.

Zwei Exemplare wurden gefunden, das erste am 5. November 1882 auf einem Cap der Landzunge im Grase, das zweite am 12. Januar 1883 am Südhang des Krokisius in einer engen Felsspalte.

Oceanites melanogastra Gould.

Pagenstecher constatirt für unsere Insel nur die Oceanites melanogastra. Ich bin aber nicht gewiß, ob ein Pärchen, das ich abgebalgt, und zu dem gerade das 40 Millimeter lange, 27 Millimeter breite von ihm beschriebene Ei gehörte, wirklich als melanogastra aufzufassen ist. Ich habe von demselben notirt: „Klippenpärchen. Wo der Köppenberg steil zu den Klippen abfällt, entdeckte ich den 20. Januar in einem Felsloch eine Art Mittelding zwischen Nereis und Sturmschwalbe, der ersteren im Habitus und in der Färbung der Unterseite, der letzteren in dem weißen Streifen über dem Schwanzansatz ähnlich. Ein Ei war auch vorhanden. Ich ließ den Vogel in Ruhe, bei öfteren Besuchen keine Veränderung constatirend, und kam den 29. Januar Abends glücklich in einer Zeit an, wo beide Gatten zusammen waren. Ich holte sie sammt dem Ei, das auf dem bloßen Boden lag, aus dem Felsloch hervor. Sie gaben keinen Ton von sich. Das Weibchen war etwas kleiner."

Von der unzweifelhaften Oceanites melanogastra konnte ich nur zweier Pärchen habhaft werden. Das erste fand ich den 30. December Nachts auf dem Plateau; unter einem großen Felsblock lag ein Ei. Die Vögel, deren ich mehrere hörte, verhielten sich genau so wie in der Kerguelen-Zoologie beschrieben ist, und ließen in Intervallen von ungefähr zwei Minuten ihren Ruf ertönen. Das zweite Pärchen brachte Schrader vom Krokisiusabhang mit. Die Schwimmhäute enthielten in der Mitte ein kräftiges Gelb; die allgemeine Färbung, abgesehen von dem weißen Band, war rauchbraun bis schwarz. Rein schwarz: Schwanz oben, Hinterkopf, Schnabel, Lauf, Zehen.

Zweimal sah ich später noch während stürmischen Wetters je ein halbes Dutzend in der Nähe des Ufers höchst elegant mit ausgebreiteten Flügeln so dicht über den Spritzwogen, als ob sie hurtig über dieselben hinwegtrippelten.

Ossifraga gigantea Gm.

Im Anfang ließen uns die Riesensturmvögel ohne Scheu sehr nahe herankommen, aber schon in wenigen Wochen waren sie so mißtrauisch, daß sie sich schleunigst in die Lüfte erhoben, sobald ein Menschenkopf über einem Hügel auftauchte.

Meist fanden sie sich in kleiner Anzahl, ein halbes bis ein ganzes Dutzend, auf den welligen Kuppen und Vorsprüngen des Landzungenplateaus vereinigt; oft ruhten sie mitten im Schnee. Mit erhobenen Flügeln und möglichst lang ausholenden Schritten laufen sie eine große Strecke, ehe sie den nöthigen Ansatz zum Aufflug gewonnen haben; man sieht sie zuweilen noch ein paar Sekunden während des Fliegens hoch in der Luft mit den Beinen laufen. Die Situation ist für sie am günstigsten, wenn sie von einer Hügelkuppe abkommen können. Dem Hunde gelang es, sofern man sie nur bergaufwärts zu hetzen vermochte, im Anfang wenigstens ohne Schwierigkeit, sie zu erreichen.

Nach Hunderten zählte ihre Versammlung bei dem Elephantenschmaus Ende September; es war als ob sich sämmtliche Riesensturmvögel der Landzunge zu Gaste geladen hätten. Der ganze Strand war mit ekelhaft gallertigen, wieder ausgebrochenen Massen überschüttet; mit empor gehaltenen Flügeln watschelten die gierigen Schlinger einher und ergossen unter heftigem Rülpsen schwere Ladungen aus dem Schnabel. Es roch infernalisch aashaft.

Am 8. September fand ich bereits den Nestbau begonnen. In einem Umkreis von 60—75 Centimeter Durchmesser war das Gras beseitigt, der Torf lag bloß, ringsum ausgezupfte Grasbüschel und am Grunde abgebissene Halme.

Bald wurden die Nester bedeutend zahlreicher; oft waren sie alte Graskuppen, 10—20 Centimeter hoch und machten den Eindruck sorgfältiger Bearbeitung; andere, und zwar die meisten erschienen als flach eingedrückte, mit Moosstücken und Halmen überstreute Vertiefungen.

Am 15. September wurde die erste Begattung beobachtet.

Den 2. November fand ich das erste Ei. Zweimal ist es mir vorgekommen, daß in einem Nest zwei Eier von normaler Größe vorhanden waren.

Die Vögel blieben gewöhnlich sitzen, spieen einen Strahl fötider Brühe aus, hackten auch ein wenig um sich, doch war es leicht, das Ei unter ihnen wegzunehmen, wenn man den Schnabel mit dem Stock beschäftigt hielt. Bei wachsender Verfolgung wurden die Thiere jedoch so scheu, daß sie vielfach die Eier preisgaben, und ein systematisches Zeichnen derselben kaum durchzuführen war; man mußte sie aus dem Nest herausnehmen, oder die Raubmöven hatten sich ihrer längst bemächtigt, ehe der erschreckte Brüter zurückgekehrt war. Einige Male habe ich ein sich selbst überlassenes Ei von Halmen überdeckt gefunden; ich entdeckte es mehr zufällig, und die Absicht, wenn man sie voraussetzen darf, es vor feindlichen Augen zu bewahren, wäre beinahe erreicht gewesen. Meistens trifft man nur die eine Hälfte des Elternpaares an, zuweilen aber spaziert auch der andere Theil beim Neste umher.

Im November vermehrte sich die Zahl der brütenden Vögel außerordentlich; überall auf den isolirten Hügeln des Plateaus, mit Vorliebe aber nahe dem zum Meer abfallenden Rande desselben hatten sich in dichter Nähe einige Familien angesiedelt. Aber in das regelrechte Eheleben wurde durch die mit der Conserve des Eierpulvers schlecht zufrieden gestellte Menschheit eine enorme Verwirrung hineingetragen.

Das Ei des Riesensturmvogels hat nicht den strengen Geschmack des Pinguineies und sieht wegen des hellgelben Dotters vertrauenerweckender aus. Am 19. November kehrten zwei unserer Leute mit 55 Stück von einem sonntäglichen Streifzuge heim. Die Folgen sah ich den 21. November. Auf den ersten Caps flog hier und da ein Vogel vom leeren Neste auf, die gewohnte Anzahl fehlte. Dagegen erblickte ich zu meiner Ueberraschung an dem zum großen See der Landzunge absteigenden Schneehang 45 Riesensturmvögel versammelt, als wenn sie sich zur Wanderung hätten rüsten wollen. Den 22. November zählte ich 30 und sah allerorts am Strande vereinzelte sitzen oder zwischen den Klippen schwimmen. Nicht weniger als 55 waren ihrer den 25. November; durch mich aufgescheucht gab mir der dunkle Schwarm ein hübsches Schauspiel, als er in allen Himmelsrichtungen ein großes Laufen über den Schneehang inscenirte — in wenigen Augenblicken war derselbe leer, von den langen Spurenlinien die Kreuz und Quer durchzogen.

Viele, schien es, bauten sich nun an der Spitze der Landzunge an; wenigstens nahm dort die Zahl der Nester auffallend zu. Mit Bestimmtheit habe ich nie konstatiren können, daß in ein einmal beraubtes Nest ein zweites Ei gelegt wurde. Am 20. November nahm ich an einer Stelle, die ich genau kannte, ein Ei fort; den nächsten Tag saß das Pärchen dort in lebhaftem Kosen begriffen. Beide sperrten die Schnäbel weit auf und stießen eine Art kläglichen, durchdringenden Miauens aus, welches für unser Ohr zur Hälfte trostloses Seelenleid, zur andern Hälfte piquirten Eigensinn auszudrücken schien.] Denselben Jammerlaut der Liebe hört man zuweilen auch hoch in der Luft und gleich darauf ertönt ein schwirrendes Vorübersausen mit leicht metallischem Anklang, zuckt ein dunkler Schatten über den Boden hin: überrascht fährt man empor, da gleitet der mächtige Vogel schon fern über den Rücken des Plateaus dem Meere zu. Während sich nun bei jenem Pärchen das Weibchen auf den musikalischen Antheil an dem Duett beschränkte, eröffnete das Männchen eine wundersame pantomimische Vorstellung. Den halb geöffneten Schnabel an die Kehle angezogen und dabei mit den Augen wie bewußtlos aufwärts stierend, verneigte es sich tief nach rechts hin, tief nach links hin; mit blitzschneller Wendung, aber völlig taktgemäß wurde der Kopf von einer Lage in die andere geworfen. Plötzlich stand dann wieder der Hals steil und steif aufrecht, und beide entsandten ein neues herzzerreißendes Miauen dem sehnenden Busen. Auch den 22. November fand ich noch einen Vogel in diesem Nest, vom 25. November ab jedoch war und blieb es unbesetzt.

Im weiteren Verlauf des Brutgeschäftes leisteten die Vögel hartnäckigen Widerstand bei der Wegnahme des Eies. Sie spieen und bissen um sich, strengten sich auch vielleicht vergebens an, von dem Mageninhalt heraufzubefördern. Oft troff ihnen der Schnabel von dem zähen grünen tanghaltigen Auswurf, andere vomirten eine reine flüssige Ladung von wahrhaft aashaftem Gestank und setzten dies auch noch, wenn man das Nest verlassen, einige Augenblicke fort. Mir, doch einem alten Mediziner mit abgehärtetem Geruchssinn, schauderte öfters das Herz im Leibe bei der Expectoration dieser Höllenjauche, die an das Kothbrechen in Folge von Darmverschlingung erinnerte. Um die Besudelung des Eies mit dem Thran zu vermeiden, warf ich gewöhnlich die treuen Hüter mit dem Alpstock aus dem Nest heraus. Nur unter großer Anstrengung arbeiteten sie sich aus der Rückenlage auf die Beine. Am 20. November hatte ich bei einer Exkursion unabsichtlich einen Grasbrand entzündet; derselbe hielt sich durch die ganze Nacht, und wir glaubten auf der Station in der Ferne erleuchtete Fabriken und Bahnhöfe zu sehen; den nächsten Morgen qualmte und rauchte es noch allerwärts, mitten darin aber saß ein Riesensturmvogel auf seinem Ei, während ein Kreis verkohlter Grasbüschel den tapferen Wächter umgab.

Schon den 19. November erhielten wir das erste Junge, welches Will vom Ostabhang des Pirnerberges mitbrachte. Es bestand eigentlich nur aus einem fürchterlichen Schnabel, einem respectabeln Anallöchlein und etwas silberiggrauem Flaum.

Den 20. November fand ich ein angepicktes Ei; ich trug es in der Tasche, wo sich öfter ein kurzes Knurren hören ließ, nach Hause, gegen Abend aber regte sich nichts mehr unter der Schaale.

Allem Anschein nach würde also Ende November unter regelmäßigen Verhältnissen die Brütperiode abschließen. Die Dauer der Bebrütung vermag ich nicht völlig bestimmt anzugeben. Ein am 4. November 1882 einem Pinguin untergelegtes Riesensturmvogelei fand ich am 5. Januar 1883 ausgebrütet, und zwar war das Junge höchstens 4 Tage alt; es hätte demnach nicht unter acht Wochen zur Entwickelung bedurft.

Die kleinen grauweißlichen Sprößlinge benahmen sich so aufgeregt wie die Alten, sperrten den Schnabel auf, fauchten ungeberdig und rutschten ängstlich im Neste rückwärts.

Eine Fütterung habe ich leider nie beobachtet; doch habe ich in dem pestilenzialischem Thran, welchen auch die Jungen spendeten, orangefarbene Crustaceen und einmal blaue Prionfedern bemerkt. Die letzteren traf man ebenso in den Nestern an.

Anfang März waren die Jungen beinahe ausgewachsen, staken aber noch im dichten Flaum. Auf der „Insel", wo sie den unserigen ein wenig voraus zu sein schienen, fanden wir sie den 23. März fast flügge. Nur ausnahmsweise sah man die Alten bei ihnen.

Nach Herbstanfang, wenn regelmäßige Schneefälle einsetzen, sind sie diesen noch völlig exponirt; zusammengekauert und mit weißen Flocken dicht bedeckt, nehmen sich die kleinen wilden Ungethüme in der tristen Winterlandschaft und in ihrer Einsamkeit auf den überschneiten Bergen schier unheimlich aus wie altnordische Zaubervögel.

Die letzten Flaumreste verschwanden erst Mitte Mai. Aber die Jungen kehrten noch lange Zeit zu den Nestern zurück; noch Mitte Juli fand man oft in den alten Kolonien eine Anzahl von dunkel braunschwarzen, offenbar der letzen Generation zugehörigen Individuen.

Die Färbung des Gefieders ist, in kleinen Zügen wenigstens wohl bei ungefähr sämmtlichen Thieren verschieden. Die auffallendste und schönste Erscheinung bietet der weiße Riesensturmvogel, welcher ziemlich selten ist. Er besitzt eine dunkelbraune Iris. Von den zwei Exemplaren, die ich abbalgen konnte, habe ich das erste Anfang October, als dergleichen noch möglich war, mit der Hülfe unseres Hundes lebendig gefangen. Dieser hatte einen kleinen Schwarm von Riesensturmvögeln den Köppenberg hinauf verfolgt, der einzige weiße blieb ruhig sitzen. Wir beide suchten ihn zu ergreifen und es entstand ein allgemeines Durcheinanderpurzeln, doch gelang es mir, einen Flügel festzuhalten, da sich der Vogel in die Wange des Hundes eingebissen hatte und nicht losließ, während dieser jämmerlich heulte und dazwischen verblüfft auf den Schnabel hinunter schielte. Das Thier entwickelte eine Energie, wie niemals einer seiner dunkler gefärbten Genossen. An der Station biß er nach allen Richtungen um sich und zersplitterte ein kräftiges Stück von einem Holzpfosten (vergl. Anhang).

Ob es Zufall war, daß die beiden in meine Hände gelangten Exemplare (der zweite wurde im Juni von Vogel geschossen) Männchen waren lasse ich dahingestellt; der Ansicht indessen, daß der weiße Riesensturmvogel eine Abart sei, muß ich entgegentreten. In der Nähe des großen Sees auf der Landzunge nisteten zwei Pärchen, bei jedem ein weißer Vogel. Der eine derselben hatte eine Gefährtin mit schwärzlichem Hals und Gefieder, der andere eine vorwiegend grau gefärbte. Bei jenen habe ich keine Eier gefunden; so vorsichtig ich sie auch behandelte, haben sie doch schließlich anderswo gebrütet. Dagegen traf ich in einem Nordthal am 10. November zwei eben solche Pärchen, — sehr möglicher Weise dieselben. Der eine saß auf einem Ei und vertheidigte es mit wüthendem Schnabelhacken.

Ich glaube, daß die starken und ungeberdigen Thiere besonders alte Individuen sind.

Vor allem ist auch unzweifelhaft, daß man sämmtliche Zwischenstufen von dem fast schwarzen bis zu dem weißen Riesensturmvogel antrifft, und daß die gleichmäßig dunkelfarbigen durchgehend kleiner sind. Ferner findet man sehr schöne Thiere mit weißem Hals und weißer Oberbrust, die oft eine marmorirte, aber auch, wie die weißen, eine braune Iris haben können. Alle Varietäten der Färburg existiren zu allen Zeiten des Jahres, indessen nach beendeter Brutzeit, December und Januar, war bei einer größeren Zahl eine Umfärbung eingetreten. Man sah ungleich mehr weiße Köpfe und Hälse. Oft war der Kopf rein weiß, der Hals war hinten ein wenig grau, der Obertheil der Brust noch ziemlich weiß, auf den Flügeln dagegen gab es nur eine geringe Anzahl weißer Federn. Niemals erblickte man einen Vogel mit zugleich weißem Obertheil und völlig dunkelbraunem Flügel. Im Juli bemerkte ich ein Thier mit fast weißem Körper, der nur einige schwarze Flecken, doch Flügel mit braunem Außenrande hatte.

Der Riesensturmvogel ist also im Ei weiß, in der Jugend schwarz und im Alter wieder weiß. Pagenstecher knüpft an dieses Verhalten eine Betrachtung über den etwaigen Nutzen eines solchen Farbenwechsels. Der junge Schwan sei in Folge seines graulichen Gefieders auf offenem Wasser und kahlen, moorigen Ufern wenig bemerklich und dadurch vor

Verfolgung geschützt; der erwachsene bedürfe, sobald offenes Wasser die Entfaltung seiner großen Kraft gestatte, eines solchen Schutzes nicht, erfreue sich desselben aber, wenn Eis die Gewässer schwerer regsam mache und Schnee die Ufer decke. Es sei auch nicht leicht, zwischen die Eisschollen Schwäne zu entdecken.

„Ob und wie solches auf den Riesensturmvogel anzuwenden sei, ist freilich recht unklar. Es wäre ja möglich, daß die älteren Vögel weiter in die südlichen Eismeere gingen als die jüngeren oder im Winter ihnen treuer blieben und zwischen dem Eise fischten. Vor welchem Feinde freilich sie sich im Eise oder auf dem Schnee zu schützen hätten, sehen wir nicht recht. Die in jenen Gegenden die Raubvögel vertretende Raubmöve wagt sich wohl an junge, aber schwerlich an alte Riesensturmvögel. Immerhin möchte man das rußschwarze Jugendkleid zwischen weißem Kleide im Ei und weißem Kleide im Alter als eine sekundäre nützliche Erwerbung betrachten."

Für den Bereich meiner Erfahrung würde ich diesen Nutzen schon verstehen. Die Raubmöve kommt kaum in Betracht; ich habe von ihrer Seite nichts bemerkt, was hierher gehörte, habe aber immer die jungen Riesensturmvögel sich selbst überlassen gesehen. Thatsächlich also ließen die zahlreichen Raubmöven die Jungen in Ruhe, und konnten ihnen wahrscheinlich auch nichts anhaben, da sich dieselben schon sehr scharf zu vertheidigen wußten.

Aber der Schnee selbst könnte als der Feind der heranwachsenden Nestlinge gelten. Sie erhalten, so früh die Brutzeit auch fällt, ihr Federkleid erst, wie ich oben angeführt, wenn die Schneestürme des Herbstes einsetzen, und damit viele der wichtigsten Terrainunterschiede unter der weißen Polarhülle verschwinden. Alsdann ist gewiß ein dunkles Kleid für die hungernden Jungen, weil sie besser von den Nahrung bringenden Eltern aufgefunden werden können, von großem Nutzen, und, je arctischer die Landschaft weiterhin zum Süden wird, um so entschiedener dürfte sich dieser Vortheil bewähren. Allmählich mag sich darauf von Jahr zu Jahr die natürliche Neigung zum helleren Gefieder wieder geltend machen. Aber nur wenige werden so alt, daß diese ursprüngliche Veranlagung völlig zu ihrem Rechte kommt; daher sind die weißen Riesensturmvögel die selteneren, wie sie eben wegen ihres Alters die stärkeren und wegen ihrer Erfahrung die wilderen sind.

Pagodroma nivea (Novegeorgica?)

Dieser rein weiße schwarzgeschnäbelte Sturmvogel mit exquisitem Seidenglanz, ein merkwürdiges und außerordentlich hübsches Thierchen, war noch während der Anwesenheit von Sr. Maj. Schiff Moltke beobachtet und damals „Schneehuhn" genannt worden. Wohl hatte ich mich oft gewundert, daß die Chionis, wie wir zuweilen bemerkt zu haben glaubten, auf dem Gipfel des Krokisiusberges umherfliege, aber erst den 25. December 1882 wurde dieser Irrthum, der nur auf weite Distanz hin vorkommen konnte, aufgeklärt.

Jener 470 Meter hohe Gipfel gleicht einem vor Alters zerstörten und längst zerfallenen Kastell; in allen denkbaren Bildungen von Zinnen, Wänden, Thürmen und Einsturz jeder Art sind die Schiefertrümmer zusammengehäuft; die barocken Formen bieten eine Fülle von Schlupfwinkeln und Gängen. Hier nisteten die Schneesturmvögel.

In niedrigen, einige Fuß tiefen Spalten, wo sie meist nur mit mühsamer Arbeit zu erreichen waren, und dann vielleicht durch ein Loch am anderen Ende entwischten, bebrüteten sie auf dem bloßen Boden ein weißes Ei. Mehrfach fanden sich alte gefrorene Eier, die beim Anfassen zerbrachen.

Ich traf einige Pärchen vereinigt, das Männchen etwas größer und kräftiger als das Weibchen. Sie spieen reichlich orangegelben Thran aus, mit dem sich das Gefieder besudelte. Durch eine Art Gurren, das an die Laute von Prion turtur erinnerte, verriethen sie ihren Aufenthalt. Ihre Anzahl konnte nur gering sein; es gelang mir nicht ohne Mühe, fünf zu erbeuten. An einer steilen Felswand, die mehrere Pärchen zu beherbergen schien, konnte ich ihnen nicht beikommen. Circa 50 Meter unter dem Gipfel gab es keine mehr.

Im Januar und Februar war ich sehr beschäftigt, den 23. Februar stieg ich zu kurzem Besuch auf den Berg, fand aber leider keine der mich persönlich ungemein interessirenden Vögel vor. Ende Februar erlitt ich eine Verletzung der rechten Hand, so wollte es das Mißgeschick, daß ich erst in der zweiten Märzhälfte wieder auf den Krokisius kam. Nicht eine Feder! Auch auf dem höheren Brocken, an dessen Grat wir die Vögel ebenfalls hatten fliegen sehen, war ich nicht glücklicher trotz vielen Suchens. So habe ich mit den Jungen, deren wahrscheinlich auch nur sehr wenige vorhanden gewesen, keine Bekanntschaft gemacht.

Anfang Juli zeigten sich die Schneesturmvögel bei stürmischem Wetter (merkwürdiger Weise stets bei Ostwind) wieder am Strande und beim Nachlaß des Windes verschwanden sie wieder. Einige Exemplare wurden auch bei einer Bootsfahrt zum Roßgletscher in der Bucht gesehen. Den 4. Juli gelang es mir, vier zu schießen.

Sie flogen in gleichmäßig schönem Auf und Nieder den Strand entlang den Wellen so nahe, daß sie der Gischt bespritzte. Es war der echte mühelose Sturmvogelflug, man sollte meinen ohne Bewegung der Schwingen, ob auch die Richtung sich änderte. Sie ließen sich am Ufer nieder, von dem Menschen, den sie absolut ignorirten, nur wenige Schritt entfernt. Einer drückte und rieb sich emsig mit den Flügeln zwischen den überschneiten Grashügeln, als ob er sich trocknen wolle. Drei erlegte ich, als sie sich, um meine Annäherung unbekümmert, über den Resten einer todten Ente stritten. Bei zweien von ihnen fand ich im Magen Theile der Baucheingeweide und Federn des Kampfobjects.

Die Bewegung am Lande geschieht entweder mit anliegenden Flügeln, unbehülflich, geduckt, oder mit emporgehaltenen ausgebreiteten Schwingen und dann ziemlich behend, wie vom Winde getragen.

Daption capense L.

Von den Kaptauben ist leider wenig zu berichten. Sie fehlten zu keiner Jahreszeit; an der Station aber erschienen sie nur bei stürmischem Wetter. Nachdem uns auf der ersten Bootsfahrt den 7. November drei begegnet waren, sahen wir bei späteren Parthien lange Zeit nur vereinzelte Exemplare, so 5 oder 6 den 9. April am Roßgletscher.

Im Mai erhielt ich eine Kaptaube mit deutlichem Brutfleck.

Den 20. Mai beobachtete ich 10—12 am Cookgletscher. Daß sie die Gletscherumgebung lieben, scheint mir gewiß und dort in der Nähe haben sie vielleicht auch in Süd-Georgien gebrütet.

Am 10. Juli trafen wir am Roßgletscher 12—15 in munterem Treiben. Vor dem steilen Felsen der großen Pirnerhuck flog ein halbes Dutzend in graciösem Spiel. Nachdem ich lange aufmerksam zugeschaut, bemerkte ich, daß eine derselben sich an der Wand niederließ und unter einem überhängenden Grasbüschel verschwand. Nur dieses eine Mal habe ich gesehen, daß sich eine Kaptaube am Lande gesetzt hatte.

Am 17. August hat Clauß ein einzelnes Exemplar oben auf dem Brocken bemerkt.

Majaqueus aequinoctialis L.

Am 16. October 1882 entdeckte ich die schwarzen Sturmvögel in großer Anzahl auf dem Köppenberg; sie waren wie der Albatroß mit dem Weststurm des vorhergehenden Tages angelangt. Unruhig liefen sie zwischen den Graskuppen umher, die Eingänge der Nesthöhlen suchend; unter den überhängenden Halmen waren sie völlig verborgen, kaum daß die schwarzen Köpfe an manchen Stellen hervorlugten. Sie machten nicht nur einen äußerst naiven, sondern auch sehr müden Eindruck.

Andere, die ich am 17. October auf der Landzunge beobachtete, erschienen nicht minder abgemattet und unbeholfen. Aber mit den Strapazen ihrer Hochzeitsreise wollten sie auch sofort deren Freuden erschöpfen.

Schon paarten sie sich; überall hörte man ein lautes Gezirpe und in dem allgemeinen Stimmengewirr hatte man Mühe, die einzelnen Thiere zu entdecken. Ihrer drei saßen an einer Ecke zusammen: zwei, anscheinend streitende Männchen, platt auf den Boden niedergeduckt und den aufgeblasenen Hals lang vorstreckend, zwitscherten sich mit möglichst weit aufgerissenen Schnäbeln in sehr aufgeregten Tönen an. Schloß dann eines den Schnabel, folgten noch ein paar tiefere brummende Laute.

Die schwarzen Sturmvögel, welche kurze Zeit vorher noch die Eingänge zu ihren Wohnungen verschneit gefunden hätten, waren genau mit dem Einzug des Frühlings eingetroffen. Und sie trugen nicht wenig zur charakteristischen Belebung desselben bei. Am frühen Morgen und an schönen Spätnachmittagen kreisten sie zahlreich hoch über dem Köppenberg. Stundenlang flogen sie dort, mit ihren größeren Stammverwandten denselben kleinen Bereich innehaltend. Wann schliefen sie nur? Nachts doch nicht, wo sie uns ja fast daran verhinderten. In klaren Novembernächten durfte sich, was das unaufhörliche Lärmen anlangte, Dank ihren Leistungen die antarctische Scene getrost mit einem mäßig animirten Tropenconcert vergleichen lassen. Eine Art schrillen schwirrenden Wetzens, pausenlos, zuweilen höchstens stärker anschwellend, in seiner Monotonie nur durch die Gurrlaute der blauen Sturmvögel unterbrochen, hielt unausgesetzt an, solange es dunkel war.

Unser Hund lief und sprang ganz verwirrt auf dem Köppenberg durch das Gras, überall zirpte es und pfiff es, aber man konnte die Urheber nicht fassen; es schien ein verzauberter Berg. Derselbe war auf seinen grünen Abhängen in der That so gut wie unterminirt.

Die Nesthöhlen hatten 25—35 Centimeter hohe Eingänge, die nicht immer im Grase verborgen waren, sondern sich zuweilen mit einem kleinen Vorhof bloßliegender Erde dem Blick frei darboten.

Ungefähr 80 Centimeter lief der Gang horizontal in das Innere, am Ende fand sich, gewöhnlich von der Richtung abgebogen, eine Erweiterung. Dort lag eine nestartige Anhäufung von Graswurzelfasern und Halmen; die Wandung war vollkommen glatt und oft schleimartig feucht, wie ausgeschmiert.

Ende November gab es noch keine Eier, aber immer noch wurde Gras frisch abgezupft. Entweder muß das Erdreich, meist steinhart in der Tiefe, in Form eines Schachtes über der Höhle ausgeräumt oder der Anfang des Ganges so weit zerstört werden, daß die Hände das Nest erreichen können. Hier begegnen sie aber einem unliebsamen Empfang seitens des schreienden und beißenden Vogels. Ich schützte mich gewöhnlich mit einem Tuche und holte den Bewohner am Bein oder Flügel ins Freie. Statt daß er aber draußen ängstlich entwischt wäre, versuchte er meist sofort über jedes Hinderniß weg wieder in das Innere zurückzugelangen. Er pickte an dem Stiefel oder dem Eispickel, und ließ man ihn vorbei, wühlte er mit dem Schnabel auf dem Grund der zerstörten Höhle. Einige habe ich auch, da die Mühe groß war, mit brennendem Gras ausgeräuchert; die Vögel kamen hervor, pusteten, entfernten sich ein paar Schritt und kehrten dann sofort in das Loch zurück. Ihre Augen erscheinen leicht trüb und blöde.

Ausnahmsweise nur findet man das Pärchen vereinigt, wie im Allgemeinen die übrigen Sturmvögel, wechseln auch sie im Brüten ab.

Erst den 9. December erhielt ich die ersten Eier. Sie waren rein weiß; vier derselben maßen 8.6 : 5.5, 8.5 : 5.2, 8.1 : 5.4, 8.1 : 5.3 Millimeter.

Am 15. Januar 1883 fand ich ein angepicktes Ei, den 1. Februar ein vielleicht 3 Tage altes Junge. Die schwarzen ruppigen Geschöpfe sehen aus wie die Teufelchen in der Attrapendose.

Das Gros der Alten verschwand im März. Vereinzelte Vögel, gewöhnlich aber Junge, welche die Nester noch besuchten, wurden bis Mitte April geschossen. Im Magen hatten sie Gräten und Fischwirbel.

In der „Menagerie" spielten die schwarzen Sturmvögel eine so traurige Rolle, daß man sie bald entließ. Der Pinguin mißhandelte sie, die Raubmöve jagte die Unbeholfenen in die letzte Ecke, wo sie sich kläglich niederduckten.

Ein weißer Kinnfleck, über dessen Werth für die Klassifikation man streitet, war nur bei der Minderzahl nicht vorhanden, oder auf ein paar weiße Federchen beschränkt.

Prion turtur Smith.

Die Skeletttheile und die bläulichen Federn des Taubensturmvogels, die allenthalben zerstreut lagen, wo Raubmöven genistet oder gejagt hatten, waren uns längst bekannt, Mitte October dann wurde ein todtes Exemplar gefunden, in der zweiten Novemberwoche ferner hatten wir sie öfter schon des Nachts gehört, wenn sich ihr Gurren mit dem Wetzen des schwarzen Sturmvogels mischte, endlich den 14. November grub ich, jenen Ton auch am Tage vernehmend, die ersten Pärchen aus.

Beide Gatten saßen in der Nesthöhle und behüteten ein weißes leicht zerbrechliches Ei.

Die Thierchen, mit dem lichtschieferblauen Gefieder und ebenso gefärbten Schnabel, mit rauchbräunlichen Deckfedern und hellgelber Schwimmhaut, waren allerliebst und in ihrem Habitus durchaus taubenähnlich.

Es war wohl, wenigstens in unserem Territorium, der gemeinste Vogel. Auf Kerguelen müssen sie den Berichten nach allerdings noch häufiger sein. Dem dort gemachten Vorschlage folgend, zu zählen, wie viele alle fünf Minuten nur die Mondscheibe passirten, würde bei uns ein sehr geringes Ergebniß geliefert haben, allein ohne Zweifel schwärmten sie schaarenweise durch die Nacht und flogen häufig — eine andere noch ungenügendere Schätzungsmethode — gegen unsere Telegraphendrähte an; sie streiften dicht am Menschen vorüber, und einer fuhr mir einstmals mit solcher Vehemenz in das Gesicht, daß ich ein helles Feuerwerk vor Augen sah.

Am Tage waren sie im Nest oder einer der Gatten draußen auf dem Meer. Bei keinem der anderen Sturmvögel aber fand man — sie hatten auch die Treue der Tauben — die Pärchen während der Brutzeit so häufig am Tage vereinigt. War es windstill, so hörte man deutlich ihre nur durch kurze Pausen unterbrochene Unterhaltung. Am Ende einer langen Felsspalte ein Pärchen sitzen sehend, betheiligte ich mich einmal an derselben; die Brütende antwortete mir sehr pünktlich mit tiefem, sonoren Ton, wobei sie den Schnabel geschlossen hielt. Es ist eine Art brummenden Gurrens in einförmig jambischem Rythmus, rr-ró, rr-ró, rr-ró, aus dem Boden gedämpft hervordringend nicht unähnlich der gleichmäßigen Eisenbahnmelodie, die das Einschlafen so sehr erleichtert.

Sie nisteten entweder in einem natürlichen Versteck zwischen dem Gestein, meist am Grunde größerer Blöcke, oder in künstlich ausgegrabenen Höhlen, die aber so massenhaft vorhanden waren, daß sie wohl nur in Stand gesetzt zu werden brauchten. Sie fanden sich über das ganze Plateau verbreitet, am zahlreichsten jedoch an auf den dicht überwachsenen Hügeln. Eine 10—12 Centimeter breite, 5—6 Centimeter hohe Oeffnung führt in einen 60—70 Centimeter langen Gang, der alsdann umzubiegen und nach anderen 30—40 Centimeter in einer kleineren Erweiterung zu enden pflegt. So ist die Regel, aber der Bau paßt sich dem Terrain an. Oft trifft man mehrere Eingänge zu derselben Höhle, sodaß der Vogel, wenn man an dem einen vordrang, durch einen anderen entkam. Einige Wurzelfasern und ein paar Federchen sind in der Erweitung verstreut, oder aber das Ei liegt auf dem bloßen Boden.

Es war stets nur ein weißes Ei vorhanden mit folgenden Maßverhältnissen: 4.8 : 4.0, 4.9 : 3.9, 4.4 : 3.2, 4.9 : 3.7, 4.8 : 3.7.

Die ersten Jungen wurden Ende Januar gefunden. Anfang März zeigten sich die ersten Schwungfedern. Doch schon Ende Februar schwiegen die Stimmen der Nacht. Die Jungen verschwanden Ende März.

Wir haben mehrere Pärchen in Gefangenschaft gehalten. Tagüber waren sie sehr zärtlich untereinander und liebkosten sich an Kopf und Hals. Nachts wurden sie unruhig, polterten laut in den Kistchen, in denen sie saßen, und suchten sich durch das Holzgitter durchzuzwängen. Sie fraßen etwas zerkleinertes Fleisch, badeten sich, starben aber stets in kurzer Zeit.

Sie selber bilden eine Hauptnahrung der Raubmöven und Riesensturmvögel.

Auf der Heimfahrt trafen wir sie in großen Schwärmen.

Diomedea Fuliginosa Gm.

Am Abend des 13. October setzte eine lebhafte Westsüdwestbrise ein, die sich am folgenden Tag zu stark stürmischem Wetter, Abends Windstärke 8—10, und anhaltendem Schneetreiben steigerte. Den 16. October wurde es ruhig. Mit diesem Westsüdweststurm vom 15. October erschienen die schwarzen Sturmvögel und die rauchbraunen Albatrosse.

Am Nachmittag des 16. October hörte ich auf den Südklippen des Köppenberges einen eigenthümlichen hellen Klagelaut. Oben an einem steilen Felsen unter einem überhängenden Block fand ich ein kosendes

Pärchen prächtig gefiederter Albatrosse. Die Beiden kümmerten sich nicht um meine neugierige Nachbarschaft. Der eine kraute den andern am Halse und dieser stiess in Pausen von wenigen Minuten, indem er den Kopf emporreckte, den Schnabel aber geschlossen hielt, jenen schrillen langgezogenen Wehruf aus. Wundervoll stuft sich das Schwarz des Kopfes und sammetweich zu dem helleren Halsrücken ab. Ein weisser Ring umgiebt $^3/_4$ der Peripherie des Auges, und die Iris leuchtet purpurroth. Am meisten fällt aber die, man kann nur sagen edle Haltung des vorne brachycephalisch hohen Kopfes auf, sodass man sich unwillkürlich fragen möchte, wie der lange schwarzpolirte Schnabel in dieses Gesicht kommt. Als dann einer der Vögel aufflog, erkannte ich zu meinem Erstaunen, dass es dieselbe Albatrossart sei, welche in der zweiten Hälfte der Moltkefahrt, uns so grenzenlos ignorirend, in ihrer holzgeschnitzten Unförmlichkeit das Schiff begleitet hatten.

Denselben Nachmittag bemerkten wir noch zwei andere Pärchen an der senkrechten Nordostwand des Köppenberges. Dort sassen an unzugänglichen Stellen die beiden Weibchen, und die Männchen umflogen in grossen Kreisen den Berg; jedesmal, wenn sie bei der Gattin vorüberschwebten, liess diese ihren Ruf ertönen.

Wenn man, über das grasbedeckte Hügelplateau wandernd, den Nordrand unserer Landzunge erreicht, findet man dort scharfe pittoreske Einschnitte in die steilen Uferfelsen; unten hat die Brandung vielleicht ein paar Fuss Flachstrand angesetzt, über den sie aber bei Fluth hinaufschlägt. Eine lebhafte Brise weht, fernhin erscheint das Meer wie ein Band gleichmässig breiten Gischtes und über die näheren Klippen schüttet es seine Wogen in schäumenden Cascaden. In solchen Einschnitten und bei solchem Wetter trifft man mit Sicherheit ein paar Albatrosse; unter dem Beobachter durchgleiten sie die Luft herüber, hinüber, hinauf, hinunter, in unübertrefflicher Gewandtheit und Sicherheit und stundenlang in unendlicher Monotonie; die Beine und die Schwimmhäute halten sie scharf gespreizt; der Vogel scheint, in sich bewegungslos, wie von einer unsichtbaren äussern Kraft gelenkt zu werden und nur selten zu einer Wendung des Flügelschlags zu bedürfen.

Es mag auf unserer Landzunge ungefähr ein Dutzend Albatroßnester gegeben haben. Die Lokalität ist fast immer dieselbe.

Etwa 40—50 Meter über dem Meer, wo sich an der steilen Wand vielleicht etliche Gesteinsmassen losgelöst haben, sodaß unter einem Schutzdach ein Stückchen ebenen Raumes gewährt ist, finden sich niedrige, abgestumpfte Erdkegel; die Wandung ist lehmig glatt, die flache obere Aushöhlung mit einigen Halmen gefüttert, das Gras ringsum abgebissen. Alte Nester werden wieder neu benutzt. Maaße eines besonders schönen: Höhe 22 Centimeter, größter Umfang 136 Centimeter, Aushöhlung innerer Durchmesser 32 Centimeter, größerer einschließlich des Randes 40 Centimeter. (Siehe Abbildung.)

Das am 15. October bezogene Nest enthielt am 1. November ein Ei; nur der brütende Vogel war anwesend; er biß in meinen ihm vorgehaltenen Rock und blieb richtig sitzen, als ich das Ei sacht unter ihm wegnahm. Das reinweiße Ei wog 263 Gramm, das Eiweiß 115 Gramm, der hellgelbe Dotter 137 Gramm. Abends sah ich das Pärchen noch zusammen schnäbeln, sie flogen dann auf und kehrten nicht mehr zurück. In geringer Entfernung von der Stelle bemerkten wir aber bald ein neues brütendes Pärchen, welches vielleicht nur das alte an einem neuen Orte war.

Trotz mannigfachen Kletterns und Suchens fand ich nur noch ein zweites Ei, den 22. November, welches länger bebrütet und mit braunem Schmutz bedeckt war. Auch hier sträubte sich die Mutter nur wenig. Der Albatroß hat einen sanfteren Charakter als der Riesensturmvogel; ich habe bei Gelegenheit an einem leeren Nest den großen Vogel eine Weile ruhig in den Schooß nehmen können.

Am 11. Januar 1883 fand ich bei meinen Alten das erste Junge, höchstens 3—4 Tage alt; im Nest lagen noch Schalenreste.

Den 17. Januar fing ich einen lebenden Albatroß nebst seinem Jungen und brachte sie heim. Leider erstickte der Alte im Rucksack; aus dem Schnabel liefen halb verdaute Krebsmassen. Das Junge, welches ich mit gekochtem Reiß fütterte, starb bereits am zweiten Tage.

Ein drittes Junge, dessen Nest ich in Beobachtung hielt, erschien Anfang März von der Größe etwa einer kleinen Gans. Am 18. März hatte ich die Alten noch an dem Felsen gesehen und mit den dort grasenden Ziegen um die Wette schreien gehört. Als ich aber den 20. März nur den Kleinen holen wollte, war das Nest ausgeflogen.

Im April sah man nur noch vereinzelte Exemplare, und so auch noch während der folgenden Monate bis einschließlich Juli. Mitte Juli wurde ein junger Vogel im Whalerthal todt auf dem Schnee gefunden, doch war derselbe schon völlig ausgetrocknet.

Diomedea melanophrys Temm.

Auf einer Bootspartie zur Insel sahen wir den 23. März 1883 in der äußeren Bucht zwei große weiße Albatrosse, die in der Nähe des Tangs schwammen und uns ziemlich nahe herankommen ließen. Zwei wurden geschossen.

Möven.

Megalestris antarcticus Less.

Die braunen Raubmöven trafen wir in geringer Anzahl bereits bei unserer Ankunft Ende August. Nach dem 15. October nahmen sie bedeutend an Menge zu. Die Brutzeit fällt in November und December. Aber die Raubmöven blieben bis zum Winter; von Ende Juni ab waren sie plötzlich verschwunden. Nur am 4. September, den Tag vor unserer Abfahrt, erschien zum ersten Mal wieder ein vereinzeltes Exemplar.

Wahrscheinlich lag die Ursache ihres Wegziehens in dem mit dem Winter eintretenden Nahrungsmangel auf dem Lande. Schon von April ab fehlt ihre hauptsächlichste Beute, der Taubensturmvogel.

Die Raubmöve fand sich allerorts. Ende October sahen wir sie mehrere Stunden landeinwärts in der todten Schneeöde des Picthals, im Februar begrüßte sie uns als einzig lebendes Wesen auf der Höhe des Roßgletschers.

Einige Paare traf man immer in der Nähe der Pinguinkolonien, eine größere Anzahl von 20—30 Stück an den kleinen Seen und an der Bachmündung im Whalerthal, wo die kleinen Sturmvögel sehr häufig waren. Der ausgesprochene Lieblingsplatz der Einzelnen sind die höheren grasbedeckten aus der Ebene oder gegen den Strand hin vorspringenden Felsblöcke.

Ihre Zanksucht wird nur von ihrer Zudringlichkeit übertroffen und Beides macht sie zu unangenehmen Gästen. Jedes Beutestück suchen sie einander mit der größten Beharrlichkeit abzujagen. Es ist kein seltener Anblick, zwei ein gellendes Gezeter ausstoßende Thiere, den Hals zurückgebogen, die Schnäbel aufgerissen und die langen spitzen Flügel, deren weiße Streifung dann sehr schön zur Geltung kommt, nach hinten emporgerichtet, beide in gleicher Haltung und in gleichem Zorn sich eine Weile gegenüberstehen zu sehen. Nur dem Riesensturmvogel weichen sie respektvoll.

Gegen die Paarungszeit hin schwebten sie, mich mit ihren schwarzen Krähenaugen fixirend, öfters gerade über mir und senkten sich lautlos so dicht auf mich herab, daß ich unwillkürlich mit dem Bergstock zuschlug. Auch unsern Hund reizten sie, auf diese Art auf- und niedersteigend, zuweilen zu den possirlichsten Versuchen, sie in die Lüfte zu verfolgen.

Die ersten Eier fanden wir den 20. November, die ersten Jungen Ende December.

Die Nester, flache mit Grashalmen belegte Gruben, sind meist am Strand dicht oberhalb des Gerölls im Gras versteckt, nicht wenige auch auf dem Plateau in der Nähe der Pinguinkolonien anzutreffen. Sie enthalten zwei olivengrünliche Eier mit braunen Flecken.

Die Jungen sind braun; Schnabel und Füße schwarz. Anfang März waren sie fast ausgewachsen; ihr neues Gefieder zeichnete sich durch einen schönen Bronzeglanz aus.

Das Aufsuchen der Nester hat uns — und zwar gewiß, da sich dabei eine intensive Elternliebe der Raubmöven als schönster Zug in ihrem Charakter bethätigt, mit Unrecht — großes Vergnügen bereitet, weil es durchaus an das Kinderspiel „stille Musik" oder „kalt und warm" erinnert. Die Alten fliegen aufgeregt umher und schwirren, je näher man der Stelle kommt, desto heftiger und dichter über dem Kopf vorüber, wobei sie häufig wüthend schreien. Sobald sie Junge haben, verrathen sie sich noch auffallender, — sie attaquiren geradezu, sausen gegen den hochgehaltenen Bergstock, unter dessen Schutz man bequem Umschau halten kann, flattern laut gluckend und bellend über dem Feinde und treffen in der Hitze wohl auch Gatte gegen Gatte mit den Flügeln aneinander. Das charakteristische kollernde Bellen hört man nur in der Brutzeit.

Die Jungen liegen im Neste, ohne sich zu rühren, beißen aber, wenn man sie aufnimmt, strampeln und arbeiten sich, in einen Sack oder ein Tuch gesteckt, geschickt daraus hervor. Wir zogen eines in der „Menagerie" auf; im Gegensatz zu den zahmen Dominikanern blieb es immer feindlich gesinnt und sah in seiner scheuen Ruppigkeit unter den Uebrigen wie ein Pariah aus.

Die Hauptnahrung der Raubmöven bilden der Taubensturmvogel und Pelecanoides. Vor allem ist jener ihre sichere Beute. Die Umgebung ihrer Nester ist mit den bläulichen Federn und Flügeln dicht überstreut; dieselben Ueberreste finden sich zahlreich vor den Eingängen der Nesthöhlen, deren Bewohner ihnen beim Verlassen des Baues zum Opfer gefallen sind. Einer halberwachsenen Raubmöve warf ich einmal eine todte Pelecanoides zu: sie zerrte an derselben herum, als eine große herbeigeflogen kam und den ganzen Bissen hinunterschluckte, sodaß sich beim Würgen die Halsfedern sträubten.

Gab man einem Taubensturmvogel die Freiheit, wurde er meist im Fluge von den Raubmöven erhascht; gelang es ihm, in's Wasser zu entkommen, kostete es indessen oft viele vergebliche Versuche, bis sie herabstoßend seiner habhaft wurden.

Diese Ungeschicklichkeit erklärt auch allein, daß der kleine Pieper sich auf Süd-Georgien erhalten konnte.

Durch den Sturm an Land geworfene Fische boten einen besonderen Leckerbissen; über einen halben Fuß groß, wurden sie im Eifer des Gefechtes noch vollständig verschluckt.

In den Pinguinkolonien fanden sich stets einige Raubmöven, welche mit wunderbarer Geduld ihre Zeit abwarteten. Wenn ich ein paar Mütter von den Nestern aufgestört hatte, stießen sie in wahrhaft unverschämter Weise dicht neben mir herab und stiegen mit dem großen Ei im Schnabel wieder empor, es zu einem sichern Orte entführend. Die Pinguine jammerten gen Himmel, duldeten aber auch, daß ihre Feinde mitten zwischen ihren Nestern spazieren gingen und selbst dort ein augenblicklich freiliegendes Ei aufhackten. Ebenso wurden Pinguinjunge der ersten Woche vereinzelt von der Seite der Alten weggerissen.

Ich wollte sehen, ob die Raubmöven auch unbeschützte Junge ihres eigenen Geschlechtes nicht verschmähen und setzte ein solches dem Gesindel aus. Bald kam eine aus der Schaar herbei, blickte das braune Geschöpfchen neugierig an und blieb eine Viertelminute unschlüssig stehen; da näherte sich eine zweite, hackte ohne langes Besinnen zu und sofort stürzten sich auch schon fünf der Kannibalen über das hülflose Wesen her, bis ich zu seinen Gunsten eingriff.

In der „Menagerie“ waren die Raubmöven, die wir unter einer lose aufgestellten Kiste, den Stützpfahl im geeigneten Augenblick an einer Leine umreißend, lebendig fingen, mit Leichtigkeit wochenlang zu halten, wenn wir die Federn stutzten. Sie wurden dick und fett; wir fütterten sie fast ausschließlich mit den Leichnamen ihrer Verwandten, die sie entschieden wohlschmeckend fanden.

Larus Dominicanus V.

Die Dominikanermöve haben wir nur während der Hin- und Herfahrt von Montevideo nach Süd-Georgien aus den Augen verloren; sie blieb zurück, als das Schiff die Bucht des La Plata verließ, sie gehörte während der ganzen Dauer unseres Aufenthaltes zur unerläßlichsten Staffage des Stationsbildes, und sie flog wieder zur Begrüßung um die Masten, als wir fünf Vierteljahr später den grünen Kegel des Cerro zu Gesicht bekamen.

Gewöhnlich hielt sich eine schwarzweiße Gesellschaft von 20 bis 40 Individuen zusammen. Diese standen auf den draußen liegenden meerumspülten Klippen, auf den Eisbergen, am Strande selbst, immer mit der Sicherheit eines meteorologischen Apparats die weiße Brust dem Winde zugekehrt, also sämmtlich untereinander parallel und mit der gleichen Seitenansicht in der ganzen Gruppe.

Pünktlich erschienen sie zur tieferen Ebbe an denselben Orten, wo seichtes Wasser über einem förmlichen Pflaster von großen Geröllsteinen und Blöcken stehen blieb und in deren unzähligen Ecken eine Fülle von Meeresthierchen beherbergte. Hier pflegten sie mit vielem Geschrei und in corpore aufzufliegen, sobald ich auf der Jagd nach gleicher Beute das Terrain betrat. Wenn sie schwimmend Nahrung suchten, gaben sie sich einen Stoß, erhoben sich ein wenig über die Oberfläche und tauchten im Bogen bis an die Brust zum Fange nieder.

Auf isolirten, grasüberwachsenen Felsen im Ebbefluthgebiet fanden sich die Eier in einer einfachen, flach eingedrückten Halmstreu. Nebenher lag gewöhnlich das eine oder andere alte Nest oder vielmehr als Beweis, daß dort die Dominikanermöve gebrütet hatte, eine Anhäufung von wohlerhaltenen Patellaschalen, mit Sand vermischt, — kleine Kjökkenmöddinger aus dem Vogelhaushalt.

Nur ein Nest habe ich auf einem Hügel inmitten des Plateaus in der Nähe eines Teiches angetroffen und ihm Eier entnommen.

Die ersten zwei Eier, deren Vorhandensein mir die bei meiner Annäherung auffliegende Mutter selbst verrieth, fand ich den 25. November. Gewöhnlich liegen drei im Nest; sie sind kleiner, rundlicher und stärker gefleckt als die Raubmöveneier und haben fast dieselbe Färbung. Nach der Beraubung erging sich immer der ganze Schwarm in hellen wehklagenden Lauten.

Am 18. December entdeckte ich die ersten Jungen, zwei allerliebste hellbraune Thierchen mit schwarzen Tüpfeln; sie suchten sich im Grase zu verstecken. Vergeblich sah ich mich nach einem dritten um. Das Nest war mit Muschelschalen gefüllt. Das älteste der an Größe ein wenig verschiedenen Geschwister hatte schon denselben Schrei wie die Alten. Diese flogen mit lautem Jammer umher unter aufgeregter Betheiligung sämmtlicher Freunde und Nachbarn. Während ich meine Exkursion fortsetzte, vertraute ich die Beiden einer Pinguinmutter zum Aufbewahren an; als ich zurückkam, piepste das jüngste in der ungewohnten Wärme sehr unzufrieden, das größere aber war entwischt und saß protzig neben dem Neste, was die Alte ihrerseits unverantwortlich zu finden schien und unter heftigem Kopfschütteln tadelte. Zu Hause fraßen die neuen Pfleglinge mit großem Appetit Stockfisch, Brod und Kartoffeln. Sie schwammen bereits sehr geschickt.

Am 5. Januar hatte ich bei Sonnenschein und böigem Wetter eine Weile dem wunderlichen Treiben der Dominikaner zugeschaut; die meisten standen auf ihren steifen Beinen unbeweglich im Winde, den Kopf etwas herabgeduckt und die schwarzen Flügel spitz nach hinten gerichtet, jeden Augenblick aber flog die eine oder andere senkrecht auf und ließ sich bald, als hätte sie das Gefieder nur ein wenig lüften wollen, nach einigem Schweben, Steigen und Sinken wieder auf die Klippe nieder. Als ich ohne jede böse Absicht dem Wasser zuschritt, erhoben sich plötzlich sämmtliche Möven mit einem so gellenden Geschrei, daß ich mir die Ohren hätte zuhalten mögen: ein Junges, welches sich wohl vor mir hatte flüchten wollen, lag in der Brandung. Aufmerksam durchkreuzte eine Raubmöve den Schwarm, schien jedoch den Gedanken eines Attentats im Entstehen aufzugeben. Von allen eifrigst beobachtet, erkletterte der Nestling seinen rings umflossenen Felsen, auf dem er wenigstens vor jeder von meiner Seite drohenden Gefahr geborgen war.

An demselben Tage fand ich bei dem Nest der beiden Menageriejungen, das auf einem isolirten Felsblock gelegen und mir genau bekannt war, den dritten 2½ Wochen vorher meinen Nachstellungen entgangenen Sprößling vor. Wie anders war aber das Ergebniß der mütterlichen Beköstigung mit frischen Patellen! Jener hatte fast die doppelte Größe seiner Geschwister und der Unterschied blieb gewaltig, wenn er auch der älteste war; denn das Stadium der Federentwicklung war fast genau das gleiche. Und doch hatten wir nur unser Bestes, sogar Fisch geboten, der ihnen vorgeschnitten wurde. Sie waren auch nicht undankbar. Wir ließen ihnen völlige Freiheit, sie besuchten die nächste Umgebung und dehnten allmählich ihre Ausflüge weiter aus, kehrten aber bis Ende Februar noch fast täglich zur „Menagerie“ zurück, verzehrten was sie vorfanden und schliefen dort. Alsdann gesellten sie sich zur größeren Gesellschaft, unterschieden sich jedoch noch lange durch ihr Benehmen gegen uns, indem sie in stiller Gemüths-ruhe sitzen blieben, wenn jene scheu die Flucht ergriff.

Sterna virgata Lab.

Die graciösen Seeschwalben waren ebenfalls ständige Bewohne-rinnen der Insel. Ueberall begegnete man ihnen am Strande. Ge-wöhnlich traf man sie paarweise, nur bei der alten Seitenmoräne des Roßgletschers sahen wir sie meist in einem kleinen, aber immer lauten Schwarm vereinigt. Auch die Einzelne hatte etwas zu zwitschern, ob sie über den anrollenden Wellen hing und alle Augenblicke nach einem Krebschen hinabstieß, ob sie auf den Klippen oder im Schnee sich aus-ruhte, kokett mit dem langen Schwanze wippend und mit ihren korallen-rothen niedrigen Füßchen und dem perlgrauen Seidenkleide einem aller-liebsten Modedämchen nicht unähnlich.

Sobald Ende October die Frühlingssonne das steinige Plateau großentheils von der Winterdecke befreit hatte, recognoscirten die See-schwalben eifrigst den Schauplatz ihrer herannahenden Flitterwochen. Die Hügelflächen hinter der Station, der zum Moltkehafen nieder-steigende Abhang des Krokisiusberges und die Trümmerwüste an dem Moränensee des Roßgletschers waren die gemeinsamen Brutorte. Ver-einzelte Pärchen haben sich auch an den Seen der Landzunge angesiedelt.

Am 29. November beobachtete ich eine Paarung, bei der Vieles hin- und hergezwitschert wurde. Das erste Junge vom 14. Januar 1883 wurde eher als Eier gefunden; doch gelang es von nun an, deren häufiger habhaft zu werden. Die Thierchen machten einen solchen und leider einen so frühzeitigen Lärm in der Luft, daß man nicht wußte, wohin man sich wenden sollte. Am besten war es, eine weite Strecke voraus die Stelle, wo eine Seeschwalbe aufflog, genau zu fixiren und unverwandten Blickes derselben zuzuschreiten. Allein es war nicht leicht. Die Vögel wie die Eier sind durch ihre Färbung sehr geschützt, jene verschwinden dem Auge inmitten des grauen Schiefergesteins, und das Ei ist zwischen den überall durchwuchernden Gras- oder Moosfleckchen um so schwerer zu erkennen, als diese oft eine ähnliche Form besitzen.

Die Eier haben einen Grundton von Olivengraubraun bis zu reinem Grün und olivenbraune Flecken, die am breitesten um den stumpfen Pol angeordnet sind. Es wird stets nur eines gelegt. Dasselbe findet sich auf dem bloßen Boden in einer napfartigen Vertiefung, die ich in einem Fall zierlich mit kleinen Steinen belegt sah, von 6—7 Centimeter Durchmesser — das ist Alles und das ist nicht immer ausgesprochen. Die einzelnen Neststellen sind gewöhnlich 50—100 Schritt von einander entfernt.

Sobald man sich diesem Terrain nur einigermaaßen nähert, fliegt die ganze Gesellschaft in die Höhe, eilt herbei und versammelt sich unter betäubendem Zirpgeschrei über dem Haupt des Verfolgers. Eine oder zwei thun sich vor den übrigen in dem Ausdruck ihres Zornes deutlich hervor, und die Keckheit oder der Muth der kleinen Geschöpfe, die unermüdlich dicht am Kopf vorbeistoßen, geht manchmal so weit, daß sie — tipp — in die Mütze stechen. Unterdessen steht man dann sinnend und sucht und sieht nichts, obwohl das Ei nur ein paar Schritte entfernt sein mag. Nun muß der Zufall eine Raubmöve vorführen. Es ist höchst merkwürdig, wie bei den sanguinischen Creaturen sofort die Leidenschaft gegen den alten Erbfeind die Oberhand gewinnt, die direkte Gefahr wird nicht mehr beachtet oder der armen Raubmöve angedichtet — im Augenblick ist die ganze Schaar zu ihrer Verfolgung abgeschwenkt, fliegt mehrere Kilometer hinter ihr her, bis sie fern aus der Hör- und Sehweite verschwindet, und kehrt in aufgelöster Ordnung dorthin zurück, wo der Mensch inzwischen mit dem Streitobject von dannen gewandelt ist.

Läßt sich eine Raubmöve, wie ich öfters mit innigem Vergnügen aus einem Versteck beobachtet habe, irgendwo in dem Gebiet der Brütenden nieder, wird auch sofort ein Massenangriff eröffnet. Der starke Vogel spaziert umher und sucht die Kleinen zu ignoriren, aber diese, immer wüthender und immer dichter zuhackend, folgen sich mit einer Geschwindigkeit wie die Buben auf dem Carroussel beim Ringstechen; die Möve schielt dahin, dorthin, schnappt dumm in die Luft und, es hilft ihr nichts, rauscht schließlich schwerfällig davon, nur ein leichteres Ziel jetzt für die eleganten Flieger.

Anfang Februar scheinen die beraubten Vögel wieder neu gelegt zu haben.

Die anfänglich braungetüpfelten Jungen hatten der Hauptsache nach schon im April die endgültige Färbung gewonnen, doch waren sie an einem gelbbräunlichen Fleck — an Kehle und Brust soviel ich während des Flugs unterscheiden zu können glaubte, — noch zu erkennen. (Die beiden Bälge stammen vom 9. April 1883.)

Sie wurden während der ersten Monate von den Alten mit einem silberglänzenden Fischchen gefüttert, dem Sclerocottus Schraderi, der uns nur auf diesem Wege durch die Luft bekannt und zugänglich geworden ist. Ich sah die vom Meere heimkehrende Seeschwalbe öfters mit dem Fischchen im Schnabel über das Plateau fliegen, vermochte jenes aber nur einmal zu erjagen.

Ende Herbst zogen die Jungen mit der älteren Generation nach dem Tang hinaus und kamen noch häufig, um sich auf den Klippen auszuruhen. An schönen Nachmittagen sah man mitten in der Bucht über einer beutereichen Tanginsel den munteren Schwarm in eifrigster Geschäftigkeit.

Phalacrocorax carunculatus Gm.

An dem denkwürdigen sonnigen Wintertage, als wir endlich in der ersehnten Bucht Anker warfen, bewillkommnete uns als erste Deputation von Eingeborenen ein kleiner Zug Kormorane, welche die Takelage mit dem Ausdruck der höchsten Neugierde umkreisten — desselben Gefühles, das angesichts des herrlichen Alpenpanoramas der neuen Inselheimath in diesem Augenblick auch uns die Brust erfüllte. Die langgereckten Hälse, die abrupten Wendungen der Köpfe, die sich während des Fluges nichts entgehen lassen wollten, riefen unter den festlich gestimmten Blaujacken die allgemeinste Heiterkeit hervor und mit Allem, was von Kohlen, Kartoffeln oder ähnlichen Geschossen zur Hand war, wurde ein lebhaftes Kreuzfeuer auf die drolligen Süd-Georgier eröffnet.

Mit dieser Einführung aber, schien es, war dem Bedürfniß, uns kennen zu lernen, seitens der Kormorane Genüge geleistet; fortan behandelten sie uns wie kühlgesinnte Nachbarn und gönnten der Station nur selten Gelegenheitsbesuche. Zwei Pärchen bloß, die hin und wieder auf den Klippen saßen, garantirten uns überhaupt noch ihre Anwesenheit. Ihre Unbefangenheit war so groß, daß ich bei einem der Vögel ernstlich den Versuch machte, ihn mit der Hand zu fangen; er ließ mich heran, bis ich zugriff, allein schon war er die Klippe hinunter und schwamm vergnügt in dem mir feindlichen Element von dannen.

Nicht wenig überrascht waren wir, als wir am 21. Februar zum Moltkehafen fuhren, bei der ersten Felshuck westlich der Station, keine Viertelstunde von ihr entfernt, ein Kormoranneſt zu entdecken. Vom Lande aus unzugänglich und unsichtbar, lag es hoch über der Brandung an einer senkrechten Wand. Diese hing auch oben so beträchtlich über, daß man selbst keine Aussicht hatte, das Nest zu erreichen, wenn man sich an einem Seile herabgelassen hätte. Unterhalb der so gebildeten Loge leuchtete weithin ein mächtiger weißer Klatsch von abwärts gelaufenem Guano. Ein alter Kormoran und drei Junge standen in der Nische. Die zweite elterliche Hälfte kam gerade an, verbeugte sich eine Reihe von Malen vor dem Gatten, eine Höflichkeit, welche dieser ebenso pünktlich erwiderte, und fütterte aus dem Schnabel die in die Ecke gedrängten, schon zur halben Körpergröße herangewachsenen Jungen.

Den 4. Juni wurde die ganze Familie herabgeschossen und in das Boot übernommen.

Ein zweites Nest befand sich, wie aus einem ähnlichen Guanogemälde zu erkennen war, an der Huck des Pirnerberges.

Am 25. Mai sahen wir einen Zug von 25—30 Kormoranen vorüberfliegen. Einzelne Exemplare zeigten sich im Juli und August wieder häufiger.

Anhang.

A. Robben.

Stenorhynchus leptonyx.

♂ (22. August 1882)

Schnauze — Schwanzspitze	m	2.15
„ — Flossenende	„	2.45
Umfang Achselhöhle	„	1.15
Penis — Nabel	cm	18.0
„ — vorderer Analrand	„	46.5
Hinterer Analrand — Schwanzspitze	„	12.5

♂ (5. August 1882)

Schnauze — Schwanzspitze	m	2.54
Umfang Achselhöhle	„	1.23

♀ (13. April 1882). Mit Embryo.

Schnauze — Schwanzspitze	„	2.97
„ — Flossenende	„	3.35
Umfang Achselhöhle	„	2.05
Entfernung der Brustwarzen	cm	9.6
Nabel — vorderer Rand der Vagina	„	80.0
„ — Unterlippe (Bandmaaß)	m	1.97
Nabel — Mitte der Warzenhorizontale	cm	18.0
Länge des Introitus Vaginae	„	10.0
Hinterer Vaginalrand — Schwanzspitze	„	19.0
Umfang am Vorderrand des Introitus	„	90.5

Ein den 6. Juli 1882 geschossenes und abgehäutetes Männchen maß genau 3 Meter von der Schnauze bis zur Schwanzspitze.

Macrorhinus leoninus s. Cystophora proboscidea Nilss.

♂ 23. Januar 1883, das abgebildete Thier. Fell heimgebracht.

Nasenspitze — Schwanzspitze (Luftlinie)	m	4.18

Schwanzspitze — Flossenende		m	0.55
Nasenspitze — Schwanzspitze (anliegendes Bandmaaß)		„	4.43
Größte Breite (Luftlinie)		„	1.36
„ Höhe		cm	73.0
Innerer Augenwinkel zu id.	Tasterzirkel	„	20.8
Aeußerer „ „ „	„	„	38.0
Innerer Augenwinkel — Mitte des vorderen Rüsselrandes	„	„	34.0
Innerer Augenwinkel — äußere hintere Ecke des Rüsselstücks	„	„	29.1
Innerer Augenwinkel — Mitte der oberen Querfurche	„	„	20.5
Vordere Nasenrandmitte — untere Querfurche	Bandmaaß	„	12.0
Untere — obere Querfurche	„	„	8.5
Borstenloch oberhalb der oberen Querfurche — id.	„	„	13.6
„ „ „ „ „ — „	Tasterzirkel	„	12.0
Vordere Nasenrandmitte — Mitte der Inneraugenwinkelhorizontale	Bandmaaß	„	39.0
Aeußere Maulecke — äußere Nasenecke	„	„	27.0
„ „ — id.	„	„	68.0
Ohr — id.	„	„	58.0
Ohrloch, Durchmesser		„	0.6
Vordere Extremität, Umfang oben	Bandmaaß	„	58.0
Größte Breite der Hand	„	„	23.0
Kleiner Finger, Radialseite	„	„	9.5
Daumennagel	Maaßstab	„	5.0
Kleinfingernagel	„	„	4.4
Achselhöhle — Kleinfingerspitze	Bandmaaß	„	36.0
„ — Schwanzspitze	„	m	2.52
„ — „ Luftlinie	Meßlatte	„	2.35
Hintere Extremität, Fußwurzelumfang		cm	51.0
Schwanz, Länge		„	9.5
„ obere Breite		„	8.5

♂ 27. September 1882. Pinguinbay. Alle Maaße sind mit dem Bandmaaß genommen. Die beiden Querfurchen über der Nase lagen so tief, daß man drei stark gewölbte Höcker als Hinter-, Mittel- und Unterhöcker unterscheiden konnte.

Fell: Im Allgemeinen elephantengrau. Extremitäten schwarzgrau mit einem Stich ins Braune; hinterer Rückentheil ebenso. Hals gelblichgrau. Nasenhöcker mit einem Stich ins Gelbliche. — Massenhafte Rißnarben, mit graugelben Haaren umsäumt.

Hinterer Rand des Hinterhöckers — Schwanzspitze . . .	m	5.38
Sagittaler Umfang des Hinterhöckers	„	0.23
„ „ „ Mittelhöckers	„	0.18
„ „ „ Unterhöckers	„	0.14
Mit anliegendem Bandmaaß also Rüssel — Schwanz . .	„	5.93
Größter Umfang (Achselhöhle)	„	4.89
Größter frontaler Umfang des Hinterhöckers (durch Borsten begrenzt)	cm	24
Größter frontaler Umfang des Mittelhöckers (zwischen den Borstenfalten)	„	26
Obere äußere Nasenlochecke — id. (über den Hinterhöcker) .	„	25
Maulecke — id. (vorn über den Oberkiefer)	„	32
„ — hintere äußere Ecke des Unterhöckers . . .	„	15.7
„ — innerer Augenwinkel	„	25
„ — id. hinter dem Hinterhöcker her	„	68
Hintere äußere Ecke des Unterhöckers — id. durch die untere Querfurche	„	57
Innerer Augenwinkel — id.	„	24
Aeußerer Augenwinkel — Ohr	„	11
Ohrloch — id. über den Kopf weg	„	53
„ Durchmesser	„	0.4

Ueber dem Auge hinter dem Hinterhöcker je sechs Borsten.

Aeußerer Augenwinkel — hintere obere Ecke der Achselhöhle	m	2.16
Obere hintere Ecke der Achselhöhle quer über den Rücken	„	2.43
„ „ „ „ „ „ „ die Brust .	„	2.46

Obere hintere Ecke der Achselhöhle — Nagelspitze des V. Fingers . . . . cm 31
Letzte Phalanx des V. Fingers . . . . „ 6
„ „ „ „ + vorletzte . . . . „ 11
Differenz zwischen Spitze des V. und I. Fingers . . . . . „ 18
Hinterrand der Penisöffnung — Vorderrand des Anus . . „ 95
Hinterer Analrand — Schwanzspitze . . . . „ 18
Fettschicht auf der Brust . . . . „ 12
Dicke der Rücken-Längsmuskulatur . . . . „ 15
Größte Dicke der Körpermuskulatur (wo?) ohne Fett . . „ 69

♀ 29. November 1882. Fell gelbbraun, auf dem Rücken schön, auf dem Kopf aber und den Extremitäten breite durch den Haarwechsel entstellte Parthien.

Schnauze — Schwanzspitze, Luftlinie . . . . m 1.43
Umfang, Achselhöhle . . . . „ 1.54
„ , über den Zitzen . . . . cm 74
Zitzenhorizontale — vorderer Analrand . . . . „ 51
„ — Schwanzspitze . . . . „ 71
Hinterer Analrand — „ . . . . „ 11.5

B. Vögel.

Durch den ungünstigen Umstand, daß meine nach Vollendung der Expedition von Buenos Aires ausgearbeiteten zoologischen Aufzeichnungen einige Irrfahrten erlebt haben, hat es sich besonders betreffs der Vögel sehr nachtheilig für mich gefügt, daß Herr Prof. Dr. Pagenstecher jene Notizen nicht benutzen konnte, und bitte ich deshalb, den betreffenden Theil des Textes sowie diesen Anhang als einen Nachtrag zu der Pagenstecher'schen Abhandlung „c. Die Vögel Süd-Georgiens. Aus dem Jahrbuch der wissenschaftlichen Anstalten zu Hamburg. II. Hamburg 1885" betrachten zu wollen. In der Bezeichnung der Thiere und in der Reihenfolge ihrer Besprechung habe ich mich natürlich an das fachmännische Muster gehalten.

Chionis alba.

Oberschnabel: Firste blauschwarz, sonst braun bis, zumal nach der Wurzel zu, grünlich gelb. Scheide hellgelb am Rande, sonst hellgrün. Unterschnabel: braun bis, besonders nach hinten zu, grünlich gelb. Auswüchse: fleischfarben. Lauf: schiefergrau. Flügelkuppe: hornweiß, Krallen: schwarz.

Querquedula Eatoni.

Junges vom 8. December 1882:

Flaum lang und dünn. Kopf oben und Halsrücken verschossen braunröthlich; hinterer Rücken rothbraun; vom Flügelansatz zum Hüftgelenk und innen an demselben vorüber nach hinten ein gelber Streifen. Unterseite des ganzen Körpers citronen-grüngelblich, im oberen Brusttheil bis zur Halsenge etwas bräunlich. Iris dunkelbraun, Wachshaut gelbbräunlich, Zunge blaß fleischfarben, Füße und Schwimmhaut oliven-graugrün mit lichten gelbbraunen Querstreifchen.

Junges vom 17. Februar 1883.

Oberkopf braunschwarz, längerer Flaum fuchsbraun, über dem Auge gelbbrauner Streifen. Wange grünlich gelbgrau. Hals grünlich gelbgrau, etwas heller. Rücken dunkelbraun, Brust und Bauch hell schmutziges gelbgrau. Oberer Theil der Brust hellbräunlich, in das dunklere Rückenbraun übergehend. Schnabel schwarz, Kuppe kirschroth, Seite grünlich durchscheinend. Tarsi oliven-braungrün, Schwimmhaut ebenso, dunkler.

Aptenodytes longirostris.

Von October 1882 bis incl. April 1883 haben wir nur vereinzelte Exemplare gesehen.

Besondere Notizen besitze ich über 5 Stück: A, ♂, 23. October, B, ♂, 7. November, C ♀ und D jüngere ♀, 12. November, E, ♂, 10. März.

Farben von **A** ♂ 23. October:

Kopf im Allgemeinen schwarz. Oberschnabel schwarz (Firste 100 Millimeter, Seitenfurche 76 Millimeter), Unterschnabel (Dillenkante 41 Millimeter) vorne schwarz; hinterer Seitentheil (96 Millimeter) fleischfarben und am Schnabelgrund gelblich, vorne ultramarinblau umsäumt; ganze Seitenlänge des Unterschnabels 141 Millimeter.

Parotisfleck prächtig orange, wird nach unten linienschmal und geht in das Brustorange über, nach hinten begrenzt ihn ein schwarzer Saum, der allmählich sich sehr verfeinert und in die Kehlecke des Schulterstreifs übergeht. Zwischen dem schwarzen Saum und dem Seitentheil des Halsrückens in einer Strecke, die $^2/_3$ des Parotisflecks begleitet, eine schmale Reihe von gelblich grünen Spitzen. Ueber den Ohren sind die Federn deckelartig wie eine Schuppe geordnet.

An der Kehle besitzt das allgemeine Kopfschwarz einen schönen dunkelmoosgrünen Ton, der nur bei heller Beleuchtung sehr auffällt. Dieses Grün ist scharf nach unten abgesetzt gegen prächtiges Orange, und dieses tönt sich gegen das Brustweiß in zartem Gelb ab.

Größte Breite des Parotisflecks 37 Millimeter, Augenspalte 24 Millimeter, Iris hellbraun, Augenring schwarz.

Der sich nach oben verfeinernde Schulterstreif ist über dem Schultergelenk 23 Millimeter breit.

Rücken violettbraune Federn mit bläulich weißen Spitzen, sodaß er bläulich weiß getüpfelt auf violettbraunem Grund erscheint. Der obere Halsrücken heller perlgries, scharf gegen den schwarzen Hinterkopf abgesetzt.

Brust und Bauch seidenweiß schimmernd.

Flügel: Außenseite regelmäßige kleine violettbraune Zungen mit weißem Rand; Innenseite ebenso mit Ausnahme der medialen Zweidrittel, die bis auf ein Stück Vorderrand weiß sind.

Füße, Schwimmhaut, Krallen schwarz.

Schnabelspitze — Schwanzende, Tasterzirkel	cm	96.0
Flügelweite	„	76.0
Flügelspitze — Schwanzspitze	„	22.5

Flügelspitze und Schwanz-Höhendifferenz . . . . „ 17.4
Köperumfang unter den Flügelstummeln . . . . . „ 83.0
Gewicht 17.2 Kilogramm.

C und D, die am 12. November zusammen gefangen wurden, waren wahrscheinlich eine Mutter mit einem Jungen, das eben die Umbildung zum definitiven Federkleid der Hauptsache nach beschlossen hatte.

Der kleine D ♂ hatte noch nicht den grünen Vorderhals und den grünen Spitzensaum längs des Parotisfleckes. Auch die Weibchen, wie ich später immer sah, haben den grünen Spiegel und jenen Spitzensaum; wo sie jedoch schön ausgesprochen sind und ohne zweckmäßige Beleuchtung sofort prächtig imponiren, handelt es sich immer um Männchen. Bei dem jungen D ♂ war von irgendwelchem Grün nichts zu bemerken, das Orange hatte noch keine Tiefe und war vielmehr ein einfaches Hellgelb. Auch das Blau am Schnabel fehlte, bei C ♀ war es angedeutet. Es verhält sich mit dem Schnabelblau ebenso wie mit dem Kehlgrün, beide schmücken vorwiegend die alten Männchen. Endlich ist auch das Fleischfarben am Unterschnabel der Männchen kräftiger und röthlicher; bei C und D war es mehr rosagelb.

Die Flügel von D, absolut von derselben Größe wie bei den übrigen, sahen viel länger aus und reichten tiefer über das Knie herab.

Ich stelle die notirten Maße von A—D zusammen und füge diejenigen eines ♂ E bei, den ich am 10. März einfing und den ich, entsprechend vier Monate älter, für ein Individuum desselben Jahrganges wie D halte.

	A ♂	B ♂	C ♀	D ♂	E ♂
Gesammtlänge	96.0	98.0	94.0	83.0	92.0
Flügelspitze — Schwanzspitze	22.5	27.0	21.5	14.6	19.2
Flügellänge (Innenseite)	—	32.6	33.0	33.0	32.5
Flügelweite	76.0	78.0	80.0	78.0	—
Körperumfang Achselhöhle	83.0	66.5	63.0	65.0	—
„ oberhalb des Kniegelenkes	—	68.0	60.0	63.0	—
Culmen	10.0	—	—	—	9.3
Mittelzehe	—	—	—	—	12.6

Wie die absolut fast gleich großen Flügel mit Zunahme der Körpergröße bezw. des Alters in die Höhe steigen, erhellt, wenn man die entsprechenden Maße in diesem Sinn rangirt:

	D ♂	E ♂	C ♀	A ♂	B ♂
Gesammtlänge	83.0	92.0	94.0	96.0	98.0
Flügelspitze — Schwanzspitze	14.6	19.2	21.5	22.5	27.0

Fernere Einzelexemplare:

Mitte Januar 2 Königspinguine in der Menagerie, die entflohen: ein großer in der Mauser; der kleinere mit citronengelbem Parotisfleck, ohne Grün. Schnabel ohne Blau.

21. Januar am Roßgletscher 3 Stück, anscheinend ein Pärchen mit einem Jungen. Die Alten in der Mauser.

10. März das oben angeführte E.

16. Mai. Dunenjunge, fast von der Größe der Alten, Schnäbel jedoch um $^1/_3$ kleiner.

20. Mai. Alte: Gewicht 15.2 Kilogramm. Hirngewicht 29.9 Gramm. Relatives Hirngewicht also $\frac{1}{508}$.

Kaspar 11.5 Kilogramm. Gesammtlänge 75 Centimeter.

Seine Färbung war gleichmäßig braun; die Flügelstummel reichten bis zum Beginn des Tarsus. Schnabel hornschwarz. Culmen 7 Centimeter. Iris braungrau. Lebhafte Nickhaut. Die Pupille häufig genau quadratförmig, sowohl bei starker Mengung im Sonnenlicht, als auch zuweilen bei Mittelgröße. Extrem dilatirt war sie immer kreisrund. Die Form wechselte sehr und das Quadrat zeigte sich keineswegs constant. Zwei Monate in meiner Pflege, † 15. Juli.

Am 11. Juni bei den drei Jungen Länge der Schnabelfirste: 7.5, 7.0 und 6.9 Centimeter.

Pygoscelis antarctica Forst.

11. Januar 1883. ♂.

Iris hellgrünlich.

Schnabelspitze — Schwanzende	cm	76.0
„ — Spitze der Mittelzehe	„	77.0

Flügellänge	cm 22.5
Umfang Achselhöhle	„ 48.0
„ über dem Kniegelenk	„ 43.0
Mittelzehe	„ 6.0
Schwanz, oben	„ 12.0
Hinterer Analrand — Schwanzspitze	„ 15.0
Seitliche Schnabelecke — Schnabelspitze	„ 7.7
Oberer Schnabelgrund — „	„ 5.2
Unterer „ — „	„ 2.0

19. Februar 1883 Pärchen.	♂	♀
Schnabelspitze — Schwanzende	70.0	72.0
Culmen	4.6	4.6
Mittelzehe	7.7	7.8
Größter Umfang Achselhöhle	50.0	53.0
Flügel, außen Humerusgelenk — Spitze	22.0	21.0

Schopfpinguine.

I. Eudyptes chrysolophus Brandt. 6. März 1883.

Schnabelspitze — Schwanzende	cm 63.0
Flügel	„ 21.5
Flügelspitze — Schwanzspitze	„ 15.1
Culmen	„ 5.8
Mittelzehe	„ 8.3

Haube schön schwefelgelbe Federn mit schwarzen Spitzen. Schnabel hellbraun mit röthlicher Nuance, hinten dunkler Kopf bräunlich schwarz. Hals, Brust, Bauch weiß. Flügel außen mit unterem weißen Rand, innen schmutzig weiß mit oben schwarzem Rande. Iris hellbraun. Zunge, Gaumen hellrosa. Füße blaß fleischfarben.

II. Eudyptes diadematus Gould. 9. März 1883. Nur der Kopf, der, nach der wohlerhaltenen Medulla oblongata zu urtheilen erst wenige Tage abgetrennt sein konnte. Am Hals war die Haut zersetzt, der Ansatz des Brustweiß noch eben sichtbar. Die Größe des Thieres mußte ungefähr der des Eselspinguins entsprechen.

III. Vgl. Text.

Ossifraga gigantea.

Weißer Riesensturmvogel, 8. October 1882. ♂. Gewicht 4.84 kg.

Bandmaß:

Untere Schnabelwurzel über dem Bauch — Schwanzende .	cm	92.5
Obere „ „ „ Rücken — „ .	„	89.5
Untere Schnabelwurzel — Schnabelspitze	„	6.0
Obere „ — Ende der Nasenröhre	„	5.5
Schnabelspitze — Ende der Nasenröhre	„	6.5
Körperumfang über dem Schultergelenk (excl. Flügel) . .	„	65.0
„ Achselhöhle	„	64.0
„ Hüftgelenk	„	60.0
Unterer Halsumfang	„	31.0
Spannweite (Luftlinie)	„	202.0
Flügel { Oberarm	„	24.5
Flügel { Unterarm	„	27.0
Flügel { Hand	„	54.0
Ueber die Brust Schultergelenk — id.	„	38.0

Tasterzirkel:

Größte Entfernung der ausgebreiteten Schwimmhaut . .	„	17.0
Von Zehe zu Zehe.	„	8.6
Differenz zwischen Flügel und Schwanzende.	„	20.0

Iris dunkelbraun; Zunge blaß fleischfarben; Schnabel grau-gelb mit deutlichem Stich ins Hellgrünliche. Krallen grünlich grau. Läufe Tafeln grauschwarz, Schwimmhaut graubläulich mit zerstreuten grauschwarzen Täfelchen.

Mageninhalt: Ballen von zerkleinertem Gras. Hoden muskatnußgroß.

Pagodroma nivea minor.

4. Juli 1883. ♂.

Schneeweiß mit exquisitem Seidenglanz. Lider von feinen schwarzen Federchen umgeben, die über dem Oberlid eine kleine Einfassung

1. „Malepartus", der Zoologische Schuppen.

2. Brauner Albatross zum alten Neste zurückkehrend.

3. Pinguinhügel Ende März; die Terrasse oben und die drei dunklen Flecke im Grasterrain unterhalb verlassene Brutplätze. Schreiender Eselspinguin.

4. Strand an der Pinguinbay. Möven, Enten. Seeleopard.

5. Junger Seeleopard.

6. Seeleopard am Nordufer der Landzunge.

(3 m. 70 lang.)

8. Königs-Pinguine.

8 Oct 82. Circa 40 Schritt abseits der [illegible] Colonie saßen 2 Pinguine auf 2 neben einander liegenden Nestern, vor ihnen – ein [illegible] Stillleben im Sonnenschein – mit gleicher Behaglichkeit eine Raubmöve; der eine hat 1, der andere 2 Eier unter sich. Zuweilen fauchten sie mit heiserer Stimme den lauernden Feind an. [illegible] das erste Junge den 28 Nov. [illegible]

Stillleben

bilden, während sie am Unterlid nur in einem schmäleren Streifchen stehen.

Iris blauschwarz. Schnabel schwarz; am Oberschnabel unten und hinten ein kleines dreieckiges hell graubläuliches Feld. Zunge weißlich fleischfarben. Gaumen blaß. Lauf bläulich grau (bei anderen eher helles Schieferschwarz). Schwimmhaut grau mit dunklerem Vordersaum. Krallen schwarz.

Drei verschiedene Mallophagen, am zahlreichsten am Hals und Hinterkopf (eine Art stäbchenförmig, eine zweite mit dickem Hinterkörper, beide braunschwarz; vereinzelt eine dritte oval, mit orangefarbenem Fleck in der Mitte).

11.

Bryologia Austro-Georgiae.

Auctore

Carolo Müller Hal.

Laubmoose.

Es ist mir im hohen Grade anziehend gewesen, im Laufe weniger Jahre die Laubmoose Fuegias, Kerguelens-Landes und Süd-Georgiens nach den größten Materialien, welche jemals aus diesen Gegenden kamen, zu untersuchen und mit einander zu vergleichen. Von Süd-Georgien lag bisher überhaupt keinerlei Material vor, und so ist nachstehende bryologische Schilderung dieser antarktischen Insel in doppelter Beziehung wichtig. Alle drei Regionen vereinigen sich zu einem gemeinschaftlichen Ganzen, dem antarktischen Gebiete; doch so, daß Fuegia oder das Feuerland, obgleich schon mit Gletschern versehen, das Waldland dieses Gebietes ist, während Kerguelens-Land und Süd-Georgien als dessen Prairie-Länder gedeutet werden könnten.

Hieraus ergiebt sich auch der bryologische Charakter der drei Regionen. Fuegia hat bis heute 182 Moosarten geliefert, welche noch 19 Familien angehören. Es sind: Andreaeaceae, Sphagnaceae, Funariaceae, Splachnaceae, Mniaceae, Polytrichaceae, Bryaceae, Leptotrichaceae, Dicranaceae, Bartramiaceae, Pottiaceae, Orthotrichaceae, Grimmiaceae, Harrisoniaceae, Hypopterygiaceae, Mniadelphaceae, Hookeriaceae, Leucodonteae und Hypnaceae. Ungleich geringer ist die Summe der Arten, welche Kerguelens-Land bisher lieferte, obgleich selbiges ein überaus moosreiches Inselland genannt werden muß. Es hat noch nicht ganz 100 Arten geliefert, und diese gehören folgenden 11 Familien an: Andreaeaceae, Funariaceae, Polytrichaceae, Bryaceae, Dicranaceae, Bartramiaceae, Pottiaceae, Orthotrichaceae, Grimmiaceae, Fontinalaceae, Hypnaceae. Es sind mithin schon 8 Familien des Feuerlandes ausgeschieden: Sphagnaceae, Splachnaceae, Mniaceae, Leptotrichaceae, Harrisoniaceae. Hypopterygiaceae, Mniadelphaceae, Hookeriaceae und Leucodonteae. Ein ganz ähnliches Verhältniß offenbart nun auch Süd-Georgien mit folgenden 9 Familien: Andreaeaceae, Distichiaceae, Polytrichaceae, Bryaceae, Dicranaceae, Bartramiaceae, Pottiaceae, Grimmiaceae, Hypnaceae. Besagte Familien haben aber bisher nur 52 Arten ergeben. Mithin ist Süd-Georgien das eigentlich antarktische Gebiet der drei antarktischen Regionen, da von den fuegianischen 19 Familien 10 ausgeschieden sind und dieser Reduktion auch die Zahl der Arten entspricht.

Nichtsdestoweniger erfreut sich die süd-georgische Mooswelt, wenn auch nicht im Allgemeinen, doch im Besonderen eines recht eigenartigen Charakters. Zunächst theilt sie nur eine einzige, aber sehr ausgeprägte Art, Psilopilum antarcticum, mit Kerguelens-Lande, alle übrigen Arten gehören der Insel endemisch an und sind zum Theil höchst eigenthümlich. So Psilopilum tapes, eine Wasser bewohnende Art; Bryum lamprocarpum, die stolzeste Art ihrer Gruppe (Areodictyum); Meesea austro-georgica, ein erfreulicher Zuwachs zu den wenigen Arten dieser schönen, sonst nur der Alten Welt und Australien angehörenden Gattung; Syntrichia fontana, eine das Wasser bewohnende und darum ganz eigenthümlich dastehende Art; Willia grimmioides, eine neue Gattung, welche Streptopogon des tropischen Amerikas und Madagaskars vertritt. Seltsam ist es aber, daß bisher weder auf Kerguelens-Lande, noch auf Süd-Georgien ein Sphagnum gesammelt worden ist, während diese Gattung doch in dem weit kälteren arktischen Gürtel massenhaft vorkommt und sie auch in Fuegia noch in verschiedenen distinguirten Arten erscheint. Ich kann sonst kaum annehmen, daß die Sammler ein Torfmoos übersehen haben würden, wenn dort ein solches vorkäme.

Alles in Allem genommen, steht die süd-georgische Mooswelt völlig unabhängig in einem eigenen Schöpfungsheerde da, dessen verwandtschaftliche Beziehungen zu anderen antarktischen Inseln nur in der geographischen Lage, deren klimatischen Bedingungen und Boden-Verhältnissen beruhen.

Gehen wir auf diese Verwandtschaften näher ein, so treten uns zunächst die echt polaren Andreäazeen entgegen. Auf Süd-Georgien bilden dieselben keine besonders abweichenden Arten, wie das auf Fuegia geschieht, wo z. B. die Sektion Acroschisma mit achtklappigen Früchten, Andr. marginata mit einer so außerordentlich breiten Rippe erscheint, daß für die Blattspreite selbst nur ein schmaler Saum bleibt. Arten mit Blättern, welche am Grunde des Blattrandes appendikulirt sind, theilt Fuegia mit Kerguelens-Lande, während sie auf Süd-Georgien fehlen. Die hier vorkommenden Arten weichen wenig von denen der Alten Welt ab.

Die Distichiazeen, bisher weder in Fuegia, noch auf Kerguelens-Lande, vielleicht nur zufällig! beobachtet, bewahren auch auf Süd-Georgien den Typus jener der Alten Welt, wie sie es überall, auf dem Hochlande von Abessinien, Süd-Amerika u. s. w. thun.

Daß die Polytrichazeen, diese echt polaren Moose, auf Süd-Georgien ebenfalls an ihren Wohnorten dominiren würden, wie sie es in so großartiger Weise auf Fuegia thun, ließ sich erwarten. Nicht nur daß sie in 7 Arten auftreten, bilden auch einige Arten einen zusammenhängenden Moos-Teppich. So Psilopilum tapes, welches ich darum auch tapes (Teppich) genannt habe, Ps. antarcticum, Pogonatum austro-georgicum, Eupolytrichum macroraphis, timmioides und plurirameum, welche weite Streifen, oft fußhoch, überziehen. Im Ganzen bewahren sie den echt nordischen Typus, nur daß die beiden Psilopila zu den kräftigsten Arten ihrer Gattung zählen. Offenbar übertreffen alle diese südgeorgischen Arten die Flora der Polytricha auf Kerguelens-Lande, das bisher nur 4 Arten lieferte, sehr beträchtlich und sind die eigentlichen Charakter-Moose ihrer Heimat. Indem sie jedoch fußhohe Rasen bilden, erhebt sich doch keine einzige Art zu der baumartigen Form, wie wir das auf dem Feuerlande in Dendroligotrichum squamosum und D. dendroides sehen. Auch die Form der Polytrichadelphus-Arten des Feuerlandes fehlt Süd-Georgien. Dagegen korrespondirt selbiges durch Eupolytrichum nanocephalum auffallend mit E. microcephalum von Kerguelens-Land, wie es durch Pogonatum austro-georgicum mit dem nordischen P. alpinum korrespondirt. An und für sich aber erheben sich Eupolytr. macroraphis, timmioides und plurirameum, besonders die zweite Art, zu den schönsten Formen ihrer Gruppe.

Dagegen ist es mir auffällig gewesen, daß Herr Dr. Will so wenige Bryaceae gesammelt hat. Denn während Kerguelens-Land über 16 Arten lieferte und Fuegia 12, habe ich ihre Zahl nur dadurch auf 7 gebracht, daß ich unter anderen südgeorgischen Moosen nach ihren Spuren fahndete. Während jedoch Kerguelens-Land außer Mielichhoferia nur noch Eubryum und Senodictyum besitzt, fügt Süd-Georgien den Typus des Areodictyum in einer wahrhaft prachtvollen Form bei Bryum lamprocarpum hinzu, einen Typus freilich, der echt polar ist und auf Süd-Georgien seinen schönsten Ausdruck gewinnt. Dafür schiebt das Feuerland zwei Abtheilungen temperirter Zonen ein: Doliolidium und Argyrobryum.

Auch die Dicranaceae überraschen uns durch ihre geringe Zahl. Auf dem Feuerlande kenne ich bereits 32 Arten, auf Kerguelens-Land nur etwa 1/2 Dutzend, und so schließt sich Süd-Georgien mit 7 Arten letzterem an. Es überragt sogar durch 2 Dicrana aus 2 Sektionen Kerguelens-Land um 1 Art. Dafür steht es durch seine Blindia-Arten hinter ihm insofern zurück, als selbige fast nur dem Typus der Blindia crispula der Alten Welt mit zarten eiförmigen Früchten angehören, während die von Kerguelens-Lande in fünffacher Gestaltung zum Theil überaus kräftige Gestalten mit dickwandigen, kugelrunden Früchten, zum Theil Verwandte der Bl. acuta der Alten Welt sind. Die Flora des Feuerlandes vereinigt diese Formen sämmtlich in sich, von denen Bl. tenuifolia H. & W. so gut, wie Bl. stricta H. & W. vom Kerguelens-Lande, dem australischen Typus der Bl. robusta Hpe. angehören. Mit letzterer spielt Blindia in den Typus von Dicranum (Oncophorus) hinüber, sodaß von den 3 Blindia-Formen (Bl. crispula, Bl. acuta, Bl. robusta) auf Süd-Georgien nur eine vorhanden ist, welche Weisia-artige gekräuselte Blätter hat, darum aber auch keine besonders ausgezeichneten Arten erzeugt. Sonderbar genug, fehlt auch auf Süd-Georgien von Dicranum der Typus Campylopus, welcher doch auf dem Feuerlande noch 10 zum Theil höchst stattliche Arten lieferte; allein, er fehlt auch auf Kerguelens-Lande, das nur den Typus Oncophorus kennt, während Süd-Georgien doch wenigstens diesen und Orthodicranum besitzt. In dieser Beziehung tritt Campylopus, der aber in der Alten Welt seine Arten bis auf die höchsten Alpen vorschiebt, als ein Typus milderer Zonen auf.

Ganz ähnlich verhält es sich mit der Gruppe der Bartramiaceae. Im Vordergrunde steht der alpine oder polare Typus des Conostomum, von welchem Süd-Georgien in C. rhynchostegium eine Art besitzt, die zwar recht deutlich auf C. australe des Feuerlandes hinweist, aber doch für sich besteht. In diesem überaus schönen Moose erzeugt Süd-Georgien eine Pflanze, auf die es stolz sein könnte, da selbst Kerguelens-Land diesen Typus noch nicht geliefert hat, während freilich das Feuerland zwei sehr distinguirte Arten hervor bringt, da auch C. Magellanicum Sull. einen eigenen Typus seiner Gattung vertritt. Von Bartramia ernährt Süd-Georgien nur die Gruppen Vaginella, Catenularia, Philonotis, welche auch dem Feuer- und Kerguelens-Lande angehört, aber auf dem letzteren immer noch in 4 recht verschiedenen Arten auftritt. Damit scheidet aus: Plicatella (Breutelia), die nur dem ersteren noch zukommt. In Bezug auf Vaginella ist nicht viel zu sagen: ihre 4 Arten vertreten die Gruppe in doppelter

Anzahl gegen Kerguelens-Land und Feuerland, da auch hier nur je 2 Arten von Vaginella vorkommen, sonst erinnern die synözischen Arten an Bartramia stricta und B. ithyphylla der Alten Welt. Die Gruppe Catenularia theilt Süd-Georgien mit Feuerland und Kerguelens-Land, überhaupt mit der antarktischen Welt, da sie auch dem australischen Insel-Lande zugetheilt ist. Es dürfte überraschen, sie noch mit einem Hymenophyllum der zwergigsten Art auf Süd-Georgien verbunden zu finden; dem einzigen Farrenkraute, von welchem ich auf Süd-Georgien weiß. Dagegen kann Süd-Georgien auf eine neue Meesea (austro-georgica) Anspruch machen, deren Typus zwar auf den Alpen Australiens erscheint, im Uebrigen jedoch bisher von keinem anderen antarktischen Lande gebracht wurde. Es ist wahrhaft schade, daß dieses herrliche Moos nicht fruchtbar gesammelt werden konnte.

Die Familie der Pottiaceae verliert auf Süd-Georgien die Gattung Pottia, welche dem Feuerlande und Kerguelens-Lande, hier mit 3, dort mit 2 Arten, angehört, und empfängt nur noch die Gattung Barbula. Aber auch diese verliert 2 Gruppen: Eubarbula, welche auf dem Feuerlande mit einer Art erscheint, und Senophyllum, das auf Kerguelens-Lande unsere Barbula gracilis in Barbula validinervia vertritt. Nur Syntrichia theilt Süd-Georgien in vielfacher Gestaltung mit Feuerland und Kerguelens-Insel, indem es den 8 Arten des ersteren und den 4 Arten der letzteren 5 Arten entgegen stellt. Damit erhebt sich die Gruppe der Syntrichiae zu einer echt antarktischen; um so mehr, als ihre Arten auf Süd-Georgien nicht nur den sterilen Boden, wie die allermeisten Arten, sondern in S. Fontana selbst das Wasser bewohnen. Mit der neuen Gattung Willia aber schließt sich Süd-Georgien wahrscheinlich unmittelbar an Kerguelens-Insel an, da ich Grund zu der Annahme habe, daß Mitten's Streptopogon australis von da zu dieser Gattung gehört, welche allerdings der Gattung Streptopogon nahe steht, wenn man beide zu den Barbulaceae bringt.

Die Familie der Grimmiaceae sinkt auf Süd-Georgien auf 7 Arten herab, während sie auf dem Feuerlande noch 12, auf Kerguelens-Lande noch 17 ergab. Jene 7 Arten aber repräsentiren dieselben Gruppen, welche Feuerland und Kerguelens-Insel besitzen: von Grimmia Platystoma, Eugrimmia, Dryptodon, Rhacomitrium. Nur zeichnet sich Kerguelens-Insel durch ihren Reichthum an Arten aus, indem sie über 4 Arten von Platystoma, über 4 Arten von Eugrimmia, über 8 Arten von Dryptodon, jedoch nur 1 Art von Rhacomitrium aufweist. Dagegen gewinnt Süd-Georgien einen kleinen Vorrang durch eine Art von Gümbelia vor Feuerland und Kerguelens-Insel. Alle Arten der Grimmiaceae auf Süd-Georgien schließen sich jedoch in ihren Typen völlig an die der Alten Welt an, so daß hier nichts von jener wunderbaren Gestaltung zu finden ist, die ich in Eugrimmia pachyphylla von Fuegia kenne.

Die Hypnaceae endlich verlieren auf Süd-Georgien gegen Fuegia die Abtheilungen Illecebraria, Ptychomnium, Catagonium, Cupressina, Aptychus, Limbella und Hypnodendron und theilen mit ihm nur Brachythecium, Drepanocladus und Plagiothecium, wogegen Drepanophyllaria ein Gewinn vor Feuerland und Kerguelens-Insel ist. Letztere dagegen hat wieder 2 andere Abtheilungen mehr empfangen: Pseudoleskea und Orthotheciella. Aber auch Dichelyma derselben geht Süd-Georgien ab. Im Ganzen zählt es bisher 5 pleurokarpische Moose; eine so große Reduktion der Musci pleurocarpici, welche das polare Klima kaum erklärt. Auf Kerguelens-Insel konnte ich doch wenigstens noch 13, auf dem Feuerlande sogar noch über 30 pleurokarpische Arten aufweisen.

So sehen wir im Vorstehenden die süd-georgische Mooswelt in der That als eine ganz selbständige, die mit Kerguelens-Insel und Feuerland zwar innig zusammen hängt, aber, ein Paar Arten ausgenommen, kaum mit der australischen irgend etwas zu thun hat. Im großen Ganzen nähert sie sich mehr der nord-polaren Flora, als einer anderen, und das dürfte uns die Gewißheit geben, daß, je weiter nach Süden, die Mooswelt immer arktischer wird. An sich selbst tritt sie mit 52 Arten immer noch als eine recht achtungswerthe auf, um so mehr, da sich in ihrem Verbande manche recht eigenthümliche Art findet, welche eine Lücke ausfüllt. Das wird sich bei einer speciellen Beschreibung, wie ich sie nun folgen lasse, recht zeigen. Sicher ist, daß wir auf Süd-Georgien noch eine recht respektable Mooswelt antreffen, welche in einzelnen Arten sich zur höchsten Pracht ihrer Gattung entwickelt.

1. Trib. **Andreacaceae.**

1. Andreaea regularis n. sp.; monoica; flores masculi minuti terminales ob innovationem laterales secus surculum plures; cespites pulvinati pusilli tenelli depressi fuscati, surculis valde dichotome divisis filiformibus fragilibus intricati; caulis inferne subnudus vel foliolis minutissimis pallide fuscis sparsis patulis obtectus, apicem versus foliis minutis imbricatis madore apice parum juniperoideo-patulis vix squarrosulus; folia caulina e basi latiore oblonga in acumen breve acutatum attenuata regulariter concava nec ventricosa integerrima enervia valde fuscata, e cellulis pro foliolo majusculis incrassatis basi parum longioribus areolata, glabriuscula vel parum papillosa stricta vel paululo flexuosa; perich. majora latiora magis ovato-acuminata; theca minuta brevissime pedicellata.

Habitatio. Austro-Georgia, Ostseite des Vexirberges, 17. Februar 1883.

E minoribus congeneribus, foliis minutis perfecte regularibus rarius vix ventricosis acute acuminatis surculisque filiformibus prima fronte distinguenda, habitu Andreaeae sparsifoliae Zett. Cum nulla specie alia antarctica convenit. Folia perigonialia minuta perfecte regulariter ovalia breviter acute acuminata inferne flavo-fuscata elegantia.

2. Andreaea viridis n. sp.; dioica; cespites pusilli tenelli laxissime cohaerentes virides; caulis humilis gracillimus parce divisus pro more e surculo annotino innovans senophyllaceus; folia caulina minutissima basi semi-amplexicaulia apicibus juniperiodeo-patulis sordide viridia, nunquam caulem teretem sistentia, e basi angustissime oblongata erecta in acumen angustius subsubulatum flexuosum plus minus recurvum attenuata, integerrima sed pro foliolo robustiuscule papillosa enervia, e cellulis majus-

culis incrassatis viridibus denique parum fuscatis areolata; perich. multo majora latiora e basi lato-lanceolato-oblonga breviter acuminata stricta, e cellulis mollioribus viridioribus areolata; theca in pedicello perbrevi minutissima.

Habitatio. Austro-Georgia, Ostseite des Vexirberges, 17. Februar 1883.

Ab omnibus congeneribus antarcticis foliis viridibus differt. Habitus congenerum sectionis Senophyllum Barbulae. E. minoribus.

3. Andreaea Willii n. sp.; dioica, flores masculi minuti terminales et laterales, in planta propria ramosa; cespites nigricanti-fusci tenelli pusilli depressi; caulis humilis vix semipollicaris inferne nudus superne ramulis permultis brevibus inaequalibus clavatulis gracilibus fastigiatus; folia caulina ramulum teretem sistentia dense conferta madore juniperoideo-patula, inferiora minutissima superiora apicem versus sensim majora (minuta), e basi plus minus ventricosa eleganter oblonga in acumen longiusculum tenuiter acutatum parum recurvo-flexuosum attenuata integerrima enervia, e cellulis grossiusculis incrassatis flavo-fuscis areolata, dorso grossiuscule papillosa; perich. multo majora e basi longiuscula oblongata flaviore in acumen facile fragile protracta involutacea dorso papillosa; theca breviter pedicellata minuta; calyptra tenerrima longistyla glabra basi crenulata.

Habitatio. Austro-Georgia, Ostseite des Vexirberges, 17. Februar 1883.

A. regularis differt: caule filiformi, foliis minoribus regulariter concavis nec ventricosis ramulos minus teretes sistentibus brevius acuminatis glabriusculis atque inflorescentia monoica; A. viridis: foliis siccitate et humore juniperoideo-patulis nec ramulos teretes sistentibus viridibus atque foliis perichaetialibus brevius acuminatis mollius areolatis. Ex habitu A. petrophilae.

Obschon die vorstehend beschriebenen drei Arten Andreaea sich sehr nahe stehen, so glaube ich sie doch durch die angegebenen Merkmale sicher aus einander halten zu können. Man unterscheidet sie sonst auf den ersten Blick leicht durch Stengel-Bau und Blatt Imbrikation.

2. Trib. Distichiaceae.

4. Distichium austro-Georgicum n. sp.; Distichio capillaceo simillimum, sed pygmaeum, foliis multo brevioribus robustioribus e basi longa firma (nec tenuiter membranacea nec involuta) e cellulis multo robustioribus infima basi magnis laxis apicem versus majuscule parallelogrammis vel grossiuscule rotundatis areolatis, in subulam strictam nec reflexam latiusculam canaliculatam nervo lato omnino occupatam summitate denticulis paucis instructam subobscuram attenuatis. Caetera ignota.

Habitatio. In fissuris rupium des Hoch-Plateaus, Bartramiae et Hymenophyllo fragmentarie consociatum.

Species distincta, foliis strictis jam facile distinguenda.

3. Trib. Polytrichaceae.

5. Catharinea (Psilopilum) tapes n. sp.; cespites spatia extensa occupantes 1—2-pollicares laxi viridissimi firmi robustissimi, surculis laxe cohaerentibus turgescentibus apice obtusulis strictis vel parum flexuosis simplicibus vel parum divisis superne viridibus inferne rubentibus; folia caulina laxe conferta plus minus corrugato-complicata, madore vesiculoso-turgida remota, e basi spathulata breviter vaginata laxissime pallide reticulata molli in laminam cochleariformi-oblongam rotundato-obtusatam integerrimam maxime cochleariformi-concavam protracta, nervo latiusculo applanato intus superne lamellis paucis parallelis brevibus ornato percursa, margine subinvoluta, e cellulis robustis pachydermis hexagonis majusculis mollibus chlorophyllosis areolata. Caetera ignota.

Habitatio. Austro-Georgia, „Bachgrund am Ausgange des Brocken-Thales große Flächen bedeckend" in aquosis, 23. Januario 1883, sterilis.

Ein seltsames Charakter-Moos, welches für quellige Orte Süd-Georgiens, da es eben weite Strecken überzieht, von ganz besonderer Wichtigkeit ist. Daß es eine Polytrichazee, kann keinem Zweifel unterliegen, ebenso wenig, daß es seine nächsten Verwandten unter den Psilopilum-Arten hat. Da es jedoch noch nicht mit Frucht gefunden wurde, könnte es ja möglicher Weise dennoch einer eigenen Gattung angehören. Doch möchte ich dies um so weniger annehmen, als es gewissermaßen in seiner Größe und Kraft der Superlativ von Ps. laevigatum ist. Ich habe es darum Ps. tapes genannt, um damit anzudeuten, daß es einen großen zusammenhängenden Teppich bildet. Auf der anderen Seite ist es merkwürdig genug, daß wir damit auf Süd-Georgien zwei Psilopilum-Arten mit einem Male finden; eine Erscheinung, die ich für keinen zweiten Ort der Erde, welcher so eng umgränzt ist wie Süd-Georgien, wieder nachzuweisen vermag.

6. Catharinea (Psilopilum) antarctica. C. Müll. (in Engler's Bot. Jahrb. V. p. 77. 1883).

Habitatio. Austro-Georgia, „Hochplateau, an den niedrigsten nach Osten abfallenden Terrassen, sehr häufig", 24. Januario 1883, cum fructibus pulcherrimis.

Dieses schöne und kräftige Moos entspricht in seiner Tracht vollständig denjenigen Exemplaren, welche von Dr. Fr. Naumann auf Kerguelens-Lande gesammelt worden sind, nur daß die Will'schen Rasen von Süd-Georgien womöglich noch schöner erscheinen und die Blattspitzen weniger lang zulaufen. Die Art an und für sich ist zugleich die kräftigste aller Sektions-Genossen, gegen welche Psilop. laevigatum der Nordpol-Länder ein wahrer Zwerg ist. In dieser Beziehung steht sie noch über dem nahe verwandten Psilop. australe Hpe. von Tasmanien.

7. Polytrichum (Pogonatum) austro-georgicum n. sp.; dioicum; cespites lati laxissime cohaerentes humiles pollicares sordide virides firmi; caulis apice in ramulos multos breves cuspidatos dendroideo-divisus; folia caulina dense imbricata madore juniperoideo-patula, e basi longiore latiore vaginata pallida inferne laxe superne incrassate reticulata cellulis elongatis angustis latiuscule pallidius marginata in laminam parum breviorem anguste lanceolatam integerrimam lamellis permultis densissmis crassiusculam virentem producta, acumine brevi robusto rubro parce

dentato terminata, nervo lato dorso sublaevi percursa; perichaetialia longiora et longius vaginata pallidiora ad acumen grossius serrata; theca in pedicello semipollicari flavo strictiusculo glabro erecta pro plantulae exiguitate majuscula ochracea deinque nigrescens glabra ovalis macrostoma, operculo conico rostellato, calyptra parva campanulata capsulam dimidiam obtegente sordide ochracea; peristomii dentes circa 64 breves tenues angusti valde irregulares pallidi; sporae minutae.

Habitatio. Austro-Georgia, in loco speciali non indicato, 30. Novembri 1882, cum fructibus vetustis et junioribus; „Thal nördlich vom Südwest-Gletscher in der Nähe der alten Moräne, um fructibus novis deoperculatis.

Ex habitu Polytricho alpino persimile, ejusdem veluti diminutivum, sed caracteribus supra explicatis certe diversum.

Diese schöne und niedliche Art, gleichsam ein Diminutiv unseres P. alpinum, vertritt selbiges in dem südpolaren Archipele auf das Schönste, weicht aber von ihm augenblicklich ab durch die aufrecht stehende Frucht, die sich, wie es scheint, immer in reicher Fülle entwickelt. Das Moos ist ebenso reichlich gesammelt geworden und dürfte an seinem Wohnorte nicht unwesentlich zur Charakterisirung desselben beitragen, da fast jedes Aestchen seine Frucht trägt. Es verbindet die Tracht des Polytr. hyperboreum R. Br. mit dem Wesen des P. alpinum, indem es die niedrige Stengelform des ersteren, die Kapselform des letzteren annimmt.

8. Polytrichum (Eupolytrichum) macroraphis n. sp.; cespites spatia extensa occupantes elati saepius pedales pallide virentes compacti albido-tomentosi; caulis elongatus gracilis flexousus simplex; folia caulina dense imbricata parvula angusta madore juniperoideo-patula, e basi longiuscula pallidissima cellulis elongatis angustis laxiusculis apicem versus minoribus depresso-hexagonis incrassatis firmioribus areolatâ in laminam breviorem virentem lamellis dense occupatam sed margine latiore e cellulis depressis incrassatis irregularibus pallidis veluti alatam integerrimam dorso solo summo plerumque tenuiter scabram producta,

nervo lato in aristam elongatam plus minus flexuosam robustam scabriusculam flavo-rubentem protracto. Caetera ignota.

Habitatio. Austro-Georgia, „Hochplateau, bedeckt in fußhohen Schichten große Strecken des steinigen Bodens", 2. Majo 1883, sterile.

Species distinctissima habitu Polytrichi gracilis Menz., sed foliorum formatione toto coelo diversa.

Nach dem Vorstehenden haben wir es bei diesem Moose mit einem jener Charakter-Moose zu thun, von denen Süd-Georgien einige besitzt, welche der Landschaft ihr Wesen aufdrücken. Die kleinen, zart gewebten, schmalen Blätter, welche doch eine so kräftige Granne tragen, sind überaus charakteristisch für die neue Art, welche dort unser P. juniperinum vertritt.

9. Polytrichum (Eupolytrichum) timmioides n. sp.; cespites spatia extensa occupantes elati saepius pedales laxissimi haud tomentosi atro-virentes firmi; caulis flexuosus simplex juniperoideo-foliosus; folia caulina siccitate valde patula madore recurvato-patula longiuscula et surculum flaccidam graciliorem sistentia, e bai brevi lata flaviuscula vel aetate rubiginosa cellulis elongatis laxiusculis reticulata superne tenuiter latuscule albide marginatâ raptim in laminam multo longiorem perangustam subuliformem obscuram virentem aetate rubiginosam acutatam apicem versus margine dentibus grossis remotis acutis serratam protracta, nervo lato lamellis densis obtecto laminam suprabasilarem totam fere occupante in acumen robustum densius et grossius serratum excurrente percursa. Caetera ignota.

Habitatio. Austro-Georgia, „Hochplateau, in oft fußhohem Rasen weite Strecken des steinigen Bodens bedeckend", 23. Janaerio 1883, sterile; insula im Osten der Landzunge, 23. Martio 1883, sterile.

Habitus plantae speciosae timmiaceus proprius. Species ipsa caracteribus explicatis, praesertim foliis e basi latiore raptim lineali-subulatis prima scrutatione cognoscenda.

10. Polytrichum (Eupolytrichum) plurirameum n. sp.; cespites spatia extensa obtegentes elati saepius pedales pallide virides laxe cohaerentes; caulis elongatus ramis elongatis di-vel

trichotome divisus: folia caulina dense conferta humore patula stricta, e basi brevi latiuscula pallidissima e cellulis laxiusculis angustis longiusculis curvatis reticulata superne latiuscule albide marginatâ in laminam latiusculam virentem deplanatam lanceolato-acuminatam nervo lato dense lamelloso omnino fere occupatam superne grosse serratam basi depresso-areolatam producta. Caetera ignota.

Habitatio. Austro-Georgia, „Hochplateau, große Strecken oft fast fußhoch überziehend", 23. Januario 1883.

A. P. timmioide surculo dichotome diviso firmiore, foliis dense imbricatis humore nec recurvatis atque serratura folii grossiore differt.

Obgleich die angegebenen Merkmale nur leichte zu sein scheinen, so weicht doch das Moos auf den ersten Blick wesentlich von P. timmioides ab und dürfte das dereinst auch in seiner Fruchtbildung bezeugen. Jedenfalls sehen wir daran, daß auf Süd-Georgien die von allen Beobachtern gepriesene üppige Moos-Vegetation der Erdoberfläche nicht von einer einzigen Moosart, sondern von verschiedenen Moosen herrührt, wozu auch die vorstehend beschriebene wesentlich gehört. Sie vertritt, bis auf die merkwürdige Stengeltheilung, unser europäisches Polytr. commune; einen Typus, wie ihn das verwandte Kerguelensland bisher noch gar nicht geliefert hat.

11. Polytrichum (Eupolytrichum) nanocephalum n. sp.; caules solitarii perpusilli flexuosi gracillimi simplices: folia caulina inferiora dense appressa minuta squamaeformia vaginata caulem amplexantia aurantiaco-membranacea laxiuscule reticulatâ in acumen brevissimum acutissimum tenue producta, nervo angusto intense aurantiaco percursa, superiora in acumen longius acutum protracta, omnia integerrima, suprema in comam angustam nanam dense imbricata parva, e basi lato-vaginata laxiuscule reticulata aureâ in laminam robustam lanceolatam summitate grossius denticulatam plus minus involutam acutam attenuata, nervo lata lamelloso laminam fere totam occupante percursa. Caetera ignota.

Habitatio. Austro-Georgia, ad rupes des Köppenberges inter Grimmiaceas, 19. Majo 1883.

Ex habitu Polytricho microcephalo nob. Kerguelensi simillimum, sed multo minus atque foliis brunneo-pungentibus nec hyalino-cuspidatis raptim distinguendum. Species tenella forsan ad Pogonatum pertinens.

4. Trib. **Bryaceae.**

12. Mielichhoferia austro-georgica n. sp.; humilis compacta flavo-virens nitida; caulis gracilis pusillus innovationibus pluribus subclavato-julaceis perbrevibus divisus; folia caulina minuta conostomoideo-imbricata madore vix patula, inferiora laxe disposita superiora densius conferta, omnia amoene flavo-virentia ovate vel lanceolate acuminata acumine brevissimo plerumque semitorto denticulato terminata profunde carinata margine vix revoluta, nervo pro foliolo crasso flavo-virente in acumen acutum excurrente vel ante acumen dissoluto percursa, e cellulis firmis subincrassatis flavo-virentibus majusculis sed longiusculis areolata. Caetera ignota.

Habitatio. Austro Georgia, ad rupes des Vexirberges der Ostseite, 17. Februario 1882, cum Blindiis cespites parvos pulvinatos sistens.

Quoad pulvinulos compactos, caules pusillos veluti prolifero-innovatos atque folia minuta aureo-virentia facile distinguenda.

Wenn, wie ich glaube, diese Art mit Recht zu Mielichhoferia gestellt ist, so weicht sie als echt alpine kompakte Form von der auf Kerguelensland befindlichen höchst bedeutend ab, da M. Kerguelensis nicht zu jenen Arten gehört, deren ganze Tracht an Bryum crudum und dessen Verwandte erinnert. Dasselbe ist der Fall mit den aus Fuegia bekannten Arten, während nur M. demissa aus Chile mit der südgeorgischen Art zu vergleichen ist.

13. Bryum (Eubryum) obliquum n. sp.; dioicum; cespites pusilli flavo-virentes firmuli laxiusculi; caulis fastigiatim divisus humilis; folia caulina directione varia oblique et horride

flexuosa parvula, humore erecta patula e basi brevissime spathulatâ latiusculo-ovata plus minus oblique breviter acuminata acuta carinato-concava, margine angustissime pallide limbato integerrimo ubique peranguste revoluta, nervo crassiusculo virente flexuoso excurrente, cellulis majusculis utriculo primordiali viridi distinctissimo submaculatis; perichaetialia brunnescentia, e cellulis pellucidis laxis inanibus reticulata minus obliqua; theca (supramatura) in pedicello mediocri rubente subnutans mielichhoferioidea e collo tenui anguste cylindraceo-pyriformis curvata. Caetera ignota.

Habitatio. Austro-Georgia, Whaler-Bay, inter Bartramiam subpatentem cespitulum fructibus vetustis et valde junioribus sistens; 30. Novembri 1882.

Quoad cespitulum tenellum, folia parva oblique acuminata et flexuosa, angustissime limbata integerrima laxe maculate reticulata atque fructum mielichhoferioideum minutam prima inspectione distinguenda species propria elegantula. Flos masculus terminalis antheridiis et paraphysibus paucis.

Ich habe diese Art um so lieber beschrieben, als die Will'sche Sammlung sonderbarer Weise außer Bryum lamprocarpum und ein Paar anderen Arten kein weiteres Bryum enthält. Aus gleichem Grunde mochte ich auch an der folgenden Art nicht vorüber gehen; um so weniger, als sie eine dritte Sektion der Brya vertritt, welche durch ihr Fehlen auf Süd-Georgien geradezu eine geographische Lücke andeuten würde.

14. Bryum (Areodictyum) lamprocarpum n. sp., polygamum: planta annotina synoica innovatione mascula; cespites lati laxe cohaerentes radiculosi virides molles pollicares; caulis ramis appressis dichotomus humore carnosus mollis rubens; folia caulina laxe imbricata contorto-flexuosa angustata, madóre dilatata e basi longe et anguste decurrente breviter spathulatâ lato-ovata in acumen latum robustum elongatum breviter acutum protracta integerrima pallidissima, e serie duplici cellularum elongatarum angustarum angustissime marginata, e cellulis ubique magnis pellucidis elongatis granulis chlorophyllaceis marginalibus repletis

basi multo laxioribus eleganter reticulata, margine anguste revoluta, nervo pallido carinato excurrente; perichaetialia minora sed latiora brunnescentia laxissime reticulata plicato-concava; theca in pedunculo elongato rubro inclinata majuscula e collo eleganter globoso-pyriformis veluti inflata microstoma annulata ochracea splendens subpachyderma, operculo brevi conico; peristomii dentes externi robustiusculi lanceolato-subulati inferne aurantiaci superne pallidi linea longitudinali tenera notati parum cristati, interni illis aequilongi sed multo angustiores plus minus externis adhaerentes in subulam pallidam rugulosam producti, ciliolis singulis rudimentariis.

Habitatio. Austro-Georgia, auf der Landzunge, 22. Novembri 1882, cum fructibus supramaturis plerumque fatuis et fructibus juvenilibus. Cum fructibus maturis inter gramina (Dactylis cespitosa) 5. Novembri 1882. Quoque in fonte auf dem Hochplateau, sterile.

Planta speciosissima ditissime fertilis capsula magna e collo brevi inflato-pyriformi longe pedunculata prima fronte distinctissima, sporis paucis majusculis viridibus.

Dieses schöne Moos erinnert auf den ersten Blick durch seine reich entwickelten Früchte an unser Bryum pyriforme, ohne jedoch zu seiner Sektion zu gehören. Seine rechte Stelle glaube ich ihm in derjenigen Gruppe anzuweisen, zu welcher Bryum demissum und Br. Zierii gehören. Denn ich finde in dem Zellnetze des Blattes nicht die Senodictyum- oder Webera-Zelle, während die Frucht ganz und gar an die von Br. demissum (wenn selbige recht gut entwickelt und vollständig reif ist) nach Form und Glanz, besonders dadurch erinnert, daß die Kapsel selbst im überreifen Zustande noch völlig faltenlos, also aufgeblasen glatt ist, was sie der derben dicken Kapselhaut verdankt. In jeder Beziehung ist darum Br. lamprocarpum ein besonderer Gewinn für die Bryologie, indem es in schönster Entwickelung den Typus von Areodictyum (Zieria Schpr.) an einem so südlich gelegenen Punkte der Erdkugel zur geographischen Erscheinung bringt; um so mehr, als, wie es scheint, der Bryum-

Typus auf Süd-Georgien nur ärmlich vertreten ist. Freilich wäre das in einem polaren Lande unerhört, und ich möchte darum viel lieber annehmen, daß Herr Dr. Will nicht Gelegenheit hatte, noch andere Brya mit Frucht zu entdecken, und sie deshalb übersah, wie sich aus den übrigen Arten ergiebt, die ich nur zwischen anderen Moosen versteckt fand. Uebrigens scheint unser neues Moos nach Größe und Entwickelung sehr zu variiren; denn es tritt ebenso in sehr niedrigen wie hohen Rasen, mit großen und kleinen Früchten auf. Letztere haben anfangs keinen Glanz, sondern eine hell ockerfarbige Oberfläche, wie etwa Bryum pallens; dennoch gehen sie bei höchster Reife immer in die beschriebene Form mit glänzender Frucht über.

15. Bryum (Senodictyum) inflexum n. sp.; caulis gracillimus elongatus pollicaris laxifolius summitate tenuiter gemmaceus; folia caulina remotiuscula parva e basi longe et anguste decurrente ovali-acuminata profunde concava flava elegantia, acumine brevi indistincte denticulato obtusiusculo vel acutiori pro more inflexo, nervo crasso calloso-carinato virente ante summitatem dissoluto, margine basi solum indistincte revoluto, cellulis tenuibus longiusculis laxiusculis amoene chlorophyllosis. Caetera ignota.

Habitatio. Austro-Georgia, „Bach-Grund am Ausgange des Brocken-Thales" inter Psilopilum tapes n. sp., 23. Januario 1883.

Ex habitu Bryi austro-albicantis. nob. Kerguelensis, melius Bryi Ludwigii formis gracilescentibus affine; species tenella pulchella.

Es wäre höchst auffallend gewesen, wenn auf Süd-Georgien nicht verschiedene Arten der Sektion Senodictyum (Webera Schpr.) vorkämen, da doch gerade dieser Typus bis an den Pol alles organischen Lebens streift. Aus diesem Grunde habe ich die wenigen Spuren der neuen und niedlichen, durch lang herab laufende Blätter ausgezeichneten Art nicht unerwähnt lassen wollen.

16. Bryum (Senodictyum) amplirete n. sp.; cespites bipollicares lati laxi inferne radiculosi laxe cohaerentes superne pallidi inferne erubescentes; caulis flexuosus e basi fere latiu-

scule foliosus superne innovationes solitarias breviores apicem versus sensim crescentes emittens; folia caulina imbricata madore vix patula caulem subsquamiformi-obtegentia, e basi late cordato-ovalia breviter obtuse (folia seniora acutius) acuminata parum concava, nervo calloso-carinato crassiusculo pallido serius purpurascente in acumine evanido percursa, e cellulis magnis laxis teneris pellucidis parum chlorophyllosis aetate inanibus purpurascentibus reticulata, margine vix revoluta apice distincte brevissime denticulata. Caetera ignota.

Habitatio. Austro-Georgia, „am Fuße des Vexir-Berges, Südseite, in einer Wasser-Rinne", 14. Januario 1883.

Broyo austro-crudo nob. Kerguelensi simile, sed multo elatius robustius, areolatione folii laxa longe diversum.

Wie das vorstehend genannte Moos unser Br. crudum auf Kerguelens-Land vertritt, so wird letzteres durch die neue Art auf Süd-Georgien vertreten. Doch steht ihm Br. viridatum durch sein grünes Laub noch näher.

17. Bryum (Senodictyum) viridatum n. sp.; cespites lati viridissimi laxissimi; caulis subpollicaris flexuosus inferne nudiusculus apicem versus crescens; folia caulina laxe disposita squamaeformi-imbricata madore parum patula, e basi brevissima angustiore latiuscule ovata breviter acute acuminata planiuscula vix concava apice denticulata, nervo crassiusculo basi purpurascente superne viridi flexuoso ante acumen dissoluto percursa, e cellulis elongatis angustis chlorophyllosis viridissimis areolata. Caetera ignota.

Habitatio. Austro-Georgia, „Ostseite des Vexir-Berges" in fissuris rupium, 17. Febr. 1883, sterile.

Majus et robustius quam Br. crudum; cujus folia magis lanceolato-subulata sunt.

18. Bryum (Senodictyum) pulvinatum n. sp.; androgynum, antheridia per paria inter axilla foliorum floralium; cespites parvi pulvinati tenelli flavo-virentes subcompacti; caulis tenellus perpusillus comoso-foliosus inferne parum radiculosus innovationes

similes plures emittens; folia caulina in comam tenellam imbricata parva paulisper torta madore stricta, anguste lanceolato-acuminata longiuscula, margine infero concava superne distincte denticulata carinato-concava, nervo lato canaliculato calloso usque in acumen plus minus elongatum acutum producto percursa, e cellulis elongatis angustis firmis basin versus sensim majoribus laxioribus chlorophyllose tinctis reticulata, inferiora multo minora integerrima ovali-acuminata tenerius et pallidius reticulata; perich. omnium longiora et distinctius denticulata; theca in pedicello breviusculo flavo-rubente nutans minuta subpyriformi-ovalis pallide ochracea, operculo minuto cupulato acuto-mammillato, annulo latiusculo: peristomium tenellum parvum: dentes externi breves anguste lanceolati dense trabeculati sed vix cristati linea longitudinali destituti acumine brevi simplici terminati glabri, interni tenerrimi hyalini subadglutinati parum breviores, ciliolis singulis rudimentariis interpositis.

Habitatio Austro-Georgia, ad rupes „am Ausgange des Brockenthals" pulvinulos sistens cum Blindiis, 23. Januario 1883.

Species tenella ob modum crescendi pulvinatum et capsulam ovalem minute operculatam prima fronte distinguenda. Ex affinitate Bryi Ludwigii.

5. Trib. **Dicranaceae.**

19. Dicranum (Oncophorus) austro-georgicum n. sp.; cespites bipollicares molles flavo-virentes nitidi laxe cohaerentes radiculosi; caulis subgracilis flexuosus dichotome divisus apice valde falcatus; folia caulina laxe disposita secunda-falcata e basi amplexante cellulis alaribus permultis magnis fuscis mollibus planis veluti alatâ in laminam latiusculam convolutaceo-lanceolato-subulatam protracta, summitate solum subserrata, nervo angusto glabro in subula evanescente percursa, e cellulis ubique elongatis angustis ad parietes interruptis pallide flavis reticulata. Caetera ignota.

Habitatio. Austro-Georgia, „Vexir-Berg Ost-Seite", ad rupes in cespitibus magnis 17. Januario 1883, sterile.

Ex habitu Dicrani scoparii, sed foliis summitate solum subserratis jam diversum.

20. Dicranum (Orthodicranum) tenui-cuspidatum n. sp.; cespites elati subtripollicares pallide virentes densi radiculosi latiuscule cohaerentes; caulis flexuosus gracilis in cuspidem longiusculam involutam tenuem acutissimam protractus superne pallide virens inferne pallide ferrugineus fragilis; folia caulina dense appressa madore parum patula longiuscula angusta lanceolato-subulata capillaria subinvoluta integerrima stricta, nervo lato applanato excurrente glabro percursa, e cellulis elongatis ad parietes interruptis itaque subnodosis apicem versus sensim minoribus areolata, cellulis alaribus paucis laxissimis facillime deciduis ornata. Caetera ignota.

Habitatio. Austro-Georgia, inter gramina (Dactylis cespitosa) pulvinulos parvos sistens, 7. Januario 1883, sterile.

Ex habitu Dicrani elongati, sed cespites nec comapcti. An Orthodicranum vel quoad nervum latum applanatum Campylopus?

Es gelingt nur sehr schwer, die cellulae alares des Blattes dieser Art zu sehen; denn dieselben liegen als kleine Gruppe mitten zwischen dem Blattnetze der Blatt-Basis, und zwar so zart und vergänglich, daß sie fast immer verloren sind, wenn man ein Blatt abgelöst hat. Doch liegen sie flach in dem flachen Blattnetze.

21. Blindia grimmiacea n. sp.; monoica; cespites latiuscule hemisphaerici grimmiacei viridissimi densiusculi sed humore laxe cohaerentes; caulis tenellus parvulus multoties dichotome breviter ramosus; folia caulina laxe disposita minuta horridule patula madore juniperoideo-patula, e basi anguste lanceolatâ in subulam breviusculam obtusiuscule acuminatam vix falcatulam attenuata, nervo pro exiguitate folii latiusculo in subulam evanescente percursa, parum involutacea integerrima, e cellulis minutis rotundatis distincte seriatim dispositis chlorophyllosis mollibus basi majoribus magis hexagonis areolata, cellulis alaribus paucis parenchymaticis planis fuscescentibus ornata; perichaetialia intima

e basi longe vaginata laxe reticulatâ in subulam brevissimam protracta; theca in pedunculo perbrevi flavido tenro vix curvulo minuta ovalis, operculo subulato, dentibus brevibus subulatis, calyptra minuta glabra.

Habitatio. Austro-Georgia, ad rupes „am Ausgange des Brocken-Thales" in pulvinulis vigens, 23. Januario 1883, fructibus juvenilibus et senioribus.

Species inter congeneres forsan minima, partibus omnibus exigua, habitu grimmiaceo facile cognoscenda. Flos masculus in ramulo proprio terminalis foliis minoribus.

Eine reizende Variation des Blindia-Typus, der, wie Fuegia und Kerguelensland bereits gezeigt haben, in immer neuer Verarbeitung gerade den antarktischen Gebieten angehört.

22. Blindia brevipes n. sp.; monoica; cespites pulvinati sordide virides tenelli parvi leptotrichacei laxe cohaerentes sed densiusculi; caulis pusillus ramulis brevibus robustulis pluries dichotome divisus; folia setosa laxe disposita erecta vix imbricata madore valde patula parva, e basi anguste lanceolatâ in subulam strictiusculam obscuriusculam tenuem attenuata ubique integerrima et involutacea, nervo angusto subexcurrente percursa, e cellulis minutis rotundato-quadratis basin versus rectangularibus incrassatis viridibus areolata, cellulis alaribus multis parvis hexagonis fuscatis ornata; perichaetialia multo majora e basi longa vaginata laxe reticulata aurantiaca superne incrassate oblongo-areolatâ in subulam plus minus elongatam canaliculatam flexuosam protracta; theca in pedicello perbrevi flavo erecta minuta ovalis, vetusta macrostoma; calyptra straminea angulata glabra. Caetera ignota.

Habitatio. Austro-Georgia, ad rupes des Köppenberges, 19. Majo 1883, c. fruct. vetustis paucis.

Ob folia setacea laxe disposita ex habitu alicujus Leptotrichi, ab omnibus fere congeneribus insulae theca breviter pedicellata diversa; a Bl. grimmiacea brevipede foliis tenuibus setaceis involutaceis raptim recedens; a Bl. dicranellacea foliis setaceis simili areolatione folii incrassata jam longe distincta.

23. Blindia subinclinata n. sp., monoica; cespites pulvinati subcompacti tenelli flavo-virides inferne nigricantes; caulis pusillus pluries dichotome divisus; folia caulina parva horride falcata nec crispula firma, madore erecto-patula, e basi angusta oblongata vel ovata margine erectâ in acumen subulatum flexuosum subinvolutaceum apice obscuriusculum viride attenuata integerrima tenera, nervo pro foliolo latiusculo in subulam evanescente percursa regulariter concava, e cellulis minutis rotundatis medio folii anguste rectangularibus basi longioribus ubique subincrassatis viridibus areolata, cellulis alaribus pro foliolo multis minutis planis laxioribus hexagonis mollibus plus minus fuscatis ornata; perichaetialia e basi longe vaginata e cellulis elongatis angustissimis areolatâ in subulam breviorem attenuata, superne ut caulina areolata, intima duo longe vaginata obtusate acuminata; theca in pedicello stramineo tenui longiusculo subinclinata vel subcernua breviter ovalis exannulata leptoderma ochracea brevicolla, operculo e basi conica rubra oblique subulato tenui, dentibus immersis breviusculis e basi pallida trabeculatâ in subulam purpuream tenuissimam fragilem productis glabris parvis.

Habitatio. Austro-Georgia, ad rupes der Ostseite des Berirberges, 17. Februario 1883, c. fr. maturis; am Ausgange des Brockenthales 23. Januario 1833 c. fr. mat.

A Bl. grimmiacea nob. pedunculo elongato, foliis perichaetialibus incrassato-areolatis, theca oblique disposita dentibusque peristomii semirubris jam certe distinguitur. Flos masculus in ramulo proprio brevissimo terminalis, foliis minoribus.

24. Blindia pallidifolia n. sp.; monoica; flores masculi terminales gemmacei ob innovationes multas laterales multi in surculo unico pergracili dichotome diviso; cespites tenelli pulvinati pallide flavescenti-virides inferne pallidi molles laxe cohaerentes; folia caulina crispula madore valde regulariter erecto-patula parva pallide virescentia, e basi perangusta lanceolata semivaginata in subulam longiusculam pluries flexuosam integerrimam profunde canaliculatam obscuriusculam attenuata glabra,

nervo pro foliolo latiusculo in subulam evanescente percursa, e cellulis minutis quadratis basin versus longioribus rectangularibus subincrassatis virescentibus areolata, cellulis alaribus nonnullis parvis planis hexagonis laxioribus ornata; perich majora latiora basi longiore magis oblongata; infima duo longe vaginata subobtusata; pedicellus longiusculus tenuis flavus, calyptra glabra pallida recta. Caetera ignota.

Habitatio. Austro-Georgia, Felsblöcke des südlichen Ufers der Landzunge, 13. Octobri 1882 c. fr. juvenilibus.

Bl. subinclinatae ob pedicellum longiusculum similis, sed cespitibus mollibus pallide flavescentibus inferne pallidis, foliis setaceis tenuibus longioribus valde crispulis et flexuosis diversa et Bl. crispulae nostrae Europaeae icon.

25. Blindia dicranellacea n. sp.; cespites subcompacte pulvinati intense viridissimi inferne pallidissimi tenelli pusilli laxe cohaerentes; caulis vix semipollicaris gracillimus parce dichotome divisus in gemmulam cuspidatissimam falcatulam teneram productus laxifolius; folio caulina appressiuscula erecto-imbricata madore subjuniperoideo-patula stricta parva, e basi angusta lanceolata concava in subulam longiorem angustissimam obtusiusculam subinvolutam integerrimam strictam vel subflexuosam attenuata, nervo pertenui viridi in subulam obscuriusculam evanescente percursa, e cellulis parvis valde chlorophyllosis mollibus angustis sed laxiusculis areolata, cellulis alaribus pro foliolo multis planis majusculis laxis hexagonis ornata. Caetera ignota.

Habitatio. Austro-Georgia, ad rupes am Ausgange des Brockenthales cum aliis Blindiae speciebus, 23. Januario 1883.

Species omnium Austro-Georgiae gracillima maxime tenella, ab omnibus congeneribus illius insulae gracilitudine omnium partium, foliis viridissimis in comam tenuissime cuspidatam apice surculi congestis laxiuscule molle reticulatis atque cellulis alaribus permagnis multis turgescentibus raptim distinguenda.

6. Trieb. **Bartramiaceae.**

26. Conostomum rhynchostegium **n. sp.**; dioicum; cespites pollicares et altiores compacti radiculoso-tomentosi inferne sordide pallidi superne flavescenti-virides duri; caules paralleli graciles pentastichi apice in ramulos paucos plerumque tres breviusculos divisi; folia caulina dense conferta erecta latiuscule lanceolato-acuminata, nervo carinato crassiusculo flavido excedente acute aristati ad marginem superum paululo revolutum vix denticulata, e cellulis basi laxis elongatis elegantibus pellucidis vel flavioribus apicem versus multo minoribus subquadratis pellucidis plus minus dense papillosis areolata, inferne cellulis angustioribus plus minus densiuscule et latiuscule marginata; perichaetialia similia sed arista longiore flavida apice hyalina terminata; theca in pedunculo vix semipollicari flexuoso rubente tenui subhorizontalis parvula sulcatula olivacea vel aetate ochracea, deoperculata supramatura vesiculoso-turgescens brunnea levior, microstoma, operculo conico in rostrum obliquum longiusculum acutum protracto, calyptra dimidiata majuscula cornea sordide flavida; peristomii dentes conum angustissimum purpureum apice fenestratum sistentes longiusculi, linea media exarati.

Habitatio: Quelle auf dem Hoch-Plateau in dicht verfilzten Polstern an Bach-Ufern, Januario 1883, cum fructibus maturis; Hoch-Plateau in der Nähe des kleinen Wasserfalles, 10. Majo 1883, cum fructibus supramaturis deoperculatis; Whaler-Bay, 30. Novembri 1882 cum fruct. valde juvenilibus calyptratis.

Planta mascula inter cespitem fertilem, flore masculo terminali inter ramulos duos subacauli, foliis e basi lato-ovata pellucida e cellulis amplis laxis reticulatâ in laminam lato-lanceolatam cuspidatam subaristatam protracta e cellulis valde incrassatis in membranam veluti striatam glaberrimam conflatis areolata, nervo lato indistincto excurrente. Antheridia paraphysibus multis aureis articulo brevissimo clavato coronatis mixta.

Conostomo australi Sw. simillimum, sed theca parva primo visu distinctum et C. boreali affinius. Planta ditissime fructifera!

27. Bartramia (Vaginella) leucolomacea n. sp.; dioica; cespites pollicares plus minus densi; caulis innovando divisus laxifolius; folia parum secunda glauco-viridia erecto-patula, e basi breviuscula vaginata laxe reticulata albidâ in laminam lanceolatam breviusculam carinatam parce serrulatam producta, nervo latiusculo in lamina indistincto excurrente percursa, ex apice baseos minutius reticulato usque ad medium folii margine veluti albido-limbata; perich. similia; theca in pedunculo semipollicari flexuoso crassiusculo rubro parum inclinata globosa parvula sulcata, operculo conico obtecta olivacea deinque rufa; peristomium duplex imperfectum: dentes externi e basi tenerrima albida articulata latiore angustissime lanceolato-cuspidati aurantiaci elongati densius articulati, linea longitudinali indistincta notati glaberrimi, madore valde radiato-reflexi, remoti; dentes interni rudimentarii.

Habitatio. Hoch-Plateau, in solo argilloso sicco, 23. Jan. 1883 c. fr. juvenilibus; Köppenberg ad rupes 18. Januario 1883 c. fr. maturescentibus.

Flos femineus terminalis innovando lateralis parvulus planiusculus, archegoniis angustissimis elongatis atque paraphysibus paucis tenuibus.

Ex affinitate Bartramiae ithyphyllae, foliis glauco-viridibus plus minus distincte secundis leucolomaceo-marginatis atque peristomio incompleto facile discernenda.

28. Bartramia. (Vaginella) pycnocoleos n. sp.; cespites densi molles unciales obscure virentes, inferne pallide ferruginei; caulis dichotome divisus ramis appressis gracilibus; folia caulina dense imbricata stricta, e basi longe et anguste vaginata apice haud dilatata elongate laxe reticulata glaberrima integerrimâ in subulam breviusculam robustiusculam carinatam minute areolatam ob papillas obscuram e basi usque ad summitatem denticulatam

dorso tenuiter scabram robuste acutam attenuata, nero latiusculo excurrente. Caetera ignota.

Habitatio. Austro-Georgia, ad rupes im Hochthale über dem oberen Whaler-Thale, 18. Martio 1883.

Ab omnibus congeneribus archipelagi austro-georgici cespite molli bicolore, ramis foliisque appressis jam primo intuitu distinguitur.

29. Bartramia (Vaginella) subpatens n. sp.; synoica; cespites semiunciales laxiusculi amoene viridissimi; caulis humilis dichotome divisus; folia caulina patentia e basi breviore cellulis elongatis angustis pellucidis laxiusculis reticulata ad marginem cellulis multo angustioribus albidis tenerioribus inferne veluti marginatâ in subulam plus minus reflexiusculo-patentem flexuosam longiorem angustam carinato-canaliculatam acutatam tenuiter denticulatam nervo omnino occupatam obscuram protracta; perichaetialia e basi longiore laxius reticulata longius subulata; theca in pedicello longiusculo pollicari rubro flexuoso glabro inclinata majuscula, e basi subquadratâ curvato-oblonga valde sulcata macrostoma, madefacta plus minus globosa e cellulis magnis laxis reticulata exannulata fusca, operculo depresso brevissime rostellato; peristomii dentes externi remoti anguste lanceolati subulati articulati superne linca longitudinali indistincta divisi aurantiaci, interni rudimentarie ad dentes externos adhaerentes tenuissime membranacei.

Habitatio. Austro-Georgia, Whaler-Bay, 30. Novbr. 1882, fructibus maturis.

Bartramiae patenti Brid. antarcticae simillima, sed minor et peristomio imperfecto diversa. Sporae majusculae brunneae.

30. Bartramia (Vaginella) Oreadella n. sp.; synoica; cespites densi pusilli glauco- vel sordido-virides; caulis pro exiguitate plantae robustiusculus dichotome divisus, ramis appressis; folia dense conferta plus minus stricta breviuscula, e basi breviuscula robusta elongate laxe flavide reticulata margine cellulis multo tenerioribus albide alatâ in subulam longiorem parum reflexam

carinato-concavam strictiusculam vel paululo flexuosam denticulatam acutam, nervo latiusculo omnino occupatam obscuram parum papillosam protracta; perichaetialia similia; theca in pedicello crassiusculo breviusculo rubro glabro strictiusculo paulisper inclinata parva oblique ovalis pachyderma coriacea brunnea tenuiter sulcata, ore parum constricta submicrostoma exannulata, operculo brevi cupulato oblique rostellato; peristomii dentes externi remoti anguste lanceolati articulati, apice linea longitudinali indistincta divisi, latere plus minus lacerati aurantiaci; interni aborti hic illic ad dentes externos rudimentarie adhaerentes; sporae majusculae amoene brunneae.

Habitatio. Austro-Georgia, in fissuris rupium des oberen Whaler-Thales, 23. Martio 1883, fructibus maturis.

Quoad formam thecae Bartramiae (Oreadellae) Oederi haud dissimilis, e capsulae forma, peristomio incompleto foliisque ad vaginam albide marginatis facillime distinguenda.

31. Bartramia (Catenularia) Willii n. sp.; pygmaea compacto-tomentosa simplex lineas paucas alta, fertilis paulisper robustior, ramulis brevissimiss minute gemmaceis granuliformibus vel longioribus verticillatim dispositis pluribus indistinctis divisus; folia caulina erecto-conferta madore patula cauli crassiusculo molli pallido inserta, e basi cordato-ovata in cuspidem longiusculam tenuem serrulatam summitate hyalinam pallidam attenuata tenera carinato-concava, margine angustissime revoluta serrulata, nervo latiusculo flaviore excurrente percursa, e cellulis minutis teneris pellucidis hexagonis punctulatis reticulata; perichaetialia calycem subrobustum terminalem rufescentem immersum sed distinctum sistentia multo robustiora, latiuscule ovato-acuminata, in aristam elongatam parce scabram prolangata, nervo latiore excurrente percursa, margine infero latius revoluta, e cellulis multo majoribus laxioribus glabrioribus reticulata. Caetera ignota.

Patria. Austro-Georgia, in fissuris rupium des Hoch-Plateaus, cum Hymenophyllo et aliis muscis pulvinulos compactos latos sistens.

Bartramiae exiguae. Sull ex habitu simillima, sed haecce species foliis scaberrimis cellulisque chlorophyllosis robustis jam toto coelo differt.

B. subexigua nob. Kerguelensis statura elongata valde ramosa prima inspectione distinguitur.

32. Bartramia (Philonotis) acicularis n. sp.; cespites supra-pollicares viridissimi denique nigrescentes densi radiculosi; caulis strictus simplex gracilis laxifolius serius crassior densius foliosus; folia caulina imbricata humore parum patula, e basi longe angustissime decurrente latiuscule ovato-acuminata, acumine piliformi tenui acutissimo paulisper reflexo terminata, margine vix revoluto ubique fere ob papillas tenerrimas minute denticulata, nervo crasso carinato viridi denique nigrescente strictiusculo ante acumen aciculare evanido percursa, e cellulis minutis basin versus longioribus reticulata. Caetera ignota.

Habitatio. Austro-Georgia, Hochplateau, 2. Majo 1883, sterilis.

Ex habitu Bartramiae fontanae, sed foliis aciculari-cuspidatis facile distinguenda.

B. graminicola nob. Kerguelensis proxima statura excelsa foliisque siccitate valde patulis jam recedit. Planta certe aquosa.

33. Meesea austro-georgica n. sp.; cespites bipollicares vel altiores lati parum radiculosi inferne ferruginei superne intense virides bryoidei; caulis elongatus gracilis simplex vel ramulos paucos graciles superne exmittens, inferne magis tristichus superne indistincte laxifolius; folia caulina siccitate paululo crispula madore strictiuscula, inferiora seniora e basi ovata lanceolato-cuspidata, nervo tenui carinato flavido in aristulam acutam producto percursa, margine erecto superne eroso-denticulato, cellulis pellucidis latiusculis subhexagonis teneris, juniora subcucullato-concava breviter acutata laxius reticulata evanidinervia. Caetera ignota.

Habitatio. In fonte des Hochplateaus, 16. Novembri 1882.

Ex habitu Bryo alicui simillima speciosa planta, gracilitudine caulium atque teneritate areolationis maxime distincta.

Die Entdeckung dieses Mooses gehört zu den interessantesten Beiträgen der Bryologie; um so mehr, als die Gattung Meesea bisher in den antipodischen Ländern nur den australischen Alpen zukam und selbst in dem Archipele des Feuerlandes, sowie Kerguelenlandes nicht gefunden wurde.

7. Trib. **Pottiaceae.**

34. Barbula (Syntrichia) fontana n. sp.; cespites lati suprapollicares molles amoene flavo-virides inferne rubiginosi; caulis parce dichotome divisus flaccidus flexuosus; folia caulina solitarie tortuosa vel crispula madore valde patula remotiuscula majuscula dilatata, e basi breviuscula tenera fuscuta cellulis laxis deciduis pellucides reticulatâ in laminam lato-ovatam acumine brevi complicato fusco-serrato terminata, margine ubique plano medio folii angustissimo revoluto apice fuscate crenato-serrulata, e cellulis hexagonis mollibus parvulis tenuiter punctulato-chlorophyllosis areolata, nervo crassiusculo calloso glabro pallido apice rubiginoso in acumine evanescente percursa. Caetera ignota.

Habitatio. Austro-Georgia, in fonte des Hochplateaus viride vegetans, 14. Martio 1883, sterile.

Species distinctissma propria incomparabilis aquatica.

Ich wüßte dieser sonderbaren Art keine zweite an die Seite zu stellen; denn die Blätter nehmen in Folge ihrer Lebensweise im Wasser einen ganz eigenen Ausdruck an, wie etwa Bryum cinclidioides unter den Bryum- oder Cinclidium unter den Mniazeen-Arten. In der That auch werden sie ganz Mnium-artig, zart, flach ausgebreitet, fast klebrig und sind darum in der Gipfelknospe kaum auseinander zu bringen. Doch könnte trotz der Unfruchtbarkeit der Exemplare nicht an ihrer Syntrichia-Natur gezweifelt werden. Die antarktischen Regionen bringen überhaupt die merkwürdigsten Syntrichien hervor, wie auch Kerguelens-Land zeigt.

35. Barbula (Syntrichia) runcinata n. sp.; dioica; cespites latissimi elati 2—3-pollicares molles flavo-virentes inferne rubiginosi radiculosi; caulis elongatus flexuosus, ramis elongatis vel brevioribus parce dichotome divisus; folia caulina longa crispatulo-flexuosa patula madore plus minus recurvata, e basi longiuscula cellulis elongatis laxis reticulata et cellulis angustioribus flavidis lato marginatâ in laminam elongatam latiusculo-lanceolatam flexuose acuminatam margine inferne valde revolutam superne rubiginose marginatam et subruncinato-serratam producta, nervo crassiusculo rubiginoso in acumine evanido percursa, e cellulis grossiuscule hexagonis distincte papillosis areolata; perich. similia; theca in pedicello brevi erecta parva angusta cylindracea, operculo longiusculo. Caetera ignota.

Habitatio. Austro-Georgia, copiose „an den Hängen in Wasser-Rinnen an sehr feuchten Stellen" et „oberhalb des magnetischen Observatoriums", Januario et Februario 1883 cum fructibus juvenilibus.

A Syntrichia Lepto-Syntrichia proxima caule longiore robustiore et foliis multo longioribus robustioribus papillosis grosse areolatis superne distincte runcinato-serratis facile distinguitur. Species elegans.

36. Barbula (Syntrichia) filaris n. sp.; synoica; cespites 1—2-pollicares sordide virides inferno fuscati subcompacti majusculi; caules laxe cohaerentes filiformes, ramulis aequalibus appressis parce dichotome divisi; folia caulina erecto-tortula parum patula madore erecto-patula, e basi brevi fibroso-decurrente oblongata cellulis elongatis angustiusculis laxis pellucidis medio baseos serius multo tenerioribus marcescentibus albidis reticulatâ in laminam parum reflexam oblongatam longiorem breviter acuminatam apice parce dentatam sed ubique papillis prominentibus majusculis margine et dorso valde asperam producta, nervo rubente crasso dorso glabro excedente rubro-pungentia, e cellulis robustiusculis hexagonis obscuris areolata. Caetera ignota.

Habitatio. Austro-Georgia, oberes Whalerthal, in rupium fissuris, 20. Martio 1883. Aquose crescere videtur.

A Syntrichia Lepto-Syntrichia ob caulem tenuem proxima caule filiformi, areolatione toto coelo diversa aliisque caracteribus longe distat. Species elegans distincta.

37. Barbula (Syntrichia) Lepto-Syntrichia n. sp.; dioica; caulis gracilis longiusculus flexuosus brevissime dichotome divisus; folia caulina parva erecto-imbricata crispatula madore juniperoideo-patentia, e basi brevi cellulis angustis elongatis reticulata et cellulis angustioribus flavidis lato-marginatâ in laminam oblongo-acuminatam plus minus undulatam margine latiuscule revolutam integram vel apice angustissime hyalino marginatulo indistincte eroso-denticulatam producta, nervo crasso rubente glabro in acumine brevi veluti abrupto robusto evanido percursa, e cellulis minute rotundatis incrassatis glabriusculis areolata; perich. intima minuta ovali-acuminata; theca in pedicello perbrevi rubro erecta parva breviter ovalis fusca, operculo aequilongo rubro, annulo latiusculo; peristomio inferne breviter tubuloso pallido superne in dentes elongatos rubros spiraliter tortos diviso.

Habitatio. Austro-Georgia, „an den Hängen in Wasser-Rinnen an feuchten Stellen", 10. Februario 1883.

Barbulae runcinatae praesertim capsula brevi-pedunculata simillima, sed caule gracili, foliis parvis integris atque areolatione folii minuta glabriuscula jam longe distans.

Leider hat Herr Dr. Will diese schöne Art nicht in größeren Rasen gesammelt, weil er an Ort und Stelle überzeugt war, nur fruchtbare Exemplare von Syntrichia runcinata vor sich zu haben, weshalb ich nichts von der Tracht der Rasen zu sagen weiß.

38. Barbula (Syntrichia) anacamptophylla n. sp.; caulis pusillus; folia caulina laxe disposita subdistantia siccitate et madore valde squarroso-recurva apice surculi stellatim imbricata madore semilunari-reflexa, suprema pauca flavo-virentia et fuscata caetera omnia nigricantia, e basi breviuscula anguste elongate laxiuscule reticulata medio baseos marcescente in laminam oblongo-acuminatam

regularem margine angustissime revolutam integerrimam vel indistincte minute crenulatam brevissime acutatam i. e. pungentem hyalinam vel fuscam attenuata, e cellulis minutis hexagonis nec incrassatis areolata, nervo crassiusculo ferrugineo percursa. Caetera ignota.

Habitatio. Austro-Georgia, inter alios muscos des oberen Whaler-Thales frustula pauca observavi.

Ex habitu primo visu Ångstroemiae squarrosae haud dissimilis, a B. Lepto-Syntrichia quoad folii formam et areolationem proxima humilitate surculi, foliis dimidio minoribus maxime squarroso-reflexis regularibus apice nec hyalino-marginatis nigricantibus atque areolatione nec incrassata certe distinguitur.

39. Willia grimmioides n. gen. et n. sp.; dioica; cespites majusculi grimmiacei pulvinati laxe cohaerentes friabiles griseo-virides; caulis humilis gracilis perfecte grimmiaceus multoties dichotome divisus; folia caulina erecto-conferta madore patula parva, e basi perangusta pellucida cellulis angustis longiusculis laxe reticulatâ subspathulato-oblongata stricta elegantia regulariter concava, margine integerrimo erecta basi uno latere vix revoluta, apice rotundata vel acuminulato subcrenulato angustissime albata, nervo crassiusculo flavo-virente in pilum hyalinum longiusculum vix flexuosum et vix denticulatum protracto percursa, e cellulis obscurioribus hexagonis parvulis griseo-viridibus granuloso-chlorophyllosis areolata, cellulis marginalibus magis incrassatis veluti limbata; perichaetialia multo majora latiora, e basi elongata cellulis longis laxis mollibus reticulata involutaceo-vaginatâ in acumen robustum, cellulis pro magnitudine folii paucis parvis hexagonis obscurioribus areolatum producta, acumine decolorato hyalino robusto lato scarioso in pilum longe ascendente terminata, pilo longiore hyalino coronata; calyptra majuscula robusta apice glabra haud spiraliter torta laxe reticulata, basi lobis pluribus inflexis rotundatis incisis hookeriaceis ornata inferne plicatula mitriformis; theca parum exserta cylindraceo-ovalis, operculo conico recto nec

spiraliter torto obtecta, annulo lato persistente ore coarctato incrassato, peristomio nullo.

Habitatio. Austra-Georgia, ad rupes des Köppenberges, 19. Majo 1883.

Ex habitu Grimmiae stoloniferae nob. Kerguelensis, sed robustior.

Nach der vorstehenden Beschreibung bildet das merkwürdige Moos auf alle Fälle eine Gruppe für sich, welche sich dicht an Syntrichia knüpft und den Rang einer Gattung beansprucht. Auf den oberflächlichen Blick hin glaubte ich es immer mit einer Grimmia zu thun zu haben; um so mehr, als das Moos ganz auffallend an Grimmia stolonifera von Kerguelens-Lande erinnert. Um so überraschter war ich, bei der ersten genaueren Untersuchung den Syntrichia-Typus der Gattung Barbula zu finden. Nur fiel es mir sogleich auf, daß die Blätter ähnlich wie bei Eubarbula steif-aufrecht waren und das Blattnetz doch mit dem von Syntrichia stimmte. Es lag somit eine Mittelform vor, und diese bestätigte sich noch überdies durch die merkwürdige hyaline Umsäumung der Blattspitze nach der Weise der Leucoloma-Arten, welche bei den Kelchblättern beständig vorhanden ist und hier eine trockenhäutige lang gezogene Spitze bildet, die sich breit an dem langen hyalinen Haare der Blattspitzen hinauf zieht und dieses Haar gleichsam zu einem geflügelten macht. Ein Merkmal, daß mir noch bei keinem anderen Moose, selbst kaum bei Barbula chloronotos in dieser Ausdehnung vorgekommen ist. Damit Hand in Hand, weicht auch die Mütze der Frucht ab, welche glücklicherweise vorhanden ist, da das Moos mit jugendlicher Frucht gesammelt wurde. Diese Mütze ist von Haus aus glockenförmig-cylindrisch und hat ganz die Form der Hookeria-Mütze, insofern sie am Grunde in mehrere Lappen sich theilt, welche, abgerundet wie sie sind, wiederum sich einmal spalten und mehr oder weniger einwärts gebogen sind. Mithin streift diese Mütze, welche überdies kein spiralförmig gedrehtes Zellnetz besitzt, an Streptopogon heran, welche Gattung sofort durch das Splachnumartige Blattnetz abweicht. Das Alles deutet darauf hin, daß wir es mit einer ganz eigenthümlichen Gattung zu thun haben, von welcher der Sammler glücklicherweise reife Früchte fand. In Folge alles dessen aber läßt sich die neue Gattung dahin formuliren: folia Syntrichiae, sed stricta Eubarbulae, apice hyalino-limbata, calyptra capsulam omnino obtegens cylindrico-campanulata basi in lobos rotundatos incisos subinflexos hookerioideo-divisa; peristomium nullum. Ob Mitten's Streptopogon australis von Kerguelens-Land hierher gehört, weiß ich nicht zu sagen, vermuthe es aber beinahe. Jedenfalls haben wir es mit einer recht distinguirten Gattung zu thun, die sich schon durch ihre Perichätial-Blätter lebhaft auszeichnet, indem dieselben die Gattung hinreichend bemerklich machen. Selbst die äußeren Perigonial-Blätter beginnen dieses Merkmal zu zeigen, wenn auch nicht in jener ausgedehnten Art, wie bei den Perichätial-Blättern. Die inneren Perigonial-Blätter werfen das Blatthaar allmählich ab und stumpfen sich abgerundet zu, so daß sie rippenlos kaum noch eine schmale Schicht hexagoner papillöser Zellen über dem lockeren Blattnetze des Grundes besitzen. Die Saftfäden sind fadenförmig und werden nach oben ein wenig keulenförmig; die Antheridien sind groß. Die ganze männliche Blüthe steht terminal auf einem eigenen schmächtigeren Stengel, während ihr zur Seite ein kleiner Trieb aufs Neue einen Sproß zu bilden beginnt.

8. Trib. **Grimmiaceae.**

40. Grimmia (Platystoma) urnulacea n. sp.; monoica, flos masculus infra capsulam anguste gemmaceus; cespites parvi tenelli pulvinati viridaceo-incani; caulis pusillus ramulis aequalibus madore turgescentibus fastigiato-divisus, sub fructu ramulum brevem foliis minoribus vix pilosis emittens; folia caulina horride patula madore valde erecto-patula parva, e basi anguste oblonga in acumen breviusculum multo angustius percurrentia integerrima, pilo hyalino breviusculo acuto denticulato terminata, margine inferne angustissime revoluta, nervo tenui canaliculato usque ad pilum excurrente percursa, e cellulis flavo-viridibus teneris subquadratis basin versus longioribus angustis mollibus magis hexagonis tenerioribus areolata; perich. majora laxius areolata haud

emersa; theca immersa sed oculo visibilis aurantiaco-rubra urnacea macrostoma minuta, dentibus pro exiguitate capsulae robustis latolanceolatis rubris subinflexis subintegerrimis vix hic illic perforatis. Caetera ignota.

Habitatio. Austro-Georgia, ad rupes am Ausgange des Brockenthales, cum Gümbelia immerso-leucophaea consociata, 23. Januario 1883.

Ex habitu Gr. anodontis, sed peristomata. Species tenella elegans.

41. Grimmia (Platystoma) occulta n. sp.; monoica; cespites humiles pulvinati sordide virescentes parum incani laxe cohaerentes; caulis pusillus gracilis in ramulos nonnullos parallelos aequales apice plus minus brevissime ramulosos fastigiatim divisus; folia caulina minuta conferta madore juniperoideo-patula, e basi oblonga concava in laminam lanceolato-acuminatam muticam vel brevissime hyalino-mucronatam profunde canaliculatam attenuata, margine infero utrinque plus minus revoluta integerrima, nervo crassiusculo calloso ferrugineo ante pilum breve pro more reflexum denticulatum percursa, e cellulis minutis rotundatis basi longioribus parallelogrammis mollioribus areolata, sordide ferrugineo-viridia; perich. plura stricta multo majora elongata in laminam longe acuminatam profunde canaliculatam excurrentinerviam protracta, pilo latiore longiore terminata, margine e basi usque ad apicem revoluta, e cellulis mollioribus pallide virentibus basi longioribus angustis areolata; theca profunde immersa oculo haud visibilis parva ovali-urnacea, operculo robusto basi callosocupulato recte rostellato; dentibus latis robustis; calyptra minutissima longistyla facile decidua glabra basi in lobulos plures divisa mitriformis.

Habitatio. Austro-Georgia, inter muscos, 6. Febr. 1883 cum fruct. vetustis et junioribus.

Grimmiae apocarpae similis, sed foliis perichaetialibus elongatis in comam strictam angustam plus minus clausam dispositis, capsula occulta profunde immersa, calyptra minutissima perfecte mitriformi longistyla aliisque caracteribus remotissima. — Flos masculus infra femineum lateralis gemmaceus, foliis parvis sed longiusculis obtusiuscule mucronatis.

Der Trivialname „occulta" ist nicht streng wörtlich zu nehmen, da die Kapsel sichtbar wird, sobald sich der Kelch im Trocknen auseinander schlägt. Sonst gilt er für den feuchten Zustand, wo sich das Perichätium zusammen legt.

42. Grimmia (Eugrimmia) syntrichiacea n. sp.; cespites vix pollicares laxe pulvinati rubelli; caulis pergracilis simplex vel ramulis apressis parum dichotome divisus syntrichiaceus firmus; folia caulina parva erecto-conferta madore paulisper juniperoideo-patula, e basi anguste ovali lanceolato-acuminata integerrima profunde carinato-concava margine angustissime revoluta, nervo tenui ferrugineo ante apicem pilo hyalino stricto brevi vel longiore latiusculo denticulato coronatum evanido percursa, e cellulis minutis distinctis rotundatis apicem versus minoribus pallide rubentibus areolata. Caetera ignota.

Habitatio. Austro-Georgia, Felsblöcke des südlichen Ufers der Landzunge, inter Blindiam pallidifoliam n. sp. specimina perpauca, 13. Oct. 1882.

Ex habitu Gr. stoloniferam nob. Kerguelensem in memoriam redigens, sed haecce species robustior et pilis valde incana.

43. Grimmia (Dryptodon) hyalino-cuspidata n. sp.; monoica; caulis pusillus inferne defoliatus superne in ramulos brevissimos robustiusculos dichotomos fastigiatim divisus; folia caulina squamiformi-orthotrichaceo-imbricata, madore flexilia patula pro plantula majuscula, e basi parum angustiore ovato- vel oblongato-lanceolata breviter acuminata mutica vel acumine robustiusculo obtusiuscule pungente apice plus minus hyalino-cuspidato terminata integerrima, margine infero ad latus unicum anguste revoluta, concava sed aperta, nervo angusto subexcurrente vix ferrugineo in canalicula profunda percursa, e cellulis grossiusculis incrassatis membranam flavidam firmam diaphanam sistentibus

quadrato-rotundatis basin versus dolioliformibus crenulatis areolata, basi infima ferruginea; perich. duo emersa omnium maxima lato-ovalia brevissime acuminata, interiora longe hyalino-cuspidata; capsula semiglobosa immerso, sed oculo visibilis, operculo sub-oblique rostrato, calyptra minuta glabra basi crenulata tenera; dentibus rubris robustis latis hic illic perforatis.

Habitatio. Austro-Georgia, ad rupes des Köppenberges 19. Majo 1883; Südwest-Gletscherthal, 7. Majo 1883.

Ex habitu Dryptodonti suborthotrichaceo Kerguelensi aliquantulum similis, sed multo minor et tenuior, exiguitate surculi, robustitate folii in cuspidem hyalinam attenuati atque capsula immersa perichaetio magno paucifolio inclusa facile discernibilis, magis ad Grimmiam serrato-mucronatam nob. Kerguelensem quoad habitum et exiguitate accedens.

44. Grimmia (Dryptodon) austro-patens n. sp.; cespites pulvinati depressuli laxe cohaerentes tenelli parvi virides; caulis pusillus ramulis brevibus dichotome divisus; folia caulina parva erecto-conferta, madore hygrometrica juniperoideo-patula, e basi anguste oblongâ lanceolata-acuminata; in pilum brevem pungentem saepius brevissimum hyalinum attenuata, margine integerrimo infero latius supero angustissime revoluta supremo erecta, nervo latiusculo profunde canaliculato dorso glabro percursa concava, e cellulis minutissimis rotundatis basin versus dolioliformibus latere crenulatis minutis omnibus viridissimis mollibus areolata. Caetera ignota.

Habitatio. Austro-Georgia, Bach-Grund oberhalb des Pinguin-Thales, 26. Januario 1883.

A Dryptodonte patente exiguitate partium omnium atque folii nervo dorso glabro nec alato jam differt.

45. Grimma (Rhacomitrium) Willii n. sp.; cespites lati laxi bipollicares flavo-virides robusti; caulis ramulis permultis perbrevibus usque fere ad apicem acutiusculum veluti pinnulatus subturgescens; folia caulina erecto-imbricata madore patula parum setacea, e basi latiuscula oblonga plerumque undulato-plicatâ

longiuscule acuminata, pilo hyalino denticulato breviusculo terminata, margine hic illic undulato integerrimo valde revoluta, nervo profunde canaliculato tenui excurrente glabro percursa, e cellulis breviusculis dolioliformibus valde crenulatis firmis subincrassatis areolata. Caetera ignota.

Habitatio. Austro-Georgia, ad rupes im Hintergrunde des Thales rechts am Südwest-Gletscher cespites magnos sistens, 10. Majo 1883, sterilis.

Ex habitu ad Rh. fasciculare aliquantulum accedens, robustitate surculi pinnatuli flavescentis turgescentis firmi primo visu distinguenda species.

46. Grimmia (Rhacomitrium) glacialis n. sp.; cespites elati circa 4-pollicares densiusculi molles incani; caules elongati graciles ramulis brevissimis gracilibus usque fere ad apicem pinnulati stricti vel parum flexuosi; folia caulina horride patula madore erecto-patula, acumine terminali piliformi protracto hyalino subulato dentibus runcinatis latiusculis tenuiter papilloso-asperis hyalinis supra basin folii egredientibus ornato coronata, margine valde revoluta, nervo profunde canaliculato excurrente percursa, e cellulis majusculis sordideviridibus vel flavioribus valde incrassatis et crenulatis areolata. Caetera ignota.

Habitatio. Austro-Georgia, Brockenthal ad rupes cespites magnos sistens; Whalerthal und am großen Gletscher, 10. Febr. 1883, sterilis.

Ex habitu Rh. chrysoblasti Kerguelensis, sed haecce species areolis pulchre aureis multo minoribus jam distinguitur.

47. Gümbelia (Eugümbelia) immerso-leucophaea n. sp.; dioica; cespites parvuli densi sed madore laxe cohaerentes valde incani; caulis breviusculus multoties dichotome divisus apice flavescens inferne fuscatus gracilis tenellus vix pollicaris; folia caulina dense imbricata humore patula in spiram indistinctam disposita parva, e basi angustiore peranguste lineali-oblongatâ in pilum elongatum-latiusculum hyalinum vix denticulatum flexuosum producto cymbiformi-concava, margine erecto integerrima, nervo

angustisimo plano ad pilum abrupto percursa, e cellulis pulchre flavis minutis quadratis basi majoribus laxioribus marginem laxius reticulatum angustum sistentibus areolata; perich. multo majora vesiculoso-emersa flavida; multo majus areolata; theca immersa parva semiovalis minuta mollis leptoderma exannulata, operculo majusculo magnitudinem capsulae fere attingente robusto conico erecto vix curvulo, dentibus regularibus lanceolatis tenuibus medio longitudinaliter minuti perforatis; calyptra minuta dimidiata glabra.

Habitatio. Austro-Georgia, ad rupes im Brockenthale raro, 23. Januario 1883; ad rupes des Köppenberges, 19. Majo 1883 cum fructibus calyptratis.

Ex habitu Gr. leucophaeae, quoad capsulam immersam Gr. Tergestinam referens, ab utraque specie foliis angustissime oblongis minutis thecaque semiovali urnigera et calyptra dimidiata toto coelo differt; Gr. minutulae nob. Kerguelensi proxima, sed foliis in spiram indistinctam laxe dispositis jam distincta. Species tenella pulchella. Areolatio viridis folii ante pilum ligulato-abrupta.

9. Trib. **Hypnaceae.**

48. Hypnum (Brachythecium) georgico-glareosum n. sp.; cespites bipollicares molles sulphureo-flavi inferne fuscati densi sed laxe cohaerentes robusti; caules stricti paralleli robustiuscule teretes breviter grimmaceo-cuspidati pluries dichotome vel fastigiatim divisi; folia caulina dense conferta julaceo-imbricata madore parum patula, e basi brevissime decurrente late ovata, acumine lato breviter subulato terminata, basi plicata et ad marginem lato-revoluta integerrima, nervo tenuissimo flavo carinato mediano percursa, e cellulis amoene flavis angustis elongatis reticulata, cellulis alaribus magis parenchyanticis pellucidis parvulis ornata. Caetera ignota.

Habitatio. Austro-Georgia, „Quelle auf dem Hochplateau"

cum Hypno austro-fluviatili, 14. Julio 1883, sterile; Landzunge", rarius, 14. Januario 1883, sterile.

Hypno austro-glareoso Kerguelensi simillimum et proximum, sed multo brevius atque foliis multo brevius subulatis primo adspectu distinguendum. Species elegans.

So nahe auch diese schöne Art dem Hypnum austro-glareosum steht, so weicht letzteres doch sofort durch die folia lanceolato-acuminata subulata longitudine tota plicata ab. Uebrigens sind die Stengel der Exemplare von der südgeorgischen Landzunge nicht so stielrund, wie die aus der Quelle des Plateau's; doch sind beide schwerlich von einander zu trennen.

49. Hypnum (Drepanocladus) austro-stramincum n. sp.; cespites latissimi elati 2—3-pollicares viridissimi inferne ferruginei laxe cohaerentes molles; caulis elongatus gracilis simplex inferne laxifolius apicem versus densius foliosus apice gemmaceo-cuspidatus strictiusculus flaccidus; folia caulina patula superiora densiuscule imbricata, e basi late et laxe reticulate decurrente lato-ovalia, acumine brevi plus minus obtusiusculo cellulis supremis nonnullis pellucidioribus majoribus ornato plus minus inflexo terminata, integerrima vel cellulis marginalibus parum protuberantibus pseudo-denticulata, margine baseos valde revoluta, profundius concava saepius plicatula, nervo virente angustiusculo ante acumen evanido percursa, e cellulis majusculis longiusculis laxiusculis utriculo primordiali flexuoso valde chlorophyllosis reticulata. Caetera ignota.

Habitatio. Austro-Georgia, in locis paludosis „der Landzunge", 25. Januario 1883, sterile.

Ab Hypno stramineo simili differt: caule flaccido molliore viridissimo aliisque caracteribus. Ex habitu Hypno pseudo-stramineo nob. (H. fluitans var.) simillimum et proximum.

Var. *α*. gracillimum: caule graciliore, foliis longiuscule acuminatis plus minus involutaceis.

Habitatio. Eodem loco in paludibus profundis, 7. Jan. 1883, sterile.

Die helleren, größeren Zellen an der Spitze des Blattes theilt das schöne Moos mit H. stramineum und H. pseudo-stramineum.

var. β. subfluitans; caule longiore valde flexuoso apice plus minus falcato, foliis remotis multo majoribus e cellulis angustioribus longioribus reticulatis.

Habitatio. Eodem loco in locis profundis prope „dem großen Teiche", 14. Januario 1883, sterile.

Habitus Hypni fluitantis, sed maxime flexuosus et flaccidus.

Nach dem Vorstehenden durchläuft das schöne Moos dieselben Verwandlungen nach der Art seines Standortes und dessen Wasser-Verhältnissen, wie unser H. fluitans, mit welchem es die größte Aehnlichkeit hat. Ich würde es darum ohne Weiteres auch zu dieser Art ziehen, wenn nicht die mehr oder weniger abgestumpfte und einwärts gebogene Blattspitze wäre, die H. fluitans nicht besitzt. Diese, sowie das weit lockerere Zellnetz, müssen mich aber bestimmen, die Arten auseinander zu halten, da wahrscheinlich die Früchte erst den rechten Unterschied bedingen werden. Auf Kerguelens-Lande kommt eine ähnliche, doch noch kräftigere Art (H. austro-fluitans mihi) vor. Die größeren und helleren Zellen der Blattspitze verlängern sich bei var. β zu mehr oder weniger langen braunen Wurzelfasern.

50. Hypnum (Drepanocladus) georgico-uncinatum n. sp.; cespites bipollicares flavescenti-virides inferne ferruginei nitidi densiusculi sed laxe cohaerentes radiculosi; caulis simpliciusculus flexuosus gracilis apice falcatus; folia caulina parva laxiuscule imbricata secunda, e basi latiuscule ovata distincte plicatâ in laminam subulatam valde falcatam integerrimam tenuiter cuspidatissimam pro more cincinnatam attenuata, margine plerumque ad latus unicum revoluta, nervo tenui flavescente in subula evanido percursa, e cellulis minutis pallide flavescentibus angustis densis areolata, cellulis alaribus parvis multis hexagonis pellucidioribus ornata. Caetera ignota.

Habitatio. Austro-Georgia, „Köppenberg, Sumpf auf der Westseite", 18. I. 1883.

Foliis cincinnato-subulatis jam distinguendum.

51. Hypnum (Drepanophyllaria) austro-fluviatile n. sp.; cespites bipollicares densiusculi radiculosi sordide virides vel viridissimi inferne sordide ferruginei; caules subparalleli-assurgentes et appressi subsimplices vel parum breviter ramosi graciles summitate minuti gemmacei stricti; folia caulina laxe conferta complicata parum torta parva, madore juniperoideo-patula, e basi paulisper decurrente anguste cordato-ovali lanceolato-subulata falcatula, nervo crasso viridi calloso in subulam attracto percursa concava, margine integerrima erecta, e cellulis parvis firmis viridi-flavidis chlorophyllosis areolata; inter axilla foliorum paraphyllia foliformia solitaria vel fasciculata. Caetera ignota.

Habitatio. Austro-Georgia, „Quelle auf dem Hochplateau", 14. Julio 1883, sterile.

Habitus Hypni fluviatilis, sed haecce species foliis obtusiuscule subulatis jam differt.

52. Hypnum (Plagiothecium) georgico-antarcticum n. sp.; dioicum; cespites lati intense viridissimi splendentes inferne pallidissime rubentes intertexti mollissimi; caulis pollicaris latiusculus parce divisus compressus flaccidulus flexuosus, folia caulina densiuscule imbricata madore patula, e basi angustiore longe decurrente lato-ovata et lato-acuminata, acumine brevi acuto integerrimo terminata, margine infero ad latus unicum revoluta, symmetrica, nervis binis tenuissimis longiusculis divergentibus carinatis ornata parum concava, e cellulis elongatis angustis chlorophyllosis eleganter reticulata. Caetera ignota.

Habitatio. Austro-Georgia, in rupium fissuris am Ausgange des Brockenthales, 24. Januario 1883; latere orientali des Vexirberges in rupium fissuris, 17. Febr. 1883.

Plagiothecio antarctico Mitt. proximum, sed splendore, colore intense chlorophylloso, reticulatione eleganter chlorophylloso atque acumine integerrimo distinguitur.

So nahe auch immer diese Art der von Kerguelens-Lande steht, habe ich doch nicht gewagt, sie beide zusammen zu bringen, da die beregten Unterschiede mich davon abhielten. Ich vermuthe deshalb, daß die durchschlagenden Unterschiede erst recht durch die Frucht gegeben sein werden. Im Ganzen genommen, sieht das Moos äußerlich mehr dem Pl. sylvaticum und Pl. denticulatum ähnlich, als dem Pl. antarticum, welches mehr zu Pl. Röseanum hinneigt.

12.

Lichenes,

quos elaboravit

Dr. J. Müller (Müll. Arg.)

1. Leptogium Menziesii Montg. Chili 223 (ster.); bei der Drehkuppel und bei der Sternwarte: Will Nr. 19.

2. Cladonia rangiferina Hoffm. Flor. Germ. p. 114 (ster.); sehr häufig auf trockenem steinigem Boden. — Will Nr. 14.

3. Cladonia furcata Hoffm. v. subpungens Müll. Arg. in Flora 1886 Lichenolog. Beitr. No. 989; 2-3-pollicaris; podetia modice fastigiatim ramosa, recta et erecta, sparsius aut densius foliolosa, summitates subuliformes et castaneo-fuscae. — Habitus ut in var. subulata Flk., sed foliolosa et saltem superne castanea et superficies grosse corticato-granulosa. — Inter Cl. rangiferinam et Cl. bellidifloram immixta: Hochplateau am Fuße des Brockens.

4. Cladonia pyxidata Fries Lichenogr. europ. p. 216 (Cl. neglecta Flk. Clad. p. 49); an der Landzunge zwischen Dactylis: Will Nr. 12 pr. min. parte immixta cum Psoromate hypnorum v. deaurato.

5. Cladonia bellidiflora f. ventricosa Flörke Clad. p. 97; parce fertilis: Hochplateau am Fuße des Brockens.

6. Cladonia cornucopioides v. pleurota Nyl. Syn. p. 221 (subster.); am Köppenberg: Will Nr. 15.

7. Stereocaulon magellanicum Th. Fries Monogr. Stereoc. p. 55 (St. alpino β botryoso Laur. et Schaer. Enum. nimis affine) Hochplateau am Fuße des Vexirberges: Will Nr. 16 (ster.).

8. Neuropogon melaxanthus (Ach.) Nyl. Syn. p. 272; in dichten Rasen auf Felsen, sehr gemein: Will Nr. 6 pr. p. — Neuropogon melaxanthus β sorediifer Crombie in Journ. of the Linn. Soc. vol. XV. p. 182. — Mit der Normalform: Will Nr. 6 pr. p.

9. Sticta endochrysea Del. Stict. p. 43; in Menge am südlichen Fuße des Vexirberges: Will Nr. 8 pr. p.

10. Sticta Freycinetii Del. Stict. p. 124; häufig am südlichen Fuße des Vexirberges auf steinigem nur wenig grasigem Boden; Will Nr. 8 pr. p. (mixt. c. St. endochrysea).

11. Psoroma hypnorum β deauratum Nyl. Scand. p. 121; Landzunge: Will Nr. 12.

12. Amphiloma elegans β granulosum; Parmelia elegans b granulosa Schaer. Enum. p. 52; auf Felsen an der Landzunge: Will.

13. Amphiloma millegranum Müll. Arg. L. B. No. 990, thallus fulvus v. dein vitellino-fulvus, demum fere totus granulis irregularibus laevibus fere corallinis obtectus aut formatus; radii marginales brevissimi, apice valde applanati et minute albo-ciliolati; apothecia adpressa v. innato-sessilia, 1—1⅓ mm lata, plana v. subplana, nuda, margine tenuiter prominente et valide granuligero cum thallo concolore cincta, discus margine leviter obscurior; sporae in ascis 8-nae, globoso-ellipsoideae, 11—14 μ longae et 8—11 μ latae. — Proxime accedit ad A. granulosum Müll. Arg., sed magis aurantiaco-fulvum, tenuius et copiosius granuligerum et laciniae ultimae apice adpresso-adplanatae (subinde obsoletae) et ciliolatae sunt. — Auf primitivem Gestein bei der Landzunge: Dr. Will.

14. Amphiloma dimorphum Müll. Arg. Lichenol. Beitr. Nr. 991; thallus aurantiaco-fulvus, fere undique crebre coralloideo-glebosus et feracissimus, laevis, ad peripheriam in lacinulas breves applanatas albido-ciliolatas abiens, haud granuligerus; apothecia 1—1½ mm lata, adpressa, saepe conferta et thallum fere obtegentia, plana v. demum convexa, margo integer et laevis, cum thallo concolor, demum obsoletus, discus margine paullo obscurior; sporae in ascis 8-nae, 13—16 μ longae, 5—7 μ latae, fusiformi-ellipsoideae. — Color thalli ut in A. elegante Körb., apothecia ut in A. murorum Körb. Thallus fere undique e lacinulis densis coralloideis ramulosis brevibus apice fertilibus formatus, ad peripheriam autem arcte adplanatus est ut in A. millegrano et A. deplanato Müll. Arg. A. simili A. elegante v. granuloso dein lacinulis apice applanatis nec turgido-convexis statim recognoscendum est. — Die Felsen an der Landzunge weit überziehend: Will Nr. 20.

15. Sporastatia Morio β coracina Th. Fries Arct. p. 224; am Vexirberg.

16. Pertusaria (s. Ochrolechia) antarctica Müll. Arg. L. B. No. 992; thallus albidus, e continuo et laevi mox rimoso-areolatus; areolae planae, contiguae, demum obsolete gibboso-inaequales et subrimulosae; apothecia primum depresso-hemisphaerica, crassissime obtuse marginata, demum sessilia, evoluta 3—4½ mm lata, margo prominens, crebre radiatim plicatulus, demum undulatus; discus concolor; lamina superne fuscescens, caeterum hyalina; sporae in ascis 4—8-nae, ellipsoideae, 55—65 μ longae et 27—33 μ latae, leptodermiae. — A proxima P. parella, sc. Lecanora parella Ach., in eo differt, quod thalli areolae supra planae et apothecia duplo majora. — Auf Felsen am Vexirberg: Dr. Will et Schrader, und in der Magalhaenstraße am Port William Stanley: W. Lechler Nr. 53.

17. Pertusaria lactea Nyl. in Lamy Catal. p. 90; Südostseite des Vexirberges, mehrfach aber bloß steril gesammelt.

18. Heterothecium Willianum Müll. Arg. Lich. Beitr. Nr. 993; thallus albus v. albidus, instratus, tenuiter tartareo-granularis, granula confluentia aut thallum varie subgranularem formantia, e substrato summopere varia; apothecia tota intense cinnamomeo-ferruginea, 1—2 mm lata, sessilia, crasse marginata, primum leviter urceolaria, demum subplana; margo minute verruculoso-exasperatus, caeterum integer, cum disco demum asperulo concolor; epithecium fusco-ferrugineum, lamina caeterum cum hypothecio hyalina; paraphyses capillares, facile liberae; asci angusti, superne pachydermei, 1-spori; sporae subhyalinae, 40—62 μ longae, circ. 25—27 μ latae, valde parenchymatosae, transversim circ. 15—18 septatae, loculi multilocellati. — Species insignis, affinis H. Mariae s. Brigantiaeae Mariae Trev. Brigant. in Linnaea v. 28. p. 285 et H. leucoxantho Mass. Esam. p. 17. — Wurzeln und abgestorbene Grashalme überwuchernd am Meerufer bei der Station: Dr. Will Nr. 18.

19. Lecidea (s. Lecidella) tenebrosula Müll. Arg. L. B. No. 994; thallus cinereo — v. plumbeo — nigricans, opacus, diffracto-areolatus; areolae angulosae, planae; apothecia $\frac{3-4}{10}$ mm lata, innata, in areolis solitaria, semper plana, vix demum apice leviter emergentia, non distincte marginata, nigra et opaca, nuda, intus obscurata; epithecium atro-viride aut fere atro-caeruleum; lamina et hypothecium hyalina; paraphyses separabiles; asci sublineari-cylindrici, 8-spori; sporae subuniseriales, ellipsoideae aut ovoideae, 10—13 μ longae, $5^1/_2$—6 μ latae. — Prope L. subtenebrosam, L. umbricolorem et L. obumbratam Nyl. locanda est, a quibus omnibus jam colore epithecii recedit. — An Felsen am Vexirberg: Dr. Will.

20. Lecidea (s. Lecidella) protrudens Müll. Arg. L. B. No. 995; thallus albidus, tenuis, minute rimuloso-areolatus; areolae angulosae, subplanae; hypothallus plumbeo-obscurus; apothecia in areolis solitaria, vulgo centralia, novella e centro hemisphaerico-protrudentia et tum quasi thallino-obvallata, dein plana, semper immersa, evoluta $\frac{3-4}{10}$ mm attingentia, subimmarginata et a thallo

circumscissa, tota nigra; epithecium virens; lamina hyalina; hypothecium hyalinum v. paullo obscuratum; sporae in ascis 8-nae, 11—13 μ longae, 6—7 μ latae, ellipsoideae. — Prope L. disjungendam Crombie Revis. of the Kerg. Lich. p. IV locanda est. — Am Vexirberg, aber höchst sparsam angetroffen: Dr. Will.

21. Lecidea Dicksonii Ach. Meth. p. 55; Thal des südwestlichen Gletschers.

22. Lecidea (s. Eulecidea) austro-georgica Müll. Arg. L. B. No. 996; thallus cinereo-albidus, in hypothallo plumbeo-nigricante effusus, tenuiter rimuloso-areolatus, tenuis; apothecia evoluta $\frac{5-9}{10}$ mm lata, crassiuscula, adpresso-sessilia, primum crasse involuto-marginata et urceolari-concava, demum minus concava, tota nigra; discus opacus, margo paullo nitidulus; epithecium nigro-viride; lamina hyalina; epithecium fuscescens aut fuscum; paraphyses subseparabiles; sporae in ascis 8-nae, subbiseriales, 9—11 μ longae et $4^1/_2$—$5^1/_2$ μ latae, ellipsoideae, utrinque rotundato-obtusae. — Prima fronte L. verticosam Flk. fere simulat, sed thallus et apothecia differunt. Apothecia longe magis emersa et crassius marginata sunt quam in L. confluente Ach. — An Felsen.

23. Buellia stellulata Mudd Man. p. 216; auf Felsen am Vexirberg.

24. Buellia subconcava Müll. Arg. L. B. No. 997; thallus subtenuis, fuscidulo-cinereus v. fuscidulo-glaucus, crebre diffracto-areolatus; areolae planae, angulosae, gibboso-inaequales; apothecia copiosa, nigra, $^1/_2$ mm lata, inter areolas innato-sessilia; demum distinctius emergentia, concava, prominenter et tenuiter marginata, nuda, opaca; margo demum subundulatus; epithecium fuscum; lamina hyalina; hypothecium superne late pallidum, inferne crassum et fuscum; asci 8-spori; sporae 12—17 μ longae, 6—9 μ latae, ellipsoideae, vulgo utrinque late rotundato-obtusae, medio leviter constrictae. — Valde affinis nostrae B. concavae brasiliensi, sed thalli areolae majores, haud laeves, non albidae, apotheciorum discus magis concavus, hypothecium inferne longe

crassius fuscum et sporae ambitu latiores. — Auf der Insel östlich der Landzunge.

25. Buellia austro-georgica Müll. Arg. L. B. No. 998; thalli areolae in hypothallo nigro demum grisello sparsae, planae, angulosae, plicatulae, viridi-citrinae, circiter 1/2 mm latae; apothecia inter areolas sita iisque paullo minora, angulosa, immersa, plana, tenuiter et prominenter nigro — v. demum cinerascenti — marginata, nigra, opaca; epithecium fusco-nigrum v. subviolaceo-nigrescens; lamina hyalina; hypothecium pallide fuscum, haud crassum; sporae in ascis glomeratae, 2-loculares, olivaceo-nigricantes, 12—14 μ longae, 7 μ latae, medio subconstrictae; loculi vix inaequales. — Similis Buelliae effiguratae Anzi aut Rhizocarpi geographici varietati atrovirenti, sed thallus pallidior, areolae planae et sporae parvae, aliter constructae, halone distincto carentes. — Vexirberg: Will.

26. Rhizocarpon geographicum α contiguum Mass. Ric. p. 100; Vexirberg: Will. — Rhizocarpon geographicum v. atroviride Müll. Arg. L. B. No. 999; thalli areolae discretae et insulatim confertae, parvae et planae, flavo-virides, laevigatae; apothecia inter areolas in hypothallo copioso aterrimo conferta, subcontigua et subangulosa, immersa, concava. — Sporae cum specie conveniunt. — Praeter areolas planas et apothecia immersa omnino nigra omnia sunt ut in Rh. geographici v. atrovirente. Tota obscurius colorata est quam Rh. geographicum α contiguum. — Mit der vorigen Varietät.

13.

Filices

von

K. Prantl.

Nr. 31. Hymenophyllum peltatum Desv. (= H. Wilsoni Hook.), und zwar von der Normalform abweichend durch derbere Zellwände des Blattgewebes. Die Art kommt in den Gebirgen Süd-Amerikas von Cap Horn bis Chile, sowie am Cap der guten Hoffnung, in Tasmanien, Bourbon, auf den canarischen Inseln, Azoren, Madeira, sowie in Europa (Westfrankreich, England, Irland, Faröer, Norwegen) vor.

Felsen am Ausgange des Brockenthales, in Spalten, dichte Rasen bildend. Sehr häufig. 23. I. 83. leg. Will.

Ost-Seite des (Vexirberges) „Krokisius" in Felsspalten, dichte Rasen bildend. Sehr häufig. 17. II. 83.

Nr. 32. Aspidium mohrioides Bory. Kommt sonst in Süd-Amerika von der Magelhaens-Straße bis Chili, sowie auf der Marion-Insel vor.

Ost-Seite des Pirnerberges, am Rande einer Wasserrinne in der Nähe der sogenannten Südwest-Huck. 6. II. 83. leg. E. Mosthaff.

Nr. 33. Cystopteris fragilis Bernh. Verbreitet auf den Gebirgen fast der ganzen Erdoberfläche; die nächsten Fundorte sind die Umgebungen der Magalhaens-Straße.

Felswand im Hintergrund des oberen Whalerthales, in einer absoluten Höhe von 132 Meter. 18. III. 83. leg. Will.

14.

Die Süßwasseralgenflora von Süd-Géorgien

von

P. F. Reinsch.

Mit 4 Tafeln.

Die Untersuchung der Flora der einfachst organisirten Vegetabilien von irgend einem Lokalgebiete und noch mehr von den entlegensten Orten der Erdoberfläche hat für die Wissenschaft ein besonderes Interesse. Nicht als ob das bloße Verzeichniß der Species, welches zur Vervollständigung der Naturgeschichte irgend eines Landstriches erforderlich ist, der einzige Nutzen für die Wissenschaft sei, vielmehr deuten diese Verzeichnisse von Süßwasser-Algenspecies bestimmter Landstriche auf einige bemerkenswerthe Thatsachen nicht bloß in Hinsicht der geographischen Verbreitung dieser Gewächse, sondern auch auf einige Thatsachen von allgemeinerer Tragweite, auf die organische Welt überhaupt. Ich verstehe darunter die Frage hinsichtlich der Variabilität d. h. der durch Accomodation bedingten Variation der Species. Es läßt sich für das einfachste organische Leben (die individualisirte Zelle) a priori wohl annehmen, daß die in der leichten Transferirbarkeit der Keime vermittelst der Atmosphäre bedingte kosmopolitische Natur dieser Gewächse, Analoga hinsichtlich der geographischen Verbreitung der höher organisirten Gewächse ausschließt.

Die unter den verschiedensten Klimaten und äußeren Lebensbedingungen lebenden Species der mikroskopischen Algen haben sich so wenig invariabel erwiesen, daß man für diese Gewächse entweder Ausnahme-Gesetze präponiren muß, von den für die organische Welt überhaupt als geltend gemachten, oder aber das sogenannte Accomodationsvermögen als Faktor zur Umbildung von Species für die organische Welt überhaupt nicht existirend ansehen muß. Es ergiebt sich ferner, daß eine weit größere Anzahl guter Species dieser Gewächse existirt, als man geglaubt hat für diese ansprechen zu dürfen, daß die durchscheinbar geringfügige Unterschiede, bei den Desmidien z. B. einzelne Warzen, Höcker, verschiedene Dicke und Schichtung der Zellenmembran, Vertheilung von Prominenzen u. a. m. bei häufig völlig gleichem Umrisse, als Uebergangszustände und lokale Spielarten gedeuteten zahlreichen Formen in der That durch überaus konstante Merkmale als Species sich erhärtet haben, trotzdem daß bei einer großen Anzahl dieser Pflanzen gerade zu einer leichteren Transmutation durch die Eigenthümlichkeit biologischer Vorgänge (Copulation) der Weg hierzu geöffnet wäre.

Der bis jetzt bekannte südlichste Punkt der Erde, von welchem Süßwasser-Algen bekannt geworden sind, ist Kerguelens-Insel gewesen (49° s. Br.), fast genau in der Mitte von der Südspitze von Afrika und Australien gelegen. Eine kleine Sammlung von getrockneten und in Spiritus aufbewahrten Specimens stammte von der britischen Expedition zur Beobachtung des Venus-Durchganges im Jahre 1874/75 und war von Herrn A. Eaton gesammelt; sie lieferte mir das Material zur Untersuchung der Kerguelens Algenflora, welche einige sehr bemerkenswerthe neue Daten ergeben hat über die geographische Verbreitung der Süßwasser-Algen im Allgemeinen und speciell über das relative Verhältniß der Species der Haupt-Abtheilungen der Süßwasser-Algen auf einer so kleinen Fläche Festlandes, welche von dem nächst gelegenen Punkte des afrikanischen Continentes sowohl wie auch Australiens durch den Ocean in einem Zwischenraume von über 1000 geographischen Meilen getrennt ist. Mein in dem botanischen Theile der Ergebnisse dieser wissenschaftlichen Expedition enthaltener ausführlicher Bericht[1]) enthält 106 Species Süßwasser-Algen wovon sind:

Diatomaceae 21 in 13 genera,
Phycochromophyceae 23 in 18 genera,
Chlorophyllophyceae 50 in 30 genera,
Melanophyceae und Rhodophyceae 2 Spec. in 2 genera.

[1]) Algae aquae dulcis Insulae Kerguelensis auctore Paulo Friderico Reinsch. Philos. Transact. Trans. of Venus Exped. Botany. London 1876.

Von diesen sind 18 Species Kerguelens-Insel eigenthümlich. Die Gesammtzahl der Phanerogamen auf Kerguelens-Insel beträgt nach J. D. Hooker's Bericht (ebenda Obs. on the Botany of Kerg.-Isl.) 21, während in Süd-Georgien (54° s. Br.), welches um 200 geographische Meilen südlicher liegt, noch weniger Blüthenpflanzen vorkommen.

Die Gesammtzahl der Species an Süßwasser-Algen auf Süd-Georgien wurde in den untersuchten Objekten zu 74 bestimmt. Davon sind:

Chlorophyllophyceae	53
Phycochromophyceae	5
Diatomaceae	19

Nach den einzelnen Abtheilungen vertheilen sich die Species wie folgt:

Palmellaceae, Protococcaceae, Volvocineae	21
Desmidieae	20
Ulothrichaceae	2
Ulvaceae	3
Vaucheriaceae	2
Oedogoniaceae	4
Confervaceae	1

Der Procentsatz für die Hauptabtheilungen beziffert sich für beide Orte wie folgt:

Procente an	Kerguelens-Insel	Süd Georgien
Chlorophyllophyceae	47	71
Phycochromophyceae	12	7
Diatomaceae	19	21

Die Objecte der Untersuchung sind 10 an der Zahl, nämlich 7 Specimens in Spiritus und 3 Specimens getrocknet, sämmtlich von Herrn Dr. H. Will in der Nähe des Beobachtungshauses gesammelt.

Diatomophyceae.

Fragillaria virescens Ralp.

Lat. 21—25 μ.

Long. 6 μ.

Inter Spirogyram Waterbay.

Melosira Spec.

M. frustulis, valvisque cylindraceis laevibus, subtumidis, utrimque applanatis, arctissime connatis, diametro subaequalibus (et latitudine paulo majore)

Lat. 6 μ.

Inter Spirogyram, Waterbay.

Von der nächsten M. varians unterschieden durch viel kleinere Dimensionen (7 bis 9fach kleiner) und durch die ganz glatten Zellen.

Navicula elliptica. Kütz. (Schmidt. Heft II. Tab. 7. Fig. 29).

Long. 35 μ.

Lat. 16 μ.

Stimmt in den Dimensionen mit den von Schmidt abgebildeten Specimens überein.

Navicula tenella. Bréb. (Schmidt. Heft 12. Tab. 47. Fig. 45).

Long. 21 μ.

Navicula. Spec.

Long. 40 μ.

Lat. 14 μ.

Diese Navicula stimmt im Umrisse und in der Berippung mit der bei Schmidt, Heft 12. Tab. 47. Fig. 47. abgebildeten (nicht bestimmten) Navicula nahe überein. Die Longitudinalstreifen etwas distinkter. Das bei Schmidt abgebildete Specimen hat Long. 55 μ, Lat. 15 μ.

Navicula viridula. Rabenh.

Long. 32 μ.

Lat. 10 μ.

Eine andere ganz gleiche Form, nur etwas größer Long. 59 μ.

Navicula affinis. Ehr. var. Schmidt. Tab. 49. Fig. 23.

Long. 18 μ.

Navicula? producta. Smith. Schmidt. Tab. 50. Fig. 47.

Long. 40 μ.

Navicula amphirhynchus. Ehr. Schmidt. Tab. 49. Fig. 27. Das abgebildete Specimen etwas größer, fast ganz gleich.

Long. 37 μ.

Navicula? oblongella. Naeg. Schmidt. Tab. 7. Fig. 52.

Long. 14 μ.

Lat. 4 μ.

Pinnularia viridis. Ehr.

Long. 121 μ.

Lat. 19 μ.

Ganz die typische gewöhnliche Form.

Pinnularia viridula. Rabenh.

Long. 59 μ.

Ceratoneis Spec.

Long. 37 μ.

Stauroneis Phoenicenteron. Ehr.

Long. 143—156 μ.

Grammonema Spec.

Lat. 16 μ.

Long. 4 μ.

Aulodiscus Suspectus. A. S. Schmidt. Tab. 36. Fig. 18. Das abgebildete Specimen ist ein wenig größer, diam. 78 μ, sonst genau übereinstimmend.

Denticula frigida Kütz.

Long. 21 μ.

Synedra Ulna. Ehrenb.

C. forma valvis lineari lanceolatis.

Long. 112 μ.

Lat. 9 μ.

Collectonema neglectum Thwaites.

Long. 43 μ.

Lat. 11 μ.

C. calvis elliptico-lanceolatis, sub polis non constrictis, striis transversis marginem lateralem adtingentibus.

In dem Diatomaceen-Gemenge, welches mit einzelnen Fäden des Rhizoclonium durchsetzt ist, 3—4 mm lange ästige Fädchen bildend.

Englische Specimens 40—50 μ Long.

Phycochromophyceae.

Chamaesiphon incrustans Grunow.

var. laxa.

Ch. minimus, trichomatibus in substrato dispersis et laxe collocatis, breviter cylindraceis, articulis indistinctis, articulo superiore distincto.

Long. 3—5 μ.

(Tab. III. Fig. 14. a. b.).

In Oedogonio et Vaucheria Spec.

Whalesbay.

Diese zu den kleinsten Chamäsiphen gehörige Form habe ich zu der kleinsten Species, mit der die Trichome übereinstimmen, gestellt. Sie unterscheidet sich aber von der typischen Form durch die nicht gedrängte Stellung der Trichome, welche bei der typischen Form pflasterförmig aneinander gedrängt sind, während sie bei dieser nur vereinzelt oder in kleinen Trüppchen vorkommen.

? Spirulina Spec.

Sp. trichomatibus crassioribus, indistincte articulatis, pallide viridibus, dense spiraliter contortis, polis attenuatis productis rectis, in muco pellucido crasso nidulantibus.

Long. trichomatis 58 μ.

Crass. trichom. 3 μ.

(Tab. III. Fig. 15).

In Entomostrocae minoris testa affixa. Inter Oedogonium. Whalesbay.

Diese nur in einem einzigen Specimen beobachtete nicht ganz zweifellose Spiruline, weil die Quertheilung nicht deutlich genug erhalten ist, würde eine eigene, von den bekannten und größeren Species (Sp. Jenneri, Ardissonii, Braunii) durch die fadenförmig verlängerten Pole sehr verschiedene Species darstellen.

Anabaena subtilissima Kützing.

Forma. Trichomatibus solitariis, cellulis sphaericis arcte

connexis, sporis subellipsoidicis passim interjectis, cellularum diametro subtriplo majoribus, cytiodermate subcrasso.

Diam. cellularum 1—2 μ.

Diam. sporarum 4—5 μ.

(Tab. IV. Fig. 2).

In trichomatibus singulis et aggregatis in testis ramis Entomostracorum inclusis.

Diese Anabaene stimmt in der Form und Größe der vegetativen Zellen mit der typischen Form der A. subtilissima und unterscheidet sich von der letzteren durch die ellipsoiden, dickwandigen Sporen.

Die Anab. involuta Reinsch (Alg. Ins. Kerguel. p. 67. Linn. Transact. XV. 299) unterscheidet sich von A. subtilissima durch sphärische dickwandige Sporen, deren Durchmesser nur wenig breiter als der vegetativen Zellen ist.

Nostoc paludosum Kützing. (Tab. Phyc. II. p. 1. Nr. 547).

Cellulis perdurantibus articulis sphaericis dense connexis paulo latioribus, cytiodermate subcrasso, distincto, hyalino.

Diam. Thalli regulariter sphaerici 140—265 μ.

diam. cellularum 1,5—2 μ.

diam. cellular. perdurantium 2—3 μ.

(Tab. IV. Fig. 5).

Inter Oedogonii caespitulos.

Diese wenig variable Species findet sich sowohl freischwimmend und in vereinzelten Thallen, wie auch in kleineren Massen zusammengehäuft, welche an Wasserpflanzen festsitzen.

Sirosiphon panniformis. Kütz.

Forma tenuior. Ramis adscendentibus uniseriatis, filis depressis duplo latioribus biseriatis.

Latit. 11—17 μ.

(Tab. III. Fig. 13).

Inter muscos aquaticos (Fontinalis). Diese wurde nur in einem einzigen Fragmente gefunden in dem Algengemenge mit Oedogonien. Das S. panniformis ist eine in der Verästelung und in der Größe der Zellen sehr variable Species.

Chlorophyllophyceae, (Palmellaceae, Protococcaceae, Volvocineae.)

Acanthococcus granulatus, Reinsch. (Ber. Deutsche botan. Gesellsch., Band IV. p. 239, Tab. XI Fig. 3. 4). Cellulae minutulae sphaericae, solitariae; membrana subcrassa ($^1/_6$—$^1/_8$ diametri), verruculis acutiusculis obtecta, cytioplasmate grosse granuloso, subcolorato.

Diam. cellular. 8—9,5 μ.

(Tab. I, Fig. 1. 2.)

Inter Oedogonii et Hormosporae caespitulos Waterbay.

Diese Form stimmt fast ganz genau in der Größe mit einer bei Erlangen beobachteten Form überein (l. c. Fig. 3. 4). Nur in wenigen Specimens beobachtet und diese immer vereinzelt. Die Form von Erlangen bildet häufig kleinere Familien. Die Membran ist gleich dick, die Warzen sind stumpflicher.

Die erste bekannt gewordene Form des Palmellaceen-Genus Acanthococcus wurde von mir unter dem Namen Palmella hirta (Reinsch, Algenfl. v. Franken. p. 56, Tab. III Fig. 4) beschrieben, späterhin von Lagerheim als eigenes Genus aufgestellt.

Acanthococcus Hystrix, Reinsch. (Ber. Deutsche botan. Gesellsch., Band IV. p. 241. Tab. XI. Fig. 1 a. b.).

Cellulae solitariae regulariter sphaericae; membrana tenuis $^1/_{25}$—$^1/_{30}$ cellulae diametri), spinulis gracilioribus, aequalibus, piliformibus, numerosissimis dense vestita. Longitudo spinularum $^1/_{12}$ usque $^1/_{15}$ cellulae diametri.

Diam. cellular. 43—46 μ. Longit. spinular. 4—7 μ.

(Tab. I. Fig. 3).

Inter Oedogonii et Hormosporae caespitulos. Waterbay.

Diese Species könnte leicht mit der Zygospore einiger der kleineren Staurastrum-Arten verwechselt werden (St. dejectum, margaritaceum u. a.). Die Unterschiede, auf welche ich in meiner Monographie der Acanthococcen (l. c. p. 238) hingewiesen habe, lassen aber wohl kaum eine Verwechselung zu.

Gloeocystis ampla. Kützing. (Gloeocapsa ampla Kütz. Tab. Phycol. I. Tab. 3. Fig. III).

Forma. 1. Cellulis majoribus oblongis et ellipsoidicis, familiis 4 cellularibus evolutis et cellulis majoribus indivisis in thallum sphaerice limitatum associatis.

Diam. Long. cellular. evolut. 15—18 μ.

Diam. transv. cellular. evolut. 6—9 μ.

Diam. famil. 4 cellularis 25—30 μ.

Diam. Thalli limitati 47—70 μ.

(Tab. I. Fig. 7a, 7b, 7c).

In Thallis minoribus Algis (Oedogonium) affixa et libere natans. Waterbay, Whalesbay.

Diese Form, welche sich in den Algen-Aufsammlungen von beiden Standorten findet, unterscheidet sich von der typischen Form durch größere Zellen, welche im entwickelten Zustande bei den vierzelligen Familien ellipsoidisch sind. Die Zellen der typischen Form sind sphärisch bis eiförmig und haben 9—12 μ diam. Es findet sich eine große Anzahl acht- und vierzelliger Familien in einem unregelmäßig begrenzten Thallus zusammengehäuft; ich habe jedoch von Georgia nur solche Specimens mit wenigen (3—4) Familien und regelmäßig begrenztem Thallus gefunden.

Gloeocystis ampla. Kütz. Forma. 2. Thallo rotundato, cellulis indivisis sphaericis tegumento crasso, usque cellulae diametro subaequante, indistincte laminato, distinctissime limitato, granulis majoribus dense repletis; cellulis divisis quaternatis duplo minoribus.

Diam. cellular. indivisar. 11 μ.

Diam. cell. indiv. cum tegumento 18—23 μ.

Diam. famil. quaternat. 40—46 μ.

(Tab. I. Fig. 8).

Cum praecedente.

Gloeocystis vesiculosa. Naegeli.

Diam. cellular. in statu indiviso evoluto 5—6 μ.

Diam. cellular. quaternarium 3—4 μ.

Diam. familiar. irregulariter limitat. 156—185 μ.

Inter Oedogonii Caespitulos.

Stimmt in der Größe und Anordnung der Zellen überein mit der gewöhnlichen Form. Die Hüllen der ungetheilten Einzelzellen und der kleineren vierzelligen Familien sind nach außen sehr scharf begrenzt, deutlich geschichtet und von lichtbrechender Substanz. Gewöhnlich findet sich diese Species untergetaucht und an verschiedenen leblosen Gegenständen befestigt.

Scenedesmus obtusus. (Meyen).

Familiae octocellulares.

Lat. cellular. 12 μ.

Ist die gewöhnliche Form, wie sie in jedem stagnanten Süßwasser gefunden wird.

Scenedesmus aculeolatus. (Reinsch, Contrib. ad Flor. Alg. aq. dulc. prom. Bon. Spei. Linn. Soc. Journ. Vol. XVI. p. 238. Tab. VI. Fig. 1).

Forma octocellularis. Cellulis oblongo-cylindricis, utroque polo verruculis acutis compluribus exasperatis, cellulis ultimis bispinosis.

Lat. cellular. 12 μ.

(Tab. I. Fig. 6.)

Diese nur in wenigen Specimens in dem Algengemenge beobachtete Species stimmt sowohl in der Breite und Länge der Zellchen genau mit der vom Cap der guten Hoffnung beschriebenen Scenedesme überein. Die spitzen Wärzchen an den Polen der Zellchen sind kürzer und es finden sich mehrere. Das hierher gehörige Sc. denticulatus Lagerheim (Bidr. till käned. om Stockh. Ped. Bot. Palm. Vetensk. Förh. 1882. p. 61 (Taf. II. Fig. 13—17) unterscheidet sich nur durch breitere elliptische Zellchen, deren Pole mit nur zwei spitzigen Stächelchen bewehrt sind.

Polyedrium minimum. A. Braun. (Polyedrium Pynacidium Reinsch Algenfl. Frank. p. 80. Taf. III. Fig. III).

Forma trigona.

Diam. 9—11 μ.

(Tab. I. Fig. 8).

Eine dreiseitige Form dieser kleinsten Polyedrie ist bis jetzt noch nicht beobachtet worden. Ich zweifele aber nicht, daß diese hierher gehört und nicht eine kleinere wehrlose Form des P. trigonum darstellt.

Polyedrium tetragonum Naegeli.

Forma minor. (Reinsch. Monogr. Polyedr. 1888 p. 99. Tab. 4. Fig. 10. a. b.).

Cellulae marginibus repandis, angulis obtuso rotundatis.

Diam. 23 μ.

(Tab. I. Fig. 9).

Diese nur in einem Specimen beobachtete Polyedrie ist von einem kleinen Parasiten (α) inficirt.

? Polyedrium Spec. (Reinsch. Monogr. Polyedr. p. 13. Tab. 7. Fig. 5. a. b. c.).

Cellula subsphaerica et indistincte tetraëdrica; membrana subcrassa, prominentiis quaternis verruciformibus aequidistantibus instructa; Cytioplasma subtiliter dense granulosum.

Diam. 25 μ.

(Tab. IV. Fig. 6. a. b.)

Inter Spirogyram.

Diese nicht ganz zweifellose Polyedrie habe ich nur in einem guten und bestimmten Specimen vorgefunden. Die Struktur der Höckerchen der Membran erinnert sehr an die, nach Eintritt der Antherozoëen, mit kallöser Substanz wieder vernarbten Oeffnungen der Oogonienwandung bei Oedogonium und Bulbochaete. Es ist jedoch der Zellinhalt durch seine gleichförmige körnige Beschaffenheit verschieden. Eine ganz ähnliche (nur etwas kleinere) ? Polyedrie habe ich auch bei Erlangen beobachtet, welche aber nur 18 μ diam. hat (Tab. IV. Fig. 6. a.)

Ophiocytium parvulum. (Perty).

Forma brevis.

Polo uno cellulae incurvae sphaerice incrassato spinulo brevi apiculato.

Crassit. cellular. 3,5—5 μ.

Inter Ulothrichis et Oedogonii caespitulos. Whalesbay.

Specimens der Ophioc. parvulum von Erlangen sind 3,5 μ dick, fast um das Doppelte länger und schneckenförmig eingerollt, das kopfförmig verdickte Ende ist länger gestachelt.

Specimens von einem anderen Standorte von Franken haben dieselbe Dicke und Form des Zellendes wie die Georgischen, sind jedoch ebenfalls um das Doppelte länger.

Sorastrum Spec.

Familia sphaerica et subellipsoidica, 8 cellularis, ex cellulis regulariter sphaericis, inarmatis, intus angulose conjunctis composita; cytioplasma colore aerugineo-viridi, granulo singulo amylaceo majore et granulis compluribus minoribus subovalibus; membrana distinctissima, subcolorata.

Long. famil. 43 μ.

Diam. cellular. 12—15 μ.

(Tab. I. Fig. 5).

Inter Oedogonii Caespitulos. Waterbay.

Diese durch die einseitig enge mit einander verbundenen, völlig unbehüllten Zellchen unzweifelhafte Sorastre zeichnet sich von den übrigen Species durch die regulär kugelige Form der Zellchen aus. Die Färbung der Zellchen ist trotz des Alkohols, in welchem die Specimens aufbewahrt gewesen, immer noch erkennbar. Die Körnchen des Zellinhalts sind bedeutend größer als bei den anderen Sorastren und von länglicher Form. In den meisten Zellchen findet sich ein sehr deutlicher Amylumkern.

Die nur in zwei ganz gleichen Specimens beobachtete Form läßt es unentschieden, ob eine eigene Species mit unbewehrten Zellen oder unentwickelte Specimens bewehrter Species (S. aculeatum, spinulosum, bidentatum) vorliegen.

? Coelastrum Spec.

C e maximis, coenobio subsphaerico, intus excavato, cellulis angulosis, arctissime conjunctis, numerosissimis (100 et magis), extrorsum concaviter productis, introrsum angulosis, membrana subcrassa, subtiliter colorata.

Diam. coenobii 375 μ.

Diam. cellular. 15—18 μ.

(Tab. IV. Fig. 10. 11).

Inter Vaucheriam Spec. in fonte.

Diese eigenthümliche, entschieden zu den Protococcaceen gehörige einzellige Alge wurde in einem kompleten Specimen, freischwimmend zwischen der sterilen Vaucherie aufgefunden. Der Zellinhalt ist ziemlich homogen und mit einem einzigen Körnchen versehen, was zeigt, daß die Pflanze nicht in der Vermehrung begriffen war.

Hydrianum heteromorphum (Reinsch. Contrib. Algol. et Fungol. p. 80. Tab. XI. Chlorophylloph. Fig. 3.)

Longit. cellularum evolutarum apertarum 13—15 μ.

Longit. cellul. inapertarum 5—8 μ.

(Tab. I. Fig. 15. a. b. c. d. e. f. g.)

In Oedogonio, in cellulis apertis et inapertis. Waterbay.

Die geöffneten und entleerten Zellen haben eine kurz cylindrische und länglich ovoide Form, das durch die plötzliche Verengerung der Basis gebildete Pedicell ist etwas schlanker als bei der früher abgebildeten Form von Erlangen (Fig. 3. d. h. i. K.), welche ein klein wenig größer ist (Long. 18—20 μ). Bei der letzteren sind die entleerten Zellchen etwas länger und genau cylindrisch. Die ersten Zustände der nicht entleerten Zellchen sind birnförmig (Fig. 3. b. c. e.). Zuletzt im Zustande der inneren Theilung geht die Gestalt in eine mehr kugelig-eiförmige über (Fig. 3. f. g.). Bei der georgischen Form sind die ersten Zustände etwas länglicher, mit weniger deutlich ausgebildetem Pedicell.

Die mit den Pflänzchen bewachsenen Oedogoniumfäden sind in der Regel dicht damit bekleidet, ganz ähnlich wie bei den Specimens von Erlangen, welche auf größeren Stigeoclonien (St. viride, amoenum u. a.) vorkommen.

Das gleichzeitige Vorkommen sowohl geöffneter als ungeöffneter Zellchen zeigt an, daß die Pflanze zur Zeit des Sammelns im propagirenden Zustande sich befand. Es finden sich auch geöffnete Zellen mit noch eingeschlossener einzelner Zoospore (Fig. f.), auch Zellen im uneröffneten Zustande mit einer einzigen eingeschlossenen Zoospore (Fig. g.).

* Am Schlusse dieser Arbeit geht mir eine Arbeit von Bennett über britische Süßwasseralgen zu (Journ. Roy. Micr. Soc. 1887. p. 3.). Die in Cornwall an Mesocarpus beobachteten Specimens (T. III. f. 2.) stimmen nach den Messungen von Bennett mit den fränkischen in den Dimensionen genau überein (Long. 19 μ, Lat. 10 μ).

Pedriastrum granulatum. Kützing.

Spec. Alg. p. 192. Ped. Boryanum. e granulatum Rabenh. Fl. Europ. Alg. III. p. 75).

Diam. cellular. 21—35 μ.

Long. cornuli cellular. marginal. 9 μ.

Diam. coenobii usque 310 μ.

(Tab. I. Fig. 13. a. b. c.).

Inter Oedogonii et Spirogyrae caespites. Waterbay.

Diese sehr reichlich vorhandene Pediastre findet sich in allen Stadien der Entwickelung, von der eben gebildeten Coenobie mit winzig kleinen noch unausgebildeten Zellen bis zu dem völlig entwickelten Zustande mit warzig knötiger Membran und eben solchen Körnchen der Randzellen. Die Specimens unterscheiden sich in Nichts mit Specimens von Erlangen. Ein so massenhaftes Auftreten von größeren Pediastren ist mir noch nicht vorgekommen, wie bei diesem Standorte von Georgia. In unseren Landwässern finden sich diese Species gewöhnlich in vereinzelten Coenobien vor.

Hormospora fallax. Sp. n.

H. e subtilioribus. Cellulae indivisae subrectangulares, cytioplasmate granuloso, granulis majoribus 10is—12is, colore pallescente viridi; cytiodermate tenui, indumento hyalino limitato veloto. Indumentum commune usque cellularum crassitudine subaequans (usque $^1/_{12}$ diametri, homogeneum, translucidum).

Lat. filorum 9—12 μ.

Lat. cellularum 3—5 μ.

(Tab. I. Fig. 10. a. b. c. d.).

Inter Oedogonii caespitulos in filis singulis dispersis.

Im äußeren Ansehen von einiger Aehnlichkeit mit zarteren Formen von Zygogonium (Zygogon. ericetorum formae, Z. delicatulum)

Aber von Zygogonium gut zu unterscheiden durch grobkörnigen Zellinhalt, ferner durch die homogene (nicht geschichtete) Beschaffenheit der gemeinsamen, glashellen Hülle, sowie durch die homogenen ungleichen Zwischenräume zwischen den einzelnen Zellen.

Die typische Hormosp. minor Naeg., welche in der Breite der Fäden und im Durchmesser der Zellchen nahe gleich ist, unterscheidet sich durch weiter abstehende Zellchen, welche regelmäßig sphärisch sind.

Hormospora minor Naeg.

Forma subtilis.

Fila subtilissima, cellulis spatiis brevioribus disjunctis.

Lat. filorum 4—5 μ.

Diam. cellular. 2 μ.

(Tab. III. Fig. 12. a. b.).

Inter Oedogonii et Ulothrichis caespitulos in singulis filis dispersis.

Diese sehr zarte Hormospore, welche wahrscheinlich eine eigene Species darstellt, habe ich in zu wenigen Specimens aufgefunden, um hierüber entscheiden zu können.

Pandorina Morum (Ehrenberg).

Diam. fam. sphaericarum inevolutarum 40—46 μ.

Diam. fam. 16 cellularis 53—56 μ.

Diam. cellularum 9—11 μ.

(Tab. I. Fig. 11. 12).

In aqua stagnante.

In zahlreichen Familien zwischen Ulothrix vom „Wassertümpel".

Es ist eine eigenthümliche Erscheinung, daß eine Pflanze, welche so intensive vitale Eigenschaft aufweist wie Pandorina, welche in unseren Breiten so lange sie überhaupt in der Jahreszeit von Frühjahr bis Herbst nur im vegetirenden, d. h. beweglichen Zustande angetroffen wird, in Breiten wie Süd-Georgia noch vorkommen kann. Die Gegenstände zeigen, daß die beweglichen Familien durch die aus der Schleimhülle vorgezogenen Cilien, im Momente als sie gesammelt, d. h. in Spiritus gebracht wurden, sehr lebhaft beweglich waren, was die vorgestreckten, nur wenig kontrahirten Cilien deutlich anzeigen. Der im Leben intensiv gefärbte Zellinhalt zeigt sich nur entfärbt, aber nicht verändert.

Die Zellen in den beweglichen Familien mit hervorgezogenen Cilien haben bei den georgischen Specimens eine birnförmige Gestalt, mit vorgezogenen Polen (Fig. 12). Dieses würde einen specifischen Unterschied von unserer Pandorina Morum bedingen, inwieferne diese abweichende Form nicht eine in Folge der Einwirkung des Alkohols verursachte Formveränderung ist, ebenso sind bei unserer Pandorina im lebenden Zustande zwei Cilien vorhanden, welche bei dem Spiritus-Präparate nur zusammengeklebt sind.

Desmidieae Zygnemeae.

Cosmarium nitidulum De Not. (Elem. Desm. Ital. p. 42. Tab. III. Fig. 26. Nordst. Vedensk. Acad. Förh. 1876. Nr. 6. p. 34. Tab. XII. Fig. 10).

Forma.

Semicellulae e vertice visae late ellipticae, crassitudo dimidium diametri transversalis.

Isthmus latior, $^{7}/_{10}$ diametri transversalis.

Long. 37—44 μ

Lat. 28—31 μ.

Lat. Isthmi 18—21 μ.

(Tab. II. Fig. 1. a. b.).

Der Umriß der Halbzellen und die Dimensionen stimmen überein mit Specimens von verschiedenen Lokalitäten. (Long. 39—45 μ. Lat. 28—31 μ), der Isthmus ist breiter, die lineare Incisur sehr kurz. In der Vertikalansicht sind die Halbzellen breiter elliptisch und die Dicke der Halbzelle beträgt $^{1}/_{2}$ des Querdurchmessers. Die von Nordstedt (Vetensk. Akad. Förh. 1876. Nr. 6. Stockholm. p. 34. Tab. XII. Fig. 10) abgebildete Form kommt der typischen Form am nächsten.

Cosmarium connectum. Sp. n.

Cosmarium e minutissimis. tam latum quam longum, in sciagraphia fere quadraticum, angulis subrotundatis, incisura mediana profundiore, non aperta; semicellulae rectangulares, marginibus lateralibus. leviter emarginatis, margine terminali subrecto. Cellulae e vertice visae tumidae, ellipticae, a latere visae in medio subincisas, semicellulis subcircularibus. Membrana crassiuscula, laevissima. Nuclei amylacei singuli. Latitudo Isthmi triens diametri transversalis, crassitudo dimidium diametri transversalis. Constanter occurrunt individua compluria (2a aut 4a aut 6a) in catenulam conjuncta.

Long. 8—9 μ.

Lat. 8—9 μ.

(Tab. II. Fig. 6. a. b.).

Inter caespitulos Ulothrichis. Waterbay.

Diese winzig kleine, fadenbildende Cosmarie könnte für ein Sphaerozosma gehalten werden, wenn nicht die allseitig gleichförmig ausgebildete Zellmembran und das Fehlen der kurzen kallösen Zwischengliedchen auf Cosmarium hindeuten. Ich würde diese Cosmarie zu dem Cosmar. obliquum Nordstedt (Bidr. till Kånned. om Sydl. Norg. Desmid. Lund. 1873. p. 23. Tab. I. Fig. 8) gestellt haben, aber der bedeutende Unterschied in der Größe, welche bei der kleinsten bei Nordstedt erwähnten Form (forma minor l. c.), die Größe dieser georgischen Cosmarie noch um das Doppelte übersteigt; ferner die tiefere Incisur der Zellchen berechtigen zu einer eigenen Species. Das C. obliquum zeigt große Aehnlichkeit im Umrisse der Zelle, ferner in der Eigenthümlichkeit, daß mehrere Zellchen in Fädchen aneinander gereiht sind, welche aber bei dieser Cosmarie nackt, bei dem C. obliquum von einer Gallertröhre umhüllt sind.

Cosmarium Cucumis Corda.

Long. 56—62 μ.

Lat. 34—38 μ.

Lat. Isthmi 16—19 μ.

Inter Spirogyrae at Confervae caespitulos. Waterbay.

(Tab. II. Fig. 15).

Die Membran zeigt sich im trockenen Zustande sehr fein punktirt. Specimens von Erlangen haben einen etwas relativ größeren Längendurchmesser.

Long. 66—75 μ. Lat. 36—41 μ. Lat. Isthmi 18 μ. Die Membran zeigt sich sehr deutlich zweischichtig, was bei der georgischen Pflanze nicht der Fall ist. Die Oberfläche zeigt sich, auch im feuchten Zustande, fein punktulirt.

Cosmarium Hammeri. Reinsch. (Algenflora von Franken. 1866. p. 111. Tab. X. Fig. 1; Spec. Gen. nov. Acta Senkenberg. 1867. p. 7. Tab. 3. B. Fig. 1—12. Cosm. homalodermum Nordstedt. Desmid. arctoae Ofvers. af Konge. Vetensk. Ak. Förh. 1875. Stockholm. p. 18. Tab. VI. Fig. 4. Wille. Ferskvandsalger fra Novaja Semlja Vetensk. Ak. Förh. Stockholm 1879. p. 36. Tab. XII. Fig. 18. Cosmar. Nymannianum Grunow. Rabenh. Flora Alg. Europ. III. p. 166. Wille Bidr. Vidensk. Förh. Christiania 1880. p. 32. Tab. I. Fig. 17).

Var. nova pachydermum. Semicellulae trapezicae, basi late rotundato, lateribus levissime repandis, margine terminali subrecto et levissime repando. Membrana crassa, distincte trilamellosa; lamella externa de lamellis internis linea obscura disjuncta; superficies subtiliter distincte punctulata. Nuclei amylacei 4.

Longit. 56 μ.
Latit. 43 μ.
Latit. Isthmi 15 μ.
Crassit. Membranae 2 μ.

(Tab. II. Fig. 2. a. b. c.)

Inter Oedogonii et Spirogyrae caespitulos. Waterbay.

Diese Cosmarie bildet mit der typischen Spitzbergischen Form (Nordstedt l. c.) mit der Form von Novaja Semlja (Wille l. c.), ferner mit dem Cosmar. Nymannianum Grunow (Rabenh. Flora Alg. Europ. III. p. 166. Wille Bidr. Vetensk. Förh. 1880. p. 32. Tab. I. Fig. 17) den Formenkreis einer einzigen Species. Das früher von mir beschriebene Cosmar. Hammeri (Reinsch Algenfl. p. 111. Tab. X. Fig. 1) stellt nur eine etwas kleinere Form von der hier beschriebenen dar. Es ist daher die früher gegebene Benennung für die Collectivspecies beizubehalten. Die Cosmarie von Süd-Georgien stimmt in den sämmtlichen Dimensionen genau mit der Spitzbergischen Cosmarie überein, unterscheidet sich nur durch die geschichtete, dickere Zellwandung und die deutlichere Punktulirung der Oberfläche. Die Cosmarie von Novaja Semlja (Wille l. c.) stimmt in allen Dimensionen ebenfalls genau überein und unterscheidet sich durch die, von der Seite gesehen mehr kreisrunden Halbzellen. Es findet sich leider keine Notiz über die bemerkte Beschaffenheit der Membran bei den beiden, nahe mit der Georgischen übereinstimmenden arktischen Formen dieser Cosmarie und ich schließe hieraus, daß diese nicht geschichtet ist.

Cosmarium Meneghinii. Brébisson.

Forma typica minor.

Long. 12 μ.

Lat. 12 μ.

(Tab. II. Fig. 5).

Die Form mit im Umrisse rektangulären Hälften mit abgestutzten Ecken, geradem oder leicht ausgerandetem Terminalrande. Die nämliche Form mit etwas größeren Dimensionen (Long. 19 μ, Lat. 12 μ) kommt auch mit schmaler Incisur vor.

Cosmarium Botrytis Meneghini.

var. crenulata.

Diameter longitudinalis paulo longior diametro transversali (4/5). Semicellulae regulariter semiellipticae, polo rotundato, marginibus leviter inciso-crenulatis, superficie tota verruculis absque ordinem collocatis obtecta. Latitudo Isthmi triens diametri transversalis.

Long. 95 μ.

Lat. 75 μ.

Lat. Isthmi 19 μ.

(Tab. II. Fig. 9).

Die in der Größe ziemlich variable verbreitetste Cosmarie variirt weniger in der Struktur der Zelloberfläche. Die kleinsten von mir beobachteten Specimens von Franken maßen Long. 62 μ, Lat. 50 μ.

Cosmarium margaritiferum. Ehrenb.

var. tumidum.

Semicellulae semiellipticae, in basi se adtingentes, in parte basali inferiore tumore latiore introrsum paulo producto instructae et supra Isthmum se adtingentes, Margines inciso-crenati. Superficies tota verruculis majoribus obtecta.

Long. 71 μ.

Lat. 60 μ.

(Tab. II. Fig. 7).

Diese Cosmarie würde eher zu C. Botrytis zu stellen sein wegen der an der Basis sich berührenden Hälften. Die bei der Vertikal-Ansicht seitlich aufgetriebenen Hälften ergeben aber größere Verwandtschaft mit margaritiferum. Die beiden Species hängen durch viele Formen unter einander zusammen und der einzige Unterschied zwischen beiden beruht nur in der Gestalt der Hälften in der Vertikal-Ansicht, welche bei Botrytis elliptisch ist.

Cosmarium subspeciosum. Nordstedt (Desmid. arctoae. Stockholm 1875. p. 22. Tab. VI. Fig. 13).

Long. 65 μ.

Lat. 50 μ.

Lat. Isthmi 17 μ.

(Tab. II. Fig. 4).

Diese Specimens unterscheiden sich von den bei Nordstedt (l. c.) abgebildeten nur durch etwas größere Dimensionen. Umriß der Halbzellen, Struktur der Zellfläche und relative Breite des Isthmus übereinstimmend. Der Basalhöcker der Hälften steht jedoch mehr in der Mitte jeder Zellhälfte und ist im Verhältnisse zur Halbzelle etwas kleiner als bei den Nordpolar-Specimens (Adventbay, Mosselbay).

Cosmarium subcrenatum. Hantsch. (Rabenh. Alg. Europ. Nr. 1213. Nordstedt Demid. arctoae. p. 21. Tab. VI. Fig. 10. 11)

Forma 1. Semicellulae marginibus subtiliter crenatis, e vertica visae in medio subtumidae. Nuclei amylacei 4.

Long. 43 μ.

Lat. 35 μ.

(Tab. II. Fig. 3. a. c. d.).

Forma 2. Semicellulae marginibus profundius crenatis, e vertice visae late ellipticae.

Long. 40—42 μ.

Lat. 31 - 35 μ.

Crassit. 24 μ.

Forma 3. Semicellulae marginibus crenatis superficie nodulis subtilioribus radialiter positis obtecta.

Long. 46 μ.

Lat. 33 μ.

(Tab. II. Fig. 3. b.).

Inter caespitulos Ulothrichis. Waterbay.

Das Cosmar. subreniforme Nordst. und das Cosm. subcrenatum Hantsch. sind Formen, welche zu einer Species gehören. Es würde daher der ältere Name für die Species beizubehalten sein. Ich ziehe die Form 1, welche mit der bei Nordstedt abgebildeten spitzbergischen Form (Desmid. arctoae Tab. III. Fig. 16) in der Form der Halbzellen und der Struktur der Oberfläche absolut übereinstimmt mit der 2. Form mit in der Vertikalansicht breiteren Halbzellen als Formen zu subcrenatum.

Cosmarium pulcherrimum. Nordstedt. (Symb. ad Fl. Brasiliens. 1869. p. 175. Tab. III. Fig. 24).

var. majus.

C. pulcherrimum tumore basali rotundato convexo, verruculis concentrice positis obtecto, semicellulis a vertice visis late ellipticis, in medio subtumidis, a latere visis late ovatis, apice truncato rotundatis.

Long. 56—62 μ.

Lat. 42—46 μ.

Lat. Isthmi 19 μ.

(Tab. I. Fig. 14. a. b. c.).

Inter Confervae caespitulos. Waterbay.

Die Brasilianische Form unterscheidet sich durch kleineren centralen Basalhöcker, dessen Knötchen in Reihen geordnet sind. Die Vertikal-Ansicht der Georgischen Form stimmt genau mit der Brasilianischen Form überein (Fig. 24. b. l. c.). Nach der Beschreibung „late ovatae apice rotundato" auch in der Lateral-Ansicht. Die späterhin von

Nordstedt von Spitzbergen beschriebene Form des C. pulcherrimum (Desmid. ex ins. Spetsberg. et Beeren Island. 1872. p. 32. Tab. VI. Fig. 14) unterscheidet sich durch etwas größere Dimensionen, breiteren und niedrigeren Basalhöcker und breiteren Isthmus. Diese Georgische Form unterscheidet sich von beiden schon beschriebenen Formen durch runden Basalhöcker mit concentrisch geordneten Warzen und größere Dimensionen (1/3 größer der Brasilianischen Form).

Cosmarium Georgicum sp. n.

C. e majoribus, diameter transversalis 2/5 diametri longitudinalis, in medio acutangulesubincisum, sinu acuto, marginibus rectis. Semicellulae semielliptico-circulares, utroque margine 8is—10is verrucis firmioribus, aequidistantibus instructo, margine terminali nudo. Membrana per totum superficiem granulis majoribus obtecta. Semicellulae e vertice visae ellipticae, in medio leviter tumidae. Latitudo Isthmi triens diametri transversalis.

Long. 118 μ.
Lat. 69 μ.
Lat. Isthmi 28 μ.
Lat. incisurae 15 μ.
(Tab. II. Fig. 8).

Das Cosm. cyclicum Lundell (Desm. p. 35. Tab. III. Fig. 6. Nordstedt. Desm. ex ins. Spetsberg. et Beeren Islands Vet. Ac. Förh. Stockh. 1872. p. 31. Tab. VI. Fig. 13) hat einige Aehnlichkeit mit dieser Species in der Struktur der Oberfläche der Halbzellen. Die Halbzellen sind jedoch breit halbelliptisch, nicht durch eine Incisur getrennt, die Warzen am Rande zweihörnig.

Staurastrum muticum Brébisson.

var. Bieneanum (St. Bieneanum Rabenh. Alg. Eur. Nr. 1410. Reinsch. Algenfl. Frank. p. 151. Nordstedt. Desm. arctoae. Vetensk. Ak. Förh. Stockh. 1875. p. 32. Tab. 8. Fig. 35).

Semicellulae regulariter ellipticae, angulis rotundatis, sinu acutangulo disjunctae, a vertice visae trigonae. marginibus subrepandis, angulis rotundatis. Membrana glaberrima, tenerrima.

Long. 25—28 μ.

Lat. 25 - 28 μ.

(Tab. II. Fig. 14. a. b.).

Die typische Form in der Rabenhorst'schen Algensammlung mit gleichgestalteten Halbzellen ist um 1/4 größer. Die in der Größe ganz gleiche Form der Spitzbergenschen Desmidien (Nordst. Desm. arctoae. Fig. 35. a. b. c.) hat regelmäßig elliptische Halbzellen mit schwach zugespitzten Ecken.

Staurastrum pigmaeum Brébisson (Ralfs Brit. Desm. p. 213. Tab. 35. Fig. 26).

Forma minor Wille (Christiania Vidensk Forhandl. 1880. Nr. 11. p. 42. Tab. II. Fig. 28).

1. Semicellulae a fronte visae regulariter ellipticae, sinu acutangulo disjunctae, Semicellulae e vertice visae trigonae, marginibus subrepandis, per totam superficiem verruculosae.

Long. 25—28 μ.

Lat. 25—28 μ.

Lat. Isthmi 7—8 μ.

(Tab. III. Fig. 1. a. b.).

2. Semicellulae a fronte visae subtrapezicae, sinu rectangula disjunctae, margine terminali subconvexa.

Long. 25—28 μ.

Lat. 25—28 μ.

Lat. Isthmi 6—7 μ.

(Tab. I. Fig. 1. c.).

Die bei Wille abgebildeten Specimens (l. c.) haben eine Länge von 30 μ und eine Breite von 25—27 μ und stimmen mit meiner abgebildeten Form mit elliptischen Halbzellen überein.

Die typische Form des St. pigmaeum hat eine Länge von 40 μ und eine Breite von 38 μ. (Nordstedt. Desm. arctoae 1875. p. 34).

Das Staurastrum exiguum Reinsch. (Contributiones ad flor. Alg. aq. dulc. Prom. bon. spei. Linn. Soc. Journ. Vol. XVI. p. 243. Tab. VI. Fig. 15. 16) unterscheidet sich von dieser kleineren Form mit elliptischen Halbzellen nur durch um $^1/_3$ kleinere Dimensionen (Long. 16 μ. Lat. 16 μ).

Das St. pigmaeum und das St. exiguum gehören in den Formenkreis einer einzigen Species, in welche noch einige zu St. margaritaceum Ehrenb. gestellte Formen aufzunehmen wären.

Penium Brebissonii. Meneghinii. (Cenni sull' Organograph. p. 5. Ralfs. brit. Desm. p. 153. Tab. XXV. Fig. 6.)

Forma. Cellulis perfecte cylindricis, diametro longitudinali duplo longiore (et paulo minus) diametro transversali, polis late truncato rotundatis.

Diam. longit. 68—75 μ.

Diam. transversal. 37—43 μ.

In Speciminibus singulis inter Oedogonii caespitulos. Whalesbay. Waterbay.

Von der gewöhnlichen typischen Form, wie sie auf feuchter Erde, an nassen Felswänden in gallertigen Massen vorkommt, unterschieden: durch die kürzere Form der Zellen und fast um das Doppelte des Querdurchmessers. Ich glaube nicht für diese Form eine eigene Art anzusprechen, da sich auch in stehenden Wässern Mittelformen finden, welche an die Erd- und Felsenform des P. Brebissonii und diese sich anreihen.

Penium margaritaceum Ehrenberg. (Infus. p. 95. Tab. VI. Fig. 13. Ralfs. brit. Desmid. p. 149. Tab. XXV. Fig. 1. Tab. XXXIII. Fig. 3).

Forma. Cellulis cylindricis, medio rectis, utroque polo subito subangustato et apice truncato-rotundato, membrana seriebus longitudinalibus margaritaceis usque ad polum se adtingentibus asperula.

Diam. longit. 131—150 μ.

Diam. transversal. 25—28 μ.

In Speciminibus singulis inter Oedogonii caespitulos. Waterbay.

Diese Form unterscheidet sich von der typischen Form durch die in der Mitte nicht eingeschnürten, durch die an beiden Polen plötzlich etwas verjüngten Zellen. Die Dimensionen stimmen mit den unsrigen überein. Die Anzahl der knötigen Längsstreifchen beträgt auf jeder

Seite der Zelle, wie bei den unserigen, 18 bis 20. Diese endigen sich unter der Polfläche und sind in gleicher Höhe scharf abgeschnitten.

Closterium acutum Lyngbye. (Ralfs brit. Desmid. p. 177. Tab. XXX. Fig. 5).

Long. 131 μ.

Lat. 7—8 μ.

(Tab. II. Fig. 12.)

Diese Specimens stimmen genau überein mit Specimens von Erlangen, sowie mit Specimens von Novaja Semlja und von Norwegen (N. Wille. Kongl. Vetensk. Akad. Förhandl. Stockholm 1879 Nr. 5. p. 61. Tab. III. Fig. 86. idem Christiania Vidensk. Forhandl. 1880. Nr. 11. p. 57. Tab. II. Fig. 39).

Die Zygospore, welche von Wille abgebildet wird, ist ellipsoidisch, mit einfacher Membran und stimmt auch genau mit Specimens von Erlangen überein. In vereinzelten Specimens, bisweilen bündelweise an einander hängend in dem Algengemenge von der Waterbay, in welchem auch die 3 anderen Closterien vorkommen.

Closterium parvulum Naegeli.

Forma minor.

Long. 50 μ.

Lat. 10 μ.

(Tab. II. Fig. 10).

$^{1}/_{3}$ kleiner als die gewöhnliche Form des Cl. parvulum, stimmt diese Form mit der gewöhnlichen Form in der völlig glatten Membran und den einkörnigen Vacuolen.

Closterium Leibleini. Kützing.

b. minus (Cl. incurvum Bréb.).

Long. 171—180 μ.

Lat. 29—33 μ.

(Tab. II. Fig. 11).

Unterscheidet sich von der gewöhnlichen Form durch etwas weniger eingekrümmte Zellen, stimmt überein in der völlig glatten Zellmembran, den stumpfen Enden und den 5—8 körnigen Vacuolen.

Closterium Lagoense Nordstedt (Symb. ad Flor. Brasiliens. Vidensk. Medd. Kbhvn. 1869. Nr. 14. 15. p. 165. Tab. II. Fig. 2).

Long. 137 μ.

Lat 28 μ.

Inter Spirogyram et Oedogonium.

(Tab. II. Fig. 13. Tab. III. Fig. 4).

Die Specimens von Brasilien unterscheiden sich nach der Abbildung bei Nordstedt (l. c.) durch etwas stärker vorgezogene Spitzen, welche am Ende schwach verdickt sind. Die Berippung, in 15—20 aus zarten Knötchen gebildeten Längslinien bestehend, sowie die Transversalstreifung in der Mitte der Zelle stimmen genau mit den Georgischen Specimens überein. Außer diesen Transversalstreifen findet sich an jedem Ende noch ein schwacher Streifen. Die Bläschen sind genau in der Spitze gelagert und enthalten je ein einzelnes Körnchen. Mit Cl. Dianae Ehrb. hat diese Georgische Form noch weniger Verwandtschaft als die Brasilianische und es scheint Cl. Dianae mit Cl. Cynthia De Not. durch mehre Zwischenformen, wozu auch diese vorliegende gehört, in Zusammenhang zu stehen.

Entophytische Chytridien und Saprolegnien in Desmidienzellen.

In den Zellen des Staurastr. muticum var. Bieneanum, in Cosm. pulcherrimum, Cucumis, in Closterium sind nicht selten, sogar im Verhältniß häufig, die eigenthümlichen Parasiten zu beobachten, wie sie in Desmidienzellen bisweilen angetroffen werden.

Ich habe früher in meiner Arbeit über Saprolegnien (Jahrb. f. wissensch. Botanik, Band XI) alle die mir im Laufe mehrerer Jahre vorgekommenen Fälle entophytischer Saprolegniae und Chytridiae in Desmidienzellen zusammengestellt.

Der auf Taf. III. Fig. 2 abgebildete Entophyt in Cosm. pulcherrimum von Georgia bildet unregelmäßige, ellipsoide Zellen, welche Fortsätze austreiben. Die Fortsätze durchbohren die Desmidienzellwandung und öffnen sich nach außen zum Austritte der Zoosporen. Dieser Parasit reiht sich dem von mir unterschiedenen Typus I. an und stimmt mit den Fig. 11 und 12, Tab. XVII (l. c.) abgebildeten Zuständen des Parasiten in Cosm. Botrytis und connatum überein.

Die auf Taf. III. Fig. 3 abgebildeten Parasiten in Staur. muticum var. Bieneanum stellen kugelige Zellchen dar von 4—5 μ Diam. Diese Zellchen finden sich sowohl vereinzelt als auch in Mehrzahl (6—8) in einer Zelle. Auch in einer Zelle des Polyedrium tetragonum (Tab. I. Fig. 9) habe ich diesen Parasiten angetroffen. Der in Closterium Lagoense befindliche, Tab. III. Fig. 4 abgebildete Parasit ist wurmförmig, ohne Evacuationsschläuche und gehört mit dem früher abgebildeten Parasiten in Cosmar. Thwaithesii (l. c. Tab. XVII. Fig. 14) und vielleicht auch mit dem in Micrast. truncata (l. c. Tab. XVII. Fig. 13) zu einem Typus.

Die Anzahl der Fälle von Parasiten in Desmidienzellen sind an dem Standorte in der Waterbay in Georgia häufiger, als dies bei irgend einem Standorte in unseren Breiten zu beobachten ist, eine auffällige Erscheinung, welche mir nicht zufällig zu sein scheint.

Spirogyra Spec.

Lat. cellular. 37 μ.

Leider ohne Zygosporen und läßt sich daher die Species nicht wohl ermitteln. Die Enden der Zellen sind zurückgeschlagen. Ein Spiralband mit 5 bis 6 Umläufen. Diese Spirogyra dürfte zu Spreeiana oder Olivascens gehören, mit denen sie in den sterilen Fäden wenigstens übereinstimmt.

Prasiola Georgica. Sp. n.

P. thallo latissimo (usque 4 Centim. lato), crispato, basi non angustato in substrato affixo, colore saturate viridi, textura subtiliter membranacea; cellulis omnibus aequalibus, in areolas distinctas angulose limitatas ordinatis, regulariter quadratis.

Diam. cellularum 1, 6—2 μ.

(Tab. IV. Fig. 8. 9).

In rupibus. In schedula. „An Felsblöcken der Südseite der Landzunge in großen Mengen unterhalb der von Schneewasser durchtränkten halbvermoderten Graswurzeln. Süd-Georgien, 13. Octob. 82. Dr. Will."

Diese Prasiola unterscheidet sich von der Pr. crispa durch um das dreifache kleinere Zellen, sowie durch flächenförmig ausgebreiteten, weniger — oder gar nicht — blasigen Thallus, welcher im frischen Zustande am Standorte jedenfalls eine größere Fläche einnimmt, als bei den vorliegenden Specimens, welche getrocknet 3—4 Cent. Länge haben. Bei den beiden anderen verwandten Species Pr. Anziana und suecica ist der Thallus noch mehr lappig, kraus und röhrig als bei crispa. Auch differirt die Größe der Zellen, welche bei Pr. Anziana 4—5 μ, bei Pr. suecica 4 μ beträgt.

Die Prasiola tesselata Hooker. (Ulva tesselata Hook. Cryptogamia antarctica II. p. 193. Tab. 194 et Harvey in London Journ. 1845. p. 297) von der Kerguelens Insel, welche Pflanze ich noch nicht gesehen habe und jedenfalls in diese Sippe der Prasiolen gehört, unterscheidet sich nach der Beschreibung durch größere Zellen als bei Pr. crispa, welche in kleine in Reihen geordnete Felderchen geordnet sind.

Ulothrix lamellosa. Sp. n.

U. flavo-virens, mucosa, filis solitariis crassioribus et filis tenuioribus geminatis; cellulis angustissimis, $^1/_6$—$^1/_8$ Latitudinis longis, angustissime inter se adtingentibus aut spatiis angustissimis hyalinis disjunctis; membrana subtilissima, simplice, cytioplasmate densiter subtiliter granuloso, colore flavo-virescente? Fila indumento exteriore crasso (usque $^1/_5$ diametri filorum), decolorato, plurilamelloso, lamellis internis subtilioribus.

Lat. foliorum 21—26 μ.

Long. cellularum 1,5—3 μ.

Lat. cellularum 11—15 μ.

(Tab. IV. Fig. 1. a. 1. b.).

In aqua fluitante et stagnante.

In mehreren Standorten vertreten.

1. „Bach am Köppenberg."
2. „Bach westlich vom Brunnen."
3. „Wassertümpel. Whalesbay."

Diese eigenthümliche Ulothrix-Species hat mit keiner der bekannten Species wegen des eigenthümlichen geschichteten Baues der Hülle etwas gemein. Die Pflanze würde von Ulothrix zu trennen sein, wenn über deren propagative Verhältnisse etwas Näheres zu ersehen wäre. Die Pflanze scheint sehr verbreitet auf Süd-Georgien zu sein, da unter den gesammelten Algen sich mehrere große Rasen von verschiedenen Standorten befinden. In den Rasen vom „Wassertümpel", welche ohne Zweifel freischwimmend im Wasser vorkommen, finden sich sehr zahlreiche Coenobien des Pediastrum granulatum, einzelne Räschen von Oedogonium und einzelne Cosmarien, sowie zahlreiche Pandorina-Familien in allen Stadien.

Choreoclonium procumbens. Reinsch. (Contrib. ad Algol. p. 76. Tab. 4. chlorophylloph. Fig. A. B. C. Reinsch Algae aquae dulc. Ins. Kerguelensis. Trans. of Venus Exped. Philos. Transact. 1876. p. 79. Tab. IV. Fig. IX.).

Journ. Linn. Soc. XV. 217).

Forma subtilis.

Plantula parasitica in Vaucheriae superficie nidulans, in statu juvenili ex disculo simplici cellularum, initio regulariter dispositarum composita, in statu evoluto ex disculo irregulariter limitato et filis radialiter excurrentibus, substrato adpressis composita.

Diam. plantulae inevolutae 6—21 μ.

Diam. plantulae evolutae 46—62 μ.

Long. cellular. filor. 6—9 μ.

Diam. cellular. disculi 2—3 μ.

(Tab. III. Fig. 11. a. b. c. d.).

In Vaucheriae Spec. filis inter caespitulos Oedogonii. Whalesbay.

Diese auf Wasserpflanzen aller Art vorkommende sehr verbreitete Alge, welche ich schon 1874 in meinen Contrib. ohne generelle Bezeichnung beschrieben und abgebildet habe und worüber seitdem keine weitere Notiz über anderweite Vorkommnisse (außer dem von Kerguelen) bekannt geworden ist, ist leicht zu übersehen wegen des schleimigen Ueberzuges, womit die dicht angepreßten Pflänzchen gewöhnlich bedeckt sind. Die systematische Stellung ist noch nicht ganz sicher ermittelt, sie scheint noch am nächsten bei den Stigeoclonien und Chaetophoren, da besondere Fruktifikations-Organe, welche höchstens an die Chroolepideae oder an die Phyllactidien sich anlehnen könnten, noch nicht gefunden sind. Auf Potamogeton-Arten, Utricularia, Hottonia und anderen im Wasser untergetauchten Pflanzen finden sich verschiedene Formen, unter denen sich zwei Typen unterscheiden lassen: 1. eine dicht gedrängte radiale Anordnung der Fäden; 2. eine Anordnung in gelöste nicht radial angeordnete Fäden. Alle diese Formen variiren sehr in der Größe der disculi und der Größe der Zellen nach der Beschaffenheit des Substrates und des Wassers (stehend oder fließend), gehören aber ohne Zweifel einer einzigen oder höchstens zwei Species an. Die Form, welche ich von der Kerguelens-Insel beschrieben habe, findet sich daselbst auf einem Wassermoose (Fontinalis) und kommt mit der von Süd-Georgia überein. Das Fig. 1 (Alg. Ins. Kerguel.) in der ganzen Fläche abgebildete Specimen zeigt dieselbe Struktur wie das hier, halb in der Seitenansicht abgebildete Specimen von Georgia.

Dermatomeris Gen. nov. Ulvacearum.

Thallus foliaceo-membranaceus, substantia coriaceo-gelatinosa, basi angustata callosa insidens. Cellulae frondis dilatatae rotundatae et subangulosae, spatiis latioribus hyalinis disjunctae, in octades dispositae (in sectione thalli in tetrades et thalli horizontaliter visae in tetrades dispositae), in sectione thalli quadriseriatae. Cellulae basis angustatae dilatatae in familias octocellulares usque 12 cellulares, globulosas, absque ordine dispositas dispositae.

Spec. una.

Long. thalli 5—12 mm.

Diam. cellular. 6—8 μ.

Diam. fam. 8 cellularis 18—25 μ.

(Tab. IV. Fig. 12. 13. 14).

In rupibus in littore.

„Nordost-Ufer der Landzunge, an Felsen in der Nähe des Strandes.“

Diese sehr bemerkenswerthe neue Pflanze, deren Stellung bei den Ulvaceae zweifellos ist, hat ihre Stellung zunächst Schizomeris und kann als eine Schizomeris mit laubartig verbreiterten Thallome betrachtet werden. In der Größe der Zellen und der achtzelligen Familien stimmt diese marine Form genau überein mit einer neuen auf Limnaeusschalen vorkommenden, noch nicht beschriebenen Schizomeris. Die Zellen des Schizom. Leibleinii sind wenig kleiner. Nach dem jetzigen Systeme der Lichenen müßte die Pflanze als Lichene betrachtet werden, welche ihre Stellung bei den Endocarpeae haben würde. Die Pflanze enthält nämlich einen eigenthümlichen mit Aecidium nahe verwandten Pilz eingeschlossen, welcher, wie es scheint, nicht symbiotisch wie bei den Lichenen, mit der Chlorophyllpflanze verbunden ist. Diese Vergesellschaftung eines massigen Pilzes mit einer so kleinen Pflanze ist ohne Nachtheil für letztere verbunden und kann als eine Art von Symbiose betrachtet werden, in wiefern man zwischen Symbiose und Parasitismus die Grenzlinie dahin zieht, daß der Gast (der Pilz) nicht über ein Dritttheil des Volumens des Gastfreundes (Chlorophyll- und Phycochrom-Algen) beansprucht.

Ueber die nähere Natur dieser sehr lehrreichen neuen Pflanze werde ich an einem a. O. ausführlich berichten.

Oedogonium? acrosporum. De Bary.

Unters. über d. Conjug. p. 61. Tab. III. Fig. 1—12).

Lat. cellular. 10—11 μ.

Long. cellular. 13—43 μ.

(Tab. IV. Fig. 3. a. b.).

In Vaucheria Spec. Waterbay.

Die Dimensionen der Fadenzellen und die Form der Basalzelle stimmen mit acrosporum de Bary überein. Dies ist aber ungenügend zur Identificirung mit dieser.

Oedogonium Spec.

Lat. cellular. 15 μ.

Long. cellular. 21—28 μ.

In singulis filis dispersis inter Spirogyram et alia Oedogonia Waterbay.

Die ziemlich dickwandige Membran der Zellen zeigt sich braunroth überkrustet mit Eisenoxyd.

Oedogonium? Rothii. **Brébisson.**

Lat. cellular. 9—12 μ.

Diam. Oogon. 35 μ.

Diam. Oospor. 29 μ.

(Tab. IV. Fig. 4).

Inter alia Oedogonia.

Diese Oedogonie, welche nur mit einer einzigen bestimmbaren Oospore gefunden wurde, gehört zu Rothii oder in die Nähe davon. Die Zellen des Fadens sind 1/3 dünner; die Oosporen von der Oogonium-Wand durch einen Zwischenraum geschieden, was bei dem typischen Rothii nicht der Fall ist, bei dem beide einander berühren.

Oedogonium? delicatulum. Kützing. Rabenh. Alg. Nr. 1156).

Lat. cellular. 3 μ.

Long. cellular. 9—15 μ.

In caespitulis plantulis aquaticis adhaerens. Waterbay.

Von den fünf Oedogonien auf Georgia läßt sich leider keine einzige mit Sicherheit hinsichtlich der Species bestimmen. Es ist nur bei einer einzigen Species eine abgelöste Oospore gefunden worden. Die Fäden sind bei allen Species nur im sterilen Zustande vorhanden. Die vorliegende dürfte auf delicatulum sich beziehen.

Rhizoclonium Spec.

Rh. filis ramosis, ramulos unicellulares longiores patentes et ramulos erectos emittentibus; cellulis inaequalibus, diametro transversali duplo usque quadruplo longioribus; membrana crassa (usque 1/10 diametri) lamellosa; cytioplasmate subhomogeneo, expallescente, granulis majoribus nullis.

Lat. filorum 37 μ.

Crassit. membranae 4—5 μ.

In filis singulis inter Colletonemam et aliis Diatomaceas.

Diese nur in wenigen Fäden in dem Diatomeengemenge vorhandene, nicht ganz zweifellose Rhizoclonie stimmt mit keiner der bekannten

Süßwasser-Species überein, von denen sie sich durch mehr als dreimal dickere Fäden und die sehr dicke Zellmembran unterscheidet.

Vaucheria antarctica. n. sp.

V. ad corniculatas spectans, filis integerrimis, apice subdichotomis, caespitulos dense intricatos formantibus; oogoniis immaturis ovoideo-ellipsoidicis, basi lata sessilibus, transversaliter cum filo connectis oosporis maturis regulariter ovalibus, membrana subcrassa, glaberrima, ex lamellis compluribus (5is) subhomogeneis, subaequalibus composita. Lamellae externae duae a lamellis internis (3is—5is) lamella singula hyalina angustiore disjunctas. Cytioplasma subhomogeneum, granulosum, corpusculis oleaceis majoribus immixtum. Antheridia oogoniis aequaliter alta, simpliciter involuta, singulatim juxta oogonia posita.

Crassit filorum 59 μ.
Longit. Oospor. immatur. 84 μ. Lat. 56 μ.
Longit. Oogon. matur. 106 μ. Lat. 75 μ.
Crassit. membranae Oogon. 4—5 μ.
Crassit. filorum 59—65 μ.

(Tab. III. Fig. 5. 6. 7. 8.)

Algis immixtum. Waterbay.

Diese zur Gruppe corniculatae, Untergruppe sessiles, gehörige Vaucherie ist von der von Walz[1]) näher präcisirten V. pachyderma Sp. n., sowie von V. sessilis durch die symmetrischen, ungeschnäbelten, regelmäßig ovoiden Oogonien und nicht getüpfelte Außenschichte unterschieden, ferner noch von V. sessilis durch die doppelte, 5schichtige Oogonienmembran.

In nur wenigen fruchtenden und blühenden Fäden, mit sterilen Fäden untermischt, in dem Algengemenge von der Waterbay.

Auf Kerguelens Insel finden sich 4 Vaucherien (V. sessilis, sericea, pachyderma und geminata), welche ich alle im blühenden und fruchten-

---

[1]) Beitrag zur Morphologie und Systematik der Gattung Vaucheria. Jahrb. f. wissensch. Botanik. Band V.

den Zustande in der britischen Algensammlung von da aufgefunden habe (Reinsch l. c. p. 75. 76).

Vaucheria. Spec.

V. e maximis, filis crassis, repetito dichotomis, membrana crassa, bilamellosa. Sporae esexuales in ramulis lateralibus evolutae. Oogonia et Antheridia?

Lat. filorum 131—168 μ.

Crass. membranae 3—5 μ.

(Tab. III. Fig. 9. 10.)

In caespitibus dense intertextis. „Quelle am Hochplateau, 22. Septbr. 1883".

Diese aus Mangel an Blüthen und reifen Oosporen nicht näher bestimmbare Vaucherie unterscheidet sich von den bekannten Süßwasser-Species durch weit dickere Fäden des Thallus. Mit der marinen V. piloboloides kann eine Verwandtschaft in Anbetracht der Verschiedenheit der Standorte nicht stattfinden. Die Membran der Schläuche ist deutlich zweischichtig, die äußere Schicht lamellös. Die Oberfläche der wenigen beobachteten Fäden (und auch nur als Fragment) war bewachsen mit Choreoclonium in verschieden entwickelten Familien, Chamaesiphon und einzelnen Specimens der festgewachsenen Oedogonie.

Erklärung der Abbildungen auf Taf. I. II. III. IV.

Die meisten Abbildungen sind bei $\frac{640}{1}$ facher Vergrößerung gezeichnet, wo nichts besonderes bemerkt ist.

Taf. I.

Fig. 1. Acanthococcus granulatus Reinsch.
Fig. 2. Theil der Membran, stärker vergrößert.
Fig. 3. Acanthococcus Hystrix. Reinsch.
Fig. 4. Acanthoc. Hystrix., Theil stärker vergrößert.
Fig. 5. Sorastrum Spec.
Fig. 6. Scenedesmus aculeolatus Reinsch.
Fig. 7. a. b. c. Gloeocystis ampla Kütz. forma.

Fig. 8. Polyedrium minimum A. Braun. forma trigona.

Fig. 9. Polyedrium tetragonum Naegeli. forma minor.

Fig. 10. a. Hormospora fallax. Sp. n. Einzelne ungetheilte Zelle, mit dicht körnigem Inhalte, stärker vergrößert.

Fig. 10. b. Einzelne ungetheilte Zelle, mit zerstreut körnigem Inhalte.

Fig. 10. c. Zelle mit eben vorgegangener Theilung.

Fig. 10. d. Theil eines Fadens, stärker vergrößert wie die übrigen.

Fig. 11. Pandorina Morum Ehrenberg. Größere Familie (64zellig) im Ruhezustande.

Fig. 12. Pandorina Morum Ehrenberg. Einzelne 32zellige Familie im beweglichen Zustande, mit durch die glashelle Hülle vorgestreckten Cilien.

Fig. 13. a. Pediastrum granulatum. Kützing. Stückchen des Randes eines großen elliptischen Coenobiums.

Fig. 13. b. Randzelle eines noch unentwickelten Coenobiums.

Fig. 13. c. Randzelle eines noch unentwickelten Coenobiums, von Erlangen.

Fig. 14. a. Cosmarium pulcherrimum Nordstedt. Frontansicht.

Fig. 14. b. c. Lateral- und Vertikalansicht.

Fig. 15. a. Hydrianum heteromorphum Reinsch. Stückchen eines mit Hydrianum bewachsenen Oedogoniums-Fadens.

Fig. 15. b. c. b. c. d. Hydrianumzellen mit noch ungeöffneter Spitze und noch nicht entleertem Zellinhalte.

Fig. 15. e. Entleerte Hydrianumzelle, mit breiter Apertur der Spitze.

Fig. 15. f. An der Spitze geöffnete Hydrianumzelle mit noch einer im Innenraume befindlichen Zoospore.

Fig. 15. g. Nicht entleerte Zelle mit einer einzigen eingeschlossenen Zoospore.

Taf. II.

Fig. 1. a. Cosmarium nitidulum. De Not.

Fig. 1. b. Ebendasselbe in der Vertikalansicht.

Fig. 2. a. Cosmarium Hammeri Reinsch var. pachyderma. Frontansicht.

Fig. 2. b. Lateralansicht.

Fig. 2. c. Theil der Membran der C. Hammeri, stark vergrößert.

Fig. 3. Cosmarium subcrenatum Hantsch. Fig. 3. a. c. d. forma 1; Fig. 3. b. forma 3.

Fig. 4. Cosmarium subspeciosum Nordstedt.

Fig. 5. Cosmarium Meneghinii. forma typica minor.

Fig. 6. a. Cosmarium connectum Sp. n. Vier zusammenhängende Zellen. Frontansicht.

Fig. 6. b. Lateralansicht von vier zusammenhängenden Zellen.

Fig. 7. Cosmarium margaritiferum Ehrenberg. var. tumidum.

Fig. 8. Cosmarium Georgicum. Sp. n. Frontansicht.

Fig. 9. Cosmarium Botrytis. Meneghini. var. crenulata.

Fig. 10. Closterium parvulum Naegeli. forma minor. α. Einzelnes Amylumkörnchen in der Vesikel der Enden.

Fig. 11. Closterium Leibleinii Kützing. Leere Zelle. α. Einzelnes Amylumkörnchen in der Vesikel.

Fig. 12. Closterium acutum Lyngbye. Leere Zelle.

Fig. 13. Closterium Lagoense. Nordstedt.

Fig. 14. a. Staurastrum muticum Brébisson var. Bieneanum. Frontansicht.

Fig. 14. b. St. muticum. var. Bieneanum. Vertikalansicht.

Fig. 15. Cosmarium Cucumis Corda. Leere Zelle.

Taf. III.

Fig. 1. a. Staurastrum pigmaeum Brébisson. forma minor. forma 1. Frontansicht.

Fig. 1. b. Dasselbe. Vertikalansicht.

Fig. 1. c. Staur. pigmaeum Brébisson. forma minor. forma 2. Staur. pigmaeum Bréb. forma 2. Frontansicht.

Fig. 2. Cosmarium pulcherrimum Nordst., mit einem einzelligen Parasiten, welcher mehrere Evakuationsschläuche durch die Desmidienzellwandung getrieben hat.

Fig. 3. Staurastrum muticum. var. Bieneanum, mit mehreren einzelligen sphärischen Parasitenzellen.

Fig. 4. Closterium Lagoense. Nordstedt, mit einem einzelnen wurmförmigen einzelligen Parasiten.

Fig. 5. Vaucheria antarctica. Sp. n. Theil eines Fadens mit entwickeltem Oogonium und Antheridium.

Fig. 6. Befruchtete und reife Oospore mit völlig ausgebildeter Membran.

Fig. 7. Theil der reifen Oosporenmembran, stärker vergrößert. α. Die glashelle Lamelle der Membran.

Fig. 8. Theil der unausgebildeten Oosporenmembran, stärker vergrößert.

Fig. 9. Theil eines Fadens der Vaucheria Spec., mit einem lateralen, ungeschlechtliche Sporen entwickelnden Zweiglein. Der Inhalt des keulenförmig verdickten Endes dicht körnig, die Spore ist noch unausgebildet. Vergr. $\frac{80}{1}$.

Fig. 10. Ein anderes ungeschlechtliche Sporen entwickelndes Seitenzweiglein der nämlichen Vaucheria Sp., welches unterhalb der Spitze getheilt ist. Der Zellinhalt des separirten Theiles hat sich zur ungeschlechtlichen Spore entwickelt. An der Basis des Zweigleins tritt im Hauptfaden ebenfalls eine Quertheilung ein. Vergr. $\frac{80}{1}$.

Fig. 11. a. Choreoclonium procumbens Reinsch. Entwickeltes Scheibchen mit radial auslaufenden, mehrzelligen, einreihigen Fäden. Auf Vaucheria

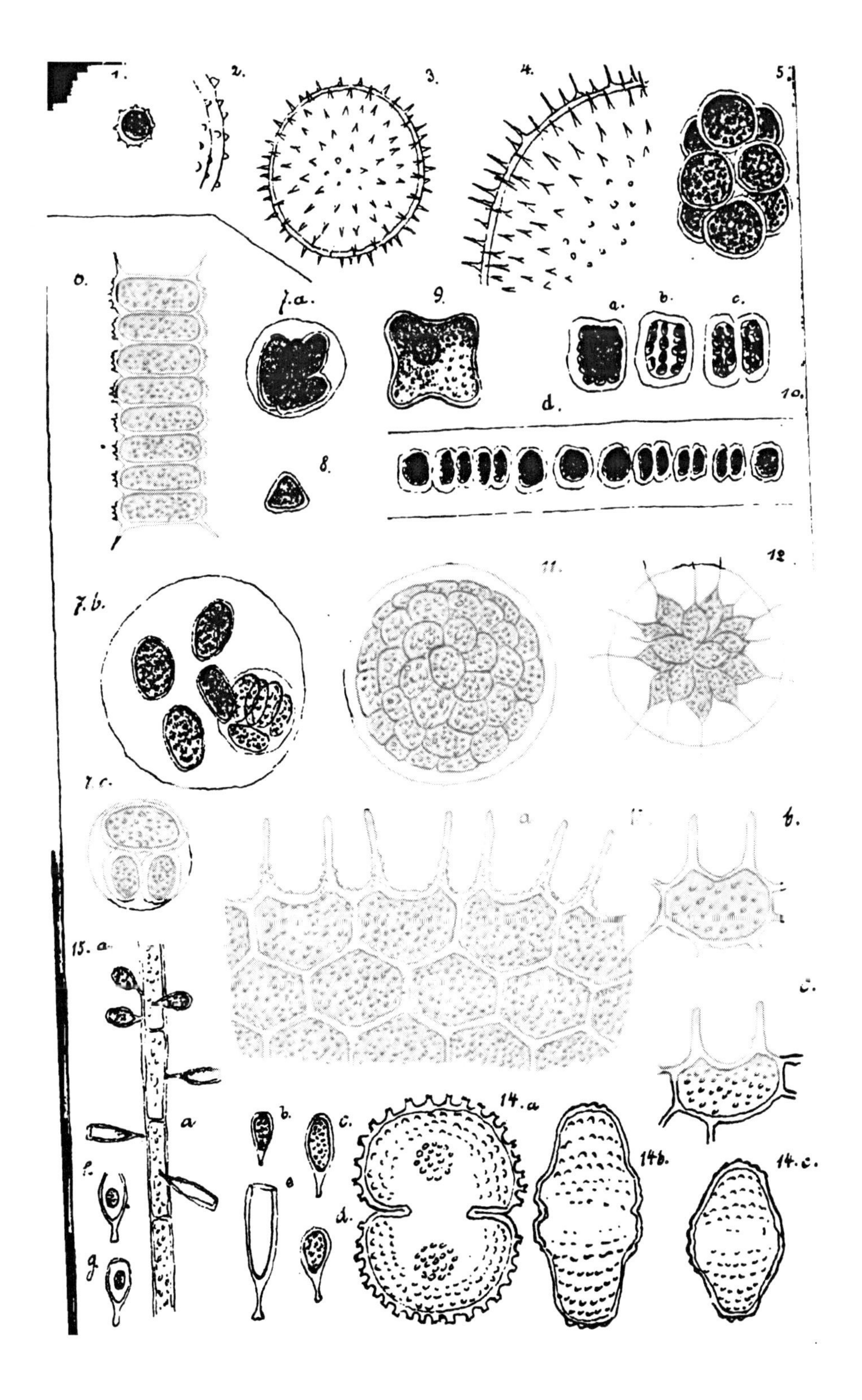
1.
2.
3.
4.
5.
6.
7.a.
9.
a.
b.
c.
10.
d.
8.
11.
12
7.b.
7.c.
a
b.
c.
15. a
a
b.
c.
14.a
14b.
14.c.
e
d.
f.
g.

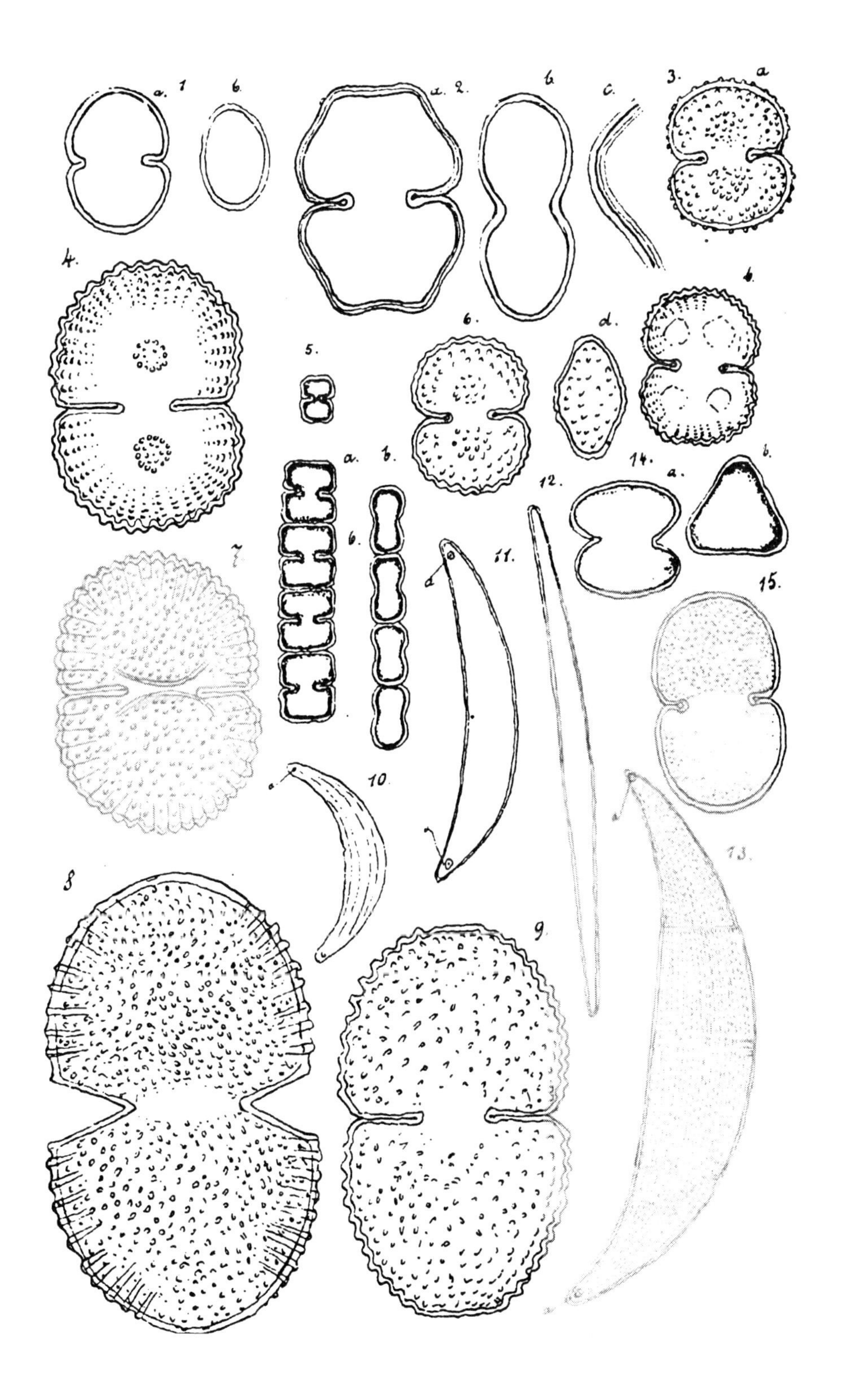

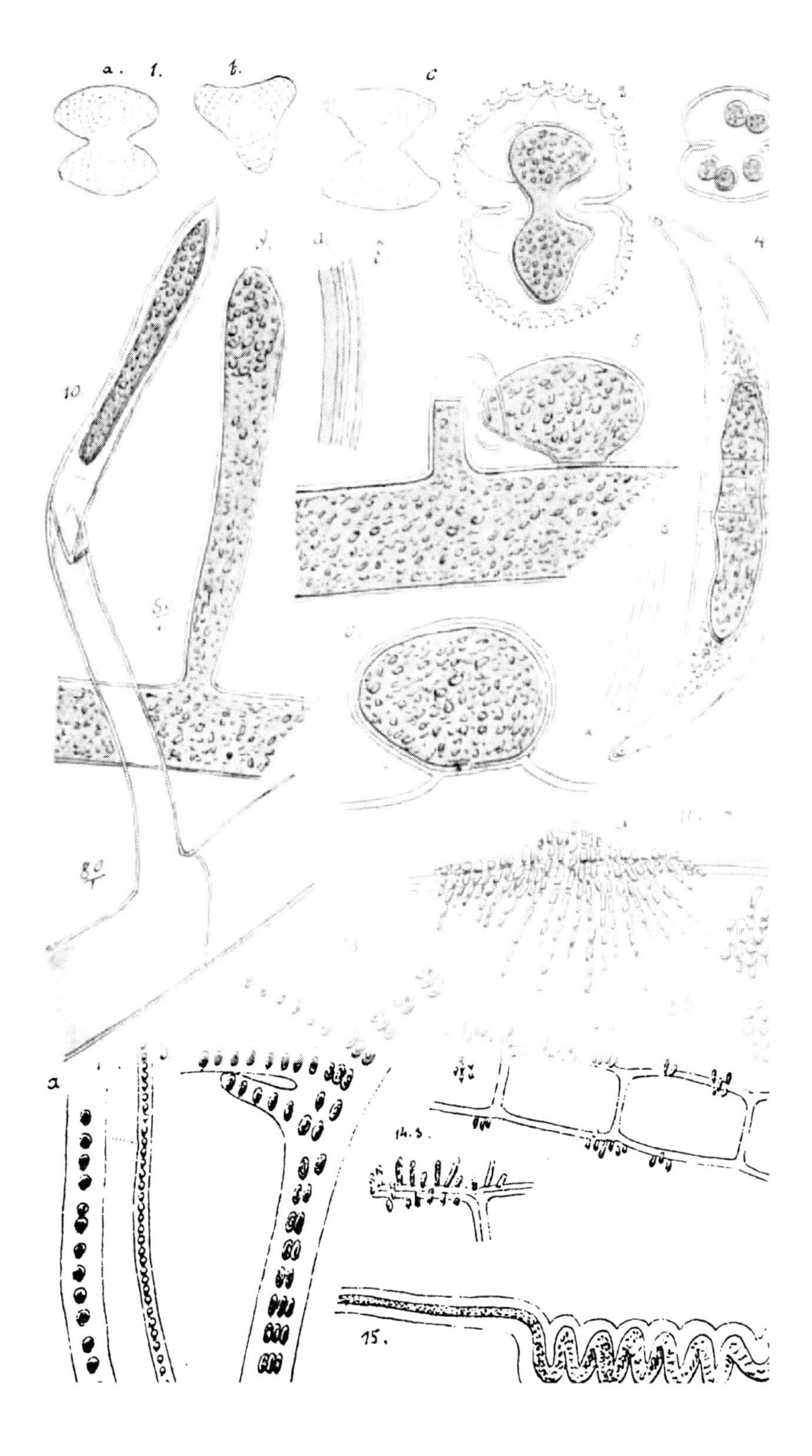
a. 1.
b.
c
10
15.

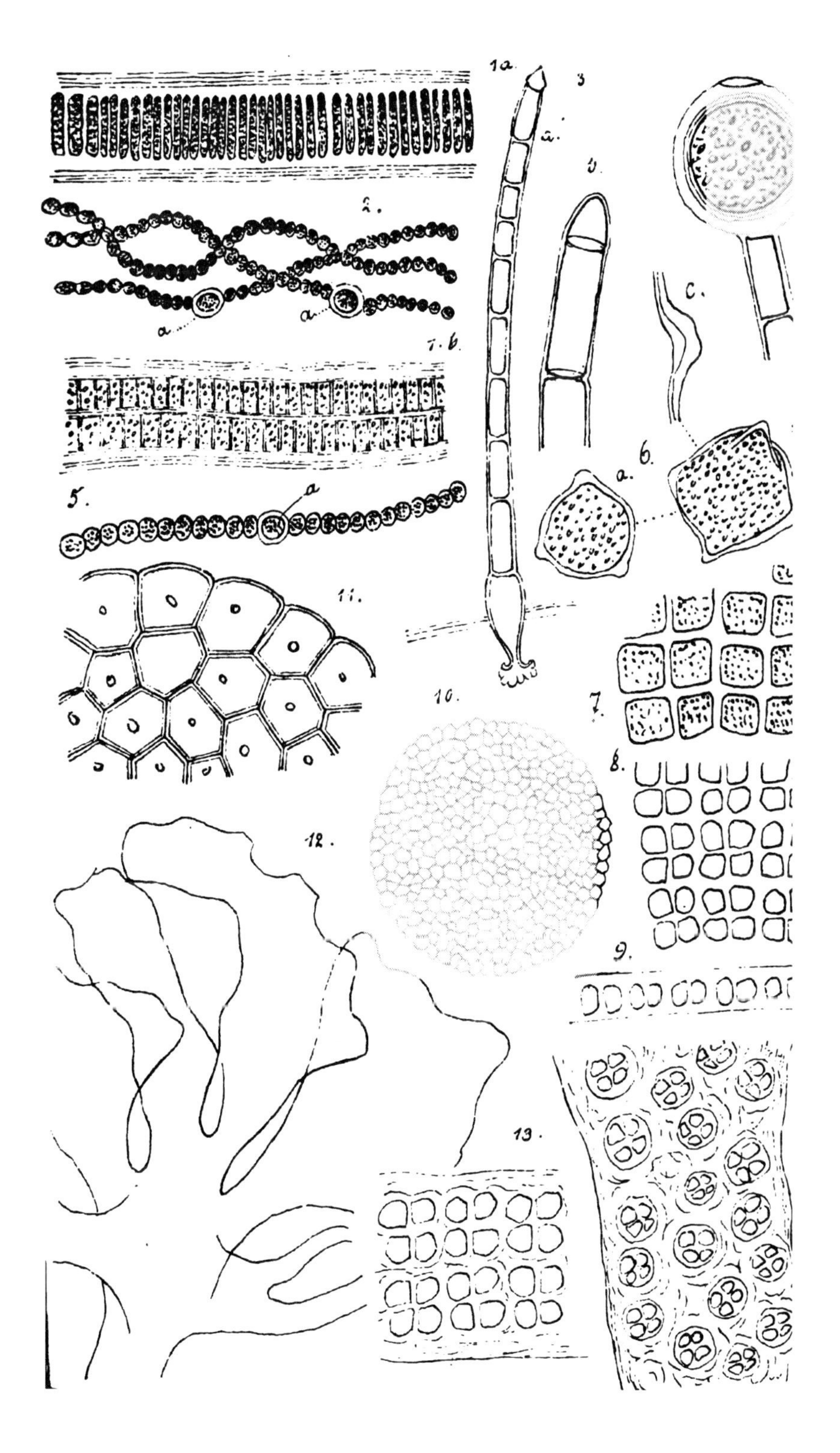

1a.
3
a.
b
2.
a
a
7. b.
c.
5.
a
a.
6.
11.
10.
7.
8.
12.
9.
13.

Sp. Das Scheibchen befindet sich am Ende des Vaucheria-Schlauches und es erscheint die eine zugewandte Hälfte im Halbprofil. Das Scheibchen erscheint gegen die Mitte zu schwach gewölbt und auf den auf der Vaucheria-Wandung aufsitzenden Zellen befindet sich eine zweite Zellenlage.

Fig. 11. b. Ein unentwickeltes Scheibchen mit in der Entstehung begriffenen radialen Fäden. Vergrößerung wie die anderen $\frac{640}{1}$.

Fig. 11. c. Erster Zustand eines Scheibchens, bestehend aus runden Zellen.

Fig. 11. d. Weiter fortgeschrittener Zustand eines unentwickelten Scheibchens.

Fig. 12. a. Hormospora minor Naegeli. forma subtilis. Vergr. $\frac{640}{1}$.

Fig. 12. b. Dieselbe, größeres Fadenstück. Vergr. $\frac{820}{1}$.

Fig. 13. Sirosiphon panniformis Kütz. forma.

Fig. 14. a. Chamaesiphon incrustans. Grunow. var. laxa. Theil eines Oedogoniumfadens mit vereinzelten und dichter beisammen stehenden Specimens.

Fig. 14. b. Gruppe von Chamaesiphon $\frac{1280}{1}$ vergrößert.

Fig. 15. Spirulina Spec. Einzelnes Trichom, an der Schale einer Entomostraca festsitzend.

Taf. IV.

Fig. 1. a. Ulothrix lamellosa. Sp. n. Theil eines Fadens.

Fig. 1. b. Theil eines gezweiten Ulothrixfadens.

Fig. 2. Anabaena subtilissima Kütz. forma. α. α. Dauersporen. Vergr. $\frac{1280}{1}$.

Fig. 3. a. Oedogonium ? acrosporum De Bary. Steriler Faden auf Vaucheria Spec. festsitzend.

Fig. 3. b. Oberster Theil dieses Fadens, $\frac{1280}{1}$ vergrößert.

Fig. 4. Oedogonium? Rothii Bréb. Oospore.

Fig. 5. Nostoc paludosum Kütz. Theil eines Trichomes. α. Dauerspore.

Fig. 6. a. Polyedrium? Spec. von Erlangen.

Fig. 6. b. Polyedrium? Spec. von Süd-Georgia.

Fig. 6. c. Eine Ecke der Zelle, stärker vergrößert.

Fig. 7. Prasiola crispa Ag. Zellpartie des Thallus.

Fig. 8. Prasiola Georgica Sp. n. Zellpartie des Thallus.

Fig. 9. Querschnitt des Thallus der Prasiola Georgica.

Fig. 10. ? Coelastrum Spec. Vergr. $\frac{56}{1}$.

Fig. 11. Rand des Coenobiums. Vergr. $\frac{610}{1}$.

15.

Zur Meeresalgenflora von Süd-Georgien

von

P. F. Reinsch.

Das Material, welches die Grundlage bildet für dieses Verzeichniß der Meeresalgen von der Insel Süd-Georgia, ist eine kleine von Herrn Dr. F. Will im Jahre 1882/83 daselbst gemachte Kollektion. Dieses Verzeichniß ist das erste von diesem entlegenen antarktischen Orte, da weder auf der Reise von Cook im Jahre 1773/75 noch auf der Reise von Weddell im Jahre 1822/24 in die antarktischen Gegenden etwas von Meeresalgen daselbst gesammelt worden ist. Während der Roß'schen Reise an den Südpol im Jahre 1839/43 wurde Süd-Georgia nicht berührt und es fällt deshalb dieser Platz in der Flora Antarctica von Hooker ganz aus.

Diese kleine Algensammlung bot einen ungewöhnlich hohen Procentsatz eigenthümlich neuer Typen von Meeresalgen und es erscheint deshalb Süd-Georgia mit einer eigenthümlichen, von den übrigen antarktischen Gegenden (namentlich von den nächstgelegenen Falklands-Inseln und von Kap Horn) etwas abweichenden Meeresalgen-Flora, wie dies schon aus der überwiegenden Anzahl von Florideae und speciell der Delesserieae und Rhodymeniae hervorgeht. Leider stammen die in der Sammlung enthaltenen Sachen nur von einem Theile der Meeresküste von Süd-Georgia. Auffallenderweise sind einige Abtheilungen gar nicht vertreten z. B. die Dictyoteae, Laurenciaceae, Gelideae u. A., sehr spärlich in einer einzigen Species die Ectocarpeae, Sphacelarieae, ebenso die Carallineae. Die Diagnosen der neuen Species und Genera der Meeresalgen-Flora von Süd-Georgien sind bereits in den Ber. d. Deutsch. botan. Gesellsch. 1888 mitgetheilt worden.

Die bis jetzt bekannten Rhodospermeae der Meeresalgen von Süd-Georgien sind folgende:

Rhodomelaceae.

Polysiphonia. Eine Species.
Merenia Genus novum. Zwei Species.
Bonnemaissonia. Eine Species.
Dasya. Eine Species.
Ballia. Eine Species.
Ceramium. Eine Species.
Callithamnion. Eine Species.
Ptilota. Eine Species.
Chantransia. Eine Species.
Plectoderma. Eine Species.

Rhodymeniaceae.

Rhodymenia. Sechs Species.
Plocamium. Zwei Species.

Sphaerococcoideae.

Gracillaria. Eine Species.

Delesseriaceae.

Delesseria. Eine Species.
Nitophyllum. Zwei Species.

Cryptonemaceae.

Kalymenia. Zwei Species.
Chondrus. Eine Species.
Ahnfeltia. Eine Species.

Nemastomaceae.

Iridaea. Eine Species.
Porphyra. Eine Species.
Callonema. Eine Species.

Chloreocolacineae.

Chloreocolax. Zwei Species.
Straggaria. Genus novum. Eine Species.
Entocolax. Eine Species.

— —

Rhodospermeae.

Rhodomelaceae.

1. Polysiphonia anisogona. Hook. f. et Harv. Fl. Antarctica. I. p. 478. Taf. 182. Fig. 2).

„Nordstrand der Landzunge."

Mit Ceramium rubrum unterwachsen. Bildet 3,5 bis 5 Centimeter lange lockere Räschen mit gelösten Stengeln. Die Cortikalzellen der unteren Stengelsegmente sind spiralig gedreht. Die kugelig-ellipsoiden Keramidien, welche in der Fl. Antarct. nicht abgebildet sind, befinden sich seitlich am Grunde der Endzweige (Taf. XIII. Fig. 8). Die Pflanze ist sehr zerbrechlich und aufgeweicht zerfällt sie in einzelne Stücke, von der sehr nahestehenden P. atrorubens Grév. unterscheidet sie sich durch gebüschelte, fast corymbose Endzweiglein.

Merenia genus novum Rhodomelearum Reinsch. (Ber. Deutsche Botan. Gesellsch. 1888. März).

Frons filamentosa; rachis ex axi monosiphoniali et ex cellulis periphericis, uniseriatis et pluriseriatis, centraliter positis et parenchymatice inter se conjunctis composita; ramulis ultimis eadem structura sed cellulis quaternis corticalibus, extrorsum angulose parenchymatice inter se conjunctis; Fructificatio: Ceramidia, sporis aequalibus numerosissimis, globulosis globuliformiter adnatis, arcte repleta; Stichidia ex ramulis ultimis transformatis evoluta, transversaliter septata, septis omnibus aut inferioribus Tetrasporas evolventibus septis superioribus arctissime approximatis Antherozoa? gerentibus. Genus inter Polysiphoniam et Dasyam.

Unterschiede der drei verwandten Genera:

Polysiphonia	Merenia	Dasya
Ceramidie: Sporen grundständig, gestielt, länglich bis lanceolat.	Ceramidie: Sporen einen kugelförmigen im entwickelten Zustande freien Körper darstellend, welcher den Innenraum der Ceramidie fast vollständig erfüllt. Sporen kugelig.	Ceramidie: Sporen einen kugelförmigen, im entwickelten Zustande frei im Grunde der Ceramidie befestigten Körper darstellend, welcher den Innenraum der Ceramidie nur zum Theil erfüllt. Sporen kugelig.
Stichidie: fehlend. Tetrasporen in einzelnen Zellen der Endzweige gebildet.	Stichidie durch Umbildung eines Endzweiges gebildet, transversal gegliedert, Tetrasporen am Grunde der Stichidien gebildet. Spitze der Stichidie männlich?	Stichidie durch Umbildung eines Endzweiges gebildet, transversal gegliedert. Tetrasporen in allen Zellen der Stichidie entwickelt.
Rachis: monosiphonialer centraler Zellenstrang. Cortikal-Parenchym einschichtig.	Rachis: monosiphonialer centraler Zellenstrang. Cortikal-Parenchym mehrschichtig, abwechselnd aus centralen größeren und sowohl centralen wie peripherischen kleineren Zellen gebildet.	Rachis: monosiphonialer centraler Zellenstrang. Cortikal-Parenchym mehrschichtig, aus centralen größeren und peripherischen kleineren Zellen gebildet.
Endzweige wie die Rachis gebildet, aus mindestens 5 Zellensträngen.	Endzweige wie die Rachis gebildet, aus mindestens 5 Zellensträngen.	Endzweige aus einem Zellenstrange gebildet.

2. **Merenia inconspicua. Reinsch.** (Polysiphonia inconspicua. Ber. Deutsche Botan. Gesellsch. 1888. p. 146).

M. minutissima, parasitica, in Polysiphoniis et in Merenia microcladioide caespitulos globulosos, 1 usque 2,5 millimetra latos, e frondibus numerosis centraliter connexis, densiter aggregatis compositos formans; frondibus subramosis, colore obscure purpureo, 54 usque 70 μ latis, 578 usque 800 μ longis, basi dilatata cum substrato per radiculos penetrantes concretis, leviter curvatis, hinc inde ramulis brevioribus egressis, segmentis brevioribus approximatis, longitudine duplo latioribus, 8 usque 10 cellularibus, ex axi centrali monosiphoniali et ex cellularum corticalium centraliter positarum serie una compositis; Ceramidiis apiculibus maximis, 4 plo usque 5 plo frondibus latioribus, irregulariter ovatis vel ovato-ellipsoidicis, apice oblique rostratis et ramulis singulis brevioribus obsessis, spermophorio interno filamentoso basali, sporas numerosissimas, minimas, 16 usque 19 μ latas, globuliformiter adnatas evolvente; Stichidiis in plantulis dichotome ramosis in ramulorum apice compluribus umbellatim vel binis geminatim positis, siliquiformibus, subcurvatis, apicibus rotundatis, breviter acuminatis. Tetrasporis regulariter globosis, in seriebus transversalibus 6is usque 10is dispositis, 21 usque 23 μ latis.

Hab. in Merenia microcladioide et in Polysiphonia anisogona parasitice. (Taf. XII. Fig. 1—7. Taf. XIII. Fig. 1. 2. 3. 4. 5).

Diese zierliche Floridee, welche wohl in der Struktur der Frons mit Polysiphonia übereinstimmt, war früher zu Polysiphonia (l. c.) gestellt worden. Man kann sie aber bei diesem Genus nicht belassen: 1. weil das Spermophorium einen kugelförmigen aus kugeligen Sporen gebildeten Sporenkörper entwickelt; 2. weil die Tetrasporen in den fertilen Zweigen allseitig und peripherisch sich entwickeln. Die dicht gebüschelten Räschen des Pflänzchens finden sich auf allen Theilen der Merenia und seltener auf der Polysiphonia anisogona (Taf. XII. Fig. 8). Diese Species ist ein ächter Parasit, indem seine Wurzelfasern nicht nur zwischen den peripherischen Zellen der Mereniafrons nisten, sondern auch die unterliegenden Zellen im dickeren Theile des Stämmchens allseitig umstricken und dieselben aus ihrer regelmäßigen centralen Anordnung bringen (Taf. XII. Fig. 5). Die Fäserchen der Wurzelfasern dringen sogar zwischen die Lamellen der dicken Außenschichte der Zellwand der Parenchymzellen ein. Eine wesentliche Veränderung im

Zellinhalte in Folge der Einwirkung der Parasitenzellen ist nicht zu bemerken. Die Stichidien und die Ceramidien finden sich auf besonderen Pflänzchen, wie dies bei den Polysiphonien Regel ist. Alle aus einem Punkte entspringenden Pflänzchen eines Räschens (zwischen 10 und 20) sind von gleicher Beschaffenheit, was anzeigt, daß dieselben nichts anderes als Zweige sind, die zu einem und demselben Individuum gehören. Die Ceramidien entwickeln sich schon auf sehr kurzen Zweigen, welche erst 4 bis 6gliederig sind (Taf. XIII. Fig. 5). Bei stärkeren Pflänzchen mit stark verästelten Zweigen (Taf. XII. Fig. 1) sind die fertilen Zweige mehrgliederig. An den im Verhältniß zur Größe der Pflanze unverhältnißmäßig großen Ceramidien finden sich ein oder mehrere nicht weiter sich entwickelnde Zweiglein (Taf. XII. Fig. 1. Taf. XIII. Fig. 5). Die sehr zahlreichen Sporen entwickeln sich aus einem aus vielfach verzweigten Fäden gebildeten, im Grunde der Ceramidien sich entwickelnden Spermophorium (Taf. XIII. Fig. 5. b) Die Endzweige dieser verästelten Fäden gestalten sich zu Sporen (Taf. XIII. Fig. 5. b). Die entwickelten Sporen sind unregelmäßig kugelig geformt (Taf. XIII. Fig. 5. a.). Die breitlanzettlichen Stichidien entwickeln sich zu je zwei oder drei am Ende der Aestchen, sie stehen bisweilen nahe gedrängt aneinander (Taf. XII. Fig. 2). Die Tetrasporen entwickeln sich im mittleren und basalen Theile der Stichidien. Sie sind regelmäßig peripherisch angeordnet (Taf. XII. Fig. 6) und sind, von der Seite der Stichidie gesehen, in Transversalreihen angeordnet (Taf. XII. Fig. 3). Außer Ceramidien- und Stichidienpflänzchen findet sich bei dieser Pflanze noch eine Art, welche immer etwas niedrigere Räschen bildet; diese scheinen mir männliche Pflänzchen darzustellen. Am Ende der Aeste entwickeln sich ganz gleich wie bei den Stichidienpflänzchen, schotenförmige, zu je 2 oder 3 stehende Organe, welche einen eigenthümlichen Bau zeigen (Taf. III. Fig. 1). Auf dem Querschnitte erscheinen, auf die monosyphoniale Achse folgend, 3 bis 4 Lagen nach außen sich allmählich verkleinernder Zellen. Die zwei äußersten peripherischen Lagen bestehen aus winzig kleinen dicht gedrängt stehenden Zellchen, welche einen 3 bis 4 mal kleineren Durchmesser haben, als die Zellen der innersten Lage (Taf. XIII. Fig. 3).

Unter dem Deckgläschen lassen sich durch gelinden Druck einzelne Parthien dieses nicht so einfach zusammengesetzten Gewebes abtrennen und man bemerkt namentlich durch Färbung, daß dieses aus mehr oder weniger dichotomisch verzweigten Zellreihen gebildet wird. Die äußersten Zellchen sind sehr klein (höchstens 2,5 bis 3 μ Diam.) und sehr dicht-körnig (Taf. XIII. Fig. 4).

3. Merenia[1]) microcladioides (Sp. n.).

M. fronde e basi ramosissima, 7 usque 9 centimetra, alta, rachide 0,5 usque 0,8 millimetra crassa, ramulis ultimis fasciculatis et corymbosis.

Diam. ceramidii 600 usque 780 μ.
Diam. sporarum 24 usque 30 μ.
Diam. cellul. rachidis inferioris 194 μ.
Stichidia: Longitudo 600 usque 900 μ.
Latitudo 190 usque 185 μ.
Diam. Tetrasporarum 30 usque 35 μ.

Hab. inter Ceramium rubrum.

(Taf. XI. Fig. 1–10).

Von den Polysiphonien zeigt diese Pflanze nur einige Aehnlichkeit in der angulären Verbindung der Cortikalzellen mit der Polys. elongella Harv. (Phyc. brit. II. Taf. 96). Der untere Theil der Rachis ist durch mehrere Lagen kleinerer, nach außen papillärer oder in Haare auswachsender Zellen berindet. Die Tetrasporen und die Ceramidien befinden sich auf verschiedenen Pflanzen.

4. Bonnemaisonia prolifera Reinsch. (Ber. Deutsch. botan. Gesellsch. 1888 VI. p. 153). Nova Gen. et Sp. Alg. Georg.

B. rachide cartilagineo-cornea, complanata, ancipite, 30 usque 35 Centim. longa, 1 usque 3 Millim. lata, e basi ramosissima ramis apicem frondis versus subfasciculatis, pinnato-ramosis, ramulis longioribus ramosis et ramulis brevioribus integerrimis

[1]) μιρι unvermischt.

distichis intermixtis; ramulis marginibus pinnulis subulatis, distichis, alternatim obsessis, apicibus (et singulis pinnulis subulatis) appendice foliaceo dilatato proliferis; Parenchymate corticali rachidis ex 10 usque 15 stratis, e cellulis minimis radialiter dispositis formato; Parenchymate celullari 1: ex cellulis magnis exterioribus, regulariter angulosis, de cellulis corticalibus distincte separatis et 2: ex cellulis nucleum centralem distinctum formantibus exstituto; Fructificatio?

(Taf. XIV.).

„Nordstrand der Landzunge. Süd-Georgia. 3. Juli 83". Mit der B. asparagoides stimmt diese Pflanze im Habitus überein, ist jedoch viel stärker in allen Theilen, die Mittelrachis fast um das Doppelte breiter. Die sehr regelmäßig alternirenden Fiederchen haben eine Länge von 2 bis 3 Millim. Bei sehr vielen geht die Spitze in ein blattartiges Gebilde über, welches in der Struktur abweichend ist von den Fiederchen. Die Cortikalzellen sind viel kleiner und in eckige Felderchen getheilt und nicht centralreihig geordnet. Es ist möglich, daß diese besondere Fruktifikations-Organe darstellen (Antheridien?). Im Baue der Rachis unterscheidet sich B. asparagoides durch 3 bis 4 schichtiges Cortikal-Parenchym, sowie durch den weniger entwickelten Centraltheil des Mark-Parenchymes.

5. Dasya (?) pectinata Hooker f. (Flora Antarctica I. p. 482).

D. rachide ramosissima, 0,5 Millim. crassa, ex cellulis radialiter positis, superne nudis inferne cellulis minoribus corticatis et funi centrali simplice composita, tripinnata ramis erecto-patentibus alternantibus, apicem rami versus sensim decrescentibus, ramulis secundae ordinis alternantibus, pinnatis et ramulis integerrimis intermixtis, ramulis tertiae ordinis integerrimis, subfirmis, ex serie una cellularum paulo longiarum quam latarum compositis, apicem ramuli versus subito decrescentibus; ramulis summis singulis in fila paucicellularia prolongata flagelliformiter transmutatis; Fructificatio?

(Taf. III. Fig. 1—4).

Der Delesseria ligulata var. n. anhängend. Die Struktur der Rachis und der Endzweige ist für die einzelnen Species der Dasyen so charakteristisch, daß man in jedem einzelnen Falle, selbst wenn nur Fragmente vorliegen, auf die Species schließen kann. Die an der Spitze der Zweige sich entwickelnden „Haftflagellen", welche sich bei keiner anderen Dasya finden, läßt schließen, daß die Pflanzen an mehreren Stellen der Frons außer der Wurzel am Substrate befestigt ist. Diese Dasye unterscheidet sich von den anderen Species durch die strikt alternate Stellung der letzten Fiederchen, welche ganz unverästelt sind.

Es ist nicht ganz sicher zu ermitteln, ob diese nur in einem einzigen Specimen beobachtete Dasye mit der D. pectinata Hook. f., welche ich noch nicht gesehen habe, nach der Beschreibung nach älterer Art identisch sei. Aus der Beschreibung „ramulis v. pinnulis simplicibus, alternis, brevioribus subulatis, monosiphoniis, articulis, diametro sesquilongioribus" leuchtet die Affinität mit dieser Pflanze hervor. Die charakteristische Struktur der Dasyen ermöglicht auch aus unvollständigen sterilen Specimens die Bestimmbarkeit der Species. Eine Abbildung dieser, nach Hooker in der antarktischen Zone sehr seltenen Alge existirt, so viel ich weiß, nicht, und gebe ich eine Abbildung hiervon, damit auch diejenigen, welche D. pectinata haben, sie in Vergleichung ziehen können. Diese Species ist besonders bemerkenswerth, weil es die einzige Dasye ist, welche ganz ungetheilte, einreihige Endfiederchen hat; die anderen Dasyen haben entweder gegabelte oder verästelte einreihige Endfiedern.

Mit D. arbusula Ag. hat sie die Struktur der Rachis gemein. Da alle Species der Dasya entweder verästelte (D. arbuscula, venusta, ocellata) oder gegabelte Endfiederchen (D. coccinea) haben, so würde diese Species berechtigt sein zu einem eigenen Genustypus, wenn nicht die Fruktifikation auch noch von Dasya abweichende Eigenschaften darbietet. An der Spitze einzelner Zweige entwickeln sich, neben Sproßfiedern, eigenthümliche, aus verlängerten Zellen gebildete Zweiglein, welche Haftfasern sind, ähnlich denen der Callithamnion und Polysiphonia.

Ceramiaceae.

6. Ballia Callitricha Ag. (Ballia Brunonis var. β. Hombroniana Hook. f. et Harv. Flor. Antarct. I. p. 190).

„Nordstrand der Landzunge. Süd-Georgia. 3. Juli 83.“ Die Specimens dieser specifisch antarktischen zierlichen Alge stimmen mit Falklands-Specimens überein, auf allen findet sich Plectoderma minus in fruchtendem und sterilem Zustande, sowie eine kleine Melobesie, zwei Achnanthes-Arten, Isthmia, Odontella schmarotzend. Die gebüschelt stehenden Tetrasporen entwickeln sich am Grunde der basalen Aestchen der unteren Zweige. Sie sind ellipsoidisch, mit einer sehr dicken Außenschicht umhüllt. Long. 56 μ. Lat. 43 μ. crassit. indum. 11 μ.

7. Ceramium rubrum Ag.

Stimmt in der Struktur absolut überein mit Spec. von der Schwedischen Küste (Rabenh. Alg. Eur. Nr. 1877) und mit Spec. aus dem Mittelmeer. Von diesen beiden Standorten unterscheidet sich die Pflanze durch mehr büsch› eligen Wuchs, schlankere gerade Zweige und durch gerade vorgestreckte Endzweiglein. Die georgische Pflanze ist weniger ästig, die Endzweiglein sind weniger verjüngt nach der Spitze und eingerollt.

8. Callithamnion Pinastroides. Reinsch. Contribut. ad Algol. p. 48. Taf. XXVII. Rhodosp.).

var. ramulosum (Reinsch. Ber. Deutsche Bot. Gesellsch. VI. p. 155).

Fronde furcato-ramosa et repetito dichotome ramosa, 1 usque 2,5 centimetra alta, ramis inaequaliter longis, dichotome ramosis, ramulis secundariis pinnatis, Pinnulis oppositis, cum ramulis pinnatis integerrimis intermixtis, apicem rami versus sensim decrescentibus, ramulis tertiae ordinis simplicibus aut ramulis singulis vel compluribus unilateralibus, ramulis summis subito decrescentibus; Tetrasporis ellipsoidicis 59 μ longis, 52 μ latis, singulatim in apice ramulorum tertiae ordinis, coccidiis magnis subglobosis, in apice ramulorum singulatim aut geminatim positis.

sessilibus; sporis irregulariter 87 usque 150 μ latis, polygonis 28 μ latis.

In Balliae callitrichae speciminibus majoribus, una cum Delesseriae salicifoliae plantulis juvenilibus.

Zu der von mir früher (l. c.) abgebildeten Pflanze aus der Adria ist diese Callithamnie zunächst zu stellen. Die früher abgebildeten Specimens sind entweder junge oder sterile Pflanzen oder eine eigene niedrigere Form. Von denjenigen Callithamnien mit gegenständigen sekundären Aestchen (Call. Plumula, cruciatum, Pluma, barbatum, Turneri, Ptilota) ist das Call. Ptilota (Hooker). Flora Antarctica I. p. 489. Taf. 189. Fig. 1), die nächste Verwandte durch zugespitzte ganz unverästelte Fiederchen der sekundären Aestchen.

9. Ptilota confluens. Reinsch. (Ber. Deutsche Bot. Gesellsch. 1888. VI. p. 154).

P. fronde tripinnato, rachide lata, compressa, 3 usque 4 millim. lata, furcato vel inordinate ramosa, ramis dupliciter pinnatis, pinnis longioribus brevioribus alternantibus intermixtis, pinnulis basin pinnae versus sensim apicem versus subito decrescentibus; pinnulis approximatis sublanceolatis) foliaceis, marginibus inciso-serratis, dentibus obtusiusculis, apicem subrotundatum versus subito diminutis, ex pinnulis ultimae ordinis confluentibus formatis; Tetrasporis magnis, 68 usque 84 μ longis, 36 usque 50 μ latis, ellipsoidicis, indumento usque 12 μ crasso velatis, in apice pinnularum ultimae ordinis liberarum (non confluentium) evolutis; Favellidiis?

„Nordstrand der Landzunge. Süd-Georgia, 3. Juli 1883."

(Taf. III. Fig. 5—9).

Diese Ptilota hat im äußeren Ansehen, in der Verästelung, Länge der Fiederchen äußere Aehnlichkeit mit der antarktischen Species P. Eatoni Dickie (Journ. Linn. Soc. XV. 202. Bot. of Kerguel. Isl. p. 54. Taf. V. Fig. 3). Sie unterscheidet sich aber von dieser und der verwandten antarktischen P. Harveyi (Hooker. Fl. Antarct. II. p. 487. Taf. 187) durch die bis zur Mitte völlig durch zahlreiche Zellchen zusammenfließenden Fiederchen. Bei beiden sind die Endfiederchen Callithamnium ähnlich aus einer Zellreihe gebildet, bei der letzteren sind alle Fiederchen bis zum Grunde der Fieder einreihig und frei, bei der P. Eatoni nur die obersten Fiederchen. Die letzten Fiederchen der meisten Fieder sind unberindet. Die Tetrasporen befinden sich auf der Spitze unberindeter Fiederchen. Sie sind (wie bei P. Harveyi) ellipsoid und von ungewöhnlicher Größe. Von der Seite gesehen, erscheinen sie ungetheilt, vom Scheitel dreitheilig. Im Baue der Rachis zeigen sich ebenfalls Unterschiede, soweit sich dieses im Vergleiche mit mehreren anderen Species[1]) ergiebt. Das Markparenchym besteht fast lediglich aus einem dichten Fadengewebe. Es befindet sich dazwischen nur eine Lage größerer sehr undeutlicher Zellen. Die Axillarzelle ist fast ganz verschwunden. Die Fadenzellen gehen in kürzere unregelmäßige Zellen über, welche nach außen in die kleinen Cortikalzellen übergehen.

10. Chantransia Spec. (an Genus proprium).

Ch. filis brevissimis, abbreviatis, 2 usque 6 cellularibus, integerrimis et furcatis, e stromate foliaceo ex uno aut duplice strato, expanso, arcte appresso ortis; cellulis rectangularibus et subovatis, pachydermis, colore pallide rubro; sporis? subglobosis, in apice filorum evolutis.

Latit. filorum 5—6 μ.

Altit. filorum 24—32 μ.

Hab. in Dolesseriae carnosae fronde.

Taf. XIII. Fig. 9. 10.

Diese etwas dubiöse Chantransie kommt ohne Tetrasporen vor und die vereinzelt oder gezweit am Ende der Fäden befindlichen größeren Zellen stellen wahrscheinlich Fruktifikationszellen dar, da bei einzelnen Fäden die oberste Zelle entleert ist. Unentwickelte, Prothallus-ähnliche Zustände anderer Florideae stellt die Pflanze nicht dar.

[1]) Auf die Struktur-Verhältnisse ist bei Unterscheidung der Ptilota-Species zu wenig Gewicht gelegt worden und es ist daher für mehrere der Species: densa, hypnoides, asplenoides, Californica, serrata einige Unsicherheit.

11. **Plectoderma minus. Reinsch.** (Contributiones ad Algol. p. 52. Taf. XXXVII. Fig. 2. 3).

Auf Ballia Callitricha „Nordstrand der Landzunge."

Long. thallodis 150—270 μ.

Long. cellularum 5—9 μ.

Lat. cellularum 3—4 μ.

Taf. XIII. Fig. 6. 7.)

Die fast auf allen Specimens der Ballia von Süd-Georgia vorkommende Plectoderma stimmt völlig überein mit den von mir früher angegebenen Vorkommnissen. Sie findet sich nicht bloß die großen axillären Zellen der Ballia überkrustend, sondern auch nicht selten auf die Zweige sich erstreckend und die ganze Pflanze völlig überkrustend.

In den früher beobachteten Fällen auf verschiedenen Florideae wurde nie eine Fruktifikation wahrgenommen. Bei diesem Vorkommen auf Ballia wurde diese entdeckt. Die Fruktifikation erschien mir anfänglich als eine selbstständige Pflanze, als eine Chantransia. Bei Durchschnitten durch Ballia mit den Parasiten ersah man den Zusammenhang beider. Die Fruktifikation von Plectoderma entwickelt sich aus einzelnen Zellen des Lagers, welche perpendikulär sich entwickeln. Man erkennt diese Anfänge als nach außen vorspringende, etwas kleinere Zellen, an welchen in senkrechter Richtung 3—4 kurze Zellen sich entwickeln. Die oberste Zelle schwillt stärker an, theilt sich der Quere nach in halbkugelige Zellen. Aus diesen bildet sich durch Längstheilung die Tetraspore, welche ausgewachsen 19 μ lang ist. Plectoderma würde sich im Systeme der Florideae nächst an die Callithamnieae anreihen, als eine eigene Untergruppe mit flächenförmigem Thallus, welcher fertile und sterile fädige Zweige entwickelt: Das Rhodochorton (Callithamnion) membranaceum. Magnus (II. Jahresber. Unter. d. Deutsch. Meere p. 67. Taf. II. 7—15) schließt sich zunächst hieran an. Taf. XIII. Fig. 6. Stückchen der Frons mit den ersten Anlagen der Fruchtzweige. Fig. 7. Tetrasporangien in verschiedenen Stadien der Entwickelung.

Rhodymeniaceae.

12. Rhodymenia Palmetta (Esper) Ag. Spec. I. p. 205.

var. multiloba. Fronde 10—15 centimetra longa, repetito dichotoma et palmata, pinnulis ligulatis et subcuneiformibus, apice 5 usque 12 Millimetra latis.

„Strand unterhalb der Station, durch Sturm ausgeworfen. Süd-Georgia. Febr. 83."

Stimmt in der Struktur der sterilen Frons mit 38 Millimeter hohen Specimens von Genua, wie auch in der Größe der Cortikal- und Medullarzellen überein. Im Parenchyme (auch in der Medullarsubstanz) nistet eine Entoneme.

13. Rhodymenia palmata. Greville.

var. α. Harvey. Phyc. brit. II. Taf. 218.

Forma fronde in basi in pedicellum longiorem angustata. Tetrasporangia arctissime positae supra frondem dispersae.

„Südseite der Landzunge, bedeckt in großen Mengen die Klippen bis zur Fluthgrenze. Süd-Georgia. 8. Februar 83.

14. Rhodymenia Georgica. Reinsch. Ber. Deutsch. botan. Gesellsch. 1888. VI. p. 147.)

Rh. e minoribus, fronde cartilagineo-membranacea, colore fusco-purpurea, in statu siccato tabescente, 4—7 Centimetra alta, dense fasciculato-ramosa, e pedicello 4—6 Millimetra alto crassitie pili equini orta, repetito dichotome ramosa (sextupliciter usque octupliciter), lobulis ultimis ligulatis, membranaceis, 2—3 Millimetra longis, divisis aut digitatis; pinnulis divergentibus; Tetrasporis ellipsoidicis, permagnis, 56 μ longis 38 μ latis, ex cellulis strati interni parenchymatis corticalis ortis et filis paraphysoidibus cinctis, extrorsum nudis.

„Klippen am Nordufer der Landzunge, bis zur Grenze des Niedrigwassers. Süd-Georgia, 3. Juli 83."

(Taf IX. Fig. 3. 4. 5).

Diese Rhodymenie hat im Aeußern viele Aehnlichkeit mit der Gracillaria multipartita Ag.

Die anatomische Struktur der Frons stimmt jedoch mit den übrigen Rhodymenien (Rh. palmata, Palmetta, nicaeensis) nahe überein. Man könnte sie auch für eine viellappige Form der Rh. nicaeensis halten, von welcher auch Specimens mit Endläppchen von der Breite dieser Pflanze vorkommen, aber die viel größeren und ellipsoiden Tetrasporen lassen sie als eine distinkte Species erscheinen. Auch mit Rh. Palmetta var. Elisia Lenorm. hat die Pflanze Aehnlichkeit, unterscheidet sich aber von dieser in der Struktur der Lobuli.

Eine bei Harvey (Phyc. brit. II. Taf. 218. Fig. 2) abgebildete sehr schmallappige var. der Rh. palmata hat in der Theilung und Größe der größeren Segmente Aehnlichkeit. Diese unterscheidet sich aber schon im äußeren Aussehen durch die in die Stiele der Fiederchen verbreitete Fronsfläche, sowie durch die blattartig verbreiterte Rachis, welche bei Rh. Georgica fadenförmig verdünnt ist.

Die Tetrasporen sind bei Rh. Georgica nach Außen unbedeckt und frei, bei den übrigen Rhodymenien dagegen von der äußeren Zellenlage der Rindensubstanz bedeckt. Die Pflanze bildet dicke Büsche, indem viele meist gleich große Zweige aus einem gemeinschaftlichen Anheftungspunkte entspringen. Die Exemplare sind sämmtlich stark überkrustet von den Gehäusen einer kleinen Serpula. Pflanzliche Parasiten, außer einem Entonema, finden sich nicht auf dieser Pflanze.

15. Rhodymenia ciliata Grev. (Harvey Phycol. brit. IX. Taf. 127).

var. ligulata. Reinsch. Sp. Gen. nova Alg. Ber. Deusch. botan. Gesellsch. VI. p. 148).

Fronde integerrima, basi longe attenuata, lamina lineari, prolongata, 18 usque 42 Centimetra longa, 1 usque 2 Centimetra lata, marginibus fimbriis, erecto patentibus, 2 usque 5 Millimetra longis dense obsessis.

„Nordstrand der Landzunge. Süd-Georgien. 3. Juli 83."

(Taf. IX. Fig. 1. 2).

Die Fronsfläche ist dicker und die Struktur derselben auch etwas verschieden von der typischen Form (Harvey Phyc. brit. II. Taf. 127).

Das Medullarparenchym zeigt sich aus mindestens 12facher Zellenlage zusammengesetzt, aus wenig verschiedenen, unregelmäßigen, dickwandigen Zellen. Das Rindenparenchym aus einer einfachen Zellenlage länglicher Zellen. Bei der typischen bei Harvey abgebildeten Form mit mehrfach getheilter Frons ist das Medullarparenchym aus einer 6—8 fachen Zellenlage aus mehr gleichartigen Zellen zusammengesetzt. Die sprossenden Wimpern, welche die fertilen Zweige sind, sind bei der georgischen Pflanze steril.

16. Rhodymenia decipiens Reinsch. (Ber. Deutsch. bot. Ges. 1888. VI. p. 148.)

Rh. fronde cartilagineo-membranacea, colore fusco-purpureo, composita, e rachide membranacea, dilatata, breviore et pinnis numerosis, e rachide proliferis exstituto. Pinnis integerrimis, ligulatis et lineari-lanceolatis apice subito angustata, basi in pedicellum breviorem subito contracta; Tetrasporis subglobosis, minutis 18 usque 20 μ latis, cellulis corticalibus uniseriatis, basin versus pluriseriatis, 6 usque 8 μ latis; cellulis parenchymatis medullaris in laminae mediore parte ex 1 usque 6 stratis formatis, membrana crassa, lamellosa.

Longitudo Pinnarum majorum 12 usque 15 Centimetra.
Latitudo Pinnarum majorum 12 usque 15 Millimetra.
Longitudo Pinnarum minorum 2 usque 5 Centimetra.

„Nordstrand der Landzunge Süd-Georgia."

(Taf. X. Fig. 1—6).

Diese Rhodymenie unterscheidet sich im Baue der Frons von allen Formen der Rh. palmata durch viel dickwandigere Zellen des Medullar-Parenchymes, durch einschichtiges Cortikalparenchym. Die sphärischen Tetrasporen der Rh. palmata haben einen Durchmesser von 43—50 μ. Die Dicke der Frons beträgt bei Rh. decipiens 62 μ, am unteren Ende 320 μ. Das Cortikalparenchym ist am unteren Ende 6 bis 12 schichtig. Die Cortikalzellen sind von der Fläche polygonal, sehr eng aneinander gedrängt und haben eine Breite von 15 bis 19 μ. Sie sind ziemlich regelmäßig in centrale Reihen geordnet. Durch den eigenthümlichen

Entophyten, den Entocolax, der einzelne Zellen des Markparenchymes total ausfüllt, werden die über ihm lagernden Cortikalzellen weder in ihrer Struktur noch in ihrer Lage alterirt. Bei Rh. palmata sind die Cortikalzellen viel kleiner, rund und durch breitere Zwischenräume von einander getrennt, ihr Durchmesser beträgt 3 bis 5 μ, also um 1/3 bis 1/4 kleiner.

16a. Rhodymenia cristata. Grev. (Harvey. Phycol. Brit. II. Tab. 307).

„Nordstrand der Landzunge. Süd-Georgia."

In zwei Tetrasporen- und einer Coccidienpflanze. Von dieser sehr formenreichen Species finden sich so vielfache Uebergänge der breitlappigen wenig getheilten Specimens in die viel- und schmallappigen Specimens, daß man kaum einige Unterformen markiren kann. Die Pflanze von Georgia stimmt mit Specimens von der britischen Küste in der Theilung und Breite der Zweiglein überein, hie und da sind die Endzweiglein etwas stärker gehäuft, mit fast corymboser Anordnung. Bei der Tetrasporenpflanze sind die Tetrasporen dichter gehäuft und über die ganze Fläche der Zweiglein vertheilt (Tetrasp. diam. 18—23μ). Es zeigt sich kein bemerkenswerther Unterschied in der Struktur mit den europäischen Specimens. Diese Rhodymenie ist bis jetzt noch nicht in der antarktischen Zone beobachtet worden, und war bis jetzt nur von der Nord-Hemisphäre (mit Ausnahme der asiatischen Küsten) bekannt.

17. Plocamium coccineum Lyngb. (Kütz. Phyc. Gen. p. 449. Tab. 64. Hooker Fl. Antarct. I. p. 186. Harvey Phyc. britann. II. Tab. XLIV.)

„Nordstrand der Landzunge Süd-Georgia."

Diese auf der Nord- und Süd-Hemisphäre weit verbreitete Floridee ist äußerst wenig variabel. Specimens von der Atlantischen Küste (Nord-Amerika), vom Cap der guten Hoffnung, aus der Nordsee, sowie aus dem Mittelmeer stimmen völlig überein. Die Pflanze ist, wie gewöhnlich, frei von pflanzlichen Parasiten.

18. Plocamium Hookeri. Harv. (Lond. Journ. Bot. IV. p. 251. Fl. Antarctica I. p. 474.)

(Taf. X. Fig. 7).

Von dieser Plocamie liegen mehrere coccidientragende Specimens von 12—19 cm Länge vor. Die charakteristischen blattähnlichen Anhängsel von 3—5 mm Länge, deren Hooker erwähnt, befinden sich alternirend an den sekundären Zweigen. Die Endzweiglein entwickeln nur alternirend stehende oder büschelige Aestchen.

Diese specifisch antarktische Species unterscheidet sich von den robusteren Formen des Cosmopoliten Ploc. coccineum durch die mit den zusammengesetzten Fiederästchen alternirend stehenden blattartigen, zungenförmigen und ganz ungetheilten Aestchen, welche als obliterirte Zweiglein aufzufassen sind. Die Exemplare von Georgia sind nur Ceramidienpflanzen. An den Endzweiglein entwickeln sich die Ceramidien zu mehreren, dicht gedrängt stehend, während bei dem Pl. coccineum die zerstreuten Ceramidien nur an den unteren Parthien der Zweige sich entwickeln. Die Art ist nach Hooker in der antarktischen Zone sehr selten und nur von Kerguelen beobachtet (Hook. Fl. Antarct. II. p. 474).

Sphaerococcoideae.

19. Gracillaria prolifera Reinsch. (Ber. Deutsch. bot Ges. 1888. IV. p. 147.)

Gr. fronde cartilagineo carnosa, colore rubro fuscescente, circa 25 centimetra alta, ex rachide distincta et pinnulis composita; rachide 6–9 millimetra lata, compressa, apice subdivisa et integerrima; pinnulis subaequalibus, lanceolato-ligulatis, compressis, basi in pedicellum brevem subito angustata, omnibus ex rachidis marginibus apicisque proliferis; fructibus (coccidiis) globosis, granulo sinapeos subaequantibus, 1—1,5 millimetra latis, sessilibus, in superficie et in marginibus evolutis; fructuum integumento initio ex cellulis radiantibus, in maturitate ex cellulis concentricis composito; sporis evolutis numerosissimis, angulosis, 9—13 μ latis, corpus subglobosum, integumentum arcte replentem, formantibus, ex placenta cellulosa centrali ortis.

„Nordstrand der Landzunge Süd-Georgia. 3. VII. 83."

In Hinsicht der Struktur der Frons zeigt sich die Rindensubstanz aus einer einzigen Lage kleiner Pigmentzellen zusammengesetzt; auf diese folgt unmittelbar eine Lage kleinerer pigmentloser Zellen, welche schon der Medullarsubstanz angehört. Die Zellen der letzteren sind ziemlich gleichförmig, zweischichtiger, nicht sehr dicker Wandung und reich an größeren Stärkekörnchen. Die einen kugeligen, ganz den Innenraum der Coccidie ausfüllenden Körper bildenden Sporen entwickeln sich auf fadenförmigen Trägern. Die Spitze der 15—20 schichtigen Coccidienwandung ist bei der Reife durch einen scharf begrenzten Kanal geöffnet.

Diese Gracillaria unterscheidet sich von der Gr. multipartita, compressa, erecta, confervoides durch die genau sphärischen Coccidien. Sie nähert sich noch am meisten der Gr. compressa, sie unterscheidet sich jedoch durch die deutlich entwickelte Rachis und durch die blattartig zusammengedrückte Frons. Die beiden einzigen seither in der antarktischen Region aufgefundenen Gracillarien: Gr. nigrescens Hook. f. et Harv. und Gr. aggregata Hook. f. et Harv. sind nicht ganz zweifellos, weil diese ohne Fruktifikation beobachtet worden sind (Hook. f. Flora Antarctica I. p. 477. 478) und über die Struktur keine Angaben vorliegen.

Delesserieae.

20. Delesseria carnosa. Reinsch. (Ber. Deutsch. bot. Gesellsch. 1888. VI. p. 151).

D. e firmioribus, rachide prolongata, irregulariter ramificata, 15 usque 20 centimetra alta, 3 usque 7 millimetra lata, late compressa, substantia cartilagineo-coriacea, colore obscure purpurascente Pinnis majoribus Pinnulisque minoribus numerosis intermixtis dense obsessa; Pinnis ovatis, ovato-lanceolatis et ligulatis, integerrimis, apice rotundato-obtusa, basi in pedicellum subito angustata, marginibus integerrimis, cartilagineo-carnosis et margines versus membranaceis, colore purpurascente, nervo singulo lato centrali in lateribus indistincte limitato, in summo Pinnae evanescente: Pinnulis minoribus integerrimis, ovatis, e nervibus et ex rachide et ex Pinnarum marginibus et nervo centrali proliferis; Tetrasporis et Coccidiis?

Forma rotundata.

Pinnis brevioribus, rotundatis, rachide pinnisque pinnulis dense obsessis.

Long. Plantae 10 usque 14 centimetra.

Long. Pinnarum 2 usque 3 centimetra.

„Nordstrand der Landzunge."

Forma latiloba.

Pinnis majoribus lanceolatis, marginibus irregulariter lobatis pinnulis dispersis obsessis.

Long. Plantae 29 centimetra.

Long. Pinnarum 10 usque 17 centimetra.

Lat. Pinnarum 1,4 usque 2 centimetra.

„Nordstrand der Landzunge (offene See) durch Sturm ausgeworfen. Süd-Georgia. 22. März 83."

(Taf. VII. Fig. 6. Taf. VIII. a. b.).

Diese Delesserie ist schon im Baue auffallend verschieden von den übrigen Delesserien. Im äußeren Aussehen und in der derben Textur der Frons könnte man sie für eine Rhodymenie ansehen, wenn nicht die sehr deutlich entwickelte Mittelrippe, welche nach den Seiten hin nur undeutlich begrenzt ist, sie sofort als Delesserie kennzeichnen würde.

21. Delesseria condensata. Reinsch. (Ber. Deutsch. botan. Gesellsch. 1888. VI. p. 150.)

D. e minoribus, rachide secundaria, abbreviata, furcato-ramosa; 15 usque 20 millimetra longa, crassitie setae suillae, compressa et subalata, pinnulis et oppositis et alternantibus, fasciculatis dense obsessa; Fasciculis ramulorum et Pinnularum ex rachide primaria prolongata, basi disciformiter dilatata, subcompressa, usque 13 centimetra longa, 2 usque 2,5 millimetra lata ortis; Pinnulis explicatis, 6 usque 8 millimetra longis, integris, subdivisis et subpinnatis, nervo convexo- firmo centrali, apicem Pinnulae versus evanescente, nervis lateralibus nullis; substantia gelantinoso-lubrica, subtilissima, colore pallide rubescente, Parenchymate frondis ex uno strato composito, cellulis 15 usque 22 μ latis. Tetrasporis? Coccidiis subglobosis, magnis, in substantia pinnularum evolutis, usque 1 millimetrum latis; Sporis subglobosis, magnis, in substántia pinnularum evolutis, usque 1 millimetrum latis; Sporis subglobosis pachydermis, 50 usque 59 μ latis, indumento exteriore 3 μ crasso.

„Nordstrand der Landzunge. Süd-Georgia."

(Taf. VII. Fig. 1—5).

Diese Delesserie, welche man dem äußeren Ansehen nach für eine Form der Deless. alata halten könnte, unterscheidet sich von allen Formen dieser vielgestaltigen Species: durch die Entwickelung einer verlängerten starken Rachis, an welcher die büsch???ligen Zweige entspringen, durch den völligen Mangel an Lateralnerven in der Fronsfläche, durch um das doppelte größere Corticalzellen der Nerven, sowie durch die 2 bis 3mal größeren dickwandigen Sporen. Bei der sterilen Frons fehlen die sproßenden Blättchen, welche bei Deless. alata aus dem Mittelnerv und aus den Achseln der Zweige hervor sprossen. Die 2,5 bis 3 Millimeter dicke, fast cylindrische Rachis zeigt sich aus einem oblongen, vierschichtigen Nukleus großer Zellen von 78 bis 90 μ gebildet. Die Corticalsubstanz ist 10 bis 14 schichtig aus undeutlich radial angeordneten 31 bis 43 μ breiten Zellen gebildet. Die Entwickelung der sprossenden Zweige aus der Rachis erfolgt, indem die Zellen kleinerer Zellpartien der Corticalparenchymes in centrifugaler Richtung sich stärker entwickeln, alle hieran betheiligten Zellen in die Länge sich strecken und, die äußersten über die Außenfläche der Rachis hervorragend, eine Tuberkel bilden. In dieser sondert sich bald Cortical- und Medullarparenchym.

Delesseria quercifolia Bory.

22. D. frondibus compluribus stipite brevi e disculo ortis, 7 usque 15 Centim. longis, 3 usque 4,5 Centim. latis, cuneatis et ellipsoidicis basi subito contracta, usque ad $^1/_3$ latitudini inciso-lobatis, lobis rotundatis, 8 usque 11, nervo centrali 1 usque 1,5 Millim. lato, nervis lateralibus in lobos procurrentibus firmis, singulis

nervulis lateralibus inter se anastomosantibus; Parenchymate frondis ex stratis binis composito, nervorum ex 3 usque 7 stratis; Tetrasporis magnis 46 usque 68 μ latis, in soris 176 usque 225 μ latis, partim confluentibus; Coccidia?

„Nordstrand der Landzunge. Offene See. Durch Sturm ausgeworfen."

Diese zierliche antarktische Delesserie liegt in zwei Specimens vor, leider etwas zerrissenen Blättern. Sie ist nahe verwandt mit der Del. Davisii Hook. f. (Fl. Antarct. I. p. 470. Taf. 175). Die letztere unterscheidet sich durch zugespitzte, tief eingeschnittene, zerschlitzte Lappen. Die europäische D. ligulata und sinuosa unterscheiden sich durch die verschiedene Berippung und Fruktifikation.

23. Delesseria polydactyla. Sp. nova Reinsch. (Ber. Deutsch. bot. Ges. 1888. VI. p. 150.).

D. e minoribus, rachide breviore, 1 usque 3 Millimetra alta, usque unum Millimetrum crassa, colore nigrescente, subalata, in inferiore parte nudiuscula et ramulos singulos evolvente, superne ramosissima, ramulos tres usque octo breviores evolvente, ramulis alatis, dactyliformiter divisis, duodecim usque viginti quatuor pinnulas evolventibus; Pinnis ligulatis et cuneiformibus, bi- et tripartitis, 2 usque 3,5 Centimetra longis, in apice rotundato obtusa, 3 usque 6 Millimetra latis, marginibus integerrimis, substantia tenui subtiliter cartilagineo-membranacea, colore amoene rosaceo (per aquam dulcem expallescente), nervo singulo subtili, in media parte pinnae evanescente; Parenchymate frondis margines frondis versus ex strato uno, ex cellulis subangulosis 25 usque 53 μ latis exstituto extrorsum indumento usque cellulae diametri perpendicularis dimidium alto; Tetrasporis? Coccidiis permagnis, subhemisphaericis, in sectione perpendiculari ovato-ellipticis, pariete ex quinque stratis internis concentricis cellularum aequalium composita, 0,8 usque 1 Millimetrum latis, per totam superficiem pinnae dispersis; Sporis ovatis vel subtetraetricis, 34 usque 39 μ latis.

„Nordstrand der Landzunge. Offene See. Durch Sturm ausgeworfen."

(Taf. V. Fig. 1—6).

Diese Delesserie hat ihren nächsten Verwandten in der antarktischen Del. dichotoma Hook. f. (Fl. Antarctica I. p. 154. Tab. 71. Fig. II.) Diese unterscheidet sich durch die Theilung der Frons. Die Lappen eines Zweiges sind ungleich groß, verschiedengestaltig und an den Rändern ungleich gezähnelt. Die Berippung ist wiederholt gabelig und verästelt. Die Rachis mit zahlreichen Läppchen besetzt.

Die Vertheilung der Coccidien über die Frons ist bei D. dichotoma die nämliche wie bei D. polydactyla; über die Struktur der ersteren kann jedoch nichts mitgetheilt werden.

Del. dichotoma Hook. f. ist wohl Mittelspecies zwischen der Del. polydactyla und der Del. ligulata.

24. Delesseria salicifolia Reinsch. (Ber. Deutsch. bot. Gesellsch. 1888. VI. p. 149).

D. e subtilioribus rachide prolongata, furcato ramosa, 4 usque 11 centimetra longa, alata, pinnis pinnulisque dense obsessa; Pinnis in statu evoluto 8 usque 10 centimetra longis, 11 usque 16 millimetra latis, anguste elliptico-lanceolatis, apice et basi angustatis, marginibus integerrimis, pedicello brevi rachidi insidentibus, substantia tenui cartilagineo-membranacea, ex strato singulo cellularum polygonarum 15 usque 21 μ latarum exstitutis, extrorsum indumento subtenui, membranaceo, lamelloso usque cellulae diametri perpendicularis quartam partem, colore rubro sanguineo usque rubro purpureo, nervo centrali firmo, in apicem excurrente et numerosis nervis lateralibus geminatim oppositis, unis ab alteris 2 usque 3 millimetra distantibus, in angulis 45° ad apicem versis, usque ad apicem pinnae evolutis; Pinnis minoribus inevolutis marginibus serrato-dentatis et ex rachide et ex alis nervi centralis cum nervis lateralibus pinnarum proliferis; Tetrasporis globosis 25 usque 50 μ latis, in pinnulis ovato-lanceolatis 2 usque 3 millimetra longis, in alis nervi centralis cum nervis lateralibus evolutis; Coccidiis?

„Strand unterhalb der Station durch Sturm ausgeworfen. Süd-Georgien. Februar 1883."

(Taf. IV.)

Die dieser schönen Delesserie, wenigstens im äußeren Ansehen am nächsten stehende Species ist D. Lyallii Hook. f. et Harv. (Flora Antarctica I. p. 471 Taf. 176), bei welcher aber die Ränder der großen und kleinen Fieder eingeschnitten doppelt gesägt sind. Die letzteren sprossen nur an den Rändern der großen Fieder, niemals auf der Frons (d. h. auf dem Mittelnerven) hervor. Die Tetrasporen entwickeln sich zwischen den Nerven der Frons in der Frons-Substanz, wie dies auch bei D. ruscifolia und Hypoglossum der Fall ist. Die Entwickelung der Tetrasporen in besonderen, aus dem Mittelnerven der Frons entwickelten Sproßfiedern hat D. salicifolia mit D. sanguinea gemein. Bei der D. sinuosa, alata, quercifolia und Lyallii findet diese sowohl in der Substanz des Mittelnervens als auch in den Sproßfiedern der Ränder statt. In anatomischer Hinsicht unterscheidet sich D. salicifolia sehr wesentlich von den übrigen Delesserien durch die einschichtige Fronsfläche. Sie bildet deshalb ein Mittelglied zu den Nitophyllen.

Die Pflanze scheint in Süd-Georgia hauptsächlich auf Ptilota wachsend vorzukommen, zwei der Exemplare entspringen von alten Stöcken der Ptilota, welche, außer mit Callithamnion ganz mit jungen Delesseria-Pflanzen überzogen sind. Es ist anzunehmen, daß die Pflanze nicht weit von der Küste entfernt gewachsen sein muß, wie auch die anderen am Ufer ausgespülten Delesserien, da die Specimens ganz intakt sind.

25. Delesseria ligulata. Reinsch. (Ber. Deutsche Bot. Ges. 1888. VI. p. 148).

D. e firmioribus, rachide prolongata irregulariter ramosa, cartilagineo-carnosa, in basi terete, 3 usque 4 millimetra crassa, sursum compressa et alata, 15 usque 24 centimetra alta, Pinnis foliaceis, integerrimis (raro furcato-divisis), in rachide irregulariter dispersis et accumulatis, 4 usque 15 centimetra longis, 0,8 usque 1,8 centimetra latis, substantia subcrassa, cartilagineo-carnosa et membranacea, colore obscure purpurascentibus, late lineari lanceolatis, aequaliter latis, apice rotundato obtuso, basi in pedicellum breviorem sensim angustata, marginibus integerrimis (raro lobulis minoribus incisis), nervo singulo firmo, lato, usque $^1/_6$ pinni latitudinis, apicem pinni versus coalescente; Pinnulis proliferis ex marginibus et ex nervo centrali ortis nullis; Parenchymate frondis ex stratis 4, ex funi centrali cellularum majorum et stratis duobus cellularum minorum externarum formato, externarum indumento subtenui membranaceo; Tetrasporis maximis, subglobosis, in soris subconvexis, 264 usque 352 μ latis, postremo apice apertis evolutis, 70 usque 85 μ latis; coccidiis et sporis?

„Nordstrand der Landzunge (offene See). Durch Sturm ausgeworfen. Süd-Georgia. 22. März 1883."

(Taf. VI. Taf. VII. Fig. 78.)

Diese Delesserie reiht sich an keine der bekannten Delesserien zunächst an.

Das Fehlen der aus den Rändern und der Mittelrippe proliferirenden Fiederchen unterscheidet diese ansehnliche Delesserie, außer in der Blattform, von allen Delesserien. Ganz scheinen diese auch zu fehlen bei der Del. Davisii Hooker f. et Harv. (Flora Antartica II. Taf. 175), welche eine vielfach zerschlitzte Frons besitzt. Alle anderen Delesserien besitzen diese proliferirenden Fiederchen. Im Baue der Frons zeigen sich keine Unterschiede von den übrigen Delesserien. Der Mitteltheil der Frons zeigt sich im Querschnitte bis zu $^1/_4$ der Breite der Frons aus 8 bis 10 Zelllagen gebildet, welche beiderseits allmählich abnehmen; die Ränder der Frons sind dreischichtig. Im Baue der Rachis zeigen sich einige Eigenthümlichkeiten. Die Achse wird im Querschnitte gebildet aus einem oblongen Körper von vier- bis sechsschichtigen, ziemlich gleichen angulären Zellen von 33 bis 50 μ Breite; die Cortikalsubstanz aus einem Parenchyme gleichgroßer dickwandiger Zellen in genau radialer Anordnung und 16 bis 20facher Lage, von 20 bis 26 μ Breite. Es ist zu schließen, da diese in dem Berichte von Hooker über die antarktische Flora nicht erwähnt wird und eine ansehnliche Pflanze wie diese kaum entgangen wäre, daß der Verbreitungs-bezirk dieser Species in der antarktischen Zone ein beschränkter ist. Süd-Georgia ist von der Roß'schen Polar-Expedition nicht berührt worden und von den Falklands-Inseln, welche die Expedition auf einige Zeit berührt hat, wird sie nicht erwähnt. Ein gleiches gilt auch für Desmarestia Pteridoides.

26. Nitophyllum affine. Reinsch. (Nova Gen. et Spec. Alg. Ber. D. Bot. Ges. 1888. p. 153).

N. fronde usque 7 centimetra longa, basi abrupte in rachidem subcompressam breviorem contracta, multilobata et repetito dichotome ramosa, lobis irregulariter inciso-lobulatis, planis, marginibus integerrimis, nervo ramoso centrali singulo firmo subconvexo lato usque fere in apicem omnium lobulorum excurrente, substantia tenuissima, gelatinoso-lubrica, extrorsum indumento crassissimo gelatinoso, usque cellulae diametro perpendiculari subaequante; Parenchymate frondis anguste cellulari, ex strato unico formato, cellulis minutis et subangulosis, 10 usque 16 μ latis; Parenchymate nervi e 5 usque 10 stratis cellularum rectangularium formato; Fructificatio?

„Klippen nächst dem Strande an der Grenze des Niedrigwassers. Süd-Georgia, 20. Dezember 1882."

(Taf. V. Fig. 7. 8. 9).

Auch diese Nitophylle bildet ein Bindeglied mit den Delesserien in der einschichtigen Frons. Nach der Berippung würde die Pflanze unbedingt zu Delesseria eingereiht werden müssen. Auch diese Species zeigt die nahe Verwandtschaft von Nitophyllum und Delesseria. Zweckmäßig würden beide Genera vereinigt. Die Pflanze bildet dicke Büsche, indem eine ziemliche Anzahl Blätter aus einer gemeinschaftlichen, ziemlich dicken, kurzen Rachis entspringen. In diesen nisten zahlreiche junge Cardien. Dem Habitus nach ist die Del. dichotoma Hooker f. (Fl. Antarct. I. p. 184. Taf. 71. Fig. 2) verwandt. Es ist aber an dem a. O. nicht zu ersehen, ob die Struktur der Frons wie bei Nithophyllum ist, wenn auch die Angaben über die Berippung mit dem N. affine übereinstimmen „traversed by a forced, repeatedly dichotomous midrib, which, though gradually evanescent, is obvious nearly the whole length of the lamina." Bei der D. dichotoma findet sich eine längere Rachis, an welcher vom Grunde an sich breitere Lappen mit zahlreichen jungen Läppchen untermischt entwickeln. Die breiteren Lappen sind an den Rändern ausgebissen gezähnelt. Bei dem N. affine geht die kurze Rachis unmittelbar in die größeren, flachen und ganzrandigen Lappen über, wie bei der D. polydactyla. Die Rachis ist frei von jüngeren Sproßblättchen. Im Baue der 2—3 Millimeter dicken Rachis zeigt N. affine sehr engmaschiges dicht gedrängtes Parenchym mit genau radialer Anordnung. Rechnet man diese Species der einschichtigen Frons wegen zu Nitophyllum, so wären die nächsten Verwandten: N. Bonnemaisoni und Hilliae. Von den von Hooker in der antarktischen Zone entdeckten Arten, welche ganz nahe verwandt sind, würde das N. crispatum (Flora Antarctica I. p. 185. Taf. 71) das nächste sein. N. affine ist eine Mittelform zwischen N. Bonnemaisoni und N. crispatum.

N. Bonnemaisoni	N. affine	N. crispatum
Fronde a basi dichotome plurilobata; lobis planis nervo centrali subtili, vix usque in mediam partem frondis excurrente.	Fronde a basi dichotome plurilobata; lobis planis, nervo centrali firmo, ramoso, usque in apicem lobulorum excurrente.	Fronde a basi dichotome plurilobata; lobis marginibus crispatis, nervo centrali vix usque in mediam partem frontis excurrente.

27. Nitophyllum Spec.

Nit. e minoribus, fronde tenuissima, 3 centimetra longa, subintegra, enervia, aut in basi nervo singulo ex funi simplice formato mox evanescente; Parenchymate macrocellulari, regulariter angulosa, cellulis reguliter polygonis, 46 usque 78 μ longis, subcrasso, distincto.

Hab. parasitice in Ptilota confluente. Sp. n.

Diese leider nur in einigen, unvollständigen Specimens gefundene Nitophylle ist nahe verwandt mit dem Nit. Sandrianum, Confervoides und versicolor aus der Adria, wegen des großzelligen Parenchymes. Es würde diese Species die einzige dieser Untergruppe der Nitophyllen sein, welche in der antarktischen Zone beobachtet ist.

Cryptonemaceae.

28. Kallymenia multifida. Reinsch. (Ber. Deutsche Bot. Ges. 1888. VI. p. 146).

K. fronde cartilagineo-carnosa, colore obscure purpureo, e basi ramosissima, rachide repetito dichotoma, ramis fasciculatis, pinnis oppositis et alternantibus, apice dilatatis, inciso lobulatis, dense obsessa; cellulis parenchymatis corticalis minimis, 3 usque 5 μ latis, ex septem usque novem stratis, de cellulis parenchymatis medullaris indistincte separatis; Parenchymate medullari e cellulis majoribus pachydermis et e cellulis numerosissimis filiformibus dense intertextis composito; Tetrasporis elliptico-ovalibus, 25 usque 31 μ longis, 6 usque 8 μ latis; coccidiis et sporis?

„Nordstrand der Landzunge. Süd-Georgia. 3. Juli 1883."

(Taf. II.).

Dieser eigenthümliche Kalymenientypus, welcher im äußeren Ansehen für eine Calophyllis oder ein Plocamium gehalten werden kann, unterscheidet sich im Baue der Lamina von den übrigen Kalymenien-Species in Nichts. Nur der Bau der Rachis ist etwas abweichend, indem im Querschnitte die Hauptmasse des Medullar-Parenchymes aus fadenförmigen Zellen sich zusammengesetzt erweist, welche viel dichter verwebt sind als bei Kall. reniformis und Dubyi. Die Tetrasporen sind bedeutend größer als bei diesen beiden. Von den vorliegenden vier vollständigen Exemplaren ist keines coccidientragend. Alle aber tragen reichlich Tetrasporen. Das größte und, nach den gallertigen Endzweigen zu schließen, älteste Exemplar hat eine Länge von 22 Centimeter, ausgebreitet eine Breite von 21 Centimeter. Die Breite der Rachis beträgt am unteren Ende 4 Millimeter, an den Knotenpunkten der Zweige 7—10 Millimeter.

29. Kallymenia reniformis. Ag.

Forma carnosa.

Fronde emollita usque duplo crassior quam in forma typica, cartilagineo-carnosa, in statu exsiccato cartilagineo-cornea, cellulis substantiae medullaris crassis, majoribus, cytioplasmate amylo dense repletis.

„Südseite der Landzunge. Auf flachem steinigem Meeresgrund bis zur Grenze des Niedrigwassers. Süd-Georgia. 8. Februar 1883."

Diese Kalymenie könnte man der trocken hornartigen Beschaffenheit der Fronssubstanz wegen für eine Iridaea halten. Im Baue der Frons ist sie sehr wesentlich verschieden von der typischen K. reniformis. Das Markparenchym besteht aus homogenem Zellgewebe größerer Zellen mit weiterem Lumen als bei K. reniformis und dicht mit Amylum erfülltem Inhalte. Die Cortikalsubstanz ist gleich gebildet.

30. Chondrus crispus. Lyngb.

var. pigmaeus.

Fronde minima, condensata, e basi ramosissima, caespitulos 10 usque 22 millimetra latos, subhemisphaericos formante, ramulis ultimis abbreviatis, incrassatis, apicibus late rotundatis.

„Klippen auf der Ostseite der Insel (Osten der Landzunge). Süd-Georgia. 24. März 1883."

(Taf. XIII. Fig. 11. a. b.).

Von dieser außerordentlich vielgestaltigen kosmopolitischen Art sind von Lamouroux über 30 Varietäten aufgeführt worden. In der Struktur unterscheidet sich diese winzig kleine Form von Formen von verschiedenen Orten, durch 3 bis 4 Mal dünnere, haarförmige Medullarzellen, welche nicht parenchymatisch unter einander verbunden sind, sondern frei neben einander liegen.

31. Ahnfeltia plicata. Hudson. (Gigartina plicata. Lamour. Post. et Ruppr.)

„Nordstrand der Landzunge. Süd-Georgien. 3. Juli 1883."

Die Pflanze aus der Nordsee und von Cherbourg unterscheidet sich, im Baue des Stengels im Wesentlichen übereinstimmend, durch dickwandigere größere Medullarzellen, nicht ganz concentrisches Cortikal-Parenchym, welches einseitig etwas stärker entwickelt ist. Im äußeren Ansehen unterscheiden sich die Pflanzen von den letzteren Standorten durch mehr regelmäßige dichotome Verästelung und fast corymbose Endästchen.

Die dickwandigen Zellen des Parenchymes der Medullarschichte, mit charakteristischen zahlreichen Protoplasma-Verbindungssträngen, haben einen Durchmesser von 15—34 μ.

Die Zellen des Parenchymes der Cortikalschichte, aus radialen rothen Zellen zusammengesetzt, vertikale Zellreihen aus 18—20 Zellen bildend, haben einen Durchmesser von 4—6,5 μ. Zwischen und in den Medullarzellen findet sich ein eigenthümlicher Parasit eingeschlossen. worüber unten.

Nemastomeae.

32. Iridaea cordata. (Bory)

forma ligulata.

Thallo minore, triplo usque quadruplo longiore quam latiore, basi late cordata, apice subito angustato, pedicello brevissimo ex disculo angustiore orto, substantia cartilagineo-coriacea.

Long. thallis 8—16 centim.

Lat. thallis 3,5—8,5 centim.

Klippen an der Südseite der Landzunge?

Die Iridaeen variiren bekanntlich bedeutend nach Wasserhöhe, Stärke der Brandung, Natur des Seebodens, den Strömungen u. a. in der Form der Lamina und in der Thallusdicke. Es können die mehr oder minder keilförmige bis breitherzförmige Form des Basaltheiles, sowie die Theilung des Thallus nicht zur Unterscheidung der Species benutzt werden; es müssen vielmehr die anatomischen Verhältnisse für die Umgrenzung der Species zu Grund gelegt werden. Iridaea micans, edulis, Radula (?) zeichnen sich durch dünnfaseriges Medullargewebe aus. Die Iridaea cordata und diese Form von Georgia zeigen breitere (3—4 mal) und kürzere Zellen des Medullargewebes. Die Cortikalsubstanz ist wohl bei allen Iridaeen gleich beschaffen, nämlich aus einreihigen (9—14 Zellen) radialen Zellsträngen gebildet.

Corallinaceae et Bangiaceae.

33. Melobesia Spec.

Ueber diese Melobesie läßt sich nichts Sicheres entscheiden, da dieselbe nur auf einigen größeren Specimens der Ballia angetroffen wurde. Die unentwickelte Coccidien tragenden Thallome haben einen Durchmesser von 2—4 Millimeter, sind flach scheibenförmig und im Umrisse kreisrund bis elliptisch. Die Struktur ist für die Melobesien weniger maaßgebend und können Species nur nach ganz entwickelten Specimens bestimmt werden.

34. Porphyra laciniata. Ag. Syst. p. 190. Kütz. Phyc. Gen. 383. Harvey Phyc. brit. IV. Taf. 92.

Die Größe und Anordnung der Zellen der Frons, diam. 10—12 μ stimmt mit europäischen Specimens überein. Mehrere große, unregelmäßig gelappte Flächen entspringen aus einer gemeinschaftlichen, scheibenförmig verbreiterten Anheftungsstelle. Auf der Oberfläche des Basaltheiles nisten zahlreiche Entonemen neben nicht bestimmbaren Proembryonen (Elachista?) und Callonema-Räschen.

35. Callonema olivaceum. Reinsch (Contrib. ad Algot. p. 42. Taf. XVII. Fig. 2 Rhodosp).

C. Trichomatibus subsimplicibus, cellulis spatiis hyalinis, quartam usque sextam partem cellulae diametri longis disjunctis rectangularibus, usque dimidio longioribus quam latis, colore olivaceo-viridi.

Lat. trichomatum 25—32 μ.
Long. Cellularum 12—16 μ.
Lat. Cellularum 7—8 μ.

Hab. in Porphyrae laciniatae frondis parte basali.

Diese Form ist mit der früher abgebildeten der Struktur nach wohl identisch, gleichwohl läßt sich aus der Färbung der Zellen dies nicht allein ableiten, da dies nur im lebenden Zustande entschieden werden kann. Die Callonemen sind offenbar zu den Bangien gehörige Algen und nicht mit Phykochrom-Algen zu verwechseln, wozu sie von einigen Schriftstellern (mit einfacher Namensabänderung) gestellt werden.

Choreocolacineae.

36. Choreocolax Rhodymeniae. Reinsch. (Ber. Deutsch. botan. Gesellsch. 1888. VI. p. 154.)

Ch. corpore externo applanato, in substrato vivente effuso et arctissime appresso, nodulos rotundatos, usque 0,3 millim. latòs formante, ex cellulis subaequalibus, arctissime conjunctis, triplo longioribus quam latis, 8 usque 12 μ longis, in seriebus e puncto cum substrato conjunctivo radialiter dispositis exstituto, singulis locis tuberculos minutos (propagativos?) evolvente, extus in tota superficie indumento membranaceo communi velato; corpore interno (intus in substrato viventi expanso) minimo, cellulis per parasitae actionem transmutatis parenchymatis medullaris plantae infectae arcte affixo; Fructificatio?

Hab. in Rhodymenia Georgica Sp. n., praecipue in rachide et lobulorum inferiore parte.

(Taf. XV. Fig. 1—3).

Ueber diese eigenthümlichen parasitischen Florideen liegen seit deren ersten Mittheilung hierüber nur wenige weitere Beobachtungen vor. Diese unterscheidet sich von den früher beschriebenen Choreocolax-Formen (Reinsch. Contrib. ad Algol. p. 61. Tab. 48—54. 56. 58. 60. Rhodosp.) durch sehr dicht gedrängtes homogenes Parenchym des Außenkörpers. Die Struktur stimmt mit dem Ch. mirabilis, Americanus, Polysyphoniae, Rabenhorstii, pachydermus überein. Die letzten Zellen der radialen Stränge gehen über in Büschelchen oder gezweit stehende längere und dünnere farblose Zellen. Coccidienähnliche Gebilde, welche sich bei Ch. Americanus (Reinsch. Contrib. Tab. 56. Fig. A.) und bei Ch. tumidus (l. c. Tab. 60. Fig. C. D. E.) finden, fanden sich bei dieser Form nicht vor. Der in der inficirten Pflanze befindliche Theil des Parasiten sendet keine Zweige aus in das benachbarte Parenchym. Bei allen früher beschriebenen Formen entsendet der Parasit in das benachbarte Parenchym zahlreiche Zweige, welche sich bis auf einige Entfernung von der Anheftungsstelle erstrecken. Die Parasitenzellen, wenn auch gleich gefärbt wie die Zellen des Ernährers, sind dennoch leicht unterscheidbar durch die unregelmäßige Anordnung und Form. Die Grenzlinie zwischen beiden ist aber ziemlich deutlich erkennbar.

37. Choreocolax Delesseriae Reinsch.

Ch. corpore externo subhemisphaerico, in superficie substrati viventis effuso et subappresso, incisuris irregulariter lobulato diviso, in superficie exteriore et gibberulos paucicellulares et corpuscula filamentacea subsimplicia aut subramosa evolvente, singulis tuberculis in fructus coccidioideos, 6 usque 10 cellulares, indumento crassissimo se transmutantibus; Parenchymate laxo, cellulis colore rubro-purpureo, pachydermis e basi plus minusve regulariter in seriebus radiantibus dispositis; corpore interno nullo, parte basali in planta infecta insidente, de cellulis corticalibus plantae infectae extra ordinem per parasitam adductis et partim intumescentibus distincte separata.

Diam. Parasitae 500—800 μ.
Altitudo Parasitae 250—320 μ.
Diam. cellularum 12—18 μ.

Taf. XV. Fig. 4. 5. 6.

Hab. in Delesseria ligulata Sp. n. praecipue in parte basali frondis.

Auch diese Choreocolaxform besitzt keinen inneren Körper. In der Gleichförmigkeit, in der Größe und Form der Zellen nähert er sich an Ch. tumidus (Reinsch. Contrib. Tab. LX), unterscheidet sich durch kleinere und radial angeordnete Zellen, sowie durch die Entwickelung von Tuberkeln an der konvexen Oberfläche sowohl wie an den Seitenrändern. Die Zellen sind fast genau wie bei den Cortikalzellen der Nährpflanze gefärbt, unterscheiden sich jedoch durch ihren kleineren Durchmesser und auch in der Form der coccidienähnlichen Gebilde, welche bei dieser Form sich aus den Tuberkeln bilden (Fig. 5. Taf. XV), bei Ch. tumidus in der äußeren Zelllage sich entwickeln. Dieselben sind 4—16zellig (l. c. Fig. C. D. E.) Die Begrenzungslinie des Parasiten ist bei Ch. Delesseriae scharf abgesondert. Die Parasitenzellen, welche bis zu dem Centralstrange der infizirten Frons vordringen, treiben durch die dicke Wandung der Zellen der letzteren Fortsätze zu deren Zellinhalte.

38. Straggaria. Genus novum Floridearum incertae sedis. (Reinsch. Ber. Deutsch. bot. Gesellsch. VI. p. 156).

Planta entophytica, irregulariter limitata, in parenchymate interno aliarum Floridearum expansa, ex cellulis filiformibus, recurvatis, pachydermis, irregulariter intumescentibus et ramificatis, et inter spatia intercellularia et in lumine cellularum plantae infectae crescentibus exstituta, extrorsum in superficie plantae infectae tuber subprominentem decoloratum in plantae infectae superficie producens. Stroma plantae initio ex filis laxe intricatis, liberis, postremo corpus callosum entophyticum formans, ex cellulis pachydermis, arctissime inter se conjunctis exstitutum et parenchyma angulosum deinde distincte circumscissum et de parenchymate plantae infectae separatum formans; Fructificatio?

Hab. in Ahnfeltia plicatae rachide et ramulis, tubercula subconvexa producens.

Von diesem ächten Parasiten wurde zwar Fruktifikation nicht beobachtet, die Verhältnisse zu den inficirten Zellen lassen jedoch keinen Zweifel über dessen Natur zu. Die um vieles schmäleren dünnwandigen Parasitenzellen erfüllen dicht gepfropft die sehr dickwandigen Medullarzellen der Ahnfeltia. Die letzteren werden mehrfach durchbrochen. Es zeigen sich in dem Zellinhalte der noch nicht ganz resorbirten Medullarzellen keine Veränderungen von der normalen Beschaffenheit. Der Inhalt der Parasitenzellen ist sehr dichtkörnig, der Inhalt der Ahnfeltia-Zellen ist schwach körnig.

39. Appendix. Entocolax Rhodymeniae. Reinsch.

E. in cellulis parenchymatis medullaris Rhodymeniarum nidulante, corpore subsphaerico usque subellipsoidico, 195—307 μ lato, in modo Peridii Ascomycetarum formato et cellulas infectas arctissime replente et intumescente, indumento exteriore ex laminis compluribus, irregulariter dispositis, partim ex membranis transmutatis cellularum per parisitam formato, in latere latus versus plantae infectae canaliculo connecto extrorsum aperto; interaneis initio ex substantia grumoso-granulosa decolorata, deinde ex cellulis minutissimis subglobosis, 2 usque 3 μ latis, postremo ex cellulis filiformibus, 1,5 usque 2 μ latis, in seriebus divergentibus dispositis, in canaliculum apertum productis; stromate cum Peridio connecto nullo aut ex laminibus compluribus cellularum tenuissimarum externarum formato; Propagatio?

Hab. in Rhodymenia Georgica et Rhodym. decipientis parenchymate.

(Taf. XV. Fig. 7. 8).

Stimmt in der Struktur ganz genau überein mit der früher abgebildeten Form in Bostrichia adhaerens (Reinsch. Contrib. p. 67. Taf. LIX. Rhodosp.), welcher Parasit eigenthümliche gallenartige, aus vielen kurzen Zweiglein gebildete Verdickungen der Bostrichia-Frons verursacht. Unterscheidet sich jedoch durch größere entwickelte Peridien und durch die nicht gefaltete Peridienwandung. Entocolax dürfte wohl eine eigene Gruppe der Ascomycetes darstellen.

Melanospermeae.

Diese Abtheilung ist in einer verhältnißmäßig kleinen Anzahl von Species in der Georgischen Meeresalgenflora vertreten. Von so zahlreichen Generen wie Ectocarpus, Sphacelaria wurden nur vereinzelte Specimens weniger Species vorgefunden. Die für die antarktischen Meere charakteristischen großen Laminarieen Macrocystis und Lessonia sind in je einer neuen Varietät, sowie auch in der für die antarktische Flora neuen Laminaria sacharina var. vertreten. Die von mir früher eingehend beschriebenen Entonemen, welche entschieden als Ectocarpeae sich erweisen, sind als ächte Kosmopoliten auch in fast allen der größeren Florideen mehr oder minder zahlreich vertreten.

Bei der Feststellung der Meeresalgenflora eines Küstenstriches und namentlich einer so kleinen, von verschiedenen großen Meeresströmungen umspülten Festlandsparthie wie Georgia hat man besonders für die braunen Tange wohl zu unterscheiden: zwischen Driftpflanzen, das ist solchen, welche durch Transport in Folge von Meeresströmungen am Strande ausgeworfen werden und wirklich einheimischen, welche an Ort und Stelle festwachsend angetroffen werden. Es läßt sich dies für die ersteren jedoch nicht immer festsetzen, da die freischwimmenden Algen auch auf dem von der Küste sich absenkenden Meeresboden, wenn auch in einiger Entfernung, gewachsen sein können. Für keine der aufgezählten Florideen ist die Zugehörigkeit zur ersten Rubrik anzunehmen. — Von den so zahlreichen Species der marinen Cladophoren ist nur eine Species sicher ermittelt. Von den marinen Phycochromalgen nur einige Leptothrix-Species und ein neuer Nostoc.

Zur Vergleichung und Festsetzung einiger der Georgischen Algen dieser Abtheilung bin ich Sir J. D. Hooker in London dankbarst verpflichtet für mehrere der Desmarestien, sowie auch für die Mastodia von Kerguelen aus dem königl. Herbar in Kew, welche von Hooker während der antarktischen Reise 1841—1842 gesammelt worden sind.

Die bis jetzt bekannten Melanospermeae der Meeresalgen von Süd-Georgien sind folgende:

Chordariaceae.

Chroa. Genus novum. Eine Species.
Myrionema. Zwei Species.
Stegastrum. Genus novum. Eine Species.
Melastictis. Genus novum. Eine Species.

Sporochnaceae.

Desmarestia. Vier Species.

Ectocarpeae.

Ectocarpus. Eine Species.
(Entonema. Zwei Species.)

Laminariaceae.

Laminaria. Eine Species.
Lessonia. Eine Species.
Macrocystis. Eine Species.

Sphacelariae.

Sphacelaria. Eine Species.

Chlorospermeae.

Ulvaceae.

Enteromorpha. Eine Species.
Ulva. Eine Species.

Palmelleae?

Hydrurites. Genus novum. Eine Species.

Ulothrichaceae.

Prasiola. Eine Species.
Hormiscia. Eine Species.

Cladophoraceae.

Cladophora. Eine Species.

Appendix:

Dermatomeris. Gen. nov. Mastodiacearum (Lichenes). Eine Species.

Phycochromaceae.

Nostoc. Eine Species.
Leptothrix. Zwei Species.

Chytridiaceae.

Chytridium. Eine Species.

Chordariaceae.

Chroa.[1]) Gen. novum Chordariacearum. (Reinsch. Ber. Deutsche Botan. Gesellsch. 1888. VI. p. 145).

Frons vesiculiformis, integerrima, truncato obovato-lanceolata, intus excavata, sine dissepimentis, basi in pedicellum solidum angustissimum subito angustata, apice late rotundata; Oosporae longe pedicellatae, subcuneiformes, densissime juxta collocatae, sine paraphysibus; Antheridia elliptico-ovalia, sessilia, sparsim inter Oosporas; Oosporae et Zoosporangia in tota superficie frondis e strato summo cellularum parenchymatis parietis evoluta; Parietes frondis ex parenchymate homogeneo ex stratis compluribus cellularum irregularium, membrana crassa plurilamellosa, intus majorum, peripheriam frondis versus sensim diminutarum formatae.

Chroa sacculiformis. Sp. una.

Character idem Generis.

Long. frondis 1,8 usque 5,5 Centimetra.

Latit. maxima frondis 0,4 usque 1,4 Centimetra.

Crassitudo parietum frondis 112 usque 131 μ.

Longit. Oosporarum 30 usque 46 μ.

Latit. Oosporarum 3 usque 6 μ.

Longit. 28 μ.

Latit. Antheridiarum 6,5 usque 8 μ,

„Klippen auf der Südseite der Landzunge. Süd-Georgia. December 1882."

(Taf. XVIII. Fig. 1—5).

Dieser interessante neue Chordariaceentypus, in seinem äußeren Habitus an eine Caulerpa erinnernd, ist nächst verwandt mit Chordaria, von welcher er sich einzig und allein durch das vollständige Fehlen der Zwischenwände in der Thallusröhre unterscheidet. Chroa ist also eine Chorda mit continuirlicher Thallusröhre. Die schlauchförmigen aufgeblasenen und mit Wasser gefüllten dunkelolivengrünen

[1]) χρόος. Haut.

Schläuche entspringen zu 8 bis 12 in allen Stadien der Größe aus einem gemeinschaftlichen Anheftungspunkte (Fig 1). Der Innenraum der Schläuche ist im lebenden Zustande der Pflanze mit Wasser gefüllt und diese hängen dann, wenn das Wasser zur Ebbezeit zurücktritt, an den Felsen längs der Küste herab (nach der Mittheilung des Herrn Dr. Will, welcher die Pflanze gesammelt hat). Beim Aufweichen der auf Papier aufgelegten getrockneten Pflanze lassen sich die beiden zusammengeklebten Wände nur schwer mehr von einander trennen; auch am Papier haftet die Pflanze sehr fest, wie alle Chordarien. Der untere Theil der Wände der Schläuche ist aus zwei verschiedenartigen Lagen von Zellen zusammengesetzt. Die innere Lage besteht aus, im unteren Theile mehr unregelmäßigen, im oberen Theile mehr regelmäßigen, mehrreihigen Zellen. Die äußere Zellenlage besteht im Basaltheile aus viel kleineren, rectangulären, in radialen Reihen geordneten Zellen (Fig. 4). — Bei dem größeren Theile des Utrikulus wird die äußere Zellenlage lediglich aus Oosporangien und Antheridien gebildet. Diese entspringen unmittelbar von der äußersten Lage sehr kleiner Zellen (Fig. 5).

Mit Chroa verwandt in dem ungekammerten röhrigen Thallus ist das arktische Genus Coliodesme Stromf. Die inneren Zelllagen werden von longitudinalen Zellen, die äußere Lage aus verästelten, transversalen Strängen, zwischen denen die vereinzelten Sporangia sich befinden[1]) gebildet.

Ein mit Chroa ebenfalls verwandtes Genus ist das antarktische Genus Adenocystis Hooker ((Fl. antarct. I. p. 179. Taf. 69 Fig. 2) welches mit Asperococcus noch etwas näher verwandt erscheint als mit Chroa. Es unterscheidet sich von Chroa hauptsächlich durch die über die Oberfläche der Frons zerstreuten Gruben, von denen aus Büschel sehr dünner über die Frons hervorragender Fäden ihren Ursprung nehmen „frons membranacea, saccata, intus cava, aqua repleta, foveis convexis fila arachnoidea emittentibus conspersa".

[1]) Alg. vegetat. vid. Islands Kuster. Akad. Athandl. Göterborg 1886. p. 47. Taf. II. Fig. 9—12.

Diese Pflanze ist in der Will'schen Sammlung nicht vertreten. Nach Hooker ist der an den antarktischen Inseln überall vorkommende Fucus (Dumontia) saccatus Turner vielleicht identisch mit der Adenocystis, worüber aber nur eine genaue mikroskopische Untersuchung entscheiden könnte". (l. c. p. 180.).

Myrionema inconspicuum. Sp. nova.

M. maculas minimas, 1—2 Millimetra latas in Ptilota et Rhodymenia formans, filis adscendentibus brevissimis arctissime connatis, 8—10 cellularibus, cellulis tam longis quam latis; zoosporangia? (zoosporis uniseriatis), oosporae?

Lat. filorum 4 μ.

Altit. filorum 33—75 μ.

In caulibus Ptilotae et in Rhodymenia Georgica.

(Taf. XVI Fig. 1. a. b.)

Diese, wenn auch nur steril beobachtete Form, halte ich für eine ächte Myrionema. Das jetzige Genus Myrionema, welches einer gründlichen Revision bedarf, enthält ohne Zweifel verschiedenartige Typen in sich vereinigt. Nimmt man das M. Leclancherii als Genustypus, so würden z. B. M. punctiforme und clavatum zu den Elachisten zu stellen sein; auch die Stellung dieser beiden Formen bei Myrionema, wo sie einstweilen untergebracht sind, ist nicht ganz sicher.

Myrionema (?) paradoxum. Sp. n.

M. maculas minimas, 1—2 Millimetra latas in Desmarestia formans, filis adscendentibus arctissime connatis, 5—6 cellularibus, cellulis paulo longioribus quam latis, zoosporangiis numerosis, arctissime connatis, oosporis et antheridiis?

Lat. zoosporang. 9—10 μ.

Diam. zoospor. 2—3 μ.

Lat. filorum 4 μ.

Altitudo plantulae 30—33 μ.

In Desmarestia aculeata var. cum aliis Parasitulis intermixtum

(Taf. XVI Fig. 2. a. b. c.)

Es ist fraglich, ob diese Form zu Myrionema zu rechnen ist, wegen des Vorhandenseins entschiedener Zoosporangien, welche sich von den Antheridien der M. Leclancherii durch die fehlende Querseptirung unterscheiden.

Melastictis[1]) Gen. novum. Chordariacearum?

Plantula parasita vera, ex parte interiore in substrato vivente nidulante et ex parte exteriore fertili composita. Pars interior ex filis tenuioribus intertextis cellulas plantae infectae velantibus formata. Pars exterior semiglobiformiter producta et tubercula minora et crustulas formans, ex cellulis varie formatis, irregulariter adnatis, in apice fertilibus, ascos polysporos (Zoosporangia?) et sporas unicellulares evolventibus exstituta.

Melastictis Desmarestiae. Sp. una.

Altitudo parasitae 50—90 μ.

Crassit. filorum 2—4 μ.

Asci Longit. 38 μ. Latit. 12 μ.

Diam. zoosporarum 2,5 μ.

Hab. in Desmarestia aculeata var.

(Taf. XV. Fig. 9. 10.).

Diese in ihrer systematischen Stellung noch ungewisse Pflanze erinnert in ihrer Struktur im Allgemeinen sehr an die Choreocolacineae. Die letzteren unterscheiden sich nur durch die Fruktifikation, welche einsporig, bisweilen auch polysporisch ist, jedoch in Ceramidien-ähnlichen Organen. Auch ist die Beschaffenheit des Farbstoffes eine verschiedenartige, wonach die Choreocolacineae zu den Florideae und zwar in die Nähe zu den Nemastomaceae wegen des fädigen, peripherisch verästelten Aufbaues gehören. Die Fruktifikation entwickelt sich ganz wie bei Melastictis auf lateralen Endzweiglein der peripherischen Aeste. Das Analogon bei den Melanospermeae findet sich bei den Chordariaceae (Chorda, Elachista, Leathesia, Chordaria).

Stegastrum[2]). Gen. novum. (ad Chordariaceas Myrionemati proximo interdum collocatum).

Plantula minutissima, epiphytica, in Porphyra crustulas

[1]) μέλας schwarz. στίξις bezeichnen.

[2]) στεγαστρον Bedeckung, Decke.

minores lateque expansas formans, ex cellulis vegetativis, sterilescentibus, minoribus, substrato adpressis, in uno strato dispositis, partim in modo parenchymatis adnatis, partim in filis longitudinaliter dispositis et ex cellulis majoribus 3 plo usque 4 plo latioribus, fertilibus (Oosporis?) exstituta. Cellulae vegetativae subangulosae, minimae, apice plana. Cellulae fertiles (Oosporae?) subhemiglobosae, apice convexa, cytiodermate crassiore, distinctissimo. Propagatio?

Diam. cellular. vegetativ. 4—4,5 μ.

Diam. Oosporarum inexplicitum 6—7 μ.

Diam. Oosporarum maturarum 9—12 μ.

Hab. in Porphyra laciniata, praecipue in parte basali physeumatis.

(Taf. XV. Fig. 14).

Diese, wegen des Vorhandenseins unverkennbarer fertiler Zellen welche wegen des homogenen Zellinhaltes wohl nicht anders als Oosporen gedeutet werden können, nicht zweifelhafte Pflanze findet ihren passendsten Platz bei den Chordariaceae. Sie bietet wohl in ihrem, aus einer einfachen Zellenlage gebildeten einfachen Thallus Unterschiede genug, um sie hier nicht einzustellen. Die Familiencharactere erweitern sich jedoch, wenn man Myrionema hier unterbringt und mit dieser letzteren kommt sie in dem einschichtigen angedrückten Thallus überein. Die Charactere der beiden Gattungen würden in Folgendem bestehen:

Myrionema	Stegastrum
Thallus einschichtig, angedrückt, die Mehrzahl der niederliegenden Zellen entwickelt nach oben eine Zellenreihe (sterile Zweige), einige Zellen einzellige Oosporangien und Antheridien?	Thallus einschichtig, angedrückt, die niederliegenden Zellen entwickeln nach oben keine Zellenreihen, vielmehr bloß einzelne einzellige Oosporangien und Antheridien?

Sporochnaceae.

Desmarestia aculeata (L.) Lamour.

Var. nova compressa. Reinsch. (Ber. Deutsche Botan. Gesellsch. 1888. p. 145. Flora. 1888. Nr. 12. p. 2).

Fronde coriaceo-cartilagineo, e basi ramosissima, ramis plerumque oppositis, pinnis majoribus repetito ramosis et pinnulis intermixtis, pinnulis ultimis linearibus, foliaceo-compressis, 1 usque 2 Millim. latis, marginibus spinis dispersis subfirmis obsessis; rachide in sectione transversali regulariter elliptica.

„Klippen an der Südseite der Landzunge. Süd-Georgia. 6. Februar 1883."

Die Struktur der 20—35 Centimeter hohen Pflanze weicht im Wesentlichen wenig ab von der Pflanze aus der Nordsee. Das Parenchym der Medullarschichte des Stengels zeigt sich nicht so gleichförmig; einzelne nicht regelmäßig vertheilte größere Zellen, umringt von um die Hälfte kleineren. Im Baue der Cortikalschichte zeigen sich keine Verschiedenheiten, auch nicht im Baue der gezähnelten Fiederchen. Die Pflanze bildet vom Grunde an einen dicken Busch.

Desmarestia Pteridoides. Reinsch. (Ber. Deutsche Botan. Gesellsch. 1888. p. 144. Flora 1888. Nr. 12).

D. e majoribus, frondibus compluribus coriaceo-cartilagineis, 15 usque 45 Centimetra longis in basi 4 usque 9 Centimetra latis, colore olivaceo viridi, e pedicello disciformiter dilatato ortis e basi usque ad apicem regularissime tripliciter pinnatis, rachide, lineari, colore nigrescente, sursum versus sensim angustata, in basi 1,5 usque 2,5 Millimetra lata, in sectione transversali regulariter elliptice circumscripta; pinnis e basi sensim decrescentibus, apicem frondis versus subito decrescentibus; pinnis pinnulisque omnibus oppositis, pinnulis primae ordinis apicem frondis versus sensim decrescentibus, in basi frondis 4 usque 8 Centimetra longis; pinnulis secundae ordinis subaequalibus, apicem pinnae versus subito decrescentibus, 1,5 usque 2 Centimetra longis; pinnulis ultimae ordinis e basi pinnulae usque ad apicem sensim decrescentibus, in basi pinnulae 5 usque 8 Millimetra longis, inermibus et singulis spinulis marginalibus oppositis.

„Klippen an der Südseite der Landzunge. Süd = Georgia. 6. Februar 1883." Taf. XVII. Fig. 1.

Von diesem äußerst zierlichen Gewächse ist leider nur ein einziges wenn auch ganz vollständiges aus vier Blättern gebildetes Specimen, sehr sorgfältigst präparirt, gesammelt worden. Die Anzahl der Fiederpaare bei einem Blatte beträgt 25, die Fiederchen 2. Ordnung berechnen sich bei diesem Blatte zu 480, die Anzahl der Fiederchen 3. Ordnung zu circa 3400.

Nächst verwandt, schon im Habitus angedeutet, ist diese Species mit Desmarestia ligulata und namentlich mit Desm. Rossii. Diese, der nächste Verwandte, von welcher eine hübsche Abbildung in der Flora Antarctica von Hooker, Vol. II. Taf. CLXXII. CLXXIII., unterschieden durch die auch an der Basis verschmälerten stachlichen Fiederchen letzter Ordnung, durch die im Umrisse breiter lanzettliche, robustere Frons. Außerdem zeigen sich noch einige wesentliche Verschiedenheiten in der anatomischen Struktur.

Desm. Rossii.	Desm. Pteridoides
Cortikalparenchym: äußerste Schichte aus cylindrischen dickwandigen Zellen gebildet, die 2 bis 3 inneren Zelllagen aus kürzeren und breiteren Zellen gebildet.	Cortikalparenchym aus mehreren Lagen ziemlich gleich großer rektangulärer Zellen gebildet.
In dem Medullarparenchyme befindet sich ein einfacher centraler Achsenstrang mit mehreren kleineren unsymmetrisch gelagerten.	In dem Medullarparenchyme befinden sich mehrere unsymmetrisch gelagerte gleich starke Achsenstränge.

Desmarestia Willii. Reinsch (Flora 1888. No. 12).

D. mediocris, frondibus compluribus subtilioribus in ambitu lanceolatis vel linari-lanceolatis basi subaequa, mite-cartilagineis, 15 usque 40 Centimetra longis, in basi 3 usque 5 Centimetra latis, colore (siccato) luteo-viridi, e lamina radicali disciformiter dilatata, 5 usque 10 Millimetra lata ortis, e basi usque ad apicem regularissime tripliciter (et pinnulis ultimae ordinis quadrupliciter) pinnatis; rachide lineari, in basi 0,5 usque 0,8 Millimetra lata, in sectione transversali regulariter elliptice-circumscripta, pinnis longioribus e basi sensim decrescentibus, pinnis brevioribus intermixtis, pinnis pinnulisque omnibus oppositis; pinnulis primae ordinis 3 usque 8 Centimetra longis; pinnulis secundae ordinis apicem pinnae versus subito decrescentibus, 1,8 usque 2,5 Centimetra longis; pinnulis tertiae ordinis tenuissimis, subaequalibus, longioribus cum brevioribus intermixtis, 200 usque 400 μ latis, usque 5 Millimetra longis, inermibus, apicibus rotundatis, in marginibus pinnulis quartae ordinis brevissimis oppositis, 30 usque 95 μ longis divisis, omnibus pinnulis usque ad apicem pinnulae corticatis.

In scopulis.

Diese zierliche Species, welcher ich den Namen des Sammlers beigelegt habe, hat im äußeren Ansehen einige Aehnlichkeit mit der Desm. viridis in der Verzweigung und in der strikt oppositen Stellung der Fiederchen aller Ordnungen, unterscheidet sich aber sehr wesentlich in der Struktur der Rachis und der Endfiederchen. Die Rachis zeigt sich im Querschnitte regelmäßig elliptisch. Die Cortikalsubstanz ist sehr dünn und einschichtig. Das Zellengewebe der Medullarsubstanz zeigt sich großmaschig, ziemlich homogen, mit einem centralen elliptischen Nukleus engmaschigeren Zellengewebes, von welchem radial geordnete Stränge größerer, von den benachbarten deutlich unterschiedener Zellen verlaufen.

Bei Desm. viridis zeigt sich die Rachis im Querschnitte kreisrund, eine 3 bis 4 schichtige Cortikalsubstanz und in dem homogenen nicht in einen Nukleus gesonderten Medullarzellengewebe radial gestellte, nicht in Stränge geordnete größere Zellen. In der Achse zeigt sich ein einfacher aus dickwandigeren Zellen gebildeter Strang. (Der bei Harvey Phycol. Britann. Vol. I Taf. 312 Fig. 3.) gegebene Durchschnitt ist ziemlich richtig). Sehr wesentlich ist die Structur der Endfiederchen zur bequemen Unterscheidbarkeit der Species. Desm. Willii hat bis zur

Spitze berindete Endfiederchen, während D. viridis unberindete, aus einer Zellreihe gebildete Endfiederchen hat. Auch die Fiederchen 4. Ordnung, welche der Desm. viridis fehlen, sind berindet. Die Bewurzelung ist auch bei Desm. viridis eine schildförmige Scheibe.

Ich verdanke der Güte des Sir J. D. Hooker in London die von ihm während der Roß'schen antarktischen Reise gesammelte D. viridis von Kerguelen (welche Species in der Will'schen Sammlung nicht vertreten ist). Ich habe mich überzeugt, daß diese mir vorliegende Desmarestie von Kerguelen verschieden ist von dieser georgischen Desmarestie.

Desmarestia ligulata. (Lamour.).

In Nichts unterschieden von der Pflanze aus der Ostsee, weder in der äußeren noch in der inneren Struktur. Fünf Specimens sind gesammelt; von denen das größte über 1 Meter lang, völlig frei von Parasiten außer Achnanthes und Cocconeis. Die Pflanze scheint in der antarktischen Zone von großer Verbreitung zu sein, wie schon Hooker vermuthet.

„Klippen unweit der Station (Nordufer der R.-Bay) in großen Mengen neben Nitophyllum (Delesseria)."

Ectocarpeae.

Ectocarpus humilis. Sp. nova.

E. e minimis, filis parce dichotome ramosis, ramis adscendentibus, apicem versus subcumulatis, aequalibus, cellulis tam longis quam latis, (usque duplo longioribus), zoosporangiis sessilibus et in pedicello unicellulari et bicellulari breviter pedicellatis, et in filis et in ramulis dispersis, late ovato-lanceolatae, zoosporis minimis arctissime repletis.

Lat. filorum in basi 36—51 μ.

Lat. ramulorum 26—35 μ.

Fructus maturi. Long. 85—104 μ. Lat. 33—39 μ.

Diam. zoosporarum 3—5 μ.

Altitudo plantulae 3—5 Millimetra.

Dieser nur in wenigen Specimens beobachtete Ectocarpus ist offenbar mit einem früher beschriebenen Ectocarpus verwandt (Reinsch Contrib. p. 8. Taf. 15. Melanosp.) in der Verästelung, Größe der Zellen und in den Zoosporangien, und zwar mit der Form mit nicht kriechenden Stengeln. Sie unterscheidet sich nur durch elliptische Zoosporangien.

Forma *α*.

Cellulis filorum subaequalibus, zoosporangiis sessilibus et brevissime pedicellatis.

Hab. filis singulis Nitophyllo affixus. Georgia.

Forma *β*.

Cellulis filorum usque duplo longioribus, zoosporangiis breviter pedicellatis.

Caespitulos subdensos, hemisphaericos formans.

Hab. in Desmarestia. Georgia.

(Taf. XVI. Fig. 4. a. b).

Forma *γ*.

Zoosporangiis subellipticis, breviter pedicellatis (l. c. p. 8).

Hab. in Algis variis. Mare mediterran. et Adriat.

Entonema. Reinsch (Contrib. 1874. Taf. I—XII. p. 1—7). (Entocladia aut.).[1])

Nach den von früher vorliegenden Beobachtungen (l. c.) über die Fruktifikation und die Verbreitung der Entonemen gehören dieselben einer Gruppe an, welche an die Ectocarpeae gemäß der Fruktifikation sich anreihen dürfte. Von den früher beschriebenen Formen dieser eigenthümlichen Parasiten, welche in fast keiner größeren Floridee vermißt werden, finden sich in fast allen der Florideen von Georgia. Es ist schwierig für diese Entophyten Species auszumitteln und die zahlreichen Formen genügend zu charakterisiren. Aller Wahrscheinlichkeit nach sind es nur sehr wenige, aber je nach ihrer Ansiedelung und äußeren Um-

[1]) Dieser zuerst gegebene Genusname ist späterhin (lange nach 1874) ganz willkürlich in Entocladia umgewandelt worden, ohne wesentliche Vermehrung des schon vorgelegenen Sachlichen.

ständen weit variirende Species. Es lassen sich kaum für die verschiedenen größeren Abtheilungen der Florideen, in ähnlicher Weise, wie man es bei den Brandpilzen und den Rosten zu thun gewohnt ist, einige Typen ausmitteln, welche sich als konstant für ihre Nährpflanze erweisen und hierauf für alle Fälle beziehen lassen. Man muß deshalb ganz absehen von einer genauen Specificirung dieser kosmopoliten und polymorphen Pflanzen und ich beschränke mich nur auf die Aufzählung einiger, an früher beschriebene Formen sich anlehnende.

Entonema tenuissimum (l. c. Taf. IV. VI. VII. p 4).

Diam. filorum 1,8—2,8 μ.

In Delesseria carnosa et aliis Delesseriis et in Merenia microcladioide.

(Taf. XV. Fig. 11).

Zu dieser Entoneme rechne ich alle diejenigen Formen mit haardünnen, verlängerten, ungleichförmig breiten und schmäleren Fäden, bei welchen die einzelnen verlängerten Zellen nicht sehr deutlich von einander getrennt sind. Diese Entoneme erstreckt sich nicht nur im Cortikalparenchyme der Delesseria carnosa, sondern erfüllt auch stellenweise den Centraltheil der Stengel und Blattstiele. Es scheinen bei dieser Form die Durchmesser der Fäden beeinflußt zu sein von der Beschaffenheit des Gewebes, in welchem sie verlaufen. Wirklich intracelluläre Fäden habe ich noch nicht beobachtet. Der gewöhnliche Weg, auf welchem sich die Fäden im afficirten Zellengewebe verbreiten, sind die Räume zwischen den äußeren Lamellen der Cortikalschichte. Bis in die Nähe der primären Zellmembran scheinen sie nicht zu dringen. Bei dichterem Gewebe drängen sich die Fäden unmittelbar in die Intercellularräume ein. Bei einigen Formen sind eigenthümlich umgebildete Zweige vorhanden, welche als Fruktifikationsorgane gedeutet werden können (l. c. Taf. IV. Fig. 1. α).

Entonema subcorticale (l. c. Taf. III. XI. p. 3).

Diam. filorum 1,5—2 μ.

In Delesseria polydactyla, Polysiphonia anisogona.

(Taf. XV. Fig. 12. 13).

Der Unterschied der Formen, welche ich hierzu rechne, von dem E. tenuissimum liegt hauptsächlich in dem mehr regelmäßig umgrenzten Umrisse der gleichmäßig querbreiten und quergetheilten Fäden, in den kürzeren, deutlich von einander getrennten Zellen. Es findet bei dieser Form deutlich eine doppelte Ausbildung statt. Auf der Außenfläche, in den Cutikularblättern und zwischen den Zellen der peripherischen Rindenschichte der inficirten Pflanze finden sich zahlreiche kleine, dichtgedrängte Zellen, welche in Folge Neben- und Uebereinanderwachsens eine zusammenhängende, leicht an der verschiedenen Färbung kenntliche Lage auf der inficirten Pflanze bilden (Taf. XV. Fig. 13. a). Diese zu Lagern gehäuften Zellansammlungen bilden an Orten der Außenfläche der Pflanze, wo grubige Vertiefungen, Vorsprünge (wie zwischen den Wurzelhaaren oder dem Rindenparenchyme größerer Callithamnien und Polysiphonien) sich finden, förmliche Zellkolonien, welche von körperlicher Ausdehnung das Ansehen thallusähnlicher Gebilde annehmen. (Auch bei der vorher angeführten Polysiphonia anisogona kommt dieses vor).

Von diesen Zellansammlungen zweigen sich Fäden ab, welche in centraler Richtung in die inficirte Pflanze eindringen und dort mehrfach sich ausbreiten (Taf. XV. Fig. 13. b). Organe, welche als Fruktifikationsorgane gedeutet werden könnten, habe ich bei dieser Form noch nicht wahrgenommen.

Zwischen den Wurzelfasern der Merenia microcladiodes nisten reichlich solche Zellanhäufungen, welche sowohl in das Stammparenchym, wie in die Wurzelfasern interne Zweige entsenden. Die Dicke dieser letzteren beträgt etwas mehr als bei denen in Delesseria und Polysiphonia. Die Zellen sind auch etwas kürzer.

Diam. filorum 2—4 μ.

(Taf. XV. Fig. 12).

Laminariaceae.

Laminaria sacharina. Lamour.

var. nova. angustata.

Fronde late lineali, basi angustata, sensim in stipitem producta.

„Strand unterhalb der Station, durch Sturm ausgeworfen, Mai 1883.“

Das vorliegende Specimen ist, getrocknet, im Ganzen 2 Meter 46 Centimeter lang, die größte Breite der Lamina beträgt 28 Centimeter. Der Stiel, von dem jedoch der unterste Theil und die Wurzel fehlen, ist 43 Centimeter lang, am untersten Ende 1,8 Centimeter, am oberen Ende 2,5 Centimeter im Durchmesser. Ein Stück aus dem Mitteltheile fehlt jedoch, ebenso ein Stück der Spitze. Gegen die Spitze verjüngt sich die Lamina plötzlich. Unmittelbar an der Ansatzstelle des cylindrischen Stieles hat die Lamina nur 5 Centimeter Breite, von da ab verläuft sie bis auf 40 Centimeter in dem breitesten Theil der Lamina. Das Specimen stammt jedenfalls von der näheren Küstenlinie Georgiens, es ist nicht weit transportirt, wenn auch die Oberfläche der Lamina stark verkrazt ist, was nur von den scharfkantigen Phyllitgeröllen der Küste, beim Umherrollen der Pflanze in der Fluthzeit herrühren kann. Diese Laminaria-Species ist bis jetzt nur von der Nordhemisphäre bekannt, von Hooker wird sie von keinem antarktischen Standorte erwähnt. Nach den Algenverzeichnissen von Kjelman, Wille, Kolderup und Stromfeld findet sich diese Species auch in der arktischen Zone.

Ihre südliche Grenze ist nach Harvey in Europa der 35., in Nord-Amerika der 30. Grad der Breite. Für die Südhemisphäre ist die Verbreitung noch nicht festgestellt. Es ist zu vermuthen, daß Georgia der südlichste Punkt der Laminaria sacharina ist, da sie von Hooker auch auf den anderen, von ihm besuchten Plätzen nicht angegeben wird, und Hooker während der Roß'schen Expedition Georgia nicht berührte, wo sie gewiß nicht entgangen wäre.

In dem Thallusparenchyme finden sich eigenthümliche — wie es scheint unentwickelte — Parasiten nistend. Der eine bewirkt in seinen fortgeschrittenen Zuständen auf der Oberfläche der Frons kleine halbkugelige Prominenzen bis zu 2 Millimeter Durchmesser. Diese machen sich schon durch ihre dunklere Färbung kenntlich. Auf dem Durchschnitte der Frons ersieht man das Laminaria-Zellengewebe stark verändert. Die aus ihrer Lage gebrachten Zellen sind rothbraun tingirt und mit fadenförmigen, stark tingirten, sehr unregelmäßig gestalteten fremden Zellen umhüllt. Der Parasit durchbricht in diesem Zustande nicht die Oberfläche der Laminaria-Frons, vielmehr erstrecken sich Fasern des Parasiten radial im Zellgewebe, wodurch die Umgebung des Höckers dunkler gefärbt erscheint. Ein anderer Parasit, welcher kleine Vertiefungen in der Fronsfläche verursacht, ist aus dicht gedrängt stehenden, nach außen konvergirenden Reihen gleichartiger Zellen gebildet, welche kleiner sind als die Laminaria-Zellen und von letzteren scharf abgegrenzt sich zeigen. Entophyten innerhalb der großen Laminarien sind noch nirgends erwähnt und es wäre deren genaue Untersuchung wünschenswerth.

Lessonia fuscescens. Bory.

var. nova. linearis.

Ramis apice repetito simpliciter furcatis et trifurcatis, ramulis brevioribus folia binata et ternata gerentibus, foliis anguste lineari-lanceolatis, integerrimis et bifurcatis, basin versus sensim in pedicellum angustatis, apice acuminata, marginibus integerrimis.

„Klippen nächst der Station (Südseite der Landzunge) Januar 1883“ und „Strand unterhalb der Station, durch Sturm ausgeworfen Mai 1883“.

Es liegen vor 9 bis 17blätterige Zweige dieses prachtvollen Gewächses, welche an verschiedenen Stellen der Küste aufgesammelt worden sind, jedoch unbedingt alle zu ein und derselben Varietät gehören. Die Theilung des Hauptastes erfolgt fast an einem Punkte, so daß die Blätter fast fingerförmig von der Astspitze entspringen. Die einzelnen Blätter sind schmal lineallanzettlich, gegen die Basis hin ganz allmählig in dem kurzen Blattstiel verlaufend und entweder ganz oder in 2 bis 3 lineale Lappen getheilt. Die Blätter sind am breitesten Theile 1,5 bis 3 Centimeter breit bei 40 bis 51 Centimeter Länge. Der Blattstiel ist 25 bis 40 Millimeter lang, an der Basis 2 bis 3 Millimeter breit. Diese Lessonie dürfte vielleicht eine eigene Art darstellen, sofern sie nicht eine bloße lokale Küstenform der fuscescens ist.

Nach Hooker (Fl. Ant. I. p. 457) sehr gemein an den Falklandsinseln und am Cap Horn, auf Kerguelen aber selten, immer weit unter dem niedrigen Wasserstande. Bei der typischen Form, welche in der Fl. Antarct. I. Taf. 167. 168 Fig. 8 abgebildet ist, beträgt die Breite der Blätter das Doppelte im Verhältnisse zu der Länge, als bei dieser Form von Georgia. Die Spitze der Blätter ist unregelmäßig in 2 bis 3 Lappen gespalten. Die Blattbasis ist breit und plötzlich in den Blattstiel verschmälert. Die Ränder der Blätter sind entfernt stumpf gezähnt.

Macrocystis pyrifera. Ag.

(Hooker Fl. Antarct. II. p. 461).

var. nova longibullata.

Foliis planis, rugoso-plicatis, marginibus breviter ciliato-dentatis, vesiculis maximis (125 Millimetra longis in apice 25 usque 28 Millimetra latis), lanceolato-cuneiformibus.

Latitudo vesiculorum $^1/_9$—$^1/_{10}$ longitudinis.

„Süd-Georgia, März 1883."

(Taf. XVI Fig. 7. b.).

Es läßt sich nicht bestimmen, ob die gesammelten Specimens unmittelbar aus der Nähe von Georgia stammen, da schwimmende Macrocystis-Massen das ganze Südpolarmeer erfüllen. (Fl. antarct. I p. 465). Die mir zu Gesicht gekommenen Specimens von Georgia von dieser gigantischen Pflanze, das größte pflanzliche Gebilde, (nach den Messungen von Hooker über 1000 Fuß lang) theils getrocknet, theils in Spiritus, gehören wohl keiner der von Hooker unterschiedenen Formen an. Die Pflanze ist ohne Zweifel sehr formenreich. Hooker sagt über dieses Genus „after a very attentive examination of many hundreds of specimens we have arrived at the conclusion, that all the described species of this genus may safely be referred to Macrocystis pyrifera". Nach den Beobachtungen von Hooker ist die Variabilität der Macrocystis hauptsächlich durch die Tiefe und durch die Strömung des Wassers bedingt.

Von den von Hooker 6 unterschiedenen Formen unterscheiden sich die drei ersteren vorzugsweise durch die Form und Beschaffenheit der Blätter die drei letzteren durch die Form und Größe der Luftblasen. Bei keiner dieser Formen überschreitet der Längendurchmesser der Luftblasen das doppelte des Querdurchmessers (Taf. XVI Fig. 7. b. var. ε. luxurians. Die Macrocystis von Georgia unterscheidet sich daher von allen bekannten Formen sehr wesentlich.[1])

Die vegetirende Spitze der Macrocystis, von welcher mir einige gute Specimens vorliegen, zeigt eine sehr seltene morphologische Eigenthümlichkeit der Blattentwickelung. Es findet sich eine hübsche Abbildung einer Vegetationsspitze bei Hooker (Fl. Transarct. II Taf. 171 Fig. A) ohne daß ich aber im Texte irgend eine nähere Erklärung dieser Abbildung vorfinde. Die Bezeichnung der Figur ist nur „Macrocystis luxurians". Die Vegetationsspitze wird aus einem einzigen Blatte gebildet, welches an der Basis in eine Anzahl von Längssegmenten getheilt ist. Die Anzahl der Segmente entspricht einer gleichen Anzahl von Blättern. Die Entwickelung der Blätter geht durch eine successive Längstheilung der Lamina des jüngsten Blattes in der Richtung von unten nach oben vor sich. Es ist demnach die Blattbasis der ältere, die Blattspitze der jüngste Theil. Die Theilung geht wahrscheinlich in peripherischer Richtung vor sich und zwar nach der Richtung der Blattspirale. Welche Ordnung die Blätter an der vollkommen symmetrischen Achse innehaben, ist aus den Beschreibungen nicht zu ersehen, jedenfalls ist dieselbe ebenfalls eine symmetrische, wie aus den Längen der Internodien (von einer Blattachsel zur anderen gemessen) bei einer Stammspitze zu ersehen ist. Auf die mit 1. bezeichnete Blattachsel folgt unmittelbar das am Grunde in 7 Segmente getheilte Terminalblatt. Die Entfernungen in Millimetern.

1.	2.	3.	4.	5.	6.	7.	8.	9.	10.	11.	12.
4.	4,5.	5,5.	5,5.	7,5.	7,5.	10.	10,5.	13.	13,5.	14,5.	

[1]) Die Luftblasen an dem Zweige des in der Flora Transarctica Taf. 169 und 170 abgebildeten Blattes der Macroc. pyrifera ε. luxurians (an dem breitesten Theile 153 Millimeter Breite, der Länge nach, soweit sich dies aus der Abbildung an dem mehrfach zusammengelegten Blatte ersehen läßt, 121 Centimeter) haben eine Länge von 42 Millimeter, eine Breite von 26 Millimeter. Die mir vorliegenden Luftblasen von der georgischen Form haben eine Länge bis 124 Millimeter bei einer Breite an der Blattbasis von nur 25 Millimeter. (Taf. XVI Fig. 7. a. b.).

Sphacelarieae.

Sphacelaria Spec.

S. e minoribus, filis virgatis, in basi radicantibus, e basi repetito dichotomis, in inferiore parte glabris (sine stupa), ramulis adpressis, stricte erectis, ultimis sterilescentibus longe attenuatis, fertilibus subtumidis et rotundatis; Sporangiis terminalibus maximis (usque $^1/_{25}$ longitudinis filorum).

Lat. filorum in basi 100—120 μ.

Lat. ramulorum 52—66 μ.

Sporangia terminalia minoria long. 72—90 μ lat. 70—90 μ.

Sporangia terminalia maxima long. 577 μ. lat. in apice 135 μ in basi 104 μ.

Hab. in Polysiphonia anisogona.

Diese nur in einem Specimen beobachtete Sphacelarie ist die einzige beobachtete Art auf Georgia. Sie dürfte eine eigene Art darstellen und schließt sich in der Verästelung der Fäden und der Größe der Pflanze wohl an eine schon früher beschriebene Sphacelarie an (Reinsch Contrib. ad Algol. p. 25 Taf. 34 Fig. 1 Melanosp). Diese Sphacelarie gehört zu keiner der beiden von Hooker für die antarktische Flora angegebenen Sphacelarien, Sph. obovata und Sph. funicularis, nahe verwandt mit Sph. scoparia (Fl. Ant. I. 469. II. 180).

Chlorospermeae.

Ulvaceae, Palmelleae, Ulothrichacae, Cladophoraceae.

Enteromorpha Novae Hollandiae. Kütz.

„Südseite der Landzunge auf den Klippen längs der Fluthgrenze. 25. Februar 1883."

Die zahlreichen Specimens dieser Enteromorpha stimmen nach der Kützing'schen Abbildung und nach den Specimens von den Falklandsinseln in der Hohenacker'schen Sammlung mit dieser Species überein. Ich war unschlüssig, die georgische Pflanze zu E. intestinalis zu stellen, da mir auch E. Novae Hollandiae eine Form des E. intestinalis zu sein schien. Nach genauer Untersuchung der verwandten Species erschienen mir zur Abgrenzung der Species bei dieser sehr polymorphen kleinen Algengruppe, die sichersten Merkmale: Größe, Umriß und Beschaffenheit der Wandung der Zellen der einzigen Zellenlage der ausgewachsenen Schläuche. Form, Färbung, Verästelung der Schläuche erweisen sich als variabel.

Die nächst angrenzenden Species.

Ent. intestinalis. L. Zellen unregelmäßig polygonal, dickwandig ($^1/_5$—$^1/_7$).

Diam. 6—8 μ. (Nr. 1867. Rabenh. Alg. Europ.).

Ent. compressa. Grev. Zellen ziemlich regelmäßig, polygonal und rektangulär, ziemlich dickwandig, zweischichtig ($^1/_8$—$^1/_9$). Diam. 12—18 μ.

Ent. complanata. Kütz. Zellen regelmäßig, parenchymatisch (rektangulär), Zellwandung zweischichtig ($^1/_8$—$^1/_9$). Diam. 15—21 μ.

Diese ist eine Form der E. compressa. Eine Reihe von anderen als Species beschriebenen Formen (E. crinita, falcata, capillacea, caespitosa, crispa, ventricosa, nana) sind offenbar nur Formen einer Species, für welche nach Rabenhorst's Vorgang die Collektivspecies compressa beizubehalten wäre.

Ent. Novae Hollandiae. Kütz. Zellen gerundet und unregelmäßig polygonal, sehr dickwandig ($^1/_3$—$^1/_4$). Diam. 4—6 μ. Im Querschnitte erweisen sich die Zellen von schmal rektangulärer Form, nach innen und nach außen von einer dicken hyalinen Lage umhüllt.

(Falklandsinseln. Hohenacker Alg. marinae).

Bei der georgischen Pflanze sind die ausgewachsenen Schläuche breiter, in den am Grunde sehr zahlreich hervorsprossenden Flabellen, weniger an den ausgewachsenen Schläuchen, übereinstimmend mit der Falklandspflanze. Die Zellen der Schläuche sind bei der letzteren Pflanze etwas größer (Diam. 6—9 μ) als bei der georgischen Pflanze.

Ulva Lactuca. L.

var. macrogonya.

U. e majoribus, thallo late expanso, tenuissimo, multilobato, ex strato uno cellularum composito, 18 usque 30 Centimetra lato, colore laeteviridi, ex lobis majoribus compluribus inciso lobatis, basin versus subtubulosis et angustatis, cum scutello dilatato centraliter affixis exstituto; cellulis irregulariter polygonis, 12 usque 15 μ longis, interstitiis latis, hyalinis usque cellularum diametri tertiam usque quintam partem latis disjunctis; cellulis basalibus longissime caudatis.

„Klippen an der Südseite der Landzunge. Längs der Fluthgrenze in großen Mengen. Süd-Georgia. 2. Februar 1883.“

Diese Ulve unterscheidet sich von der U. quaternaria. Kütz., der Ulva Lactuca L. (Harvey. Phyc. brit. IV. tab. 243) der U. latissima L. (U. orbiculata Desmar. Thur. e. a.) durch größere, nicht gevierte Zellen der Frons, sehr lang geschwänzte Basalzellen. Man könnte sie hiernach als eine eigene Species betrachten, aber die Form der Frons läßt sich nur im natürlichen Zustande der Pflanze ermitteln.

Hydrurites Gen. nov. (Gen. Hydrurus? proximum).

Thallus minutulus, indivisus, corneo-gelatinosus, aliis Algis affixus, ex cellulis liberis ovalibus et ex mutua pressione prolongatis, in substantia corneo-gelatinosa translucida, extrorsum distincte limitata et circumvelata nidulantibus exstitutus. Cellularum cytioderma tenue, cytioplasma granulis numerosis repletum; fructificatio?

Diam. cellularum 6,5—8 μ.

Altit. et Latit. thalli 4—7 Millim.

Hab. in Chondro crispo var. in consortio Nostochis minutissimi et Hormisciae parasiticae.

(Taf. XVI. Fig. 3 a. b. c).

Diese eigenthümliche schwierig unterzubringende Pflanze wurde leider nur in wenigen Specimens an den wenigen Chondrus crispus var. vorgefunden. Diese genügen aber zur Orientirung. In der knorpelig-gelatinösen Substanz der Pflanze sind die Zellen ganz wie bei Hydrurus ohne bestimmte Anordnung eingelagert. Diese Substanz zeigt bei Einwirkung von Alkohol eine faserige Struktur, welche mit Färbung durch Eosin oder Methylviolett deutlich hervortritt.

Ein deutlicher Chromatophor ist in den Zellen nicht zu ersehen; die zahlreichen Körnchen des Inhaltes scheinen Phycophykenstärke zu sein. Alle Specimens enthalten Eier bis 0,8 Millim. Länge (Crustaceae?) eingelagert, auch finden sich einzelne scharfkantige Quarzstückchen. Alle diese fremden Substanzen zeigen sich von der Thallussubstanz rings umher umschlossen, sie zeigt sich aber in der Nähe und in der Berührung der eingelagerten Substanzen eigenthümlich verändert. Die Zellen erscheinen dichter gedrängt, verschmälerter und in die Länge gestreckt (bis zu dem 10fachen der Länge). Diese Veränderungen zeigen, daß die eingelagerten thierischen und anderen Körper noch vor oder unmittelbar während der Entwicklung des Thallus umschlossen worden sind. In Folge der seitlichen Pressung traten alsdann diese Formveränderungen ein. Vielleicht leben diese eingelagerten unentwickelten Thierchen in einer Art von Symbiosis mit der Pflanze, d. h. in Verhältnissen, welche nicht auf Kosten des pflanzlichen Zellenlebens kommen. Ein Mittel, dessen sich die Natur in diesen unwirthlichen Breiten bedienen mag, um die Existenz hilfloser, nackter Geschöpfe, ohne Beeinträchtigung des Gastfreundes zu sichern. Bei den Chlorophyllalgen unten kommt ein zweiter ähnlicher Fall vor.

Prasiola filiformis. Sp. nova.

Pr. e minimis, thallis caespitosis, tenuissimis, filiformibus, usque 4 Millimetra altis, substrato affixis, ex strato uno cellularum formatis; cellulis in stipite uniseriatis, superne in tetradibus dispositis, laminam linealem formantibus.

Latit. cellular. basalium 14—17 μ.

Crassitudo cuticulae 2,7 μ.

Diam. cellularum laminae 3—4 μ.

Diam. Tetradum 8—9 μ.

Hab. in Mastodiae tessellatae thallo affixum. Insula Kerguelens. (In speciminibus Mastodiae a Cl. Dir. I. Hooker collectis).

Taf. XVI. Fig. 5 c.

var. minuta.

Thallis multo minoribus, dense caespitosis, in substrato (in saxis phyllitoideis) late expansis.

Latit. cellular. basalium 8—10 μ.

Latit. cellularum 12—16 μ.

Latit. tetradorum 6—8 μ.

Longit. thalli 138—245 μ.

Hab. in lapidibus Phyllitoideis, crustulas virescentes late expansas formans.

Taf. XVI. Fig. 5 a. b.

Es ist kaum daran zu zweifeln, daß diese Prasiola von Georgia, wenn auch in der Größe sehr verschieden, mit der Pflanze von Kerguelen sehr nahe verwandt sei. Es ist zu vermuthen, daß die Species eine specifisch antarktische ist. Nimmt man die Form von Kerguelen als die typische, so ist die Pflanze von Georgia eine lokale felsenbewohnende Form. Die Phyllite von Georgia sind sehr quarzreich und hart und schwer verwitternd, es kann deshalb die Vegetation auf diesen Phylliten als eine konstante betrachtet werden. Das Handstück, welches mir vorliegt, ist ganz überkleidet mit der dünnen Prasiola-Kruste, ganz ähnlich wie dies bei kalkigen und quarzigen Gesteinen durch den Chroolepus jolithus und aureus in der Bergregion geschieht[1]; weder Lichenen und Moos-Proembryonen, noch felsenbewohnende Chroolepen befanden sich hierauf (die gewöhnliche Vegetation auf Felsen).

Hormiscia parasitica. Sp. nova.

H. e minimis, caespitulos subglobosos formans, trichomatibus filiformibus e strato cellulari, substrato adpresso ortis; cellulis vegetativis rectangularibus, cytioplasmate granuloso, cellulis fertilibus paulo majoribus, subrotundatis, zoosporis arcte repletis; cellulis omnibus extrorsum indumento crasso communi lamelloso, usque cellulae dimidio subaequante velatis.

Altitudo caespituli 120—300 μ,

Crassit. trichomatum 38—54 μ.

Crassit. cellular. vegetativ. 25 μ.

[1] Auf der Etiquette des Handstückes befand sich die Bezeichnung „Chroolepus“.

Diam. cellular. fertilium 30—32 μ.

Diam. zoosporarum 4—4,5 μ.

Hab. in Sphaerococci crispi var. thallo nidulans.

Taf. XVIII Fig. 6. 7. 8.

Diese winzig kleine, wie es aus dem Vorhandensein entwickelter Zoosporangien erhellt, wohl ausgebildete Hormiscie findet sich vorzugsweise auf den Stielen der pigmäischen antarktischen Form des kosmopoliten Sphaerococcus crispus, zugleich mit den zahlreichen Colonien eines kleinen Nostoc. Zoosporangien entwickelnde Trichome finden sich in ein und demselben Räschen mit sterilen Trichomen. Die Zoosporen sind alle wohl ausgebildet, was also zeigt, daß die Pflanze in ihrer Fruchtreife gesammelt ist. Einige Sporangien fanden sich auch evacuirt.

Cladophora arcta (Dillw.) Kütz.

„Klippen nächst der Station, längs der Fluthgrenze in großen Mengen.“ 8. December 1882.

Rasen 4—6 Centimeter hoch, dicht gebüschelt; am Grunde mit Massen von Melosira, alle Zellen dicht überkrustet mit Coconeis Frustula und Scutellum. Außerdem beherbergt der untere dicht verfilzte Theil der Rasen Conchylieneier und Keimlinge verschiedener Mollusken. Specimens aus der Nordsee und Magalhaesstraße stimmen nahe überein. Bei den ersteren ist die Verästelung weniger dicht. Bei den letzteren entwickeln sich wie bei den georgischen aus der Basalzelle der unteren Zweige abwärts gerichtete Wurzelfasern, einzelne der unverästelten unteren Zweige krümmen sich an der Spitze hakenförmig ein; beides vielleicht eine Eigenthümlichkeit der antarktischen Specimens. Wird von Hooker an den Falklandsinseln, Hermiteinsel und Cap Horn angegeben.

Appendix zu den Protococcaceae. (Süßwasseralgen).

Asterosphaerium ist ein Protococcaceengenus, welches von mir von Kerguelen beschrieben worden ist (Reinsch in Botany of Kerg. Jsl. Freshw. Algae. p. 72 Taf. IV. Fig. 1. 2.). Die Algennatur dieses eigenthümlichen Organismus war mir seitdem nicht ganz sicher; ich war erfreut diesem auch unter den georgischen Süßwasseralgen zu begegnen, diese stimmen mit den Kerguelen-Specimens in der Größe und Anzahl der die Kugel bildenden Zellchen überein. Neben der sphärischen wurde auch eine ellipsoide Form beobachtet. Es ist hiermit wenigstens die Gegenwart des Organismus an einem anderen antarktischen Orte konstatirt, wenn auch die Frage über denselben immer noch eine offene bleibt.[1])

Appendix zu den Chlorophyllalgen. (Meeres-Algen).

Mastodia ist ein antarktisches Genus, welches von Hooker in der Fl. Ant. I. p. 499 (Hook. et Harv. Lond. Journ. Bot. IV. 297) aufgestellt worden ist. Dasselbe wird zunächst Ulva gestellt, unterscheidet sich von diesem Genus nur durch die Gegenwart von Conceptakeln (Sporokarpien). Mastodia befindet sich nicht in der Sammlung georgischer Algen, dagegen ein anderes mit Mastodia nahe verwandtes neues Genus. Es ist seitdem noch ein drittes verwandtes Süßwassergenus hinzugekommen. Nach diesen Untersuchungen bilden die drei Genera eine eigene Gruppe der Lichenen, welche sich zunächst an die Endocarpeae anreiht.[2])

Dermatomeris Gen. nov. Mastodiacearum. (Lichenes)

Dermatomeris Georgica. Sp. n.

Thallus planus, marginibus tortuosis et crispatis, basin versus in pedicellum attenuatus, viridis, ex cellulis chlorophyl-

[1]) Ich hatte einige Specimens aus den Algengemengen von Georgia aufgesammelt und konservirt und dieselben nebst einer kleinen Sammlung aller von mir gesammelten mikroskopischen Entomostraken von Georgia nebst noch anderem Materiale einem jüngeren Botaniker anvertraut, welcher dieselben gemeinschaftlich mit einem Zoologen bearbeiten wollte. Leider ist diese sobald nicht mehr zu ergänzende Collection abhanden gekommen und verschwunden und liegt auch nichts über dieses verlorene Material vor.

[2]) Die obige schon vor 2 Jahren beendete und eingesendete Arbeit über die Chlorophyll-Süßwasseralgen Georgiens war schon im Satze vollendet, als meine Arbeit über die Meeresalgen völlig zum Abschlusse gekommen war. Es ist dadurch das damals zu den Ulvaceae gerechnete Genus p. 358 als solches verblieben. Dieses beeinträchtigt das Genus durchaus nicht und ist nun dasselbe nach der Neubearbeitung der Gruppe, wozu dieses neue Genus jetzt gehört, mit Zuziehung neuen Materiales als Appendix am Schlusse meiner Arbeit eingefügt. Die oben schon p. 358 bemerkte Vermuthung über die Natur der Pflanze hat sich mittlerweile bestätigt. Die früher untersuchten Specimens waren steril, und daher erklärt sich, daß dem georgischen Genus das nämliche Schicksal widerfuhr wie dem Kerguelischen, nämlich bei den Algen untergebracht zu werden.

laceis quadriseriatis in tetradibus regularissime dispositis (in sectione transversali sicuti in aspectu frondis). Sporacarpium sphaericum, in thallo immersum et in apice canaliculo apertum, ascis arcte repletum.

Diam. thalli 8—14 Millim.

Crassit. thalli 55—56 μ.

Diam. cellul. Chlorophyll. (Gonidiorum) 8—11 μ.

Sporocarpia Diam. internus 130 μ. Diam. externus 148 μ.

Asci longit. 33—47 μ. Latit. 5,5—7 μ.

Sporae longit. 5,5 μ. Latit. 2,5—2,8 μ.

„Nordostufer der Landzunge. An Felsen in der Nähe des Strandes. 25. Februar 83."

(Taf. XIX. Fig. 1. a. b. c. d. e.) (Taf. IV. Fig. 12. 13. 14. Süßwasser-Algen.)

Die unregelmäßig radial und gefingert getheilten Thalluslappchen entspringen aus knorpeligen Stielen, welche aus einem gemeinschaftlichen Insertionspunkte entspringen (Taf. IV. Süßw. Alg. Fig. 12. Stückchen der sterilen Frons. Vergr. 25:1). Die Struktur der Stiele zeigt sich etwas verändert, da die Tetraden nicht die regelmäßige Anordnung wie in der Frons zeigen und durch weitere Zwischenräume von einander getrennt sind (Taf. IV. Süßw. Alg. Fig. 14. Querschn. Vergr. 500:1). Die Fronsfläche zeigt auf jedem Querschnitte die konstante vierschichtige Struktur bis an die Ränder hin (Taf. IV. Süßw. Alg. Fig. 12. Querschn. Vergr. 500:1). Diese regelmäßige Struktur erleidet nur eine Abänderung durch die Entwickelung von Sporokarpien in Mitten der Thallussubstanz. Die ersten Anlagen der Sporokarpien machen sich kenntlich durch partielle Erweiterung der Zwischenräume zwischen den Tetraden.

Zwischen den Chlorophyllzellen des Thallus, insbesondere zwischen den Tetraden, verlaufen äußerst zarte Fädchen (Zellen des Stroma) welche fast als Schichtung der zwischengelagerten Gallertsubstanz erscheinen. Die Sporokarpien erscheinen im entwickelten Zustande als dunkle Pünktchen über die Thallusfläche zerstreut. Aus dem Thallus sprossen sowohl von den Rändern, als auch von der Fläche kleinere Thallusflächen in Folge ungleichseitiger Zellvermehrung hervor. Diese kleineren Thallome werden durch Abschnürung, d. h. Resorption der Gallerthülle, der als kurzes Stielchen noch mit der Mutterthallusfläche verbundenen basalen Zelltetrade, frei. Diese stellen das Analogon der Soredien der meisten Lichenen dar. Sie fallen ab, setzen sich wieder fest und wachsen fest geheftet zu neuen Thallen heran. In dem jungen Thallus, der aus Soredien sich entwickelt hat, denen man beim Auflockern der Räschen unter Wasser massenhaft in allen Größen begegnet, ist eine durchaus regelmäßige Anordnung der Tetraden Regel. Wenn bei fortschreitendem Flächenwachsthum des Thallus der Beginn der Sporokarpienbildung im Innern des Thallus durch partielle Auswölbungen dessen Oberfläche sich kenntlich macht, so tritt alsbald eine Aenderung in der tetradischen Zellanordnung ein. Die Tetraden verschieben sich um den Heerd der Zellenbildung des eingelagerten Stromas, welches den Nucleus des späteren Sporokarpiums bildet; sie stauen sich seitlich und bewirken dadurch eine Auftreibung des Thallus nach außen, gleichzeitig werden aber in der Richtung der Tangente des schon deutlich sphärischen Nucleus die auseinander gerissenen Tetraden in peripherischer Richtung verschoben. Sie umschließen allmählig, beim Wachsthum des Nukleus allseitig gegen die Pole in Folge andauernder seitlicher Pressung vorrückend, die jungen Sporokarpien (Taf. XIX. Fig. 2.). Die oberste Schichte der Chlorophyllzellen zerreißt schließlich und es bildet sich ein Canal, welcher die Außenwelt mit den Sporen der Asci verbindet. Im inneren Baue hat Dermatomeris unter den Algen ein Analogon mit Porphyra oder mit Schizomeris, in der tetradischen Anordnung der Zellen (in der Vertikalansicht) nur mit Prasiola. Mastodia unterscheidet sich von Dermatomeris nur durch einschichtigen Thallus und stimmt sonst in der Beschaffenheit der Chlorophyllzellen, im Baue der Sporokarpien völlig überein, wodurch auch die endgiltige Stellung der Mastodia bei den Lichenen erwiesen ist, nach Untersuchung von Mastodia von Kerguelen[1]) Ein drittes im vorigen Jahre entdecktes verwandtes Genus unterscheidet sich von den beiden antarktischen Generen nur durch einen etwas abweichenden Bau des Thallus, indem nämlich die Chlorophyllzellen in Longitudinalreihen (je 8—10) geordnet sind.[2])

---

[1]) Für Mastodia ist der einzige bekannte Standort Kerguelen. Die untersuchten Specimens sind von dem Entdecker selbst.

[2]) Dieses Genus des süßen Wassers, welches später besonders beschrieben wird, unterscheidet sich auch noch durch seine ungewöhnlich großen Sporen der Asci, deren Größe die der beiden anderen Genera der Mastodiaceae um das 5 bis 6 fache

Phycochromacea.

Nostoc subtilissimum. Sp. nova.

N. e minoribus, physeumatibus subsphaericis usque subpyriformibus, in basi attenuatis et compluribus substrato (Algis) affixis, extrorsum distincte limitatis et velatis, trichomatibus tenuissimis, subrectis, in basi physeumatis coalitis; cellulis subglobosis, sporis regulariter globosis usque diametro trichomatis duplo latioribus.

Latit. trichomatis 1,2—1,5 μ.

diam. Sporarum 2—3 μ.

diam. physeumatis 240—360 μ.

Hab. in Chondro crispo var. insidens una cum Hydrurite et Hormiscia parasitica.

Taf. XVI. Fig. 8. a. b.

Diesen Nostoc fand ich auf allen Chondrus-Specimens von Georgia, er ist wahrscheinlich die einzige Nostoc-Species mit so außerordentlich dünnen Trichomen. Die Zellchen und die Sporen sind bei Syst. 8 und 9 sehr deutlich und scharf konturirt zu sehen. Die Membran der genau kugeligen Sporen erscheint grünlich. Ein anderer antarktischer Nostoc (N. leptonema. Reinsch. Botany of Kerguelen Island. Freshw. Algae. Philos. Transact. 1876 p. 66.) mit sehr dünnen Trichomen unterscheidet sich durch schmal elliptische getrennte Zellchen, welche um das dreifache breiter sind als bei N. subtilissimum.

Leptothrix spissa. Rabenh. (Fl. Europ. Alg. I. 2. p. 74).

L. e subtilioribus, filis rectis, longitudine inaequalibus, densissime juxta positis, tranquillis, in Algis majoribus (Delesseria)

übertrifft. — Ich mache noch Erwähnung eines eigenthümlichen Vorkommens mikroskopischer Thiere in dem Dermatomeris, welche hierin entweder Zuflucht suchen, oder irgendwie konstante Begleiter desselben sind. Beim Auflockern der Räschen im Wasser fielen viele der Thierchen theils im Ei-, theils im Larvenzustande heraus. Beim Durchschnitte konnte man manche noch eingeschlossene in den blasigen Höhlungen, am Grunde des Thallus, noch umschlossen von letzterem, finden. Aus der Lage der Thalluszellen konnte man ersehen, daß das eingelagerte Thier noch vor der völligen Ausbildung des Thallus im Thallus selbst sich befunden haben muß. Es liegt hier vielleicht ein ähnlicher Fall wie bei dem oben angegebenen Falle des Hydrurites p. 422 vor.

longe lateque expansis; cellulis diametro subaequalibus, indumento tenuissimo velatis.

Lat. filorum 1,5—2 μ

Long. filorum 200—300 μ.

Hab. in Delesseria carnosa et in Cladophora.

forma minor.

Long. filorum 27—33 μ. Lat. 1,3—2 μ.

Hab. in Desmarestia aculeata var.

Taf. XVI. Fig. 9.

Diese Leptothrix stellt wohl die L. spissa dar. Die Dimensionen werden von Rabenhorst $^1/_8$—$^1/_{30}$ Lin. (=70—180 μ) angegeben. Die Segmentirung ist nicht immer deutlich zu sehen und tritt erst nach Färbung hervor.

Leptothrix robusta Sp. nova.

L. e firmioribus, filis subrectis, oscillantibus, subfasciculatis, in caespitulis centraliter dispositis substrato affixis, cellulis dimidio longioribus quam latis, dissepimentis distinctissimis, dupliciter marginatis, indumento exteriore distincto hyalino velatis.

Latit. filorum 3—4,4 μ.

Longit. filorum 300—400 μ.

Hab. in Merenia, in Hydrurite et in Ballia Callitricha in caespitulis parvulis.

Tab. XVI. Fig. 10. a. b.

Diese durch die dickwandigen Zellchen ausgezeichnete Species unterscheidet sich außer diesen Merkmalen von der anderen größeren marinen Leptothrix durch die kürzeren Zellchen, sowie durch den etwas größeren Querdurchmesser. (L. radians Kütz. Tab. Phyc. I. Taf. 59 Fig. IV. diam. 2,2—3 μ.)

Chytridiaceae.

Chytridium Plumula. Cohn. (Schultze Archiv III. p. 41.)

Taf. XVI. Fig. 6.

Sehr zahlreich in Zellen der jüngeren Aestchen von Callithamnion Pinastroides var. ramulosum. Der Inhalt der Chytridium-Zellen ist gelbbraun gefärbt, sehr feinkörnig. Es wurden nur einzelne Zustände vorgefunden, welche mit denen genau übereinstimmen, welche schon früher abgebildet worden sind[1]) jedoch unrichtig gedeutet wurden. Diese Chytridien dürften wohl auch mit den von Magnus abgebildeten auf Call. abbreviatum[2]) im einzelligen Zustande identisch sein. Der Durchmesser der georgischen Chytridien bewegt sich zwischen 27—33 μ.

Diatomophyceae.

Coscinodiscus griseus. Grev.

var. Georgicus.

Diam. 141 μ.

(Taf. 19 Fig. 12).

Sehr häufig an den Zweigen der Ballia Callitricha ansitzend. Von den bekannten Species ist diese Form wohl hierher zu ziehen wegen der wenig deutlich areolirten Fläche. In der Abbildung bei Schmidt, Taf. 59 Fig. 9. (diam. 70 μ) zeigt sich eine sehr engmaschige Areolation. Bei dem Cosc. plicatus Grun. Schmidt Taf. 59 Fig. 2. (diam. 107 μ) ist die Areolation noch deutlicher ausgebildet. Bei der Form von Georgia zeigt sich die Fläche nur gleichförmig fein knötig.

Podosira hormoides. (Montagne) Kütz.

Diam. 29—39 μ.

Die Zellen sind halbdurchsichtig und schwach bräunlich gefärbt. Bildet am Grunde der Rasen der Cladophora arcta zusammenhängende Massen, aus welchen sich unter Wasser bis 0,8 Millimeter lange zusammenhängende Gliederfäden ausscheiden lassen. Ist genau die europäische Pflanze, nur ist die Breite der meisten Fäden etwas größer.

Cocconeis Placentula. Ehrenb.

forma marina (Rabenh. Fl. Alg. I. 99).

Long. 47 μ.

Lat. 33 μ.

---

[1]) Kützing Tab. Phycol. XI. Taf. 82. 88. Harvey Phycol. Australica IV. Taf. 227. Reinsch. Contrib. ad Algolog. Rhodosp. Taf. 28. B. α. Taf. 29 1. c. 2. d.

[2]) Magnus, botan. Ergebn. d. Nordseefahrt 1872. II. Jahresber. Commiss. z. Erf. d. deutsch. Meere. Taf. I. Fig. 21. 22.

Sehr zart longitudinal gestreift, mit deutlicher Mittellinie. Auf Cladophora, Ceramium sehr häufig. Die Süßwasserform unterscheidet sich von der marinen nur durch um die Hälfte kleinere Dimensionen.

Cocconeis Scutellum. Ehrenb.

Long. 30 μ.

Lat. 20 μ.

Es finden sich nur 12—16 parallele Querstreifen. Bei Specimens aus der Kieler Bucht (Rabenh. Alg. Nr. 1602) sind dieselben etwas divergirend. Mit der vorigen.

Cocconeis Spec.

Dürfte vielleicht eine größere Form der C. diaphana darstellen. Long. 104 μ. Lat. 81 μ. Die mehrfach geschichtete Wandung 7 μ. Die Oberfläche ganz glatt wie bei C. diaphana. Vereinzelt auf Ceramium rubrum.

Cocconeis marginata. Kütz.

forma. Georgica.

Frustulis ellipticis, subtiliter longitudinaliter striatis, margine intus anguste punctata, linea media 4 striata distincta.

Long. 59 μ.

Lat. 43 μ.

Diese Cocconeis unterscheidet sich von der C. marginata durch die zarte Longitudinalstreifung, stimmt jedoch mit dieser in der punktirten Beschaffenheit der Ränder überein. Findet sich vereinzelt auf der Polys. anisogona.

Achnanthes Georgica. Spec. nova.

A. e majoribus, frustulis rectangularibus, leviter curvatis, costis marginalibus latis apice late rotundatis in medio cellulae spatio lato disjunctis, stipite subcrasso brevi substrato affixis, frustulis a fronte visis anguste ellipticis, costis transversis latis usque ad lineam mediam pertinentibus.

Long. 60—80 μ.

Lat. 11—19 μ.

Lat. costarum 1,5 μ.

Diese Achnanthes unterscheidet sich von den anderen Species mit deutlicher Querberippung durch die nicht bis zur Mittellinie durchlaufenden sehr breiten und an der Spitze gerundeten Querrippen.

Grammatophora serpentina. Ralfs.

Auf Merenia microcladioides und Delesseria Salicifolia. Auf letzterer kleine gehäufte Büschelchen festsitzender Stöcke bildend stimmt in der Struktur der Frustel mit den charakteristischen symmetrischen vier schlangenförmigen Rippen, sowie in den Dimensionen genau mit Specimens aus der Adria überein.

Grammatophora marina. Kütz.

Mit der Gr. serpentina auf Merenia, Delesseria, Nitophyllum und Callithamnium Pinastroides. Auch diese Species ist von europäischen Specimens nicht zu unterscheiden.

Rhaphoneis Spec.

R. frustulis liberis, late ellipticis, marginibus latis, dupliciter striatis, costis radiantibus (40) latis brevibus, usque quartam partem diametri transversalis longis, areola centrali laevi, vitta centrali percursa.

Long. 75 μ. Lat. 52 μ.

(Taf. XIX. Fig. 13.)

Diese Species hat dieselben Dimensionen wie R. mediterranea. Diese Anzahl der Rippen ist bei verschiedenen Specimens variabel und kann nicht zur Abgrenzung der Species benutzt werden. Bei dieser letzteren verkürzen sich die Randrippen gegen die Pole und in der Mitte des mit schwächeren radialen Rippen durchzogenen Mittelfeldes erreichen sie etwa 1/3 des Querdurchmessers. Findet sich vereinzelt unter Cocconeis auf Ceramium rubrum.

Berkeleya Georgica. Sp. nova. (An Gen. propium.)
B. frustulis minutulis naviculaceis, linea centrali destitutis, a fronte rectangularibus, marginibus utrimque in medio incrassatis, a latere lanceolatis, in phycoma gelatinosum filiforme, hinc inde dichotomum dense aggregatis.

Long. 25 μ. Lat. 5,5—7 μ.

Ceramio et Merenia microcladiodi insidens.

(Taf. XIX. Fig. 111. a. b. c.)

Berkeleya ist das nächste Genus, dem diese Diatomee sich anreihen würde. Von der einzigen Species, mit der sie in den Dimensionen der Zellen übereinstimmt, aber nicht in der Größe und Anordnung des Phykoms, würde sich diese durch das Fehlen der Medianlinie, sowie durch die vorderseitliche rektanguläre Form unterscheiden.

Podosphenia cuneata Ehrenb.

Forma.

Long. 80—120 μ.

Lat. in apice 30—34 μ. Lat. in basi 6 μ.

Es ist schwer, dieser Podosphenie einen bestimmten Platz zuzuweisen, welche wie bekannt, sehr variabel sind und zu einer Menge von Species Veranlassung gegeben haben, die sich auf eine kleinere Zahl reduciren dürften. Die typische Form zeigt dieselbe Lateralansicht der Zelle, jedoch in der Frontansicht einen gegen die Spitze zu keilförmig verbreiterten Umriß, während die Georgische Form an der Spitze nur wenig breiter wie an der Basis erscheint. Auf 5 μ treffen 6—7 Randstreifen, was auch bei Specimens aus der Adria der Fall ist.

Findet sich auf Nitophyllum affine und Delesseria, auf Desmarestia Willii und Pteridoides. Auf letzterer in ungeheurer Menge, indem die ganze Pflanze von der Wurzel bis zur Spitze der Wedel dicht mit Podosphenien überkleidet ist.

Podosphenia Spec.

P. Frustulis cuneatis sessilibus, marginibus lateralibus glaberrimis et longitudinaliter striatis, margine terminali nodulis singulis instructo.

Long. 39 μ.

Lat. in apice 17—18 μ.

Diese Podosphenie hat Aehnlichkeit in den glatten Zellen mit Pod. Jürgensii und noch mehr mit (Rhipidophora) Pod. paradoxa, mit denen sie auch in der Größe übereinstimmt. Diese beiden haben langgestielte Frusteln. Dieser letztere Unterschied erweist sich als nicht ganz konstant, ebenso zeigen sich die Dimensionen für die verschiedenen

Species sehr variabel, so daß es kaum möglich, eine Podosphenienform bei einer der unterschiedenen Species strikte einzufügen.]

Striatella unipunctata Lyngb.

Forma. late striata.

Man könnte diese Form wegen der viel breiteren und auch nicht gleichmäßig abstehenden Streifen für eine Rhabdonema halten, aber auf der Frontansicht erscheinen die Zellen glatt und nicht gestreift.

In vereinzelten ziemlich langen Bändern auf Ceramium rubrum aufsitzend.

Grammonema Jürgensii (?) Ag.

Lat. 44 μ.

Long. 7 μ.

In vereinzelten 8—15zelligen Fäden unter den Diatomeen an Merenia und Ceramium.

Odontella obtusa. Grun. (Schmidt Diatom. Taf. 122. Fig. 30. 31.).

Forma. Georgica.

Frustulis rectangularibus, segmentis exterioribus trapezicis, in medio subtumidis, angulis obtusis paulo productis in tota superficie aequaliter punctato striatis.

Long. 48 μ.

Lat. 27 μ.

(Taf. XIX. Fig. 7.)

Diese Form unterscheidet sich von der bei Schmidt abgebildeten (Fig. 30) durch mehr trapezische Endsegmente, sowie durch gleichmäßige und stärkere Punktirung. Die Fig. 31. l. c. ist wohl eine andere Species.

Odontella striata. Sp. nova.

O. e minoribus, frustulis regulariter quadraticis et rectangularibus, marginibus omnibus rectis, angulis tumore minus provecto, pedicello subcrasso, segmentis exterioribus e nodulis marginalibus subtiliter parallele striatis.

Long. et Lat. 23—25 μ.

(Taf. XIX. Fig. 8.)

Beide an Ballia Callitricha und an Cladophora.

Od. Polymorpha Kütz. ist im Umrisse und der Segmentirung verwandt, unterscheidet sich jedoch durch nicht gestreifte Endsegmente. Auch sind die Frusteln 3—4 mal größer (70—95 μ).

Isthmia enervis. Ehrenb.

Var. Georgica.

I. segmentis externis late areolatis, areolis segmentorum externorum distinctissimis, in series 18—20 dispositis, laminis integerrimis subcrassis, extrorsum volvatis.

Long. 312 μ.
Lat. 162 μ.
Long. Pedicelli 31 μ.
Diam. areolarum 6 μ.

(Taf. XIX. Fig. 9.) Hab. in Ballia Callitricha et in Merenia microcladioide.

Die Species, mit welcher diese Isthmie vereinigt, ist wahrscheinlich eine sehr formenreiche. Die Materialien zu einer Kritik der jetzigen Diatomeenspecies sind bis jetzt noch nicht soweit gediehen und man muß mit triftigen Gründen an die Aufstellung neuer Species gehen. Eine Variabilität innerhalb weiter Grenzen zeigt auch diese Species, denn möglicherweise gehören alle die bei Schmidt Diat. Atl. Taf. 136 abgebildeten Isthmien zu einer und der nämlichen Species. Nimmt man die Fig. 1 zur typischen Form, welche in den Endsegmenten 32 Longitudinalreihen von Felderchen zeigt, so wären Fig. 3. 6. 9. Formen mit beziehungsweise 22, 19 und 17 Longitudinalreihen. Fig 4 (I. capensis Grun.) würde das Extrem zu der Stammform Fig. 1 bilden. Eine intermediäre Form ist diese georgische. Auch der Beschaffenheit der Zwischenlamellen zwischen den Felderchen der Endsegmente kann kein Specieswerth beigelegt werden. Diese Form findet sich auf der Merenia in Ketten von bisweilen 8 bis 9 Individuen. Dabei ist die Verbindungsstelle nicht immer die Prominenz des Endsegmentes.

Erklärung der Abbildungen.

Taf. I.

Fig. 1. Gracillaria prolifera. Reinsch. Kompletes Specimen, ¹/₃ nat. Gr. Nur der unterste Theil der Rachis ist nicht ganz vollständig.

Fig. 2. Querschnitt einer Coccidie.

Fig. 3. Oberer Theil der Coccidienwandung im Querschn.

Fig. 4. Querschn. der Frons.

Fig. 5. Spore.

Taf. II.

Fig. 1. Kalymenia multifida. Reinsch. Vollständiges Specimen. ¹/₃ nat. Gr. Einige der größeren Zweige sind nicht gezeichnet.

Fig. 2. Cortikalparenchym von oben gesehen.

Fig. 3. Querschn. der Tetrasporen entwickelnden Frons.

Fig. 4. Vertikalansicht der Tetrasporen entwickelnden Frons.

Fig. 5. Querschn. der Rachis, äußerer Theil.

Taf. III.

Fig. 1. Dasya pectinata? Hooker. Zweiglein mit der Rachis.

Fig. 2. Größerer? Theil eines Specimens, ¹/₃ nat. Gr.

Fig. 3. Querschn. der Rachis.

Fig. 4. Spitze eines Flagellen entwickelnden Zweigleins.

Fig. 5. Größerer Zweig der Ptilota confluens. Reinsch. ¹/₃ nat. Gr.

Fig. 6. Spitze eines sterilen Fiederchens.

Fig. 7. Spitze eines fertilen (Tetrasporen entwickelnden) Fiederchens.

Fig. 8. a. Einzelne Tetraspore, Seitenansicht. b. Einzelne Tetraspore, Vertikalansicht.

Fig. 9. Querschn. der Rachis, äußerer Theil.

Taf. IV.

Fig. 1. Delesseria salicifolia. Reinsch. Ganzes Specimen, ¹/₃ nat. Gr.

Fig. 2. Querschn. durch die Frons mit einem Seitennerven.

Fig. 3. Einzelnes fertiles Blättchen.

Fig. 4. Tetraspore.

Taf. V.

Fig. 1. Delesseria polydactyla. Reinsch. Specimen mit schmäleren Läppchen, ¹/₃ nat. Gr.

Fig. 2. Zweiglein eines Specimens mit breiteren Läppchen, ¹/₃ nat. Gr.

Fig. 3. Querschn. der Coccidie.

Fig. 4. Zweiglein des Sporen entwickelnden fädigen Lagers.

Fig. 5. Einzelne Spore.

Fig. 6. Querschn. der Frons (an den Nerven angrenzend).

Fig. 7. Nitophyllum affine. Reinsch. Einzelner größerer Zweig, $^1/_3$ nat. Gr.

Fig. 8. Vertikalansicht der Frons. 80:1.

Fig. 9. Querschn. der Frons. 80:1.

Taf. VI.

Delesseria ligulata. Reinsch. Oberer Theil eines vollständigen Specimens, $^1/_3$ nat. Gr.

Taf. VII.

Fig. 1. Delesseria condensata. Reinsch. Ganzes Zweiglein. Vergrößerung $^2/_3$:1.

Fig. 2. Unterer Theil mit der Haftscheibe eines kompleten Specimens, $^1/_3$ nat. Gr.

Fig. 3. Unterer Theil eines Zweigleins. Vergr. $^4/_3$:1.

Fig. 4. Einzelne Spore.

Fig. 5. Querschn. der Rachis, äußerer Theil, mit einem ausbrechenden Zweiglein.

Fig. 6. Delesseria carnosa. Reinsch. Querschn. der Frons.

Fig. 7. Delesseria ligulata. Reinsch. Querschn. der Tetrasporen entwickelnden Frons. 80:1.

Fig. 8. Querschn. der sterilen Frons. 80:1.

Taf. VIII.

a. Delesseria carnosa. Reinsch. Ganzes Specimen der breitlappigen Form, $^1/_3$ nat. Gr. b. Ganzes Specimen der kleinlappigen Form.

Taf. IX.

Fig. 1. Rhodymenia ciliata. Grev. var. Ganzes Specimen, $^1/_3$ nat. Gr.

Fig. 2. Querschn. der Frons.

Fig. 3. Rhodymenia Georgica. Reinsch. Einzelner der 6 bis 8 ganz gleichen Hauptzweige eines vollständigen Specimens, $^1/_3$ nat. Gr.

Fig. 4. Querschn. der Tetrasporen entwickelnden Frons.

Fig. 5. Querschn. der sterilen Frons.

Taf. X.

Fig. 1. Rhodymenia decipiens. Reinsch. Ganzes Specimen, $^1/_3$ nat. Gr.

Fig. 2. Vertikalansicht der sterilen Fronsfläche.

Fig. 3. Vertikalansicht der Tetrasporen entwickelnden Fronsfläche.

Fig. 4. Querschn. der sterilen Frons.

Fig. 5. Querschn. der Tetrasporen entwickelnden Frons.

Fig. 6. Querschn. der Frons-artigen Rachis.

Fig. 7. Fertiles (Tetrasporen entwickelndes) Zweiglein des Plocamium Hookeri. Harvey. var.

Taf. XI.

Fig. 1. Merenia microcladioides. Gen. nov. Ganzes Specimen, ⅓ nat. Gr.

Fig. 2. Steriles Zweiglein. Vergr. 18:1.

Fig. 3. Querschn. der Rachis. Vergr. 23:1.

Fig. 4. Reife Ceramidie (ohne die Sporenkörper gezeichnet).

Fig. 5. Einzelne Spore. Vergr. 166:1.

Fig. 6. Tetrasporen entwickelndes Zweiglein, mit an der Spitze männlichen? Stichidien. Vergr. 37:6.

Fig. 7. Tetraspore.

Fig. 8. Querschn. eines Endzweigleins. Vergr. 80:1.

Fig. 9. Stückchen eines Endzweigleins. Flächenansicht. Vergr. 80:1.

Fig. 10. Reife Ceramidie mit dem Sporenkörper (Durchschnitt).

Taf. XII.

Fig. 1. Merenia inconspicua. Reinsch. Ceramidienpflänzchen. Vergrößerung 37:1.

Fig. 2. Tetrasporenpflänzchen mit büschlichen Stichidien. Vergr. 37:1

Fig. 3. Stückchen einer Stichidie. Seitenansicht. Vergr. 166:1.

Fig. 4. Ganz junge Pflänzchen, an Polysiphonia anisogona ansitzend. Vergr. 80:1.

Fig. 5. Querschn. der Rachis der Merenia microcladioides mit den entophyten Wurzelzellen der parasitischen Merenia. Vergr. 87:1.

Fig. 6. Querschn. einer Stichidie mit reifen Tetrasporen. Vergr. 80:1.

Fig. 7. Querschn. eines Aestchens. Vergr. 80:1.

Fig. 8. Junges aus vielen Zweiglein gebildetes Pflänzchen, auf Polysiphonia anisogona schmarotzend. Vergr. 37:1.

Taf. XIII.

Fig. 1. Merenia inconspicua. Antheridien? entwickelndes Pflänzchen. Vergr. 37:1.

Fig. 2. Stückchen einer Antheridie? Seitenansicht. Im optischen Durchschnitt gezeichnet, so daß die monosiphoniale Achse zum Vorschein kommt. Vergr. 166:1.

Fig. 3. Querschn. durch dieselbe. Vergr. 166:1.

Fig. 4. Kleinere Parthie des äußeren aus radialen Strängen gebildeten Zellengewebes. Vergr. 166 : 1.

Fig. 5. Junge Ceramidienpflänzchen, mit einzelligen, unentwickelten Zweiglein an den Ceramidien. Vergr. 80 : 1.

Fig. 5. a. Entwickelte Spore. Vergr. 333 : 1.

Fig. 5. b. Kleine Parthie des fädigen Spermophoriums mit an der Spitze desselben sich entwickelnden Sporen. Vergr. 166 : 1.

Fig. 6. Plectoderma minus. Reinsch. Stückchen der Frons, mit aufrechten sterilen Fäden. Vergr. 166 : 1.

Fig. 7. Stückchen der Frons desselben mit entwickelten Tetrasporen (seitlich gezeichnet). Vergr. 166 : 1.

Fig. 8. Polysiphonia anisogona. Hooker f. mit unentwickelter Ceramidie. Vergr. 37 : 1.

Fig. 9. Chantransia Spec. Durchschnitt von Delesseria mit dem Parasiten. Vergr. 166 : 1.

Fig. 10. a. Noch nicht ganz entwickelter Sporenzweig. Vergr. 333 : 1.

Fig. 10. b. Steriles Fädchen mit geöffneter Terminalzelle. Vergrößerung 333 :.1.

Fig. 10. c. Steriles Fädchen mit ungeöffneter Terminalzelle, welche in eine hornartige Spitze ausläuft. Vergr. 333 : 1.

Fig. 11. a. Chondrus crispus var. pigmaeus. Ein kompletes Pflänzchen in 1/3 natürlicher Größe, flach ausgebreitet.

Fig. 11. b. Gruppe von unentwickelten Sporen mit den Fäden des Spermophoriums aus einer Ceramidie des Chondrus. Vergr. 166 : 1.

Taf. XIV.

Fig. 1. Bonnemaissonia prolifera. Reinsch. Größerer Theil eines vollständigen Specimens. 1/3 Nat. Gr.

Fig. 2. Querschn. des Thallus. Vergr. 166.

Taf. XV.

Fig. 1. Choreocolax Rhodymeniae Sp. nova. Durchschnitt durch den Thallus mit der Rhodymenia. Theil des Parasiten. Vergr. 143 : 1.

Fig. 2. Querschn. durch den ganzen Thallus einer auf Rhodymenia nistenden Choreocolax (α). Vergr. 11 : 4.

Fig. 3. Einige der Endzweige der peripherischen Zweige, mit noch unentwickelten einsporigen Fruchtorganen. Vergr. 285 : 1.

Fig. 4. Choreocolax Delesseriae. Sp. nova. Durchschnitt durch einen kleineren Thallus, außerhalb der Bewurzelungsstelle. Die Parasitenzellen sind von den Delesseria-Zellen abgesetzt. An den Rändern des Parasiten sprossen die kleinen ein- bis mehrzelligen Sprosse empor. Vergr. 57 : 1.

Fig. 5. Ein einzelner Randsproß. Vergr. 285 : 1.

Fig. 6. Ein anderer in die Länge gestreckter Sproß. Vergr. 285 : 1.

Fig. 7. **Entocolax Rhodymeniae. Sp. nova.** Querschn. durch eine reife Peridie, nach außen durch einen Canal im Cortikalparenchym der **Rhodymenia** geöffnet. In den Canal tritt ein Theil des fädigen Inhaltes der Peridie ein. Der Parasit ist von den in unmittelbarer Berührung zusammengedrückten Medullarzellen durch eine geschichtete Wandung scharf abgegrenzt Vergr. 285 : 1.

Fig. 8. Eine noch unentwickelte Peridie, mit noch homogenem körnigem Inhalte. Nach außen durch einen Canal in dem Cortikalparenchyme geöffnet. Die Zellen des Medullarparenchymes der **Rhodymenia** sind sehr unregelmäßig gebildet, nach einer Seite hin stark zusammengedrängt und verschoben. Vergr. 57 : 1.

Fig. 9. **Melastictis Desmarestiae. Gen. novum.** Querschn. durch einen Theil des Thallus, mit dem äußeren und dem inneren wurzelnden Theile. Die peripherische Schichte des fädigen Thallus entwickelt die schlauchförmigen Zoosporangien? Die Cortikalschichte der **Desmarestia** ist nach der Seite der Bewurzelung des Parasiten hin auseinandergerissen. Bei dem in der Abbildung gegebenen Flügel verjüngen sich die Cortikalzellen allmählig gegen den Parasiten hin. Von dem Medullarparenchyme werden einzelne Zellgruppen durch die Parasitenwurzeln aus ihrer Lage gebracht und nach außen durch den Spalt in dem Cortikalparenchyme gedrängt. Vergr. 285 : 1.

Fig. 10. Ein einzelner Ascus mit deutlich entwickelten Zoogonidien. Vergr. 570 : 1.

Fig. 11. **Entonema.** Zwei Zellen des Medullarparenchymes der **Delesseria carnosa**, mit in den Lamellen der Außenwandung eingelagerten Entonemen. An einer Stelle berührt der **Entonema**-Faden den Protoplasma-Verbindungsstrang der beiden benachbarten Zellen. Vergr. 285 : 1.

Fig. 12. Spitze einer Wurzelfaser der **Merenia microcladioides** mit zwischen den Lamellen der Außenwandungen eingelagerten Entonemen. Vergr. 285 : 1.

Fig. 13. Querschnitt durch die peripherische Zellenlage des Cortikalparenchyms des Blattstieles der **Delesseria polydactyla.** In den Cutikularlamellen des Blattstieles nisten kleinere sehr dichtgedrängte, plattenförmige **Entonema**-Zellen, welche in die Intercellularräume der **Delesseria**-Zellen Zweige aus längeren und dickeren Zellen hineintreiben. Dicke der Außenzellen der **Entonema** 1,5—2 μ, Dicke der Innenzellen 2—2,5 μ. Vergr. 570 : 1.

Fig. 4. **Stechastrum Porphyrae. Gen. et Sp. nov.** Stückchen des Thallus mit mehreren Oosporen. Vergr. 570 : 1.

Taf. XVI.

Fig. 1. a. Myrionema inconspicuum. Sp. n. Durchschnitt durch den Stengel der Ptilota mit dem Parasiten.

Fig. 1. b. Zwei einzelne Fädchen stärker vergr.

Fig. 2. a. Myrionema paradoxum. Sp. n. Durchschnitt.

Fig. 2. b. Zoosporangium, angefüllt mit Zoosporen.

Fig. 2. c. Einzelner steriler Faden.

Fig. 3. a. Hydrurites paradoxus. Gen. novum. Zellengruppe des Thallus. 620:1.

Fig. 3. b. Zellengruppe, welche durch eine fremde Einlagerung im Thallus verändert worden ist. Die innere Umgrenzungslinie ist die Berührungslinie der Einlagerung. 620:1.

Fig. 3. c. Aestchen des Chondrus crispus var. mit am Basaltheile ansitzenden drei Thallen (α) des Hydrurites. $^{3}/_{5}$ nat. Gr.

Fig. 3. d. Durchschnitt durch einen Thallus, (α) die eingelagerten thierischen und anderen Partikel. 3mal vergrößert.

Fig. 4a. Ectocarpus humilis. Sp. n. Der größere Theil eines fruchtenden Zweiges. Vergr. 93:1.

Fig. 4. b. Die am Substrate wurzelnde Partie eines Pflänzchens. Vergr. 93:1.

Fig. 4. c. An Desmarestia ansitzendes Räschen in $^{3}/_{5}$ nat. Größe.

Fig. 5. a. Prasiola filiformis. Sp. nova. var. minuta. Von Georgia. Einzelnes Räschen. Vergr. 186:1.

Fig. 5. b. Stück des unteren Theiles eines Fadens. Vergr. 620:1.

Fig. 5. c. Theil eines Räschens der typischen Form von Kerguelen. Vergr. 186:1.

Fig. 6. Chytridium Plumula Cohn in Callithamnium Pinastroides (α) Vergr. 310:1.

Fig. 7. a. Luftblase des Blattes der Macrocystis pyrifera Ag. var. nova longibullata. Süd-Georgia. $^{3}/_{5}$ nat. Gr.

Fig. 7. b. Luftblase des Blattes der Macrocystis pyrifera. var. E. luxurians. Hooker. $^{3}/_{5}$ nat. Gr. (Nach Hooker. Fl. Antarct.)

Fig. 8. a. Nostoc subtilissimum. Sp. n. Drei zusammensitzende Colonien. Vergr. 6:2.

Fig. 8. b. Zwei Fäden dieses Nostoc. Vergr. 620:1.

Fig. 9. Leptotrix spissa. Rabenh. Einzelnes Trichom. Vergr. 620:1.

Fig. 10. a. Leptothrix robusta. Sp. nova. Räschen der Pflanze. Vergr. 15:1.

Fig. 10. b. Einzelnes Trichom. Vergr. 620:1.

Taf. XVII.

Fig. 1. a. Desmarestia Pteridoides. Sp. nova. Ein Blatt ganz gezeichnet, $^{3}/_{5}$ nat. Gr.

Fig. 1. b. Querschn. durch die Rachis. Cortikalparenchym. Vergrößerung 300:1.

Fig. 2. a. Desmarestia Willii. Sp. nova. Ein kleineres Pflänzchen in $^{3}/_{5}$ nat. Gr.

Fig. 2. b. Querschn. durch die Rachis. Cortikalparenchym. Vergrößerung 300:1.

Fig. 3. Desmarestia aculeata. Lamour. var. compressa. Querschnitt durch die Rachis. Cortikalparenchym. Vergr. 300:1.

Taf. XVIII.

Fig. 1. Chroa sacculiformis. Gen. et Sp. novum. Ein Pflänzchen in $^{1}/_{2}$ nat. Gr.

Fig. 2. a. Eine ausgebildete Oospore mit ungetheiltem Inhalte.

Fig. 2. b. Eine ausgebildete Oospore mit getheiltem Inhalte.

Fig. 3. a. Antheridie, entwickelt.

Fig. 3. b. Antheridie, unentwickelt.

Fig. 4. Querschn. des basalen Theiles des Thallus.

Fig. 5. Querschn. des Thallus. A. Innenschichte. B. fertile Außenschichte.

Fig. 6. Hormiscia parasitica. Sp. nova. Unterster Theil eines Räschens. Vergr. 250:1.

Fig. 7. Theil eines sterilen Fadens. Vergr. 250:1.

Fig. 8. Theil eines Zoosporangien entwickelnden Fadens. Zoosporangien (a) zwischen sterilen und obliterirten Zellen (b) befindlich. Vergr. 250:1.

Taf. XIX.

Dermatomeris Georgica. Gen. et Sp. nova.

Fig. 1. Theil eines Räschens der Pflanze. Vergr. 5:1.

Fig. 2. Querschn. durch ein eben im Aufbrechen begriffenes Sporocarpium mit dem angrenzenden Theile des Thallus. Vergr. 250:1.

Fig. 3. a. Entwickelter Ascus, mit reifen Sporen. Vergr. 500:1.

Fig. 3. b. Unentwickelter Ascus, mit halbentwickelten Sporen. Vergrößerung 500:1.

Fig. 3. c. Jüngster Zustand der Asci. Vergr. 500:1.

Fig. 3. d. Eine entwickelte Spore. 500:1.

Fig. 4. Ein Räschen des Dermatomeris, $^{1}/_{2}$ nat. Gr.

Fig. 5. Drei Zellen des basalen Theiles des Thallus, umgeben von deutlichen Hyphen. Vergr. 500:1.

Fig. 6. Eine von der Thallusfläche abgefallene Sorcdie. Vergr. 250 : 1.

Fig. 7. Odontella obtusa. Grun. forma Georgica. Vergr. 500 : 1.

Fig. 8. Odontella striata. Sp. nova. An Ballia Callitricha ansitzend. Vergr. 500 : 1.

Fig. 9. Isthmia enervis. Ehr. var. Georgica. Unterer und größerer Theil des Mittelsegmentes, mit dem Pedicell. Vergr. 250 : 1.

Fig. 10. Eine Areola des äußeren Segmentes. Vergr. 500 : 1.

Fig. 11. Eine ebensolche Areola, von der inneren Fläche der Schale gesehen. Vergr. 500 : 1.

Fig. 12. Segment einer Frustel des Coscinodiscus griseus. Grev. var. Georgica. Vergr. 250 : 1.

Fig. 13. Ein Drittel einer Frustel der Rhaphoneis. Sp. Vergr. 500 : 1.

Fig. 14. a. Berkeleya Georgica. Sp. nova. Stückchen eines Phykoms.

Fig. 14. b. c. Eine einzelne Zelle von der Front und von der Seite gesehen. Vergr. 500 : 1.

Index zu der Algenflora von Süd-Georgia.

Taf. I.

Gracillaria prolifera.

Taf. II.

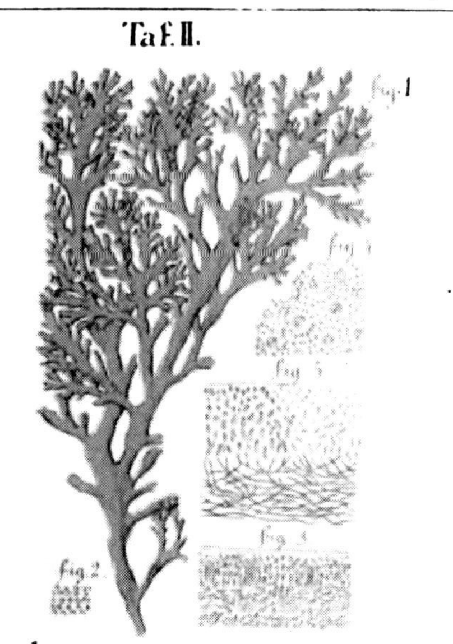

Kalymenia multifida.

Taf. III.

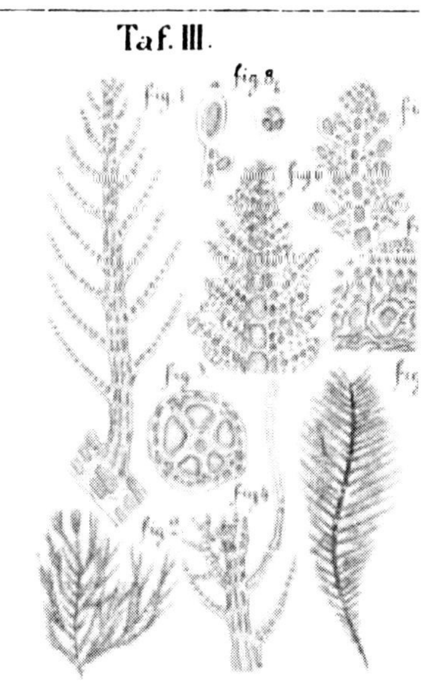

Dasya pectinata Ptilota. confluens

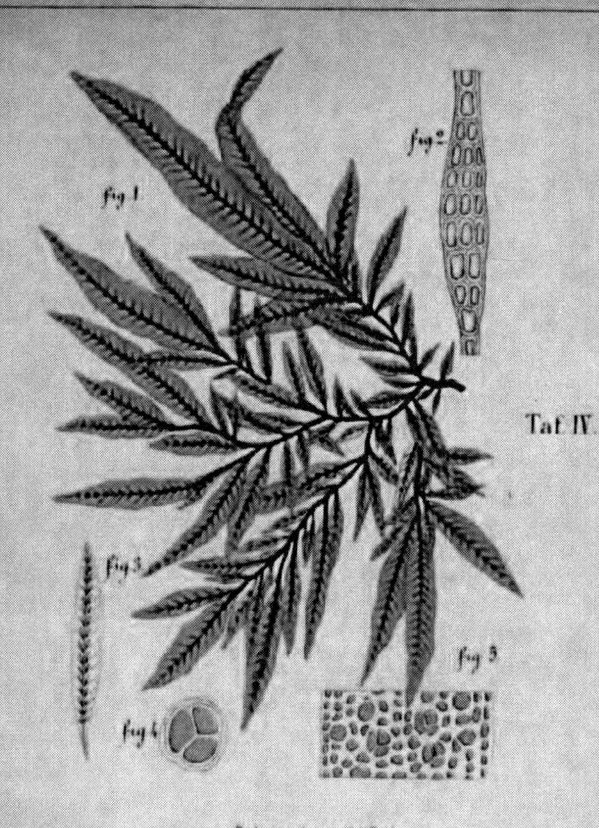

Delesseria salicifolia.

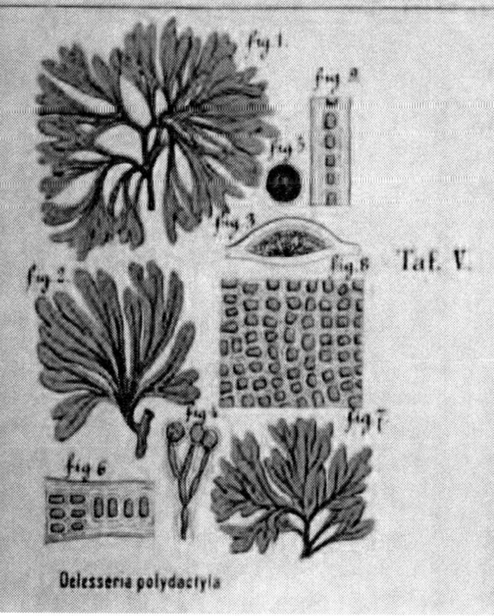

Delesseria polydactyla

Delesseria ligulata. Gaon

Taf. VII.

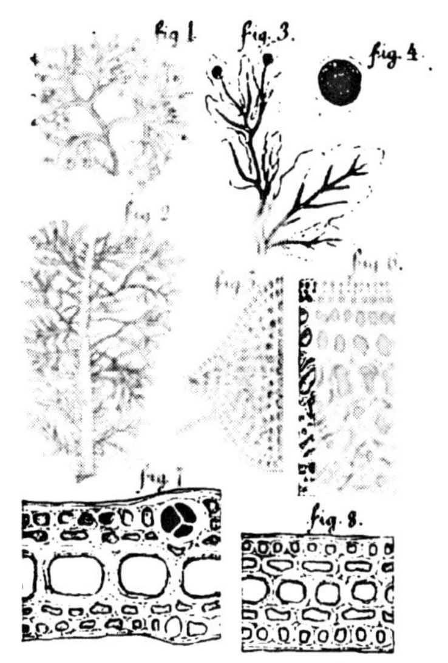

Delesseria condensata.

Taf. VIII.

Delesseria carnosa.

Taf. IX.

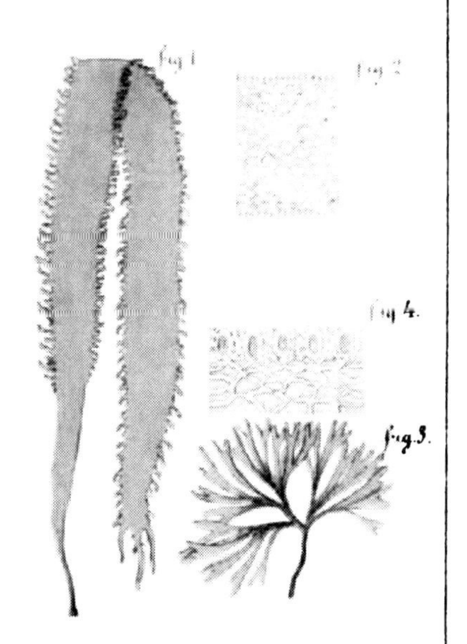

Rhodÿmenia ciliata. Grev. var. Rhod.

Taf. X.

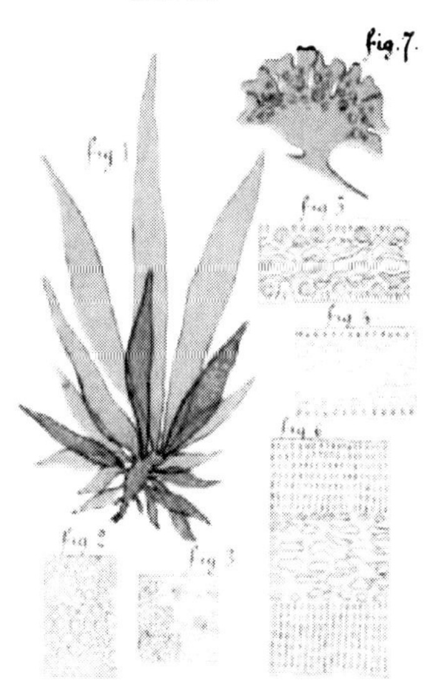

Rhodÿmenia decipiens.

Taf. XI.

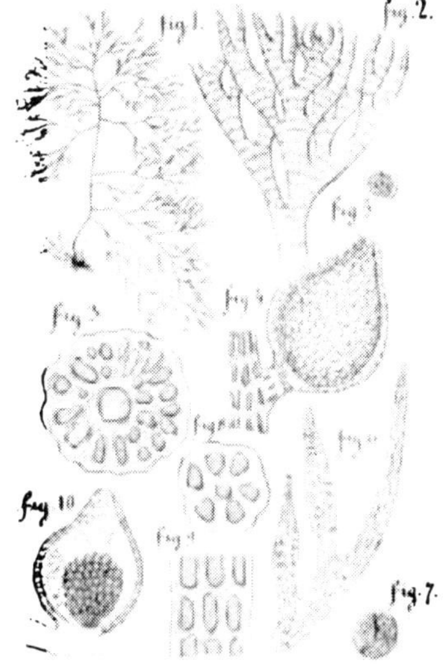

Merenia microcladioides.

Taf. XII.

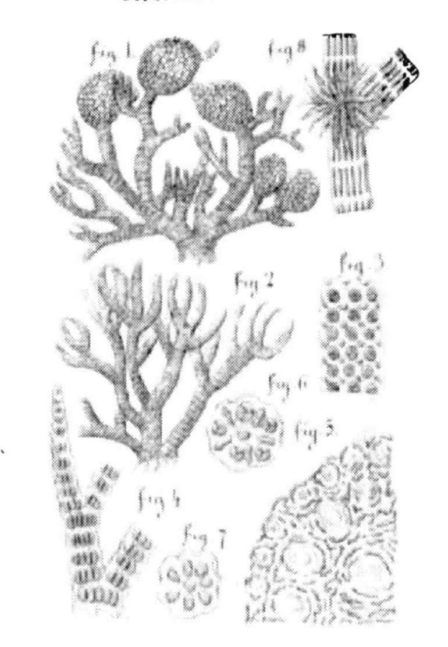

Polÿsiphonia inconspicua.

Taf. XIII.

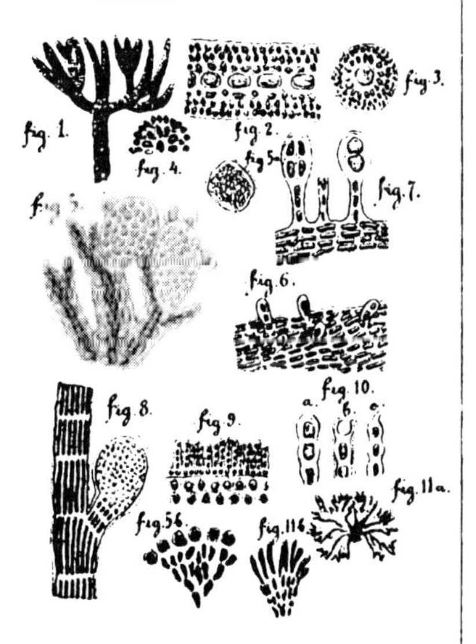

Taf. XIV.

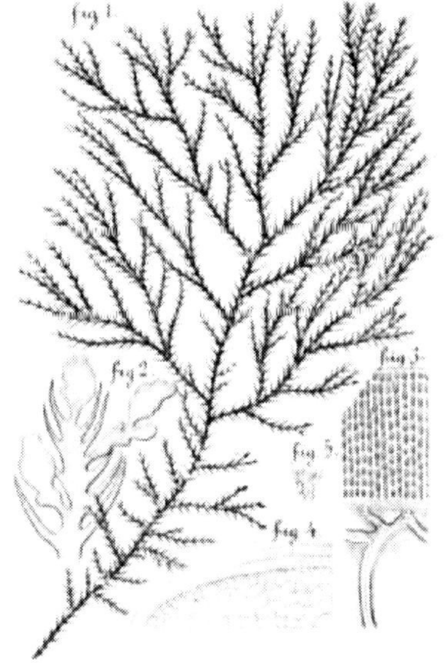

Bonnemaissonia prolifera.

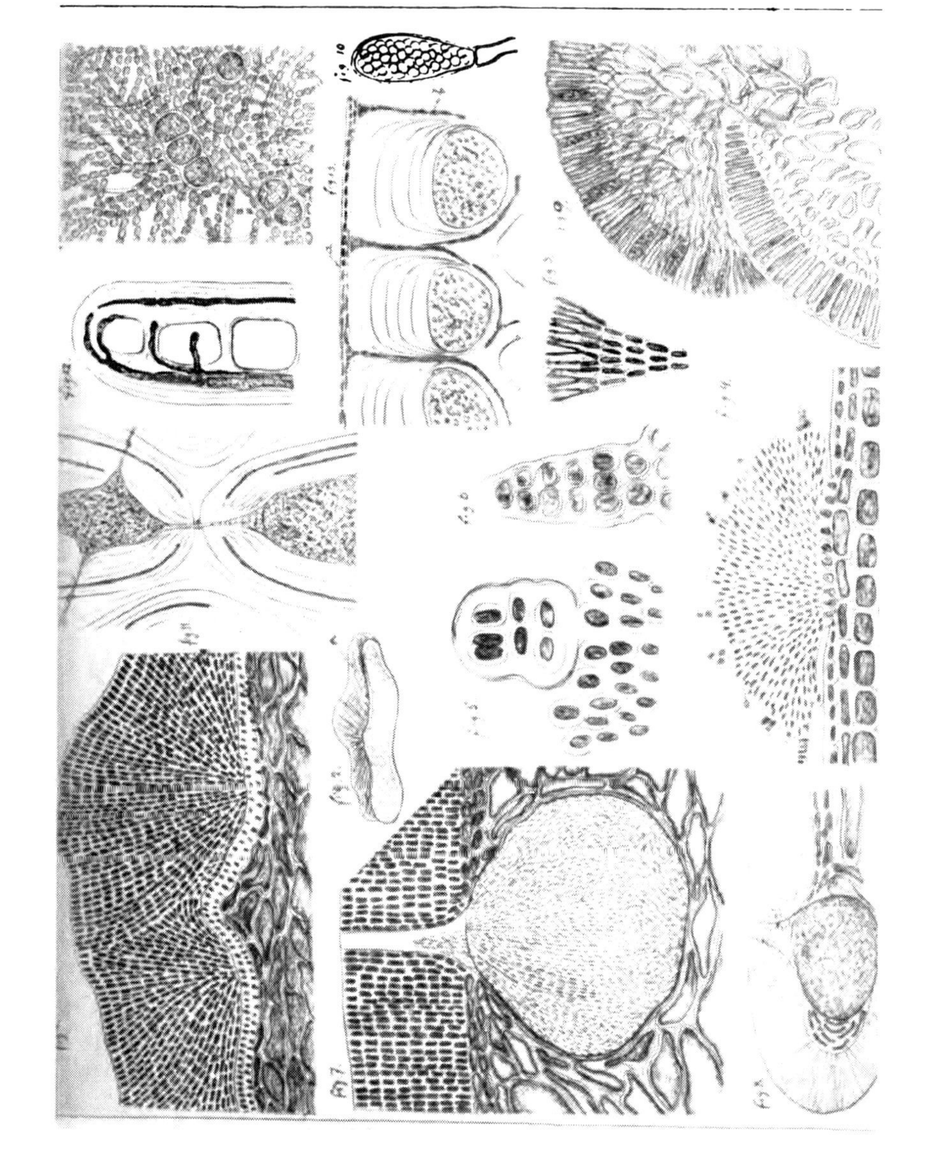

3.b.
3.a
3.c.
3.d.
7.b.

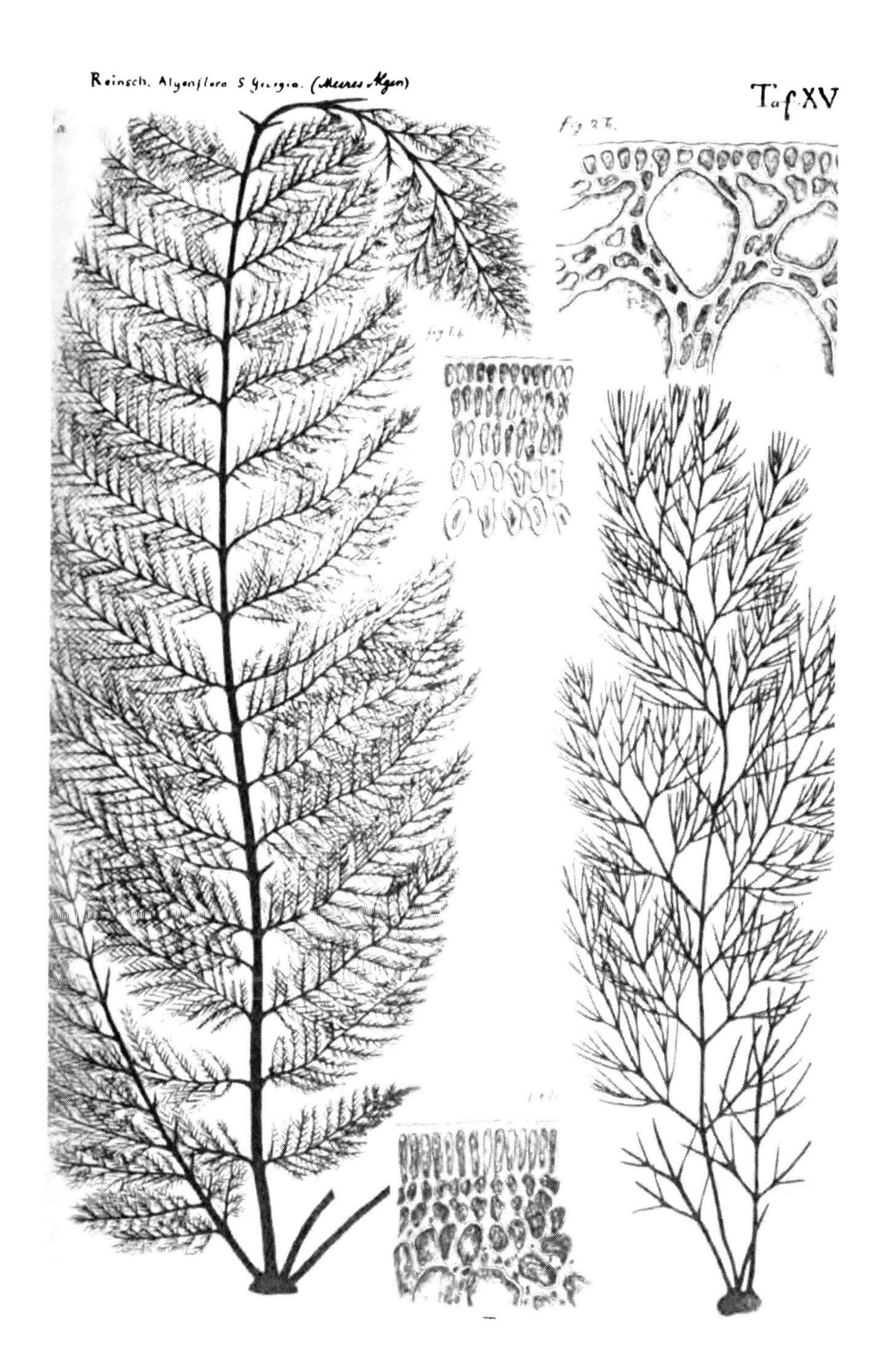
Reinsch. Algenflora S. Georgia. (Meeres Algen)
Taf XV

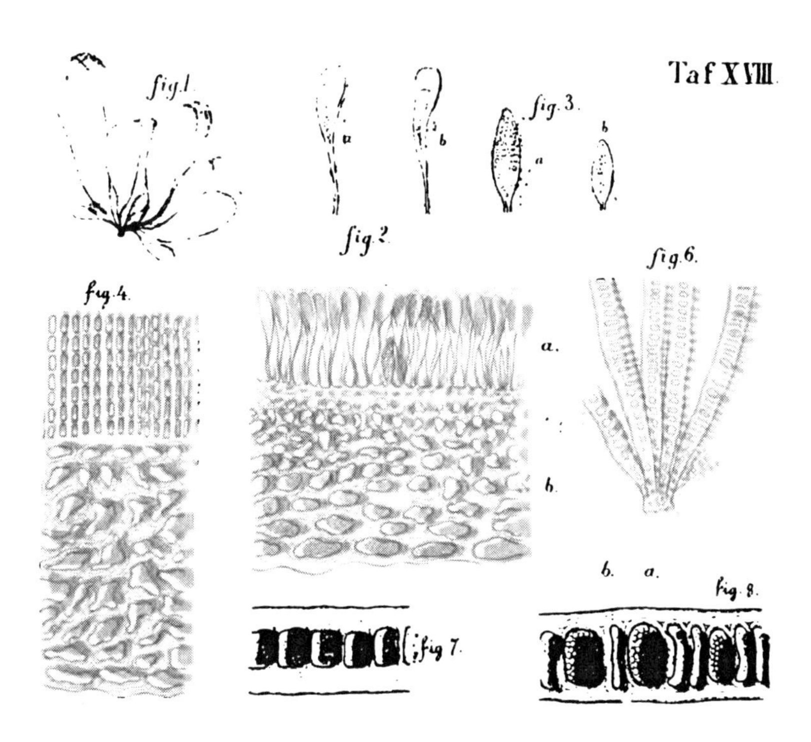
Taf XVIII
fig. 1
fig. 2
fig. 3
fig. 4
fig. 6
fig. 7
fig. 8

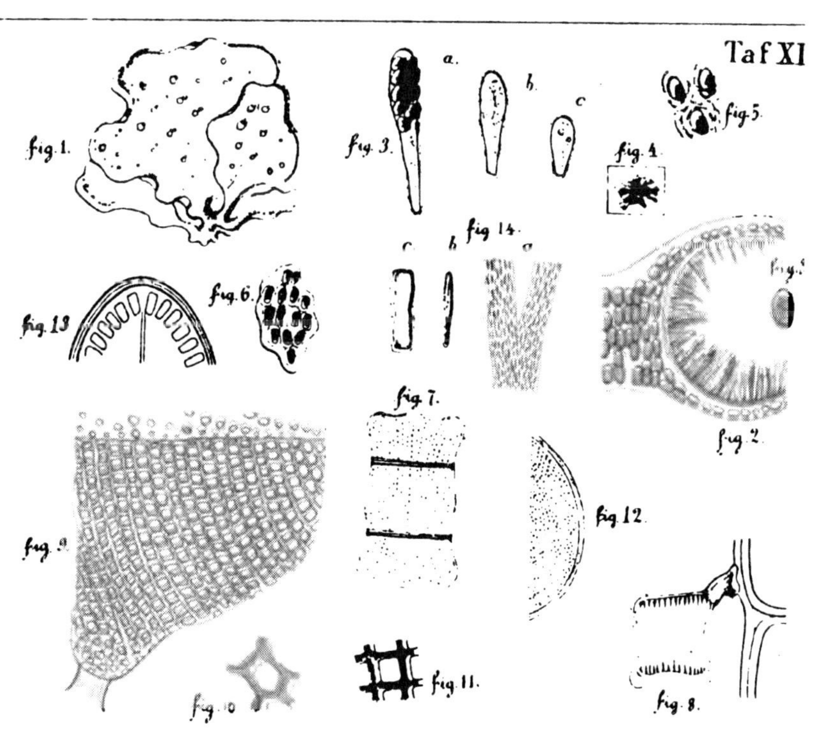
Taf XI
fig. 1.
fig. 2
fig. 3.
fig. 4
fig. 5.
fig. 6.
fig. 7.
fig. 8.
fig. 9.
fig. 10
fig. 11.
fig. 12.
fig. 13
fig. 14.

16.

Die Lebermoose Süd-Georgiens

von

Dr. C. M. Gottsche, Altona.

Gottschea pachyphylla Nees ab Es. Tab. VIII.

Synops. Hepatic. p. 19. n. 11. — Gottsche, Annales d. sc. natur. 4. série tom. VIII. p. 321. Jungermannia pachyphylla Lindenberg (Amtmann und Freund Lehmann's, in Bergedorf) in Lehmann's Osterprogramm des Hamburger Johanneums in dessen Pugill. plant. VI. p. 61.

NB. in der Synops. l. c. steht diese Pflanze in der Abtheilung § 2. Examphigastriata, indessen hat sie wirklich amphigastria und ich habe in meinem Hand-Exemplar d. Synops. längst beigefügt: amphigastriis parvis obovato-quadratis vel obovatis apice emarginato-bifidis margine interdum angulato-repandis.

Auch an den südgeorgischen Exemplaren finden sich Amphigastrien, wie aus meinen Zeichnungen erhellt.

Dr. Will Nr. 36; steril. Süd-Georgien, Köppenberg, Ufer des Baches in Nordwest. Findet sich außerdem nicht selten auf dem Hochplateau und der Landzunge an Bachufern. 10. Februar 1883.

Jungermannia elata Gms. Tab. VII Fig. 3—6.

J. amphigastriata major (7 centimetra et ultra longa), caule erecto arhizo, apice ad 20 millimetra foliis viridibus, parte inferiore foliis decoloribus vestito versus apicem paucos ramos (3 usque 5) erectos seriatos edente; foliis in planta sicca compressis, alternantibus, vix imbricatis, rotundatis integerrimis, humidis erecto-patulis concavis, e basi ventrali subreflexa adscendentibus margine orbiculari latere interdum inflexo in dorsum caulis longius decurrentibus (foliis inferioribus obovato-oblongis decoloribus); foliorum cellulae in angulis sine parietum triangulari incrassatione; amphigastriis discretis caule angustioribus ovato-acutis ad dimidium fere bifidis laciniis elongato-acuminatis et in utroque latere disci parvo dente 3 usque 5-cellulari ornatis. — Sterilis.

Dr. Will Nr. 11. Süd-Georgien. Quelle auf dem Hochplateau — 16. November 1882. 2 Blätter einzelner Pflanzen. — Gezeichnet und wegen der Größe Jg. elata genannt.

Jungermannia barbata. B. Flörkii. Nees ab Es. Tab. VI. Synops. Hepatic. pag. 123 sq. — Nees ab Es. Hep. Europ. II. p. 168. sqq. Sterilis.

An dem Ventralrande des Blattes gegen die Basis hin finden sich einzelne kürzere oder längere Cilien (in unserer Blattfigur 12 Zellen lang), wie ich sie an den europäischen Formen B. Flörkii gesehen und in den Hepat. Europ. exsiccat. von Rabenhorst bei Nr. 249 (a. 1863) nach Pflanzen aus der großen Schneegrube des Riesengebirges gezeichnet habe. In der Kryptogamen-Flora von Schlesien I. Band 1876 hat auch Limpricht dies Characteristicum bei Jungerm. Flörkii p. 287 mit aufgenommen. Diese Eigenthümlichkeit findet sich freilich auch bei Jung. barbata D. Lycopodioides in noch stärkerem Grade, aber sie ist sonst so sehr verschieden, daß keine Verwechselung stattfinden kann.

Die Blätter der europäischen Pflanze sind im Umriß etwas runder als die der Schwester aus Süd-Georgien, und die Unterseite des Stengels hat weniger Wurzeln, so daß die Amphigastrien leichter sichtbar sind; in der oben citirten Abbildung sind auch 2 Paare Amphigastrien in 17facher Vergrößerung gezeichnet; damit verglichen, sind die einzelnen Zipfel der georgischen Pflanze schmäler.

Dr. Will Nr. 35 (im obersten Rasen). Süd-Georgien, Bachgrund oberhalb der Pinguinbay; 26. Januar 1883. Nur wenige Stämmchen zwischen den sterilen Pflanzen der Jungermannia propagulifera Gms.

Jungermannia propagulifera Gms. Tab. I Fig. 6—12.

J. densis caespitibus crescens, caule radiculoso serpentino infimo brunneo multiramoso in surculos multos erectos virides diviso, foliis ovato-quadratis integerrimis patulo-adscendentibus, concavis, vel canaliculato-complicatis, vel tubuloso-concavis, apice lunatim excisis vel angulo acutiore bilobis, summis praecipue in apicibus propaguliferis vel in foliis margine introflexis propagulorum granula magnam multitudinem foventibus.

Amphigastriis nullis. Flores feminei et folia involucralia desiderantur; sed flores masculi saepe inveniuntur; antheridium unicum praecipue in foliorum summorum axillis utrinque videntur; folia perigonialia forma non mutantur; interdum etiam bina antheridia in axilla inveniuntur. Reliqua latent.

Propagula triquetra, quadrangularia, interne subgranulosa et plerumque linea percurrente jam indicantia ubi postea discedent. Caules 15 millimetra longi; cellulae $^1/_{50}$ usque $^1/_{40}$ millimetrum; propagula triangularia majora basin $^1/_{60}$ millimetrum habet.

Dr. Will Nr. 35; im obersten Rasen. Süd-Georgien, Bachgrund oberhalb der Pinguinbay, 26. Januar 1883.

Jungermannia varians. Gms. Tab. VII Fig. 1. 2.

J. in caespitibus densis pulvinatim crescens, caule filiformi repente, radiculoso, et longis ramis cum sociis implexo, foliis distantibus, apicalicus majoribus bilobis, lobis apice plus minus acutis, interdum rotundioribus, versus basin dorsalem saepe laciniis ornatis; amphigastriis foliis minoribus, sed simili forma; bifidis, sed altero lobo interdum rudimentario commutari potest cum primordiis junioribus ramorum. Cetera desigerantur.

Dr. Will Nr. 35. Süd-Georgien, Bachgrund oberhalb der Pinguinbay. 26. Januar 1883.

Jungermannia Köppensis Gms. Tab. II Fig. 1—3. Tab. V.

J. caule erecto pauciramoso arhizo (25 millimetra longo), foliis summis virentibus orbicularibus, inferioribus rotundo-cordatis vel ovatis, infimis brunneis crispis; concavis, integerrimis, majoribus 1,5—2 millimetra longis et latis (cellulis singulis ca. 0,02 millimetrum), margine ventrali e basi altius adscendente et longius a caule soluto plica longiore depressa vel reflexa magis cordatis, vel tota longitudine inflexo vel in dorsum longius descendente oblique ovatis; amphigastriis distantibus liberis erectis ovato-triquetris bifidis, lobis ovato-lanceolatis vel utrisque (vel altero tantum) dente laterali acuminato ornatis. Cetera desunt. Caespites densi multi collecti sunt.

Dr. Will Nr. 11. a. Süd-Georgien. Köppenberg, 10. Februar 1883 13 Rasen.

Süd-Georgien, Bachgrund am Ausgang des Brockenthales 23. Januar 1883, 30 Rasen;

Felsen am Ausgang des Brockenthales 23. Januar 1883, 1 großer Rasen, (kleinere Form).

Jungermannia badia Gms. Tab. I Fig. 1—5.

J. amphigastriis nullis, in caespitibus laxis crescens; caule tenero curvato parce ramoso fere arhizo decolore, foliis distantibus alternis patentibus globulosoventricosis bilobis, lobis ovato-obtusis saepe conniventibus (sinu basi rotundato) apice badiis, basi decoloribus. Cetera non visa.

In flagellis decoloribus e caulibus ortis videntur folia minora decoloria juniora, quae alienam speciem habent, sed eorum lobi sunt angusti, 2—3 cellulas lati, acuminati et divaricati; basis folii angustissima interdum ex unica cellularum serie composita, facile non videtur.

Dr. Will Nr. 37. Süd-Georgien. Köppenberg 10. Februar 1883.

Lophocolea Köppensis. Gms. Tab. II Fig. 4—9.

L. in densis caespitibus crescens, superne virens vel flavovirens, parte inferiore brunnea; caule 15 millimetra longo superne in diversos ramos diviso, radicibus paucis vestito. Foliis imbricatis obovatis apice sinu sublunato dentibus subobliquis acutis, amphigastriis distantibus folio multo minoribus bipartitis, laciniis profunde bifidis lineari-angustis; perianthio juniore laterali obovato, longitudine folii involucralis et fere eiusdem latitudinis in parte media, subtriquetro, ala nulla, ore trilabiato dentato (6, 6, 8 dentibus).

Dr. Will Nr. 35. Süd-Georgien, Köppenberg, 10. Februar 1883.

Lophocolea Georgiensis Gms. Tab. III. IV.

L. dense caespitosa, plantis radicibus brevibus inter se connexis, caule repente crasso parce ramoso, foliis adscendentibus imbricatis orbiculatis concavis integerrimis, amphigastriis discretis quadrangulis apice dentatis, perianthiis in caule lateralibus vel etiam in apice et cum multis spicis femineis circumdatis, perianthio cylindrico obtuse triangulari, ore latiore aperto trilabiato margine anguloso, foliis involucralibus apice rotundis, amphigastrio perichaetiali ovato apice lunato, vel denticulato.

Collecta est cum fructibus; sed sporas non vidi; in floribus femineis 12 usque 15 pistillidia numeravi.

Dr. Will Nr. 11. Süd-Georgien. In Felsspalten im Hintergrund des Thales rechts vom Südwestgletscher. Südgletscher, 10. Mai 1883.

Aneura pinnatifida α^2 contexta. Nees ab Es.

Hep. Europ. III. p. 442—43. — Synops. Hepatic. p. 496.

Ich habe nur ♂ Blüthenäste gesehen; die Spitzen dieser dicken Seitenäste enthalten in 2 Längsreihen 6 sich bildende Antheren; weibliche Fruchtanfänge habe ich nicht gefunden; in einzelnen Rasen finden sich sterile Pflanzen von Lophocolea Georgiensis.

Dr. Will Nr. 38. Süd-Georgien, am Ausgange des Brockenthales, 24. Januar 1883.

Marchantia polymorpha Linn.[1])

Nees ab Es. Hep. Eur. IV. p. 60—97. Synops Hepatic. p. 522—524.

Dr. Will Nr. 34. Süd-Georgien, Köppenberg, Bach auf der Nordwestseite. 19. Februar 1883. Frondes steriles scyphiferae.

Dr. Will Nr. 34. Süd-Georgien, Landzunge an Bachufern; 25. Februar 1883. Frondes steriles scyphiferae.

---

[1]) Mitten sagt in Hook. Antarct. Voy. II. 2 p. 108 bei Marchantia tabularis: All the specimens from various parts of the antarctic regions, referred by Dr. Taylor to M. polymorpha, belong to M. tabularis, — which differs more in appearance than in any decided character from the European species. (Mitten Flor. Tasman. II. p. 240 n. 1.)

Tafelerklärung.

Tab. I Fig. 1—5. Jung. badia G. Köppenberg.
Fig. 6—12. Jung. propagulifera G. Pinguinbay.
Tab. II Fig. 1—3. Jung. Köppensis G. Köppenberg.
Fig. 4—9. Lophoc. Köppensis G. Köppenberg.
Tab. III. IV. Lophoc. Georgiensis G. Thal bei dem S.W.-Gletscher.
Tab. V. Jung. Köppensis G. Köppenberg.
Tab. VI. Jung. barbata B. Flörkii N. ab Es. Pinguinbay.
Tab. VII. Fig. 1—2. Jung. varians G. Pinguinbay.
Fig. 3—6. Jung. elata G. Hochplateau.
Tab. VIII. Gottschea pachyphylla N. ab Es. Köppenberg.

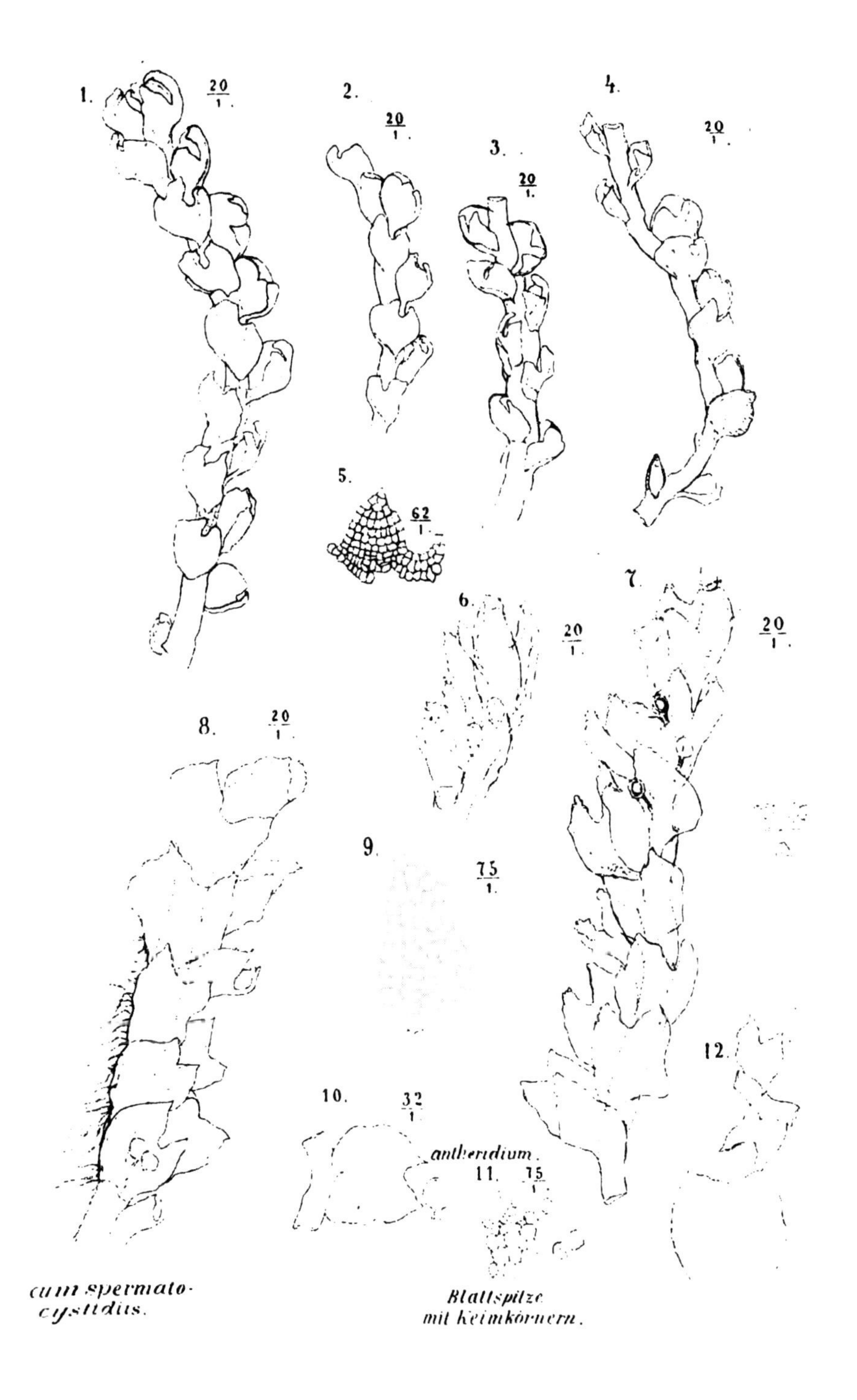

Fig. 1-5 Jungermannia badia G.

Fig. 6-12 Jungermannia propagulifer a G.

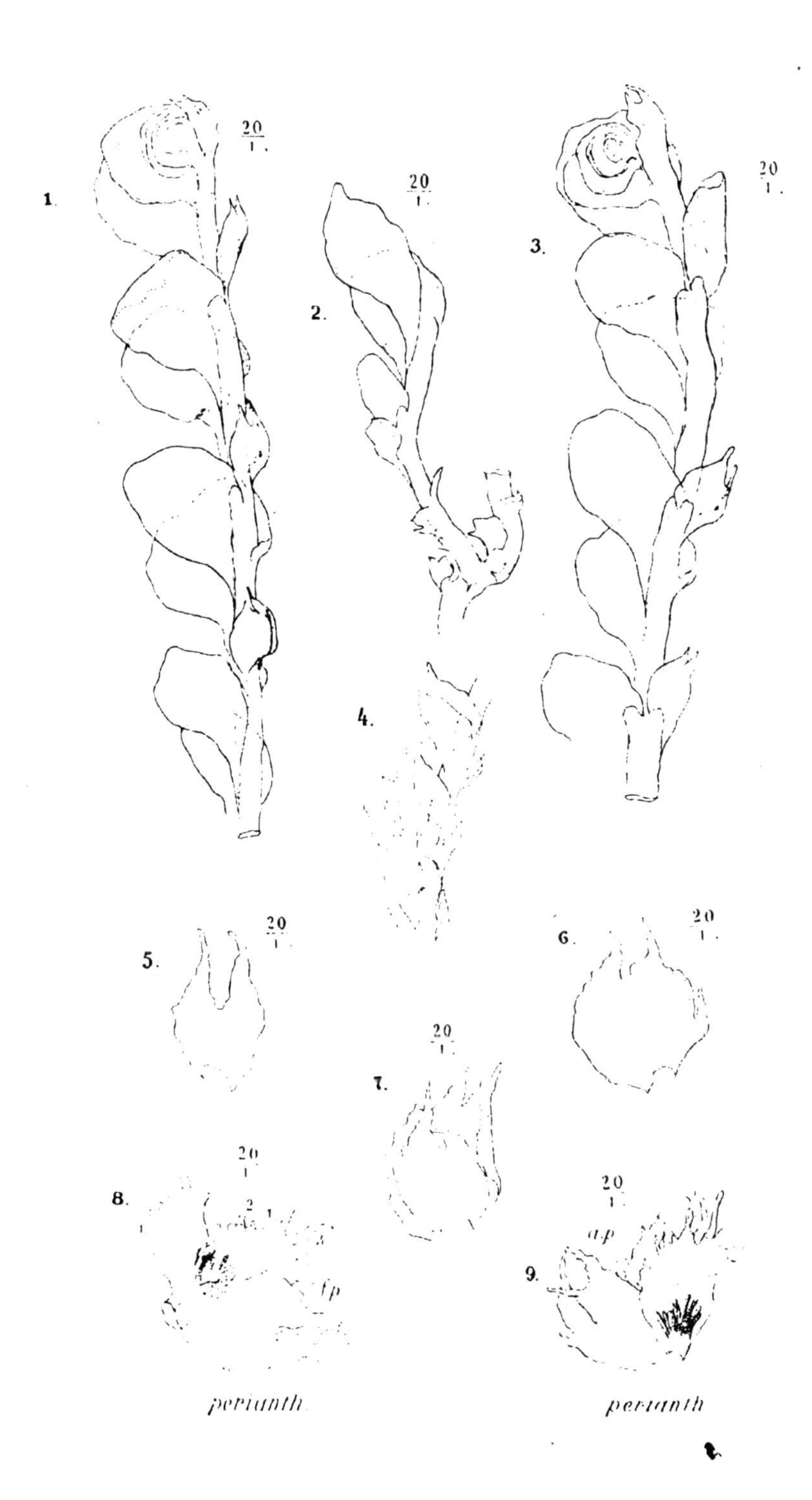

Fig. 1-3 Jungermannia Köppensis *G.*
Fig. 4-9 Lophocolea Köppensis *G.*

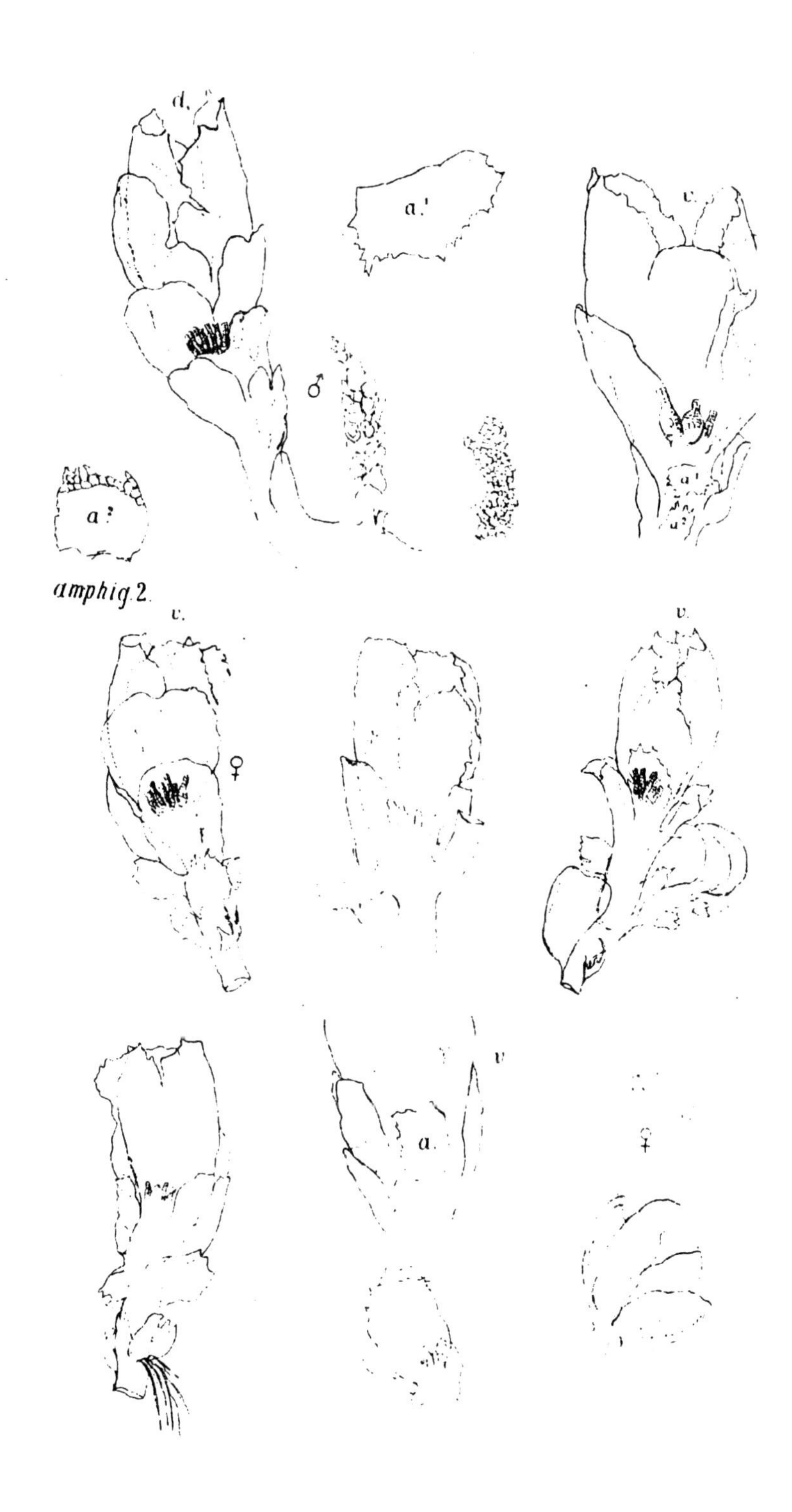

Lophocolea Georgiensis G.

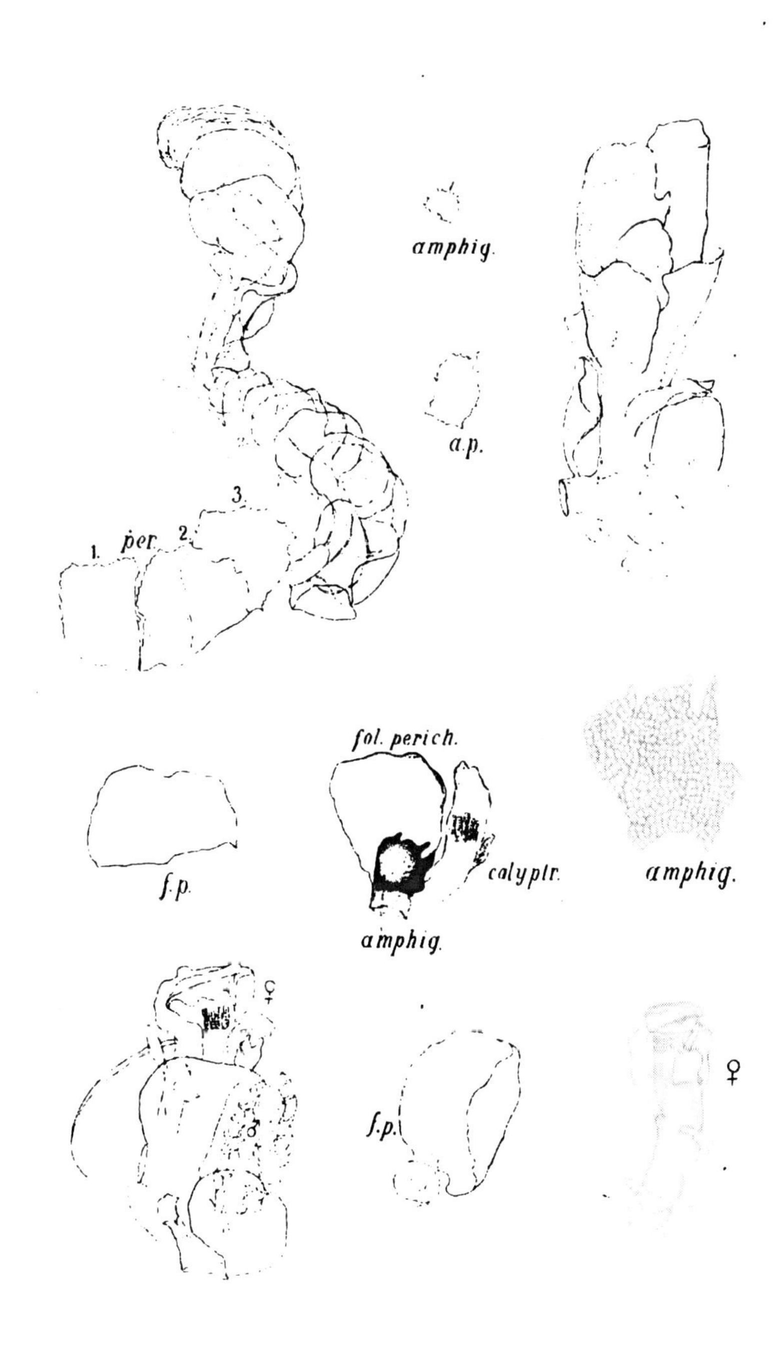

Lophocolea Georgiensis *G.*

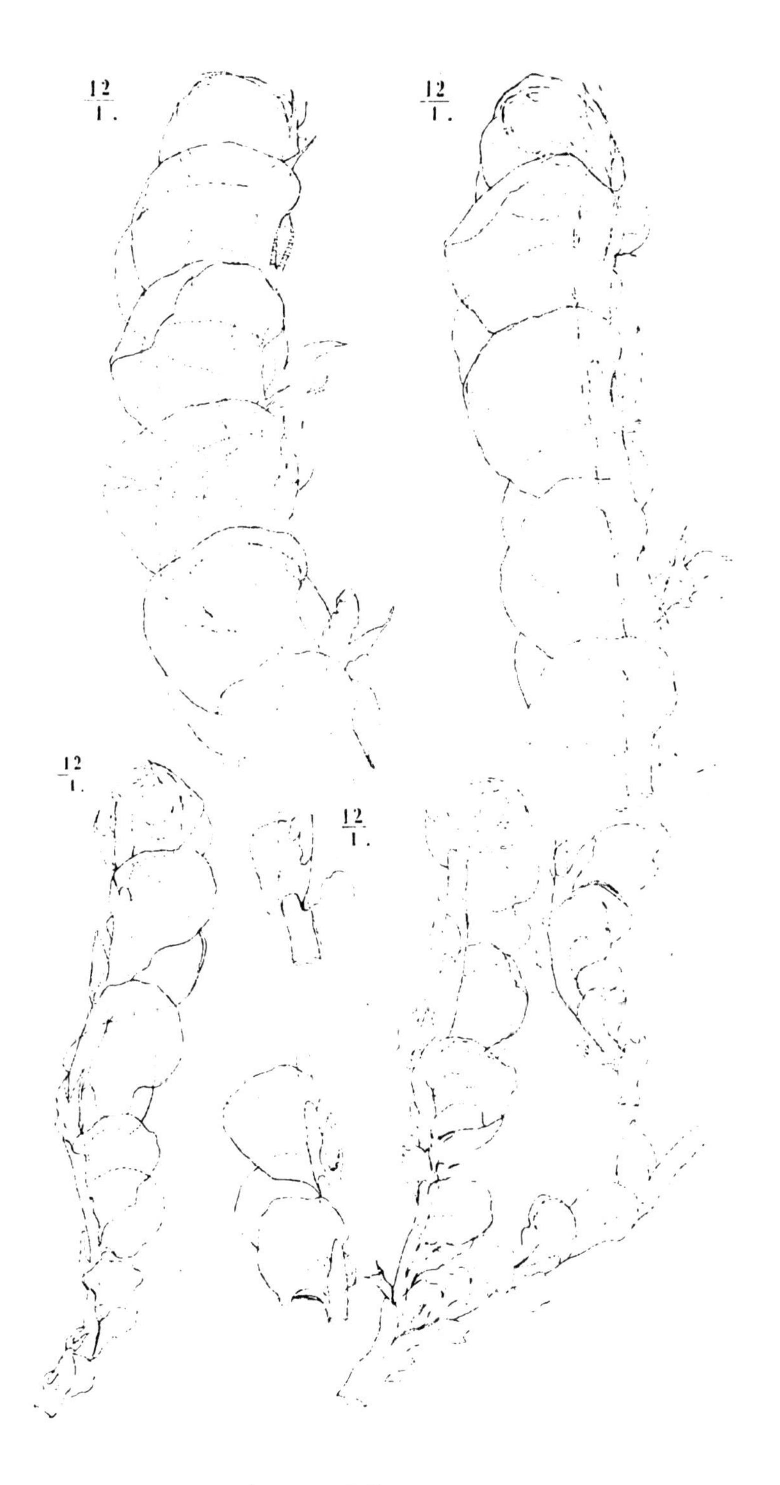

Jungermannia Köppensis *G.*

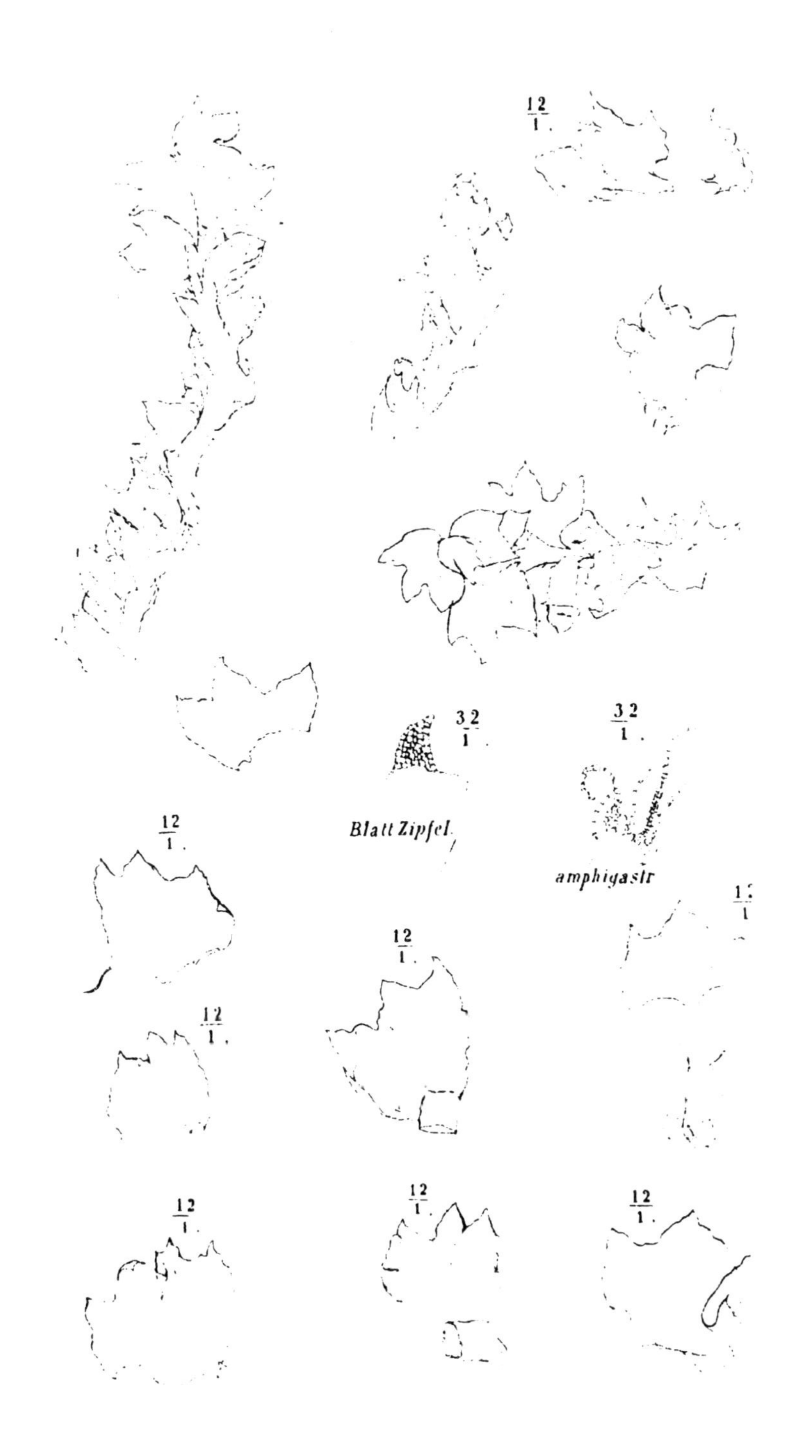

Jungermannia barbata *B* Flörkii N. ab Es

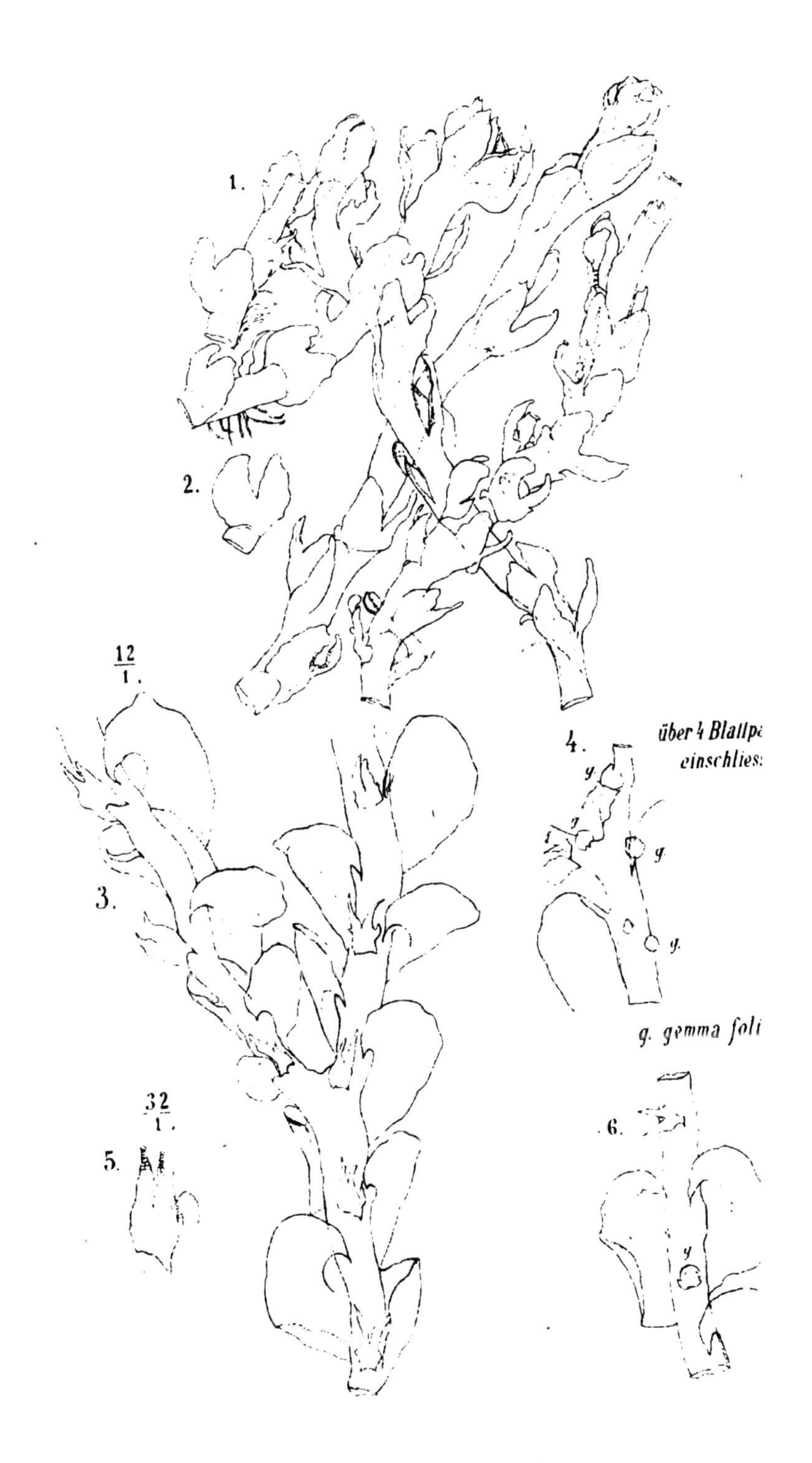

Fig. 3-6 Jungermannia elata G.

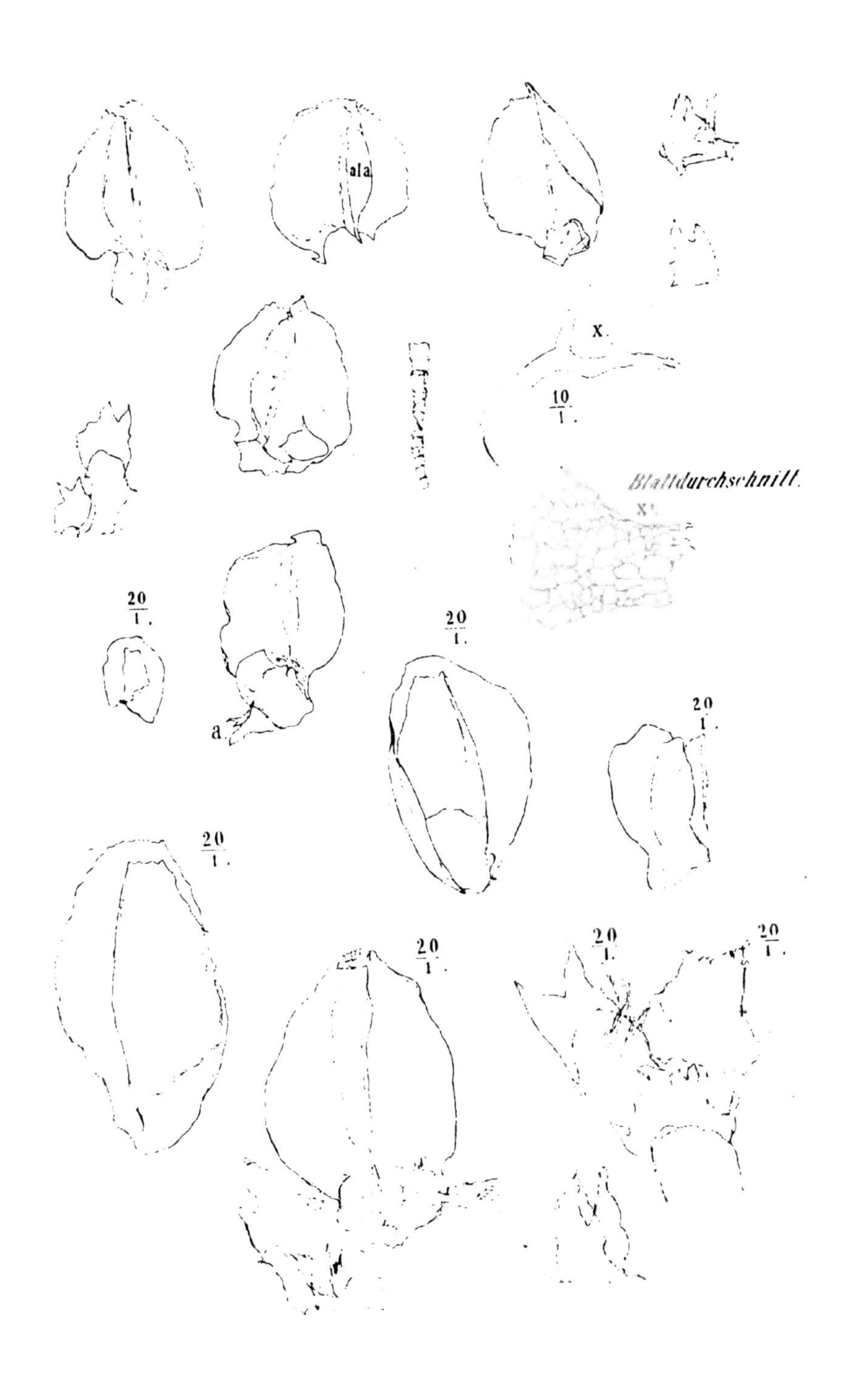

Gottschea pachyphylla N.ab.Es

17.

Die niedere Thierwelt des antarktischen Ufergebietes

von

Dr. Georg Pfeffer.

Einleitung.

Die im Folgenden vorliegende Behandlung der antarktischen Thierwelt zerfällt in vier Theile. Der erste, allgemeine, stellt den Begriff der antarktischen Thierwelt, die Methoden der Untersuchung und die geographische Grundlage derselben, ferner ihre Circumpolarität und Verwandtschaft mit der Fauna der Tiefsee fest. Der zweite Theil betrachtet in systematischer Anordnung die einzelnen zu dem behandelten Gegenstande gehörigen zoologischen Abtheilungen hinsichtlich ihres antarktischen Vorkommens. Der dritte bietet eine systematische Aufzählung der gesammten Fauna von Süd-Georgien auf Grund der bisher vorliegenden Bearbeitungen; er vermeidet alle Einzelheiten und verweist in dieser Hinsicht durchaus auf die ausführlichen, mit Tafeln ausgestatteten Originalarbeiten. Der vierte Theil giebt eine systematische Uebersicht des gesammten Materiales zur niederen Fauna des höchsten Südens nebst Bemerkungen über das außerantarktische Vorkommen der betreffenden Gattungen und Arten. Wenn in gewissen systematischen Abtheilungen auch pelagische, Land- und Süßwasserthiere in den Kreis der Betrachtung gezogen sind, so geschah dies nur, wenn es sich um kleinere Gruppen handelte und diese sich in den allgemeinen Grundlagen der Verbreitung an die litoralen Thiere anschließen.

I. Allgemeiner Theil.

Mit dem Begriff der antarktischen Fauna verbindet sich zunächst der einer Gegensätzlichkeit gegenüber der arktischen Fauna; beide sind durch die Gesammtheit aller irdischen Faunen von einander räumlich getrennt. Andrerseits ist man seit längerem gewohnt, beide Faunen unter dem gleichen Gesichtspunkt der kältesten, ähnliche Entwickelungsformen hervorbringenden, darum also in gewissem Sinne zusammengehörigen Striche unseres Planeten zu betrachten. Die gleichmäßige Anwendbarkeit dieses Gesichtspunktes wird jedoch durch zwei Punkte wesentlich gestört, deren einer in den geographischen Verhältnissen liegt, während der andere dem Maaße unserer Kenntniß der betreffenden Gegenden entspringt. Im hohen Norden schieben die Kontinente ihre größte Landentwickelung über die Polarkreise hinaus in die arktische Zone hinein, während sie nach Süden spitz auslaufen und weit vom Polarkreise entfernt endigen. In Folge dessen hat die arktische Zone unter allen die mächtigste Uferentwickelung und bietet somit der Bildung einer litoralen Thierwelt die weitestmögliche Grundlage, während die wenigen, spärlich über das Gebiet zerstreuten Inseln des antarktischen Gebietes an ihren Uferbezirken eine nur dürftige Thierwelt entwickeln konnten. Andererseits hat die geringe räumliche Entfernung der arktischen Landstriche von den nördlichen Kulturstaaten von jeher ihre Erforschung nahegelegt und durch nutzbringende Ausbeutung stets gefördert; die Abgelegenheit der Antarktis dagegen und die sehr viel geringeren Aussichten gewinnbringender Jagd haben die Kenntniß des höchsten Südens fast völlig zurückgehalten; ein irgendwie nennenswerthes Wissen von der Thierwelt innerhalb des südlichen Polarkreises giebt es noch nicht. Es würde somit die Berechtigung, von einer antarktischen Fauna zu reden, abzuweisen und somit Parallele wie Gegensatz zur arktischen als ein rein theoretischer Gesichtspunkt anzusehen sein, wenn es nicht möglich wäre, durch Anwendung vergleichender Methoden aus der subantarktischen, uns einigermaaßen bekannten Thierwelt die antarktische zu konstruiren.

Da derartige Gesichtspunkte bisher noch keine einheitliche Darstellung gefunden haben, so seien sie hier, soweit sie auf den vorliegenden Gegenstand Bezug haben, in Kürze erörtert.

Methoden zur Untersuchung der polaren Faunen. Jede der nördlich gemäßigten Faunen zerfällt schon beim oberflächlichen Anschauen in drei Hauptkomponenten, nämlich in die eigenthümliche Lokalfauna des Gebietes, in Beimischungen, deren eigentliche Heimath nördlich, und in andere Beimischungen, deren Heimath südlich von dem Gebiete liegt. Verfolgt man diese südlichen Beimischungen weiter nach Süden, so wird man in eine subtropische Fauna übergeführt, die ihrerseits sich naturgemäß wiederum aus entsprechenden drei Komponenten zusammensetzt, aus der jedenfalls sich nach Absonderung der nördlichen und südlichen Beimischungen eine lokale Fauna des entsprechenden Gebietes herausschälen läßt. Ganz anders verhält es sich bei einer Verfolgung der nordischen Eindringlinge der gemäßigten Faunen in ihre Heimathsgebiete. Auch hier verändert sich der Faunencharakter, aber nicht divergirend, sondern konvergirend; während die Verfolgung nach Süden immer wieder in Lokalfaunen führt, verschwindet nach Norden der Charakter der einzelnen Lokalfaunen allmählich zu Gunsten einer allgemeinen, um die ganze Zone herum annähernd gleichmäßig entwickelten, circumpolaren Fauna. Ein Hauptcharakter der Fauna des höchsten Nordens liegt in ihrer großen Unabhängigkeit von der geographischen Länge, in der Circumpolarität. Daraus erhellt, daß die Vorstöße der nördlichsten Fauna nach Süden — was wir vorhin als nördliche Eindringlinge in die gemäßigten Faunen bezeichneten — den circumpolaren Charakter überall auch in die gemäßigten Breiten tragen. Es ist somit ein gewisses Recht vorhanden, die bei der Vergleichung der Faunen mehrerer gemäßigten Zonen sich als gleich oder annähernd gleich ergebenden Formen als nördliche Beimischungen zu betrachten und somit aus den gemäßigten Faunen die arktische zu konstruiren. Selbstverständlich ergiebt diese Methode nicht die Gesammtheit der arktischen Fauna, denn es leben viele Formen, welche die arktischen Gebiete nie verlassen. (Ueber boreale Circumpolarität s. unten S. 463.)

Die soeben gekennzeichnete Methode, die man für die Fauna der nördlichsten Gegenden wenig nöthig hat, weil die arktische Fauna recht gut bekannt ist, erweist sich für die Fauna des Südens als eine wesentliche Hülfe. Aus den verschiedenen Faunengebieten der subantarktischen Zone lassen sich mit Leichtigkeit die Eindringlinge aus den gemäßigten Klimaten feststellen; eine weitere Vergleichung spaltet die den verschiedenen Gebieten gemeinsamen Formen als Zugehörige der allgemeinen südlich-circumpolaren Fauna ab. Die nunmehr übrig bleibenden Rester sind an und für sich nicht in ganzer Ausdehnung als die Lokalfaunen der betreffenden Bezirke anzusprechen, denn es ist sehr wahrscheinlich, daß gewisse antarktische Thiere nur an einer einzigen Stelle bis in die subantarktische Zone vorstoßen. Um auch diese Formen in ihrem zoogeographischen Charakter zu erkennen, und zugleich die Ergebnisse der ganzen Methode zu controliren, sind andere Wege nöthig, welche die folgende Betrachtung eröffnen soll.

Die Thatsachen der Paläontologie lehren uns, daß es bis mindestens zu jurassischen Zeiten keine Einzelfaunen, sondern nur eine allgemeine Fauna auf der Erde gegeben hat. Der Zeitpunkt für die Bildung von Specialfaunen mag für verschiedene Breiten und Gegenden ein verschiedener gewesen sein, für unser Nordeuropa fällt die Umwandlung der alten allgemeinen Fauna in die jetzige erst innerhalb tertiärer Zeiten. Der Grund zu diesen Umwandlungen ist gewiß in der Abkühlung der Erdoberfläche — sammt den davon abhängigen Umständen — zu suchen, und ihr Wesen liegt darin, daß diejenigen Formen, welche die Erniedrigung der Temperatur nicht ertrugen, ausstarben oder äquatorwärts auswanderten, die wetterfesteren dagegen an ihren ursprünglichen Wohnsitzen verblieben oder auf irgend einem Punkte der Wanderung Halt machten.

Da gleiche Umstände auf gleiche Verhältnisse annähernd gleich wirken, so ist es von vornherein wahrscheinlich, daß bei der Veränderung des allgemeinen Faunenbildes in den entsprechenden Breitengraden des Nordens wie des Südens die gleichen oder annähernd gleichen Formen zurückgeblieben sind; es erübrigt nur die Untersuchung der Frage, wie weit sie sich daselbst bis jetzt erhalten haben.

Der wesentlichste physikalische Charakter des litoralen Gebietes der polaren Zonen liegt in der Niedrigkeit der Wassertemperatur und in der geringen Schwankung derselben; die litoralen Gebiete der Tropen haben dagegen eine hohe Temperatur mit geringen Schwankungen. Die geringe Weite der größten Temperaturausschläge hat in den Tropen wie in den polaren Zonen eine starke Entwickelung des Thierlebens gleichermaaßen begünstigt, doch ist es anzunehmen, daß die Wärme der Tropen auf die transmutatorische Energie der lebendigen Substanz in weit größerem Maaße umbildend gewirkt hat, als die eben noch das Leben ermöglichende Temperatur der polaren Gegenden. Somit ist es anzunehmen, daß in den kalten Meeren sich die Formen, welche zur Zeit der Faunenbildung dort blieben, weniger verändert haben, als in den Tropen; außerdem hat gewiß der ungeheure Individuen-Reichthum, auf den sich die verhältnißmäßig geringe Zahl der polaren Arten vertheilt, dazu beigetragen, eine große Anzahl der etwa auftretenden Umbildungen schnell wieder auszugleichen. — Für die physikalischen Verhältnisse der gemäßigten Zonen lassen sich hinsichtlich der soeben in Rücksicht gezogenen Gesichtspunkte keine allgemein gültigen Grundsätze aufstellen. Die Temperatur bietet die ganze Leiter zwischen den Polar- und Tropenmeeren und die Weite der Schwankung ist, im Gegensatz zu den soeben betrachteten Gebieten, eine ganz bedeutende. Außerdem schieben sich die großen Continente überall durch die gemäßigten Zonen hindurch, so daß ein Austausch zwischen den verschiedenen Faunen fast oder völlig unmöglich wurde und die Isolirung zur Bildung von Specialfaunen ohne einheitliches Gepräge führen mußte.

Das Ergebniß der soeben angestellten theoretischen Betrachtung ist: Die arktische und antarktische Fauna sind gleichalterige Relikte der annähernd gleichförmigen alten allgemeinen Fauna der Erde, die sich verhältnißmäßig wenig verändert haben, so daß zwischen der arktischen und antarktischen Fauna eine größere Aehnlichkeit besteht, als zwischen irgend welchen anderen Faunengebieten. Die Thatsachen der Erfahrung haben zu demselben Ergebniß schon vor längerer Zeit geführt; der Unterschied gegenüber der neuen Anschauung besteht aber darin, daß man früher die Aehnlichkeiten als äußerliche, durch das Leben unter gleichen Bedingungen *erworbene* hinstellte, während es sich in der That um innerlichste, verwandtschaftliche, unter annähernd gleichen Umständen auch annähernd gleich verbliebene Aehnlichkeiten handelt. Daraus ergiebt sich als zoologische Methode, daß man jede Gruppe, die im höheren Norden wie im höheren Süden auftritt, ohne in den dazwischen liegenden Breiten vertreten zu sein, als zu den eigentlichsten Mitgliedern der polaren Faunen gehörig anzusehen hat.

Ein weiteres Eindringen in das Verständniß der arktisch-antarktischen Fauna bietet die Betrachtung der Tiefsee. Die Abgründe des Meeres sind keineswegs von Urzeiten her mit Thieren bevölkert gewesen, sondern erst seit jenen Zeiten, wo die Abkühlung der Erde so weit vorgeschritten war, daß das kältere und darum sauerstoffreichere polare Wasser anfangen konnte, die Tiefe des Meeres auszufüllen und ein Thierleben überhaupt zu ermöglichen. Dieser Zeitpunkt ist der gleiche, wie der des Anfanges der Faunenbildung, da der Eintritt beider Verhältnisse denselben Grundbedingungen entsprang. In demselben Maaße, wie die Erniedrigung der Wärme des Polarwassers fortschritt, kältete die Tiefsee aus, bis die erreichte Temperatur des dichtesten Wassers einer weiteren Auskältung der Tiefsee Einhalt gebot, während einer immer weiteren Abkühlung des polaren Wassers nichts im Wege stand. Es ist wohl anzunehmen, daß, sobald die Möglichkeit des Lebens in der Tiefsee gegeben war, von den Uferzonen der ganzen Erde aus Einwanderungen in die Tiefe erfolgten; nirgends aber fanden die günstigsten Bedingungen dazu (nämlich die gleichen Verhältnisse der niedrigen wenig schwankenden Wassertemperatur, der ununterbrochene Zusammenhang des kalten Oberflächen- und Tiefseewassers, schließlich die Nothwendigkeit, einen großen Theil des Jahres ohne Sonnenlicht zu leben, eine derartige Ausprägung, wie gerade in den Polarzonen. Da annähernd die gleichen Bedingungen noch heutigen Tages herrschen, so erklärt es sich, daß in der arktischen und antarktischen Zone das Hinabsteigen von litoralen Thieren in die Tiefsee und das Heraufsteigen von Tiefseethieren in die Uferzone eine häufig vorkommende, in vielen Fällen zur Regel gewordene Thatsache ist.

Die Bezirke der antarktischen Fauna. Die am weitesten südlich-polar gelegenen Länder, von denen Litoralthiere bekannt geworden sind, sind Victoria-Land, die Süd-Shetland- und Süd-Orkney-Inseln; das wenige, was man von diesen Faunen weiß, schließt sich an die nördlich gelegenen Gebiete an. Diese gliedern sich geographisch wie faunistisch in vier wohl charakterisirte Bezirke, den magalhaensischen den süd-georgischen, den kerguelenischen und den aucklandischen.

Der magalhaensische Bezirk umfaßt die Südspitze Amerikas sammt Staten Island und den Falkland-Inseln bis zur Mündung des La Plata und pacifisch bis zum Nordausgang des Smyth Channel. Auf der Westküste ist die Fauna der Südspitze Amerikas überall von den südlichen Ausstrahlungen der chilenischen Fauna durchsetzt, die sich bis an die Südspitze selber und durch die Magalhaens-Straße bis auf die atlantische Küste ziehen; auf der Ostküste dagegen setzt die ungeheure Menge süßen Wassers und vielleicht auch Schlammes, die der La Plata auf die seichte [patagonische Bank hinaus führt, eine Grenze, welche keinem festsitzenden oder kriechenden Thiere der südbrasilischen Fauna das Vordringen nach Süden erlaubt, während andererseits sich die reinste antarktische Fauna hier nach Norden bis zu 38° S auszudehnen im Stande ist.

Süd-Georgien zeigt keine Spur einer Einmischung der magalhaensischen Fauna; es ist rein antarktisch; die Süd-Shetland- und Süd-Orkney-Inseln schließen sich anscheinend mehr an Süd-Georgien an, als an die Südspitze Amerikas.

Der kerguelenische Bezirk ist ein ziemlich ausgebreiteter; er erstreckt sich über eine Weite von dreißig Längengraden und acht Breitengraden, nämlich von 43° O bis 73° O und von 46° S bis 54° S; er umfaßt die Marion-Insel, die Prinz-Edward-Inseln, die Crozet-Inseln, Kerguelens Land und die McDonald-Inseln. Ebenso wie die Fauna Süd-Georgiens ist auch die des kerguelenischen Bezirkes von nördlichen Einmischungen frei und zeigt einen ziemlich rein antarktischen Charakter, wenn auch nicht ganz so polar, wie Süd-Georgien. Beide faunistischen Bezirke haben von sämmtlichen subantarktischen unter sich die größte Aehnlichkeit; doch rührt das gewiß nicht von einem gegenseitigen Austausch her, sondern von der gleichen Herkunft beider Faunen aus einem gemeinsamen alten Urstamm.

Die südlich von Neu-Seeland gelegenen Inseln bilden den letzten der zu betrachtenden, den aucklandischen Bezirk. Freilich beschränkt er sich vorläufig nur auf die Auckland- und Campbell-Insel; die Erforschung der gänzlich unbekannten Macquarie- und Esmerald-Insel steht noch aus. Die aucklandische Fauna ist völlig von der neuseeländischen durchsetzt, andrerseits ziehen sich echt antarktische Thiere bis nach Neu-Seeland, Van Diemens Land und der Küste des australischen Festlandes, sodaß die Werthigkeit der einzelnen faunistischen Komponenten nur durch Vergleichung festzustellen ist. Im Allgemeinen weist von allen subantarktischen Bezirken der aucklandische das am wenigsten polare Gepräge auf.

Die Circumpolarität der antarktischen Litoralthiere ist nur schwach ausgeprägt; circumpolare Arten giebt es recht wenig und circumpolare Gattungen nicht gerade viel. Bei der Betrachtung der einzelnen Thiergruppen wird dieser Gesichtspunkt im Einzelnen behandelt werden. Dagegen findet man, daß die Gesammtheit der subantarktischen Faunengebiete hinsichtlich der meisten Thiergruppen mehr Aehnlichkeit hat mit der arktischen Fauna als unter sich. Diese Thatsachen geben wesentliche Aufschlüsse über die Geschichte des antarktischen Gebietes. Die schwach ausgeprägte Circumpolarität zeigt, daß, nachdem die antarktische Fauna sich überhaupt gebildet hatte, ein irgendwie merkbarer Austausch zwischen den verschiedenen Bezirken nie stattgefunden hat; es hat demnach nie im Süden in neueren Zeiten eine Landausdehnung gegeben, welche sich irgendwie mit der des arktischen Gebietes vergleichen könnte; sonst hätten zahlreiche Thiere an den Ufern entlang ihre circumpolare Verbreitung finden müssen. Die Isolirung der einzelnen subantarktischen Gebiete reicht aber in viel ältere Zeiten. Erkennt man an, daß zur Zeit des Beginnes der Faunenbildung die Thierwelt auf dem Litoral der ganzen Erde eine einheitliche gewesen ist und daß die gleichen Bedingungen der Arktis und Antarktis dieselben Gruppen von Thieren in den polaren Gegenden zurückgehalten haben, so ergiebt sich die Aehnlichkeit der antarktischen und arktischen Fauna, mit viel größerem Rechte aber die Aehnlichkeit der einzelnen Bezirke der antarktischen Fauna unter sich. Da nun in der That die Beziehungen der arktischen Fauna zur antarktischen, soweit es die festsitzenden Thiere anlangt, viel stärker sind, als die der antarktischen Bezirke unter sich, so folgt daraus, daß selbst zu jenen alten Zeiten, als die allgemeine Fauna sich noch im Wesentlichen über die ganze Erde ausbreitete, in den subantarktischen Gegenden sich schon Anfänge von Specialfaunen herausgebildet hatten. Dies war aber nur möglich, wenn die einzelnen Bezirke, ähnlich wie es heut ist, schon damals durch unüberschreitbare Meeresweiten von einander getrennt waren. Es ist somit die in zoologischen Schriften nicht ungewöhnliche Annahme des früheren Bestehens antarktischer Kontinente von zoogeographischen Gesichtspunkten aus nicht als gerechtfertigt zu betrachten.

Es giebt außer der arktischen Circumpolarität auch eine boreale. Für die Erkenntniß einer solchen sind namentlich die neueren amerikanischen ichthyologischen Arbeiten lehrreich, die eine große Anzahl zugleich atlantischer und pacifischer Fischarten bekannt gemacht haben, ohne daß sich diese nördlich bis in die hohe Arktis und südlich bis in die Tropen verbreiteten, sodaß also weder um den Norden Amerikas herum noch durch den tertiären Durchlaß der Landenge von Panama ein Austausch stattgefunden hat. Nach der oben gegebenen theoretischen Betrachtung würden derartige Thiere gleichfalls als Relikten der alten allgemeinen Fauna anzusehen sein, die sich jedoch in der eigentlichen Arktis nicht halten konnten. Ein ähnliches Verhalten zeigt auf der südlichen Halbkugel die kältere gemäßigte Zone, die wir im Gegensatz zur borealen mit dem Ausdruck der notalen bezeichnen wollen. Häufig entsprechen sich boreale und notale Formen, in anderen Fällen sind dieselben jedoch entweder auf die eine der beiden Halbkugeln beschränkt und finden dann zuweilen eine über die betreffende ganze Erdhälfte reichende Verbreitung.

Das Verhältniß der antarktischen Thiere zur Tiefsee ist dasselbe wie im Norden, doch prägt es sich wegen der Kärglichkeit der subantarktischen Uferentwickelung schwächer aus. Auch die Betrachtung dieses Verhältnisses wirft Licht auf die früheren und jetzigen Verbreitungsverhältnisse der antarktischen Thiere; während z. B. für die nicht gern in große Tiefen hinabsteigenden Amphipoden die Tiefsee das Hemmniß einer südlich-circumpolaren Ausbreitung bildete, konnten die mit großer Gleichgültigkeit gegen die Tiefenverhältnisse ausgestatteten Seesterne die Hindernisse der Tiefsee zwischen den einzelnen antarktischen Bezirken überwinden und eine kräftige Circumpolarität entwickeln.

II. Besonderer Theil.

Die Fauna antarktischer Fische weist bisher etwa 90 Arten auf, wovon 10 (nämlich Percichthys, die Haplochitoniden und die Galaxiaden) auf die Süßwasser-Fauna entfallen. Es unterliegt keinem Zweifel, daß eine größere Anzahl von neuseeländischen Fischen auch echte antarktische Thiere sind, die hier ihre nördlichste Grenze haben, doch erübrigt zur Erledigung dieser Frage eine viel gründlichere Kenntniß der Fauna jener südlich von Neu-Seeland gelegenen Inseln (Auckland-J., Campbell-J., Macquarie-J.). Daß in der That Neu-Seeland noch Antheil an der Antarktis hat, zeigt das Vorkommen echter antarktischer Fische, wie Notothenia cornucola und Merluccius Gayi. Die Südspitze von Amerika ist ein strittiges Gebiet, insofern hier nicht nur antarktische Thiere leben, die sich die Küste entlang nach Norden ausbreiten, sondern auch viele durchaus nicht antarktische Thiere ihre südliche Verbreitungsgrenze finden. Hierzu ist zu rechnen Otolithus leiarchus, dessen eigentliche Heimath die Ostküste, ferner Clupea arcuata, Syngnathus Blainvilleanus, deren Heimath die Westküste Südamerikas ist. Andere Gattungen besitzen eine boreale und notale Verbreitung oder sind geradezu Kosmopoliten. Pleuronectes umbrosus ist eigentlich in Californien, Mustelus monazo in Japan, Acanthias vulgaris in der ganzen borealen Zone zu Hause; sämmtliche besitzt das Hamburger Museum vom Smyth Channel; Trachurus trachurus ist ein vollständiger Kosmopolit, annähernd ebenso Scombresox saurus. — Antarktisch circumpolare Arten giebt es nicht, die weiteste Verbreitung haben Notothenia coriiceps von Süd-Georgien über Kerguelens Land bis zu den Auckland-Inseln, Harpagifer bispinis von der Südspitze Amerikas über Süd-Georgien bis Kerguelens Land, und Notothenia cornucola von der Südspitze Amerikas bis Neu-Seeland. Notal circumpolare Arten, d. h. solche, die nicht eigentlich antarktisch, aber in den südlichen Gewässern Amerikas und Australiens, sehr oft auch des Caps, zugleich vorkommen, giebt es eine ganze Anzahl, nämlich Sebastes percoides, Cristiceps argentatus, Thyrsites atun, Neophrynichthys latus, Macruronus Novae Zealandiae, Galaxias attenuatus, Callorhynchus antarcticus, Raja nasuta und Lemprieri und Narcine tasmaniensis, welch letztere Art das Hamburger Museum von Coronel (Süd-Chili) besitzt. Einige von diesen Arten werden sich vielleicht später noch als wirklich antarktische Thiere herausstellen.

Die Betrachtung der einzelnen Gattungen führt zur Aufstellung charakteristischer Gruppen. Ausgesprochen antarktisch circumpolar, ohne in der notalen noch in der arktisch-borealen Zone vorzukommen, sind nur die Trachiniden-Gattungen Chaenichthys, Notothenia und Harpagifer: hieran schließen sich als Gruppen von einer durch mehrere Bezirke der Antarktis gehenden Verbreitung: Bovichtys aus dem ganzen antarktischen und notalen Gebiet; Enantioliparis (wenn man die antarktischen Arten der Gattung Liparis von den arktischen trennen will) von der Südspitze Amerikas und Süd-Georgien, und Muraenolepis von der Magalhaensstraße und Kerguelens Land; andere Gattungen sind auf nur einen der subantarktischen Bezirke beschränkt, nämlich auf den magalhaensischen, die Gattungen: Cottoperca, Eleginus, Melanostigma, Maynea, Hippoglossina, Thysanopsetta und Protocampus. Von diesen hat Eleginus drei und Hippoglossina zwei Arten; die übrigen mit nur je einer Art verstärken den Eindruck, daß hier wahrscheinlich echte Lokalformen vorliegen. Auf Süd-Georgien angewiesen sind die Gattungen Sclerocottus und Gymnelichthys. Eine andere sehr bezeichnende Gruppe sind die Gattungen, welche eigentlich in der notalen Zone heimisch sind, jedoch in dem magalhaensischen und aucklandischen Bezirke in das subantarktische Litoral übertreten; dies ist zunächst die Gattung Agriopus, die an den Südspitzen der drei südlichen Continente heimisch ist; ferner Aphritis von dem magalhaensischen Bezirk und Tasmanien; Seriolella, eine chilenische Gruppe;

Neophryniohthys, zuerst von Neu-Seeland bekannt, dann an der Magalhaensstraße aufgefunden; Genypterus aus allen notalen Bezirken; Macruronus von der Südspitze Amerikas und Neu-Seeland; die Chimaerengattung Callorhynchus aus dem ganzen notalen Bereich, und die Rochengattung Psammobatis aus dem südlichen Süd-Amerika.

An die zuletzt betrachteten Gruppen schließen sich die Süßwasserfische des Gebietes an, die Haplochitoniden und Galaxiaden. Beide sind auf die Südspitze Amerikas und das südliche Australien sammt Tasmanien und Neu-Seeland beschränkt. Dagegen stellt Percichthys im Süden die Perciden, und wenn man Neu-Seeland einschließt, Retropinna die Salmoniden dar.

Der Parallelismus in der Entwicklung ausschließlich antarktischer Arten bez. Individuen einer Gattung auf der einen und ebenso ausschließlich arktisch-borealer auf der anderen Seite findet sich ausgeprägt bei den Gattungen Agonus, Trachurus, Liparis, Blenniops, Lycodes, Merluccius, Pleuronectes, Hippoglossoides, Scombresox, Maurolicus, Acanthias, Spinax und Myxine. Hier schließt sich auch Bdellostoma an, welches antarktisch-notale und andererseits eine kalifornische Art hat. Die große Anzahl der Gattungen dieser Gruppe bestätigt wie in anderen systematischen Abtheilungen die engen Beziehungen der Arktis und Antarktis; die scheinbare Störung, daß die wesentlichste Familie des Nordens die Cottiden, die des Südens die Trachiniden sind, während die Trachiniden im Norden und die Cottiden im Süden nur schwache Entwickelung finden, ist durch die Entdeckung des Sclerocottus georgianus in befriedigendster Weise beseitigt. Sclerocottus ist nach allen seinen Charakteren der nächste Verwandte des Trachiniden Harpagifer; die Panzerung seines Kopfes und die Entwickelung der knöchernen Verbindungsbrücke vom Orbitalring über den Vorkiemendeckel hinweg macht ihn zu einem echten Cottiden. Es fällt damit der einzige bisher als wesentlich angesehene Unterschied zwischen beiden Familien fort; sie sind nur Entwickelungszweige eines gemeinsamen Urstammes; betrachtet man sie, wie man muß, als eine große Gruppe der Cotto-Trachiniden, so ist der Parallelismus der Entwickelung der arktischen und antarktischen Fischwelt erst in das rechte Licht gestellt.

Die litoralen Meeres-Mollusken der Antarktis setzen sich zwanglos aus vier Gruppen zusammen:

I. Gattungen, die der Antarktis eigenthümlich sind;

II. Gattungen, deren eigentlicher Verbreitungskreis nördlich von der Antarktis liegt, die jedoch mit einigen Ausläufern bis in die kälteren Gegenden des Südens reichen;

III. kosmopolitische Gattungen, die einerseits an der Zusammensetzung der Arktis, andererseits der Antarktis beitragen;

IV. bipolare Gattungen, die durchaus auf den hohen Norden und Süden beschränkt sind.

Gattungen der ersten Gruppe sind die Dintenfische Pinnoctopus Orb., Enteroctopus und Martialia Rochebrune, die Siphonariaden Kerguelenia und Acyrgonia Roch., der Dendronotide Microlophus und der Pleurotomide Savatieria. Neobuccinum Smith ist ein antarktisches Buccinum und Chlanidota eine antarktische Volutharpa. Struthiolaria ist eine echt antarktische Form. Die Gattung Skenella verhält sich zu Eatoniella ähnlich wie die nordische Skenea zu Rissoa. Die auf Grund des Süd-Georgien-Materiales aufgestellten Gattungen Pellilitorina und Laevilitorina haben ganz charakteristische Unterscheidungen von den echten Litorinen, sind aber von anderen Autoren zu Litorina sens. ampl. gestellt worden. Die Gattung Streptocionella ist ungenügend bekannt. Photinula ist die eigentliche Trochiden-Gattung des Südens; sie schließt sich an die gleichfalls hier vorkommende Gattung Margarita an. Von Muscheln ist der Ungulide Philippiella und die beiden über das ganze oder fast das ganze Gebiet verbreiteten Gattungen Modiolarca und Lissarca hier zu nennen. Erstere ist das Gegenstück der nordischen Modiolarien, letztere eine Untergattung von Arca. Zum Schluß ist hier noch die pelagische Pteropoden-Gattung Spongiobranchiaea zu erwähnen.

Ein kurzer Ueberblick über diese Gruppen zeigt, daß bei einer Auffassung der Gattungen im weiteren Sinne fast alle eigenthümlichantarktischen Gattungen verschwinden und als Unterabtheilungen bekannter Gattungen erscheinen würden.

Zur zweiten Gruppe gehört die Gattung Monoceros, Macron, Concholepas, Chlorostoma und Carditella, deren Heimath vorwiegend oder ausschließlich die Westküste Amerikas, und andererseits Collonia, Cantharideus und Mesodesma, deren Heimath der australische Bezirk ist. Hieran schließen sich die Calyptraeiden Trochita, Crepidula, Calyptraea und Crucibulum, ferner Fissurella, die eine ziemlich kosmopolitische Verbreitung aufweisen, die aber im Norden nicht in die boreale Zone eintreten, im Süden dagegen ihre Hauptverbreitung finden und vermöge der Küstenentwickelung des amerikanischen Continentes sich hier bis in die kälteren Zonen erstrecken. — An dieser Stelle müssen einige geographisch wenig charakteristische Gattungen ihren Platz finden, die auf der südlichen Halbkugel durchaus nicht mehr verbreitet sind, als auf der nördlichen, auf der ersteren jedoch bis in kältere Gegenden dringen; dies sind die pelagischen Nudibranchier Fiona und Glaucus, die Pleurotomiden Surcula, Drillia, Lachesis, Daphnella und Mangelia, ferner Ranella, Cerithium, Triforis, Diala und die Muscheln Anatina, Davila, Sanguinolaria, Cytherea, Chione, Diplodonta Lithodomus, Modiola und Pinna.

Die nunmehr zu betrachtenden Gruppen III und IV stellen die Hauptmasse der antarktischen Mollusken-Fauna dar und bilden das Gegenstück der Arktis. Der Parallelismus findet sich in jeder Stärke ausgeprägt. Während z. B. die Gattungen Haliotis und Voluta, die im Allgemeinen den kälteren Gegenden fremd sind, nur als äußerste Ausstrahlungen Campbell Island und Kamtschatka bez. die gesammte Antarktis und Alaschka erreichen, finden sich eine Anzahl für die Antarktis recht charakteristischer Gattungen, wie Euthria, Cominella, Argobuccinum, Patella, nicht eigentlich arktisch, sondern nur boreal entwickelt.

Zu der dritten Gruppe gehören die Dintenfische Loligo und Octopus, der Scaphopode Dentalium, die Nudibranchier Tritonia, Acanthodoris und Doris, der Opisthobranchier Actaeon; die Prosobranchier Nassa, Mitra, Marginella, Columbella, Marsenia, Natica, Turritella, Assiminea, Rissoa, Hydrobia, Cerithiopsis, Scalaria, Janthina,

Chemnitzia, Odostomia, Eulima, Leiostraca, Zizyphinus, Emarginula, Acmaea, Patella und Chiton; schließlich die Muscheln Solen, Cultellus, Ensis, Thracia, Mactra, Lutraria, Tapes, Cardium, Lucina, Loripes, Cardita, Mytilus, Arca, Pectunculina, Leda, Nucula, Lima, Pecten und Ostrea.

Die vierte, im Allgemeinen auf die kalten Gegenden beschränkte Gruppe setzt sich zusammen aus dem Dintenfisch Rossia, den Pteropoden Spirialis und Limacina, den Nudibranchiern Aeolis, Aeolidina und Archidoris, dem Opisthobranchier Utriculus, den Prosobranchiern Trophon, Polytropa, Neptunea, Sipho, Euthria, Buccinum, Bela, Typhlomangelia, Spirotropis, Thesbia, Admete, Lamellaria, Bittium, Skenea, Homalogyra, Jeffreysia, Lacunella, Liostomia, Clypeola, Modelia, Cyclostrema, Diloma, Margarita, Cemoria, Scissurella und Scurria; ferner aus den Muscheln Saxicava, Lyonsia, Neaera, Pandora, Cryptodon, Kellia, Cyamium, Lasaea, Lepton, Solemya, Astarte, Crenella, Dacrydium, Yoldia und Malletia. — Es finden sich in dieser Gruppe auch Gattungen, für die zum Theil andere als arktische und antarktische Fundorte angegeben sind; doch fehlen dann meistens die Tiefenangaben, andererseits schweifen in der That arktische Thiere manchmal weiter von ihrer Heimath aus. Da es bei dieser Gruppe auf die bipolare Entwickelung ankommt, so sind boreale Formen mit aufgenommen, entsprechend den auf Seite 463 entwickelten Gesichtspunkten.

Die Circumpolarität der Gattungen ist größer, als bei irgend einer anderen Gruppe, sofern 57 Gattungen sich über zwei und meist mehr Bezirke verbreiten. Arten, welche von zwei und mehr Bezirken der Antarktis bekannt wurden, sind außer den pelagischen Spirialis, Limacina und Spongiobranchiaea noch: Purpura striata, Euthria antarctica und fuscata, Eatoniella kerguelenensis, Pellilitorina setosa, Laevilitorina caliginosa, Photinula expansa, Patella fuegiensis und magellanica, Acmaea mytilina, Chiton setulosus, Saxicava arctica, Chione zelandica, Astarte magellanica, Mytilus magellanicus, edulis und ungulatus, Modiolarca trapezina, pusilla und exilis und Lissarca rubrofusca. — Als nordische Arten, die auch in der Antarktis vorkommen, sind zu erwähnen Saxicava arctica, Kellia suborbicularis, Lasaea rubra, Mytilus edulis und Lima goliath.

Von den bisher beschriebenen subantarktischen Binnen-Mollusken stellen die auf der Auckland-Insel gefundenen Arten der Gattungen Thalassia und Latia die Ausläufer des betreffenden neuseeländisch-australischen, andrerseits die Bulimulus- und Chilina-Arten die Ausläufer der im südlichen Südamerika heimischen Gattungen dar. Die übrigen im Gebiete auftretenden Arten sind Mitglieder der auch im Norden in sehr hohe Breiten greifenden, übrigens kosmopolitischen Gattungen Vitrina, Patula, Succinea und Limnaea.

Die Brachiopoden sind keine geographisch recht ausgezeichnete Klasse. Sie leben im Durchschnitt nicht gern in flachem Wasser, sind aber andrerseits durchaus keine Tiefseegruppe. Sie sind in gemäßigten Breiten mehr vertreten als in den polaren und tropischen, ohne jedoch hier im Mindesten zu fehlen. So muß man sich mit dem Endergebniß begnügen, daß die in der Antarktis vertretenen Brachiopodengattungen Liothyris, Waldheimia, Terebratella, Magasella und Rhynchonella freilich eine ziemlich allgemeine Verbreitung haben, aber doch durchgängig zu Gattungen gehören, welche zugleich einen großen Procentsatz der arktischen Brachiopoden ausmachen. Die Arten Liothyris uva und Terebratella dorsata sind die einzigen weit verbreiteten, insofern sie von dem magalhaensischen und kerguelenischen Bezirk bekannt sind.

Die Ascidien sind bisher nur aus einem sehr beschränkten Theil des gesammten Litorals bearbeitet, so daß das bisher erhaltene Bild ihrer geographischen Verbreitung ein recht unsicheres ist. — Auf die Antarktis beschränkt ist die einfache Ascidie Ascopera und die zusammengesetzten Colella, Tylobrachion, Atopogaster, Morchellioides, Psammaplidium und Chorizocormus. Als Gegenstücke zu arktischen Formen treten auf die Gattungen Molgula, Eugyra, Morchellium, Sidnyum, Amauroecium, Leptoclinum, Systyela.

Von kosmopolitischen Gattungen, deren Arten in die Antarktis und zugleich bis in die Arktis reichen, zeigen sich die Gattungen Boltenia, Styela, Polycarpa, Cynthia, Ascidia, Polyclinum, Aplidium. Auch von diesen kosmopolitischen Gattungen muß nach dem gegenwärtigen Standpunkte unserer Kenntnisse behauptet werden, daß ihre eigentliche Heimath in den kalten und kälteren gemäßigten Breiten liegt und daß die übrigen Vorkommnisse vereinzelt dastehen.

Abgesehen von den kosmopolitischen Gruppen finden die Gattungen Colella, Amauroecium, Goodsiria und Chorizocormus eine Verbreitung über mehrere Bezirke der Antarktis; zu diesen Gattungen gehören auch die weit verbreiteten Arten Colella pedunculata und concreta von der Südspitze Amerikas, Süd-Georgien und dem kerguelenschen Bezirk; ferner Goodsiria coccinea von den ersteren beiden, Chorizocormus reticulatus von den letzteren beiden Gebieten.

Ueber die Verbreitung der pelagischen Salpen und Appendicularien siehe die unten folgende Uebersicht im IV. Theil.

Die Bryozoen haben einen sehr ähnlichen Charakter in ihrer Verbreitung wie die Brachiopoden, Amphipoden und Hydroiden. Sie fehlen nirgends völlig, sind aber in den Tropen und in großen Tiefen sparsamer, dagegen in den kälteren gemäßigten Zonen am häufigsten, nächstdem in den polaren Zonen am besten entwickelt. Die einzelnen Gattungen haben theils eine auf den Norden oder andererseits auf den Süden beschränkte Verbreitung, die allermeisten treten aber in beiden Hemisphären auf und zwar in der überwiegenden Mehrzahl der Fälle, ohne in den dazwischen liegenden Tropen zu irgendwelcher Entwickelung zu gelangen. Von den 54 in der Antarktis vorkommenden Gattungen sind 17 auf die südliche Halbkugel und dann meist auf die gemäßigteren Breiten derselben beschränkt; 34 dagegen sind ebenso in der arktisch-borealen Zone entwickelt. Die wesentliche genetische Uebereinstimmung der arktischen und antarktischen Zone findet kaum noch irgendwo im Thierreich eine kräftigere Begründung als durch die Bryozoen, indem von den 160 Bryozoen-Arten 18, d. h. über 11 Procent, zugleich echte Bewohner des Nordens sind, nämlich Aetea anguinea L., Eucratea chelata L., Bugula neritina L., Flustra papyracea Ellis, Membranipora membranacea L., Microporella ciliata Pall., Lepralia ciliata Pall., Schizoporella hyalina L. und spinifera Johnst., Cellepora hyalina L., Crisia eburnea L. und denticulata Lam., Tubulipora flabellaris Fabr., fimbria Lam. und serpens L., Idmonea atlantica Lamour., Diastopora patina Lam. und Hornera violacea Sars. Zehn andere Arten der Antarktis finden sich bis Florida und in das Mittelmeer verbreitet, eine Art bis Californien und eine andere bis Honolulu. Südlich-circumpolare Arten giebt es sehr wenig, nämlich 8: Diachoris costata und inermis Busk, Salicornaria clavata Busk, Caberea Boryi Aud. Sav., Mucronella tricuspis Hincks, Crisia Edwardsiana Orb., Idmonea Milneana Orb., Lichenopora fimbriata Orb. Es ist eigenthümlich, daß von diesen acht Arten nur eine einzige, nämlich Caberea Boryi, eine über die antarktisch-notale Zone hinausgehende Verbreitung hat. Es dürfte die Betrachtung dieser Verhältnisse, nämlich daß es wenig circumpolare südliche Bryozoen-Arten giebt, andererseits eine große Anzahl solcher, die in der Arktis und Antarktis zugleich vertreten sind, als ziemlich sicher ergeben, daß zur Zeit der Bildung von Sonderfaunen die Antarktis schon ein in einzelne weit von einander getrennte Spitzen- und Inselgebiete aufgelöstes Areal dargestellt hat, in welchem sich bereits zu recht alten Zeiten Lokalfaunen bilden mußten.

Der einzige Brachyure von circumpolarer Verbreitung ist der Pinnoteride Halicarcinus planatus White, der von dem ganzen magalhaensischen, dem kerguelenischen und dem aucklandischen Bezirk bekannt ist; der Familiengenosse Hymenicus pubescens hat gleichfalls eine weite Verbreitung, tritt aber nördlich schon mehr aus der Antarktis heraus; dies gilt in weitestem Maaße von dem Schwimmkrebse Platyonychus bipustulatus M. E., der von den Südländern Amerikas und Australiens sich über ganz Chili und Australien, Ozeanien, selbst bis Indien und Japan verbreitet. Die übrigen Kurzschwänze scheiden sich einerseits in amerikanische, andrerseits in australisch-neuseeländische, die entweder in den südlichsten Spitzen ihres Bezirkes die äußerste Grenze ihrer eigentlich nördlicher liegenden Verbreitung erreichen, oder aber, die hier wirklich zu Hause sind und deren nördlicheres Vorkommen als ein Hinausschweifen über ihre eigentliche Heimath anzusehen ist. Zu der letzteren Gruppe gehört als charakteristischster Kurzschwanz des magalhaensischen Bezirkes Eurypodius Latreillei Guér. Mén., der dort an Häufigkeit geradezu unsere nordischen Hyas vertritt und sich kaum über die Grenzen der Provinz hinaus verbreitet. Eurypodius latirostris Miers ist der seltenere gleichfalls antarktische Gattungsgenosse.

Epialtus ist eine stark südlich-amerikanische Gattung, ebenso Hypopeltarion, während Pisoides und Libinia fast die ganze Westküste des Kontinentes entlang reichen, letztere auch nordatlantisch vertreten ist und so die oben (Seite 463) charakterisirte Gruppe darstellen helfen. Die am meisten auffallende Gattung dieser Art ist Cancer, die in dem magalhaensischen Bezirk freilich nicht mehr recht ihre eigentliche Heimath findet, sich aber über die notale und boreale Westküste Amerikas in einer größeren Anzahl von Arten und zwar ziemlich häufig verbreitet. Die übrige Verbreitung der Gattung kennzeichnet sie als eine echte bipolare; sie tritt an der Ostküste Nordamerikas auf und greift von hier auf das gesammte atlantische Gebiet Europas hinüber, andrerseits ist sie in dem neuseeländisch-südaustralischen Bezirk entwickelt. — Die im Gebiet vertretenen Kurzschwänze von ausgesprochen südaustralisch-neuseeländischem Charakter sind Paramithrax, Prionorhynchus und Nectocarcinus.

Von den Anomuren gehört Lithodes antarcticus Jacqu. Luc. zu den allerbezeichnendsten Thieren der Antarktis. Durchaus auf die Südspitze Amerikas und den Smyth Channel beschränkt, ist er hier der Vertreter der sonst nur im hohen Norden (oder in der Tiefsee) auftretenden Gattung Lithodes. Die verwandte, sonst nur in der Tiefsee verbreitete Gattung Paralomis steigt hier in das Litoral auf. Eupagurus comptus Wh. stellt auf der amerikanischen und Eup. Campbelli Filh. auf der australischen Seite den arktisch circumpolaren Eup. pubescens dar. — Die Porcellaniden sind vorwiegend Krebse der südlichen Halbkugel, die nur in geringer Artenzahl nach Norden über den Aequator bis in die gemäßigte Zone greifen und als wenig charakteristische Gäste an der Bildung der Antarktis theilnehmen. Porcellanopagurus ist die einzige besonders ausgebildete und auf Campbell Island beschränkte Form. — Der Galatheide Munida subrugosa White schließt sich den wirklich circumpolaren Formen an, indem er an der Südspitze Amerikas, an Campbell und Auckland Island vorkommt und hier die arktisch-nordische Art der Gattung (M. rugosa) vertritt. Eine noch nicht beschriebene Galathea des Hamburger Museums von der Ostküste Patagoniens stellt den südlichen Vertreter der vielen Arten nordischer Galatheen dar.

Die Kenntniß der antarktischen Cariden war bis vor kurzem eine höchst mangelhafte; die fast einzig angeführten, von Dana beschriebenen Alpheus- bez. Betaeus-Arten sind ganz gewiß nur durch einen Irrthum des Fundortes in die Litteratur gerathen. Die in neueren Arbeiten beschriebenen Vertreter der drei bezeichnendsten arktischen Garneelen-Gattungen Crangon, Hippolyte und Pandalus finden wir an der Südspitze Amerikas, besonders aber in Süd-Georgien; ferner treten im Gebiet die speciell südliche Alpheiden-Gattung Nauticaris und die Palaemoniden-Gattungen Campylonotus und Leander auf.

Die pelagischen und darum überaus weit verbreiteten Euphausia- und Thysanoessa-Arten unter den Schizopoden stellen die Gegenbilder der arktischen Formen dar; die Mysiden-Gattung Macromysis bedarf erneuter Untersuchung zur Feststellung ihrer Verwandtschaft.

Vier Arten der Cumaceen-Gattungen Leucon, Diastylis und Campylaspis vertreten ihre arktisch-borealen Gattungsgenossen, während die Gattungen Vaunthompsonia und Paralamprops Familien angehören, die der nordischen Fauna durchaus fremd sind.

Die Isopoden sind im Wesentlichen nur in der Arktis, der Antarktis und der Tiefsee verbreitet; in ihrem antarktischem Auftreten zeigen sie eine gewisse Aehnlichkeit mit den Fischen, indem die Beziehungen zu der arktischen Thierwelt überall — und zwar hier noch weit mehr als bei den Fischen — hervortreten, indem jedoch die allerbezeichnendste Gruppe — hier die Serolis-artigen (20 Procent der antarktischen Isopoden), dort die Notothenia-artigen — einen ausgesprochen hoch-südlichen Charakter hat. Hieran schließt sich die durch die Süd-Georgien-Forschung bekannt gewordene Familie der Chelonidiaden. Ferner finden sich die auf den Süden beschränkten Gattungen: Cymodocella und Cassidina unter den Sphaeromiden; Iaeropsis, Iais und Notasellus unter den Aselliden, und Astrurus unter den Munniden. Sämmtliche übrigen 21 Gattungen haben Vertreter in arktischen bez. borealen Gegenden. Als Gegenstücke hocharktischer Formen seien erwähnt die

Munniden Munna, Pleurogonium und Haliacris (letztere Gattung in der Litteratur aus der Arktis noch nicht aufgeführt, jedoch im Hamburger Museum von der Murmanküste vorhanden), die Munnopsiden Ilyarachna und Eurycope (letztere Gattung nach einem Stücke von der Ostküste Patagoniens im Hamburger Museum), und schließlich der Idoteide Glyptonotus, welcher die nördlichste und südlichste (Süd-Shetland-Inseln) Isopodengattung darstellt.

Die bisher bekannt gewordenen Tanaiden schließen sich völlig an die nordischen Formen an, insofern die antarktisch vertretenen Gattungen Apseudes, Tanais, Leptochelia, Paratanais und Leptognathia zugleich im Norden Europas und Amerikas heimisch sind. Die nordischen, übrigens kleinen und wenig verbreiteten Gattungen: Parapseudes, Heterotanais, Pseudotanais und Typhlotanais sind in der Antarktis bisher nicht gefunden. — Hinsichtlich der allgemeinen Verbreitung der Tanaiden über die Erde kann noch nichts maaßgebendes gesagt werden, da bisher nur einzelne Gebiete bearbeitet sind.

Die Anschauungen über den zoogeographischen Charakter der Amphipoden können noch nicht als abgeschlossen gelten; zweifellos sind sie eine Gruppe, die das flache Wasser mehr liebt als die Tiefe, und die in den gemäßigten und kalten Gewässern ihre eigentliche Verbreitung findet. Gerade die letzten Jahre haben uns jedoch durch die Arbeiten von Stebbing und Giles überzeugt, daß die warmen Zonen nicht so arm an Amphipoden sind, als man dachte, und das reiche Material des Hamburger Museums besonders von Westamerika, West- und Ostafrika wird nicht unwesentlich zur Gewinnung des entsprechenden Bildes von der Ausbreitung unserer Gruppe beitragen.

Von den 49 in der Antarktis verbreiteten Gattungen der Amphipoda genuina finden sich 28 im Norden wieder; von den übrigen 21 sind 14 nur in einer Art bekannt und gehören zum größten Theil zu Familien, in denen die Gattungskennzeichen ausschließlich künstliche sind. Ich selbst habe, indem ich mich an die bestehende Systematik anschloß, bei der Bearbeitung der Amphipoden von Süd-Georgien fünf solcher Gattungen machen müssen, obwohl ich recht wohl wußte, daß nach den in anderen Gruppen bestehenden systematischen Anschauungen sich die neuen Formen recht gut an schon bestehende Gruppen anschließen würden. Im Ganzen und Großen ist der Eindruck der antarktischen Amphipoden-Fauna durchaus der gleiche wie der der arktischen, und besonders verstärkt wird derselbe durch echt arktische Arten, die sich im Süden wiederfinden, nämlich Rhachotropis aculeatus, Eusirus longipes und Podocerus falcatus. Alle antarktischen Amphipoden haben eine beschränkte Verbreitung; außer dem schon angeführten Eusirus gehen nur noch Seba Saundersi und Atylopsis dentatus durch mehrere Bezirke; alle andern sind auf ein kleines Gebiet beschränkt. Es spricht dies dafür, daß für die echten Amphipoden die Tiefsee im Allgemeinen ein Hemmniß der Ausbreitung ist und daß die durch die Isolirung auf bestimmte enger begrenzte Gegenden angewiesenen Formen sich von den Stammformen entfernt und zu Lokalformen umgebildet haben.

Nur sechs Gattungen antarktischer Amphipoden (Allorchestes, Anonyx, Metopa, Iphimedia, Amphithoe und Podocerus) finden sich in mehreren der antarktischen Bezirke; drei (Amphilochus, Seba, Eusiroides) greifen in notale Breiten über, und drei (Oediceroides, Atylopsis, Eusiroides) finden sich im Litoral des einen und in der Tiefsee eines anderen Bezirkes. Erwägt man hierbei, daß im Gegensatze zu dieser mangelhaften Circumpolarität sich achtundzwanzig der Arktis und Antarktis gemeinsame Gattungen finden, so erhellt, daß die Scheidung der einzelnen antarktischen Bezirke eine viel eingreifendere ist und gewesen ist als die Scheidung der arktischen Zone von der antarktischen (s. hierüber auch Seite 462, 463 und 472).

Von Caprelliden sind zwei Gattungen, nämlich Dodecas und Protellopsis, auf die Antarktis beschränkt, Caprellina greift auf der amerikanischen und neuseeländischen Seite in die notale Zone über, Aegina dagegen ist außer an der Südspitze Amerikas nur in der Arktis gefunden.

Von den pelagischen Hyperioiden und Thyronoiden sind Cyllopus und Tauria auf das antarktische Gebiet beschränkt, Anchylomera und Thamyris reichen jedoch über die ganze südliche Halbkugel und noch etwas darüber hinaus. Vibilia, Hyperiella und Primno haben ihren eigentlichen Wohnsitz in wärmeren Meeren. Dagegen sind die Gattungen Thyro, Parathemisto und Euthemisto ausschließlich auf arktische und antarktische Breiten beschränkt.

Der einzige aus der Antarktis bekannt gewordene Phyllopode ist ein Süßwasserkrebs Süd-Georgiens aus der Gattung Branchinecta, die bisher nur aus dem Süßwasser der Arktis neuer wie alter Welt beschrieben ist.

Ostrakoden sind aus der Antarktis in großer Menge bekannt geworden. Die Gattungen Aglaia und Bythocypris gehören nur dieser Region an, während die Gattungen Macrocypris, Cypridina und Halocypris keinen ausgeprägten zoogeographischen Charakter haben. Die eigentliche Masse der Gattungen, nämlich 14 von den 19 antarktischen, findet sich in der arktischen und borealen Zone wieder und zwar meist, ohne in niederen Breiten Zwischenstationen zu haben. Diese starke Ausprägung des Parallelismus der arktischen und antarktischen Fauna gipfelt, wie bei den Amphipoden, Mollusken, Hydroiden, Schwämmen und Bryozoen, in der Thatsache, daß eine Anzahl von Arten zugleich im höchsten Norden und im höchsten Süden vorkommen, nämlich Krithe Bartonensis, Xestoleberis depressa, Cytherura rudis, Pseudocythere caudata, Sclerochilus contortus, Paradoxostoma abbreviatum und Polycope orbicularis; eine Anzahl anderer Arten hat eine weite Ausstrahlung scheinbar von einem in mittleren südlichen Breiten liegenden Mittelpunkt, wie Macrocypris maculata, Bairdia villosa, Xestoleberis curta. Die Arten Cythere dictyon und Krithe producta sind als kosmopolitisch zu betrachten. Die Circumpolarität der Arten ist auch bei den Ortrakoden schwach ausgeprägt. Außer den beiden als kosmopolitisch gekennzeichneten Arten ist nur Sclerochilus contortus über zwei Bezirke der Antarktis verbreitet, kommt aber außerdem noch in Nord-Europa vor. Dagegen sind die Gattungen Aglaia, Cythere, Krithe, Xestoleberis, Cytherura, Cytheropteron und Bythocythere über mehrere der antarktischen Bezirke verbreitet, d. h. an Zahl nur grade die Hälfte der Gattungen, die die Antarktis mit der Arktis gemein hat.

Die Copepoden als eine im wesentlichen pelagische Gruppe fallen nicht in das Gebiet der vorliegenden Betrachtung.

Die sieben aus der Antarktis bekannt gewordenen Gattungen von Cirripeden geben ein völliges Gegenbild zur Fauna der Arktis. Nur drei auf bestimmte nordische Wirthe angewiesene Gattungen, die zugleich ebensoviel Arten darstellen, fehlen im Süden, nämlich Xenobalanus globicipitis Steenstrup, Anelasma squalicola Lovén und Sylon hymenodorae G. O. Sars; dagegen finden sich die Gattungen Scalpellum, Conchoderma, Verruca, Balanus, Coronula, Elminius und Chthamalus in beiden Zonen entwickelt. All diese Gattungen haben einen im Allgemeinen ausgeprägten nördlichen und andererseits südlichen Verbreitungs-Bezirk, doch finden sie sich mit Ausnahme von Coronula und Elminius auch in anderen Zonen wieder.

Die Pycnogoniden der litoralen arktischen Zone setzen sich zusammen aus den Gattungen Nymphon, Ammothea (incl. Ascorhynchus und Zetes), Colossendeis, Pallene, Phoxichilidium und Phoxichilus. (Die Gattung Pycnogonum ist nicht eigentlich arktisch, sondern boreal.) Die Antarktis dagegen hat die Gattungen: Nymphon, Ammothea, Colossendeis, Clotenia und Phoxichilidium. Es ist also die vollständige Gleichartigkeit der Entwickelung in beiden Zonen nur durch die Gattungen Pallene und Phoxichilus im Norden und Clotenia im Süden gestört. Hierzu ist zu bemerken, daß Phoxichilidium an der Südküste von Australien, Clotenia im Mittelmeere entwickelt ist, beides Gegenden, die mit der borealen bez. notalen Fauna in kräftigem Zusammenhange stehen. Die Gattung Phoxichilus ist freilich völlig auf den Norden und das Mittelmeer beschränkt; der Fundort Singapore für Phoxichilus meridionalis Böhm steht sehr befremdlich vereinzelt da.

Die antarktischen Polychaeten gehören zum allergrößten Theil kosmopolitischen Gattungen an; andere Gattungen sind bipolar und andere sind auf den hohen Süden beschränkt. Die Verschiedenartigkeit, mit der die Weite der einzelnen Gattungen gedeutet wird, ermöglicht mir nicht, eine allgemeine geographische Darstellung der mir wenig geläufigen Abtheilung zu bieten; doch wird Herr Dr. Michaelsen bei der demnächst zu veröffentlichenden Bearbeitung der Polychaeten von Süd-Georgien das Versäumte nachholen. Für das vorläufige Zurechtfinden bietet die unten im IV. Theile gebrachte, von Herrn Dr. Michaelsen freundlichst zusammengestellte Uebersicht die nöthigen Angaben.

Von den antarktischen Oligochaeten ist eine, nämlich Acanthodrilus, fast durchweg auf die südliche Halbkugel beschränkt; die übrigen, nämlich die Enchytraeiden Pachydrilus, Marionia und Enchytraeus, und die Lumbriciden-Gattung Allobophora sind außerdem nur von Europa und den nördlichen Theilen Asiens und Amerikas beschrieben worden. Acanthodrilus ist circumpolar, die anderen Gattungen kommen nur auf einem Bezirk der Antarktis vor.

Die Gephyreen der Antarktis vertheilen sich auf die kosmopolitische, im Süden circumpolar auftretende Gattung Phascolosoma und die bisher nur von dem magalhaensischen Bezirk bekannte Gattung Diclidoophidon.

Für die Nemertinen verweisen wir auf die unten folgende Uebersicht; eine Besprechung ist jetzt unthunlich, da eine durchgängige systematische Bearbeitung der Abtheilung von Seiten des Herrn Dr. Bürger für die nächste Zeit bevorsteht.

Die antarktischen Holothurien vertheilen sich auf die im Uebrigen kosmopolitischen Gattungen Holothuria, Stichopus, (Pseudostichopus), Psolus, Ocnus, Cucumaria, Semperia, Thyone und Chirodota. Von diesen ist Pseudostichopus eine kerguelenische Lokalform von Stichopus. Sämmtliche andern Gattungen finden sich in der arktischen Zone wieder; außerdem noch die kosmopolitischen Gattungen Orcula, Thyonidium und Synapta, welche sich an der südaustralischen Küste, einem mit der Antarktis immerhin im Zusammenhange stehenden Gebiet, wieder vorfinden. Von den der Arktis nun noch als eigenthümlich übrig verbleibenden Gattungen ist Echinocucumis durchaus auf die nördliche Halbkugel beschränkt, während Myriotrochus, Acanthoderma, Trochoderma und Ankyroderma ausgesprochen arktische Formen sind. — Die große Familie der Elpidiaden steigt in der Arktis, jedoch nicht in der Antarktis, in das Litoral hinauf, gehört aber sonst kosmopolitisch durchaus der Tiefsee, und zwar als eine der allerbezeichnendsten Komponenten, an.

Von den antarktischen Seeigeln ist Goniocidaris canaliculata eine der bezeichnendsten Formen; er fehlt nirgends in dem magalhaensischen Bezirk, kommt auch an Kerguelens Land und in größeren Tiefen weiter nördlich vor. Die Gattung Goniocidaris ist im Ganzen auf die südliche Halbkugel beschränkt, greift jedoch bis nach Ostindien und den Philippinen auf die nördliche hinüber.

Der Hauptverbreitungskreis der Gattung Arbacia ist die Westküste Südamerikas von der Südspitze bis Californien; durch die frühere Oeffnung der Landenge von Panama geht sie nach Westindien und sendet ihre beiden westindischen Arten bis nach Brasilien und hinüber nach Westafrika und dem Mittelmeer. Die beiden in der Antarktis vorkommenden Arten kennzeichnen sich durch ihre sonstige Verbreitung als echte Bewohner der Westküste Südamerikas, sind also unwesentliche Beimischungen der antarktischen Fauna. Erwähnt sei, daß Arbacia nigra sich in einer aus lauter rein antarktischen Thieren eines auf der ostpatagonischen Bank in 38° Süd auf 52 Faden gewonnenen Dredgezuges vorfand. (Mus. Hamb., leg. Kophamel.) Die Spatangiden-Gattungen Hemiaster und Tripylus sind antarktische Gruppen, die sich bis Chili ziehen. Die nunmehr noch übrigen Gattungen Strongylocentrotus, Echinus und Schizaster sind die eigentlichen Seeigel des höchsten Nordens wie des höchsten Südens. Strongylocentrotus und Echinus sind fast kosmopolitisch, ersterer mit seinem Haupt-Verbreitungsgebiet an der Westküste von Amerika, letzterer in den gemäßigten und kalten Zonen beider Halbkugeln; Schizaster ist eine außer dem hohen Norden und Süden nur in der Tiefsee vorkommende Gattung.

Von den antarktischen Seeigeln bieten zwei die seltene Erscheinung der Circumpolarität, nämlich Echinus magellanicus und margaritaceus, drei andere, nämlich Goniocidaris canaliculata, Hemiaster cavernosus und Schizaster Moseleyi verbreiten sich über die Hälfte des Gebietes. Die Gattungen Hemiaster und Schizaster gehören der Tiefsee an und legen daher eine weite Verbreitung über den Boden des Meeres hin nahe; dagegen reichen die Gattungen Strongylocentrotus und Echinus durchaus nicht in die Tiefsee, sodaß ihre circumpolare Ausbreitung aus recht alter Zeit stammen muß.

Bei den Asterien zeigt sich der oben im Allgemeinen erwähnte

Gesichtspunkt, daß Tiefseethiere in den polaren Zonen gern in das Litoral aufsteigen, in verschiedentlichem Maaße verwirklicht; andrerseits steigen wiederum Mitglieder litoraler Gattungen ab und zu, oder aber für immer in die Tiefsee. Hierdurch wird die Herausschälung der eigentlichen Litoralfauna etwas erschwert, besonders da im vorliegenden Falle die Asterien nur auf ihr polares Vorkommen untersucht werden.

Aus beiden polaren Zonen zusammen werden im Ganzen 39 in das Litoral innerhalb der 150 Faden-Linie aufsteigende Gattungen angeführt; von diesen entfallen 10 sicher auf die Tiefsee, nämlich: Protaster, Plutonaster, Pseudarchaster, Odontaster, Bathybiaster, Psilaster, Poraniomorpha, Lasiaster, Hymenaster, Brisinga. Von den zurückbleibenden 29 Gattungen sind drei, nämlich Luidia, Astopecten und Asterina belanglos; sie stellen nur die äußersten, durch die Langstreckigkeit der Ufer bis in die subpolaren Zonen hineinreichenden Mitglieder von Gattungen wärmerer Meere vor. Die Gattung Pentagonaster tritt im Norden nicht in die eigentliche Arktis ein, hat auch im Süden ihre Hauptentwickelung in der gemäßigten Zone, findet sich aber immerhin an der Südspitze Amerikas in mehreren hier ständig verbreiteten Arten. Ueber Ctenodiscus, Retaster, Acanthaster siehe unten im IV. Theil. Die Gattung Asterias findet sich freilich in allen Breiten, wie sie auch in ganz bedeutende Tiefen steigt; nichtsdestoweniger ist sie an Zahl der Arten und Individuen die verbreitetste und bezeichnendste Gattung des Litorals der kälteren Zonen. Die ganz besondere Entwicklungskraft dieser Gattung hat eben alle Verbreitungs- und Erhaltungsschwierigkeiten überwunden. Von den 26 mit einigem Recht als polar anzusehenden Gattungen hat der Norden 2, nämlich Hippasteria und Rhegaster, der Süden 10, nämlich Luidiaster, Gnathaster, Cycethra, Ganeria, Peribolaster, Acanthaster, Perknaster, Calvasterias, Anasterias und Labidiaster für sich entwickelt. Von den übrig bleibenden, der Arktis und Antarktis gemeinsamen Gattungen findet sich Retaster, Echinaster und Asterias auch über das kältere Gebiet hinaus; dagegen sind die Gattungen Ctenodiscus, Leptoptychaster, Porania, Stichaster, Crossaster, Solaster, Lophaster, Pteraster,

Cribrella, Pedicellaster als ausgesprochen bipolar zu bezeichnen, die höchstens Ausläufer in die boreale bez. notale Zone entsenden.

Die südliche Circumpolarität der Gattungen ist bei den Asterien verhältnißmäßig stark entwickelt. Zehn Gattungen (Bathybiaster, Gnathaster; Retaster, Cribrella, Pedicellaster, Porania, Stichaster, Solaster und Labidiaster) verbreiten sich über zwei oder mehr Bezirke des antarktischen Gebietes. Alle diese Gattungen, mit Ausnahme von Gnathaster und Labidiaster, sind zugleich nordisch; aber diese genannten Gattungen haben alle die Fähigkeit, in der Tiefsee zu leben und sich dort zu verbreiten. Freilich haben auch die acht übrigen südlich-circumpolaren Gattungen dieselbe Fähigkeit, sodaß ein Schluß auf die alte Asterien-Fauna der Antarktis nicht ohne weiteres gezogen werden kann.

Arten von großer circumpolarer Verbreitung sind selten. Bathybiaster loripes lebt an der Südspitze Amerikas und an Kerguelens Land, Porania antarctica an Süd-Georgien und Kerguelens Land, Asterias rupicola an Kerguelens Land und dem aucklandischen Bezirk.

Arten, welche als gemeinschaftliche Bewohner der Arktis und Antarktis anzusehen wären, sind nicht beschrieben worden.

Von den elf antarktischen Ophiuroiden-Gattungen gehört die Gattung Ophioceramis auf die südliche Halbkugel und steigt nördlich davon nur bei Barbados in das Litoral hinauf. Ophioconis findet sich litoral nur noch im Mittelmeer, Ophiomyxa fast in allen wärmeren Gegenden. Die übrigen acht sind zugleich Bewohner der Arktis und zwar meist auf die beiden polaren Zonen beschränkt; Ophiactis, Amphiura und Ophiacantha sind Kosmopoliten. Die Gattungen Ophioglypha, Amphiura, Ophiacantha, Ophiomyxa und Gorgonocephalus verbreiten sich über mehrere antarktische Bezirke; dasselbe ist von vier Arten zu sagen, nämlich Ophioglypha hexactis, Ophiacantha vivipara, Ophiomyxa vivipara und Gorgonocephalus Pourtalesii.

In der Klasse der Krinoiden hat die Antarktis eine eigene Gattung, Promachocrinus, entwickelt. Die übrigen sechs bisher beschriebenen litoralen Arten gehören zur Gattung Antedon, wie auch sämmtliche aus der Arktis bekannte.

Die schwimmenden Acalephen fallen nicht in den Kreis der vorliegenden Betrachtung; die Lucernarien, von denen bisher nur arktisch-boreale Vertreter bekannt waren, sind durch einen Haliclystus von Süd-Georgien nunmehr auch im antarktischen Gebiet vertreten.

Die Siphonophoren als pelagische Thiere gehören gleichfalls nicht in den Kreis der vorliegenden Betrachtung, doch sei erwähnt, daß Armenista antarctica Haeckel aus den höheren Breiten sämmtlicher südlicher Oceane bekannt ist.

Der geographische Charakter der Hydroiden ähnelt dem der Bryozoen und Amphipoden; es sind eine Anzahl kosmopolitischer Gattungen bekannt, und ihre Zahl wird sich vielleicht noch vermehren, die meisten aber sind durchaus auf die beiden kälteren Zonen beschränkt; sie reichen bis in die Tiefsee, ihre eigentliche Verbreitung liegt aber im Litoral. Von den dreizehn aus der Antarktis bekannten Gattungen sind vier, nämlich Hypanthea, Hebella, Staurotheka und Schizotricha derselben eigen; die übrigen neun finden sich im Norden wieder. Als Gattungen von größerer Verbreitung innerhalb des antarktischen Gebietes sind Halecium, Hypanthea, Grammaria und Sertularia zu nennen. Arten, die in mehreren Bezirken der Antarktis vorkommen, sind Halecium delicatulum, Lafoëa dumosa, Sertularia polyzonias, operculata, fusiformis, trispinosa und Johnstoni. Die ersten vier dieser Arten kommen zugleich im arktischen Litoral vor; außerdem finden sich noch drei in der Arktis und Antarktis zugleich vorkommende Arten, nämlich Sertularia polyzonias, Lafoëa fruticosa und Eudendrium rameum. Die Anzahl der zugleich im Norden und Süden heimathenden Arten würde sich als noch viel größer erweisen, wenn man der Betrachtung die arktische Fauna zu Grunde legte und Süd-Australien mit in Betracht zöge.

Die Hydrocorallinen sind der Antarktis im Allgemeinen fremd; beschrieben ist ein Stylasteride aus der Tiefsee-Gattung Erinna.

Von den Korallen des antarktischen Litorals ist die von Verrill aufgeführte, aber nicht beschriebene Astrangia als der südlichste Ausläufer der an der pacifischen Küste Amerikas weit verbreiteten Gattung anzusehen. Dagegen sind die gleichfalls vom magalhaensischen Bezirk bekannten Turbinoliden aus den Gattungen Desmophyllum und Flabellum die litoralen Ausläufer der beiden ihrem Wesen nach der Tiefsee angehörigen Genera.

Die Aktinien scheinen in der Antarktis eine sehr bedeutende Verbreitung zu haben, bisher jedoch nicht genug gesammelt zu sein. Es werden fünfzehn Arten aus zwölf Gattungen angeführt. Vier der letzteren, nämlich Leiotealia, Antholoba, Bunodella und Scytophorus sind auf das antarktische Gebiet beschränkt, die übrigen acht, nämlich Dysactis, Cereus, Metridium, Sagartia, Bunodes, Phellia, Halcampa und Peachia, finden sich in der borealen Zone wieder. Die Aktinien-Fauna der eigentlichen Arktis ist zu wenig bekannt, um zum Vergleich herangezogen zu werden.

Von den Gorgoniden, deren Tiefenvorkommen gebucht ist, gehört nur die Gattung Primnoella in das antarktische Litoral; alle übrigen sind, wie auch im Allgemeinen die Gorgoniden der Arktis, Tiefseethiere. Die Gattung Primnoella ist auf die Antarktis beschränkt und vertritt hier die arktische Gattung Primnoa.[1])

Die große Zahl der nordischen Pennatuliden-Gattungen wird nur durch eine einzige, nämlich Virgularia (Mus. Hamb. 49° 35′ S, 64° 43′ W 62 Fd., leg. Kpt. Kophamel), im hohen Süden vertreten.

Alcyonaceen sind im antarktischen Litoral bisher aus drei Gattungen, Metalcyonium, Cornularia und Sympodium bekannt. Die erstere ist das auf die Antarktis beschränkte Gegenstück der nordischen Alcyoniden, die beiden andern sind aus den arktischen Meeren wohl bekannt, haben jedoch im übrigen eine größere noch anderweitige Verbreitung.

So gering die Zahl der litoralen antarktischen Alcyonarien ist, so klar zeigt sich doch der ausgeprägte Parallelismus zu den nordischen Abtheilungsgenossen.

---

[1]) Eine Anzahl antarktischer Gorgoniden ist von Gray, Proc. Zool. Soc. 1872, beschrieben, ohne daß genauere Fundorte oder das Tiefenvorkommen angegeben ist. Wright und Studer (Challenger Reports, pt. LXIV, Alcyonaria), haben diese Arten nicht mit in die allgemeine Synopsis aufgenommen. Der Gray'sche Gattungsname Hookerella scheint vor Primnoisis Wright und Studer den Vorrang haben zu müssen.

Die eigentlichen Hornschwämme fehlen völlig in der Antarktis; auch aus der Arktis ist bisher nur eine einzige Cacospongia von v. Marenzeller angegeben.

Die Monaxonien geben fast in allen Einzelheiten ein treues Bild der nordischen Entwickelung. Nur die Gattung Ciocalypta ist auf die südliche Halbkugel beschränkt; alle anderen 18 Gattungen kehren in borealen oder arktischen Breiten wieder und sind zum Theil auf die beiden polaren Zonen beschränkt, während andere völlig oder annähernd Kosmopoliten sind. Als Gattungen von größerer Verbreitung innerhalb der Antarktis zeigen sich Halichondria, Petrosia, Myxilla, Axinella, Suberites; von Arten, die mehrere der antarktischen Bezirke bewohnen, ist nur Petrosia similis zu nennen. Dagegen giebt es eine größere Zahl von Species, welche eine über die Antarktis hinausgehende Verbreitung haben und nicht weniger als neun, die in der arktischen oder borealen Zone wiederkehren, nämlich Halichondria panicea, caduca, plumosa, carnosa, sanguinea; Renieria aquaeductus, Esperiopsis Edwardsii, Iophon Pattersonii und Stylocordyla stipitata.

Die Tetractinellen und Hexactinellen sind Tiefseegruppen, doch steigen ausnahmsweise einige Arten in das Litoral; siehe darüber die Uebersicht im IV. Theile.

Von Kalkschwämmen kommen vier Gattungen, nämlich Ute Amphoriscus, Leuconia und Leucetta, in der Antarktis vor; alle diese erscheinen auch wieder in der Arktis, und zwar sind die beiden letzteren bipolar, die beiden anderen kosmopolitisch.

Ueber die antarktischen Radiolarien und Foraminiferen ist ein gewaltiges Material in den Challenger-Reports niedergelegt. (E. Haeckel, Radiolaria und H. B. Brady, Foraminifera); dagegen ermangeln diese Gruppen einer eingehenden Behandlung ihrer arktischen Verbreitung, außerdem entfallen sie nicht in das Gebiet der Litoralthiere, sodaß die allgemeine zoogeographische Betrachtung besser einer späteren Zeit vorbehalten bleibt.

III. Systematische Darstellung der Fauna von Süd-Georgien.

Thierkreis Wirbelthiere.

Klasse Säugethiere.

Karl von den Steinen, Allgemeines über die zoologische Thätigkeit und Beobachtungen über das Leben der Robben und Vögel auf Süd-Georgien. Dieses Werk pag. 194—279, mit zehn Abbildungen.

Gattung Ogmorhinus Peters.

Zwei antarktische Arten.

O. leptonyx Blainville (Stenorhynchus leptonyx. In der ganzen Antarktis und darüber hinaus verbreitet.

v. d. Steinen l. c. pag. 205—207, Maaße pag. 269.

Gattung Macrorhinus F. Cuvier.

Nur in einer Art bekannt. Die Gattung Cystophora, zu der die antarktische Art früher gezogen wurde, bleibt daher allein für die nordische Art C. cristata Erxleben, die Klappmütze.

M. leoninus L. (Cystophora proboscidea Péron et Lesueur). In der ganzen Antarktis und darüber hinaus verbreitet.

v. d. Steinen l. c. pag. 208—213, Maaße 269—272, Fig. 5 und 6.

Klasse Vögel.

H. A. Pagenstecher, Die Vögel Süd-Georgiens. Jahrb. Hamb. Wiss. Anst. II (1885) pag. 1—27; mit einer Tafel.

Carl v. d. Steinen, Allgemeines über die zoologische Thätigkeit und Beobachtungen über das Leben der Vögel und Robben auf Süd-Georgien. Dieses Werk pag. 194—279.

Cabanis, Anthus antarcticus n. sp. Journal für Ornithologie XXXII (1884) pag. 254.

Familie Motacillidae.

Anthus antarticus Cabanis. Etwas verschieden von Anthus correndera Vieillot von den Falklands-Inseln.

l. c. pag. 154. — Pagenstecher l. c. pag. 9—12. — v. d. Steinen l. c. pag. 215.

Familie Chionidae.

Chionis alba Gmelin.

Pagenstecher l. c. pag. 12. — v. d. Steinen l. c. pag. 216, 273.

Familie Anatidae.

Querquedula Eatoni Sharpe.

Philos. Trans. Vol. 168 pag. 105. — Pagenstecher l. c. pag. 13. — v. d. Steinen l. c. pag. 219, 273.

Familie Pelecanidae.

Phalacrocorax carunculatus Gmelin.

Pagenstecher l. c. pag. 27. — v. d. Steinen l. c. pag. 267.

Familie Procellariadae.

Diomedea melanophrys Temminck.

Pagenstecher l. c. pag. 24. — v. d. Steinen l. c. pag. 259.

Diomedea fuliginosa Gmelin.

Pagenstecher pag. 23. — v. d. Steinen pag. 256, Fig. 2.

Pelecanoides urinatrix Gmelin. var. Berardii.

Pagenstecher pag. 17. — v. d. Steinen pag. 240.

Procellaria Nereis Gould.

Pagenstecher pag. 18. — v. d. Steinen pag. 242.

Oceanites melanogastra Gould.

Pagenstecher pag. 18. — v. d. Steinen pag. 242.

Ossifraga gigantea Gmelin.

Pagenstecher pag. 19. — von den Steinen pag. 243, 278.

Pagodroma nivea Gmelin.

Pagenstecher pag. 21. — v. d. Steinen pag. 250, 278.

Daption capense L.

Pagenstecher pag. 22. — v. d. Steinen pag. 251.

Majaqueus aequinoctialis L.

Pagenstecher pag. 22. — v. d. Steinen pag. 282.

Prion turtur Smith.

Pagenstecher pag. 23. — v. d. Steinen pag. 254.

Familie Laridae.

Stercorarius (Megalestris) antarcticus Lesson.

Pagenstecher pag. 24. — v. d. Steinen pag. 259.

Larus dominicanus Lichtenstein.

Pagenstecher pag. 24. — v. d. Steinen pag. 262.

Sterna virgata Cabanis.

Pagenstecher pag. 25. — v. d. Steinen pag. 265.

Familie Spheniscidae.

Eudyptes chrysolophus Brandt.

Pagenstecher pag. 15. — v. d. Steinen pag. 239, 277.

Eudyptes diadematus Gould.

Pagenstecher pag. 15. — v. d. Steinen pag. 239, 277.

Eudyptes saltator Steph.

v. d. Steinen pag. 239.

Pygoscelis papua Scopoli.

Pagenstecher pag. 14. — v. d. Steinen pag. 221.

Pygoscelis antarctica Forster.

Pagenstecher pag. 14. — v. d. Steinen pag. 237, 276, Fig. 3 und 9.

Aptenodytes longirostris Scopoli.

Pagenstecher pag. 16. — v. d. Steinen pag. 229, 273, Fig. 7 und 8.

Die Arbeit Pagenstecher's bringt eine Tabelle über die Verbreitung der Vögel auf den antarktischen Inseln.

Klasse Fische.

J. G. Fischer, Ueber Fische von Süd-Georgien. Jahrb. Hamb. Wissensch. Anst. II (1885) pag. 49—65, Taf. I und II, Fig. 9.

Familie Trachinidae.

Die große kosmopolitische Familie der Trachiniden erfährt in den antarktischen Gewässern eine ganz besondere Entwickelung; sie vertritt hier die nahe verwandte, gleichfalls auf den Meeresboden angewiesene Familie der Cottiden aus den arktischen Meeren, die sich antarktisch nur spärlich (in drei Gattungen und Arten) entwickelt hat. Bisher sind dreißig antarktische Trachiniden bekannt, d. h. 50 Prozent sämmtlicher bekannten antarktischen Fische.

Gattung Chaenichthys Richardson.

Voy. Erebus and Terror, Fishes pag. 12.

Diese eigenthümliche Gattung weicht nicht nur im Habitus, sondern in der Bildung der Seitenlinie, der Flossenstrahlen und Flossenstrahlenträger so beträchtlich von der Familie ab, (siehe Fischer l. c. pag. 51) daß erst ein eingehendes anatomisches Studium die Stellung der Gattung aufklären wird.

Die Gattung ist nur von der Südspitze Amerikas, Süd-Georgien und Kerguelens Land bekannt.

Ch. georgianus Fischer.

Fischer l. c. pag. 50, Taf. I, Fig. 1, 2.

Die Art zeichnet sich vor den beiden übrigen Gattungsgenossen[1]) durch den Mangel der ersten Rückenflosse aus. Fischer bemerkt[2]), daß Richardson[3]) bei einem Stück von Harpagifer bispinis Rich. gleichfalls ein völliges Fehlen der ersten Rückenflosse beobachtet hat, ohne daß eine Spur einer Verletzung zu finden gewesen wäre; daß also

[1]) Ch. rhinoceratus Richardson, Ereb. Terr. pag. 13 und Ch. esox Günther, Proc. Zool. Soc. 1881 pag. 20. — [2]) l. c. pag. 52. — [3]) Ereb. Terr. pag. 10.

Merkmale, welche sonst Gattungen und sogar Familien unterscheiden, bei gewissen Formen nur Arten oder auch diese noch nicht einmal kennzeichnen.

Gattung Notothenia Richardson.

Voy. Ereb. Terr. Fishes pag. 5.

Die Gattung ist in achtzehn Arten aus allen antarktischen Meeren bekannt; das nördlichste Vorkommen ist Neu-Seeland.

N. marmorata Fischer.

l. c. pag. 53.

N. angustifrons Fischer.

l. c. pag. 55.

N. coriiceps Rich.

Voy. Ereb. Terr. pag. 5 pl. 3. fig. 1, 2. — Fischer l. c. pag. 49.

Gattung Harpagifer Richardson.

Voy. Ereb. Terr. Fishes pag. 11.

Von der Gattung sind bisher zwei Arten bekannt, nämlich H. palliolatus Rich. (l. c. pag. 20.) und H. bispinis Rich., der erstere nur von der Südspitze Amerikas, der andere zugleich auch von Süd-Georgien und Kerguelens Land. Letzterer hat somit von allen antarktischen Fischen die weiteste Verbreitung.

H. bispinis Rich.

l. c. pag. 11 pl. 7 fig. 1—8; pag. 19 pl. 12 fig. 8, 9. — Fischer l. c. pag. 57.

Familie Cottidae.

Gattung Sclerocottus Fischer.

Fischer l. c. pag. 58.

Habitus Cottus-ähnlich, mit glatter, schuppenloser Haut und granulirten Knochenplatten auf der Oberseite des Kopfes und gepanzerter Wange. Mit Harpagifer am nächsten verwandt, darum also die Trachiniden und Cottiden völlig verbindend.

S. Schraderi Fischer.

l. c. pag. 58. Taf. I. Fig. 3, 4.

Familie Discoboli.

Die Familie ist fast durchaus arktisch und antarktisch; die atlantisch-arktischen reichen bis in die Nord- und Ostsee, die pacifischen bis Californien; antarktisch ist sie bisher nur von Süd-Georgien bekannt.

Gattung Liparis Artedi.

Die Gattung war bisher nur von den nördlichsten Theilen des atlantischen und pacifischen Ozeans bekannt; um so wesentlicher ist die

Entdeckung einer Art aus den antarktischen Gewässern. Vaillant (Miss. scient. Cap Horn, Poissons pag. 22) bezeichnet die antarktischen Arten mit dem Namen Enantioliparis.

L. Steinenii Fischer. Die Stücke wurden bei der Station am Strande mit der Hand gegriffen.

l. c. pag. 63.

Familie Lycodidae.

Diese Familie ist nebst den verwandten Abtheilungen der Gadiden und Macruriden eine der allercharakteristischsten der Arktis und Antarktis. Arktisch sind Lycodes, Gymnelis und Uronectes, antarktisch Lycodes (incl. Phycoecetes und Ilyoecetes), Gymnelichthys, Melanostigma und Maynea.

Gattung Gymnelichthys Fischer.

Fischer l. c. pag. 60.

Fast in allen Merkmalen mit der Gattung Gymnelis Reinhardt übereinstimmend. Fischer führt als unterscheidend noch an: Obere Kinnlade ausschließlich vom zahntragenden Zwischenkiefer gebildet, hinter welchem, parallel mit ihm, der Oberkiefer liegt. Der infraorbitale Knochenring ist nicht geschlossen und steht mit den Deckelknochen des Kiemen-Apparates nicht in Verbindung. Keine Pseudobranchien. Drei Appendices pyloricae.

G. antarcticus Fischer.

l. c. pag. 61. Taf. II. Fig. 9.

Thierkreis Mollusken.

E. v. Martens, Vorläufige Mittheilungen über die Molluskenfauna von Süd-Georgien. Sitzungsberichte der naturforschenden Freunde, 17. März 1885, Berlin. — E. v. Martens und Georg Pfeffer, Die Mollusken von Süd-Georgien nach der Ausbeute der Deutschen Station 1882—1883. Jahrb. Hamb. Wissensch. Anst. III (1886) pag. 63—135. Mit vier Tafeln.

Klasse Gastropoda.

Familie Muricidae.

Gattung Trophon Montfort.

Die Gattung wird in verschiedener Weite aufgefaßt; die echten Mitglieder sind durchaus arktisch einerseits und antarktisch andererseits mit Ausläufern in die boreale und notale Zone. Die Anzahl der Arten ist eine ziemlich große.

T. brevispira v. Martens. Der Kanal ist fast ganz verschwunden, die Columella flach und die Spira kurz; dadurch nähert sich die Art der Gattung Purpura. — Die Art wurde lebendig am Strande bei Ebbe gesammelt und in todten Stücken theils am Strande gefunden, theils aus dem Schlick auf 9 Faden gedredgt.

Sitzb. naturf. Fr. Berl. 1885 pag. 91. — v. Martens u. Pfeffer l. c. pag. 68. Taf. I. Fig. 1 a, b.

T. cinguliferus Pfeffer. Am meisten verwandt mit T. Phillippianus Dunker von der Magalhaens-Straße.

Jahrb. pag. 70. Taf. I. Fig. 2. a. b.

Familie Buccinidae.

Gattung Cominella Gray.

Die Auffassung dieser Gattung ist keine einheitliche; die eigentliche Masse der Gattung gehört jedenfalls den gemäßigten Gegenden der südlichen Halbkugel an.

C. (Chlanidota) densisculpta v. Martens.

l. c. pag. 91. — v. Martens u. Pfeffer l. c. pag. 71. Taf. I. Fig. 3 a—f.

Die Gruppe Chlanidota stellte v. Martens (Sitzb. naturf. Fr., Berlin 1878 pag. 23; Conch. Mitth. I pag. 43.) als Subgenus von Cominella für C. vestita Mrts von Kerguelens Land auf. Es ist bisher nur noch die Süd-Georgien-Art hinzugekommen. Die Gruppe Chlanidota ist die antarktische Vertreterin der nordisch-pacifischen Gruppe Volutharpa. — Es wurden erwachsene Thiere und Junge, ferner die Cylinderhut-förmigen Eier an den Tangwurzeln gefunden.

C. modesta v. Martens. Die Art wurde am Strande bei Ebbe gesammelt; es ließen sich außer den typischen Stücken zwei Formen absondern, f. elongata Pfeffer und f. undata Pfeffer.

l. c. pag. 91; v. Martens u. Pfeffer l. c. pag. 73. Taf. I. Fig. 4 a—e.

Familie Pleurotomidae.

Gattung Mangelia Risso.

M. antarctica Pfeffer. Der v. Martens'sche Name mußte geändert werden, da die schwarzen Punkte nicht zur Schnecke gehören. Die verwandtschaftlichen Beziehungen der Art zur Gattung Mangelia sind nicht klar, ehe nicht aus antarktischen Gegenden verwandte Formen gefunden sind.

l. c. pag. 74. Taf. I. Fig. 5 a, b. — (nigropunctata v. Martens l. c. pag. 91).

Familie Litorinidae.

Aus der Antarktis sind eine Anzahl Litoriniden bekannt, welche sich vor den übrigen durch ein primitiveres Verhalten auszeichnen, indem die Columelle und der Nabel die bei anderen Taenioglossen übliche Form haben, während bei der Gattung Litorina der Nabel verschwindet und die den Nabel umziehende Kante mit der Columelle zu einer Schein-Columelle verschmilzt. — Sämmtliche Arten von Süd-Georgien haben eine starke Schalenhaut und sehr wenig Kalk in der Schale.

Gattung Pellilitorina Pfeffer.

v. Martens u. Pfeffer l. c. pag. 77.

Embryonal-Windungen glatt und ohne Schalenhaut, die späteren mit einer Fell-artigen Schalenhaut, die in Längsleisten Borsten trägt, welche zugleich in Spiralreihen angeordnet sind. Dem entsprechend zeigt die Schale von den Haaren herrührende punktförmige Längs- und Spiral-Eindrücke. Zwei Arten aus der Antarktis.

P. setosa E. A. Smith. Von Kerguelens Land zuerst bekannt geworden. Die Süd-Georgien-Stücke wurden todt am Strande bei Ebbe gesammelt.

Phil. Trans. Vol. 168 pag. 172, pl. 9. fig. 6. — v. Martens l. c. pag. 92. — v. Martens u. Pfeffer l. c. pag. 77. Taf. I. Fig. 7 a, b.

P. pellita v. Martens. Von der vorigen Art durch die kugelige Gestalt und die rauhborstige Schalenhaut unterschieden. Die Stücke werden in allen Altersstufen am Strande bei Ebbe gesammelt.

l. c. pag. 92. — v. Martens u. Pfeffer l. c. pag. 79. Taf. I. Fig. 6 a—c.

Gattung Laevilitorina Pfeffer.

v. Martens u. Pfeffer l. c. pag. 81.

Kleine, braune, schwach verkalkte, chitinige Arten mit dünner, glatter Schalenhaut, mit verdecktem oder furchenförmigem Nabel. Fünf Arten aus der Antarktis.

L. caliginosa Gould. Die Verbreitung der Art reicht von Feuerland bis Kerguelens Land. In Süd-Georgien ist es die häufigste Schnecke auf Macrocystis-Blättern.

Unit. Stat. Expl. Exp. pag. 158. fig. 240. — Hydrobia caliginosa Smith, Phil. Trans. 168. pag. 173. pl. IX. fig. 8. — v. Martens l. c. pag. 92. — v. Martens u. Pfeffer l. c. pag. 81. Taf. I. Fig. 8 a—d. — Zungenzähne, von Schacko abgebildet und beschrieben, pag. 83—85. Taf. III. Fig. 10.

L. venusta Pfeffer.

l. c. pag. 15. Taf. I. Fig. 9 a. b.

L. pygmaea Pfeffer. In wenig Stücken auf Macrocystis-Blättern gefunden.

l. c. pag. 85. Taf. I. Fig. 11. — Zungenzähne, von Schacko abgebildet und beschrieben, pag. 86 und 87. Taf. III. Fig. 12.

L. granum Pfeffer.

l. c. pag. 87. Taf. I. Fig. 10.

L. umbilicata Pfeffer.

l. c. pag. 88. Taf. I. Fig. 12

Die beiden zuletzt aufgeführten Arten stehen den übrigen etwas ferner, schließen sich jedoch hier besser als irgend anderswo an.

Gattung Lacunella Dall.

Dall, Proc. Un. Stat. Nat. Mus. VII. pag. 344. pl. 2. fig. 1—3.

Schale niedergedrückt, Helix-artig, schwach verkalkt, chitinig, genabelt. Mundsaum nicht kontinuirlich, scharf; Columelle zum größten Theil freistehend, umgeschlagen. Deckel chitinig, mit wenig Windungen, Nucleus stark excentrisch. — Die Gattung wurde von Dall für eine Art von den Pribiloff-Inseln und Aleuten gegründet, jetzt erhält sie auch einen antarktischen Vertreter.

L. antarctica v. Martens.

l. c. pag. 12. — Litorina pumilio Smith, Id. ibid. — v. Martens u. Pfeffer l. c. pag. 89. Taf. II. Fig. 1—3. — Zungenzähne, von Schacko beschrieben und abgebildet pag. 90 u. 91. Taf. III. Fig. 13.

L. (Hydrobia) pumilio Smith (Phil. Trans. 168) ist jedenfalls eine junge Litorinide, die jedoch nicht bei Süd-Georgien vorkommt. Die bei der ersten Bearbeitung von v. Martens als L. pumilio bezeichnete Schnecke ist eine junge Lacunella antarctica. Von der Art liegen alle Altersstufen, sowie der Laich vor, der auf Tangblättern einen einschichtigen dichtgedrängten Haufen weißlicher polyedrischer Kapseln bildet.

Familie Rissoidae.

? Gattung Hydrobia Hartmann.

H. georgiana Pfeffer. Das einzige gefundene Stück kann nicht mit vollster Sicherheit zu Hydrobia gestellt werden.

l. c. pag. 91. Taf. II. Fig. 2.

Gattung Rissoa Fremvill.

R. grisea v. Martens. Mit Spiralstreifen.

l. c. pag. 92. — v. Martens u. Pfeffer pag. 92. Taf. II. Fig. 4.

R. georgiana Pfeffer. Glänzendweiß, undurchbohrt, ohne gröbere Sculptur, mit strohgelber, hinfälliger Schalenhaut.

l. c. pag. 92. Taf. II. Fig. 3.

Gattung Eatoniella Dall.

Die Gattung gehört zur Unterfamilie der Rissoininen.

Dall, Unit. Stat. Nat. Mus. III. 1876 pag. 42. — Smith, Phil. Trans. 168 pag. 174.

E. kerguelenensis Smith. Die Stücke wurden meist von Hydroiden-Wurzeln abgelesen.

v. Martens l. c. pag. 93. — v. Martens u. Pfeffer l. c. pag. 94. Taf. II. Fig. 5 a. b. — Kiefer- und Zungenzähne, von Schacko beschrieben und abgebildet pag. 95 u. 96. Taf. III. Fig. 14.

Gattung Skenella Pfeffer.

v. Martens u. Pfeffer l. c. pag. 96.

Schale niedergedrückt, genabelt. Peristom einfach, zusammenhängend. Deckel subspiral mit großem, senkrecht vom Nucleus aufsteigenden Fortsatz. — Die Gattung ähnelt der echten Rissoiden-Gattung Skenea in der Form, gehört jedoch wegen des Deckels zur Unterfamilie der Rissoininen.

S. georgiana Pfeffer.

l. c. pag. 97. Taf. II. Fig. 6 a. b.

Familie Cerithiadae.

Gattung Cerithium Lamarck.

C. georgianum Pfeffer. Mit drei kräftig erhabenen Spiralreifen.

l. c. pag. 97. Taf. II. Fig. 7.

? Familie Pyramidellidae.

Gattung Liostomia.

? L. georgiana Pfeffer. Ein schlechtes Stück, dessen Gattungs-Zugehörigkeit nicht endgültig festzustellen war.

l. c. pag. 98. Taf. II. Fig. 9.

Gattung Streptocionella Pfeffer.

v. Martens u. Pfeffer, l. c. pag. 99.

Da die Spitze des einzigen Stückes nicht erhalten ist, so ist die Familien-Zugehörigkeit der neuen Gattung vorläufig nicht mit Sicherheit zu behaupten.

L. singularis Pfeffer.

l. c. pag. 99. Taf. II. Fig. 8.

Familie Trochidae.

Gattung Photinula H. u. A. Adams.

Die Gattung Photinula gehört der Antarktis in großer Artenzahl an und vertritt so die nordische Gattung Margarita, die antarktisch schwächer entwickelt ist.

Ph. expansa Sowerby.

Conch. Illustr. Fig. 16. 17. — Margarita Hillii Forbes Proc. Zool. Soc. 1850 pag. 272. pl. 11. fig. 10. — E. A. Smith l. c. pag. 177. — v. Martens l. c. pag. 93. — v. Martens u. Pfeffer l. c. pag. 100. Taf. II. Fig. 10 a—d.

Familie Patellidae.

Patella polaris Hombron et Jacquinot. Die Art ist am nächsten verwandt mit P. aenea Rv. von der Südspitze Amerikas und P. kerguelenensis Smith. Sie war mit Litorina caliginosa und den Modiolarca-Arten das häufigste Mollusk auf Süd-Georgien.

Ann. Sc. nat. (2) XVI. 1841. pag. 141. — v. Martens l. c. pag. 93. — v. Martens u. Pfeffer l. c. pag. 101. Taf. II. Fig. 11 a. b; 12 a—c.

Familie Chitonidae.

Trachydermon Steinenii Pfeffer. Am nächsten verwandt mit Chiton puniceus Gould von der Südspitze Amerikas.

l. c. pag. 103. Taf. III. Fig. 1.

Chiton Zschaui Pfeffer.

l. c. pag. 105. Taf. III. Fig. 2.

Leptochiton Pagenstecheri Pfeffer.

l. c. pag. 107. Taf. III. Fig. 3.

Hemiarthrum setulosum Carpenter. Kommt auch auf Kerguelens Land vor.

Dall, Bull. Unit. Stat. Nat. Mus. II. 1876. pag. 41.

Familie Cylichnidae.

Gattung Utriculus Brown.

Der Hauptverbreitungskreis der Gattung ist der Norden, doch werden auch vereinzelte Fundorte aus den Tropen angegeben. Die Art von Süd-Georgien ist der erste Vertreter aus dem kälteren Süden.

U. antarcticus Pfeffer.

l. c. pag. 109. Taf. III. Fig. 5.

Familie Aeolididae.

Zur anatomischen Untersuchung der nachfolgenden Arten hat sich noch keine Gelegenheit gefunden; sie werden deshalb vorläufig noch unter dem älteren Sammelnamen Aeolis aufgeführt. Die echten Aeoliden haben ihren Verbreitungskreis im hohen Norden und, wie durch das Süd-Georgien-Material erwiesen ist, im hohen Süden.

Gattung Aeolis Cuvier.

Ae. Schraderi Pfeffer. Bei tiefer Ebbe gefangen, im Leben orange.

l. c. pag. 109. Taf. III. Fig. 7.

Ae. antarctica Pfeffer. Gefunden auf Macrocystis-Blättern, „Hydroiden abgrasend."

l. c. pag. 111. Taf. III. Fig. 8.

Ae. georgiana Pfeffer. An Tangwurzeln.

l. c. pag. 111. Taf. III. Fig. 9.

Familie Tritoniadae.

Tritonia antarctica Pfeffer. Im Leben gelb, auf den Klippen gefangen.

l. c. pag. 112. Taf. III. Fig. 6 a. b.

Klasse Lamellibranchia.

Familie Anatinidae.

Gattung Lyonsia Turton.

Die Gattung hat ihre Hauptverbreitung arktisch und boreal, andererseits vier antarktische Vertreter, nämlich L. patagonia Orbigny, malvinensis Orb., chilensis Philippi und die folgende Art.

L. arcaeformis v. Martens.

l. c. pag. 94. — v. Martens u. Pfeffer l. c. pag. 113. Taf. IV. Fig. 1.

Familie Saxicavidae.

Gattung Saxicava Fleuriau de Bellevue.

Die Gattung hat einen arktischen und einen antarktischen Verbreitungskreis. S. arctica L. scheint Kosmopolit in beiden Zonen zu sein.

S. antarctica Philippi.

Arch. f. Naturg. 1845. — v. Martens l. c. — v. Martens u. Pfeffer l. c. pag. 113. Taf. IV. Fig. 2.

Familie Erycinidae.

Gattung Lepton Turton.

Die Gattung hat einige arktische Arten und andererseits zwei antarktische, L. parasiticum Smith von Kerguelens Land und L. costulatum Mrts.

L. costulatum v. Martens.

l. c. pag. 94. — v. Martens u. Pfeffer l. c. pag. 115.

Gattung Cyamium Philippi.

Der Verbreitungskreis der Gattung Cyamium ist derselbe wie der von Lepton. Die Bildung der Schloßzähne ist starker Veränderlichkeit unterworfen; aus diesem Grunde schließt sich die endgültige Beschreibung der Süd-Georgien-Arten nicht völlig an die bei der vorläufigen Bearbeitung (Martens l. c.) gegebene Darstellung an.

C. imitans Pfeffer. Diese Muschel ahmt in Form und Farbe völlig die Modiolarca bicolor Mrts nach, mit der sie zusammen auf Schwämmen lebt.

l. c. pag. 115. Taf. IV. Fig. 5 a. b.

C. Willii Pfeffer.

l. c. pag. 117. Taf. IV. Fig. 3 a—c.

C. Mosthaffii Pfeffer.

l. c. pag. 118. Taf. IV. Fig. 4 a. b.

Familie Ungulinidae.

Gattung Philippiella Pfeffer.

v. Martens u. Pfeffer l. c. pag. 119.

Die Gattung kommt außer in Süd-Georgien noch an der Südspitze Amerikas (Mus. Hamb.) vor. Ihre endgültige Stellung im System ist noch nicht völlig bestimmt.

Ph. quadrata Pfeffer.

l. c. pag. 119. Taf. IV. Fig. 6 a. b.

Ph. ungulata Pfeffer.

l. c. pag. 120. Taf. IV. Fig. 7.

Familie Mytilidae.

Gattung Modiolarca Gray.

Die Gattung ist ausgesprochen antarktisch, mit ziemlich vielen Arten; sie vertritt hier die nordischen Modiolarien. Die Arten leben meist auf Tangblättern festgesponnen.

M. subquadrata Pfeffer. Sehr häufig.

(M. exilis A. Adams, v. Martens l. c. pag. 93). — v. Martens und Pfeffer l. c. pag. 121. Taf. IV. Fig. 8 a—e, 9.

M. nigromarginata Pfeffer. Häufig.

l. c. pag. 123 Taf. IV. Fig. 11.

M. faba Pfeffer. Die häufigste Muschel Süd-Georgiens.

l. c. pag. 124. Taf. IV. Fig. 10 a—e.

M. bicolor v. Martens. Lebt nicht, wie ihre Verwandten, auf Tang, sondern auf und in Schwämmen, zusammen mit Cyamium imitans.

l. c. pag. 126. Taf. 4. Fig. 12. a—d. — s. oben pag. 497.

M. trapezina Lamarck. Die Art ist von der Südspitze Amerikas, Süd-Georgien, Marion-Insel und Kerguelens Land bekannt.

v. Martens l. c. pag. 93. — v. Martens u. Pfeffer l. c. pag. 127. Taf. IV. Fig. 13.

Familie Nuculidae.

Nucula minuscula Pfeffer. Nunmehr sind vier Arten von Nucula aus der Antarktis bekannt.

l. c. pag. 128. Taf. IV. Fig. 15.

Familie Arcidae.

Gattung Lissarca E. A. Smith.

Die Gattung ist nur von Kerguelens Land, Süd-Georgien und der Südspitze Amerikas bekannt.

L. rubrofusca Smith.

Phil. Trans. 168 pag. 185. pl. IX. Fig. 17. — v. Martens l. c. pag. 126. v. Martens u. Pfeffer l. c. pag. 128. Taf. IV. Fig. 14 a—e.

Thierkreis Molluskoideu.

Klasse Brachiopoda.

E. v. Martens u. G. Pfeffer, Die Mollusken von Süd-Georgien. Jahrb. Hamb. Wiss. Anst. III. (1885) pag. 130.

Gattung Waldheimia King.

Die Gattung ist einerseits arktisch und verbreitet sich atlantisch bis West-Indien, pacifisch bis Japan; andererseits antarktisch in dem magalhaensischen, süd-georgischen und kerguelenischen Bezirk entwickelt und reicht von hier bis nach Neu-Seeland. Außerdem lebt sie in der Tiefsee.

W. Smithii Peffer.

l. c. pag. 130. Taf. IV. Fig. 16 a. b.

Klasse Ascidiae.

G. Pfeffer, Zur Fauna von Süd-Georgien. Jahrb. Hamb. Wiss. Anst. VI. (1889) II. Theil pag. 39 u. 40; pag. 3 u. 4 des Sonder-Abzuges.

Ascidiae simplices.

Familie Cynthiadae, Unterfamilie Styelini.

Gattung Polycarpa Heller.

Die Gattung scheint über die ganze Erde verbreitet zu sein.

P. viridis Herdman. Die Art war bisher nur aus dem kerguelenischen Bezirk bekannt.

Challenger Report Ascidiae I. pag. 168. — Pfeffer l. c. pag. 3.

Ascidiae compositae.

Familie Distomidae.

Gattung Colella Herdman.

l. c. pag. 72.

Die Gattung, von der Herdman über ein Dutzend Arten beschreibt, hat ihren Hauptsitz in den kälteren und gemäßigten Zonen der südlichen Halbkugel, reicht jedoch auch bis in die Tropen.

C. pedunculata Quoy et Gaimard. Die Art ist aus der ganzen Antarktis bekannt.

Herdman l. c. pag. 74. pl. V—IX. — Pfeffer l. c. pag. 4.

C. concreta Herdman. Ebenfalls in der ganzen Antarktis verbreitet. Die Station bemerkt: „hellgelb, 8 Faden, Mitte der Bucht gedredgt."

l. c. pag. 123. pl. XVI. Fig. 8—16. — Pfeffer l. c. pag. 4.

C. nov. spec. Die größte der bisher bekannt gewordenen Arten, in Süd-Georgien ziemlich häufig. „Hellroth, wie Löschpapier."

Familie Polystyelidae.

Gattung Goodsiria Cunningham.

R. O. Cunningham, Notes on the Reptiles etc. etc. obtained during the voyage of H. M. S. ‚Nassau' in the years 1866—69. Trans. Lin. Soc. London XXVII. — Herdman l. c. pag. 327.

Bisher sind vier Arten der Gattung bekannt, zwei vom Kap der guten Hoffnung und zwei von der Südspitze Amerikas. Zu einer der letzteren gehört die folgende Art.

G. coccinea Cunningham. „Lebhaft kirschroth, Klippenstrand der Insel, auch Felsbecken, festsitzend."

l. c. pag. 489. pl. 58. Fig. 3. — Herdman l. c. pag. 337. pl. XLV. fig. 1—19. — Pfeffer l. c. pag. 4.

Gattung Chorizocormus Herdman.

l. c. pag. 345.

Die Gattung ist nur in einer Art bekannt.

Ch. reticulatus Herdman. Die Art kommt auch im kerguelenischen Bezirk vor; sie wurde bei Süd-Georgien auf 14 Faden gedredgt.

l. c. pag. 346. pl. XLVI. Fig. 1—8. — Pfeffer l. c. pag. 4.

Klasse Bryozoa.

G. Pfeffer, Zur Fauna von Süd-Georgien. Jahrb. Hamb. Wiss. Anst. VI. (1889). II. Theil, pag. 40; pag. 4 des Sonderabzuges.

Die Bryozoen von Süd-Georgien haben noch keine vollständige Bearbeitung gefunden, beschrieben ist bisher nur Carbasea renilla Pfeffer.

Klasse Insekten.

Ordnung Coleoptera.

Clemens Müller, Käfer von Süd-Georgien. Deutsche Entomologische Zeitschrift XXVIII. (1884) Heft II, pag. 417—420.

Anisomera Clausii Müller.

l. c. pag. 417.

Mylops sparsutus Müller. Dem Mylops magellanicus Fairmaire sehr ähnlich.

l. c. pag. 418.

Gattung Perimylops nov. gen. ? Helopidarum.

l. c. pag. 419.

P. antarcticus Müller.

Müller l. c. pag. 419.

Ordnung Thysanura.

Ein noch nicht bearbeiteter Poduride mit der Bezeichnung: schwarzblau bis blaugrau, springen schnell und hoch; Lakes.

Ordnung Diptera.

G. Gehrcke, Vorläufige Nachricht über die Dipteren von Süd-Georgien nach der Ausbeute der Deutschen Station 1882/83 Jahrb. Hamburg. Wissensch. Anst. VI. 2. Theil (1889) pag. 153 u. 154.

Unterordnung Nematocera, Familie Chironomidae.

Gattung Tanypus Meigen.

Von dieser Mückengattung ist eine Art (T. pilosus Bigot) nach der Ausbeute der Cap Horn-Expedition beschrieben, während sich die Gattung auf Kerguelens Land nicht findet.

T. Steinenii nov. spec. Entwickeln sich massenhaft in den Süßwasser-Ansammlungen (lakes) und beleben zur besten Frühjahrszeit (August) in großen Schwärmen (♂) die Luft, während die ♀ am Ufer versteckt bleiben. Daher in der Ausbeute viele ♂ und weniger ♀. Der Holzschnitt auf pag. 1 stellt die Haltezange dar.

Gehrcke l. c. pag. 1.

Unterordnung Rhopalocera, Familie Sarcophagidae.

Gattung Paractora Bigot.

Miss. scient. Cap Horn, Diptères pag. 38.

P. fuegiana Bigot. Die Larven leben im Tang am Strande, die Fliege ist ziemlich häufig und wurde in den Wohnräumen lästig.

l. c. pag. 39. pl. IV. Fig. 5. — Gehrcke l. c.

Ueber die Made siehe auch: Wiener entomologische Zeitung 1883 Heft V.

Gattung Pteremis Rondani.

Bigot l. c. pag. 43.

P. nivalis Rondani. Die Art ist außer der Orange-Bay noch in Irland zu Hause. Den Mangel der Schwingkölbchen und die weitgehende Verkümmerung der Vorderflügel theilt die Art mit der von Kerguelens Land beschriebenen Ephydrine Amolopteryx maritima. (s. Phil. Trans. Vol. 168. pl. XIV. Fig. 2.)

Bigot l. c. pl. IV. Fig. 7.

Klasse Arachnoidea.

Die in ziemlicher Menge mitgebrachten Spinnenthiere sind noch nicht bearbeitet.

Klasse Pycnogonoidea.

G. Pfeffer, Zur Fauna von Süd-Georgien. Jahrb. Hamb. Wiss. Anst. VI. (1889) II. Theil pag. 41—49; pag. 5—13 des Sonder-Abzuges.

Familie Nymphonidae.

Gattung Nymphon Fabricius.

Die Gattung ist überall verbreitet mit Ausnahme des pacifischen Oceans; sie steigt auch in die Tiefsee.

N. brevicaudatum Miers. Die Farbe der an Tangwurzeln lebenden Thiere war im Leben „weißgrau“ oder „gelblich-bräunlich.“

Crustacea of Kerguelen Island. Phil. Trans. Vol. 168. — Hoek, Report on the Pycnogonida. Chall. Rep. Tom. III. pag. 49. pl. IV. fig. 12. 13; pl. V. fig. 1—5 (auf den Tafeln als N. hispidum bezeichnet). — Pfeffer l. c. pag. 5.

N. antarcticum Pfeffer. Im Leben „gelblich.“

l. c. pag. 6.

Familie Ammotheidae.

Gattung Ammothea Leach.

Die Gattung wird von Pfeffer in weiterem Sinne (nämlich einschl. Oorhynchus Hoek und Lecythorhynchus (Corniger antea) Böhm gefaßt; sie kommt arktisch, boreal, antarktisch, an den Küsten von Neu-Seeland und Süd-Australien, und in der Tiefsee vor.

A. grandis Pfeffer. Eine riesige Art mit Beinen von 47 mm. Die Farbe des lebenden Thieres ist von der Station nicht angegeben. Vorkommen: „Klippenstrand, Insel, Felsbecken. — 12 Faden gedredgt."

l. c. pag. 7.

A. Clausii Pfeffer.

l. c. pag. 9.

A. Hoekii Pfeffer.

l. c. pag. 10.

Gattung Clotenia Dohrn.

Die Gattung war bisher nur vom Mittelmeer und Cap bekannt.

A. Dohrn. Pantopoden des Golfs von Neapel. — Discoarachne, Hoek l. c. pag. 74.

C. Dohrnii Pfeffer.

l. c. pag. 11.

Klasse Crustacea.

Ordnung Decapoda.

Familie Carides.

G. Pfeffer, Die Krebse von Süd-Georgien nach der Ausbeute der Deutschen Station 1882—83. I. Theil. Cariden pag. 1—15. Taf. I. Jahrb. Hamb. Wiss. Anst. IV. (1887).

Gattung Crangon Fabricius.

Die Gattung kommt im arktischen und im borealen Gebiet des atlantischen und pacifischen Oceans vor; die Art von Süd-Georgien ist die erste aus südlichen Gegenden beschriebene.

C. antarcticus Pfeffer. Von der Station bezeichnet als „Grauer Dredge-Krebs."

l. c. pag. 5—11. Taf. I. Fig. 1—21.

Gattung Hippolyte Leach.

Die Hauptverbreitung der Gattung liegt in der Arktis und im borealen Gebiet. Notal findet sie sich in den Gewässern Süd-Australiens und Neu-Seelands. Die Fundorte Rio Janeiro, Zanzibar und Viti stehen vereinzelt da. Aus südlichen Gewässern höherer Breiten ist die Gattung erst durch die Art von Süd-Georgien bekannt geworden.

H. antarctica Pfeffer. Bezeichnung der Station: „Rother Dredge-Krebs, gedredgt auf 7—9 Faden.

l. c. pag. 11—15. Taf. I. Fig. 22—27.

Ordnung Cumacea.

Die Cumaceen, welche in mehreren Arten und sehr wenig Stücken in der Ausbeute von Süd-Georgien vertreten sind, haben bisher noch keine Bearbeitung gefunden.

Ordnung Isopoda.

G. Pfeffer, Die Krebse von Süd-Georgien. I. Theil. Jahrb. Hamb. Wiss. Anst. IV. 1887, pag. 55—150. Taf. II—VII.

Familie Serolidae.

Die Familie gehört der Antarktis an; in der Tiefsee verbreitet sie sich weit nach Norden, selbst über den Aequator hinaus. Das litorale Vorkommen von S. carinata Lockington bei Diego U. Cal. U. S. muß erst noch festgestellt werden.

Gattung Serolis Leach.

In zwölf Arten über die ganze Antarktis, von der Litoralregion bis zur Tiefe von 2040 Faden verbreitet.

S. septemcarinata Miers.

Ann. Nat. Hist. (1875) XVI. pag. 116. — Id., Philos. Trans. 168 (1879) pag. 206. pl. XI. fig. 8. — Beddard, Serolis in: Challenger Reports XXXIII pag. 47. pl. II. fig. 14. pl. VIII. fig. 3—5. — Studer, Isop. Gazelle, Abh. Akad. Berl. 1882. pag. 8. — Pfeffer, l. c. pag. 63. Taf. II. Fig. 6. 7 (an der Originalstelle fälschlich als „5, 6" bezeichnet). Taf. III. Fig. 1—26. Taf. IV. Fig. 6. — S. quadricarinata White. List. Crust. Brit. Mus. 1847. pag. 106. S. ovalis Studer. Arch. f. Naturg. 1879. pag. 24. Fig. 8—10.

Die Art ist in Kerguelens Land auf 1—150 Faden gefunden, in Süd-Georgien auf 1—7 Faden an Tangwurzeln und unter Steinen.

S. Pagenstecheri Pfeffer. Die Art zeichnet sich dadurch aus, daß das zweite Beinpaar des Mittelleibes nicht, wie bei den übrigen Arten, zu einem Klammerfuß umgebildet ist; sie dürfte demnach besser als eigene Untergattung unter dem Namen Serolella abgetrennt werden. Auf 7—9 Faden an Tangwurzeln gefunden.

l. c. pag. 73. Taf. II. Fig. 2. 3. (im Text fälschlich als „1, 2" bezeichnet). Taf. IV. Fig. 1—3.

S. polita Pfeffer. Auf 7—9 Faden an Tangwurzeln gefunden.

l. c. pag. 81. Taf. II. Fig. 4, 5 (im Text fälschlich als „3, 4" bezeichnet), Taf. IV. Fig. 4.

Familie Chelonidiadae.

Die Familie schließt sich am nächsten an die landbewohnenden Onisciden an. Bisher nur eine Gattung und eine Art.

Pfeffer l. c. pag. 86.

Gattung Chelonidium Pfeffer.

Körper oval; um das ganze Thier läuft ein aus Epimeren-artigen Platten gebildeter Saum. Obere Fühler distal reducirt, die beiden Grundglieder mit Epimeren-artigen Verbreiterungen, die Geißel ein in einer Scheide steckendes Haarbündel. Aeußere Fühler mit wohl entwickeltem Schaft, von dem etliche Glieder Epimeren-artig verbreitert sind. Mittelleibsbeine des 1., 2. und 7. Paares schlank, die anderen Klammerfuß-artig.

Pfeffer l. c. pag. 86.

Ch. punctatissimum Pfeffer. Bezeichnet: „hellbraun, an Blättern von Macrocystis.

l. c. pag. 86. Taf. II. Fig. 11. Taf. IV. Fig. 6—33. Taf. V. Fig. 1.

Familie Limnoriadae.

Von den fünf bisher bekannt gewordenen Arten sind drei nordatlantisch, dagegen stammt L. segnis Chilton von Neu-Seeland und L. antarctica Pfeffer von Süd-Georgien.

Gattung Limnoria Leach.

L. antarctica Pfeffer. Die Stücke wurden aus ihren Bohrlöchern in Tangwurzeln erhalten.

l. c. pag. 96. Taf. II. Fig. 12. 13. Taf. 5. Fig. 2—22.

Familie Sphaeromidae.

Der Schwerpunkt der Familie liegt in den gemäßigten Breiten der südlichen Halbkugel und hier reichen sie bis in die wirklich antarktischen Gegenden. Nach Norden verbreiten sie sich bis in die kältere gemäßigte Zone, ohne jedoch bis in die arktische zu gehen. In den heißen Klimaten sind sie, wenn auch schwach, vertreten. Die drei großen Gattungen der Familie, Sphaeroma, Cymodocea und Nesaea entsprechen diesem Bilde, doch scheint Nesaea nicht bis in die eigentlich antarktische Zone zu gehen. Allein auf der nördlichen Halbkugel kommen vor: Leptosphaeroma, Campecopea und Prochonesaea, allein auf der südlichen: Haswellia (= Calyptrura), Cerceis, Amphoroidea, Scutuloidea, Plakarthrium, Cassidina, Cymodocella. (Die Fundorte von Monolistra und Ancinus sind mir nicht bekannt).

Gattung Cassidina.

C. emarginata Guérin-Méneville.

Icon. Règne Anim. Texte, Crust. pag. 31. — Cunningham, Trans. Lin. Soc. (1871) XXVII. pt. IV. pag. 499. pl. 59. fig. 4. — Miers, Phil. Trans. 168. pag. 204. — Studer, Abh. Akad. Berl. 1883. pag. 19. — Pfeffer l. c. pag. 103. Taf. II. Fig. 9, 10. Taf. V. Fig. 23—30. Taf. VI. Fig. 1—10. — C. latistylis Dana, Crust. Unit. Stat. Expl. Exp. II. pag. 784. pl. 52. fig. 12.

Bezeichnet: „Tangblätter" und „7—9 Faden, orangebräunlich mit röthlichen Beinen."

Die Art wurde außer an Süd-Georgien noch an Kerguelens Land und der Südspitze Amerikas gefunden.

Gattung Cymodocella Pfeffer.

Peffer l. c. pag. 109.

Von der Gattung Cymodocea besonders dadurch unterschieden, daß die hinteren Seitenränder des Schwanzschildes nach unten eingerollt sind und eine Halbröhre oder elliptisch abgestutzte Röhre bilden. Spaltäste der Schwanzfüße bedeutend ungleich.

Außer der Art von Süd-Georgien befindet sich im Hamburger Museum noch eine unbeschriebene von der Ostküste Patagoniens.

C. tubicauda Pfeffer.

l. c. pag. 110. Taf. II. Fig. 8. Taf. VI. Fig. 11, 12.

Familie Idoteidae.

Die Gattung Glyptonotus weist nur nordische, zum Theil hocharktische Formen und dann im Gegensatz dazu eine hochantarktische Form auf. — Die sehr zahlreichen Arten der Gattung Idotea sind über die ganze Welt verbreitet mit je einem Hauptcentrum in jeder gemäßigten Zone; von da verbreiten sich einige Arten bis in die Tropen, andere bis Spitzbergen und bis zur Magalhaens-Straße. — Die Gattung Edotia hat ihren Hauptverbreitungskreis nordisch bis arktisch; eine Art kommt auch von West-Afrika; dagegen leben zwei in der Magalhaens-Straße. Die kleine Gattung Cleantis reicht weder in die arktischen noch in die antarktischen Meere.

Gattung Glyptonotus Eights.

Am. Journ. Sci. Arts (2) XXII. (1856) pag. 391.

G. antarcticus Eights. Die typischen Stücke von Eights stammten von den South-Shetlands-Inseln. Die Stücke von Süd-Georgien waren im Sturme angespült worden und sahen im Leben „hummerroth" aus.

l. c. pag. 391. Taf. II. III. — Pfeffer l. c. pag. 115. Taf. II. Fig. 7. Taf. VI. Fig. 13—27.

Familie Asellidae.

Der Hauptverbreitungskreis der marinen Aselliden ist die subarktische und arktische Zone auf der einen Seite und die antarktische auf der anderen. Die Gattungen Leptaspidia, Acanthoniscus (Iamna ist mediterran) und Ianira sind nordisch; Stenetrium, Notasellus, Iatrippa, Iais und Iolanthe gehören der südlichen Halbkugel an; Ianthe und Iaera haben arktische und antarktische Vertreter.

Gattung Notasellus Pfeffer.

Pfeffer, l. c. pag. 125.

Hinsichtlich der Gattungs-Diagnose ist die Originalstelle nachzusehen.

N. Sarsii Pfeffer. Bezeichnet: „An Tangwurzeln, an Blättern von Macrocystis; tiefe Ebbe; hellbräunlich-schmutziggrau; hellbräunlich-violett; Rücken gelbbräunlich, unten heller."

l. c. pag. 125. Taf. VII. Fig. 5—28.

Gattung Iaera Leach.

I. antarctica Pfeffer.

l. c. pag. 134. Taf. VII. Fig. 1—3.

Familie Munnidae.

Die Munniden gehören durchaus der kalten Zone an. Arktisch sind: Paramunna, Nannoniscus, Dendrotion, Macrostylis und Desmosoma; antarktisch: Astrurus, Neasellus, Acanthosoma; in beiden Zonen vertreten sind: Munna, Pleurogonium, Ischnosoma und Haliacris.

Gattung Haliacris Pfeffer.

Pfeffer l. c. pag. 137.

Außer der Art von Süd-Georgien besitzt das Hamburger Museum noch eine von der Murmanküste.

H. antarctica Pfeffer. Bezeichnet: „Ebbe, gelblich."

l. c. pag. 137. Taf. VI. Fig. 28—47.

Ordnung Tanaoidea.

G. Pfeffer, Zur Fauna von Süd-Georgien. Jahrb. Hamb. Wiss. Anst. VI. (1889) Theil II. pag. 4 u. 5.

Gattung Apseudes Leach.

Die Gattung war bis vor Kurzem nur aus den arktischen und borealen Gewässern und aus dem Mittelmeer bekannt. Beddard beschreibt in seinen Isopoden der Challenger-Expedition eine Art von Kerguelens Land; die neue Art vervollständigt das bipolare Bild der Gattung.

A. sculptus Pfeffer. „Schmutzig weißgrau, an Tangwurzeln."
l. c. pag. 5.

Außer dieser sehr bezeichnenden, großen Form fanden sich unter der Ausbeute noch mehrere Tanaiden, welche bisher noch nicht bearbeitet werden konnten.

Ordnung Amphipoda.

G. Pfeffer, Die Krebse von Süd-Georgien, nach der Ausbeute der Deutschen Station 1882/83. — 2. Theil: Die Amphipoden. Jahrb. Hamb. Wiss. Anst. V. (1888) pag. 75—142. (1—68). 3 Tafeln.

Familie Orchestiadae.

Gattung Allorchestes Dana.

Die kosmopolitische Gattung ist zwar bisher schon aus dem aucklandischen und kerguelenischen, jedoch nicht aus dem magalhaensischen Bezirk bekannt.

A. georgianus Pfeffer. Diese sehr häufige Art war im Leben graugrün und fand sich bei Ebbe unter Steinen.
l. c. pag. 77—84. Taf. I. Fig. 1 a—n.

Familie Lysianassidae.

Gattung Anonyx Kröyer.

Die Gattung ist eine echt bipolare; sie findet sich arktisch und boreal, bis zum Mittelmeer reichend; andererseits in den kälteren und gemäßigten Strichen der südlichen Halbkugel.

A. Zschaui Pfeffer.
l. c. pag. 87—93. Taf. II. Fig. 1.

A. femoratus Pfeffer.
l. c. pag. 93—95. Taf. II. Fig. 2.

Familie Stenothoidae.

Gattung Metopa Boeck.

Von dieser Gattung ist eine größere Anzahl Arten aus der Antarktis beschrieben; die übrigen gehören den kälteren Gegenden der nördlichen Halbkugel an.

M. Sarsii Pfeffer. Die wenigen Stücke wurden bei tiefer Ebbe gefangen.

l. c. pag. 84—86. Taf. II. Fig. 3, 8. Taf. III. Fig. 2.

Familie Leucothoidae.

Gattung Leucothoe Leach.

Diese aus den kälteren Gegenden der nördlichen und den gemäßigten beider Halbkugeln bekannte Gattung ist durch die Art von Süd-Georgien nunmehr auch in der Antarktis vertreten.

L. antarctica Pfeffer. Ein einziges mäßiges Stück wurde aus dem Detritus herausgesucht.

l. c. pag. 128—131. Taf. II. Fig. 4.

Familie Atylidae.

Gattung Calliopius Lilljeborg.

Die Gattung war bisher arktisch, boreal und von Neu-Seeland bekannt.

C. georgianus Pfeffer. Diese Art ist nächst Stebbingia gregaria der gemeinste Amphipod Süd-Georgiens. Bemerkungen der Station: „graugrünlich, unter Steinen, Florideen u. s. w."

l. c. pag. 116—121. Taf. II. Fig. 6.

Gattung Stebbingia Pfeffer.

l. c. pag. 110.

St. gregaria Pfeffer. Der gemeinste Amphipod Süd-Georgiens. „Graugrün, unter Steinen."

l. c. pag. 110—116. Taf. II. Fig. 7.

Gattung Bovallia Pfeffer.

l. c. pag. 95.

B. gigantea Pfeffer. Eine riesige Art von 45 mm Länge, im Leben orange bis purpurroth.

Gattung Eurymera Pfeffer.

l. c. pag. 102.

Ausgezeichnet durch die auffallende Größen-Entwickelung der Epimeren.

Eu. monticulosa Pfeffer.

l. c. pag. 103—110. Taf. I. Fig. 3.

Familie Gammaridae.

Gattung Megamoera Spence Bate.

Die Gattung war bisher aus den kälteren Gegenden des Nordens, von Tasmanien und Neu-Seeland, ferner von der Südsee und dem indischen Archipel bekannt.

M. Miersii Pfeffer. Die Thiere waren im Leben orangeroth und wurden bei tiefer Ebbe gefangen. Die Art gehört zu den riesigsten Amphipoden; das Männchen mißt 46 mm.

l. c. pag. 121—128. Taf. III. Fig. 3.

Familie Podocerotidae.

Gattung Podocerus Leach.

Die kosmopolitische Gattung war aus dem atlantischen Gebiet nur in einer Art, nämlich dem boreal europäischen Podocerus falcatus Montague, von Kerguelens Land bekannt.

P. ingens Pfeffer. Die Art ist auf Süd-Georgien sehr häufig. Die Farbe war nach den Bemerkungen der Station graugrünlich; ferner finden sich die Bemerkungen: „Rücken grauviolett, unten weißlich; Rückenmitte hellbraun, sonst auf weißlichem Untergrunde hellbraun gegittert. Gewöhnliche Art; tiefe Ebbe." Im Spiritus haben die Thiere zum Theil einen schönen goldkäferartigen grünen Glanz. Ein Stück hat die riesige Länge von fast 26 mm.

l. c. pag. 137—139. Taf. III. Fig. 1.

Familie Caprellidae.

Gattung Caprellina Thomson.

Die Gattung ist eine ausgesprochen südliche und war bisher nur von Chili und Neu-Seeland bekannt.

C. Mayeri Pfeffer.

l. c. pag. 137—139. Taf. III. Fig. 4.

Ordnung Branchiopoda.

G. Pfeffer, Zur Fauna von Süd-Georgien. Jahrb. Hamb. Wiss. Anst. VI. II. Theil. pag. 4.

In den Süßwasserteichen (Lakes) wurde im Februar eine ziemliche Anzahl von Branchipodiden aus der Gattung Branchionecta erhalten. Das Vorkommen ist insofern ein außerordentlich wichtiges, als die Gattung bisher nur von dem Süßwasser der arktischen Bezirke der alten wie neuen Welt bekannt geworden ist. Eine ausführliche Bearbeitung der neuen Art hat noch nicht stattgefunden.

Ordnung Copepoda.

G. Pfeffer, l. c. pag. 4.

Es fand sich in den Süßwasserteichen eine große Menge eines Copepoden, dessen Bearbeitung in dem nächstjährigen Bande des Jahrbuches der Hamburger Wissenschaftlichen Anstalten erscheinen wird.

Thierkreis Würmer.

Klasse Chaetopoda.

Ordnung Polychaeta.

Die Polychaeten der Expedition sind noch nicht bearbeitet. Herr Dr. W. Michaelsen, dem das Fach am hiesigen Museum untersteht, hatte die große Güte, das Material den Gattungen nach und, wenn die Arten bereits bekannt, auch diese zu bestimmen. Ferner hat er die unten gebrachte Uebersicht über die Verbreitung der antarktischen Polychaeten, Oligochaeten und Gephyreen aufgestellt.

Familie Lycodoridae.

Nereis kerguelensis Mac Intosh. Auch von Kerguelens Land bekannt.

Familie Glyceridae.

Harmothoe vesiculosa Grube (als Polynoe) = Lagisca antarctica Mac Intosh. Von dem magalhaensischen und kerguelenischen Bezirk bekannt.

Familie Eunicidae.

Lumbriconereis sp.

Familie Chloraemidae.

Siphonostoma sp.
Trophonia sp.

Familie Ampharetidae.

Phyzelia sp.
Telephus antarcticus Kinberg. Bereits von dem magalhaensischen Bezirke bekannt.
Ladice adamantea Kinberg. Von Brasilien beschrieben.

Familie Arenicolidae.

Arenicola sp.

Familie Clymeniadae.

Maldane sp.

Familie Ariciadae.

Aricia sp.

Familie Cirratulidae.

Cirratulus. Zwei Arten.
Ereutho sp.

Familie Sabellidae.

Euphone sp.

Familie Serpulidae.

Protula sp.

Placostegus sp.
Spirorbis sp.

Familie Syllidae.

Mehrere neue Genera.

Familie Phyllodocidae.

Eulalia sp.
Phyllodoce sp.

Ordnung Oligochaeta.

W. Michaelsen, Die Oligochaeten von Süd-Georgien nach der Ausbeute der deutschen Station 1882/83. Jahrb. Hamburg. Wissensch. Anst. V. pag. 53 – 73. 1 Taf. (1888).

Derselbe, Synopsis der Enchytraeiden. Abh. Naturw. Verein Hamburg. XI. Heft I. pag. 1—60 (1889).

Familie Enchytraeidae.

Gattung Pachydrilus Claparède.

Die Gattung war bisher nur vom arktischen und borealen Europa bekannt.

P. maximus Michaelsen. Die Art wurde „am Meeresstrand im Detritus" gesammelt.
l. c. pag. 56—65. Fig. 1.

Gattung Marionina Michaelsen.

Synopsis pag. 28.

Die Gattung war bisher nur aus Mittel-Europa bekannt.

M. (Pachydrilus) georgiana Michaelsen. „Zwischen Tangwurzeln und Schiefergetrümmer und im Kanalsystem von Spongien am Strande."
Oligochaeten von Süd-Georgien pag. 65 u. 66. Fig. 7.

Gattung Enchytraeus Henle.

Die Gattung war bisher nur aus Europa von Novaja Semlja bis Nord-Italien bekannt.

E. monochaetus Michaelsen. Von denselben Fundorten wie Marionina georgiana.
l. c. pag. 66. Fig. 6.

Familie Acanthodrilidae.

Gattung Acanthodrilus Perrier.

Die Gattung war bisher von Abyssinien und Liberia, ferner von der südlichen Halbkugel aus Neu-Seeland und Australien bekannt.

A. georgianus Michaelsen. Bemerkung der Station: „Fleischfarbige, große Lumbricoiden, Grasgrenze am Strande; Februar 1883."
l. c. pag. 68—72. Fig. 4.

Klasse Gephyrea.

W. Michaelsen, Die Gephyreen von Süd-Georgien nach der Ausbeute der deutschen Station 1882/83. Jahrb. Hamburg. Wissensch. Anst. VI. 2. Theil. pag. 71—84; pag. 1—14 des Sonder-Abzuges; 1 Tafel.

Familie Sipunculidae.

Gattung Phascolosoma F. S. Leuckart.

Von den drei Arten der im Uebrigen kosmopolitischen Gattung aus Süd-Georgien sind Ph. antarcticum und fuscum (ebenso wie die bereits bekannten Ph. capsiforme und papillosum Thomps.) wahrscheinlich als Unterarten des Ph. margaritaceum anzusehen.

Ph. antarcticum Michaelsen.

l. c. pag. 3—6; Fig. 4.

Ph. fuscum Michaelsen.

l. c. pag. 6—8; Fig. 2.

Ph. georgianum Michaelsen.

l. c. pag. 8—10; Fig. 1.

Familie Priapulidae.

Gattung Priapulus Lamarck.

P. caudatus Lam. var. antarcticus Michaelsen.

Der Priapulus von Süd-Georgien ist artlich von der nordischen Form nicht zu unterscheiden; die Varietät ist gleich dem P. tuberculato-spinosus de Guerne (Mission scientifique du Cap Horn 1882—83; Tom VI. Zool. Priapulides). P. tuberculato-spinosus Baird (Proc. Zool. Soc. 1868) scheint jedoch eine andere Art zu sein.

l. c. pag. 10—13; Fig. 3.

Thierkreis Echinodermen.

Klasse Holothurioidea.

K. Lampert, Die Holothurien von Süd-Georgien, nach der Ausbeute der deutschen Polarstation in 1882 und 1883. Mit einer Tafel. Jahrb. Hamb. Wiss. Anst. III. (1886) pag. 9—22.

Gattung Cucumaria Blainville.

Die Gattung ist kosmopolitisch.

C. crocea Lesson (Pentactella laevigata Verrill). Im Leben orange. Bisher von Kerguelensland und der Südspitze Amerikas bekannt. Lampert bemerkt, daß die auf die Abwesenheit des Kalkringes dieser Art gegründete Gattung Pentactella (Verrill, Bull. U. Stat. Nat. Mus. III. (1876) pag. 68) zu streichen ist, da der Kalkring bei allen von ihm untersuchten Stücken vorhanden war. Lampert stellte für die Art eine besondere Art des Lebendig-

Gebärens fest. Im Innern des Thieres finden sich etwas hinter der Mitte zwei sackförmige geschlossene Beutel, welche bei fünf geöffneten Stücken Junge enthielten. Eine Verbindung nach den Geschlechtsschläuchen war nicht festzustellen. Lampert nimmt an, daß das Gebären durch Ruptur der Körperwand vor sich geht. Ueber den Weg, den die Embryonen gehen, um in die Brutbeutel zu gelangen, konnte nichts ermittelt werden. Nach ihrer Struktur stellten sich die Brutbeutel morphologisch als Einstülpungen der Körperwand dar.

l. c. pag. 9, Fig. I, A, 1—10.

C. pithacnion Lampert. Am nächsten verwandt mit C. Godeffroyi Semper von Iquique. Farbe der lebenden Thiere „orange" und „grauweiß".

l. c. pag. 15, Fig. 11, 12.

Gattung Semperia Lampert.

Lampert, Seewalzen, Kreidel, Wiesbaden 1885, pag. 17, pag. 114.

S. georgiana Lampert. Am nächsten verwandt mit S. parva Ludwig von Chili. Im Leben orange, die Jungen gelblich. Sie wurden bei Ebbe gefangen oder aus dem Thonschiefer-Detritus mit Ascidien ausgelesen.

l. c. pag. 16, Fig. B, 13—15.

Thyone (Trachythyone Studer) muricata Studer. Lampert weist, ebenso wie Ludwig, die Gattung Trachythyone als unberechtigt zurück. Farbe im Leben gelbweiß. Fernerer Fundort Kerguelens Land.

Monatsber. Akad. Berl. 1877 pag. 452. — Ludwig, Mitth. zool. Stat. Neapel II, pag. 66. Anmerkung. — Lampert l. c. pag. 18, Fig. 16.

Gattung Chirodota Eschscholtz.

Die Gattung ist kosmopolitisch.

Ch. purpurea Lesson. Lampert erklärt sich mit der von Studer (Monatsb. Ak. Berl. 1877 pag. 454) aufgestellten Gattung Sigmodota nicht einverstanden. Die vorliegende Art kann nicht mit völliger Sicherheit zu Ch. purpurea gestellt werden, da die Lesson'sche Beschreibung zur Identificirung nicht ausreicht, am nächsten kommt sie der Ch. contorta Ludwig. Die Farbe der lebenden Thiere war: bordeauxroth, blutigroth mit weißen Tentakeln, braunviolett mit orangerothen Tentakeln. — Fernere Fundorte sind die Südspitze Amerikas und Kerguelens Land.

Lampert l. c. pag. 18, Fig. 17—20.

Klasse Echini.

G. Pfeffer, Zur Fauna von Süd-Georgien. Jahrb. Hamb. Wiss. Anst. VI Theil 2 (1889) pag. 49; pag. 13 des Sonder-Abzuges.

Ordnung Echinoidea, Familie Triplechinidae.

Gattung Echinus Linné.

Die Gattung ist annähernd kosmopolitisch, hat aber ihren Hauptverbreitungskreis in den höheren Breiten beider Halbkugeln.

E. nov. spec.
l. c. pag. 13.

Ordnung Spatangoidea, Familie Leskiadae.

Gattung Hemiaster Desor.

Die Gattung ist von dem magalhaensischen, südgeorgischen und kerguelensischen Bezirk, ferner aus der Tiefsee bekannt; sie enthält zwei Arten, H. cordatus Verrill von Kerguelensland und H. cavernosus Agassiz aus der gesammten Antarktis mit Ausnahme des aucklandischen Bezirks, ferner von Chili und der Ostküste Patagoniens.

H. cavernosus Philippi. Auch bei einem Stücke von Süd-Georgien konnte die an dieser Art längst festgestellte Brutpflege in dem unpaaren hinteren eingesenkten Ambulacrum beobachtet werden.
Pfeffer l. c. pag. 13.

Klasse Asteriae.

Th. Studer, Die Seesterne Süd-Georgiens nach der Ausbeute der deutschen Polarstation in 1882 u. 1883. Jahrb. Hamb. Wiss. Anst. II. 1885, pag. 141—166. Mit 2 Tafeln.

Ordnung Asteroidea, Familie Pedicellasteridae.

Gattung Pedicellaster Sars.

Die Gattung war bisher in zwei antarktischen Arten, P. scaber Smith und hypernotius Sladen von Kerguelens Land, zwei arktischen, P. typicus Sars und palaeocrystallus Sladen, und drei atlantischen Tiefseeformen, P. sexradiatus, margaritaceus und Pourtalesii Perr., bekannt.

P. octoradiatus Studer. Ausgezeichnet durch seine acht Arme. Farbe im Leben weißgelb, Mitte und mittlerer Dorsaltheil der Arme pfirsichblüthroth. Aus 14 Faden Tiefe erhalten.
l. c. pag. 147, Fig. 1a—d.

P. Sarsii, Studer. Mit fünf Armen.
l. c. pag. 149, Fig. 2a, b.

Familie Asteriadae.

Gattung Asterias L.

Die Gattung ist in fast hundert Arten bekannt, die ihren Schwerpunkt einerseits in der borealen, andrerseits in der notalen Zone haben. Von hier strahlen sie in die Arktis und Antarktis, andrerseits, wenn auch spärlich, in die wärmeren Zonen aus. In der Tiefsee sind sie nicht eigentlich heimisch.

A. georgiana Studer. Häufig, „gewöhnlich orange, Tangwurzeln.“
l. c. pag. 150, Fig. 3a—d.

A. Steineni Studer. Selten. Färbung im Leben hellgelb bis orange.
l. c. pag. 152, Fig. 4a, b.

A. meridionalis Perrier. Ein Stück, bei Sturm an die Küste geworfen.
Smith, Philos. Trans. Vol. 168 pag. 272, pl. 16 fig. 1. — Studer l. c. pag. 153.

Gattung Anasterias Perrier.

Die Gattung wurde von Perrier auf eine einzige Art von unbekannter Herkunft (A. nuda Perr. 1878, [minuta Perr. 1875]) gegründet.

A. Perrieri Studer. Farbe im Leben orange. Bei Sturm an die Küste geworfen.
l. c. pag. 153.

Gattung Stichaster Müller u. Troschel.

Die Gattung ist bereits in mehreren nordischen Arten, andrerseits einer neu-seeländischen und einer anderen von der Südspitze Amerikas bis nach Peru reichenden Art bekannt.

St. nutrix Studer. Sehr häufig. Das Weibchen stülpt fünf ambulakrale Aussackungen des Magendarmes aus, in denen sich die Jungen (bis 50 Stück) entwickeln. Es werden also die Eier zuerst ausgestoßen und dann durch den Mund in die Bruttaschen befördert. Nach der Geburt entwickeln sich die Jungen weiter in einem Brutbehälter, den das Weibchen aus seiner Ventralfläche dadurch herstellt, daß es die Scheibe stark emporwölbt und den Scheibenrand unter der Mundöffnung einzieht. Studer beschreibt auch die ganz jungen Thiere. (l. c. pag. 157 und 158.) Farbe im Leben „orange“.
l. c. pag. 154, Fig. 5a—l.

Familie Echinasteridae.

Gattung Cribrella Agassiz.

Die Gattung hat einen nördlichen und einen südlichen Verbreitungskreis; eigenthümlicherweise wird für unsere nordisch-arktische C. oculata Linck von v. Martens (Arch. f. Naturg. 1866 pag. 84) auch Java und Timor als Fundort angegeben. Die bisher alleinig bekannte südliche Art, C. ornata Perrier, kommt von Neuseeland und Campbell-Insel und erstreckt sich nördlich bis zum Cap der guten Hoffnung. In der Tiefsee ist die Gattung durch C. antillensis Perrier vertreten.

C. Pagenstecheri Studer.

l. c. pag. 158, Fig. 6a, b.

Familie Gymnasteriadae.

Gattung Porania Gray.

Die Gattung Porania enthält nordische Arten aus dem östlichen und westlichen atlantischen Ozean, andrerseits eine Art, P. patagonica Perrier, von der Südspitze Amerikas und eine andere, P. antarctica Smith, die an Kerguelens Land vorkommt und nunmehr auch von Süd-Georgien bekannt wird.

P. antarctica Smith. Junge Exemplare, die von Tangwurzeln abgelesen wurden.

Phil. Trans Vol. 168 pag. 275, pl. XVII fig. 1. — Studer l. c. pag. 160.

Ordnung Ophiuroidea.

Familie Ophiolepididae.

Gattung Ophioceramis Lyman.

Die bisher sicher zu dieser Gattung zu rechnenden Arten gehören der Ostküste von Amerika an, wo sie sich von Barbados bis zur patagonischen Küste erstrecken; die Süd-Georgien-Art ist also der südlichste Ausläufer der Gruppe.

O. antarctica Studer. Ein junges Stück.

l. c. pag. 160, Fig. 7a, b.

Gattung Ophioglypha Lyman.

Die große, über fünfzig Arten umfassende Gattung gehört hauptsächlich der Tiefsee an. Den Tropen ist sie ganz fremd, dagegen entwickelt sie eine große Anzahl nordischer Formen, die atlantisch bis ins Mittelmeer, pacifisch bis Korea und Japan reichen; andrerseits südliche Formen, die hauptsächlich bei Kerguelens Land, weniger bei Süd-Georgien, am wenigsten an der Südspitze Amerikas zu Hause sind und ihre nördlichste Verbreitung an der südaustralischen Küste erreichen.

O. Martensi Studer. Am nächsten verwandt mit O. Deshayesii Lyman von Kerguelens Land.

l. c. pag. 161, Fig. 8a, b.

O. hexactis Smith. Farbe der älteren Thiere olivengrün bis bräunlich oder dunkel graugrün, bei Jungen citronengelb. Wurde in größerer Anzahl auf 13—14 Faden gedredgt. Die Art war bereits von Kerguelens Land und Marion Island bekannt.

Phil. Trans. Vol. 168, pag. 279, pl. XVII, Fig. a—c. — Studer l. c. pag. 162.

Schon der Entdecker der Art hat deren eigenthümliche Brutpflege beobachtet und beschrieben. Unter der Süd-Georgien-Ausbeute befindet sich ein Stück, welches getödtet wurde, als es ein Junges bereits halb geboren hatte. Ueber Blutpflege bei Echinodermen giebt Studer folgende Litteratur an: Studer, Zool. Anz. 1880 pag. 4. — Abh. Akad. Berlin pag. 13. Wyville Thomson, The Atlantic II pag. 242. — Lyman, Chall. Rep. Ophiuridea pag. 41, pl. XLV, fig. 1; pl. XLVII, fig. 3. — Es kommt noch hinzu: Ludwig, Zeitschr. wiss. Zool. XXXI, pag. 374—390, Taf. XXVI u. XXVII. Ludwig, Arch. de Biol II (1881), pag. 41 bis 54, Taf. III, Fig. 1—15. Lampert, Jahrb. Hamb. Wiss. Anst. III, pag 13, Fig 1. — Pfeffer, id. opus VI, Theil 2 pag. 13 und oben pag 514.

Familie Amphiuridae.

Gattung Amphiura Forbes.

Diese größte Gattung der Ophiuroiden ist in fast hundert Arten über das Litoral der ganzen Erde verbreitet, nur wenige steigen in die Tiefsee hinab.

A. affinis Studer. Am nächsten mit A. tomentosa von Kerguelens Land verwandt. Zahlreiche Stücke an Tangwurzeln. Im Leben die Scheibe lila, die Arme gelblich.

l. c. pag. 162, Fig. 9a, b.

A. Lymani Studer. Am nächsten mit A. magellanica Ljungman verwandt. Fundort und Farbe der vorhergehenden Art.

l. c. pag. 163, Fig. 10a, b.

Thierkreis Zoophyten.

Klasse Hydromedusae.

Ordnung Acalephae.

G. Pfeffer, Zur Fauna von Süd-Georgien. Jahrb. Hamb. Wiss. Anst. VI, Theil 2. pag. 52 u. 53; pag. 16 u. 17 des Sonder-Abzuges.

Die von der Station gesammelten frei lebenden Quallen sind

wegen ihrer Aufbewahrung in Chromsäure nicht zu bestimmen, dagegen fand sich ein Lucernariade in ziemlicher Anzahl vor.

Familie Lucernariadae.

Die Familie war bisher nur aus arktischen und borealen Strichen bekannt.

Gattung Haliclystus Clark.

Arktisch und boreal verbreitet.

H. antarcticus Pfeffer. Eine sehr große Art von 27,5 mm Schirmbreite bis an die Enden der Arme. Bemerkungen der Station: „Schön blauviolett, mit helleren, etwas röthlichen Knospen. Violett, Knospen lila." Mit dem Ausdruck „Knospen" sind jedenfalls Tentakel gemeint.

l. c. pag. 16.

Ordnung Hydroidea.

G. Pfeffer, Zur Fauna von Süd-Georgien. Jahrb. Hamb. Wiss. Anst. VI, Theil 2, pag. 53—55; pag. 17—19 des Sonder-Abzuges.

Familie Tubulariadae.

Gattung Corymorpha Sars.

Die Gattung war bisher nur aus den arktischen und borealen Strichen des atlantischen Reiches bekannt.

C. antarctica Pfeffer. Im Leben „hellgelb durchscheinend. Tiefe Ebbe."

l. c. pag. 17.

Familie Grammariadae.

Gattung Grammaria Stimpson.

Die Gattung hat arktische und boreale Vertreter von der Ostküste Nord-Amerikas einerseits und antarktische, bis zum Cap der guten Hoffnung reichende andrerseits.

G. intermedia Pfeffer. Die neue Art steht mitten zwischen insignis Allman und Stentor Allman.

l. c. pag. 17.

Familie Campanulariadae.

Gattung Hypanthea Allman.

Die Gattung ist durchaus auf den hohen Süden beschränkt und breitet sich hier circumpolar aus.

H. georgiana Pfeffer. Auf Macrocystisblättern sehr häufig.

l. c. pag. 18.

Familie Sertulariadae.

Gattung Sertularia Linne.

Die Gattung ist kosmopolitisch, mit zwei Hauptverbreitungsbezirken im höheren Norden und im höheren Süden.

S. interrupta Pfeffer.

l. c. pag. 19.

S. (Sertularella) polyzonias L. Die Art ist kosmopolitisch, insofern sie aus dem arktischen und borealen Ozean, dem Mittelmeer, Madeira, Süd-Afrika, dem rothen Meere, den Falklands-Inseln und Süd-Georgien bekannt ist.

Pfeffer l. c. pag. 18.

Klasse Anthozoa.

Ordnung Zoantharia, Unterordnung Actiniaria.

G. Pfeffer, Zur Fauna von Süd-Georgien. Jahrb. Hamburg. Wiss. Anst. VI. Theil 2 (1889) pag. 51 u. 52; pag. 15 u. 16 des Sonder-Abzuges.

Familie Sagartiadae.

Gattung Bunodella Pfeffer.

l. c. pag. 15.

Festgewachsen, mit einfachen Tentakeln und horizontal angeordneten Warzen der Haut.

B. georgiana Pfeffer. Die Farbe der lebenden Thiere war: gelbbraun, mit schön dunkelbraunem Tentakelkranz.

l. c. pag. 15.

Familie Ilyanthidae.

Gattung Peachia Gosse.

Die Gattung war bisher nur aus borealen Meeren bekannt.

P. antarctica Pfeffer.

l. c. pag. 15.

Ordnung Octactinia, Unterordnung Alcyonacea.

G. Pfeffer, Zur Fauna von Süd-Georgien, Jahrb. Hamb. Wiss. Anst. VI. Theil 2 (1889) pag. 49—51; pag. 13—15 des Sonder-Abzuges.

Familie Alcyonidae.

Gattung Metalcyonium Pfeffer.

l. c pag. 13.

Die neue Gattung schließt sich an Anthomastus und Sarcophyton an und stellt die bisher in der Antarktis noch nicht bekannte Familie der Alcyoniden nunmehr in drei Arten dar, von denen zwei auf Süd-Georgien vorkommen, während die dritte, noch nicht beschriebene, auf der patagonischen Bank gedredgt ist.

M. clavatum Pfeffer.
l. c. pag. 13.

M. capitatum Pfeffer. Bezeichnet: „Hellorange Polypen, Insel Felsbecken, 30. V; Klippenstrand am offenen Meer, hellorange."
l. c. pag. 14.

Klasse Schwämme.

Die in größerer Menge gesammelten Schwämme haben bislang noch keine Bearbeitung gefunden.

IV. Verbreitung der antarktischen Uferthiere.

Vorbemerkung: M = Maghalhaenischer Bezirk. SG = Süd-Georgischer Bezirk. K = Kerguelenischer Bezirk. A = Aucklandischer Bezirk; die Unterabtheilungen desselben sind eingeklammert hinzugefügt. Alle nicht in die bezeichneten Bezirke fallenden Fundorte sind in *liegender Schrift* angeführt. Hinter den Gattungen ist nur das ausser-antarktische Vorkommen angegeben. Die Uferzone ist bis zu 150 Faden angenommen.

Klasse Pisces.

Ord. Teleostei.

Subord. Acanthopteri.

Fam. Percidae.

Percichthys Girard. *Südamerika (Java).*
laevis Jenyns M.

Fam. Scorpaenidae.

Sebastes Cuv. Val. *Ueberall ausser der atl. Küste des trop. Amerikas und der Ostküste Afrikas, bis 155 Fd.*
oculatus Cuv. Val. M, *Chili bis Valparaiso*; percoides Sol. (Mus. Hamb.) M, *Tasmania, N.-Seeland, Pt. Jackson.*

Zanclorhynchus Gthr.
spinifer Gthr K.

Agriopus Cuv. Val. *Chili, Cap, Süd-Australien.*
hispidus Jen. M, *Süd-Chili.*

Fam. Cataphracti.

Agonus Bl. Schn. *Boreal; Chili; bis 265 Fd.*
chiloensis Jen. M. *Chili.*

Fam. Cottidae.

Sclerocottus Fischer.
Schraderi Fischer SG.

Fam. Trachinidae.

Bovichthys Cuv. Val. *Süd-Amerika, N.-Seeland, Pt. Jackson.*
psychrolutes Gthr *50° S. 172° W.*

Cottoperca Steind.
Rosenbergi Steind. **M**.

Chaenichthys Rich.
esox Gthr **M**; georgianus Fisch. **SG**; rhinoceratus Rich. **K**.

Aphritis Cuv. Val. *Tasmanien, Süsswasser.*
porosus Jen. **M**; gobio Gthr **M**.

Eleginus Cuv. Val.
maclovianus C. V. **M**; sp. (Mus. Hamb.) **M**.

Notothenia Rich. *N.-Seeland.*
tesselata Rich. **M**; squamifrons Gthr **M**; cornucola Rich. **M**, *N.-Seeland*; virgata Rich. **M**; sima Rich. **M**; elegans Gthr **M**; macrocephalus Gthr **M**, magellanica Forst. **M**, Hassleriana Steind. **M**, longipes Steind. **M**; coriiceps Rich. **SG**, **K**, **A**; marmorata Fisch. **SG**; angustifrons Fisch. **SG**; cyaneobrancha Rich. **K**; mizops Gthr **K**; acuta Gthr **K**; Marionis Gthr **K**; purpureiceps Rich. **K**; antarctica Pet. **K**; Filholi Souv. **A** (*Campb.*); phocae Rich. *Eismeer.*

Harpagifer Rich.
bispinis Forst. **M**, **SG**, **K**; palliolatus Rich. **M**.

Fam. Sciaenidae.

Otolithus Cuv. *Tropen.*
leiarchus Cuv. Val. **M**, *S.-Amerika Ost-Küste.*

Fam. Carangidae.

Trachurus Cuv. Val. *Kosmopolitisch.*
trachurus L. **M**, *Kosmopolitisch.*

Seriolella Guich. *Chili.*
porosa Guich. **M**, *Chili.*

Fam. Trichiuridae.

Thyrsites Cuv. Val. *Mittelmeer, Tropen.*
atun Euphr. **M**, *S.-Afr., Tasmanien.*

Fam. Psychrolutidae.

Neophrynichthys Gthr.
latus Gthr **M**, *Neu-Seeland.*

Fam. Discoboli.

Liparis Art. Subg. Enantioliparis Vaillant
pallidus Vaill. **M**; Steineni Fisch. **SG**.

Fam. Blenniadae.

Cristiceps Cuv. Val. *Mittelmeer, Java, Cap, Austr., Tasm.*
argentatus Risso **M**, *Cap, Australien.*
Blenniops Nilss. *Nordisch.*
sp. (Mus. Hamb.) **M**.

Fam. Atherinidae.

Atherinichthys Bleek. *Amerika; Australien; Süsswasser.*
laticlavia C. V. **M**, *Chili;* alburnus Gthr. **M**; nigricans Rich. **M**.

Subord. Anacanthini.

Fam. Lycodidae.

Lycodes Reinh. *Arktisch, bis 640 Fd.*
variegatus Gthr. **M**; macrops Gthr. **M**; fimbriatus Jen. **M**, *Süd-Chili;* latitans Jen. **M**.
Melanostigma Gthr. *Bis 395 Fd.*
gelatinosum Gthr **M**.
Maynea Cunningh.
patagonica Cunn. **M**.
Gymnelichthys Fischer.
antarcticus Fisch. **SG**.

Fam. Gadidae.

Merluccius Cuv. *Boreal; Chili; bis 487 Fd.*
Gayi Guich. **M**, Chili.

Fam. Ophidiadae.

Muraenolepis Gthr.
orangiensis Vaill. **M**; marmoratus Gthr **K**.
Genypterus Phil. *Südafr. Südpacif.*
chilensis Guich. **M**, *Chili.*

Fam. Macruridae.

Macruronus Hector.
Novae Zealandiae Hector **M**, *N.-Seeland.*

Fam. Pleuronectidae.

Pleuronectes Art. *Arktisch, boreal.*
umbrosus Gir. (Mus. Hamb.) **M**, *Pacif. Nord-Amerika.*
Hippoglossoides Gottsche. *Nordatlantisch.*
sp. (Mus. Hamb.) **M**.
Hippoglossina Steind.
macrops Steind. **M**. microps Gthr. **M**.
Thysanopsetta Gthr.
Naresi Gthr. **M**.

Subord. Physostomi.

Fam. Haplochitonidae.

Haplochiton Jenyns. *Chili.*
zebra Jen. M; taeniatus Jen. M.

Fam. Galaxiadae.

Galaxias Cuv. *Südspitze Amerikas, Austr., N.-Seeland.*
attenuatus Jen. M, *N.-Seeland, Tasman.;* maculatus Jen. M; Coppingeri Gthr. M; alpinus Jen. M; reticulatus Rich. A (*Auckl. I.*); brocchus Rich. A (*Auckl. I.*); Campbelli Sauv. A (*Campb. I.*).

Fam. Scombresocidae.

Scombresox Lacép. *Boreal atlantisch u. pacifisch; Chili, N.-Seeland.*
saurus Walb. (Mus. Hamb.) M, *Atlantisch: Europa, N.-Amerika, Afrika.*

Fam. Sternoptychidae.

Maurolicus Cocco. *Boreal.*
parvipinnis Vaill. M.

Fam. Clupeidae.

Clupea Cuv. *Kosmopolitisch.*
arcuata Jen. M, *Chili.*

Subord. Lophobranchii.

Fam. Syngnathidae.

Syngnathus Art. *Heisse und gemässigte Zone.*
Blainvilleanus Eyd. Gerv. M, *Chili, Peru.*
Protocampus Gthr.
hymenolomus Rich. M.

Ord. Elasmobranchii.

Fam. Chimaeridae.

Callorhynchus Gronov. *Südpacif. Südatl.*
antarcticus Lacép. M, *Südpacif. Südatl.*

Fam. Carchariadae.

Mustelus Cuv. *Heisse und gemässigte Zone.*
monazo Bleek. (Mus. Hamb.) M, *Japan.*

Fam. Scylliadae.

Scyllium Müll. Henle. *Heisse und gemässigte Zone.*
chilense Guich. M, *Chili.*

Fam. Spinacidae.

Acanthias Müll. Henle. *Boreal, notal.*
vulgaris L. M, *Boreal, notal.;* Lebruni Vaill. M.

Spinax Müll. Henle. *Europa, W.-Indien.*
granulosus Gthr. **M.**

Fam. Rajadae.

Raja Cuv. *Ueberall, jedoch mehr auf der ndl. Halbkugel; bis 608 Fd.*
brachyura Gthr. **M**; nasuta Müll. Henle (Mus. Hamb.) **M**, *N.-Seeland*; Lemprieri Rich. (Hamb. Mus.) **M**, *Tasmania*; Eatoni Gthr. **K**; Murrayi Gthr. **K.**

Psammobatis Gthr. *Südl. Süd-Amerika.*
rudis Gthr. **M.**

Ord. Cyclostomi.

Fam. Myxinidae.

Myxine L. *Atlantisch boreal, pacifisch notal.*
australis Jen. **M**, *W.-Küste v. Süd-Amerika.*

Bdellostoma Müller. *Chili, Südafrika, N.-Seeland; Californien (? Japan).*
polytrema Gir. **M**, *Chili.*

Klasse Cephalopoda.

Octopoda.

Octopus Lamarck. *Kosmopolitisch.*
Fontanianus Orbigny **M**; Hyadesii Rochebrune et Mabille **M**; megalocyathus Gould **M**, *Chili, Peru*; pantherinus Roch. Mab. **M**; tehuelchus Orb. **M**; laevis Hoyle **K**; Maorum Hutton **A** *(Campb.), N.-Seeland.*

Pinnoctopus Orbigny.
cordiformis Quoy. **A** *(Campb.), N.-Seeland.*

Enteroctopus Roch. Mab.
megalocyathus Roch. Mab. **M**; membranaceus Roch. Mab. **M.**

Decapoda.

Loligo Lamarck. *Kosmopolitisch.*
ellipsura Hoyle **M**; punctata De Kay **M**, *Atlantisch.*

Rossia Owen. *Arktisch, boreal, Mittelmeer.*
patagonica Smith **M**; (sublaevis Verrill) **M**, *Nordamerika W.-K.*

Martialia Roch. Mab.
Hyadesii Roch. Mab. **M.**

Klasse Scaphopoda.

Dentalium Linne. *Kosmopolitisch.*
Lebruni Mab. Roch. **M**; majorinum Mab. Roch. **M**; patagonicum Mab. Roch. **M**; perceptum Mab. Roch. **M**; entalis L. (var. orthrum *Watson)* **K**; aegeum Wats. **K.**

Klasse Pteropoda.

Thecosoma.

Spirialis Eydoux. *Vorwiegend im hohen Norden u. hohen Süden.*
australis Souleyet. **M**, *Südliche Meere.*
Limacina Cuvier. *Arktisch, boreal.*
cancellata Gould. *66° S. 60° O.*

Gymnosoma.

Spongiobranchiaea Orb. *Antarktisch.*
australis Ch. *Südlich circumpolar.*

Klasse Gastropoda.

Pulmonata.

Vitrina Draparnaud (Payenia Mab. Roch.). *Palae- u. nearktisch.*
saxatilis Couthouy **M**.
Thalassia Albers. *Australien, N.-Seeland.*
aucklandica Guillou **A**; antipoda Hombron et Jacquinot **A**; (Nanina zebra Guillou) **A**.
Patula Held. *Kosmopolitisch.*
Coppingeri Smith **M**; leptotera Mab. Roch. **M**; lyrata Couth. **M**; magellanica Smith **M**; ordinaria Smith **M**; rigophila Mab. Roch. **M**; Hookeri Reeve **K**; Campbelli (Helix) Filhol **A**.
Bulimulus Scopoli Subg. Scutalus Albers. *Westl. Mittel- u. Süd-Amerika.*
lutescens King **M**, *Patagonien.*
Succinea Draparnaud. *Kosmopolitisch.*
magellanica Gould **M**; Lebruni Mab. **M**; patagonica Smith **M**.
Latia Gray. *N.-Seeland.*
neritoides Gray **A**.
Limnaea Lamarck. *Kosmopolitisch.*
diaphana King **M**; Lebruni Mab. **M**; pictonica Roch. Mab. **M**.
Chilina Gray. *Südl. Süd-Amerika.*
amoena Smith **M**; Lebruni Smith **M**; Perrieri Mab. **M**.
Onchidella Gray. *Arktisch, boreal; notal.*
patelloides Quoy **A**; Campbelli Filhol, **A** (*Campbell*); sp. (Peronia Cunningham) **M**.
Peronia Blainville. *Wärmere Meere.*
marginata Couth. **M**.

Fam. Siphonariadae.

Kerguelenia Mab. Roch.
redimiculum Rv. **M**; Macgillivrayi Rv. **M**.

Acyrogonia Mab. Roch.
fusca Mab. Roch. **M**; nervosa Mab. Roch. **M**.

Nudibranchia.

Fam. Aeolidiadae.

Fiona Alder & Hancock. *Atl., Ind., Südpacif., N.-Seeland.*
pinnata Eschsch. *Südpacifisch.*

Glaucus Forster. *Atl., Pacif., Mossambique.*
lineatus Reinhardt *Südpacifisch.*

Aeolis Cuvier (sens. ampl.) *Arktisch, boreal, notal.*
sp. (Mus. Hamb.) **M**; Schraderi Pfeffer **SG**; antarctica Pfeffer **SG** georgiana Pfeffer **SG**.

Aeolidia Cuvier. *Boreal.*
patagonica Orb. **M**.

Fam. Tritoniadae.

Tritonia Cuvier. *Vorwiegend arktisch, boreal; Rothes Meer, Polynesien.*
Challengeriana Bergh **M**; antarctica Pfeffer **SG**.

Fam. Dendronotidae.

Microlophus Mab. Roch.
Poirieri Roch. Mab. **M**.

Fam. Doridae.

Archidoris Bergh. *Nordatlantisch, südpacifisch.*
kerguelensis Bergh **K**; australis Bergh **K**.

Doris L. (sens. ampl.) *Kosmopolitisch.*
hispida Orb. **M**; luteola Gould **M**; plumulata Gould **M**.

Fam. Polyceridae.

Acanthodoris Gray. *Kosmopolitisch.*
molicella Abraham **A**; Vatheleti Mab. Roch. **M**.

Opisthobranchia.

Fam. Tornatellidae.

Actaeon Montfort. *Kosmopolitisch.*
bullatus Gould **M**; edentulus Watson (Actaeonina) **K**; vagabundus Mab. Roch. **M**.

Fam. Cylichnidae.

Utriculus Brown. *Vorwiegend nordisch.*
antarcticus Pfeffer **SG**.

Prosobranchia.

Fam. Muricidae.

Trophon Montfort. *Arktisch; (boreal).*
anacanthodes Watson **M**; antarcticus Phil. **M**; candidatus Mab. Roch. **M**; crispus Gould **M**; corrugatus Gould **M**; dispar Mab.

Roch. M; decolor Phil. M; fimbriatus Gay M; fasciculatus H. J, M; Geversianus Pall. M, K; (intermedius H. Ad.) M; (cancellinus Phil.) M; lacinatus Martyn M; Lebruni Mab. Roch. M; liratus Couth. M; muriciformis King M; plumbeus Gould M; lamellosus Gmel. M; patagonicus Orb. M; Philippianus Dkr. M; textiliosus Hombr. Jacqu. M; (unicarinatus Phil.) M; brevispira Mrts SG; cinguliferus Pfeffer SG; declinans Wats. K; albolabratus Sm. K; septus Wats. K; scolopax Wats. K.

Fam. Purpuridae.

Purpura Brug. Subg. Polytropa *Swains. Nordatl., nordpacif., notal.*
striata Martyn M, K, A (*Auckl. Campb.*)

Monoceros Lam. *Amerika W.-K. bis Vancouver.*
calcar Martyn mit Varr. M; imbricatum Lam. M; glabratum Lam. M; striatum Lam. M.

Concholepas Lam. *Chili, Peru.*
patagonicus Mab. Roch. M.

Macron Lam. *Amerika W.-K. (Mauritius).*
Wrightii H. Ad. M.

Fam. Buccinidae.

Neptunea Bolten. *Arktisch, boreal.*
scalaris Wats. M; fictilis Wats. K; Edwardsiensis Wats. K; setosa Wats. K; regulus Wats. K.

Sipho Klein. *Arktisch, boreal.*
futilis Wats. K.

Euthria Gray. *Boreal, notal.*
antarctica Gray M, A (*Auckl. Campb.*), antarctica Philippi (Buccinum) M; atrata Sm. M; meridionalis Sm. M; plumbea Phil. M; fuscata Brug. M, K; cerealis Roch. Mab. M; rufa Hombr. Jacqu. M; chlorotica Mrts K; bivincta Hutt. A (*Auckl.*); linea Martyn v. pertinax Mrts A (*Auckl.*).

(Fusus Lam.) (*Kosmopolitisch*).
(vulpicolor Sow.) M; (Hombroni Phil.) M; (Jacquinoti Phil.) M.

Buccinum L. *Arktisch, boreal, notal.*
(Actonis Phil.) M; (citrinum Rv.) M; (paytense Less.) M; taeniolatum Phil. M; antarcticum Rv. M; patagonicum Phil. M; albozonatum Wats. K; Campbelli Filh. A (*Campb.*); Veneris Filh. A (*Campb.*).

Cominella Gray. *Boreal, notal.*
patagonica Phil. M; modesta Mrts SG; maculosa Martyn A (*Auckl.*), nodicincta Mrts A (*Auckl.*).

Subg. Chlanidota v. Martens.
densisculpta Mrts SG; vestita Mrts K.
Neobuccinum Smith.
Eatoni Sm. K.

Fam. Nassidae.

Nassa Lam. *Kosmopolitisch.*
Gayi Orb. M, *Chili*; Coppingeri Sm. M; taeniolata Phil. M.

Fam. Mitridae.

Mitra Lam. *Kosmopolitisch.*
crymochara Roch. Mab. M.

Fam. Marginellidae.

Marginella Lam. *Vorwiegend wärmere Meere, boreal, notal.*
rubens Mrts M, Hahni Mab. M; patagonica Mrts M; Dozei Mab. Roch. M; nitida Hinds M.

Fam. Volutidae.

Voluta Lam. *Indopacif. bis Alaska; südatl.*
ancilla Sol. M, *Südl. Süd-Amerika;* tuberculata Wood M; angulata Sw. M; subnodosa Leach M; magellanica Ch. mit varr. M; bracata Mab. Roch. M; fragillima Wats. (Volutomitra) K; pulchra Wats. (Provocator) K.

Fam. Columbellidae.

Columbella Lam. *Kosmopolitisch.*
ebenum Phil. M.

Fam. Pleurotomidae.

Surcula H. A. Ad. *Kosmopolitisch.*
staminea Wats. K; trilix Wats. K; hiemalis Mab. Roch. M.
Drillia Gray. *Kosmopolitisch.*
patagonica Orb. var. magellanica Mrts M.
Lachesis Risso. *Kosmopolitisch.*
meridionalis Sm. M.
Daphnella Hinds. *Kosmopolitisch.*
magellanica Phil. M; Payeni Roch. Mab. M.
Mangelia Risso. *Kosmopolitisch.*
Coppingeri Sm. M; antarctica Pfeffer SG.
Savatieria Roch. Mab.
frigida Roch. Mab. M.
Bela Gray. *Arktisch, boreal.*
Cunninghami Sm. M; sp. (Mus. Hamb.) M.

Typhlomangelia O. Sars. *Arktisch.*
fluctuosa Wats. K.
Spirotropis O. Sars. *Arktisch.*
Studeriana Mrts K.
Thesbia Jeffreys. *Arktisch.*
translucida Wats. K; corpulenta Wats. K; platamodes Wats. K; sp. (Mus. Hamb.) M.

Fam. Cancellariadae.

Admete Kröyer. *Arktisch.*
australis Phil. M; Schythei Phil. M; limnaeiformis Sm. M; frigida Roch. Mab. M; sp. (Mus. Hamb.) M; carinata Wats. K; specularis Wats. K.

Fam. Tritoniadae.

Argobuccinum Klein. *Pacif. boreal.*
magellanicum Ch. M.
Ranella Lam. Sbg. Vexilla. *Indopacifisch.*
vexillum Sow. M.

Fam. Lamellariadae.

Lamellaria Mont. *Boreal, notal.*
antarctica Couth. M; Hyadesii Mab. Roch. M; praetenuis Couth. M; patagonica Smith M; orbiculata Dall M; sp. sp. sp. Wats. K.
Marsenia Leach. *Atl. u. pacif. Ozean, Philippinen, Rothes Meer.*
kerguelenensis Studer K.

Fam. Naticidae.

Natica Adans. *Kosmopolitisch.*
globosa King (Lunatia) M; prasina Wats. (Lunatia) K: grönlandica Beck (Lunatia) K, *arktisch*; perscalpta Mrts (Amauropsis) K; suturalis Wats. (Amauropsis) K; furtilis Wats. K; impervia Phil. M; limbata Orb. M; obtutsata Phil. M; patagonica Phil. M; atrocyanea Phil. M; dilecta Gould M; solida Sow. M; magellanica Phil. M; secunda Roch. Mab. M; Lebruni Roch. Mab. M; recognita Mab. Roch. M; Cotteaudi Roch. M; homoea Roch. Mab. M; Payeni Roch. Mab. M; grisea Mrts K; xantha Wats. K; sculpta Mrts K.

Fam. Strombidae.

Struthiolaria Lam. *N.-Seeland.*
tristensis Sowerby M, K; mirabilis Smith K; ornata Sow. M.

Fam. Cerithiadae.

Cerithium Brug. *Kosmopolitisch.*
georgianum Pfeffer SG; sp. (Watson) K.

Bittium Leach. *Vorwiegend nordisch.*
caelatum Couth. **M**; pullum Phil. **M**.

Triforis Deshayes. *Kosmopolitisch.*
sp. (Watson) **M**.

Fam. Turritellidae.

Turritella Lam. *Kosmopolitisch.*
ambulacrum Sow. **M**; Cotteaudi Mab. Roch. **M**; elachista Mab. Roch. **M**; patagonica Sow. **M**; suturalis Sow. **M**; austrina Wats. **K**.

Fam. Rissoidae.

Rissoa Fremv. *Kosmopolitisch, besonders boreal u. N.-Seeland.*
Schythei Phil. **M**; grisea Mrts **SG**; georgiana Pfeffer **SG**; transenna Wats. (Ceratia) **K**; Marionensis Wats. (Setia) **K**; Edwardsiensis Wats. (Setia) **K**; Principis Wats. (Setia) **K**; australis Wats. (Setia) **K**; sinapi Wats. (Setia) **K**.

Skenea Fleming. *Vorwiegend boreal.*
subcanaliculata Wats. **K**.

Assiminea Leach. *Kosmopolitisch, vorwiegend pacifisch.*
antipodum Filh. **A** (*Campb.*).

Hydrobia Hartmann. *Kosmopolitisch.*
antarctica Phil. **M**; georgiana Pfeffer **SG**.

Homalogyra Jeffreys. *Boreal.*
atomus Mrts **K**; sp. (Mus. Hamb.) **M**.

Jeffreysia Alder. *Boreal.*
Edwardsiensis Wats. **K**.

Skenella Pfeffer.
georgiana Pfeffer **SG**.

Eatoniella Dall.
subrufescens Sm. **K**; caliginosa Sm. **K**; kerguelenensis Sm. **SG, K**; sp. (Mus. Hamb.) **M**.

Fam. Litorinidae.

Pellilitorina Pfeffer.
setosa Sm. **SG, K**; pellita Mrts **SG**.

Laevilitorina Pfeffer.
caliginosa Gould **M, SG, K**; pygmaea Pfeffer **SG**; venusta Pfeffer **SG**; granum Pfeffer **SG**; umbilicata Pfeffer **SG**.

Lacunella Dall. *Arktisch.*
antarctica Pfeffer **SG**.

Fam. Scalariadae.

Scalaria Lam. Subg. Opalia H. A. Ad. *Vorwiegend arktisch und antarktisch.*

brevis Orb. **M**, magellanica Phil. **M**; sp. (Mus. Hamb.) **M**.

Fam. Ianthinidae.

Ianthina Lam. *Atlant., Pacif.*

Coucellei Mab. Roch. **M**.

Fam. Cerithiopsidae.

Cerithiopsis Forb. *Kosmopolitisch.*

caelata Couth. **M**.

Diala H. A. Ad. *Pacifisch, (indisch).*

limnaeiformis Wats. **K**.

Fam. Pyramidellidae.

Chemnitzia Orb. *Kosmopolitisch.*

sp. (Mus. Hamb.) **M**.

Odostomia Flem. *Kosmopolitisch.*

sp. (Mus. Hamb.) **M**; rissoides Hanl. **K**.

Liostomia O. Sars. *Arktisch.*

georgiana Pfeffer **SG**.

Eulima Risso. *Kosmopolitisch.*

amblia Wats. **K**.

Liostraca H. A. Adams. *Pacifisch.*

Carforti Mab. Roch. **M**.

Streptocionella Pfeffer.

singularis Pfeffer **SG**.

Fam. Calyptraeidae.

Trochita Schumacher. *Wärmere Klimate, bis Mittelmeer u. Vancouver.*

corrugata Rv. **M**; clypeolum Rv. **M**.

Clypeola Gray. *Notal.*

magellanica Gray **M**.

Crepidula Lam. *Kosmopolitisch.*

dilatata Lam. **M**. *Chili.*

Crypta Schumacher. *Kosmopolitisch.*

subdilatata Mab. Roch. **M**.

Calyptraea Lam. *Kosmopolitisch.*

decipiens Phil. **M**; pileus Lam. **M**; pileolus Orb. **M**.

Crucibulum Schumacher. *Wärmere Klimate.*

cinereum Rv. **M**.

Fam. Haliotidae.

Haliotis L. *Pacifisch bis Kamtschatka; Indischer Ozean bis Cap; Europa.*
iris Martyn A (*Auckl.*); rugosoplicata Ch. A (*Auckl.*); Huttoni Filh. A (*Campb.*).

Fam. Trochidae.

Collonia Gray. *Wärmere Klimate, bes. pacifisch.*
Cunninghami Smith M.

Modelia Gray. *Notal.*
granosa Martyn.

Chlorostoma Sw. *Pacifisch.*
atrum Less. M.

Cyclostrema Marrat. *Vorwiegend boreal und notal.*
sp. (Watson) K.

Diloma Phil. *Besonders pacifisch notal.*
aethiops Gm. A (*Auckl.*); nigerrima Ch. A (*Auckl.*).

Zizyphinus Leach. *Kosmopolitisch.*
consimilis Sm. M; Dozei Mab. Roch. M; optimus Mab. Roch. M; senius Mab. Roch. M; sp. (Mus. Hamb.) M.

Cantharidus Mtft. *Südaustralisch.*
episcopus Hombr. Jacqu. A (*Auckl., Campb.*).

Photinula H. A. Adams *Südpazif. (bis Californien?), Cap.*
dilecta A. Ad. M; expansa Sow. M, SG, K; magellanica Gould M; Ringei Pfeffer M; taeniata Wood M; coerulesceus King M; violacea Adams M; vaginalis Roch. Mab. M; detecta Roch. Mab. M; resurrecta Mab. Roch. M; Coteaudi Mab. Roch. M; pruinosa Roch. Mab. M; maxima Mab. Roch. M; gamma Roch. M; virginalis Mab. Roch. M; paradoxa Roch. M; halmyris Roch. M; Hombroni Fischer M; (Trochus pruinosus Gould) A (*Auckl.*).

Margarita Leach. *Arktisch, boreal.*
illota Wats. M; sp. (Mus. Hamb.) M; charopus Wats. K; antipoda Renn. A (*Auckl.*); rosea Hutt. A (*Campb.*).

Fam. Fissurellidae.

Fissurella Lam. *Südl. Halbkugel, bis Calif. u. Mittelm. reichend.*
picta Gm. M; concinna Phil. M; Dozei Roch. Mab. M; pedeia Roch. Mab. M; patagonica Orb. M; arenicola Roch. Mab. M; Darwini Rv. M; exquisita Rv. M; bella Rv. M; oriens Sow. M; alba Phil. M; fulvescens Sow. M; australis Phil. M; cognata Gould M.

Cemoria Leach. *Arktisch, boreal, notal.*
noachina L. M, K; cognata Gould M; falklandica Sow. M; sp. (Mus. Hamb.) M; conica Orb. M.

Emarginula Lam. *Kosmopolitisch.*
sp. (Watson) **K**.

Scissurella Orb. *Arktisch, boreal.*
crispata Flem. **K**, *arktisch, boreal*; supraplicata Sm. **K**; obliqua Wats. **K**; sp. (Mus. Hamb.) **M**.

Fam. Acmaeidae.

Acmaea Eschsch. *Kosmopolitisch.*
hyalina Phil. **M**; vitrea Phil. **M**; cymbularia Lam. **M**; pallida Sow. **M**; varians Sow. **M**; Cecilleana Orb. **M**; Coppingeri Sm. **M**; strigatella Roch. **M**; mytilina Gmelin **M**, **K**; pileopsis Quoy **A**; Delesserti Phil. **K**.

Scurria Gray. *Boreal, notal.*
scurra Orbigny **M**.

Fam. Patellidae.

Patella L. *Kosmopolitisch, besonders an den drei notalen Südspitzen.*
aenea Gm. **M**; argentea Sow. var. cuprea Rv. **M**; atramentosa Rv. **M**; barbara L. **M**; deaurata Gm. **M**; fuegiensis Rv. **M**, **K**, **A** (*Campb.*); magellanica Gm. **M**, **K**, **A** (*Auckl., Campb.*); meridionalis Roch. Mab. **M**; metallica Roch. Mab. **M**; varicosa Rv. **M**; Ceciliana Orb. **M**.

Fam. Chitonidae.

Chiton L. *Wie Patella; am meisten an der W.-Küste Amerikas.*
Boweni King (Lophyrus) **M**; melanterus Roch. (Lepidopleurus) **M**; viridulus Gould (Lepidopleurus) **M**; puniceus Couth. (Lepidopleurus) **M**; Culliereti Roch. (Lepidopleurus) **M**; illuminatus Rv. (Lepidopleurus) **M**; longicymbus Bvlle (Lepidopleurus) **A** (*Campb., Auckl.*); Campbelli Filhol (Lepidopleurus) **A** (*Campb.*); Pagenstecheri Pfeffer (Leptochiton) **SG**; kerguelensis Haddon (Leptochiton) **K**; fastigiatus Gray (Tonicia) **M**; Isabellei Orb. (Tonicia) **M**; tehuelchus Orb. (Tonicia) **M**; atratus Sow. (Tonicia) **M**; Hornianus Roch. (Tonicia) **M**; Martiali Roch. (Tonicia) **M**; lineolata Frembly (Tonicia) **A** (*Campb, Auckl.*); Gryei Filhol (Tonicia) **A** (*Campb.*); magellanicus Ch. (Chiton s. str.) **M**; Zschaui Pfeffer (Chiton s. str.) **SG**; Veneris Roch. (Chaetopleura) **M**; raripilosus Blv. (Chaetopleura) **M**; peruvianus Lam. (Chaetopleura) **M**, *Peru, Chili*; Savatieri Roch. (Chaetopleura) **M**; Hahni Roch. (Chaetopleura) **M**; fulvus Roch. (Chaetopleura) **M**; frigidus Roch. (Chaetopleura) **M**; Campbelli Filhol (Plaxiphora) **A** (*Campb.*); Steineni Pfeffer (Trachydermon) **SG**; castaneus Couth. (Acanthochites) **M**; stygma Roch. (Acanthochites) **M**; setulosus Carp. (Hemiarthrum) **SG**, **K**; argyrostictus Couth. **M**; Carmichaelis Gray **M**, *Californien*; imitator Sm. **M**.

Klasse Bivalvia.

Fam. Solenidae.

Solen Linne. *Wärmere und gemässigte Meere.*
sicarius Gould M, *Nordamerika, Japan;* Poirieri Mab. Roch. M; tehuelchus Orb. M.

Cultellus Schuhmacher. *Wärmere Zone.*
cultellus L. M, *Amboina, Philippinen.*

Ensis Schumacher. *Kosmopolitisch.*
gladiolus Sow. M, *Chili.*

Fam. Saxicavidae.

Saxicava Fl. de B. *Arktisch, boreal; notal.*
arctica L. M, K, *arktisch, boreal, fast kosmopolitisch;* antarctica Phil. M, SG; frigida Mab. Roch. M; bisulcata Sm. K; chilensis Hupé M; mollis Mab. Roch. M.

Fam. Anatinidae.

Anatina Lam. *Indopacifisch.*
elliptica King K.

Lyonsia Turton. *Vorwiegend boreal und notal.*
arcaeformis Mrts SG; malvinensis Orb. M; chilensis Phil. M.

Thracia Leach. *Kosmopolitisch.*
meridionalis Smith K.

Neaera Gray. *Arktisch, boreal; notal.*
patagonica Sm. M; sp. (Mus. Hamb.) M; kerguelenensis Sm. K; fragillima Sm. K.

Pandora Brug. *Vorwiegend arktisch, boreal und notal.*
brasiliensis Gould M; cistula Gould M; difissa Mab. Roch. M.

Fam. Mactridae.

Mactra L. *Kosmopolitisch.*
edulis King (antarctica Dkr.) M; marcida Gould M; Jousseaumi Mab. Roch. M; donaciformis Gray M; levicardo Smith M.

Lutraria Lam. *Kosmopolitisch.*
tenuis Phil. M.

Fam. Tellinidae.

Davila Gray. *Tropisch indopacifisch.*
umbonata Smith K.

Mesodesma Desh. *Südl. Halbkugel.*
Novae Zealandiae Ch. A (*Auckl.*), *N.-Seeland.*

Sanguinolaria Lam. *Wärmere Meere.*
antarctica Mab. Roch. M.

Fam. Veneridae.

Tapes Mühlfeld. *Kosmopolitisch.*
australis Phil. M; intermedia Quoy A (*Auckl., Campb.*).
Cytherea Lam. *Wärmere Meere.*
tehuelcha Orb. M.
Chione Mühlfeld. *Kosmopolitisch.*
exalbida Ch. M; Dombeyi Lam. M: Gayi Smith M; zelandica v. Stutchburyi Sow. K, A.

Fam. Cardiadae.

Cardium L. *Kosmopolitisch.*
parvulum Dkr M.

Fam. Lucinidae.

Lucina Brugière. *Kosmopolitisch.*
lamellata Sm. M; antarctica Phil. M; sp. (Mus. Hamb.) M.
Loripes Poli. *Kosmopolitisch.*
pertenuis Sm. M.
Cryptodon Turton. *Arktisch, boreal.*
falklandicus Sm. M; marionensis Sm. K.

Fam. Ungulinidae.

Diplodonta Bronn. *Kosmopolitisch.*
lamellata Sm. M.
Philippiella Pfeffer.
sp. sp. M; quadrata Pfeffer SG; ungulata Pfeffer SG.

Fam. Kelliadae.

Kellia Turton. *Vorwiegend arktisch und boreal.*
bullata Phil. M; miliaris Phil. M; magellanica Sm. M; solenoides Sow. M; nuculina Mrts K; cardiformis Sm. K; antipodum Filh. A (*Campb.*); suborbicularis K, *boreal, Europa.*
Cyamium Phil. *Arktisch.*
antarcticum Phil. M; Mosthaffii Pfeffer SG; Willii Pfeffer SG; imitans Pfeffer SG.
Lasea Leach. *Arktisch, boreal; notal.*
rubra Mont. K, *boreal, Europa.*

Fam. Leptonidae.

Lepton Turton. *Arktisch, boreal.*
parasiticum Dall K; costulatum Mrts SG.

Fam. Solemyidae.

Solemya Lam. *Boreal, notal.*
patagonica Sm. M; macrodonta Mab. Roch. M.

Fam. Astartidae.

Astarte Sowerby. *Arktisch, boreal; notal.*
magellanica Sm. **M**, **K**; longirostris Orb. **M**.

Fam. Carditidae.

Cardita Lam. *Kosmopolitisch.*
velutina Smith **M**; compressa Rv. **M**; Thouarsi Orb. **M**; naviformis Rv. **M**; astartoides Mrts **K**.
Carditella Reeve *W.-K. Süd-Amerika.*
pallida Sm. **M**.

Fam. Mytilidae.

Mytilus L. *Kosmopolitisch.*
Darwinianus Orb. **M**; magellanicus Ch. **M**, **K**, **A** *(Auckl., Campb), Fidji*; chilensis Hupé **M**; chiloensis Phil. **M**; chorus Molina **M**; edulis L. **M**, **K**, **A** *(Auckl., Campb), fast kosmopolitisch*; Fischerianus Tapparone Canefri **M**; Hupeanus Mab. Roch. **M**; infundibulum Mab. Roch. **M**; ungulatus Rv. **M**, **K**, *Chili, N.-Seeland*; meridionalis Sm. **K**; kerguelensis Sm. **K**.
Crenella Brown. *Vorwiegend arktisch und boreal.*
Marionensis Sm. **K**.
Dacrydium Torell. *Arktisch.*
meridionalis Sm. **K**.
Modiola L. *Kosmopolitisch.*
areolata Gould **A** *(Auckl.)*; magellanica Rousseau **M**.
Lithodomus Cuv. *Wärmere Meere.*
patagonicus Orb. **M**.
Modiolarca Gray. *Antarktisch.*
crassa Mab. Roch. **M**; de Cannellieri Mab. Roch. **M**; Lephayi Mab. Roch **M**; Savatieri Mab. Roch. **M**; fuegiensis Mab. Roch. **M**; Sauvineli Mab. Roch. **M**; Hahni Mab. Roch. **M**; trapezina Lam. **M**, **SG**, **K**; antarctica Phil **M**; pusilla Gould **M**, **K**; exilis Ad. **M**, **K**; pusia H. Ad. **M**; bicolor Mrts **SG**; subquadrata Pfeffer **SG**; nigromarginata Pfeffer **SG**; faba Pfeffer **SG**; kerguelenensis Sm. **K**; minuta Dall (Kidderia) **K**.

Fam. Pinnidae.

Pinna Lam. *Vorwiegend wärmere Meere.*
patagonica Orb. **M**.

Fam. Arcidae.

Lissarca Smith.
rubrofusca Sm. **M**, **SG**, **K**; Arca magellanica Ch. **M**.

Pectunculina Orb. *Vorwiegend boreal und notal.*
miliaris Phil. **M**; hirtella Mab. Roch. **M**; marionensis Sm. **K**; straminea Sm. **K**.
Felicia Mab. Roch.
Jousseaumi Mab. Roch. **M**.

Fam. Ledidae.

Yoldia Möller. *Arktisch, boreal.*
Woodsii Hanley **M**; Eightsii Couth. **SG** *(Süd Shetl.)* isonata Mrts **K**; subaequilateralis Sm. **K**.
Malletia Desm. *Boreal; pacifisch notal.*
Cumingii Hanl. **M**; Hyadesi Mab. Roch. **M**; magellanica Sm. **M**; patagonica Mab. Roch. **M**; gigantea Sm. **K**.
Leda Schumacher. *Kosmopolitisch.*
lugubris A. Adams **M**; orangica Mab. Roch. **M**; sulcata Gould **M**.

Fam. Nuculidae.

Nucula Lam. *Kosmopolitisch, vorwiegend boreal und notal.*
Grayi Orb. **M**; pisum Sow. var. **M**, *Chili*; Savatieri Mab. Roch. **M**; striata Sow. **M**; sulcata Gould **M**; minuscula Pfeffer **SG**.

Fam. Limidae.

Lima Brug. *Kosmopolitisch.*
goliath Sow. **M**, *Japan*; falklandica Ad. **M**; pygmaea Phil. (Limatula) **M**; Martiali Mab. Roch. **M**.

Fam. Pectinidae.

Pecten L. *Kosmopolitisch.*
patagonicus King **M**; ruforadiatus Rv. **M**; Darwinii Rv. **M**; natans Phil. **M**; corneus Adams **M**; gelatinosus Mab. Roch. **M**; australis Phil. **M**; Woodi **M**; vitreus Ch. **M**, *Japan, Philippinen 100—700 Fd.*; subhyalinus Sm. **M**; corneus Sow. **M**; distinctus Sm. **K**; aviculoides Sm. **K**; clathratus Mrts **K**.

Fam. Ostreidae.

Ostrea L. *Kosmopolitisch.*
chilensis Phil. **M**, *Chili.*

Klasse Brachiopoda.

Fam. Terebratulidae.

Liothyris Douvillé. *Kosmopolitisch, meist Tiefsee.*
uva Broderip **M**, **K**.
Waldheimia King. *Arktisch, Japan, Florida, N.-Seeland, Tiefsee.*
venosa Solander **M**; kerguelenensis Davidson **K**; Smithii Pfeffer **SG**.

Terebratella Orbigny. *Pacifisch arktisch und boreal, Japan, Phillipinen, N.-Seeland, Tiefsee.*
dorsata Gmelin **M**, **K**, *Chili.*

Magasella Dall. *Aleuten, Japan, Canaren, Australien, Tiefsee.*
flexuosa King **M**; patagonica Gould **M**; laevis Dall **M**; Malvinae Orbigny **M**.

Fam. Rhynchonellidae.

Rhynchonella Fischer. *Arktisch, pacifisch, boreal, N.-Seeland, Tiefsee. (Fidji ? Fd.)*
nigricans Sowerby v. pyxidata Watson **M**, *N.-Seeland.*

Klasse Ascidiae.

Ord. Ascidioidea.

Subord. Ascidiae simplices.

Fam. Molgulidae.

Ascopera Herdman.
gigantea H. K; pedunculata H. K.

Molgula Forbes. *Arktisch, boreal (Mittelmeer).*
gigantea Cunn. **M**; gregaria Less. **M**; pedunculata Herdm. **M**; horrida Herdm. **M**.

Eugyra Alder u. Hancock. *Nordisch.*
kerguelenensis Herdm. K.

Fam. Cynthiadae.

Boltenia Savigny. *Kosmopolitisch.*
legumen Less. **M**.

Styela Mac Leay. *Meist arktisch und nordisch; Cap, Ceylon, N.-Seeland.*
grandis Herdm. K; convexa Herdm. K; lactea Herdm. K.

Polycarpa Heller. *Kosmopolitisch.*
? viridis Herdm. SG, *Pt Jackson*; minuta Herdm. K.

? Cynthia Sav. (teste Cunningham). *Kosmopolitisch.*
verrucosa Less. **M**; magellanica Cunn. **M**.

Fam. Ascidiadae.

Ascidia L. *Arktisch, boreal, notal; West-Indien, Cap, Ceylon.*
meridionalis Herdm. **M**; Challengeri Herdm. K; vasculosa Herdm. K; placenta Herdm. K; translucida Herdm. K; despecta Herdm. K.

Subord. Ascidiae compositae.

Fam. Distomidae.

Colella Herdm.
pedunculata Herdm. **M**, SG, K; Gaimardi Herdm. **M**; Quoyi Herdmann **M**; concreta Herdm. **M**, SG, K.

Fam. Polyclinidae.

Tylobrachion Herdm.
speciosum Herdm. K.
Atopogaster Herdm.
gigantea Herdm. M; elongata Herdm. M.
Morchellioides Herdm.
affinis Herdm. K.
Morchellium Giard. *Boreal.*
Giardi Herdm. K.
Sidnyum Savigny. *Boreal.*
pallidum Herdm. K.
Polyclinum Savigny. *Boreal, Mittelmeer, Rothes Meer.*
incertum Herdm. M; pyriforme Herdm. K; minutum Herdm. K.
Aplidium Savigny. *Boreal, Mittelmeer, Rothes Meer, Australien.*
pedunculatum Q. G. M; fuegiense Cunn. M; fuscum Herdm. K; leucophaeum Herdm. K; fumigatum Herdm. K.
Amauroecium M. E. *Boreal.*
irregulare Herdm. M; pallidulum Herdm. M; laevigatum Herdm. M; variabile Herdm. K; globosum Herdm. K; complanatum Herdm. K; nigrum Herdm. K.
Psammaplidium Herdm.
retiforme Herdm. K.

Fam. Didemnidae.

Leptoclinum M. E. *Boreal.*
subflavum Herdm. K; rubicundum Herdm. K.

Fam. Polystyelidae.

Goodsiria Cunningh.
pedunculata Herdm. M, coccinea Cunn. M, SG.
Systyela Giard. *Boreal.*
incrustans Herdm. M.
Chorizocormus Herdm.
reticulatus Herdm. SG, K.

Ord. Thaliacea.

Fam. Salpidae.

Salpa Forskal.
echinata H. M; cordiformis-zonaria Quoy & Gaimard-Pallas M; cylindrica Cuv. K; runcinata-fusiformis Chamisso-Cuvier K, A.

Fam. Appendiculariadae.

Kosmopolitisch; auch antarktisches Eismeer.

Klasse Bryozoa.

Ord. Cheilostoma.

Fam. Aeteidae.

Aetea Lamouroux. *Arktisch, nordisch, Mittelmeer, Süd-Afrika.*
anguinea L. M, *Europa, Cap, Bermudas, Austr.*; americana Orb. M; ligulata Busk M; fuegiensis Jull. M; australis Jull. M; dilatata Busk A (*Campb.*), *Australien.*

Fam. Eucrateidae.

Eucratea Lamouroux. *Nordisch, Mittelmeer, Süd-Amerika.*
chelata L. M, *Süd-Amerika, nordisch.*

Hippothoa Lamouroux. *Nordisch atl. und pacif., Tasman.*
flagellum Manzoni K, *Mittelmeer, kosmopolitisch.*

Fam. Catenicellidae.

Catenicella Blainville. *Australien, N.-Seeland, Rothes Meer, Brasilien.*
aurita Busk A (*Campb.*), *N.-Seeland*; geminata W. Th. A (*Campb.*).

Catenaria Savigny. *Aegypten, N.-Atlantisch.*
attenuata Busk K.

Fam. Cellulariadae.

Cellularia Pallas. *Arktisch, Nordisch, Cap, N.-Seeland, Austral.*
quadrata Busk K; elongata Busk K; cirrata Ellis u. Solander K, *N.-Seeland, Süd-Afrika.*

Menipea Lamouroux. *Arktisch, nordisch, S.-Afrika, Australien.*
benemunita Busk M, K; aculeata Orb. M, K; flagellifera Busk M, K: fuegiensis Busk M; patagonica Busk M; marionensis Busk K.

Emma Gray.
crystallina Busk M, A (*Campb.*), *N.-Seeland.*

Nellia Busk. *Madeira, Florida, Austral.*
oculata Busk A, *Florida, Torres-Str.*

Caberea Lamouroux. *Arktisch, Nordisch, Mittelmeer, N.-Seeland.*
Darwinii Busk M, K, *N.-Seeland*; minima Busk M; Boryi Aud. Savigny M, K, *Mittelmeer, Egypten, Cap, Austral., N.-Seeland,* minima Busk M.

Fam. Bicellariadae.

Bicellaria Blainville. *Nordisch, Africa, Bass-Str.*
pectogemma Goldstein K, *Australien.*

Bugula Oken. *Arktisch, nordisch, Mittelmeer, Florida, Australien.*
Hyadesi Jull. M; sinuosa Busk K; neritina L. A (*Auckl., Campb.*), *Nordisch, Mittelmeer, N.-Seeland, Australien, Rio, N.-Amerika*; longissima Busk K.

Fam. Farciminariadae.

Farciminaria Busk. *Tasmanien, N.-Seeland.*
hexagona Busk K.

Fam. Flustridae.

Flustra L. *Arktisch, Mittelmeer, China, Societ. I., S.-Afrika.*
crassa Busk K; papyracea Ellis A (*Campb.*), *N.-Seeland, Europa.*

Chaperia Jullien.
spinosa Q. G. M.

Carbasea Gray. *Nordisch bis S.-Afrika, Tasm., N.-Seeland.*
ovoidea Busk M, K; pisciformis Busk A (*Campb.*), *N.-Seeland, Tasmanien, Australien*; elegans Busk M, *Tasm.*; episcopalis Busk A (*Campb.*), *N.-Seeland, Australien;* ramosa Jull. M.

Diachoris Busk. *Notal.*
magellanica Busk *Circumpolar, Südl. Australien;* costata Busk M, K, *Victoria;* inermis Busk M, K, A (*Campb.*), *N.-Seeland;* maxilla Jull. M; Hyadesi Jull. M.

Fam. Membraniporidae.

Membranipora Blainville. *Kosmopolitisch.*
membranacea L. A (*Campb.*), *Australien, N.-Seeland, Europa;* crassimarginata Hincks K, *N.-Seeland, Madeira, Tristan da Cunha, Florida*; tesselata Hutton A (*Campb.*), *N.-Seeland*; Hyadesii Jull. M; coronata Hincks M; spinosa Orb. M; cyclops Busk M; galeata Busk mit v. furcata M, K, *Cap.*

Amphiblestrum Gray. *S.-Afrika, Australien.*
cristatum Busk K.

Fam. Microporidae Busk.

Micropora Gray. *Nordisch, Afrika, Australien, notal.*
uncifera Busk (Andreella Jull.) M, *Nightingale Isl., Tristan da Cunha.*

Vincularia Defrance. *Notal.*
gothica Orb. K, *Australien;* ornata Busk M.

Fam. Electridae Busk.

Electra Lamouroux. *Boreal.*
cylindracea Busk K.

Fam. Salicornariadae.

Salicornaria Cuvier. *Nordisch bis Algoa Bay, Australien.*
variabilis Busk M, K; clavata Busk M, K, *Australien;* malvinensis Busk (Melicerita M. E.) M, K; tenuirostris Busk M, *Florida, Australien.*

Fam. Onchoporidae.

Onchopora Busk. *Australien.*
Sinclairii Busk K, *N.-Seeland, Victoria.*

Fam. Reteporidae.

Retepora Imperato. *Arktisch bis Mittelmeer, Florida, Australien.*
magellensis Busk M, *Tiefsee;* cellulosa Lam. M, *Mittelmeer, Austral.;* altisulcata Ridley M; flabellata Busk (Reteporella) K; myriozoides Busk (Reteporella) K.

Fam. Cribrilinidae.

Cribrilina Gray. *Arktisch, boreal, Mittelmeer, Australien.*
philomela Busk K; monoceros Busk M, *antarktisch pacifisch, Tiefsee.*

Fam. Microporellidae.

Flustramorpha Gray. *Süd-Afrika, notal.*
marginata Krauss K, *Süd-Afrika.*
Microporella Hincks. *Kosmopolitisch.*
Hyadesii Jull. M; ciliata Pall. M, *Kosmopolitisch;* personata Busk M. *West-Australien:* Malusii Aud. Sav. M, *N.-Seeland, Südatlantisch.*
Porina Busk. *Mittelmeer, Florida, Australien.*
galeata Busk M.

Fam. Escharidae.

Lepralia Johnston. *Kosmopolitisch.*
monoceros Busk M; bicristata Busk M; appressa Busk M; alata Busk M; personata Busk M; margaritifera Q. G. M, K; collaris Jull. M; marsupium Q. G. M, *Australien;* galeata Busk. M, K; ciliata Pall. K, *Ndl. circumpolar;* Eatoni Busk K; grandis Hutton A *(Campb.), N.-Seeland.*
Aimulosa Jullien.
australis Jull. M.
Romancheina Jullien.
Martiali Jull. M.
Chorizopora Hincks. *Boreal, Mittelmeer.*
hyalina v. Bongainvillei Orb. sp. K, *Tristan da Cunha.*
Escharoides Smitt. *Florida.*
occlusa Busk K, *Australien;* verruculata Smitt K, *Florida.*
Smittia Hincks. *Nordisch bis Florida, Australien.*
monacha Jull. M; sigillata Jull. M; purpurea Jull. M; stigmatophora Busk M; marionensis Busk K; jacobensis Busk K, *Capverden.*
Exochella Jullien.
longirostris Jull. M.

Mucronella Hincks. *Arktisch u. nordisch circumpolar bis Mittelm., Australien.*
tricuspis Hincks M, K, *N.-Seeland, Bass-Str., Cap;* rostrigera Busk K; ventricosa Busk var. M, K.

Aspidostoma Hincks.
giganteum Busk M, *Tristan da Cunha;* crassum Hincks M.

Schizoporella Hincks. *Arktisch, nordisch, Mittelmeer, Florida, S.-Afrika, Australien.*
marsupium Mac Gillivray M, *Victoria;* hyalina L. M, *Arktisch, boreal, Calif.;* spinifera Johnst. M, *Boreal, Mittelmeer;* labiosa Busk M; longispinata Busk M; elegans Orb. M.

Myriozoon Donati. *Arktisch, nordisch, Mittelmeer (Pacifisch).*
marionense Busk K.

Fam. Celleporidae.

Cellepora Fabricius. *Nordisch, Mittelmeer; Madeira, Florida; Californien, N.-Seeland.*
mamillata Busk var. atlantica M, *Austral., Bahia;* bicornis Busk M, K; tubigera Busk M; albirostris Smith K, *Florida;* vagans Busk K, *Honolulu;* Eatoniensis Busk K, *Antarktisch pacifisch, Tiefsee;* signata Busk M; pustulata Busk K; pumicosa Busk v. Eatoniensis M, K; Malusii Aud. Sav. M; hyalina L. M, *Boreal;* reticulans Jull. (Diazeuxia) M.

Ord. Cyclostoma.

Fam. Crisiadae.

Crisia Lamouroux. *Arktisch, atl. u. pacifisch boreal u. notal.*
eburnea L. K, *Spitzbergen, Mittelmeer, Madeira;* denticulata Lam. v. patagonica M, *N. Europa (Cebu?);* Holdsworthii Busk K; Edwardsiana Orb. M, K, *N.-Seeland;* patagonica Orb. M; Sinclarensis Busk M; kerguelensis Busk K.

Fam. Tubuliporidae.

Tubulipora Lam. *Arktisch, boreal, Australien, Tasmanien.*
flabellaris Fabricius M, *Arktisch, nordisch;* fimbria Lam. M, *Arktisch, nordisch, Pt. Jackson;* organizans Orb. M, K; stellata Busk K; serpens L. M, *Arktisch, boreal;* dichotoma Orb. M.

Idmonea Lamouroux. *Kosmopolitisch.*
atlantica Forbes *Arktisch, boreal, Madeira, Florida;* Milneana Orb. M, K, *Queensland;* marionensis Busk K, *N.-Seeland, Queensland, Neapel, Florida;* australis MacG. K, *Australien.*

Diastopora Johnston. *Arktisch, nordisch, Mittelmeer, Afrika, Australien.*
patina Lam. M, *Arktisch, nordisch.*

Fam. Horneridae.

Hornera Lamouroux. *Arktisch, nordisch, Mittelmeer, Australien.*
caespitosa Busk M, *Cape Capricorn*; americana Orb. M; violacea Sars K, *Arktisch, boreal.*

Fam. Lichenoporidae.

Lichenopora Defrance. *Kosmopolitisch.*
fimbriata Orb. M, K, *Tasm., Californien;* gignonensis Busk K; infundibuliformis Busk K; canaliculata Busk K.

Disporella Gray.
spinulosa Jull. M.

Defranceia Orb. *Hocharktisch.*
dentata Hutton A *(Campb.), N.-Seeland.*

Fam. Frondiporidae.

Fasciculipora Orb. *Australien.*
ramosa Orb. M, *Südatl.*

Ord. Ctenostoma.

Fam. Vesiculariadae.

Bowerbankia Farre. *Arktisch, boreal, Adria, Caspisches Meer.*
Francorum Jull. M; Hahni Jull. M; minutissima Jull. M.

Buskia Alder. *Arktisch, boreal.*
australis Jull. M.

Fam. Valkeriadae.

Monastesia Jullien.
pertenuis Jull. M.

Ord. Holobranchia.

Fam. Pedicellinidae.

Pedicellina Sars. *Arktisch, boreal.*
australis Ridley M, K; hirsuta Jull. M; australis Jull. M.

Klasse Pantopoda.

Fam. Nymphonidae.

Nymphon Fabricius. *Ueberall mit Ausnahme des pacif. Ozeans; auch Tiefsee.*
brevicaudatum Miers K; gracilipes Miers K; fuscum Hoek M; antarcticum Pffr SG; brevicauda Pffr SG.

Fam. Colossendeidae.

Ammothea Leach (sens. ampl.) *Arktisch, boreal atlantisch und pacifisch, Südk. Australiens, N.-Seeland; Tiefsee.*
styligera Miers (Tanystylum) K; grandis Pffr SG; Hoekii Pffr SG; Clausii Pffr SG.

Colossendeis Jarzynski.

megalonyx Hoek M, K; robusta Hoek K.

Clotenia Dohrn. (Discoarachne Hoek) *Mittelmeer*, *Cap*.

Dohrnii Pffr SG.

Fam. Pallenidae.

Phoxichilidium Milne-Edwards. *Arktisch. boreal; Tiefsee.*

fluminense Kröyer M, *Patagonien bis Brasilien;* patagonicum Hoek M.

Klasse Crustacea.

Ord. Podophthalma.

Subord. Decapoda.

Fam. Inachidae.

Eurypodius Guérin-Méneville. *Chili bis Valparaiso.*

Latreillei Guér.-Mén. M; longirostris Miers M.

Epialtus Milne-Edwards. *Amerika, atl. bis Westindien, pacifisch bis Californien.*

dentatus M. E. M, *Chili Peru*; spec. (Mus. Hamb.) M.

Fam. Majadae.

Paramithrax A. M. Edw. Subg. Leptomithrax Miers. *N.-Seeland, Tasman., Austral., Canton.*

australis Miers A (*Auckl.*).

Pisoides Edwards u. Lucas. *Amerika, pacif. von der Südspitze bis Californien.*

Edwardsii Bell. M.

Fam. Periceridae.

Libinia Leach. *Amerika, atl. bis Cap Cod, pacifisch bis Californien, Amur-Mdg.*

gracilipes Miers (*Chiloe*): Smithii Miers M.

Prionorhynchus Jacquinot u. Lucas.

Edwardsii Jacqu. Luc. A (*Auckl., Campb.*).

Fam. Pinnoteridae.

Halicarcinus White. *Südlich circumpolar.*

planatus Fabr. M, K, A (*Auckl., Campb.*), *N.-Seeland, Australien.*

Hymenicus Dana. *N.-Seeland, Australien.*

depressus Miers A (*Auckl.*): pubesceus Dana M (Mus. Hamb.), *Australien.*

Fam. Cancridae.

Cancer A. Milne-Edwards. *W.-K. Amerikas bis Vancouver, Ostk. der Verein. Staaten, Nord-Europa, N.-Seeland.*

plebejus Pöppig v. annulipes Miers M.

Fam. Portunidae.

Nectocarcinus A. Milne-Edw.
antarcticus Jacquinot u Lucas A *(Auckland I.), N.-Seeland, Tasmanien, S.-Australien.*

Platyonychus Latreille. *Europa, Südafrika, Ostk. N.-Amerika.*
bipustulatus M. E. M, *Chili, Ozeanien, Australien, Indien, Japan.*

Fam. Calappidae.

Calappa Fabricius. *Wärmere Klimate.*
chilensis Milne-Edwards (M. H.) M.

Fam. Corystidae.

Hypopeltarion Miers.
spinulosum White M, *Chili.*

Gomeza Gray. *Indopacifisch.*
serrata Dana M.

Fam. Lithodidae.

Lithodes Latreille. *Arktisch atlantisch u. pacifisch, Tiefsee.*
antarcticus Jacqu. Luc. M.

Paralomis White. *Tiefsee.*
verrucosus Dana M.

Fam. Paguridae.

Eupagurus Brandt. *Kosmopolitisch.*
comptus White u. varr. M; Campbelli Filh. A (*Campb.*).

Fam. Porcellanidae.

Petrolisthes Stimpson. *Südl. Halbkugel, Tropen, ndl. bis Japan und Gibraltar.*
validus Dana M.

Porcellanopagurus Filhol.
Edwardsii Filhol A (*Campb.*).

Porcellanella White. *Süd-China.*
triloba White M.

Fam. Galatheidae.

Munida Leach. *Boreal.*
subrugosa Dana M, A (*Auckl., Campb.*).

Galathea Fabr. *Atlantisch boreal, tropisch und gemässigt pacifisch.*
sp. (Mus. Hamb.) M.

Fam. Crangonidae.

Crangon Fabricius. *Arktisch, nordisch atlant. und pacifisch.*
antarcticus Pffr SG.

Fam. Alpheidae.

Alpheus Fabricius. *Tropen und wärmere gemässigte Zonen.*
scabrodigitatus Dana M; truncatus Dana M.

Hippolyte Leach. *Arktisch, boreal, (Rio, Zanzibar, Viti), Austral., N.-Seeland.*
antarctica Pffr. SG; sp. (Mus. Hamb.) M.

Nauticaris Spence Bate.
Marionis Sp. B. M, K.

Fam. Pandalidae.

Pandalus Leach. *Arktisch, nordisch bis Puget-Sd u. Madeira.*
paucidens Miers M.

Fam. Palaemonidae.

Campylonotus Spence Bate.
semistriatus Sp. B. M; capensis Sp. B. K, *Pernambuco Tiefsee;* vagans Sp. B. M *(175 F.).*

Leander Desmarest. *Warme u. gemässigte Zonen.*
affinis H. Milne-Edw. A *(Campb.), N.-Seeland.*

Subord. Schizopoda.

Fam. Euphausiadae.

Euphausia Dana. *Tropische und gemässigte Zonen.*
splendens Dana M, *Atl. Ozean südl. vom Cap, notal und antarktisch pacifisch;* Murrayi Sars K, *antarktisch.*

Thysanoessa Brandt. *Arktisch, nordisch.*
gregaria G. O. Sars M, *Nord-, südatlantisch; nord-, südpacifisch;* macrura G. O. Sars K, *Südatl. und südindischer Ozean bis zur Eisbarre.*

Fam. Mysidae.

Macromysis Dana.
sp. (Mus. Hamb.) M.

Ord. Cumacea.

Fam. Vaunthompsoniadae.

Vaunthompsonia Spence Bate.
meridionalis Sars K.

Fam. Lampropodidae.

Paralamprops Sars.
serratocostata Sars K.

Fam. Leuconidae.

Leucon Kröyer. *Arktisch, boreal, Mittelmeer, nordpacifisch.*
assimilis Sars K.

Fam. Diastylidae.

Dyastylis Say. *Arktisch, boreal; Tiefsee.*
horrida Sars K; sp. (Mus. Hamb.) M.

Fam. Campylaspidae.

Campylaspis G. O. Sars. *Norwegen, Mittelmeer, W.-Indien.*
nodulosa Sars K.

Ord. Isopoda.

Fam. Serolidae.

Serolis Leach. *Tiefsee der südl. Halbkugel.*
paradoxa Fabr. M; convexa Cunningham M; Schythei Lütken M; latifrons White K, A *(Auckl.)*; septemcarinata Miers SG, K; cornuta Studer M; Fabricii Leach M; Orbignyana Aud. u. Edw. M; plana Dana M; sp. (Mus. Hamb.) M; Pagenstecheri Pffr SG; polita Pffr SG; trilobitoides Eights M, SG *(S.-Shetland I.)*.

Fam. Chelonidiadae.

Chelonidium Pfeffer.
punctatissimum Pffr SG.

Fam. Limnoriadae.

Limnoria Leach. *Europa, N.-Seeland.*
antarctica Pffr SG.

Fam. Oniscidae.

Trichoniscus Brandt. *Europa, N.-Amerika (Guiana, Peru) Süd-Austral., N.-Seeland.*
aucklandicus Thompson A *(Auckl.)*.
Styloniscus Dana. *Californien, Tonga.*
magellanicus Dana M.
Tylos Latreille. *Mittelmeer-Länder, Japan, Borneo.*
spinulosa Dana M.

Fam. Sphaeromidae.

Sphaeroma Latr. *Kosmopolitisch, vorwiegend notal.*
gigas Leach M, K, A *(Campb., Auckl.), N.-Holland, N.-Seeland;* lanceolata White M; calcarea Dana M; globicauda Dana M; obtusa Dana A *(Auckl.)*.
Cymodocea Leach. *Europa, S.-Australien, N.-Seeland.*
Eatoni Miers K; Darwinii Cunningham M.
Cymodocella Pfeffer.
georgiana Pffr SG; sp. (Mus. Hamb.) M.

Cassidina Milne-Edwards.
emarginata Guér.-Méneville **M**, **SG**, **K**; maculata Studer **K**.

Fam. Aegidae.

Aega Leach. *Kosmopolitisch.*
magnifica Dana **M**; semicarinata Miers **K**; punctulata Miers **M**.

Cirolana Leach. *Kosmopolitisch.*
magellanica (Mus. Hamb.), **M**; Rossii Miers **A** *(Auckl.), N.-Seeland.*

Rocinela Leach. *Kosmopolitisch, bes. ndl. Halbkugel.*
australis Schioedte u. Meinert **M**.

Fam. Asellidae.

Iaera Leach. *Nordisch-atlantisch u. -pacifisch, N.-Seeland.*
antarctica Pffr **SG**.

Iaeropsis Beddard.
Marionis Bedd. **K**.

Iais Bovallius.
pubescens Dana **M**, **K**; Hargeri Bov. **M**.

Notasellus Pfeffer.
Sarsii Pffr **SG**.

Nov. Gen. (Mus. Hamb.) **SG**.

Fam. Munnidae.

Munna Kröyer. *Arktisch, boreal in Europa und Amerika.*
maculata Bedd. **K**; pallida Bedd. **K**.

Haliacris Pfeffer. *Arktisch (Mus. Hamb.).*
antarctica Pffr **SG**.

Pleurogonium Sars. *Norwegen, Tristan da Cunha.*
albidum Bedd. **K**; serratum Bedd. **K**.

Astrurus Beddard.
crucicauda Bedd. **K**.

Fam. Munnopsidae.

Ilyarachna Sars. *Norwegen.*
quadrispinosa Bedd. **K**.

Eurycope Sars. *Norwegen, Sibirien; in Tiefsee überall.*
sp. (Mus. Hamb.) **M**.

Fam. Arcturidae.

Arcturus Latreille. *Arktisch und nordisch; (W.- und S.-Afrika, Borneo); Tiefsee bes. der südl. Halbkugel.*
Coppingeri Miers **M**; sp. sp. (Mus. Hamb.) **M**; furcatus Studer **K**; Studeri Bedd. **K**.

Fam. Idoteidae.

Glyptonotus Eights.
antarcticus Eights SG, *S.-Shetland I.*
Gen. nov. (Mus. Hamb.) M.
Edotia Guérin. *Arktisch, nordisch; Chili.*
tuberculata Guér. M.
Idotea Fabr. *Kosmopolitisch, besonders boreal und notal.*
rotundicauda Miers M; annulata Dana A (*Campb.*); elongata Miers A (*Auckl.*).
Cleantis Dana. *Patagonien, wärmere Pacif., Brasilien, N.-Jersey.*
sp. (Mus. Hamb.) M.

Fam. Anceidae.

Anceus Risso. *Arktisch, boreal; notal. (Rothes Meer, Ceylon).*
antarcticus Studer M; gigas Bedd. K; tuberculatus Bedd. K.

Subord. Tanaoidea.

Fam. Apseudidae.

Apseudes Leach. *Arktisch, nordisch, Mittelmeer.*
antarctica Bedd. K; sculptus Pffr SG.

Fam. Tanaidae.

Tanais M. Edwards. *Nordisch, Mittelmeer; N.-Seeland.*
Willemoesii Studer K; hirsutus Beddard K.
Leptochelia Dana. *Nordisch, atlantisch, Mittelmeer.*
sp. (Mus. Hamb.) M.
Paratanais Dana. *Arktisch, nordisch, Mittelmeer.*
dimorphus Bedd. K.
Leptognathia G. O. Sars. *Arktisch, nordisch, Mittelmeer.*
australis Bedd. K.
Gen.? M. (Mus. Hamb.)
Gen.? SG. (Mus. Hamb.)

Ord. Amphipoda.

Fam. Orchestiadae.

Orchestia Leach. *Kosmopolitisch.*
scutigera Dana M; nitida Dana M.
Allorchestes Dana. *Kosmopolitisch.*
georgianus Pffr SG; villosus Smith K; Campbelli Filhol A (*Campb.*).

Fam. Lysianassidae.

Anonyx Kröyer. *Arktisch, nordisch, Mittelmeer; notal.*
fuegiensis Dana M; sp. sp. (Mus. Hamb.) M; Zschaui Pffr SG; femoratus Pffr SG; Kergueleni Miers K.

Lysianassa Kröyer. *Arktisch, boreal, Mittelmeer; S.-Australien.*
Kidderi Smith K.

Fam. Amphilochidae.

Amphilochus Spence Bate. *Boreal, N.-Seeland.*
Marionis Stebb. K.

Fam. Stenothoidae.

Metopa Boeck. *Arktisch, boreal.*
Sarsii Pffr SG; nasutigenes Stebbing K; .magellanica Stebb. M; parallelochir Stebb. M; ovata Stebb. M; compacta Stebb. M.

Fam. Leucothoidae.

Leucothoe Leach. *Boreal, Mittelmeer, Cap; Japan; Australien.*
antarctica Pfeffer SG.
Seba Costa. *Mittelmeer, Algoa-Bay, N.-Seeland.*
Saundersi Stebb. M, *Algoa Bay, N. Seeland.*

Fam. Pontoporeiidae.

Cardenio Stebbing.
paurodactylus Stebb. K.
Harpinia Boeck. *Arktisch, boreal.*
obtusifrons Stebb. K.
Urothoe Dana. *Arktisch, nordisch; Sulu-See, Australien.*
lachneessa Stebb. K.

Fam. Oedicerotidae.

Halimedon Boeck. *Arktisch, nordisch.*
Schneideri Stebb. K.
Oediceroides Stebbing.
rostratus Stebb. K, *Falkland Tiefsee.*
Zaramilla Stebbing.
Kergueleni Stebb. K.

Fam. Iphimediadae.

Acanthechinus Stebbing.
tricarinatus Stebb. K, *(150 F.).*
Iphimedia Rathke. *Nordisch, Australien.*
nodosa Dana M; pacifica Stebb. K; pulchridentata Stebb. K.

Fam. Atylidae.

Halirhages Spence Bate. *Arktisch.*
Huxleyanus Sp. B. M.
Atyloides Stebbing.
australis Miers K.

Atylopsis Stebbing.
magellanicus Stebb. M; dentatus Stebb. M, K *(310 F.)*
Harpinioides Stebbing.
drepanochir Stebb. K.
Tritaea Boeck. *Boreal.*
Kergueleni Stebb. K.
Bovallia Pfeffer.
gigantea Pffr SG.
Eurymera Pfeffer.
monticulosa Pffr SG.
Stebbingia Pfeffer.
gregaria Pffr SG.
Calliopius Lilljeborg. *Arktisch, nordisch, N.-Seeland.*
georgianus Pffr SG.

Fam. Eusiridae.

Rhachotropis S. J. Smith. *Nordisch.*
aculeatus Lepechin K, *Nordisch atlantisch Europa und Amerika.*
Eusirus Kröyer. *Arktisch, nordisch, Mittelmeer: Tasman., N.-Seeland.*
longipes Boeck K, *N.-Seeland, Arktisch.*
Eusiroides Stebbing. *S.-Australien, (S.-Atlantisch Tiefsee).*
Pompeji Stebb. K.
Lilljeborgia Spence Bate. *Arktisch, nordisch; Bass-Str.*
consanguinea Stebb. K.

Fam. Pardaliscidae.

Pardalisca Kröyer. *Arktisch, nordisch.*
Marionis Stebb. K.

Fam. Gammaridae.

Megamoera Spence Bate. *Arktisch, nordisch; indischer Archipel, Südsee: Tasman., N.-Seeland.*
Miersii Pffr SG.

Fam. Photidae.

Photis Kröyer. *Arktisch; S.-Australien.*
macrocarpus Stebb. K.
Aora Kröyer. *Boreal; Valparaiso, N.-Seeland.*
Kergueleni Stebb. K, trichobostrychus Stebb. K.
Autonoe Bruzelius. *Arktisch; Bass-Str.,*
Kergueleni Stebb. K.
Gammaropsis Lilljeborg. *Boreal, Mittelmeer.*
exsertipes Stebb. K.

Fam. Podocerotidae.

Amphithoe Leach. *Kosmopolitisch.*
Kergueleni Stebb. K; Falklandi Sp. Bate M.
Podocerus Leach. *Kosmopolitisch.*
falcatus Montague K, *Europa boreal;* ingens Pffr SG.

Fam. Corophiadae.

Cerapus Say. *Kosmopolitisch.*
Sismithi Stebb. K.
Haplocheira Stebb.
plumosa Stebb. K.

Fam. Dulichiadae.

Platophium Dana. *Kosmopolitisch.*
Danae Stebb. K.

Fam. Iciliadae.

Chosroes Stebbing.
incisus Stebb. M.

Fam. Helidae.

Neohela S. J. Smith. *Atl. boreal Europa u. Amerika.*
serrata Stebb. K.

Fam. Lysianassidae.

Kerguelenia Stebbing.
compacta Stebb. K.

Fam. Caprellidae.

Dodecas Stebbing.
elongata Stebb. K.
Protellopsis Stebbing.
Kergueleni Stebb. K.
Caprellina Thomson. *Chili, N.-Seeland.*
Mayeri Pffr SG.
Aegina Kröyer. *Arktisch.*
sp. (Mus. Hamb.) M.

Fam. Tyronidae.

Tyro H. Milne-Edwards. *Arktisch.*
Tullbergi Bovallius M.

Fam. Vibiliadae.

Vibilia H. Milne-Edwards. *Tropische und gemässigte Breiten.*
antarctica Stebbing K.

Fam. Cyllopodidae.

Cyllopus Dana. *Stark notal.*
magellanicus Dana M; armatus Bov. M; Danae Spence Bate A („*Powel Island*“); Lucasi Sp. Bate A („*Powel Island*“).

Fam. Hyperiadae.

Tauria Dana.
macrocephala Dana. *157° O. 66° S.*

Hyperiella Bovallius. *Mittelmeer, tropisch-atlantisch.*
antarctica Bov. M.

Parathemisto Boeck. *Arktisch, boreal.*
trigona Dana M.

Euthemisto Guérin. *Arktisch.*
Gaudichaudi Guérin M; antarctica Bov. *68° S. 64° W.*; Thomsoni Stebb. *50° S. 123° O., 48° S. 130° O.*

Fam. Anchylomeridae.

Anchylomera H. Milne-Edwards. *Südl. Halbkugel, atl. u. ind. Ozean.*
abbreviata Sp. Bate M; antipodes Sp. Bate „*Antarctic Sea*“.

Primno Guérin-Méneville. *Nordatl., südatl., südpacif., Australien.*
antarctica Stebbing K, A.

Fam. Tryphaenidae.

Thamyris Spence Bate. *Südl. Halbkugel bis Philippinen reichend.*
antipodes Sp. Bate *58° S. 172° W.*

Ord. Phyllopoda.

Subord. Branchiopoda.

Fam. Branchipodidae.

Branchinecta Verrill. *Arktisches Süsswasser.*
sp. (Mus. Hamb.) SG.

Ord. Ostracoda.

Fam. Cypridae.

Aglaia Brady. *N.-Seeland.*
meridionalis Brady M; oblusata Brady K.

Argilloecia G. O. Sars. *Nord-Europa.*
eburnea Brady K, *Tiefsee.*

Macrocypris Brady. *Nord-Europa, Amboina, W.-Indien.*
tumida Brady K; maculata Brady K, *Bass-Str., Amboina, W.-Indien.*

Bythocypris Brady.
reniformis Brady K, *Tiefsee.*

Bairdia Mc Coy. *Nord-Europa.*
villosa Brady K, *Tristan da Cunha, Bass-Str.*; simplex Brady K; victrix Brady K, *Tiefsee atl. u. pacif.*

Fam. Cytheridae.

Cythere Müller. *Nord-Europa.*
scintillulata Brady M; Moseleyi Brady M; Falklandi Brady M; fulvocincta Brady M; Reussi Brady M; impluta Brady M, *Tristan da Cunha*; foveolata Brady K; securifer Brady K; kerguelenensis Brady K, *Süd-Australien*; subrufa Brady K; Wyville-Thomsoni Brady K; parallelogramma Brady K; Audei Brady K; polytrema Brady K; dictyon Brady M, K, *Kosmop., fast überall Tiefsee*; Normani Brady K; dasyderma Brady K, *in der Tiefsee kosmopolitisch*; Suhmi Brady K.

Krithe Brady, Crosskey, Robertson. *Nord-Europa.*
Bartonensis Jones K, *Arktisch, boreal*; producta Brady M, K, *in der Tiefsee kosmopolitisch.*

Xestoleberis G. O. Sars. *Nord-Europa.*
depressa G. O. Sars K, *Nord-Europa*: setigera Brady K; curta Brady K, *Pacif. litoral und Tiefsee*: polita Brady M.;

Cytherura Brady. *Nord-Europa.*
rudis Brady M, *Davis-Str.*; clavata Brady M; Lilljeborgi Brady K; costellata Brady K.

Cytheropteron G. O. Sars. *Nord-Europa.*
patagoniense Brady M; scaphoides Brady K; angustatum Brady K, *Torres-Str.*; assimile Brady, K; fenestratum Brady K, *Tristan da Cunha Tiefsee.*

Bythocythere G. O. Sars. *Nord-Europa.*
exigua Brady M; pumilio Brady K.

Pseudocythere G. O. Sars. *Nord-Europa.*
caudata Sars K, *Nord-Europa.*

Cytherideis Jones. *Nord-Europa.*
laevata Brady K.

Sclerochilus G. O. Sars. *Nord-Europa.*
contortus Norman K, *N.-Seeland, Nord-Europa.*

Xiphichilus Brady. *Nord-Europa.*
complanatus Brady K.

Paradoxostoma Fischer. *Nord-Europa.*
abbreviatum G. O. Sars K, *Nord-Europa.*

Fam. Cypridinidae.

Cypridina Milne-Edwards. *Kosmopolitisch.*
Danae Brady K.

Fam. Conchoeciadae.

Halocypris Dana.
atlantica Lubbock M, *36° N.—50° S.*; brevirostris Dana M, *36° N bis 47° S.*

Fam. Polycopidae.

Polycope G. O. Sars. *Nord-Europa.*
orbicularis G. O. Sars. K, *Vigo-Bay, Cap*; *Nord-Europa.*

Ord. Cirripedia.

Fam. Lepadidae.

Scalpellum Leach. *Europa, S.-Afrika, Philippinen. Australien; in der Tiefsee kosmopolitisch.*
recurvirostrum Hoek K; sp. M.

Conchoderma Olfers. *Kosmopolitisch, doch besonders stark nördlich und südlich.*
virgatum Spengler M.

Fam. Verrucidae.

Verruca Schumacher. *Atl. boreal, Madeira, W.-Indien, W.-K. Süd-Amerika: Tiefsee.*
laevigata Sowerby M, *Chili, Peru.*

Fam. Balanidae.

Balanus Auctorum. *Litoral kosmopolitisch; selten Tiefsee.*
improvisus Darwin M, *Amerika südatlantisch südpacifisch*; laevis Brugière M, *Chili, Peru, Californien*: psittacus Molina M, *Chili, Peru*; corolliformis Hoek K *(150 F.)*; flosculus Darwin M, *Chili, Peru.*

Coronula Lamarck. *Nördliche und südliche Ozeane.*
balaenaris Gmelin *Südmeere.*

Elminius Leach. *Arktisch: Süd-Amerika, N.-Seeland, Australien.*
Kingii Gray M.

Chthamalus Ranzani. *Kosmopolitisch.*
scabrosus Darwin M, *Chili*; cirratus Darwin M, *Chili, Peru.*

Klasse Chaetopoda.

Die folgende Chaetopoden-Uebersicht nebst den Bemerkungen dazu hat Herr Dr. W. Michaelsen auszuarbeiten die grosse Güte gehabt.

Ord. Polychaeta.

Fam. Aphroditidae.

Aphrodite Linné. *Kosmopolitisch.*
Echidna Quatrefages M.

Laetmonine Kinberg. *Arktisch, antarktisch, Tiefsee.*
producta Grube K, *N.-Seeland; var. Nordatl., Nordpac., N.-O.-Australien (Tiefsee).*

Halosydna Kinberg.
patagonica Kinb. M.

Eupolynoë McIntosh.
mollis Grube (Polynoë) K.

Evarne Malmgren.
kerguelensis McInt. K.

Harmothoë Kinberg. *Kosmopolitisch.*
spinosa Kinb. M; vesiculosa Grube (Polynoë) (= Lagisca antarctica McInt.), M, SG, K; fullo Grube M, K.

Hermadion Kinberg.
kerguelensis McInt. K; magalhaensis Kinb. M, K; longicirratus Kinb. M, K.

Polynoë Savigny. *Kosmopolitisch.*
antarctica Kinb. M.

Fam. Eunicidae.

Eunice Cuvier. *Kosmopolitisch.*
magellanica McInt. K *Magalhaens-Str. Tiefsee;* Frauenfeldi Grube M, *St Paul.*

Lumbriconereis Blainville. *Kosmopolitisch.*
kerguelensis Grube K; magelhaensis Kinb. M; Virgini Kinb. M; bifrons Kinb. (Eranno) M; sp. (Mus. Hamb.) SG.

Fam. Lycodoridae.

Nereis Linné. *Kosmopolitisch.*
kerguelensis McInt. SG, K; patagonica McInt. M; antarctica Verrill K;

Platynereis Kinberg. *Europa, Madeira, Antillen.*
Eatoni McInt. M, K; magelhaensis Kinb. M; antarctica Kinb. M; patagonica Kinb. M.

Leptonereis (Nicon) Kinberg. *Mittelmeer, Philippinen, Brasilien, Guayaquil.*
Eugeniae Kinb. M; loxechini Kinb. M; Virgini Kinb. M.

Fam. Nephthydae.

Nephthys Cuvier. *Kosmopolitisch.*
trissophyllus Grube K; modesta Grube M; Virgini Kinb. M.

Fam. Glyceridae.

Glycera Savigny. *Kosmopolitisch.*
kerguelensis McInt. K.

Hemipodus Quatrefages. *W.-K. Süd-Amerika.*
    patagonicus Kinb. M.
Epicaste Kinberg.
    armata Kinb. M.

Fam. Syllidae.

Autolytus Grube.
    Mac Leaeanus McInt. K.
Sphaerosyllis Claparède.
    kerguelensis McInt. K.
Exogone Oersted.
    heterosetosa McInt. K.
Eusyllis Malmgren.
    kerguelensis McInt. K.
Gen. Gen. spec. spec. (Mus. Hamb.) SG.

Fam. Hesionidae.

Salvatoria McIntosh.
    kerguelensis McInt. K.

Fam. Phyllodocidae.

Eulalia Savigny. *Kosmopolitisch.*
    magelhaensis Kinb. M; picta Kinb. M; sp. (Mus. Hamb.) SG.
Carobia Kinberg. *Kosmopolitisch.*
    patagonica Kinb. M.
Phyllodoce Savigny. *Kosmopolitisch.*
    sp. (Mus. Hamb.) SG.

Fam. Alciopidae.

Alciope Milne Edwards. *Kosmopolitisch.*
    antarctica McInt. K.

Fam. Tomopteridae.

Tomopteris Eschscholtz. *Kosmopolitisch.*
    Carpenteri Quatrefages K, *Oceanus australis (Quatref.)*

Fam. Capitellidae.

Notomastus Sars. *Kosmopolitisch.*
    sp. K.

Fam. Opheliadae.

Travisia Johnston. *Arktisch, boreal; Florida, Algoa-Bay; Samoa, Süd-Australien.*
    kerguelensis McInt. K.
Nitelis Kinberg.
    pretiosa Kinb. M.

Ladice Kinberg. *Brasilien, Chili.*
adamantea Kinb. SG, *Brasilien.*

Fam. Arenicolidae.

Arenicola Lamarck. *Arktisch, boreal; Mittelmeer, Madeira, W.-Indien; Natal.*
piscatorum Cuv. var. K, *varr. arktisch und boreal circumpolar;* sp. SG.

Fam. Clymeniadae.

Praxilla Malmgren. *Kosmopolitisch.*
kerguelensis McInt. K; assimilis McInt. K.
Maldane Grube. *Kosmopolitisch.*
sp. (Mus. Hamb.) SG.

Fam. Ariciadae.

Scoloplos Oersted. *Arktisch.*
kerguelensis McInt. K.
Leodane Kinberg.
vorax Kinb. M.
Aricia Savigny. *Kosmopolitisch.*
sp. (Mus. Hamb.) SG.

Fam. Cirratulidae.

Promenia Kinberg. *Vancouver-I.*
jucundus Kinb. M.
Cirratulus Lamarck. *Kosmopolitisch.*
patagonicus Kinb. (Archidice) M; sp. SG; sp. SG.

Fam. Spionidae.

Scolecolepis Blainville. *Boreal.*
cirrata Sars var. K, *boreal Europa und Amerika O. K.*

Fam. Chaetopteridae.

Chaetopterus Cuvier. *Kosmopolitisch.*
variopedatus Ren. M, *Mittelmer, W.-Afrika (Mus. Hamb.);* antarcticus Kinberg M.
Spiochaetopterus Sars. *Arktisch, boreal, Mittelmeer, Capverden.*
patagonicus Kinb. M.

Fam. Chloraemidae.

Siphonostoma Otto. *Norwegen, Mittelmeer, Florida, Cap; Chili, Neu-Seeland.*
sp. (Mus. Hamb.) SG.
Trophonia Milne-Edwards. *Kosmopolitisch.*
Kerguelarum Grube K; sp. (Mus. Hamb.) SG.

Brada Stimpson *Arktisch.*
mamillata Grube K.

Fam. Ampharetidae.

Ampharete Malmgren. *Arktisch, boreal, W.-Indien.*
kerguelensis McIntosh K; patagonica Kinb. M.
Terebella Linné. *Kosmopolitisch.*
flabellum Baird K.
Phyzelia Savigny. *Nordisch, Chili.*
Agassizii Kinb. M; quadrilobata Grube M; frondosa Grube u. Oerstedt M; sp. (Mus. Hamb.) SG.
Thelepus Leuckart. *Kosmopolitisch.*
Mac Intoshi Grube K; antarcticus Kinb. M; sp. (Mus. Hamb.) SG.
Neottis Malmgren. *Kosmopolitisch.*
antarctica McInt. K; spectabilis Verrill. K.
Ereutho Malmgren.
kerguelensis McInt. K; sp. (Mus. Hamb.) SG.
Polycirrus Grube. *Kosmopolitisch.*
kerguelensis McInt. K.
Artacama Malmgren. *Kosmopolitisch.*
challengerica McInt. K; proboscidea Sars K, *arktisches und boreales Europa und Amerika (O. K.).*
Terebellides M. Sars. *Kosmopolitisch.*
Strömii Sars M, K, *arktisch und boreal circumpolar.*

Fam. Hermellidae.

Phragmatopoma Mörch. *Kosmopolitisch.*
Virgini Kinb. M.

Fam. Sabellidae.

Sabella Linné. *Kosmopolitisch.*
costulata Grube K; magelhaensis Kinb. M.
Laonome Malmgren. *Kosmopolitisch.*
antarctica Kinb. M.
Euchone Malmgren. *Kosmopolitisch.*
sp. (Mus. Hamb.) SG.

Fam. Serpulidae.

Protula Risso. *Kosmopolitisch.*
sp. (Mus. Hamb.) SG.
Placostegus Philippi. *Kosmopolitisch.*
sp. SG.
Zophyrus Kinberg.
Loveni Kinb. M.

Serpula Linné. *Kosmopolitisch.*

patagonica Grube M, K; narconensis Baird K; sp. (Mus. Hamb.) SG.

Spirorbis Daudin. *Kosmopolitisch.*

sp. (Mus. Hamb.) GS; sp. K.

Ord. Oligochaeta.

Fam. Enchytraeidae.

Pachydrilus Claparède. *Europa.*

maximus Michaelsen SG.

Marionia Michaelsen. *Europa.*

georgiana Mich. SG.

Enchytraeus Henle. *Europa.*

monochaetus Mich. SG.

Fam. Acanthodrilidae.

Acanthodrilus Perrier. *Abyssinien, Liberia; Australien, N.-Seeland.*

litoralis Kinberg (?=patagonica Kbg) M; Bovei Rosa M; georgiana Mich. SG; kerguelensis Lankester K; Kerguelarum Grube K.

Fam. Lumbricidae.

Allobophora Eisen. *Europa, Sibirien, N.-Amerika.*

subrubicunda Eisen M.

Klasse Gephyrea.

Fam. Sipunculidae.

Phascolosoma F. S. Leuckart. *Kosmopolitisch.*

capsiforme Baird M; antarcticum Mich. SG; fuscum Mich. SG; georgianum Mich. SG; pudicum Selenka K.

Diclidoophidon Lesson.

lumbriciformis Less. M.

Fam. Priapulidae.

Priapulus Lam. *Arktisch, boreal.*

caudatus Lam. var. antarcticus Mich. (= *tuberculato-spinosus* de Guerne) M, SG. *Die Stammform arktisch, boreal.*

Klasse Nemertea.

Fam. Amphiporidae.

Drepanophorus Hubrecht.

serraticollis Hubr. K, *Bass-Str.*

Amphiporus Ehrenberg. *Arktisch, Mittelmeer.*

Moseleyi Hubr. K; Marionis Hubr. K.

Fam. Pelagonemertidae.

Pelagonemertes Moseley *(Pterosoma Less. malayisch).*

Rollestoni Mos. K.

Fam. Lineidae.

Cerebratulus Ren.
longifissus Hubr. K; corrugatus Hubr. K.

Klasse Holothurioidea.

Ord. Pedata.

Fam. Aspidochirotae.

Holothuria L. *Kosmopolitisch.*
Magellani Ludwig M; timama Lesson M; Thomsoni Théel v. hyalina M, K.

Pseudostichopus Théel. *Antarktische Tiefsee.*
mollis Th. K.

Stichopus Brandt. *Kosmopolitisch.*
fuscus Ludwig M.

Fam. Dendrochirotae.

Psolus Oken. *Kosmopolitisch.*
antarcticus Philippi M; disciferus Th. M; ephippifer Wyv. Thoms. K; poriferus Studer K; incertus Théel K.

Ocnus Forbes & Goodsir. *Kosmopolitisch.*
vicarius Bell. *Antarktisch.*

Cucumaria Blainville. *Kosmopolitisch.*
crocea Lesson M, SG; mendax Théel M; pithacnion Lampert SG; kerguelenensis Th. K; laevigata Verrill (Pentactella) K; serrata Th. u. varr. K.

Semperia Lampert. *Ndl. gemässigt, Tropen.*
Salmini Ludwig M; georgiana Lpt SG.

Thyone Semper. *Kosmopolitisch*
spectabilis Ludwig M; meridionalis Bell M; Cunninghami Bell M; Lechleri Lpt M; muricata Studer SG, K; recurvata Théel K.

Ord. Apoda.

Fam. Synaptidae.

Chirodota Eschscholtz. *Kosmopolitisch.*
purpurea Lesson M, SG; contorta Ludwig M, K; Studeri Théel M, K.

Klasse Echini.

Ord. Echinoidea.

Fam. Goniocidaridae.

Goniocidaris Desor. *Südl. Halbkugel bis Ostindien und Philippinen, litoral bis Tiefsee.*
canaliculata A. Aganiz M, K, *Natal, Zanzibar, Australien, Tiefsee.*

Fam. Arbaciadae.

Arbacia Gray. *Ausgesprochen westamerikanisch, nach Westindien durchgreifend und von hier nach Brasilien, West-Afrika und bis ins Mittelmeer verbreitet.*

nigra Molina **M**, *Chili, Peru, Ostküste Patagoniens bis 38° S.* (Mus. Hamb.) *(? Philippinen)*; spathuligera Valenciennes **M**, *Chili, Peru.*

Fam. Echinometridae.

Strongylocentrotus Breyn. *Fast kosmopolitisch, an der Westküste Amerikas besonders verbreitet.*

albus Molina **M**, *Chili, Peru (Philippinen)*; gibbosus A. Agassiz **M**, *Chili, Peru, Galapagos, Fidji*; bullatus Bell **M**.

Fam. Triplechinidae.

Echinus L. *Kosmopolitisch, vorwiegend in den kälteren Zonen der ndl. und sdl. Halbkugel.*

horridus A. Agassiz **M**; magellanicus Philippi **M**, **K**, *Chili, Cap, N.-Seeland, Australien*; margaritaceus Lam. **M**, **K**, *N.-Seeland* sp. sp. sp. (Mus. Hamb.) **M**; sp. (Mus. Hamb.) **SG**.

Ord. Spatangoidea.

Fam. Leskiadae.

Hemiaster Desor. *Tiefsee.*

cavernosus A. Agassiz **M**, **SG**, **K**, *Chili, Ostk. Patagoniens*; cordatus Verrill **K**.

Tripylus Philippi.

excavatus Phil. **M**, *Chili.*

Schizaster Agassiz. *Pacifisch und atlantisch arktisch und boreal; Tiefsee.*

Moseleyi A. Agassiz **M**, **K**; Philippii A. Agassiz **M**.

Klasse Asteriae.

Ord. Asteroidea.

Fam. Archasteridae.

Subf. Archasterini.

Pseudarchaster Sladen. *Cap der guten Hoffnung, N.-Scotia.*

discus Sladen **M**.

Luidiaster Studer.

hirsutus Studer **K**.

Fam. Porcellanasteridae.

Subf. Ctenodiscini.

Ctenodiscus Müll. u. Trosch. *Arktisch, litoral u. Tiefsee.*

australis Lütk. **M**, *Tiefsee*; provocator Sladen **M**, *Tiefsee.*

Fam. Astropectinidae.

Subf. Astropectinini.

Leptoptychaster Smith. *Arktisch, Tiefsee.*
kerguelenensis Smith K.
Bathybiaster Dan. u. Kor. *Arktisch, Tiefsee.*
loripes Sladen M, K, *Tiefsee.*

Fam. Pentagonasteridae.

Subf. Pentagonasterini.

Pentagonaster Linck. *Kosmopolitisch, Tiefsee.*
Bellii Studer M; patagonicus Sladen M, *Tiefsee.*
Gnathaster Sladen. *N.-Seeland, Australien, Chili.*
Grayi Bell M; paxillosus Gray (M), *N.-Australien;* pilulatus Sladen M; singularis Müll. u. Trosch. M, *Westk. Süd-Amerika;* elongatus Sladen K; meridionalis Smith K.
Peribolaster Sladen.
folliculatus Sladen M.

Fam. Pterasteridae.

Pteraster Müll. u. Trosch. *Arktisch, boreal; seltener Tiefsee.*
affinis Smith K; rugatus Sladen K; semireticulatus Sladen K.
Retaster Perrier. *Nordisch, Cap, Indo-australisch; seltener Tiefsee.*
gibber Sladen M; verrucosus Sladen M; peregrinator Sladen K.

Fam. Echinasteridae.

Acanthaster Gervais. *Mauritius.*
solaris Duj. et Hupé M.
Cribrella Forbes. *Arktisch, nordisch, notal, (Ecuador?) Tiefsee.*
obesa Sladen M; Pagenstecheri Studer SG; simplex Sladen K, *Inaccessible I., Nightingale I.*; ornata Perr. A *(Campb.) N.-Seeland, Cap.*
Perknaster Sladen.
densus Sladen K; fuscus Sladen K.
Echinaster Müller u. Trosch. *Kosmopolitisch.*
spinulifer Smith K.

Fam. Pedicellasteridae.

Pedicellaster Sars. *Arktisch, nordisch; Tiefsee.*
octoradiatus Studer SG; Sarsii Studer SG; hypernotius Sladen K; scaber Smith K.

Fam. Gymnasteriadae.

Porania Gray. *Boreal, Tiefsee.*
magellanica Studer M; patagonica Perrier M; antarctica Gray SG, K, *Tiefsee;* glaber Sladen K; spiculata Sladen K, *Tiefsee.*

Fam. Asterinidae.

Subf. Ganeriini.

Cycethra Bell.

electilis Sladen M; nitida Sladen M; pinguis Sladen M; simplex Bell M, *vor Buenos Ayres.*

Ganeria Gray.

falklandica Gray M.

Subf. Asterinini.

Asterina Nardo. *Kosmopolitisch.*

fimbriata Perrier M, *Mauritius.*

Fam. Stichasteridae.

Stichaster Müller u. Trosch. *Arktisch boreal, notal; selten Tiefsee.*

aurantiacus Meyen M, *Chili, Peru;* nutrix Studer SG.

Fam. Solasteridae.

Crossaster Müll. u. Trosch. *Arktisch, nordisch, Ecuador; Tiefsee.*

penicillatus Sladen K, *(Nightingale Isl.).*

Solaster Forbes. *Arktisch, boreal, notal; Tiefsee.*

regularis Sladen M; subarcuatus Sladen K.

Lophaster Verrill. *Arktisch.*

stellans Sladen M.

Fam. Asteriadae.

Asterias L. *Vorwiegend kälteren Klimaten angehörig, selten in den Tropen und der Tiefsee.*

Cunninghami Perrier M; glomerata Sladen M; sulcifera Perrier M; tomidata Sladen M; alba Bell M; Brandti Bell M; neglecta Bell M; obtusispinosa Bell M; rugispina Stimpson M, *vor Buenos-Ayres;* antarcticus Lütken M; sulcifer Perrier M; spirabilis Bell M; georgiana Studer SG; Steineni Studer SG; meridionalis Perrier K; Perrieri Smith K; salprifera Sladen K; triremis Sladen K; Bellii Studer K; Studeri Bell K; rupicola Verrill K, A.

Calvasterias Perrier.

asterinoides Perr. M, *Torres-Str.;* stolidata Sladen M.

Anasterias Perrier.

Perrieri Studer SG.

Fam. Brisingidae.

Labidiaster Lütken.

radiosus Lütken M; annulatus Sladen K, *Tiefsee.*

Ord. Ophiuroidea.

Ophioglypha Lyman. *Arktisch, boreal, notal; Tiefsee.*
Lymani Ljungman M; Martensi Studer SG; hexactis Smith SG, K; carinata Stud. K; brevispina Smith K; ambigua Lym. K; intorta Lym. K; Deshayesii Lym. K; verrucosa Stud. K.

Ophiocten Lütken. *Arktisch, Tiefsee.*
sericeum Ljungman K, *Arktisch atlantisch;* amitinum Lym. K, *Tiefsee.*

Ophioceramis Lyman. *Barbados, Brasilien; Tiefsee.*
antarctica Studer SG.

Ophioconis Lütken. *Mittelmeer.*
antarctica Lym. K.

Ophiactis Lütken. *Kosmopolitisch.*
asperula Philippi M.

Amphiura Forbes. *Kosmopolitisch, wenig Tiefsee.*
magellanica Lj. M; patagonica Lj. M; antarctica Lj. M; affinis Stud. SG; Lymani Stud. SG; Studeri Lym. K; tomentosa Lym. K.

Ophiacantha Müller u. Troschel. *Arktisch, boreal, (indo-australisch); Tiefsee.*
vivipara Lym. M, K; imago Lym. K.

Ophioscolex Müller u. Troschel. *Arktisch.*
Coppingeri Bell M.

Ophiomyxa Müller u. Troschel. *Mittelmeer, Bermudas, Bahia, Amboina Australien, Tonga.*
vivipara Stud. M, K, *Cap der gut. Hoffn.*

Gorgonocephalus Leach. *Arktisch, boreal im Atl. und Pacif., Chili, Cap, Tasmanien.*
Pourtalesii Lym. M, K.

Klasse Crinoidea.

Ord. Neocrinoidea.

Subord. Comatulae.

Fam. Comatulidae.

Antedon Fréminville. *Kosmopolitisch, litoral bis Tiefsee.*
magellanica Bell M; antarctica Carpenter K; australis Cptr K *(175 F.)*; rhomboidea Cptr K *(175 F.)*; exigua Cptr K; hirsuta Cptr K; sp. (Mus. Hamb.) M.

Promachocrinus Carpenter. *Tiefsee.*
kerguelensis Cptr K.

Klasse Polypomedusae.

Ord. Acalephae.

Fam. Lucernariadae.

Haliclystus Clark. *Arktisch, boreal.*
antarcticus Pffr SG.

Ord. Siphonophora.

Fam. Velellidae.

Armenista Haeckel.
antarctica Haeckel *Antarkt. Meer, Ind. Oc., Cap.*

Ord. Hydroidea.

Fam. Corynidae.

Coryne Gärtner. *Europa arktisch, boreal; Californien.*
conferta Allm. K.

Fam. Eudendriadae.

Eudendrium Ehrenberg. *Nordatl., Mittelmeer, nordpacifisch.*
vestitum Allm. K; rameum Allm. K, *Europa arktisch, boreal, Mittelmeer.*

Fam. Tubulariadae.

Corymorpha Sars. *Arktisch und boreal atlantisch.*
antarctica Pffr SG.

Fam. Haleciadae.

Halecium Oken. *Arktisch, boreal; südatl., Australien.*
flexile Allm. M, delicatulum Coughtrey M, *N.-Seeland;* robustum Allm. K; mutilum Allm. K.

Fam. Campanulariadae.

Campanularia Lam. *Arktisch, boreal, südatl., pacifisch.*
tulpifera Allm. K.

Hypanthea Allman.
hemisphaerica Allm. M; aggregata Allm. K; repens Allm. K; georgiana Pffr SG.

Hebella Allman.
striata Allm. M.

Fam. Persiphoniadae.

Lafoëa Lamouroux. *Arktisch, boreal.*
fruticosa Sars M, *Arktisch, boreal;* dumosa Fleming M, *Tasmanien; Europa arktisch, boreal; Bass-Strasse.*

Fam. Grammariadae.

Grammaria Stimpson. *Amerika nordatlantisch.*
magellanica Allm. M; intermedia Pffr SG; stentor Allm. K; insignis Allm. K, *Cap.*

Fam. Sertulariadae.

Sertularia L. (incl. Sertularella) *Kosmopolitisch, vorwiegend nordisch und südlich.*
grandis Allm. M; gracilis Allm. M; unilateralis Allm. K; implexa Allm. M; polyzonias L. M, SG, *Arktisch boreal Amerika und*

Europa, Mittelmeer, Rothes Meer; exserta Allm., K; echinocarpa Allm. K; articulata Allm. K; operculata L. M, K, A, *N.-Seeland, Nordisch, S.-Afrika, Australien*; fusiformis Hutton M, *N.-Seeland*; trispinosa Coughtrey M, *N.-Seeland*; Johnstoni Gray M, *N.-Seeland*; abietinoides Gray A *(Campb.), N.-Seeland;* lagena Allm. K; interrupta Pffr, SG; bispinosa Gray A *(Campb.), N.-Seeland.*

Staurotheca Allman.
dichotoma Allm. K.

Fam. Plumulariadae.

Plumularia Lam. *Nordatl., Südatl., Philippinen, Australien.*
insignis Allman K, abietina Allman K.

Schizotricha Allman.
unifurcata Allm. K; multifurcata Allm. K.

Ord. Hydrocorallinae.

Fam. Stylasteridae.

Erinna Gray. *Tiefsee.*
fissurata Gray *Antarkt. Ozean.*

Klasse Anthozoa.

Ord. Zoantharia.

Subord. Scleroderma.

Fam. Turbinoliadae.

Desmophyllum Ehrenberg. *Europa, W.-Indien, Cap, Japan, Amerika W.-K.; meist Tiefsee.*
ingens Moseley M.

Flabellum Lesson. *Litoral Japan bis Süd-Australien, Tiefsee auch atlantisch.*
patagonichum Mos. M; sp. (Mus. Hamb.) M.

Fam. Astrangiadae.

Astrangia Edw. u. Haime. *Pacif. Küste Amerikas.*
sp. (t. Verill) M.

Subord. Actiniaria.

Fam. Tealiadae.

Leiotealia Hertwig.
nymphaea Drayton K, *Chili.*

Fam. Paractidae.

Dysactis Milne-Edwards. *Boreal, S.-Amerika Ost- und West-Küste.*
crassicornis Hertw. M; rhodora Couthouy M.

Antholoba Hertwig.
reticulata Couthouy M.

Fam. Sagartiadae.

Cereus Oken. *Boreal.*
fuegiensis Couthouy **M**.

Metridium Verrill.
reticulatum Couthouy **M**; achates Drayton **M**.

Sagartia Gosse pt. *Boreal, Mittelmeer, Amerika W.-K.*
impatiens Couthouy **M**; lineolata Verrill **M**.

Bunodes Gosse. *Boreal, Amerika W.-K.*
cruentata Couthouy **M**.

Bunodella Pfeffer.
georgiana Pffr **SG**.

Phellia Gosse *Boreal, W.-K. Amerikas v. Behring-Str. bis Südspitze.*
pectinata Hertw. **K**.

Fam. Ilyanthidae.

Halcampa Gosse. *Boreal.*
clavus Hertw. **K**.

Peachia Gosse. *Boreal.*
georgiana Pffr **SG**.

Fam. Monaulidae.

Scytophorus Hertwig.
striatus Hertw. **M**.

Ord. Alcyonaria.

Subord. Gorgonacea.

Fam. Primnoidae.

Primnoella Gray. *Süd-Amerika von der Südspitze bis Chili, Süd-Australien; Tiefsee.*
magellanica Studer **M**; flabellum Studer **M**, *(175 F.)*; Murrayi Studer **M**, *(175 F.)*; biserialis Studer **M**, *(175 F.)*.

Thouarella Gray.
antarctica Val. **M**; affinis **K**.

Subord. Pennatulacea.

Fam. Virgulariadae.

Virgularia Lam. *Arktisch, boreal, Indo-Austral.; Calif.*
sp. (Mus. Hamb.) **M**.

Subord. Alcyonacea.

Fam. Alcyonidae.

Metalcyonium Pfeffer.
sp. (Mus. Hamb.) **M**; clavatum Pffr **SG**; globulosum Pffr **SG**.

Fam. Cornulariadae.

Clavularia Quoy u. Gaimard. *Arktisch, boreal, Mittelmeer, Tristan da Cunha, (Vanikoro); Tiefsee.*
rosea Studer K; magelhaenica Studer M.

Sympodium Ehrenberg. *Arktisch, nordatlantisch, Rothes Meer.*
crinoidicola Pffr (Mus. Hamb.) M.

Klasse Porifera.

Ord. Porifera Noncalcarea.

Subord. Monaxonia.

Fam. Holorhaphididae.

Halichondria Flem. *Kosmopolitisch.*
panicea Johnston K, *Europa, Atlantisch, Torres-Str., Japan*; caduca Bowerbank M, *Europa*; plumosa Johnston K, *Europa*; carnosa Johnston K, *Europa*; sanguinea Johnston K, *Europa.*

Petrosia Vosmaer. *Mittelmeer.*
similis Ridley u. Dendy u. var. M, K, *Cap, Philippinen*; aulopora Schmidt M; hispida Ridl. u. Dendy K.

Renieria Nardo. *Mittelmeer, Australien.*
aquaeductus Schmidt var. M, *Adria, Australien*; subglobosa Ridl. Dendy M.

Pachychalina Schmidt. *Arktisch, atlantisch, pacifisch, Australien.*
pedunculata Ridl. Dendy K.

Fam. Heterorhaphidae.

Gellius Gray. *Arktisch, atlantisch.*
glacialis Ridl. Dendy u. var. K, *Cap*; flagellifer Ridl. Dendy K.

Tedania Gray. *Kosmopolitisch.*
tenuicapitata Ridley M; infundibuliformis Ridl. Dendy M.

Trachytedania Ridley.
patagonica Ridl. u. Dendy M.

Fam. Desmacidonidae.

Esperella Vosmaer. *Kosmopolitisch, auch Tiefsee.*
magellanica Ridley M.

Esperiopsis Carter. *Europa, Ind. Archipel, Australien, Honolulu.*
Edwardii Bowerbank var. M, *Europa.*

Desmacidon Bow. (Subg. Homoeodictya Ehlers) *Europa, Cap.*
kerguelenensis Ridley u. Dendy K.

Iophon Gray. *Arktisch, atlantisch.*
Pattersonii Bowerbank M, *Europa, Tristan da Cunha.*

Amphilectus Vosmaer. *Kosmopolitisch.*
Apollinis Ridl. Dendy K; pilosus Ridl. Dendy K.
Myxilla Schmidt. *Kosmopolitisch.*
mollis Ridl. Dendy M; fusca Ridl. Dendy K; mariana Ridl. Dendy K; nobilis Ridl. var. M, *Crozet J., Tiefsee.*

Fam. Axinellidae.

Hymeniacidon Bowerbank. *Europa, Ind. Archipel.*
hyalina Ridl. M; sp. M.
Ciocalypta Bowerbank. *Süd-Amerika.*
calva Ridley M.
Axinella Schmidt. *Mittelmeer, Atl. Ozean, Australien.*
balfourensis Ridl. Dendy K; mariana Ridl. Dendy K; fibrosa Ridl. Dendy M.

Fam. Suberitidae.

Suberites Nardo. *Arktisch, atlantisch, Philippinen; notal; Tiefsee.*
microstomus Ridl. K; antarcticus Ridl. K; spiralis Ridl. Dend. M.
Stylocordyla Wyv. Thompson.
stipitata Carter var. K, *Atlantisch arktisch bis notal.*
Latrunculia Bocage. *Ndl. Halbkugel; Tiefsee.*
apicalis Ridl. Dendy K, *Tiefsee (La Plata)*; Bocagei Ridl. Dendy K.

Subord. Tetractinellea.

Fam. Tetillidae.

Tetilla O. Schm. *Kosmopolitisch.*
grandis Sollas K *(150 F.)*; coronida Sollas K *(150 F.)*.
Cinachira Sollas.
barbata Sollas K.

Fam. Teneidae.

Poecillastra Sollas. *Boreal, Capverden, Amboina; notal; Tiefsee.*
Schulzii Sollas K *(150 F.)*.

Fam. Stellettidae.

Astrella Sollas. *Mittelmeer.*
Vosmaeri Sollas. M *(175 F.)*.
Stelletta O. Schmidt.
phrissens Sollas M *(175 F.)*, *Boreal, Mittelmeer.*

Fam. Geodiadae.

Cydonium Fleming. *Kosmopolitisch.*
Magellani Sollas M *(175 F.)*.

Subord. Hexactinellea.

Fam. Rossellidae.

Rossella Carter. *Gibraltar.*
antarctica Carter K, *74° S. 175° W., Argentinien Tiefsee.*
Bathydorus F. E. Schulze. *Nordpacifisch, südpacifisch, Pinguin-Island.*
stellatus F. E. Schulze M.

Ord. Calcarea.

Fam. Sycoonidae.

Ute O. Schmidt. *Atl. Oz., Ind. Oz., Süd-Austral.*
capillosa Carter K.
Amphoriscus Haeckel. *Kosmopolitisch.*
elongatus Polejaeff K *(150 F.).*

Fam. Leuconidae.

Leuconia Grant. *Arktisch.*
levis Pol. K *(150 F.)*; ovata Pol. K; fruticosa Haeckel K.
Leucetta Haeckel. *Arktisch.*
vera Pol. K.

18.

Vollständiges Verzeichniß der bereits in anderen Werken erschienenen Abhandlungen, Aufsätze u. s. w.

Dr. von Danckelman. Vorläufiger Bericht über die Ergebnisse der meteorologischen Beobachtungen der deutschen Polarstationen. (Meteorologische Zeitschrift. März-April 1884.)

H. Abbes. Die Eskimos des Cumberland-Sundes. Ethnographische Skizze. (Illustrirte Zeitschrift für Länder- und Völkerkunde. Band XLVI, Nr. 13, 14, 1884.)

H. Abbes. Die deutsche Nordpolar-Expedition nach dem Cumberland-Sunde. (Illustrirte Zeitschrift für Länder- und Völkerkunde. Band XLVI, Nr. 20—23. 1884.)

C. Mosthaff und **Dr. H. Will.** Die Insel Süd-Georgien. Mittheilungen von der deutschen Polarstation daselbst 1882/83. (Deutsche Geogr. Blätter, Band VII, Heft 2. Bremen, 1884.)

H. Ambronn. Liste der von der deutschen Nordpolar-Expedition am Kingawa-Fjord des Cumberland-Sundes gesammelten Phanerogamen und Gefäß-Kryptogamen. (Sep.-Abdruck aus den Berichten der Deutschen Botanischen Gesellsch. Jahrg. 1884, Band II, Heft 11.)

Clemens Müller. Käfer von Süd-Georgien. (Deutsche Entomologische Zeitschrift XXVIII. 1884, Heft II.)

Dr. **H. Will.** Zur Anatomie von Macrocystis luxurians Hook fil. et Harv. Vorläufige Mittheilung. (Sep.-Abdr. aus der Botanischen Zeitung 1884, Nr. 51 und 52.)

Dr. **W. Giese.** Ueber die in einer geschlossenen Kreisleitung auf der deutschen Polarstation zu Kingawa beobachteten Erdströme und eine sich daran knüpfende Methode zur Bestimmung des Ohm. (Sep.-Abdr. aus der Elektrotechnischen Zeitschrift 1885, Februar.)

Dr. **W. Giese.** Kritisches über die auf arktischen Stationen für magnetische Messungen, insbesondere für Variationsbeobachtungen zu benutzenden Apparate. Repertorium der Physik von Dr. F. Exner. 22 Bd. (1886) S. 203).

Dr. **P. Vogel.** Ueber die Schnee- und Gletscherverhältnisse auf Süd-Georgien. (Sep.-Abdr. aus dem Jahresbericht der Geographischen Gesellschaft in München für 1885. Heft 10.)

Jahrbuch der wissenschaftlichen Anstalten zu Hamburg:

II. 1885. **Prof. Dr. Pagenstecher.** Die Vögel Süd-Georgiens, nach der Ausbeute der Deutschen Polarstation in 1882 und 1883.

" " **Prof. Dr. Th. Studer.** Die Seesterne Süd-Georgiens, nach der Ausbeute der Deutschen Polarstation in 1882 und 1883.

" " Dr. **Fischer.** Die Fische von Süd-Georgien, nach der Ausbeute der Deutschen Station 1882—83.

III. 1886. Dr. **Georg Pfeffer.** Mollusken, Krebse und Echinodermen von Cumberland-Sund, nach der Ausbeute der Deutschen Nordexpedition 1882 und 1883.

" " **Prof. Dr. Eduard v. Martens** und **Dr. Georg Pfeffer.** Die Mollusken von Süd-Georgien, nach der Ausbeute der Deutschen Station 1882—83.

" " **K. Lampert.** Die Holothurien von Süd-Georgien, nach der Ausbeute der Deutschen Station 1882—83.

IV. 1887. Dr. **Georg Pfeffer.** Die Krebse von Süd-Georgien, nach der Ausbeute der Deutschen Station 1882—83. 1. Theil.

V. 1888. Dr. **Georg Pfeffer.** Die Krebse von Süd-Georgien, nach der Ausbeute der Deutschen Station 1882—83. 2. Theil.

" " Dr. **W. Michaelsen.** Die Oligochaeten von Süd-Georgien, nach der Ausbeute der Deutschen Station von 1882—83.

VI. 2. Hälfte 1889. Dr. **Georg Pfeffer.** Zur Fauna von Süd-Georgien.

" " " Dr. **W. Michaelsen.** Die Gephyreen von Süd-Georgien, nach der Ausbeute der Deutschen Station von 1882—83.

" " " **G. Gercke.** Vorläufige Nachricht über die Fliegen Süd-Georgiens, nach der Ausbeute der Deutschen Station 1882—83.

E. von Martens. Vorläufige Mittheilungen über die Mollusken-Fauna von Süd-Georgien. Sitzungsberichte der naturforschenden Freunde. Berlin, 17. März 1885.

A. Engler. Die Phanerogamenflora von Süd-Georgien. Nach den Sammlungen von Dr. Will. (Sep.-Abdr. aus Engler's Botanische Jahrbücher, VII. Band, 3. Heft, 1886.)

Dr. **H. Will.** Die Vegetationsverhältnisse des Excursionsgebietes der Deutschen Station auf Süd-Georgien. (Sep.-Abdr. aus Botan. Centralblatt, Bd. XXIX, 1887.)

Dr. **K. R. Koch.** VIII Beiträge zur Kenntniß der Elastizität des Eises. Poggendorff's Annalen, Bd. 25 (1885) p. 438—450.

P. F. Reinsch. Ueber einige neue Desmarestien. (Sep.-Abdr. aus „Flora" 1888, Nr. 12.)

P. F. Reinsch. Species et genera nova Algarum ex insula Georgia australi. (Sep.-Abdr. aus den Berichten der Deutschen Botanischen Gesellschaft. Jahrg. 1888, Band VI, Heft 4.)

Dr. **Franz Boas.** Meteorologische Beobachtungen im Cumberland-Sunde. (Sep.-Abdr. aus Annalen der Hydrographie und Maritimen-Meteorologie. XVI. Jahrg. 1888, Heft VI, Seite 241—262.)

Der größte Theil der von den deutschen Expeditionen gemachten Sammlungen naturhistorischer Objekte, welche Gegenstand der in diesem Bande enthaltenen Abhandlungen bilden, ging in den Besitz des naturhistorischen Museum in Hamburg über. Es bezieht sich dies allerdings nur auf die zoologischen Objekte; die botanischen Sammlungen sind im Besitze des Herrn Dr. Will, soweit die Süd-Georgien-Flora dabei in Betracht kommt. Die mineralogisch-geologische Sammlung ist im Besitze der Deutschen Polar-Commission und beziehen sich die in Klammern eingeschlossenen Zahlen in der Abhandlung des Herrn Dr. Hans Thürach auf die Handstücke dieser Sammlung.

Ende.

CPSIA information can be obtained at www.ICGtesting.com
Printed in the USA
BVOW03s1426030314

346521BV00001B/37/P